把厨房变成人生课堂

豆包妈妈小珊 ———— 著

豆包妈妈的暖食手记

中国轻工业出版社

图书在版编目（CIP）数据

把厨房变成人生课堂：豆包妈妈的暖食手记 / 豆包
妈妈小珊著. —北京：中国轻工业出版社，2023.1
ISBN 978-7-5184-4173-0

Ⅰ．①把… Ⅱ．①豆… Ⅲ．①食谱 Ⅳ．
①TS972.12

中国版本图书馆CIP数据核字（2022）第199312号

责任编辑：王晓琛　　　责任终审：劳国强　　　封面设计：董　雪
版式设计：锋尚设计　　　责任校对：朱燕春　　　责任监印：张京华

出版发行：中国轻工业出版社（北京东长安街6号，邮编：100740）
印　　刷：北京博海升彩色印刷有限公司
经　　销：各地新华书店
版　　次：2023年1月第1版第1次印刷
开　　本：710×1000　1/16　印张：12.5
字　　数：200千字
书　　号：ISBN 978-7-5184-4173-0　定价：78.00元
邮购电话：010-65241695
发行电话：010-85119835　传真：85113293
网　　址：http://www.chlip.com.cn
Email：club@chlip.com.cn
如发现图书残缺请与我社邮购联系调换
210032S1X101ZBW

推荐序

豆包妈妈小珊是我所有朋友里最会"魔法"的妈妈。普普通通的食材，从她手里，到两个可爱女儿的餐桌上，就变成了神奇的"艺术品"。世界上有这么多美味，但唯独带着妈妈的爱和巧思、花费时间和心血制作的料理，最为动人。

得知豆包妈妈即将出版新书，我特别开心，她为读者呈上保姆级攻略教大人和孩子一起做美味，实在是太酷了！

我常常在想，孩子们之所以忘不掉妈妈的美味，不光是因为色香味俱全的体验，更是因为"关于视觉、嗅觉、味觉的童年回忆，直接联通孩子关于爱的大脑"。看到一盘盘有爱的食物，孩子沦陷的不止有舌尖，还有心尖。交杂着料理食材的用心、制作美味的时间、共享餐桌的幸福，一家人所有的关于人间烟火和童年陪伴的画卷，都在小小的餐桌上编织成千金不换的美好回忆。

妈妈的生活常常是一地鸡毛，但孩子和我们一起下厨的时光，一起烹饪的快乐，一起分享的甜蜜，就是琐碎生活中最好看的几颗珍珠。豆包妈妈在陪孩子们长大，孩子们也陪着妈妈在餐桌边书写童话，这是独一无二的成长礼物。这个礼物，是四重的——

第一重礼物：魔法料理，是孩子受益一生的"童年充电宝"。
妈妈给孩子的物质和精神美味，能抵御人生路上所有的无奈和艰辛，想想就能带来温暖和力量。

第二重礼物：亲子共厨，建造孩子内在的"情感银行"。

在人生很多时刻，拿出这些记忆碎片，瞬间的美好方能对抗岁月漫长。妈妈很忙，妈妈也很累，但妈妈还是选择用自己的巧手和心思，带着爱变戏法，这将是孩子成年后多么甜的回忆。

第三重礼物：体验式教育，打造孩子强大的"内在发动机"。

在小小的一方天地，"柴米油盐"居然能生发出那么多的趣味，这种于细微处见神奇的成长体验，一定也给孩子种下了太多的创造力和想象力。

第四重礼物：食物本身，就是生动的美育课。

就像豆包妈妈在书里写的一样，从逛菜市场、了解食物链、挑选食材到拿捏配比，最后呈现在餐桌之上，教孩子学会整理……把生活变得有趣就是最好的美学教育。别忘了，让孩子先爱上生活，后爱上艺术，长在骨子里的温暖和爱意就会萌发出来。厨房也能变成游乐场、变成博物馆、变成好课堂。只要我们有一双爱美的眼睛，生活处处皆有爱、有美、有智慧。

真心祝福看到这本书的读者，可以享受美味，享受亲子成长，享受生活中这些美丽细节带来的爱和力量。愿孩子和妈妈们都一生被爱，一生有魔法！

晴天妈妈

亲职帮创始人

3个孩子的北大咨询师妈妈

在没有保姆和妈妈、婆婆的帮助下，我选择了做全职妈妈带大女儿。最初一个人带娃，也是一地鸡毛，尤其在烧饭的时候完全无暇照顾孩子，不仅手忙脚乱，还很担心女儿一个人玩的安全。

但是随着时间推移，每到做饭时我就给女儿分配一些她力所能及的事情，比如洗菜、淘米、打鸡蛋。我惊喜地发现女儿乐在其中，吃饭也更加津津有味。这就是我与女儿之间特别好的契合点。直到现在回忆起来，我都超级怀念跟她一起在厨房里的那些小时光。没想到这些无心的举动，却跟食物教育的内容紧密相连。

其实最初接触食物教育的概念也很偶然。那时候在英国留学，经常能在农夫集市或幼儿园周边看到有孩子拿着一个小本子，拎着一个小筐子，在研究着各种各样的食材。当时我就觉得很有意思，但是没那么在意。

有了女儿之后，回想起当时在英国见到的场景，顺势开始研究食物教育的内容，没想到打开了一扇新世界的大门。很长一段时间以来，我们貌似有些遗漏了这个最重要的生存技能的培养，遗漏了教会我们的孩子认识大自然赐予的好食物、学会选择好食物的能力。

其实我们身边的成年人，很多都不会做饭或者很少会选择亲自下厨。生活节奏越来越快，很多成年人在生活中，也

许都把日常饮食当成了应付的任务，用最快的时间填饱肚子。更不用说认识食物的营养，以及体会食物所承载的温度和情怀。

那么食物教育是什么呢？

它是以食物为载体，让孩子们认识植物、动物、季节、大自然等，来教会孩子相关的一些知识和技能，比如简单的营养知识、食物的料理烹饪技能，还可以拓展到各国历史和地域人文。食物教育的目的是让孩子拥有选择健康食物的智慧，为孩子建立饮食均衡的营养观。与孩子一起做食物还可以在一定程度上启蒙艺术，亲手做的食物搭配上精美的食器，便可成为一个美好的作品。

如果我们不能给孩子一个好的食物启蒙，孩子会自然顺从自己的口腹之欲，把食物当成一种单纯要吃的东西，既不会细细品味，也不会了解食物背后的故事和文化。食物还寄托了我们的情感、文化和历史，比如"妈妈的味道""过年的味道"。

我有两个女儿，从大女儿一岁多开始，就带着她一起做美食，到这本书出版时她已经八岁了。后来小女儿出生，现在她两岁半了，也能够胜任很多简单的厨房工作，比如撕菜叶、剥豆子、搅拌蛋液、洗水果等。这本书分享了我与女儿经常一起制作的食谱，也包含了我对食物教育的理解与实践——把各种各样的好食物用到每个食谱当中，让孩子亲自动手，与天然的好食物亲密接触。每道美食制作过程都离不开爸爸妈妈和孩子的智慧和劳动。下厨不仅提供了大量锻炼小朋友精细化动作的机会，也让他们感受到每一顿饭都来之不易，要好好珍惜食物。

慢慢地，爸爸妈妈的那个理想餐桌就出现啦：快乐地吃饭，才会营养身心。

期待我们的孩子都能成为一个能认真对待食物的人，一个认真生活的人，一个会好好照顾自己的人。

第一章

厨房是孩子的游乐场

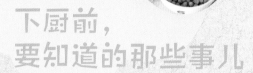

第二章

下厨前，
要知道的那些事儿

第三章

彩色的面团

第四章

料理挑战

第五章

健康美味
小·零食

第六章

不一样的
节庆料理

第七章

餐桌上的环球旅行

第一章

厨房是孩子的
游乐场

吃，是人生中的第一课

孩子刚出生时，是用嘴巴来感受这个世界的。当过妈妈的都知道，两岁以前的宝宝有一段时间特别喜欢把拿到的任何东西都往嘴里放，咬一咬，尝一尝，这一阶段我们称作口欲期。孩子们是用嘴巴来探索世界的，所以说孩子们对食物有着大然的好奇心。

从最开始妈妈给孩子喂辅食、教孩子吃东西，就是在跟孩子一起分享食物的味道、颜色、形状、温度以及口感，这个时候其实就是食育的第一步。每时每刻，我们都在塑造和影响着孩子的饮食习惯。

可现实的情况却大多是，我们明明花了很多时间来喂养孩子，花了好多的心思，可是孩子偏偏不买账，比如挑食、厌食等。煮饭的人垂头丧气，然而吃饭的人又食不知味。家庭餐桌好像没有那么幸福，反而变成了一个没有硝烟的小战场。

将心比心，相信天下的父母没有哪一个愿意看着孩子的健康亮起红灯，或是放任孩子吃零食，养成不好的饮食习惯。所以我们带着孩子们一起认识食物，一起下厨房，一起进行食物教育，就是特别重要的事情了。

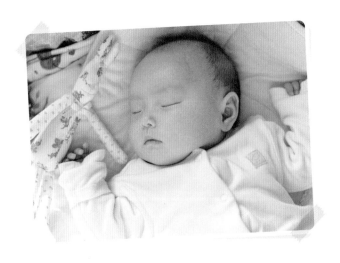

跟孩子一起做饭，是最好的亲子游戏

"厨房的工作不是很危险吗？""带孩子一起下厨，你不怕孩子受伤吗？"许多家长问过我类似的问题。针对第一个问题，我的答案是肯定的，厨房里有火还有刀，一不小心就很容易受伤。我当然也希望孩子不要受到伤害，但是替孩子抵挡风险，不如和孩子一起认识危险，学到保护自己的方法。

还记得我小时候，每次跑进厨房都会被长辈们赶出来。在过去的观念里，厨房是危险的，更是孩子们的禁地。拒绝孩子进厨房，也就剥夺了孩子认识食物和参与动手做饭的机会。

说实话，比起和孩子们一起做饭，我一个人做反而比较轻松。即便如此，我还是非常喜欢并珍惜和孩子们一起料理食物的过程。带着孩子一起做饭，将食物融入孩子的日常，融入孩子的记忆，不仅能与孩子一起品尝烹饪出来的好味道，更是创造给孩子认识真正食物的机会，学会选择好食物，理解营养，理解食材与风土，理解饮食与文化。

其实对孩子来说，下厨房就像过家家一样有趣，很少有孩子会拒绝。跟孩子一起认识食材、分享下厨的注意事项，让孩子参与到做饭中来，让我们努力在孩子心中种下关心饮食的生活态度，来享受一家人的幸福互动吧！

让孩子拥有选择食物的能力，
拥有幸福生活的能力

我曾经跟女儿在幼儿园的小朋友聊过"食物是从哪里来的"这个问题。

我问："土豆是从哪里来的呀？"有的小朋友说："土豆是长在树上的！"

我问："肉是从哪里来的呀？"小朋友回答说："肉都是超市里（买）来的呀！"

还有的小朋友说蛋是羊生的。这些答案都特别天真有趣，但也反映出来一个问题，那就是我们的孩子对食物的了解还是比较少的。

如果孩子不知道食物长什么样子、从哪里可以获得、如何去烹饪，也就不懂得食物所在的大自然与我们的联结，孩子们自然对食物无感，也无从选择，品尝的时候便食不知味、难以珍惜。

食物教育最重要的意义就是给孩子带来了选择食物的能力，这个能力是会陪伴和影响孩子一生的。

说到这里，大家可能会产生一个疑问：我们每天不都在吃食物吗？吃的东西不都叫作食物吗？

真正的食物是指直接来自大自然的并且未经过或很少经过食品工业加工的食物。今天，我们想要健康地吃饭，最大的困难就在于如何认知和选出健康的食物，而不是吃那些有较多添加剂的工业加工食品。

　　回忆我们爷爷奶奶的时代，真是吃得非常健康！而现在的我们，愈发地忘记了食物本身的模样。再看看现在的孩子们，被琳琅满目的零食和加工食品吸引着。让孩子回归品尝天然的好食物，是一件迫在眉睫的事。

　　我们日常不仅可以和孩子一起下厨，还可以一起做些有趣的农事活动。比如，麦秋的季节去农田跟农民伯伯一起收麦子、聊聊天，或者在自家阳台种上几盆蔬菜。我们所做的这一切都是为了让孩子对食物建立认知，建立好感，建立与大自然的沟通。这些食物再也不仅仅是在超市里躺着的冷冰冰的商品，它们会变成阳台上自己的劳动成果，或是农田里老婆婆辛勤种出来的稻米和小麦，食物从此变得更加有温度了。

　　在我看来，这些不仅能让孩子认识食物，更重要的是能让孩子发自内心地去喜欢大自然和自然的馈赠，真正爱上吃这些健康的食物。这样我们就不但拥有了一个会选择好食物的孩子，还拥有了一个能够过上幸福生活、能够好好照顾自己的孩子！

越来越受重视的食物教育

　　2022年，教育部正式印发《义务教育课程方案》，将劳动课从原来的综合实践活动课程中完全独立出来，并发布《义务教育劳动课程标准（2022年版）》。也就是说，从2022年秋天开学开始，劳动课正式成为中小学的一门独立课程。课程中，日常生活劳动的部分包含了烹饪与营养，不同学段有不同的学习内容。

第一学段
（1～2年级）

参与简单的家庭烹饪劳动，如择菜、洗菜等食材粗加工，根据需要选择合适的工具削水果皮，用合适的器皿冲泡饮品。初步了解蔬菜、水果、饮品等食物的营养价值和科学的食用方法。

第二学段
（3～4年级）

使用简单的烹饪器具对食材进行切配，按照一般流程制作凉拌菜、拼盘，学习用蒸、煮方法加工食材。例如：用油、盐、酱油、醋等调料制作凉拌黄瓜；将几种水果削皮去核并做成水果拼盘；加热馒头、包子等面食；煮鸡蛋、水饺等。加工过程中注意卫生、安全。

第三学段
（5～6年级）

用简单的炒、煎、炖等烹饪方法制作两三道家常菜，如番茄炒鸡蛋、煎鸡蛋、炖骨头汤等，参与从择菜、洗菜到烧菜、装盘的完整过程。能根据家人需求设计一顿午餐或晚餐的营养食谱，了解不同烹饪方法与食物营养的关系。

第四学段
（7～9年级）

根据家庭成员身体健康状况、饮食特点等设计一日三餐的食谱，注意三餐营养的合理搭配。独立制作午餐或晚餐中的三四道菜。了解科学膳食与身体健康的密切关系，增进对中华饮食文化的了解，尊重从事餐饮工作的普通劳动者。[1]

亲近大自然的好食物，培养孩子选择好食物的能力，我们也不能缺席！

---

[1] 引自《义务教育劳动课程标准（2022年版）》对不同学段"烹饪与营养"任务群的内容要求。

各个年龄阶段的儿童适合在厨房里做什么

孩子在厨房里能够做的事情是非常丰富的。在不同的年龄阶段，孩子的能力不同。即使是还坐在宝宝餐椅上的孩子，也能够胜任一些比较有趣的事情，比如手撕蔬菜等。虽然偶尔会搞得乱七八糟，我们也会得到一些形状奇奇怪怪的蔬菜，不过这些与孩子完成任务后骄傲的小神情比起来实在算不了什么！

两三岁的孩子可以胜任搅拌、淘米、洗菜等任务，他们会非常乐于参与其中！可以为四五岁的孩子准备小餐刀和儿童小剪刀，练习切香蕉、修剪毛豆等。再大一点就可以学着跟家长一起使用电动厨具，比如微波炉、烤箱、榨汁机等。小朋友和父母一起培养美感、准备食器、练习摆盘，所有的想象力和创造力都可以付诸实践。最后下厨结束后，也不要忘记带领孩子一起整理归纳用到的厨具。

年龄	适合在厨房做什么？	难度等级
1岁	撕菜叶	♥♡♡♡♡
2~3岁	淘米、择菜洗菜、混合搅拌、挤柠檬汁、撒调味品	♥♡♡♡♡
4~5岁	打鸡蛋、擀面条、用儿童刀切水果、练习摆盘、压印饼干、绘画设计食谱	♥♥♡♡♡
6~7岁	用电子秤称量食材、使用削皮刀削皮	♥♥♥♡♡
8~9岁	穿肉串、使用微波炉、使用料理机、使用烤箱	♥♥♥♥♡
10~12岁	使用明火煮面、使用成人刀具切菜	♥♥♥♥♥

来认识有趣食物的王国吧

　　大自然赐予我们多种多样的食物，而食物中蕴含了我们身体所需的营养物质。但是，对于孩子来说，营养是个十分抽象的概念。那么如何表达，孩子才能理解和感受呢？在我和女儿的日常生活中，我们经常做三色食物的游戏。我们将食物简明地分成了三大类：红色食物、绿色食物和黄色食物，即食物三色营养分类法。通过轻松的游戏，帮助孩子来认识有趣的食物王国，建立均衡营养的饮食观。

　　我们把富含蛋白质的肉类、鱼类和豆类等称作红色食物，可以让我们变得更加强壮。

　　我们把富含维生素和膳食纤维的蔬菜和水果等称作绿色食物，可以调整我们的身体状态。

　　我们把含碳水化合物的大米和面包等称作黄色食物，可以带给我们能量。

　　我和女儿一起手工制作了三色食物游戏展板。展板分为三个区域：红色、绿色和黄色。每餐过后，我和女儿会把当天饭菜中出现的食材一起进行分类。比如今天吃到了番茄、洋葱和青菜，那就放在绿色的区域，米饭和面包放在黄色的区域，牛肉和鱼放在红色的区域。一餐中三种颜色的食材都吃到小肚子里面，就会让我们的身体健健康康的啦！

　　这个给食物分类的游戏简单又容易操作，持续一段时间以后，小朋友就可以区分几乎所有的食材啦！如果不爱吃青椒也没关系，可以用绿色食物里的其他食材来代替，比如菠菜。

　　跟孩子玩这个游戏的目的，是想把难以理解的营养要素化成可以拿在手里的实物，让孩子体验食材分类，孩子自然而然就有了均衡摄取营养的概念啦！

什么是真正的好食物

生活中食物随处可见，但并不是所有可以吃的东西都是真正的好食物。想要好好地吃饭、健康地吃饭，其实最大的困难就在于如何认知，或如何选出真正健康的天然食物，而不是吃那些有添加剂的加工食品。

在日常生活中，我经常会用小火车的形象来比喻食物在我们的身体里的运行。这个灵感来自女儿很喜欢的绘本。而且，我又把小火车的形象丰富化了，想象小火车有三节彩色车厢，装载了不同的食物。这三节车厢对应着来自大自然的绿色食物、红色食物和黄色食物。图中快乐行驶的小火车干净整洁，动力十足，这意味着我们选对了食物，身体顺利运转，健健康康。

而下面这张图片里的小火车颜色暗淡，破烂不堪，行驶困难。那是因为小火车的三节车厢上装满了"乔装打扮"来冒充大自然三色食物的加工食品。正因如此，才会难以前行。这意味着我们如果过多食用加工食品，身体就会出现问题，也会越来越不健康了。

天然食物就是从动植物本身取得的食物，经过清洗和烹饪之后就可以食用，不再经过工厂特殊加工。加工食品，顾名思义是经过了食品工厂加工的产品。往往含有过多的油、盐、糖、色素、香料和防腐剂，会对身体健康埋下隐患。而家长要做的是和孩子一起识别哪些是天然食物，哪些是加工食品。在买菜和制作料理的时候帮孩子建立起对天然食物的好感，鼓励孩子多吃天然食物，少吃加工食品，这对他们未来饮食习惯的养成是至关重要的。

	天然食物	加工食品
绿色食物	新鲜蔬菜	咸菜
		酱菜
		软包装果蔬汁
		包装果汁汽水
	新鲜水果	蜜饯
		水果糖
黄色食物	土豆	薯片、薯条
	全麦面包	包装蛋糕
	红豆饭	包装铜锣烧
	玉米	玉米片
	烤红薯	包装炸红薯球
红色食物	猪肉	香肠
	牛肉	包装牛肉干
	鱼	包装鱼肉松
	鸡蛋	皮蛋
	鲜奶	冰激凌
		奶糖

一起去买菜吧

对于大多城市里的孩子来说，在每餐饭中已经很难看到食物本来的样子了。胡萝卜是如何生长的？不同季节有哪些不同的物产？肉类是怎么来到餐桌上的？食物本来到底是什么样的？

菜市场和超市是食物售卖的聚集地，在日常生活中我更加推荐带孩子去菜市场，而不是超市。因为在菜市里更能见到食物自然的样子，而超市里只有一部分的货架在售卖天然食物，更多的货架是在售卖加工食品，而且是在一进门非常显眼的地方。

带着好奇心满满的孩子去逛菜市场，沿途的所见所闻都是学习的好题材。我和女儿经常带着当天所需要的食材清单，走到离家最近的菜市场，讨论食材的挑选方法，观察不同食材的色彩、形状、质感。孩子会结合自己已有的生活经验，接连不断地发问，开始关心周围的事物，开始思考我们与自然的关系。

如果能坚持带孩子去早市、菜市场，孩子可以通过蔬菜、水果、海鲜的不同，感受到季节变换对于当地物产的影响，也可以体会到家乡的文化和传统，比如端午节前卖粽叶、中秋节前后有螃蟹、元宵节吃元宵等。孩子在无形中便形成了更偏好自然食材的习惯，离开工业加工食品，也更加可能习得照料自己生活的能力。

和孩子一起正确洗蔬菜

西蓝花 — 先将整个西蓝花用流水冲洗一遍。然后放入盆中加入水和食盐，浸泡10分钟，取出西蓝花在流水中冲洗。最后将西蓝花择成小朵，再次用清水仔细淘洗一遍即可。

番茄 — 将番茄放入盆中，加入水和食盐，浸泡10分钟，取出后在流水中冲洗几次即可。

卷心菜 — 先将卷心菜的老叶剥掉，然后将菜叶一片一片剥下来，再用流动的清水洗净即可。

黄瓜 — 先用清水冲洗整个黄瓜，取少量食盐搓洗黄瓜表面去掉黄瓜小刺，用流水洗净即可。

甜椒 — 先用清水冲洗整个甜椒，取少量食盐搓洗甜椒，用流水洗净即可。

四季豆 — 先将四季豆放入盆中，加入水和食盐，浸泡10分钟。取出西蓝花在流水中洗净。然后将四季豆的两端掰掉，中间的筋丝也顺势拉掉。最后再次用清水仔细淘洗一遍即可。

胡萝卜 — 先将整个胡萝卜用流水冲洗一遍，表面凹陷处用刷子清洗，避免有残留的泥土。切掉蒂头，用削皮刀削去胡萝卜皮即可。

菇类 — 先将菇类的根部切除，浸泡于水中。稍微翻动清洗后把水倒掉，重复3~5次即可。

洋葱 — 先将洋葱的外皮剥掉，再切去带土的根部。随后用流动的清水洗净即可。

红薯 — 先将整个红薯用流水冲洗一遍，表面凹陷处用刷子清洗，避免有残留的泥土。是否需要去皮随料理方法而定。

土豆 — 先将整个土豆用流水冲洗一遍，表面凹陷处用刷子清洗，用削皮刀削去土豆皮即可。

和孩子一起正确洗水果

草莓 —— 整颗草莓连着草莓蒂浸泡于清水中10分钟，随后用流水冲洗。去掉草莓蒂，再次用清水冲洗干净即可。

西瓜 —— 整个西瓜用流动的清水洗净表皮即可。

苹果 —— 用清水冲洗整个苹果，蒂头处用软刷洗净。如果不带皮吃，可以使用削皮刀去皮。如果要连皮一起吃，可以将苹果放入盆中，加入水和食盐，浸泡10分钟，取出用流水冲洗干净即可。

橘子 —— 在流动的清水中洗净，去皮即可。

葡萄 —— 用剪刀将葡萄一粒粒剪下，每个连着一点葡萄梗。将葡萄放入盆中，加入水和面粉，浸泡10分钟，可以有效去除葡萄脏污，取出后用流水冲洗两三遍即可。

桃子 —— 用清水冲洗整个桃子，蒂头处用软刷洗净。如果不带皮吃，可以使用削皮刀去皮。如果要连皮一起吃，可以将桃子放入盆中，加入水和食盐，浸泡10分钟，取出用流水冲洗干净即可。

第二章

下厨前，
要知道的
那些事儿

厨房小·旅行——一起来认识料理工具

在我们的印象中，厨房是个充满危险且不能让孩子进入的地方。但是禁止孩子进入厨房冒险，不如由爸爸妈妈们安排一场厨房小旅行。带着孩子们认识厨房料理的"好朋友"，从料理食物的器具到盛装食物的餐盘，将适合孩子操作的工具一一介绍给他们，满足孩子的好奇心，这样他们在料理食物时也更加有信心啦！

围裙

下厨房前给孩子穿上围裙，立刻便有了做饭的仪式感。孩子就像马上变身小厨师一样，信心满满地下厨，动手的意愿也会随之增强。不妨给孩子买一件称心的小围裙，这不但能让孩子更开心，也能防止孩子在做饭时弄脏衣服，孩子便可以更加尽情地发挥了。

刀具

一提到给孩子用刀，家长们会格外紧张吧？实际上与其过于紧张不让孩子接触，不如帮助孩子选择一把称手的刀具，教会孩子如何正确使用它。现在市面上有专为孩子设计的"学习刀"，也可以用一把称手的小餐刀。切的时候提醒孩子，一手拿刀，另一只手五指微微弯曲、微微分开扶稳食材，小手像小猫爪一样，眼睛看

准再切。刚刚开始练习的时候，可以从好拿又好切的食材开始，比如豆腐、香蕉、蒸熟的红薯等。还要提醒孩子，刀具用完要及时放回原处以保证安全。

逐渐熟练后，孩子的小手会慢慢变得稳定，这时就可以换成真正的刀具了。那么要如何选择刀具呢？其实越是不锋利的刀，越需要用力，反而更加危险。所以要选择相对

锋利一点的刀。刀的长度大约为孩子两个拳头的大小，尽量选择刀背为直线，刀柄略轻，刀体略重，刀刃不要太薄的刀具。有一些果蔬是球形，在菜板上滚来滚去不稳定，家长可以指导孩子将食物先对半切，然后平面朝下放在菜板上再继续切。在这个过程中，孩子可以逐渐积累起生活的小窍门。

砧板

砧板也是必备工具，有防滑功能的砧板是首选。如果没有也不必担心，只要在砧板下面放一块湿抹布，就可以防止砧板滑动了。还可以为孩子准备可爱形状的砧板，孩子切菜时会尤其开心！

儿童专用剪刀

下厨时经常会用到剪刀。一般的厨房剪刀对于孩子来说有些难以操作，一把加强了安全设计的儿童专用剪刀，会让孩子在下厨时更加有信心，也让家长更加放心。

模具

千变万化的模具能为食材增加很多颜值，不论是制作饼干、馒头，还是制作可爱的菜肴都很方便，非常容易受到孩子的青睐。孩子也很容易上手，安全性很高。压模的动作有益于孩子的手眼协调，并能锻炼手指的肌肉。当遇到孩子不喜欢的蔬菜时，不妨试试用模具变换一下造型，说不定孩子就愿意把蔬菜吃下肚了。

一般的擀面杖是为大人设计的，比较长也比较重。对于孩子来说用起来并不顺手。一根小而轻巧的擀面杖，可以让孩子使用起来更加顺手省力。

时间也是制作美食的关键。烹煮食材、等待发酵、烤制甜品等，都需要计量时间。此时不仅能与孩子一起认识时间，更能教孩子学会耐心，学会等待。

准备食材的过程中，每种食材都需要多少，这时候是和孩子一起认识数字和称量工具的好机会。不论是电子秤上的克重，还是温度计上的温度值，都值得与孩子一起好好观察。比如称量砂糖，孩子会聚精会神地观察电子秤上的数值变化，从而练习控制自己倒砂糖的手势。这些看似细微的观察和操作，其实都是最生动的数学课，既有趣又实用。一下子把砂糖倒多了也没关系，让孩子尽情动手参与吧！

海苔压花模具可以方便地压出表情细节，只要拼拼合合就会出现各种喜怒哀乐的表情，将它们点缀在不同的美食上，一下子可爱了不少。

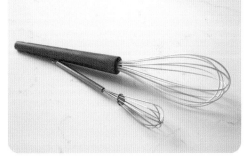

锅具及热源

锅具利用家里现有的就好，如果方便的话，可以为孩子准备重量相对轻巧、尺寸较小的锅。这样称手的锅具，更能激发孩子的参与感。当然，在孩子比较小的时候就使用明火加热的方式也是存在危险的。所以建议考虑其他加热方式，比如使用烤箱或电料理锅代替明火加热。女儿不到两岁时，和我一起烘焙小饼干和小点心，幼小的她看着食物在烤箱里慢慢发生变化，表现得特别惊喜和开心。

打蛋器

女儿每次看到我打鸡蛋，都会跃跃欲试，忍不住想要帮忙。外形小巧又易操控的打蛋器，孩子操作起来相当顺手。不论是炒鸡蛋还是制作蛋糕，孩子都愿意积极参与，一下子就变成了妈妈的超级小帮手。

食物做好之后，需要盛入合适的餐具当中，这不仅是为了方便食用，更可以在这一过程中进行用心的摆盘。孩子的创意无限，他们会选择喜欢的餐盘、餐具，体验食物的造型摆盘艺术，让他们在餐盘上尽情发挥，对于孩子来说，这就是精彩的艺术课。另外，餐具选择安全的材质即可，不必为了担心孩子打碎而不用陶瓷或玻璃器皿。就算孩子不小心摔破了碗盘，也刚好学到了"小心使用，轻拿轻放"，这样的生活体验其实非常有意义。

孩子安全下厨指南

孩子逐渐长大，大部分都会喜欢过家家或小厨师之类的游戏，而厨房就是让他们充满好奇心的地方。家长大都会担心孩子在厨房里发生危险，所以在孩子进厨房前，家长一定要确认环境的安全。刀子、叉子这类比较危险的物品一定要收纳在安全的位置，不能摆放在他们随手可得的地方。炉灶、烤箱等热源，也都要在家长的引导下安全使用。不过，建议家长们面对容易发生危险的器具时，最好能告诉孩子哪里危险、为什么危险、如何使用可以保证安全等。并在刚进厨房时就提醒他们小心，而不是强硬禁止。

在下厨前，有一些非常重要的事项需要家长帮助孩子了解。

1. 如果有长头发，请把头发扎起来，漂亮的头发掉进食物里就不好了。

2. 下厨前一定要记得先把手洗干净。

3. 做饭之前先把菜谱仔细读一遍。

4. 穿上围裙，漂亮的衣服就不会弄脏了。

5. 忍不住想打喷嚏时，转过头来不要面向食物。

6. 下厨前请尽量换上能够包住脚面的鞋子，防止突发状况伤到脚，比如刀子突然掉下来。

7. 端比较热的锅碗之前，请在手上拿一块厚布或厚手套，以防烫伤。

8. 下厨时不要同时做别的事情，三心二意很容易把菜烧焦。

9. 下厨完毕之后，请做好整理和清洁工作，让厨房恢复原样。

10. 离开厨房之前，记得再次检查炉灶和其他设备的电源是否关闭。

带孩子一起下厨房的小·流程

 步骤一 与孩子一起设计食谱；如果有食谱书，可以与孩子一起选择心仪的食谱。

 步骤二 根据确定的食谱，和孩子一起买菜、选食材。买菜时可以和孩子讨论食材的特点、不同季节的本地物产、喜欢的料理方式等。

 步骤三 引导孩子在厨房里参与制作，从洗菜、切菜、备菜，到帮忙搅拌、摆盘等。都能让孩子有参与感，用餐时更加珍惜口中的食物。

 步骤四 料理制作完成后，引导孩子将使用过的厨具洗净放回原处，将厨房整理回原样，学会收纳整理。

第三章

彩色的面团

用新鲜果蔬来做彩色面团

水果和蔬菜五颜六色，非常讨人喜欢。跟孩子一起，把水果和蔬菜制成果蔬泥或果蔬汁，按照一定的比例与面粉混合就可以得到超级漂亮的天然彩色面团。切一切，揉一揉，发挥想象力，漂亮又营养的美食就诞生啦！

常用的彩色食材

新鲜果蔬的颜色和含水量有比较大的差异，同种果蔬的颜色和含水量也不尽相同，所以接下来提供的食材配方仅为参考分量。果蔬面的制作充满了创意，果蔬泥（或果蔬汁）的量少一些，水多一些，颜色就会浅一点。建议读者按照实际需要增加果蔬泥（或果蔬汁）的量，直至面团达到满意的颜色与合适的软硬度。

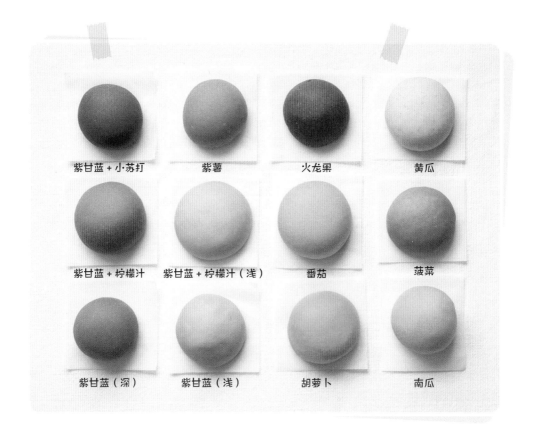

黄色面团——南瓜

材料▶
南瓜......................120克
面粉......................200克

做法▶
将南瓜去皮，切片（图1），蒸熟（图2），放入料理机打成泥（图3），
倒出来与面粉混合（图4、图5），揉成面团即可（图6）。

🧤 小·贴士

南瓜品种不同，含
水量也不同，日常
所见的蜜本南瓜含
水量较大，可以直
接蒸熟打泥，加面
粉揉成面团即可，
无需额外加水。

其他颜色面团的做法

面团种类	材料	做法	小贴士
红色面团 ——红心火龙果	火龙果　300克 面粉　200克	将火龙果切块，用料理机打碎后取120克火龙果汁，与面粉混合，揉成面团即可。	火龙果会有细小的籽，揉成的面团会有黑色的小点点，如果介意可以用筛子事先过滤。
橙色面团 ——胡萝卜	胡萝卜　100克 面粉　200克 水　20克	将胡萝卜去皮，切片，蒸熟，放入料理机，加水后打成泥，倒出来与面粉混合，揉成面团即可。	胡萝卜品种多样，橙色较常见。与南瓜相比含水量较少，打成泥后需要额外加入适量的水，以保证揉成软硬适中的面团。
深绿色面团 ——菠菜	菠菜　50克 面粉　200克 水　70克	菠菜焯水，捞出，放入料理机，加水打成泥，倒出来与面粉混合，揉成面团即可。	菠菜颜色浓郁，菠菜泥越多面团的绿色越深。可以加入适量的水来调节颜色的深度。焯水时加入少许盐，绿色会更加鲜艳。
浅绿色面团 ——黄瓜	黄瓜　100克 面粉　200克 水　20克	将黄瓜切片后放入料理机，加水打成泥，倒出来与面粉混合，揉成面团即可。	黄瓜颜色清淡，可以适量多加一些黄瓜，使得颜色更加明显。
淡粉色面团 ——番茄	番茄　100克 面粉　200克 水　20克	将番茄去皮，切块，称100克放入料理机，加水打成泥，倒出来与面粉混合，揉成面团即可。	
淡紫色面团 ——紫薯	紫薯　100克 面粉　200克 水　70克	将紫薯去皮，切块，放入料理机，加水打成泥，倒出来与面粉混合，揉成面团即可。	紫薯的含水量比较少，需要多加一些水才可以揉成面团。
紫色面团 ——紫甘蓝	紫甘蓝汁*　120克 面粉　200克	取120克紫甘蓝汁，与面粉混合，揉成紫色面团即可。	
蓝色面团 ——紫甘蓝+ 小苏打	紫甘蓝汁　120克 面粉　200克 小苏打　1克	取120克紫甘蓝汁，加入小苏打搅拌均匀，与面粉混合，揉成蓝色面团即可。	
粉色面团 ——紫甘蓝+ 柠檬汁	紫甘蓝汁　120克 面粉　200克 柠檬汁　3克	将柠檬切开，取3克柠檬汁，加入紫甘蓝汁中搅拌均匀，与面粉混合，揉成面团即可。	

* 紫甘蓝汁

紫甘蓝是非常神奇的蔬菜，又叫紫包菜。随着酸碱性的不同，可以变身成不同的颜色，染出不同颜色的面团。

材料 ▶

紫甘蓝 500克
水 500克

做法 ▶

紫甘蓝切成条（图1），加水，小火煮约5分钟至清水变紫色（图2），过滤得到紫甘蓝汁（图3）。

🧴 小·贴士

紫甘蓝汁之所以很神奇，是因为它含有一种被称为花青素的植物色素。这种色素易溶于水，对酸碱非常敏感。柠檬汁是酸性物质，会使紫甘蓝汁变成粉色。小苏打是碱性物质，会使紫甘蓝汁变成蓝色。在制作面团时，根据想要的颜色加入少许柠檬汁或小苏打即可。

从左边起依次为加了柠檬汁的紫甘蓝汁、纯紫甘蓝汁、加了小苏打的紫甘蓝汁。

制作天然色粉

除了用果蔬汁制作天然彩色面团，我们还可以将五彩斑斓的水果和蔬菜制作成彩色色粉。不仅颜色漂亮，而且容易存储。制作面团时加入果蔬粉来给面团调色，也是非常方便的。

果蔬的颜色丰富多彩，但是制作天然果蔬色粉的方法却是类似的，由4个主要步骤组成：果蔬洗净切片—烘干—研磨—过筛。

使用烤箱烘干时，设置温度90℃，时间视食材情况而定。食材全部干透，干脆易碎就好。另外需要注意的是，南瓜、胡萝卜和紫薯需要第一步切片蒸熟后再烘干。菠菜需要第一步焯水后再烘干。以紫薯为例，具体展示紫薯粉的制作方法。

胡萝卜粉

草莓粉

南瓜粉

火龙果粉

红菜根粉

菠菜粉

蝶豆花粉

树莓粉

紫薯粉

紫薯粉

材料 ▸　紫薯......................适量

做法 ▸

1. 紫薯切成厚一两毫米的片。
2. 将紫薯片均匀摆入盘中，放入蒸锅蒸熟。

3. 紫薯片蒸熟后放入烤箱，设置90℃，风干三四个小时。
4. 待紫薯片的水分完全蒸发后取出。

5. 将干紫薯片放入料理机中进行研磨。
6. 打成粉末后过筛，就可以得到细腻的紫薯粉了。

天然色粉的调色技巧

由于不同果蔬色粉的上色能力不同，以及所需要的面团颜色深度不同，所以无法提供固定的添加分量。在面团中添加果蔬色粉的原则是少量多次，建议先少量加入，适时加入少量水，边揉边添加色粉至满意的颜色即可。一次性加入太多的话会颜色过深。

以紫薯粉为例演示色粉调色方法：

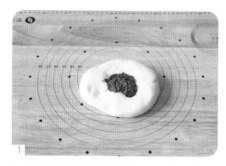

1. 取紫薯粉放在面团中间，加少量水。

2. 将色粉包入面团，像洗衣服一样揉搓面团。

3. 持续揉搓面团，面团颜色会逐渐均匀。

4. 最后把面团滚圆就是漂亮的紫色面团啦！

营养美味果蔬面

我从孩提时代就很喜欢和妈妈一起做面食，后来这变成了属于我和妈妈的一段美好回忆。所以我也期待让孩子拥有一样的体验，一起料理，一起品尝！创造共同的幸福回忆，大概这就是我想和孩子一起料理食物的初衷吧！

女儿还小时，我做面食的时候就会扯出一小块面团，由她随意揉捏。现在只要我开始揉面，即使不开口，孩子也会主动来帮忙！果蔬面条的制作步骤虽然简单，但想要把面团擀成薄厚均匀的面片，还是需要花一些力气和耐心的。彩色的果蔬面条不仅好看，面条里还带着食材淡淡的天然味道。孩子一起参与制作，便自然会有成就感——"这是我自己做的！"吃的时候会更加津津有味。

纯色果蔬面条

材料 ▸ 彩色面团（以南瓜面团为例，见P37）.........200克

做法 ▸

1. 取一块彩色面团擀成薄片。

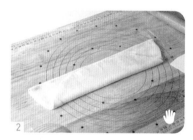

2. 撒一些面粉，将面片对折两次。

3. 切成大约5毫米宽的面条即可。

 小贴士

为了让家长更清晰地了解哪些步骤是孩子可以参与的，图片右下角用✋做了
标记，当你看到✋标记时，可以让孩子也来一起参与哦！

彩虹果蔬面

材料 ▸

火龙果面团..........100克
紫薯面团.............100克
南瓜面团.............100克
番茄面团.............100克
菠菜面团.............100克

注：彩色果蔬面团的做法见P37~38。

做法 ▸

1. 将5种彩色面团分别擀成面片。

2. 把面片叠起来，每层之间稍微喷些水。

3. 把步骤2的五色面片切成宽0.5~1厘米的细条，翻转90°使切面朝上。

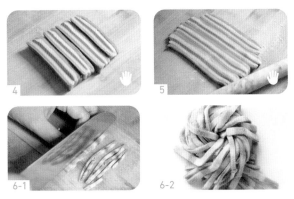

4. 五色面条之间涂抹一些水，把它们并列着如图示粘起来。

5. 顺着线条的方向，用擀面杖擀成薄薄的面片。

6. 将面片对折两次（参照P44步骤2），切成细面条即可。

春日樱花面条

初春，院子里的樱花更多了，满眼都是粉色。这是女儿最喜欢的颜色，她的房间、床被、衣服都是粉色的。在喜爱的加持下，制作这份美食时，女儿显得格外用心。人就是这样，兴趣和喜爱是最大的动力，孩子尤甚。粉色樱花部分的制作自然交给女儿全权完成，看着心爱颜色的美食，她都舍不得吃了。

食材 ▸

原色面团

中筋面粉 100克
水 50克

粉色面团

中筋面粉 100克
火龙果汁 20克
水 30克

做法 ▾

1-1　　　　1-2

2

1. 火龙果榨汁取20克，加30克水稀释后，与面粉混合，揉成粉色面团。
2. 取50克水，与面粉混合，揉成原色面团。

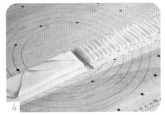

3. 将原色面团擀成薄片。

4. 将步骤3的面片对折几次后切成宽约1厘米的面条。

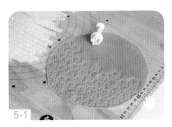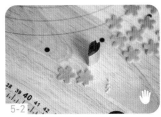

5. 将粉色面团擀成薄片，印出小花，每个花瓣去掉一点点尖角
   就是可爱的"樱花"。

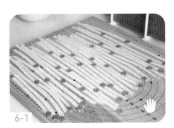

6. "樱花"的背面抹水，轻轻地贴在白色面条上即可。

 小·贴士

水煮开后下入樱花面，中火煮约5分钟直至完全熟透。由于"樱花"
是由火龙果汁制作而成的，所以较容易变质，建议现做现吃哦。

花花小饺子

　　把番茄汁、南瓜汁和菠菜汁分别加入面粉中，揉一揉，漂亮的三色面团便就绪了。接下来就是孩子的料理时间，由孩子来把面团擀成薄薄的面皮；由孩子来选择喜欢的模具，印出可爱的饺子皮。如果家里没有模具，也可以用不同形状的小杯子代替。

　　虽然有时候会想"跟孩子一起做会不会一团糟？会不会有点麻烦？"但是信任孩子也是我在亲子料理中学到的事情，孩子们自有一套想法和做法，有时候也会做出出人意料的作品。充分的信任能激发孩子天马行空的想象力，也是料理食物的乐趣之一。

亲子共厨日记

菠菜面团 100克
南瓜面团 100克
番茄面团 100克
注：彩色果蔬面团的做法见P37～38。

做法

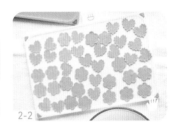

1. 将3种颜色的面团分别擀成薄薄的面片。
2. 用小花和爱心形模具压印面皮。

3. 加入馅料，在面皮周围轻轻地抹点水，两张面皮对在一起包成小小的饺子。
4. 水煮开后下饺子，所有的小饺子都浮起来后再煮一两分钟就可以出锅了。具体煮制时间根据馅料种类而定。

膨松面点

在揉制颜色丰富的果蔬面团时，加入适量的酵母，再经过造型和蒸制，就可以做出松软又可爱的卡通馒头啦！与孩子一起来设计各种各样的造型，将他们用面团实现出来，让孩子不仅打开了创意，锻炼了动手能力，也更能接受原本不喜欢的食材啦！

草莓豆沙包

两个女儿都对草莓情有独钟，可是草莓季只有春季那一段时间，我和女儿便想着怎么样可以把"草莓"多多留在我们的餐桌上。经常做草莓样子的美食，也是钟爱草莓的一种表达吧！孩子的想法总是非常朴质，爱屋及乌的心情让食物在嘴里有了新的味道。

 材料 ▶

中筋面粉	200克	红曲粉	少许
水	100克	抹茶粉	少许
酵母	2克	豆沙	80克
细砂糖	20克		

做法 ▶

1. 取一个玻璃杯，先将酵母和细砂糖放入水中搅拌均匀。
2. 然后把酵母水倒入面粉中。

3. 用筷子搅拌，面粉会逐渐形成雪花片状。

4. 取出放在面板上，用手揉压成光滑面团。

5. 称量240克面团，揉入红曲粉，是用来做草莓身体的粉色面团；称量20克面团，揉入抹茶粉，是用来做草莓蒂的绿色面团；称量15克面团，揉入红曲粉，是用来做小花的红色面团；留原色面团10克，用来做草莓籽。

6. 将240克粉色面团分成8等份，擀成皮；将豆沙也分成8等份，揉成小球，包入粉色面皮中，像包包子一样收口，摆入蒸笼中，间隔约为1厘米。

7. 将绿色面团擀成3毫米厚的面片，印出草莓蒂的形状。

8. 将红色面团擀成3毫米厚的面片，用模具印出小花的形状。

9. 小花中间用牙签扎出小洞，放入小粒的原色面团做花蕊。

10. 花朵和叶子背面抹水，粘在草莓豆沙包上。将原色面团做成小小的草莓籽，也借助水粘在草莓豆沙包上。

11. 给豆沙包盖上保鲜膜，环境温度28℃，等待豆沙包发酵发到原来体积的1.5倍大。冷水上锅，上汽后蒸约8分钟，时间到关火，静置5分钟即可出锅。

鸡宝宝甜甜圈面团

　　面团方便制作、容易塑形，特别适合和孩子一起制作造型。女儿在绘画课上设计了一个鸡宝宝的形象，我鼓励她和我一起把鸡宝宝变成美食，别看鸡宝宝形象简单，真做起来时大小不一的各种零件也让人有些费神。让我欣慰的是，女儿还是坚持到了最后。看着最后出炉的可爱成品，女儿眼神里充满了自豪，一部分源自自己的设计，一部分来自坚持做完美食的成就感。

材料 ▶	
中筋面粉	210克
酵母	3克
细砂糖	10克
南瓜泥	80克
水	30克
红曲粉	2克
黑可可粉*	1克

*黑可可是碳化后的可可粉，可可味道
不明显，一般做调色用。

做法 ▶

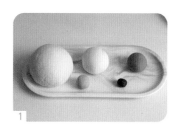

1. 将南瓜泥、2克酵母和150克面粉混合，揉成黄色面团；水中加1克酵母和细砂糖，搅拌均匀，加入60克面粉，揉成原色面团；取3块10克原色面团，分别加入红曲粉、黑可可粉，得到淡粉色（红曲粉少一点）、红色（红曲粉多一点）、黑色面团。

2. 将黄色面团擀成1厘米厚的面片，用环形模具压出环形，做出鸡宝宝的身体。将剩余的原色面团擀成3毫米厚的面片，印出环形，平均切成3份，作为鸡宝宝的小裤子。

3. 将粉红色面团擀成3毫米厚的面片，印出爱心形状的鸡冠。

4. 将黑色面团擀成2毫米厚的面片，做出黑色的眼睛，可以用模具印出小圆片。也可以取约米粒
大的黑色面团滚成球形后压扁。

5. 将黄色面团擀成3毫米厚的面片，用模具印出水滴的形状，从中间一分为二，作为小鸡的翅膀。

6. 将黄色面团搓成直径3毫米的细条，切成1厘米长的段，在三等分的位置用力推压一下，就做
出了小鸡的脚丫。

7. 把小鸡的配件一面抹水，按照图示样子逐个组装上去。

8. 给小鸡甜甜圈盖上保鲜膜，环境温度28℃，等待发酵发到原来体积的1.5倍大。冷水上锅，上
汽后蒸约8分钟，时间到关火，静置5分钟即可出锅。

我们还可以这样做！

紫薯花环馒头

甜甜圈在大部分人的印象里又甜又腻，是高糖高脂的食物代表。我家的"甜甜圈"却是清新的样子。面点甜甜圈再搭配上各种颜色的小花装饰，自然是清新可爱。

材料 ▸

原色面团		紫色面团	
中筋面粉	200克	中筋面粉	200克
酵母	2克	紫薯泥	30克
细砂糖	20克	酵母	1克
水	100克	细砂糖	20克
		水	100克

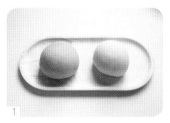 

1. 100克水中加2克酵母和20克细砂糖搅拌均匀，加入200克面粉，揉成原色面团；100克水中加1克酵母和20克细砂糖搅拌均匀，加入200克面粉和紫薯泥揉成紫色面团。

2. 取部分原色面团，擀成约1厘米厚的面片，用甜甜圈模具印出环形。

3. 取部分紫色面团，擀成约3毫米厚的面片，印出小花朵。

4. 将剩余紫色面团，擀成约2毫米厚的面片，切出细长的条作为丝带。

5. 将小花和丝带的一面涂少许水，如图示装饰在甜甜圈上。

6. 也可以将紫色面团和原色面团位置互换，做成如图示的样子。

7. 盖上保鲜膜，环境温度28℃，等待发酵发到原来体积的1.5倍大。冷水上锅，上汽后蒸约8分钟，时间到关火，静置5分钟即可出锅。

玫瑰花环馒头

馒头是再平常不过的主食，如何让它变得出众是件特别有意思的事情。这是我和女儿一天早上讨论的话题，女儿提出了很多想法，比如在馒头外面裹上一层棒棒糖糖浆、给馒头做一对天使翅膀、做一个穿婚纱的馒头……有些想法让我忍俊不禁。最后，我俩共同确定了玫瑰花环馒头这个想法。和孩子一起确定美食方案是件很有趣的事，孩子的想象力打开了我的思路，这样的互动也是增进感情的好机会。在欢声笑语中，我们开始了玫瑰花环馒头的制作。

材料 ▶

绿色面团

中筋面粉	20克
菠菜泥	10克
酵母	少许

原色面团+红色面团

中筋面粉	200克
酵母	2克
细砂糖	20克
水	100克
红曲粉	少许

做法 ▶

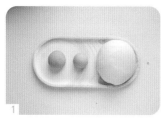

1. 将菠菜焯水打成泥，加入20克面粉和少许酵母揉成绿色面团；水中加2克酵母和细砂糖搅拌均匀，加入200克面粉揉成原色面团；取40克原色面团揉入红曲粉，得到粉红色面团。

2. 先做玫瑰花，把粉色面团擀成约2毫米厚的面片，用圆形模具印出小圆片。

3. 把5个小圆片交叠连续摆放，交叠处少量抹水。

4. 从一端开始，将5个粉色面片卷起来。

5. 从中间一分为二，就是玫瑰花了。

6. 制作小叶子，把绿色面团擀成约2毫米厚的面片，用圆形模具先印出小圆片，再在小圆片上继续压出叶子的形状，用刀背印出叶脉。

7. 用甜甜圈模具印出环形。

8. 玫瑰花和小叶子的背面抹水，如图示分别装饰上去。

9. 盖上保鲜膜，环境温度28℃，等待发酵到原来体积的1.5倍大。冷水上锅，上汽后蒸约8分钟，时间到关火，静置5分钟即可出锅。

花束面点

母亲节这天，女儿皱着眉头和我说："妈妈，我想送你一份母亲节礼物，但是我不知道该送什么。"我微笑着回答道："那就送我一束鲜花吧，一束用面点做的鲜花！"新的难题来到了女儿面前，她不知道该如何制作，但这些都难不倒一位会做美食的妈妈。我俩从确定鲜花的种类开始，一步一步把想法变成现实。我觉得这是一份很棒的母亲节礼物，不仅仅是因为花束面点很漂亮，更因为我感受到女儿长大了有一份惦记妈妈的心。

材料▶

黄色面团......100克　　　绿色面团......50克　　　可可粉..........少许
红色面团......100克　　　原色面团......70克　　　注：彩色果蔬面团的做
　　　　　　　　　　　　　　　　　　　　　　　　法见P37～38。

做法▶

1. 首先来做玫瑰花，将红色面团擀成约3毫米厚的面片，用圆形模具在红色面片上压出圆形，做成玫瑰花，方法参照P56～57。
2. 将黄色面团擀成约3毫米厚的面片，用模具压出雏菊形状。取20克原色面团加可可粉制成棕色面团，擀成约2毫米厚的面片，压印出小圆片，作为小雏菊的花蕊。

3. 剩余的原色和黄色面团分别擀成约3毫米厚的面片，用樱花模具分别在黄色和白色面片上压出樱花花瓣，中心用不同颜色的面团装饰。
4. 盖上保鲜膜，环境温度28℃，等待发酵到原来体积的1.5倍大。冷水上锅，上汽后蒸约6分钟，时间到关火，静置5分钟即可出锅。
5. 准备一张漂亮的烘焙纸，把蒸好的小花馒头摆好，做成花束的样子就完成啦！

第四章

料理挑战

米饭花样吃

彩色米饭

　　用天然的颜料给食材染色是女儿在厨房里最喜欢的活动之一。染色的过程很像绘画，特别能激发孩子的兴趣。面粉、米饭等食材都可以染上美丽的颜色。

　　一听到要制作彩色米饭，女儿就兴高采烈地过来帮忙。我们要做九种颜色的饭团，厨房摆满了各种颜色的食材和一大锅米饭，仿佛实验室一般，比实验室更棒的是做出的东西都可以吃。制作过程并不复杂，但是非常有趣。看着一款款彩色的饭团出炉，勾出了女儿的"馋虫"。古人云，色香味俱全，漂亮的色泽排在最前不无其道理。

番茄酱　　胡萝卜泥　　鸡蛋黄

菠菜泥　　火龙果　　紫薯泥

蝶豆花水　　酱油　　黑芝麻粉

做米饭　　将300克大米洗净后浸泡30分钟，沥干放入电饭锅中，加360克水，再滴几滴油，煮好的米饭就会晶莹透亮粒粒分明了。

做醋饭　　按照"300克大米+360克水+25克寿司醋+10克细砂糖+8克盐"的配比，为了使米饭更加可口，按照寿司醋饭的做法，加了寿司醋、细砂糖和盐，口味可以适度调节。当然，如果只想要白饭的味道，做醋饭的这一步也可省略。

  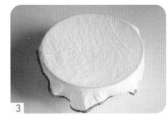

1. 按照配比准备食材。
2. 将寿司醋、盐和糖混合均匀，倒入刚焖好的米饭中，翻拌混合均匀。
3. 为了防止米饭水分蒸发，可以用湿润的毛巾盖在大碗上。

彩色米饭 / 饭团的做法

黄色米饭/饭团

(材料)▶ 蛋黄..................1个
米饭............150克

(做法)▶ 煮熟的蛋黄用筛子磨碎（图1），加入米饭里，搅拌均匀（图2），借助保鲜膜团成饭团（图3）。

  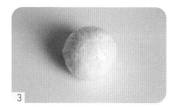

橙色米饭/饭团

(材料)▶ 胡萝卜泥........15克
米饭............150克

(做法)▶ 胡萝卜切片焯水（图1），打成胡萝卜泥，加入米饭里，搅拌均匀（图2），借助保鲜膜团成饭团（图3）。

红色米饭/饭团

(材料)▶ 番茄酱...........15克
米饭............150克

(做法)▶ 取番茄酱适量（图1），加入米饭里，搅拌均匀（图2），借助保鲜膜团成饭团（图3）。

绿色米饭/饭团

(材料)▶ 菠菜泥...........10克
米饭............150克

(做法)▶ 菠菜焯水（图1），打成泥，加入米饭里，搅拌均匀（图2），借助保鲜膜团成饭团（图3）。

粉红色米饭/饭团

材料 ▶ 红心火龙果汁 10克
米饭 150克

做法 ▶ 红心火龙果榨成汁（图1），加入米饭里，搅拌均匀（图2），借助保鲜膜团成饭团（图3）。

紫色米饭/饭团

材料 ▶ 紫薯泥 15克
米饭 150克

做法 ▶ 紫薯切片蒸熟（图1），打成泥，加入米饭里，搅拌均匀（图2），借助保鲜膜团成饭团（图3）。

蓝色米饭/饭团

材料 ▶ 蝶豆花水 10克
米饭 150克

做法 ▶ 蝶豆花泡在热水里，过滤出蓝色的汁液（图1），加入米饭里，搅拌均匀（图2），借助保鲜膜团成饭团（图3）。

棕色米饭/饭团

材料 ▶
酱油..............10克
米饭............150克

做法 ▶ 准备好酱油（图1），加入米饭里，搅拌均匀（图2），借助保鲜膜团成饭团（图3）。

灰色米饭/饭团

材料 ▶
黑芝麻 15克
米饭............150克

做法 ▶ 黑芝麻打碎成粉（图1），加入米饭里，搅拌均匀（图2），借助保鲜膜团成饭团（图3）。

🍶 小·贴士

1. 彩色食材的量不是固定的，以上列出的是推荐量，可以根据想要的颜色深浅来增减。

2. 米饭可以先加彩色的食材混合，再做成醋饭；也可以做成醋饭之后再混合彩色食材。

3. 蝶豆花水受酸碱度影响而变色。往醋饭里加蝶豆花水，混合后米饭会变成紫色；需要蓝色的饭团时，将蝶豆花水直接与米饭混合即可。

彩虹寿司

　　寿司经常会出现在我家的早餐中，这种温润的食物可以很方便地包裹不同食材，更重要的是孩子可以快速地参与到制作中。这次彩色饭团派上了用场，女儿选好了六种颜色开始制作。彩虹寿司其实不需要包裹特别的食材，无非就是把不同颜色的饭团整齐摆放。不过，对于女儿来说，这依然是个富有挑战性的工作，一会儿保鲜膜破了，一会儿米饭全粘在手上了。做到一半她有些气馁，孩子就是这样兴致来得快，走得也快。我们不能先于孩子失去耐心，要不断地给予鼓励，加上饥饿感的驱动，女儿终于完成了彩虹寿司。女儿说，做得好辛苦，都不舍得吃了。说完就满意地咬了一大口，惹得我哈哈大笑。

亲子共厨日记

材料 ▶

红色米饭 ....50克　　　蓝色米饭 50克
橙色米饭 ....50克　　　紫色米饭 50克
黄色米饭 ....50克　　　白色米饭 200克
绿色米饭 ....50克　　　寿司海苔 2片

注：彩色米饭的做法见P60～63。

做法 ▼

1-1　　　　　1-2　　　　　2

1. 准备好彩色米饭，借助保鲜膜和刮板把它们塑形成长10厘米、宽5厘米的长方形。

2. 将白米饭塑形成长20厘米、宽10厘米的大长方形。

3-1　　　　　3-2　　　　　3-3

3. 取寿司海苔，长度不够时可以借助米粒拼接，取几粒米饭在海苔边缘压扁抹平，随后将另一个海苔片黏贴上去即可。拼接后的海苔片长22厘米、宽10厘米。

4　　　　　5

6　　　　　7

4. 把海苔片铺在寿司帘上，将白饭铺在海苔片上。

5. 将长方形彩色米饭沿其中一条短边一层一层摞起来。

6. 借助寿司帘，将白米饭和海苔片卷起，用寿司帘稍微用力压紧。

7. 把卷好的寿司切成约1厘米厚的片即可。

西瓜饭团

夏日是西瓜的季节。炎热的时节，看到鱼肉都有些提不起兴趣，唯独西瓜造型让人感受到一些凉意。用红色和黄色饭团做果肉，用绿色和白色饭团做果皮，再用一些芝麻作点缀。惟妙惟肖的造型，让女儿也惊呼太像了。饭后再来一份真西瓜，便是完美的夏日一餐。你觉得，食物的造型会带来不一样的食用体验吗？试试就知道啦，至少我的女儿爱极了。

材料 ▶

黄色米饭 200克
粉红色米饭 200克
绿色米饭 80克
白色米饭 70克
注：彩色米饭的做法见P60~63。

做法 ▶

1. 将粉红色米饭和黄色米饭分别分成3等份。
2. 将每份粉红色和黄色米饭借助保鲜膜塑形成三角形，当作西瓜瓤。

3. 将白色米饭和绿色米饭借助保鲜膜分别塑形成长方形，贴在"西瓜瓤"上。
4. 将"西瓜瓤"和"西瓜皮"都组装好后，用黑芝麻点缀成西瓜子，然后装盘即可。

萌宠饭团串

　　孩子总是充满了想象力和创造力，妈妈们努力把平常的生活变得越发有趣和精彩。有时候，一点点小变化能达到事半功倍的效果。今日份惊喜——串成串的饭团，不仅好吃而且很可爱。饭团串的制作过程很简单，只需几根烧烤扦、三种颜色的米饭和一些小配件即可。女儿最喜欢给饭团做表情的步骤，摆个小熊，摆个小猪……孩子的想象力在饭团上绽放。

 材料 ▶

黄色米饭	120克	芝士	1片
棕色米饭	120克	熟蛋黄	1个
白色米饭	140克	寿司醋	少许
香肠	1段	寿司酱油	少许
胡萝卜	1小段	海苔	1小片

注：彩色米饭的做法见P60~63。

1. 准备好棕色、白色和黄色的米饭。

2. 每一碗米饭平均分成三份，每一份约40克，借助保鲜膜揉成圆球作为小动物的头部。

3. 借助保鲜膜再揉小球作为小动物的耳朵。

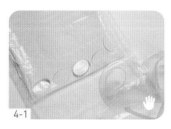

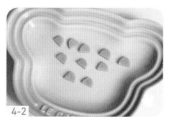

4. 准备装饰小动物五官的配件。用香肠印出粉嫩的耳朵；用刀片在胡萝卜上刻画小鸭子的嘴；用芝士片印出小熊的椭圆鼻子；用海苔和表情压花器印出表情。

5. 耳朵小饭团可以靠米饭本身的黏性粘住，如果需要更加牢固，可以使用干燥的意大利面插在饭团之间（注：这里的意大利面不能食用）。

6. 参照图中的样子进行组装就完成了。

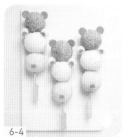

花花蛋包饭

　　蛋包饭是女儿最爱的一道美食，不过再美味的食物也抵不过一成不变的样式。时不时换个花样，即使是同样的食材也能让人耳目一新。女孩子都喜欢花朵，女儿也不例外。无论何物，但凡蹭上"花花草草"的名称，都会令人爱不释手。那就以"花花"之名赋予蛋包饭更多的美好。

　　这次把炒饭的工作也交给了女儿，虽然心中忐忑生怕她烫到自己，但依然表现出对她充满信任。女儿学着我的样子，有模有样地炒饭。最后，除了用韭菜扎紧是我来代劳，其余步骤都是女儿完成的，突然感觉女儿长大了，厨房正是我们共同成长的地方。

亲子共厨日记

材料 ▶

米饭	250克	胡萝卜	1/2根
洋葱	1/4个	韭菜	1小把
黄瓜	1/2根	芝士	1片
鸡蛋	3个	盐、酱油	适量
香肠	1根	番茄酱	少许

做法 ▶

扫码看视频

1. 胡萝卜、黄瓜和洋葱切丁备用。
2. 3个鸡蛋打散过筛，将鸡蛋液摊成蛋皮。

3. 用圆形波浪模型在蛋皮上印出花边。
4. 剩余的鸡蛋边角料切碎备用。
5. 接下来准备炒饭，锅中加少许油，先加入洋葱和胡萝卜，炒至洋葱变透明。

6. 当洋葱炒至半透明时下入黄瓜、鸡蛋碎和米饭，加适量盐和酱油调味就可以出锅了。
7. 炒饭稍微冷却后团成椭球形，长度和蛋皮的直径接近。把饭团放在蛋皮中间，然后用焯过水的韭菜当作绳子，在包裹炒饭的蛋皮中间打结固定。
8. 参考图片中的样子，用芝士片和香肠印出小花，装饰在炒饭上面，用番茄酱装饰作为花蕊即可。

礼物蛋包饭

　　"送你一份礼物！"我神秘地对女儿说道。女儿两眼放光，充满了期待。当看到是一份蛋包饭时，她却有些失望。我看出了女儿的心思，极力推荐她尝一口。带着些许不情愿，女儿浅尝了一下，之后神情明显舒展，三下五除二便都吃完了。美味是美食最基本的要素，再美的外表也需要足够好吃才能打动人。事后和女儿交心地谈了谈，原来她一开始以为礼物是件连衣裙或漂亮的玩具，而我拿出蛋包饭时，巨大的落差让她的幻想破灭，导致对于眼前的美食也提不起兴趣。我对女儿说，下次面对未知的礼物要保持一颗平常心，即使略有失望也要勇于接受和尝试，不然会错过更多美好。女儿点头表示同意。

材料 ▶

米饭....................200克	香肠....................适量
番茄....................1个	食用油..................适量
鸡蛋....................3个	盐......................适量
香菜....................适量	番茄酱..................少许

做法 ▶

1. 热锅，倒入食用油，取1个鸡蛋和1个番茄，做成番茄炒蛋，再加入米饭，加盐，做成番茄炒蛋炒饭。

2. 2个鸡蛋打散，过筛后摊成蛋皮。蛋皮薄而韧的秘诀就是加一点浓稠的水淀粉，2个鸡蛋加1小勺即可。

3. 蛋皮出锅，将步骤1的炒饭放在蛋皮中间，包起来。

4. 用焯过水的香菜茎当作绳子，缠绕在蛋皮上并打结。

5. 用香肠切出小花装饰，用番茄酱装饰作为花蕊即可。

花花口袋蛋包饭

　　这份花花口袋蛋包饭的难点在于蛋皮的制作要恰到好处，蛋皮不能太薄，否则容易破，也不能太厚，否则不好包。在包裹炒饭的过程中必须小心翼翼，用心折叠每一个褶皱。女儿更是遇到了大麻烦，在几次尝试后都没有成功，她有些受挫，还哭了起来。我没有急于去安抚她，待她冷静些许后，我拿着自己做失败的一份蛋包饭微笑着和她说："花花口袋蛋包饭就是很难做的一份美食，你看妈妈也会做错。"女儿思索了片刻说："包饭这步太难了，我还是帮妈妈做一些小配件吧，这些我拿手。"我自然是欣慰地同意了。坦然面对失败是难得的心境，暂且放下无法完成的事情，从擅长的其他事情重新开始不失为明智的选择。看着女儿的成长，也给身为成年人的我上了一课。

米饭	300克	香菜	适量
黄瓜	1根	食用油	适量
鸡蛋	3个	盐	适量
香肠	1根	番茄酱	少量
番茄	1个		

做法 ▶

扫码看视频

1. 热锅，倒入食用油，取1个鸡蛋和1个番茄，做成番茄炒蛋，再加入米饭，加盐，做成番茄炒蛋炒饭。
2. 2个鸡蛋打散过筛，摊成蛋皮。

3. 将步骤1的炒饭团成球形，放在蛋皮中间，类似包包子一样打褶包起来。
4. 用焯过水的香菜茎当作绳子，将蛋皮打结。

5. 用黄瓜和香肠切出小花和小叶子。
6. 把花朵和叶子装饰在开口的地方，用番茄酱装饰花蕊即可。

斑斓蔬菜便当

　　高中时带饭上学，每到用餐时间都期待打开饭盒的那一刻。到现在仍然觉得，放进饭盒里的饭好像更美味了！

　　如今的孩子很少有机会体验，我把这个想法和女儿分享了一下，没想到她格外感兴趣。和我小时候不同，如今便当的奥义在于均衡的营养和超高的颜值。不同颜色的食材切成圆圈，剩余的边角料也不浪费地炒入炒饭中。摆盘完成后，女儿拿着饭盒就准备出门了，原来她要带着便当去家旁的公园中享用。看来她已经完全理解了便当的精髓。

米饭	........................200克	鱼肉肠	........................1根
黄瓜	........................1根	黄色和红色小番茄	....3~4个
鸡蛋	........................1个	胡萝卜	........................1根
香肠	........................1根		

做法 ▸

1. 准备小小的圆形模具，把香肠和鱼肉肠印成小圆形；黄瓜、小番茄切片；胡萝卜切片后印出小星星的形状，然后焯水。
2. 鸡蛋打散过筛后，摊成蛋皮。

 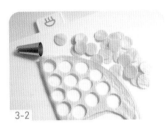 

3. 先按照便当盒的样子切出一个椭圆形，剩下的蛋饼印成小圆形。
4. 将剩下的各种食材边角料切碎，与米饭做成炒饭。

 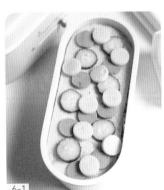 

5. 将炒饭铺在便当盒底部，把椭圆形的蛋皮铺在米饭上。
6. 参考图片，间隔摆放黄瓜片、香肠片、鱼肉肠片、小番茄片和胡萝卜小星星，超好看的便当盒就做好啦！

超萌小·熊蛋包饭

　　相对于"美","萌"更能打动孩子的心。"萌"到底是什么样的一种感觉呢？对于我来说，是一种找回童年美好的感觉。每每看到"萌"的物件，让我这个拥有两个孩子的妈妈也能回到少女时代。对于女儿来说，"萌"就是她这个年纪无法抗拒的时尚。制作这份超萌小·熊蛋包饭时，女儿状态满满，不为别的就是喜欢"萌"。单纯的喜欢是最纯粹的动力，能激发源源不断的能量把事情推进下去。我俩很顺利地合作完成了超萌小·熊蛋包饭，此时摆在女儿面前最大的问题是舍不得吃，这也许是喜爱的后遗症吧！

材料 ▶

米饭	200克	生菜叶	3～4片
鸡蛋	3个	食用油	适量
酱油	适量	盐	适量
芝士	1片	海苔	1片
胡萝卜	1片	香肠	适量

  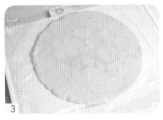

1. 1个鸡蛋打入米饭中，搅拌均匀。

2. 锅中加入少许油，加入米饭翻炒3～5分钟，加入盐和少许酱油，翻炒均匀就可以出锅啦。

3. 2个鸡蛋打散过筛，用不粘锅做一张蛋皮，铺在保鲜膜上。

4. 蛋皮上印出小熊的轮廓，铺上步骤2的酱油炒饭。

5. 蛋皮周围切出刀口，包好压实。

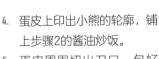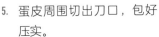 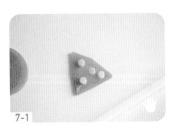 

6. 打开保鲜膜，将压好的小熊蛋皮取下。

7. 切1片三角形胡萝卜片，取少量芝士按压在胡萝卜片上，作为小熊的帽子；用圆形模具压印出3片圆形芝士，用海苔压花模具压出表情，将海苔贴在芝士片上，作为小熊的眼睛、鼻子和嘴巴；切2片香肠作为小熊的耳朵。盘子上铺一层生菜，将蛋包饭放在中间，在小熊头部装饰上眼睛、鼻子、嘴巴、帽子和耳朵，超可爱的小熊饭就做好啦！

79

小·熊南瓜浓汤

　　把美食做得漂亮并不难，但是把美食做得有趣，真需要多花些心思。南瓜和米饭这两种看起来普普通通的材料，如何才能变得有趣呢？这时候孩子的想象力就有用武之地了。我和女儿关于这个主题进行了讨论。我发现我的主意远远不及女儿的有意思，在我提出一个建议时，女儿已经说了三个。最后我们确定了泡澡小·熊的方案，想想都觉得好玩。

　　和孩子研究食谱是个相互成长的过程，我惊讶于孩子天马行空的想象力，孩子和我一起把想法变成现实。

材料 ▶

贝贝南瓜 2个	牛奶 约120克	盐 .... 少许
洋葱 1/2个	黄瓜 1/2根	海苔 .... 适量
胡萝卜 1/2根	米饭 200克	芝士 1小片
黄油 20克	香肠 1片	

做法 ▶

扫码看视频

1. 贝贝南瓜沿着上边缘切开，去掉瓜瓤，整个蒸熟。
2. 蒸熟后，用勺子刮出南瓜肉，这部分用来做南瓜汤。

3. 洋葱、胡萝卜切丁，用黄油炒香。
4. 把步骤2刮出的南瓜肉放入破壁机，加入牛奶，搅打成泥，制成南瓜浓汤。
5. 把步骤4的南瓜浓汤倒回锅中，煮开后关火，放少许盐调味。

6. 用米饭做出小熊的身体、头部、耳朵和小胳膊，放入南瓜碗当中。切2片香肠粘在耳朵上；取
   1小片圆形芝士粘在头部，然后粘上用海苔压花模具压出的表情。
7. 黄瓜和胡萝卜用模具压印出星星和爱心。在南瓜碗里加入南瓜浓汤，装饰小星星和爱心就完
   成啦！

亲子共厨日记

花花金枪鱼饭团

夏日炎炎，平时酷爱和我下厨的女儿也对炎热的厨房望而却步了。确实，最热的时候在没有空调的厨房待上半小时就大汗淋漓，尤其是开燃气灶时更加令人难耐。那就尝试不用火的美食吧。这次把制作场地搬到了客厅，女儿重拾了对美食和烹饪的兴趣。米饭、金枪鱼、黄瓜和芝士等就能完成这道夏日特别饭团。

如今发达的互联网可以让我们足不出户就能吃到饭店的菜肴。即使这样，我也会选择在夏日里和女儿亲自动手制作美食。或许会辛苦一些，但是除了能吃到更放心的食材，还能收获和女儿互相陪伴的珍贵时光。

材料 ▶	米饭............270克	香肠..............3片	番茄酱..........少许
	黄瓜..............1根	芝士..............1片	
	金枪鱼..........适量	寿司醋..........少许	

做法 ▶

1. 米饭加入寿司醋搅拌均匀。
2. 取约30克米饭，团成球后压扁，包入金枪鱼肉，一共做9个饭团。

3. 黄瓜用削皮刀削成薄片，取香肠和芝士片印出小花。
4. 将黄瓜条绕在饭团上，并用金枪鱼点缀；在另外的饭团上摆一片香肠，再摆一片芝士，用番茄酱点缀花蕊就完成啦！

扫码看视频

小·熊咖喱饭

虽然已经是两个娃的妈，但是我对于可爱的事物依然没有丝毫抵抗力。成人眼中的美食和孩子眼中的美食是不同的。对于孩子来说，可爱的造型是个非常大的加分项。比如咖喱饭，一听便平平无奇，但是如果做成可爱的小熊咖喱饭，足以让孩子眼前一亮。过程或许复杂了一些，不过收获了女儿大大的赞扬也是值得的。"常怀赤子之心"不仅是做人的道理，也是和孩子一起烹饪的心法之一。

材料 ▶

鸡肉咖喱		米饭小熊的部分	
鸡胸肉	1块	米饭	150克
胡萝卜	1/2根	海苔	1片
洋葱	1/2个	香肠	1片
青豆	适量	芝士	1片
咖喱酱	50克	西蓝花	1朵
土豆	1个	小番茄	2~3个
料酒	少许	鸡蛋	1个
酱油	少许	淀粉	适量
黑胡椒	少许		

做法
▼

1. 洋葱、胡萝卜、土豆切丁。
2. 鸡胸肉用少许料酒、酱油和黑胡椒腌制约半小时。
3. 腌好的鸡胸肉下锅，小火煎至两面金黄，出锅温凉后切丁。

4. 锅中放少许油，先下胡萝卜炒至变色，加入洋葱和土豆炒香，加入青豆和鸡胸肉继续翻炒。最后加入咖喱酱和水，水需要完全没过食材，炖煮20~30分钟，土豆等食材全部熟透即可。

5. 接下来准备蛋皮，1个鸡蛋加入少许淀粉打散，过滤后蛋液会更加细腻。取不粘锅，全程中小火，将蛋液摊成蛋皮，借助蛋糕圈将蛋皮切成圆形备用。

6. 借助保鲜膜，把饭团捏成小熊的样子。

 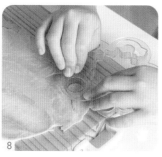 

7. 用海苔片压印出小熊的眼睛、鼻子和嘴巴。

8. 用香肠制作小熊的耳朵和红脸蛋。

9. 用小番茄切出郁金香花朵。

10. 将步骤5的蛋皮切成半圆形，将西蓝花焯熟。将步骤4的鸡肉咖喱盛入碗中，参考图中的样子摆放和装饰小熊即可。

鸡蛋花样吃

鲜美蒸蛋羹

　　赶时间的时候，我经常会选择做一份豪华版的蒸蛋羹，它的步骤简单、营养丰富。最重要的是，女儿爱吃，每次都会吃完。

　　我们总能听到"妈妈的味道"这个词语，到底什么是妈妈的味道呢？我觉得妈妈的味道就藏在这些简单却又个性化的美食里。特别复杂的大餐，生活中难得做一次，难得吃一回。像蒸蛋羹这样的美食，一份食材的变化就能带来口感的差别，不同妈妈的习惯造就了不同的味道。千万个妈妈就有千万个妈妈的味道，但是所有的味道都来源于自家的厨房，来自于孩子的回忆。

材料 ►

鸡蛋	2个	胡萝卜	1段
鲜虾	4~6只	香菇	2朵
菠菜	2棵	蟹味菇	少许

做法 ►

1. 鲜虾去壳、去虾线。
2. 锅中倒入500克清水，煮开，下虾壳煮成虾汤，过滤放凉备用。

扫码看视频

3. 香菇切成四瓣，每瓣切出十字图案。
4. 胡萝卜切片；菠菜切成容易入口的大小；蟹味菇、胡萝卜和菠菜分别焯水。
5. 胡萝卜印出小花的样子。

6. 鸡蛋打散，加入约鸡蛋2.5倍的鲜虾高汤，搅拌均匀后过筛。
7. 加入菠菜、香菇和蟹味菇，上锅蒸10分钟。
8. 加入胡萝卜花和鲜虾，再蒸5分钟，关火后闷3分钟就可以出锅啦！

滑蛋鸡肉亲子饭

"你敢不敢吃没熟的鸡蛋呀？"我笑着问女儿。

女儿带着奇怪的表情对着我摇摇头。

我们总会先入为主地抵抗一些新奇但是看起来不那么友好的食物，比如第一次吃臭豆腐、第一次吃榴莲。如果不去勇敢尝试，或许就错过了你中意的美食。这次我要挑战一下女儿固化的饮食观，用一道亲子饭让她开启半熟鸡蛋的体验。切记要用可生食鸡蛋哦。

和我预想的一样，女儿一开始完全不想吃，在我百般鼓励下终于尝了一小口，发现味道还不错，最后吃完一份后还问我要第二份。不过我也做好了失败的计划，毕竟不是所有人都会喜欢半熟的鸡蛋，如果女儿不爱吃，我依然会加倍赞许她愿意尝试的精神。

材料 ▶

鸡腿...............2个	香菇水..........30克	盐..................适量
香菇...............2个	酱油..............30克	水..................适量
洋葱...........1/2个	料酒..............20克	黑胡椒..........适量
可生食鸡蛋......2个	细砂糖..........适量	

1. 香菇泡软后切丝。
2. 洋葱切丝。
3. 鸡腿剔骨把筋切断，用盐和黑胡椒调味。

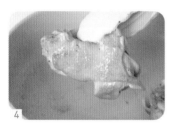  

4. 用不粘锅把鸡皮煎至金黄，切成约1.5厘米的小块。
5. 容器中加入香菇水、酱油、料酒，再加入细砂糖、盐和适量的水，拌匀，制成酱汁。
6. 洋葱炒至透明，加入香菇和鸡肉炒香，淋入步骤5的酱汁。

7. 取2个可生食鸡蛋，打散但是不要打得很均匀。
8. 将蛋液倒入锅中，蛋液煮到半熟时就可以关火了，浇在米饭上即可。

🧤 小·贴士

1. 如果想要吃鸡蛋嫩滑的口感，更推荐用可生食的鸡蛋，就可以放心享用美味的半熟滑蛋了；如果喜欢全熟且比较嫩的蛋，蛋液半熟时关火，盖上锅盖再焖5分钟，也可以得到相当美味的全熟滑蛋。
2. 蛋液稍微打一下即可，不要打得很匀，这样滑蛋会更加漂亮。

扫码看视频

格子蛋卷

　　鸡蛋是家中的常备食材之一，也是女儿最喜爱的食物之一。不需要大鱼大肉，她几乎每天都能吃到最爱的食物。虽然，女儿说每天炒个蛋就能满足了，但是作为妈妈，我总是想办法准备更美味的鸡蛋美食。

　　粉色的午餐肉、白色的自制鱼糕和黄色的厚蛋烧，光是颜色组合就很漂亮，出锅后的味道更是鲜美。推荐一定要尝试一下。

材料 ▸

鸡蛋 3个
自制午餐肉 2根
自制鱼糕 2根
食用油 .... 少许

做法 ▸

1. 准备午餐肉和鱼糕，切成1厘米宽的长条。
2. 鸡蛋打散，用筛子过滤，可以去掉气泡和结块的蛋清。

3. 取方形的锅，用圆形的锅也可以，刷少许油，倒入约1/3的蛋液。
4. 约八成蛋液凝固后，间隔放入午餐肉和鱼糕，与蛋皮一起卷至锅的一端。再倒入约1/3的蛋液，再次卷起至锅的另一端，直到蛋液全部用完。

5. 用寿司帘稍微塑形会更加紧实好看，用刀切片摆盘，漂亮的格子鸡蛋卷就完成啦！

爱心小·蛋卷

　　曾经读到过一份调查数据，说胡萝卜是孩子们最讨厌的蔬菜之一。不巧的是胡萝卜富含多种维生素，是孩子成长过程中非常需要的一种蔬菜。女儿有时甚至会感慨：要是巧克力和棒棒糖能有胡萝卜和西蓝花的营养该多好！感慨归感慨，该吃还是要吃。不过，换种吃法孩子就能爱不释口。孩子们之所以不爱吃胡萝卜，主要原因在于胡萝卜特有的气味。把胡萝卜剁碎放入鸡蛋液中做成厚蛋烧，就闻不到胡萝卜的气味啦！造型好看的话就更加分了。最后点缀上一些番茄酱，人见人爱的爱心小·蛋卷让孩子从此爱上胡萝卜。

亲子共厨日记

材料 ▶

鸡蛋 3个
胡萝卜 1/3根
鲜虾 2只

盐 .... 适量
番茄酱 .... 适量

做法 ▶

1. 胡萝卜切丁，鲜虾去虾线，切成泥。
2. 一只碗中放2个蛋清、鲜虾泥和胡萝卜丁，拌匀；另一只碗放1个蛋清和3个蛋黄，打成蛋液，按照口味加入适量的盐。

3. 取方形的锅加入少许油，先做蛋清的部分。先倒入一半的蛋清液，八成熟的时候轻轻卷起，再倒入另一半蛋清液，最后得到长条形的胡萝卜蛋白卷。
4. 把步骤3的胡萝卜蛋白卷放在锅中，分两三次倒入蛋黄液，逐层卷起。

5. 取出切成段，每段约1厘米。
6. 如图所示将鸡蛋卷斜切，翻面后合起来就是爱心的形状了。
7. 将爱心蛋卷摆盘，用番茄酱画出爱心装饰即可。

爱心鸡蛋寿司

　　刚读一年级的女儿学习遇到一些困难，心情低落。我准备做份美食安抚一下她，顺便和她聊聊天，聊天主题便是"一点都不好做的厚蛋烧"。想来我已经做过很多很多次厚蛋烧了，但是每次开始制作新的厚蛋烧还是有些紧张。火候的把握、卷起半熟蛋饼的时机，都对一份完美的厚蛋烧有着重要影响，失败也是经常发生的。即便有十足的把握，也不能掉以轻心，稍不留神就无法完成一份形状和色泽完美的厚蛋烧。女儿没想到制作厚蛋烧还有这么多困难需要战胜，好像也有了更多的勇气来克服自己的困难了。在默契的配合下，我俩完成了一次厚蛋烧的制作。

亲子共厨日记

材料 ▶	鸡蛋.......................4个	番茄酱...................少许
	米饭.......................1碗	盐.........................少许
	海苔.......................1片	食用油...................少许

做法 ▶

1. 鸡蛋打散过筛，这一步会去掉气泡和难以打散的蛋清，使蛋卷更加平整。

2. 取方形的锅加入少许油，开始做蛋卷（做法参照P93）。

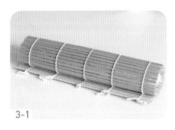  

3. 做好后，用寿司帘卷成圆柱状定形，形状会更加好看。

4. 取海苔，铺上一层米饭，转移到寿司帘上，将蛋卷放在一端，慢慢卷起。卷到另一端后，稍稍用力压紧定形即可。

5. 取出切成约1厘米厚的片，用番茄酱点缀上心形即可。

香肠花花鸡蛋饼

鸡蛋饼简单易做，味道出色，而且可以变换出很多花样，女儿百吃不厌。有时候，女儿起得早还会和我一起制作，那样的早晨真是一天的完美开端。

搅拌的工作全权交给了女儿，这是她在厨房中最爱干的工作。我夸一句"干得漂亮"，又增加了女儿更多的动力，她连忙把香肠压花的工作也包揽了下来。在超有干劲的女儿的帮助下，我们很快就完成了鸡蛋饼，配上热牛奶和时令水果，便是完美的早餐组合。

亲子共厨日记

材料▶

面粉	50克	盐	少许
鸡蛋	2个	香肠	适量
水	约120克		

做法▶

1. 香肠切片，印出花朵的形状。
2. 面粉和鸡蛋放入碗中，加水和少许盐，搅拌均匀。

3. 步骤2的面糊过筛，除了能过滤掉气泡，还能使面糊更加细腻。
4. 取一口不粘锅，全程小火，锅微温的时候倒入面糊摊成圆饼。
5. 在面糊半凝固的时候，放入香肠花朵，盖上锅盖，开小火焖一两分钟，面饼熟透就可以出锅啦！

星星菠菜鸡蛋饼

　　鲜艳的颜色能否刺激孩子的食欲呢？至少在我家里，女儿对鲜艳颜色的食物格外感兴趣，也许是视觉的刺激让她产生了足够的好奇心。菠菜算不上女儿爱吃的蔬菜，换个形式做成菠菜鸡蛋饼就增加了她对菠菜的好感。单纯的绿色鸡蛋饼依然无法挑起足够的食欲，再镶嵌几颗金黄色的小星星，就令人眼前一亮。女儿也惊呼，这简单的设计竟然如此让人喜爱。味道也很讨喜，浓郁的蛋香中藏着淡淡的菠菜的味道，是不错的早餐选择。

材料▶

菠菜	50克	水	120克
中筋面粉	50克	盐	少许
鸡蛋	3个		

1. 菠菜洗净焯水，沥干后放入搅拌机，加入约120克水打成泥。
2. 菠菜泥倒入大碗里，加入面粉、2个鸡蛋和少许盐，搅拌均匀。

3. 1个鸡蛋打入碗中，轻轻打散以免进入过多空气，过筛后的蛋液更加细腻且无气泡，加少许盐搅拌均匀。
4. 取一口不粘锅，微温的时候倒入步骤2的菠菜面糊摊成圆饼。

5. 熟透后取出，用模具压印出星星的形状。
6. 把菠菜蛋饼放回到锅中，在星星的位置加入步骤3的蛋液，小火加热至熟透，就可以出锅啦！

花朵厚蛋烧

为何要花精力把食物做得精致?

从最底层的需求来说，食物只需要填饱肚子即可。然而，我们早已不是原始人类，更高层次的需求激励着我们追求更美好的生活。精致的美食就是一种生活态度，这也是我的生活态度，是我希望孩子长大后应该有的生活态度。努力过好每一天，吃好每一顿饭。就像这份花朵厚蛋烧，放上一些小花，装饰上一些香菜，颜值瞬间提高了很多。这已经不仅仅是一个厚蛋烧，而是在生活中创造美好。

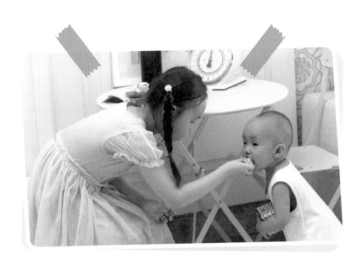

材料 ▶
鸡蛋............................4个
香肠............................1根
香菜............................1棵
盐 ....少许
食用油 ....少许

扫码看视频

做法 ▶

1. 香肠切片，用模具印出花朵，边角料切碎备用。

2. 将4个鸡蛋的蛋黄和蛋清分开。蛋黄里加入碎香肠和少许盐搅拌均匀，蛋清里加入少许盐搅拌均匀。

3. 取小方锅，刷少许油，全程小火。蛋黄液分两次倒入锅中，蛋液七成熟时卷起蛋皮（做法参照P93）。

4. 蛋清分三四次加入，蛋液七成熟时卷起蛋皮。在最后一次加入蛋清之前，摆入香肠花朵和两三根香菜。

5. 将所有的蛋清用完，再小火煎一两分钟即可出锅。

6. 将鸡蛋卷切分成四五块即可。

西瓜鸡蛋卷

　　色、香、味是考量一道美食的三个传统维度，在我家的厨房中还多了一个维度——"新奇"。往往新奇的造型会让人眼前一亮。这份西瓜鸡蛋卷就让女儿惊叹了一番："这也太像了吧！"西瓜和鸡蛋，看似毫无关联的两个词语，如何在一道美食中结合呢？制作之前，我和女儿来了一次头脑风暴。孩子的想象力确实丰富，西瓜汁鸡蛋羹、西瓜皮鸡蛋汤等，听得我脑洞大开。最后，我用香肠、西葫芦和芝麻还原了西瓜，女儿大为震惊。吃完饭，她还顺着这个思路和我讨论了许久创意菜谱。"新奇"的美食不仅博人眼球，还意外成为打开孩子思路的引子，真是物超所值了。

鸡蛋	4个	黑芝麻	少许
西葫芦	1个	盐	少许
香肠	1根	食用油	少许

做法 ▶

扫码看视频

1. 洗净的西葫芦切掉两头,切成与锅一样的长度。
2. 西葫芦从中间对切,再切成四分之一,用有弧度的模具或勺子,将西葫芦的瓤刮下来。

3. 将西葫芦焯水,水里加一些盐可以让西葫芦保持绿色。
4. 香肠从中间对切,再切成四分之一,与西葫芦组合在一起,就是西瓜的样子了。
5. 四枚鸡蛋打散,加入少许盐调味,蛋液过筛。

6. 小方锅中刷少许油,全程小火,蛋液分三四次倒入锅中,将"西瓜"放在锅的上端,蛋液七成熟时将"西瓜"卷起,蛋液全部用完即可(做法参照P93)。

7. 出锅后用寿司帘卷起,稍稍用力压紧塑形。
8. 将鸡蛋卷切片,每片约1厘米厚。
9. 点缀黑芝麻,西瓜鸡蛋卷就做好了。

奶香南瓜布丁

　　这是一份秋天的甜点，秋天的南瓜似乎做什么都好吃。无论是中式菜肴，还是西式甜点，南瓜凭借着温润的味道和细腻的口感成为原材料中的常客。相比于中餐，西餐在烹饪过程中对于重量、温度和时间的要求更为严格，严格到菜谱可以成为厨房中的数学课教案了。我经常鼓励女儿来帮忙称量和计时，虽然有时候会不小心出错，甚至有时候会影响到成品。但这些经历都会让孩子深刻感受到数学在平常生活中的重要性。如果成品还很美味，那更是双份的成就感。

材料 ▶

南瓜布丁部分

南瓜泥 150克
牛奶 150克
淡奶油 50克
鸡蛋 1个

蛋黄 1个
细砂糖 40克
香草精华 .... 数滴

装饰

淡奶油 50克
细砂糖 5克
南瓜子 10颗

做法

1. 南瓜切块蒸熟，取南瓜泥150克。
2. 南瓜泥加入40克细砂糖，搅拌均匀。
3. 一整个鸡蛋加一个蛋黄，打散。

4. 步骤3的蛋液分两次加入步骤2的南瓜泥中，搅拌均匀。
5. 牛奶与50克淡奶油混合，用微波炉加热到50～60℃，倒入步骤4的南瓜泥中搅拌均匀。
6. 将步骤5的南瓜蛋奶液过筛，可以让布丁更加细腻。

7. 过筛后的南瓜蛋奶液倒入耐热玻璃杯中。
8. 杯口盖上锡纸，用烤箱水浴法130℃烤制30分钟。布丁液全部凝固即可。
9. 放入冰箱里冷藏1小时味道更好。将50克淡奶油加5克细砂糖打发，用裱花袋挤在布丁上，最后加几颗南瓜子装饰即可。

 小·贴士

南瓜品种不同，含水量不同，做出来的南瓜布丁口感也略有不同。
本食谱使用的是贝贝南瓜，含水量较少，布丁口感细腻香甜。

扫码看视频

吐司花样吃

吐司布丁

　　有时候把循规蹈矩的吃法打破就能成就一道美食。吐司最常见的吃法之一是整片抹上果酱或黄油。某个早晨我和女儿想改变一下吐司的吃法，把它切碎做成布丁或许是很好的主意。

　　说干就干，没过多久吐司布丁就完成了。女儿尝了尝，觉得是非常成功的一次尝试。生活中这些打破常规的小变化，总能给人带来更多的惊喜。

材料 ▶

培根...........................2条
鸡蛋...........................2个
吐司...........................1片
牛奶...........................70克
玉米粒.......................适量
大蒜.......................1~2瓣

扫码看视频

做法 ▶

1. 吐司切成约1.5厘米见方的小丁，放入烤盘中。
2. 大蒜切碎。步骤1的吐司丁铺上培根，撒入玉米粒和蒜泥。

3. 2个鸡蛋打散，加入70克牛奶，搅拌均匀后倒入步骤2的烤盘中。
4. 放入烤箱中层，150℃烤15~20分钟，烤至蛋液熟透、吐司金黄就可以出炉啦！

果酱吐司拼盘

　　我家的厨房像一个课堂，有时是科学课，有时是手工课，有时是绘画课。在"绘画课"里，吐司像一张画纸，果酱则是颜料，供我们创作出一幅幅可以吃的作品。这次和女儿一起制作一份果酱吐司拼盘，红色的草莓酱、黄色的杏子酱、蓝色的蓝莓酱，在吐司上绘出一幅多彩的图案。女儿特别喜欢这样来做美食，极具艺术感的烹饪，我想没有人会拒绝吧。

材料 ▶

吐司 5片

草莓果酱 ....适量

菠萝果酱 ....适量

蓝莓果酱 ....适量

白色巧克力笔 1支

注：果酱的做法见P110～111。

做法 ▶

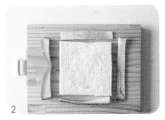

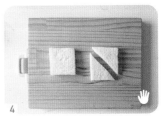

1. 准备好所有食材和三种果酱。

2. 将每一片吐司去边。

3. 将每片吐司切成4个小正方形，一共可得到20个小正方形吐司。

4. 取6个小正方形吐司沿着对角线切开，得到12个三角形吐司。

5. 在小正方形吐司上涂抹一层果酱。

6. 摆上一个三角形的吐司。

7. 用白色巧克力笔点缀，就完成啦！

美味果酱怎么做?

果酱是我家冰箱里的常备食物。不同季节制作不同的果酱也成了家中厨房的固定"节目"。春季的草莓酱,夏季的杏子酱和桃子酱,秋冬季的金橘酱,每个季节都有属于自己的时令果酱。

女儿已经是做果酱的"高手",从采摘到清洗,再到熬制,每个步骤都一清二楚。对我来说,制作果酱是件让人身心愉悦的事情。一边清洗一边偷吃,自由自在。熬酱时,一遍一遍地搅拌锅里的果酱,直到变浓变稠的过程,出奇地让人放松。

果酱万能公式:

400克水果+200克细砂糖+20克柠檬汁

果酱可以减糖吗?

一般来说,熬制果酱的比例是果肉:糖=2:1,这样的果酱可以保存一年。按照自己的口味,糖可以减少,保质期会有所减短,尽快吃完就可以啦。

果酱如何储存?

准备可以密封的瓶子即可,盛放果酱之前一定要用水煮或者蒸过,消毒之后再使用。果酱煮好后,趁热装瓶密封倒置冷却,可以保存得更久。

草莓果酱

（材料）▶
草莓......................500克
细砂糖 250克
柠檬汁 25克

（做法）
▼

1. 草莓洗净切块。

2. 加入细砂糖，腌制半小时以上，腌至出汁水。

3. 大火煮开后撇去浮沫，转小火熬制约30分钟，注意随时画圈搅拌以防粘锅。

4. 熬至黏稠状时，加入柠檬汁，再熬煮大约5分钟关火。

5. 趁热装瓶，盖上盖子倒扣冷却即可。

太阳花吐司

　　在我家的厨房里，吐司除了是食物，还是一张"画布"，用食材作画。吐司本身没有特别的味道，常规的吃法也是在上面抹各种酱料，或是放上各式食材，可以直接吃也可以烤制后食用。只要在摆放食材时花点心思，就能得到完全不一样的吐司——像画一样的吐司。这次，准备和女儿一起"画"一幅太阳花吐司。过程非常简单，把需要的食材按照想象的图案依次摆放即可，女儿全程主导了制作过程，完成后充满成就感。

材料 ▶

吐司	2片	黄瓜	1/2根
芝士	3片	玉米粒	适量
香肠	适量	番茄酱	适量

做法 ▶

1. 准备好所有食材，将番茄酱涂抹在吐司上。
2. 加上一层芝士片，如果芝士片的面积略小于吐司，需要在边上补一些，让吐司被芝士片铺满。

3. 用圆形模具在香肠上压印出向日葵花蕊，用玉米粒做向日葵的花瓣，将"花瓣"依次摆好。
4. 用削皮刀削出黄瓜皮，用小刀切出叶子和茎，把它们摆好。

5. 将吐司放在平底锅中，盖上盖子小火煎2分钟，关火再继续闷约3分钟。
6. 芝士融化即可出锅，超美丽的吐司就做好啦！

爱心吐司

　　我的美食作品中经常会出现爱心，因为女儿和我都很喜欢这个图案。美食中一颗小小的爱心有时能给人带来出乎预料的温暖。这份爱心吐司的制作过程十分巧妙，从吐司上切下的半个爱心形状与空缺的另一半组成了一个完整的爱心。有时小小的一个创意便能给人带来完全耳目一新的感觉。希望这份爱心吐司让你的生活中有爱常伴。

吐司..........................2片　　黑色巧克力笔 1支
草莓果酱（见P111）.... 适量　　白色巧克力笔 1支
糖粉.......................... 适量

做法 ▶

1. 吐司切去4条边。
2. 用爱心模具在1片吐司上压出半个爱心。

3. 在整个方形吐司上涂抹草莓果酱，参照图片组装吐司。

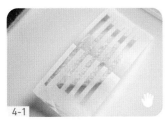  

4. 白色的半个"爱心"上，铺上用纸事先做好的模具，筛撒上糖粉。
5. 用白色巧克力笔挤出波点，用黑色巧克力笔写"love"字样，美好的爱心吐司就完成啦！

鸡蛋吐司

　　鸡蛋和吐司，两种常见的食材能碰撞出什么样的火花？常规的灵感已经无法打动我和女儿，这次来个不破不立，先把食材都"破开"变成小份再重新组合，新的灵感就诞生啦！女儿惊叹于创作还可以这样。生活中不必要事事循规蹈矩，换个思路、换个方法就能得到完全不同的结果。充满艺术气息、又有点抽象的鸡蛋吐司完成了，女儿问我像什么呢？我觉得像落日，又像飞碟。女儿觉得像一个盛着南瓜汤的盘子。这样的美食创作很有趣，随心而动，最后的作品就像抽象画作，每个人都有自己的理解。

材料 ▶

吐司 .... 3片   番茄酱 .... 适量
鸡蛋 .... 1个   沙拉酱 .... 适量

做法 ▶

1-1

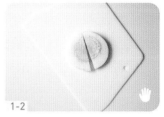
1-2

1. 鸡蛋蒸熟，用切片器切片，圆形鸡蛋片再用刀一分为二。如果没有切片器，可以用刀切成厚度尽可能均等的片。

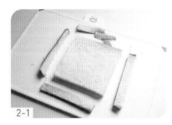
2-1

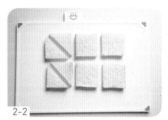
2-2

2. 吐司片去边，将每片吐司切成4个小正方形，一共得到12个小正方形吐司。取4个小正方形吐司沿对角线切开，得到8个三角形吐司。

3

4

3. 在正方形的吐司上涂抹一层番茄酱。
4. 先摆上一个三角形吐司，再沿着三角形的斜边摆上一片鸡蛋。

5-1

5-2

5. 把沙拉酱放入裱花袋，在每个鸡蛋片上挤出喜欢的花纹即可。

水果花花吐司

　　各种水果有着天然丰富的色彩，还有各自独特的香气和味道。这次制作水果花花吐司，我选取了三种风格迥异的水果作为原料：香甜软糯的香蕉、酸甜爽口的猕猴桃和鲜艳多汁的橙子。橙子作花瓣，香蕉作花蕊，猕猴桃作绿叶，再配上一些生菜切成的小叶子形状，一份好看、好吃、营养丰富的水果花花吐司就完成了。女儿说，用画笔都画不出如此好看的花朵图案，没想到用水果拼了出来。她迫不及待地咬上一口，味蕾也被征服。

材料 ▸

吐司.....................2片   猕猴桃 1个
橙子.....................1个   酸奶.....................适量
生菜.....................几片   番茄酱 ....适量
香蕉.....................1个

做法 ▸

1-1

1-2

1-3

1-4

1. 橙子切片后去皮，猕猴桃去皮切片，香蕉用模具压印出花的样子，生菜用模具压印出小叶子的形状。

2

3

2. 吐司切去四边，涂抹上酸奶。

3. 按照图中的样子，第一层摆上橙子和猕猴桃，第二层用香蕉花和小叶子来点缀，最后用番茄酱点缀花蕊即可。

彩虹三明治

如果让我选一份野餐必备食物，我想我会选三明治。当年在国外留学时，各种三明治近在咫尺，但是却对它没有什么好感。如今回国成了妈妈，却时不时会做一份三明治带到公园中品尝。也许人的口味真的会随着时间变化，又或许变化的是心境吧。

女儿一点都不排斥三明治，无论是什么夹心都会吃得津津有味。这份彩虹三明治是她的"三明治最爱系列"，或许是因为颜值在线吧，不过味道也是没的说。我无比珍惜和女儿一起去公园吃三明治的时光，女儿长大后时间会逐渐被各种琐事占据，共处的时间将不可避免地变少。

材料 ▶

吐司	5片	培根	3片
番茄	1个	生菜	2片
紫薯泥	适量	沙拉酱	适量
鸡蛋	3个	黑芝麻	少许

做法 ▶

1. 生菜洗净，番茄洗净切片，1个鸡蛋煎成荷包蛋，培根煎至熟透，紫薯蒸熟后压成泥。
2. 取一片吐司，均匀涂抹紫薯泥。

3. 放上一层吐司片，均匀涂抹沙拉酱，摆放一层番茄片。
4. 继续放上一层吐司片，摆放培根和荷包蛋。

5. 继续放上一层吐司片，摆放生菜。
6. 放上最后一层吐司片，切去四边备用。
7. 剩余的2个鸡蛋磕入碗中，加入少许黑芝麻，搅拌均匀，吐司六个面全部蘸满蛋液。

扫码看视频

8. 放入平底锅中煎至鸡蛋熟透。
9. 取出沿对角线轻轻切开即可。

雪糕吐司盒

夏天少不了雪糕的味道！记得在我小时候，长辈总是告诫我要少吃冰凉的东西，否则对身体不好，我只好抑制心中对雪糕的渴望。如今女儿也超爱雪糕，我并没有特别控制。夏天吃雪糕理所当然，不过单吃雪糕似乎有些单调，夏天的下午茶也应该丰富一些。雪糕切条放入吐司盒中，颇有港式茶点的味道。再配上一些水果，这样的冰品才对得起这炎热的夏日。

材料 ▶			
雪糕	2根	蜂蜜	适量
吐司	5片	小饼干	适量
黄油片	适量	黄桃	1个

1. 准备5片吐司，取4片吐司切去方形吐司心，再将每片吐司心切成4等份。
2. 融化的黄油中加蜂蜜，搅拌均匀后涂抹在吐司内外四边和小块吐司上。

3. 吐司边和吐司心在锅中煎至金黄。
4. 整片吐司垫底，放上4层吐司圈，呈螺旋形摆放，"吐司盒"就做好了，小块吐司放入吐司盒。
5. 雪糕切条放入吐司盒，点缀小饼干和黄桃片，美味的雪糕吐司盒就完成了。

扫码看视频

培根芝士吐司卷

三餐中早餐是让我最头疼的一餐。不像午餐和晚餐有充足的时间准备和烹饪，早餐的准备时间往往比较仓促。然而一日之计在于晨，对于早餐，时间匆忙却又不能草草了事。在满足充足的碳水和蛋白质的同时，还得足够可口来打开食欲。总之，一份令人满意的早餐是个不小的难题。这份培根芝士吐司卷是我认为算得上高分的早餐选择。食材都是半成品。稍微处理一下组合在一起，放进烤箱烤制一下就完成了。味道更是没的说，深得女儿喜爱。

材料 ▶

吐司	5片	牛奶	70克
芝士	5片	黑胡椒	适量
培根	5片	盐	适量
鸡蛋	1个		

扫码看视频

1. 吐司切去四条边。
2. 用擀面杖将吐司压平。
3. 压平的吐司放上一片培根和一片芝士。
4. 将芝士、培根和吐司一起卷起来。

5. 将培根芝士吐司卷切成两半，放入烤盘中。逐个全都做好，将烤盘摆满。
6. 将鸡蛋打散，加入牛奶、盐和适量黑胡椒，搅拌均匀。

7. 将步骤6的蛋液均匀淋在吐司卷上。
8. 将烤盘放入烤箱中层，160℃烤20分钟，吐司卷表面金黄即可出炉。点缀少许迷迭香，没有的话也可以不加。

手绘吐司三明治

在我的厨房里，吐司就像一张白纸。这次要用温度在这张"白纸"上作画。我和女儿一起设计了四幅图案，要做四份手绘吐司三明治。与以往不同，这次要利用烤箱的温度烤出图案。制作之前，女儿还是有很多疑惑，为何这个图案要镂空？为何这个图案要覆盖？制作不同的图案，有时候需要反向的思维。女儿有时绕不过弯来，只能靠成品来说明啦。

材料 ▸

吐司片 .... 8片　　　　黑色巧克力笔 1支
肉肠........................... 适量　　　　酸奶........................ 适量
芝士........................... 4片

做法
▼

1. 设计喜欢的图案，画在与吐司片一样大小的纸上。
2. 用铅笔轻轻描画，将图案印在锡纸上。需注意镂空部分的吐司片烤制后会上色，覆盖锡纸的部分不会上色。
3. 将图案沿着印迹剪下来备用。

4. 组合三明治。吐司上放一层芝士片和一层香肠片，再放上一层吐司。一共可制作4个三明治。

 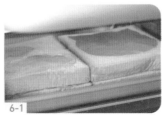 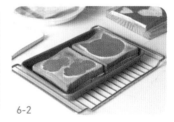

5. 将锡纸图案放在最上层的吐司上。
6. 放入烤箱中层，160℃烤5~10分钟。吐司金黄即可出炉。

7

扫码看视频

7. 出炉后，取掉锡纸，图案就出现在面包片上了。

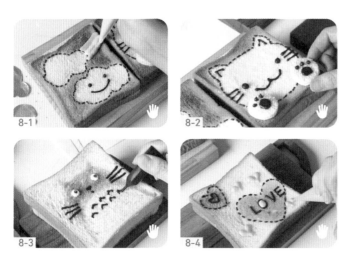

8-1

8-2

8-3

8-4

8. 按照自己的喜好进行装饰，可以选择用巧克力笔勾勒出图案的边缘、描绘出眉眼等，可爱的手绘三明治就完成了。

🧤 小·贴士

1. 吐司的样子千变万化，可以让孩子设计自己喜欢的图案，烘烤在吐司上。

2. 不同的烤箱性能有所差异，烤制时间根据吐司片的上色程度决定，吐司金黄即可出炉。

3. 装饰吐司时，可以使用融化的巧克力勾勒边缘。也可以在原味酸奶中混合彩色果蔬粉，调成不同颜色后放入裱花袋，就是可食用的彩色画笔了。

第五章

健康美味
小·零食

美味香甜小·饼干

　　"哇！这味道真香！好想吃呀！"烤箱里飘出浓郁的黄油奶香。

　　和孩子一起制作甜品，这是我当妈妈前无数次憧憬的场景。不过甜品有很多种，一些高难度的我自己都很难驾驭，更加没办法和女儿一起合作了。其中，饼干是我觉得特别适合与孩子互动的甜品，做饼干需要的材料比较简单，而且用模具压花的过程适合孩子来完成，诱人的香气还能激发满满的学习动力。不过制作过程总比想象的要复杂一些，从未接触过饼干制作的女儿，即使只是压花这一简单的过程也会遇到困难。这是教导孩子保持耐心和细心的好机会，在我无数次鼓励下，如今女儿已是一位饼干制作"老手"啦。

原味饼干面团

 材料 ▶

低筋面粉 100克
无盐黄油 50克
糖粉 30克
蛋黄 ....1个（或全蛋液13克）

做法
▼

1. 黄油室温软化，用打蛋器搅散。
2. 加入糖粉，搅拌均匀。
3. 加入蛋黄液（或全蛋液），搅拌均匀。

4. 加入面粉。
5. 用刮刀切拌按压。
6. 最后团成细腻的饼干面团即可。

🧤 小贴士

不论用蛋黄还是全蛋液，都可以成功制作饼干，但是成品的色泽和口感略有不同。蛋清富含蛋白质，
经过高温烤制后发生变性，使得饼干非常爽脆，颜色偏白。用蛋黄来制作饼干，饼干口感酥松，比较
容易掉渣，也会比较香，颜色偏黄。本书接下来介绍的4个饼干食谱中，前2个用蛋黄制作，目的是让
饼干更加香酥。后2个食谱用全蛋液制作，目的是让有造型的饼干硬度略高一些，更容易保持造型。

碧根果曲奇

　　坚果和曲奇饼干是一份绝妙的搭配，坚果特殊的香气配上曲奇的奶香令人垂涎欲滴。女儿熟练地用擀面杖擀薄曲奇面片，再用模具印出想要的形状，最后放上一颗碧根果，接下来的工作就交给烤箱了。看着她驾轻就熟的动作，我甚是欣慰。让女儿逐渐学会烹饪和烘焙的技巧并非为了长大后成为一名厨师，只是希望她能吃得健康，吃得自由。长大后想吃什么时，动手就能做出来满足味蕾，这份理应人人都会的基本技能，如今却变得越来越稀缺。忙碌的工作之余，我们应该思考一下生活的真谛，思考一下如何享受生活每一刻。

亲子共厨日记

低筋面粉 100克
黄油.................50克
糖粉.................30克
蛋黄.................1个
碧根果 ....适量

做法 ▶

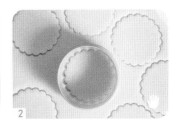

1. 参照原味饼干面团的做法（见P131）制作饼干面团。面团垫着烘焙纸擀薄至厚约4毫米，放入冰箱冷藏20分钟。
2. 用模具印出饼干的形状。

3. 每个饼干上放一个碧根果，轻轻按压。
4. 烤箱预热至170℃，烤15分钟，饼干微微焦黄就可以出炉啦！

🧤 小·贴士

因为制作饼干面团使用的是低筋面粉，所以没有筋性较为松散。需将擀好的面片放入冰箱冷藏后，再让孩子压印饼干，这样会比较好操作。而且要相对快一点操作，以免面团回软。不过回软也不必担心，再次放入冰箱冷藏片刻即可。饼干印出后，需要平稳地转移到烤盘上，这非常考验孩子的手眼协调能力和耐心。

草莓酱爱心饼干

　　做饼干其实可以很随意，不需要任何模具也可以做出漂亮好吃的饼干。这份草莓酱爱心饼干便是如此，算得上"有手就会"，连擀面杖都不需要，孩子直接用手就能压出饼干的样子，再用手指按出爱心的形状，挤上草莓酱后放入烤箱，等饼干出炉即可。有时候精致的美食不在于多复杂的制作过程，简单的步骤也可以做出让人眼前一亮的美食。和孩子相处也是同样的道理，与其刻意让其学习各种技能，不如让孩子顺着自己的心愿专精于自己喜爱的方向，顺其自然或许效果更好。

材料 ▶

低筋面粉 100克

黄油 50克

糖粉 30克

蛋黄 1个

草莓果酱（见P111）.........适量

做法 ▼

1. 参照原味饼干面团的做法（见P131）制作饼干面团。将大面团搓成长条。

2. 切分成10个小面团，每个约20克。

3. 把每个小面团团成球。

4. 小球压扁后放在烤盘中。

5. 用手指在面团上按压两次，爱心的形状就出现了。

6. 爱心的位置用草莓果酱（借助裱花袋）填满。

7. 烤箱预热至170℃，烤15分钟，饼干微微焦黄就可以出炉啦！

旋风饼干

一提到饼干，脑海里首先想到的就是圆形或方形的样子。其实，饼干的造型可以千变万化，不必拘泥于传统的图案。旋风饼干就是一次独特的尝试，一份份小饼干面片堆叠成环形，烤制成形后就成了旋风饼干。看似很容易的步骤，在设想初期却花了很多时间。打破常规不是一件容易的事情，不仅需要勇气，也需要智慧。相比于大人，孩子更容易打破常规，此时不要过度约束，让孩子在常规之外多游走一会儿，这样或许会有更多的收获。

材料 ▶

低筋面粉 200克	紫薯粉 .... 适量
黄油 100克	抹茶粉 .... 适量
糖粉 60克	南瓜粉 .... 适量
全蛋液 26克	

做法 ▶

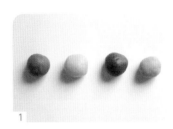

1

1. 参照原味饼干面团的做法（见P131）制作饼干面团，分成4等份。取其中3份分别加入紫薯粉、抹茶粉和南瓜粉。最后得到原色、紫色、绿色和黄色的饼干面团。

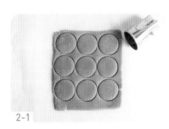

2-1

2-2

2. 每种颜色的面团都垫着烘焙纸擀成厚约3毫米的面片。用圆形模具按压出小圆片。

3

4

3. 烤盘中铺烘焙纸或饼干烤网，将小圆片依次排成环形，颜色的顺序可以按照喜好调换。

4. 烤箱预热至150℃，烤15～20分钟，饼干边缘略微上色即可出炉。

小·花猫饼干

　　我家楼下有几只小·猫咪常来光顾，一只妈妈带着两只宝宝，亲昵极了！一家人（猫）可可爱爱，今天的饼干创意就来自于它们。

　　几只小·猫咪，做法相当随意，样子也超级可爱！

亲子共厨日记

材料 ▶
低筋面粉 ....200克　　全蛋液 26克
黄油 ....100克　　可可粉 3克
糖粉 ....60克　　南瓜粉 4克

做法 ▶

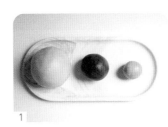 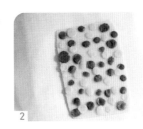

1. 参照原味饼干面团的做法（见P131）制作饼干面团。面团分成三份，原色面团最大。另外两个面团的大小按照想要的猫咪花纹来决定，这两个面团分别揉入可可粉和南瓜粉，做成棕色和黄色面团。

2. 面团垫着烘焙纸擀至厚约5毫米，将棕色和黄色面团用手指掰开分割成小面片，随意摆放，做出猫咪的花色。

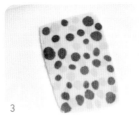 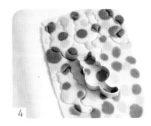

3. 再次垫着烘焙纸擀至厚约5毫米，放入冰箱冷藏20分钟。

4. 从冰箱取出后用模具印出猫咪形状。

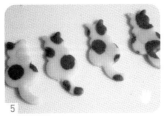 

5. 烤盘中铺烘焙纸或饼干烤网，将猫咪饼干摆入烤盘。

6. 烤箱预热至150℃，烤15～20分钟，边缘微黄即可出炉。

趣吃水果

苹果脆片

　　女儿看了一部原始人类的纪录片，她对其中风干食物的部分尤其感兴趣。"风干的水果会是什么味道呢？"女儿好奇地问道。光靠想象可得不出答案，那就做一份风干的苹果脆片吧。洗苹果、切苹果、放进烤箱，一气呵成。接下来就是等待了，一等就是四五个小时。这期间可把女儿急坏了，无数次问我好了吗。好奇心的力量可真强大，终于等到了苹果脆片出炉的那一刻，女儿都等不及冷却，迫不及待地要尝上一口。"妈妈，我终十吃到原始人类的食物啦！"女儿开心地说道。实践是找到答案最好的方法，希望每个孩子都能体会到。

苹果.........................1个
柠檬.....................1/2个

做法 ▶

1. 苹果用盐搓洗干净。
2. 用刀或擦片器切成薄片。

3. 将柠檬榨出的汁倒入碗中，向大碗中倒入清水，清水的量需要完全没过苹果片。
4. 将苹果片放入柠檬水中，浸泡5～10分钟，以防止苹果在烘干过程中变色。苹果片在浸泡过程中容易浮起，可以用重物压住，如图所示使用了玻璃瓶盖压住苹果片。

5. 将浸泡好的苹果片取出沥干，平铺在烤网上。
6. 烤箱设定80℃，烘烤四五个小时，用手捏苹果片达到酥脆状态即可。不同机器风干效率不同，时长根据苹果片状态而定。

天然美味芒果干

　　风干是一种特别古老的烹饪方式。为了更长久地保存食物，古人经常采用风干的方式来处理食材。如果只是和孩子讲解枯燥的原理，估计没听几句孩子就会跑得远远的。正好借着制作果泥干的机会给孩子科普一下风干的知识。制作过程不复杂，有足够的时间和孩子讨论风干的过程。不过，孩子的想法真是天马行空，有些问题问得我也哑口无言，看来科普前还是要做好充足的准备。

芒果..........................1个

1. 芒果洗净去皮。
2. 取出果肉，切成小块。

3. 放入料理机，打成细腻的果泥。
4. 将果泥均匀平铺在烤盘上，厚度大约2毫米。

 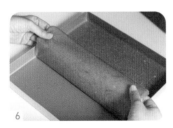

5. 放入烤箱，80℃烘干两三个小时，直到表面不粘手能轻易取下就好了。
6. 将芒果片揭下，剪成细条卷起来，密封保存即可。

草莓坚果软糖

　　我小时候很爱吃糖，可是妈妈总是把糖果藏起来。然而，等我当了妈妈，我也开始限制女儿吃糖。想了想有些无奈，小时候厌烦或者抵触的行为，如今自己成为了实施者。其实，有时候也不需要如此严苛。为了让孩子拥有健康的牙齿，自然要控制吃糖的量，不过偶尔过下嘴瘾，满足下对甜蜜味道的渴望也能带来满满的小·幸福。

　　难得的机会自然要一举多得，带着孩子认识制作糖果的过程吧。虽然完全没有添加，不过也要适量吃哦。

亲子共厨日记

材料 ▶

草莓果泥 250克
细砂糖 90克
玉米糖浆 250克
黄油 35克

牛奶 80克
玉米淀粉 50克
腰果 200克

做法 ▶

1. 不粘锅中倒入黄油、草莓果泥、细砂糖和玉米糖浆，小火搅拌均匀。
2. 倒入牛奶和玉米淀粉，继续搅拌均匀。

3. 搅拌均匀之后开中火，不停地搅拌。随着加热，糖浆会逐渐变得黏稠透明。等温度到达105℃时出锅，倒入不粘烤盘。
4. 在烤盘中加入腰果，与步骤3的草莓糖浆混合搅拌均匀，整理成长方形。

扫码看视频

5. 室温自然冷却，放凉后切块。包上糯米纸和糖纸即可。

糕点

奶香绿豆糕

　　一到夏天，我家餐桌上就常常会出现绿豆糕这道点心，既能解暑，也是美味的下午茶。因为过程简单，女儿很喜欢和我一起制作。挑出绿豆皮这个过程相对枯燥，非常需要耐心。孩子的耐心总是非常有限，要不断地鼓励才能延长耐心的持续时间。每道美食背后，都离不开一些相对乏味的步骤，就像生活中任何美好的事物背后都有艰辛的付出一样，希望孩子早早明白这一点。

材料 ▶

去皮绿豆沙

| 干绿豆 | .... 200克 |

黄油 50克

细砂糖 .... 50克（按照口味调整）

带皮绿豆沙

干绿豆 200克

黄油 50克

细砂糖 .... 50克（按照口味调整）

做法 ▼

1. 绿豆洗净，泡约24小时，400克绿豆可以一起泡。

2. 把泡好的绿豆平均分成两份，一份需要去皮，放在一个大盆里，用手搓绿豆，绿豆皮就会脱下来。大盆倒满水，慢慢将水倒出，大部分绿豆皮就会随着水飘走，还有一些需要耐心挑拣出来。

3. 接下来的步骤就一样了（请将带皮绿豆和去皮绿豆按以下步骤分别进行操作）。绿豆上锅蒸约30分钟，稍微冷却之后放入料理机打成泥，可以加少许水帮助打泥。

4. 取一口不粘锅，倒入步骤3搅拌好的豆沙，加入黄油和细砂糖，翻炒至能够成团的状态。

5. 将豆沙放入模具中，用力按压模具造型即可。

扫码看视频

小·兔子松饼

　　看似简单的松饼，却失败了好多次。由于总是摊不出完美的"小·兔子"，看着我一遍又一遍地重复，连女儿都夸我说："妈妈你真有耐心，我看着都快放弃了。"最后终于做出了满意的造型，我和女儿都忍不住欢呼庆祝。更让我高兴的是给女儿示范了不气馁的榜样。

材料▸	鸡蛋	1个	细砂糖	20克
	黄油	10克	可可粉	适量
	牛奶	10克	柠檬汁	少许
	低筋面粉	15克		

1. 鸡蛋磕开，蛋黄和蛋清分别放在无水无油的盆中，蛋黄加5克细砂糖搅拌均匀。

2. 加入牛奶和黄油搅拌均匀。

3. 筛入低筋面粉，搅拌均匀。

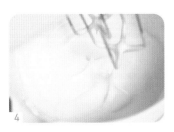  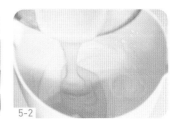

4. 开始打发蛋清，加入少许柠檬汁，分两三次加入15克细砂糖，直到打发到有直立的小弯钩。

5. 取1/3的打发蛋白放入步骤3的蛋黄糊中，翻拌均匀。再将搅拌均匀的面糊倒回打发蛋白中，继续翻拌均匀。

6. 可可粉用水化开，加入1大勺步骤5的面糊，翻拌均匀。

7. 将步骤6的面糊装进裱花袋。

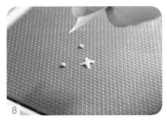  

8. 这次使用电料理锅的不粘盘，如果没有电料理锅也可用普通不粘锅，全程小火即可。先用可可面糊画出兔子的眼睛和嘴巴。

9. 可可面糊变色后，即可用原色面糊挤出小兔子的脸和耳朵。

10. 根据火力控制时间，大约3分钟后，待表面出现很多气泡时翻面，小火烙熟即可出锅。

苹果奶酥

苹果是最常见的水果之一，其吃法更是多种多样。女儿对这道苹果奶酥的味道赞不绝口，最关键的是这道食谱非常简单，孩子可以全程参与！和孩子一起做美食，没必要刻意追求食材的新奇性，就用身边最常见的食材制作，能让孩子明白烹饪是不需要刻意为之的行为，随意简单，孩子也能很轻松地做到！

 ▶

无盐黄油 30克	低筋面粉 37克
杏仁粉 45克	苹果 1个
细砂糖 22克	肉桂粉 ..... 1~3克（根据按口味添加）

1. 大碗里加入杏仁粉，如果没有可以替换成等量的低筋面粉。加入低筋面粉和20克细砂糖，混合均匀。
2. 冷藏的黄油取出后切丁，加入步骤1的碗中。

3. 用力揉搓成奶酥粒备用。
4. 苹果去皮切成厚约5毫米的片。
5. 将苹果片放入大碗里，加入2克细砂糖和肉桂粉，翻拌均匀。

6. 将苹果片均匀排入烤盘中。
7. 把步骤3的奶酥粒全部倒入烤盘，将苹果覆盖住。用叉子轻轻抚平，不必压实。
8. 放入烤箱中层，160℃烤30分钟。苹果奶酥表面金黄即可出炉。

扫码看视频

小·熊蛋糕卷

"妈妈，我想吃蛋糕卷，但是自己做太麻烦了。"女儿嘟着嘴说到。人总是有惰性的，孩子更加不易掩藏惰性。

"那咱们一起合作，做一款你从来没见过也没吃过、超级可爱的蛋糕卷吧！"制定了目标和奖励才能战胜惰性。女儿决定一起制作可爱的蛋糕卷，一阵忙碌总有回报。小·熊奶油蛋糕卷顺利出炉，我更希望她能体会战胜惰性的过程，尝到努力的甜头。

鸡蛋	5个	柠檬汁	5克
细砂糖	60克	打发淡奶油	150克
面粉	60克	粉色巧克力笔	1支
玉米油	40克	黑色巧克力笔	1支
牛奶	50克		

做法 ▸

1. 蛋黄和蛋清分别打入无油无水的盆里。
2. 蛋黄中加入牛奶和玉米油搅拌至完全乳化。

3. 加入20克细砂糖搅拌均匀，随后筛入面粉，"Z"字形搅拌均匀，蛋黄糊就完成了。
4. 蛋清中加入柠檬汁，用滤网过滤掉柠檬籽。
5. 开始打发，分3次加入40克细砂糖，打发直到蛋白打到偏干一点的湿性发泡。

6. 取1/3的打发蛋白倒入蛋黄糊中，翻拌均匀。
7. 将步骤6混合后的面糊倒回剩下的打发蛋白中，翻拌均匀，倒入铺有烘焙油布的烤盘中。
8. 烤箱预热至165℃，烤25～30分钟出炉。出炉后可以用牙签插入蛋糕，没有湿黏的面糊粘在牙签上是就是熟透了。

9. 蛋糕冷却后脱模，撕掉油布，将其中一条边斜切45°去掉边角。有斜角的这一边转向远离身体的方向。

10. 铺满打发好的淡奶油后，将蛋糕由靠近身体的一侧卷向斜切后的一边，放入冰箱冷藏一两个小时。

11. 从冰箱中取出，将蛋糕卷切成宽约3厘米的段。

12. 用融化的巧克力笔画出耳朵、鼻子、眼睛和红脸蛋，放入冰箱冷却变硬后装饰在蛋糕卷上即可。

🧤 小·贴士

装饰小·熊五官使用的是粉色和黑色巧克力笔，把巧克力笔放入温水中融化后在烘焙纸上画出小·熊的五官，放入冰箱冷却变硬后取下来装饰在蛋糕卷上即可。如果没有巧克力笔，也可以将巧克力放入裱花袋中，放入温水，等待巧克力融化后就可以使用了。

糖水和饮品

三红奶茶

　　女儿每每经过商场的奶茶店都会垂涎三尺。当我告诉她，奶茶其实不难做，她也可以完成时，女儿有些小小的惊讶。随后，立刻兴奋地和我准备起来。我发现制作妇孺皆知的"网红"食品时，孩子的积极性尤其高，完成后的成就感也大大提升。不过，试过几次后便对这些"网红"食品的兴趣减少了一些，也许发现自己做起来也没有那么难吧。

材料

红茶.....................5克
水.....................200克
红糖.....................适量
红枣.....................5个
牛奶.....................400克

做法

1. 红枣洗净，对半切开去核。
2. 锅中加水煮开后，加红茶、红枣和红糖。
3. 小火煮5分钟。
4. 关火后加入牛奶，搅拌均匀。
5. 过滤出奶茶就可以享用啦。

芋圆红薯糖水

芋圆红糖水是冬日里我家中常备的一道甜品，温暖可口，简单易做。其中搓芋圆是女儿最爱做的步骤。记得第一次和女儿一起做这道甜品时，她才5岁，没搓几个芋圆，她便要放弃，要搓得很圆而且没有开裂，需要耐心和细心。原本以为搓几下就可以等吃的女儿碰到了麻烦。欣慰的是，她最终没有放弃。试了五六个后，逐渐找到了窍门，最后都搓完了却还没过瘾。

自己劳动得来的美食格外可口，更何况是克服困难后的成果。看着女儿开心地大口品尝着芋圆红薯糖水，我更加体会到烹饪给予孩子的不仅仅是满足食欲而已。

红薯芋圆	紫薯芋圆	糖水
红薯................200克	紫薯................200克	红薯................1个
木薯淀粉.........100克	木薯淀粉.........100克	冰糖................适量
	水................适量	干桂花............适量

做法 ▶

1. 红薯和紫薯去皮切块，蒸熟。

2. 红薯和紫薯蒸好后压成泥，红薯泥中加入100克木薯淀粉，搅拌均匀揉成团。紫薯泥中加入100克木薯淀粉，由于紫薯含水量低，需要额外加一些水，直到与红薯面团软硬度一致。

3. 先把面团搓成长条，再切成小块，团成小球，面团蘸一下木薯淀粉后放在盘子里，防止粘在一起。

4. 锅中加水，煮沸后下芋圆，芋圆浮起后中火再煮约1分钟就可以出锅了。

扫码看视频

5. 接下来开始煮糖水，一个红薯去皮切小块，加入约1000克水，按照口味加冰糖，煮至红薯变软。

6. 芋圆盛到碗里，再加入步骤5的糖水，撒入干桂花即可。

自制酸奶

　　自制酸奶是我家长期必备的一道甜点，不仅因为它制作方便，更重要的是能确保健康无添加。女儿也很喜欢在家和我一起制作酸奶，她总是惊叹于牛奶的形态变化。从液态的牛奶变化成固态的酸奶，这个过程对于孩子来说实属"魔幻"。同时，这也是女儿人生的第一堂微生物课。寓教于乐是我坚持在食物教育中贯彻的方法，日常的生活小技巧以及科学小知识，在烹饪的过程中自然而然地就教给了孩子。

材料 ▶

牛奶 600克
酸奶 100克
细砂糖 30克

做法 ▶

1. 牛奶里加入细砂糖，加热到80℃，加热的过程中可以搅拌以帮助细砂糖完全化开。
2. 等待牛奶降温到40℃左右，将酸奶倒入碗中，加入两三勺牛奶。

3. 搅拌均匀至完全没有颗粒，将酸奶液倒回牛奶中，继续搅拌均匀。

4. 将步骤3的酸奶分装到高温消毒的玻璃罐中。

5. 放到烤箱开启发酵模式，时间大约8小时。

6. 时间到就可以得到美味的酸奶了。

7. 还可以将酸奶盛入玻璃杯，加入喜欢的水果或蛋卷等，就是可口的水果酸奶杯啦！

🧺 小·贴士

相较于强迫孩子吃蔬菜水果，不如直接带着孩子一起动手。通过"玩"食物，能让他们吃进更多蔬果，而酸奶里的乳酸菌也能促进肠胃蠕动，让大便更顺畅哦！

自制酸奶可以选购市售的酸奶菌粉，按照说明使用就可以了。也可以像本书食谱一样，使用纯酸奶来制作。购买纯酸奶时可以与孩子一起阅读酸奶配料表，一起分辨哪些是优质酸奶，配料表越"简单"越好，比如只包含牛奶和发酵菌种的酸奶。另外出厂时间短、需低温冷藏的酸奶是最佳的。

自制酸奶的过程中需要发酵，而发酵就需要微生物的参与。所以在发酵前必须对牛奶和发酵器具等进行杀菌处理，可以参考P110消毒玻璃罐的方法。这样才能做出既安全又好喝的酸奶。

如果没有烤箱，可以将盛放酸奶的玻璃罐放入保温桶、泡沫箱或一床被子里，旁边放置一大瓶热水，放置八九个小时即可。

西瓜果昔

炎炎夏日中，相比于商店中五花八门的冰激凌和冰棍，我更愿意孩子在家喝一份自制的水果果昔来解暑。记得第一次和女儿做这份甜品时，她好几次按捺不住想直接吃西瓜解渴。孩子对于"延迟满足"的控制比成年人难得多。我多次和她解释说："完成后的成品会比直接吃西瓜更美味哦！"终于，女儿还是等到最后尝到了更可口的西瓜果昔。这次之后，她似乎更能沉得住气，明白需要等到成品完成后再品尝美食。看来和孩子一起烹饪，不仅能学到技能，还能锻炼心性呢。

（材料）▶　西瓜.....................1/4个

（做法）▶
1. 西瓜去皮切成小块，放入料理机。
2. 用料理机打成西瓜果昔。
3. 西瓜果昔倒入杯中就可以饮用啦。

🔖 小贴士

在制作水果饮品的时候，要不要过滤掉果渣呢？过滤果渣的过程会造成营养素和膳食纤维的流失，而且纯果汁中糖分含量高。我们一下子吃掉3个苹果并不容易，但是喝下3个苹果的果汁并不难，喝纯果汁很容易造成糖分摄入超标。所以不推荐滤掉果渣，也是为了更大程度上保存水果中的营养素和膳食纤维。

第六章

不一样的
节庆料理

春节

　　还记得小时候，每年我都早早地盼望着这一天，除了穿新衣，有压岁钱，更加期待的是各色饺子和美食。大年夜的饺子有一种特别的仪式感，不吃饺子，就不算过新年！饺子花色越丰富，孩子们也就越开心越期待。还没出锅，孩子们就守着厨房等待着抢饺子吃。想起那时候浓浓的年味，真是无限感慨！

　　自从我有了可爱的女儿，陪着她一起包饺子也是我最幸福的事儿！两岁前，给她一块面团随意地把玩，三岁之后，很多工序她都要参与进来，比如一起榨彩色蔬菜汁，一起和面，一起包饺子……真是幸福无比。

彩虹饺子

材料 ▶
南瓜面团 .... 200克   胡萝卜面团 200克
菠菜面团 .... 200克   原色面团 200克
火龙果面团 .... 200克   喜欢的饺子馅 .... 适量

注：彩色果蔬面团的做法见P37~38。

做法 ▶

1. 准备好面团，分别搓成长条。
2. 以原色面团为中心，其余四色围在周边，稍微抹点水粘起来，把它滚细一点。

3. 分成一个一个的剂子。
4. 按压一下擀成饺子皮，也可以压成漂亮的花边面皮。

5. 饺子皮中放入喜欢的馅料，包成饺子即可。

四喜饺子

材料 ▶

南瓜面团 200克
紫薯面团 200克
菠菜面团 200克
原色面团 200克
喜欢的饺子馅 ....适量
注：彩色果蔬面团的做法见P37～38。

做法 ▶

1. 准备好面团，分成约20克每个的小面团，每种颜色分成10个。
2. 分别擀成饺子皮。

3. 饺子皮中放入喜欢的馅料，分别包成饺子。参照图示的样子，饺子四边依次交叠，交叠后用力压紧。
4. 再沿着边缘捏出花边，好看的四喜饺子就做好了。

元宵节

灯会、灯谜、汤圆，元宵节的元素特别讨人喜欢，尤其讨孩子的喜欢。印象中，小时候的汤圆味道很单一，无非就是红豆沙或者芝麻馅，但是对于孩子来说这些味道已经足够美味。如今，超市里丰富的口味选择让人有些无从下手，甚至有商家开发出麻辣烫馅儿的汤圆。商家博人眼球的商业手法无可厚非，可对于我来说却有些无奈。还是回家亲手做汤圆给女儿吃吧。

彩色汤圆面团

材料 ▸

糯米粉	200克	温水	140～150克
土豆淀粉	20克	色粉	适量
细砂糖	20克		

面团颜色与色粉对照表

颜色	对应色粉	颜色	对应色粉
红色	红曲粉	绿色	抹茶粉
粉色	草莓粉	紫色	紫薯粉
橙色	南瓜粉+红曲粉	蓝色	蝶豆花粉
黄色	南瓜粉	棕色	可可粉

做法

1. 糯米粉、土豆淀粉混合后过筛，加入细砂糖搅拌均匀。
2. 加入温水搅成絮状后捏成大团。
3. 取面团的四分之一，擀成约5毫米厚的片，放入锅中煮熟。

4. 煮熟后捞出，和剩余面团混合揉捏均匀。
5. 加入不同颜色的色粉揉捏均匀就完成了。色粉色添加量可以按照自己喜欢的深浅调整。

小·水果汤圆

材料 ▶

红色汤圆面团（草莓+苹果）...... 60克
橙色汤圆面团（橘子）.............. 30克
粉色汤圆面团（桃子）.............. 30克
绿色汤圆面团 10克
棕色汤圆面团 10克

馅料（每个汤圆的馅料是5克）

芝麻馅 30克
红豆馅 30克
注：彩色汤圆面团的做法见P165～166。

每个汤圆的配比是10克面皮+5克馅料。配方可以做出3个草莓、3个苹果、3个橘子、3个桃子。

做法

苹果汤圆

1. 取红色面团10克，包入5克馅料，收口，团成球形。
2. 用圆头小棒工具将汤圆压出圆形的小窝。

3. 棕色的面团搓成上粗下细的条状，作为苹果的梗安装在圆形的小窝里。
4. 用椭圆形的模具压出小叶子，蘸水后粘在小苹果上面即可。

草莓汤圆

1. 取红色面团10克，包入5克馅料，收口，团成球形。
2. 用小菊花模具印出草莓蒂。

3. 将红色面团塑形成草莓的形状，将草莓蒂蘸水贴合在草莓上。
4. 6个黑芝麻轻轻蘸水，贴合在草莓上即可。

桃子汤圆

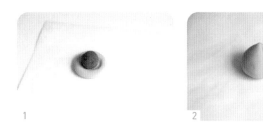

1. 取粉色面团10克，包入5克馅料，收口，团成球形。
2. 粉色面团塑形成桃子的形状，侧面用刮板或水果刀刀背印出一条压痕。

3. 用椭圆形模具印出桃子的叶片，在叶子上借助刮板或水果刀刀背印出叶脉。
4. 叶子抹少量水，粘在桃子底部即可。

橘子汤圆

1. 取橙色面团10克，包入5克馅料，收口，团成球形。
2. 轻轻压扁成为椭球体，用箭头小棒或牙签在橘子表面压出一些小坑，是橘子皮的样子。

3. 用筷子在橘子顶部压一个小窝，取绿色小面团揉成球形，蘸水后粘在橘子顶部即可。

星空汤圆

材料 ▶

（7个）

原色面团 56克
7种彩色汤圆面团 .... 各2～3克

馅料（每个汤圆的馅料是5克）

红豆馅料 35克
注：彩色汤圆面团的做法见P165～166。

做法 ▼

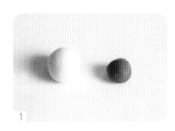

1. 将原色面团分成7等份（每份8克），将原色面团和彩色面团分别揉成小球。

2. 把两色面团叠在一起搓成长条。

3. 将叠加后的长条继续搓长、搓细，旋转面团，将彩色和原色混合。

4. 将步骤3的面团长条团成球状，轻轻压扁后放入5克红豆馅料。

5. 用虎口慢慢包紧收口，好看的星空汤圆即制作完成，其他颜色的面团重复上述操作。做好的汤圆可以直接煮，也可以冷冻保存约2周。

中秋节

这是女儿最喜欢的中国传统节日。中秋节承载了我们对家庭团圆的美好愿望，又是唯一一个和其他星球有关的传统节日。更有美丽奇幻的传说为这个节日添加了浪漫气息。当然了，月饼更是让中秋节在孩子心中的地位直线上升。

因为对月亮充满好奇，女儿格外喜欢中秋节这个关于月亮的节日。

"月亮上有没有玉兔？"

"或者月亮上其实有外星人？"

"为什么月亮有时是细细的月牙，有时是圆圆的月球？"看着月亮，女儿能一口气问出好多问题。这颗离地球最近的星球，是孩子对于宇宙的最初认知吧。

中秋饭团拼盘

材料▶

鸡蛋 2个	巧克力 ....适量
米饭 1小碗	胡萝卜 ....2~3片
小蘑菇 ....适量	香肠 1片
黄甜椒 1/2个	黑色圆形饼干 8片
西蓝花 ....2~3朵	盐 ....适量

做法▼

1. 鸡蛋打散，加入适量盐调味。在不粘锅中摊2张蛋饼。
2. 取出后用模具把其中1张蛋饼压成大圆盘形，铺在盘子中间作为大大的月亮。

3. 先来制作小兔子饭团，使用保鲜膜捏出小兔子身体的各个部位。
4. 用黄甜椒切出小兔子的衣服，装饰在饭团上面。
5. 西蓝花和小蘑菇洗净切小块，焯水后沥干，摆入盘中。
6. 用圆形的小杯子在另1张蛋饼上切出多个圆形月亮。

扫码看视频

172

7. 对半切出半月，再用小杯子切出月牙，分别放在黑色圆形饼干上摆入盘中。

8. 用爱心模具在胡萝卜片上切出爱心，然后摆盘。

9. 将巧克力放入裱花袋，温水融化后画出兔子的眼睛和嘴巴，最后用香肠切出2个细长条，摆在耳朵上即可。

冰皮月饼

材料 ▶

奶黄馅料

鸡蛋	3个	牛奶	75克
细砂糖	75克	中筋面粉	38克
淡奶油	75克	澄粉	38克
黄油	40克		

冰皮

糯米粉	50克	玉米油	35克
黏米粉	50克	炼乳	30克
澄粉	30克	抹茶粉	适量
糖粉	50克	红曲粉	适量
牛奶	230克		

做法 ▶

1. 先制作冰皮，将糯米粉、黏米粉、澄粉和糖粉倒在一起混合均匀。

2. 倒入牛奶，搅拌均匀直到没有颗粒，再加入炼乳和玉米油。

3. 上锅蒸25分钟，直至完全凝固即为熟透。

4. 制作奶黄馅料，室温软化黄油拌匀，随后逐个加入鸡蛋拌匀。之后加入细砂糖、淡奶油和牛奶拌匀，最后加入面粉和澄粉拌匀。

5. 水浴上锅，周围有些变色就开始搅拌，直到没有液体、完全成为固体，奶黄馅熟透就可以了。

6. 按照模具的大小来准备馅料和冰皮，冰皮和馅料的比例是1：1。冰皮面团分成2等份，分别揉入抹茶粉和红曲粉，制成绿色和红色冰皮，也可以换成其他喜欢的色粉。

7. 将奶黄馅分成每份约20克，揉成球形。将冰皮面团分成每份约20克，擀平，包入奶黄馅。

8. 收口后，外面蘸取一层熟澄粉防粘，随后放入模具中。

9. 用力一压，花纹就印在月饼上了。轻轻将月饼推出模具即可。

🧺 **小·贴士**

按照模具的大小来准备馅料和冰皮，市售的月饼模具会标明成品克数。冰皮和馅料的比例是1：1，比如30克的月饼模具，准备15克馅料和15克冰皮就可以了。这里用的是成品40克的模具。

称量馅料和冰皮的这一步非常适合与孩子一起来完成，在这个过程中孩子可以学习使用电子秤称量食材，学习数量和重量的概念。

腊八节

民谣有言"过了腊八就是年"。在我心里，因为腊八粥的存在，感觉这是个特别好玩的节日。腊八粥用多种食材混合到一起熬煮，营养丰富，色泽多样，很少能在一份美食中见到这么多谷物。对女儿来说，这是一门天然的谷物课程。从挑选购买，到清洗准备，最后烹饪食用，如此生动的食物课，女儿学得开心，我也做得满意。

腊八粥

材料 ▶

大米	200克	花生	10克
小米	10克	绿豆	10克
薏米	10克	大枣	适量
黑米	10克	枸杞子	适量
糯米	10克		

做法
▼

1. 绿豆和薏米比较难煮，所以洗净后需用清水浸泡2小时。
2. 将其他食材清洗干净，连同浸泡好的绿豆和薏米一起放入锅中，并加入水，水与食材的比例约是8:1。
3. 大火煮沸，转小火慢煮1.5小时，熬煮至黏稠就可以出锅了。

万圣节

　　我是一个比较胆小的人，对于万圣节这样的节日，我是有些抗拒的。不过，孩子人小无畏，自然分不清鬼怪传说，只要好玩就足够了。成人的弱点自然不能成为孩子错过节日的理由。走，一起来给食物变个花样，过个有趣的万圣节！

木乃伊吐司

材料 ▶

吐司........................2片	番茄酱................适量
香肠........................2片	蓝莓........................4个
芝士........................2片	

做法 ▶

1. 取一片吐司，放上一片香肠。
2. 在吐司和香肠上涂满番茄酱。

3. 将一片芝士切成条，交织摆放在吐司上面。另一片吐司重复以上操作。
4. 吐司放入烤箱，160℃烘烤约5分钟。
5. 取出烤好的吐司，将蓝莓当作眼睛，放在吐司上即可。

圣诞节

"妈妈，今天圣诞老人真的会给我送礼物吗？"女儿期待地看着我说。

"当然会啦，圣诞老人给我打过电话了。"作为今晚"圣诞老人"的我信誓旦旦地回答她。

借着圣诞老人的故事给孩子送礼物，是不是能增加礼物在孩子心中的分量呢？至少能让孩子对世界保持童话般的美好期待吧！生活中，这些点滴的期待能帮我们抵挡很多烦恼和无奈。除了期待，美食也能治愈人的心灵，尤其是漂亮的美食。圣诞节，自然要准备点不一样的美食。比如，用可爱果蔬做的圣诞树，用吐司做的三明治圣诞树。听着名字是不是都感受到强烈的圣诞氛围了呢？尝试去和孩子一起做做吧，这个圣诞节一定更加美好。

不一样的圣诞树

西蓝花 1个
土豆 .... 2～3个
红甜椒 1个
黄甜椒 1个
胡萝卜 1根
金橘 .... 5～6个
小番茄 .... 5～6个
蓝莓 10个
盐、黑胡椒 .... 少许

做法▶

扫码看视频

1. 土豆去皮蒸熟，冷却后压成泥，加入少许盐和黑胡椒调味。
2. 西蓝花掰成小朵，放入锅中焯熟。

3. 洗净黄甜椒和红甜椒，焯熟胡萝卜。用模具印出不同的形状，将黄甜椒切出一个大五角星，用来装饰圣诞树。
4. 压碎的土豆泥做成圆锥体，要用力压紧，这是做圣诞树成功的关键。

5. 圆锥形的土豆泥做好之后，从下往上一圈一圈地插入西蓝花和蔬果，圣诞树会逐渐成形。
6. 最后借助牙签插上黄色的五角星，漂亮的圣诞树就完成了。

三明治圣诞树

吐司.....................6片
香肠.....................3片
芒果.....................1/2个
生菜叶.................适量
沙拉酱.................适量

做法 ▶

扫码看视频

1. 取吐司片，印出大、中、小三种星星形状。
2. 最大的星星吐司放在底层，放上一片生菜叶，挤上沙拉酱。

3. 放上中等大小的星星吐司，放上香肠和适量沙拉酱。
4. 最后把最小的星星吐司放上去，插上一根竹签帮助固定。
   注：记得提醒食用者内有牙签。
5. 用芒果印出黄色的小星星，插在三明治的最上面即可，一共可制作3个。

第七章

餐桌上的
环球旅行

食物不仅能让我们饱腹，更承载了诸多意义。一道菜肴是地理和历史的共同产物，连接着一个国家的文化和习俗。和孩子一起研究菜肴的制作过程，也是了解当地风土人情的过程。从食材到香料，从名称到烹饪方式，能让人真切地了解不同地域的人们如何生活。

品尝亲手制作的异域美食，孩子对世界最直观的感受从此开始。享用异域美食的时候，就是一场特别的旅行。凭着这份味觉的记忆，也许会帮助孩子在未来开启真正的环球旅程。

泰国　热带的味道，芒果糯米饭

在泰国普吉岛旅游的时候，芒果糯米饭咸甜适口的味道征服了我的味蕾。这道美食很简单，食材易得，做法简单，轻轻松松就可以完美复刻泰国的味道。

制作芒果糯米饭时，可以给孩子普及泰国人为何如此热衷于稻米。泰国有着悠久的水稻生产历史，每年会在5月选择一天举行"春耕节"，每年的春耕节都会在曼谷大皇宫旁的王家田广场举行隆重的大典。春耕节来源于古代婆罗门教，目的是祈求诸天神灵保佑，在耕种季节风调雨顺，农作物生长茂密，并获得丰收。在春耕节的皇家典礼上，人们会在空中泼洒稻米，牵着牛行走田野，春耕节也标志着水稻生长季的开始。

芒果	1~2个	细砂糖	20克
泰国糯米	150克	盐	1克
椰浆	200克	水	适量

做法 ▶

1. 糯米洗净，用清水浸泡过夜。

2. 糯米沥干后平摊在盘子中，加入一点水，上锅大火蒸25分钟。直到糯米变成半透明状。

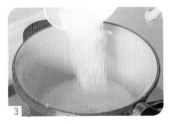  

3. 锅中加入椰浆、适量水、细砂糖和盐，小火加热搅拌均匀。可以根据自己的喜好调整甜度。

4. 取出步骤2蒸好的糯米饭，加入步骤3的椰浆（留50克做装饰用），搅拌均匀。静置片刻，椰浆会被米饭吸收。

5. 接下来准备切芒果，芒果可以切丁或切片。也可以将芒果做成芒果花，将芒果切成3毫米厚的片，芒果片逐个错开并从一端卷起来，芒果花就做好了。

扫码看视频

6. 借助碗将米饭倒扣在盘子中，塑形成小山丘的样子，将切好的芒果装饰在米饭周边。

7. 淋上步骤4预留的50克椰浆，美味的芒果糯米饭就完成了。

加拿大　枫叶国的甜蜜，枫糖松饼

　　说到枫糖的产地，让人第一个想到的就是"枫叶之国"加拿大。在加拿大到处都能看到枫树，加拿大国旗上那一片枫叶就代表了这个特点。

　　加拿大原住民印第安人首先发现了枫糖。枫树的树干中含大量淀粉，冬天成为蔗糖。春天天暖，蔗糖变成香甜的树液。在树上挖槽钻孔，枫树液便会流出。枫树汁熬制成的糖就是枫糖。每年三四月间，加拿大传统的"枫糖节"在魁北克和安大略举行。每到此时，喜欢枫糖浆的人就会去到当地的"枫糖小屋"过过瘾。小屋由原木搭建，里面有专门熬制枫糖浆的大锅，有当地的人讲解和表演枫糖的熬制过程，还请游客品尝地道的枫糖美食。每每聊到此处，我和女儿都超级期待亲自去一趟枫糖小屋！

　　枫糖浆的吃法有很多种，最常见的是直接淋在松饼上吃，简单又美味。

材料 ▶

低筋面粉 .... 75克   鸡蛋 1个
糖粉 .... 20克   牛奶 60克
泡打粉 .... 3克   黄油 20克
盐 .... 少许   蓝莓、枫糖 .... 适量

做法 ▶

1. 低筋面粉、糖粉、泡打粉和少许盐混合均匀，就得到松饼粉了。
2. 将鸡蛋打成蛋液，与牛奶、融化的黄油在容器中混合，搅拌均匀。

3. 将步骤2的液体倒入到步骤1的松饼粉中，搅拌成均匀细腻的面糊，放入裱花袋中。
4. 取不粘锅。开小火，将裱花袋顶端剪一个小口，使面糊垂直流下，就可以得到一个圆圆的松饼面糊。

5. 松饼表面冒出小泡泡，当小泡泡不再增多的时候给松饼翻面。翻过来再煎30秒到1分钟就可以出锅了。
6. 松饼放入盘中，点缀上蓝莓和枫糖即可，蓝莓也可换成其他喜欢的水果。

日本 米饭大变身，可爱樱花寿司

　　寿司是全世界闻名的日本传统美食。水稻在日本广泛种植，将短粒寿司米蒸熟，加入寿司醋，将它握成饭团，搭配鱼类、虾类、海苔等一起食用，非常美味。

　　寿司可以根据食材的稀有程度做得非常高端，但是在家中制作寿司，不必如此，随自己和家人的心意做一份寿司即可。和女儿一起制作一份樱花寿司，过程好玩有趣，"颜值派"的小朋友一定喜欢极了！

材料 ▶

米饭.....................175克	火龙果....................1/2个
长21厘米、宽19厘米的	鸡蛋.........................1个
包饭海苔.....................2片	

做法 ▶

扫码看视频

1. 红心火龙果剥皮切块，用果汁机榨汁，取5～10克给75克米饭染色。
2. 鸡蛋打散，倒入不粘锅做成蛋皮。取出后切成细丝作为花蕊。

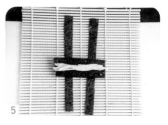

3. 准备海苔，按照图中的样子裁剪包饭海苔，整张海苔对折后得到大号海苔，需1张；大号海苔平均分为3份，得到小号海苔，需5张；宽1厘米的海苔细条需2条。
4. 制作花瓣。将淡红色米饭分成5份，每份15克。取一份铺在1张小号海苔片上，借助寿司帘卷起来做成细卷，制作5条花瓣备用。
5. 接下来拼合樱花。将花瓣和花蕊拼合，花蕊放在5条花瓣中间，用两条海苔卷起固定。

6. 取一张大号海苔，上部留出2厘米空余，其余地方均匀涂满白色米饭100克。
7. 将步骤5组合好的樱花放在靠近身体的一端，用寿司帘向远离身体的一侧卷起，稍稍用力压紧。
8. 取下寿司帘，切成约1.5厘米厚的小块即可。

法国　美味法式布丁

　　欧洲人最初把糖当作调味料和药品，后来糖才发展成美味的食品和甜点。糖背后的故事也不都是甜蜜的，因为糖的诱人滋味，非洲和美洲的当地百姓遭到奴役，只为了满足欧洲人对甜味的欲望。那时的欧洲，糖是非常稀有昂贵的，是只有富人才能享用的奢侈品。而如今糖的价格不再昂贵，糖果和甜食成为唾手可得的日常享受。

　　糖给人带来的感受是幸福和喜悦的，但是过多食用糖是非常不健康的，在家里我会尽量控制女儿对糖的食用量。不过，时不时地也要做些甜品犒劳下女儿。法式布丁，在我的食谱中算得上最简单易做的甜品之一，除了开火做焦糖这步，女儿都可以独立完成了。

 材料 ►

鸡蛋	2个
细砂糖	40克
牛奶	220克

焦糖

细砂糖	40克
水	40克

做法 ►

1. 制作焦糖，将40克细砂糖倒入锅内，加入20克水。中火加热，慢慢晃动锅。
2. 待细砂糖化成茶色，液体开始冒泡时，加入20克水，注意这里液体容易飞溅，小心烫伤。

3. 加入水后搅拌均匀，趁热分装在4个布丁杯中。

4. 取一个大碗打入2个鸡蛋，加入细砂糖。

5. 牛奶加热至50~60℃，缓慢倒入蛋液中。

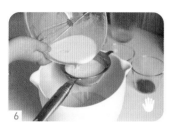  

6. 搅拌均匀后，过筛去除表面的气泡。

7. 将布丁液等分装到4个盛有焦糖液的布丁杯当中。

8. 烤箱150℃预热，烤盘中加水后放入布丁杯，烤制40分钟。若没有烤箱，也可以用平底锅，锅底铺上抹布后摆上布丁杯。加入开水将杯子浸在水中，小火加热30分钟，直至完全熟透。

9. 关火，稍微冷却拿出布丁杯，左右稍微摇晃，没有液体流动就说明熟了。

10. 冷却之后，放入冰箱冷藏3小时，倒扣出来就可以吃啦。

越南　美味的越南春卷

在越南，春卷的地位类似于中国的饺子。在中国的食谱中，春卷是一种炸物，和越南春卷的形式差别不小。不过，越南春卷确实源于中国。最开始，春卷流行于中国北方，顾名思义是春天吃的一种食物。人们为了享用春天新长成的新鲜食材，就用小麦皮包裹着食材油炸后食用。这种美食逐渐流行到南方，然后到了当时的藩属国越南。春卷在越南开始了变化，稻米粉皮取代了小麦皮，凉吃取代了油炸，逐渐演变成现在的越南春卷。

越南春卷的制作过程就像春卷表面呈现的那样简单，即使不用教估计也能琢磨出个一二。准备好配料食材，将米皮泡软一包即可。根据自己的口味，可以选择不同的包裹食材。

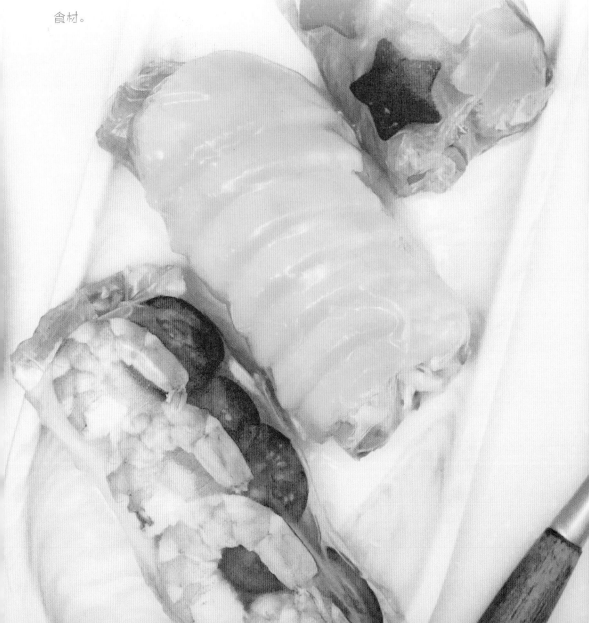

材料 ▶

越南春卷米皮	.........适量	生菜叶	..............适量
鲜虾	..................10只	姜片	..............适量
红甜椒	...............1/2个		
黄甜椒	...............1/2个	花生海鲜酱	
黄瓜	..................1根	海鲜酱	.............2大勺
芒果	..................1个	花生酱	.............2大勺
鸡蛋	..................2个	泰式鱼露	............1勺
鸡胸肉	...............1块	蒜末	.............适量
小番茄	...............适量		

做法 ▶

1. 取一个小碗，加入海鲜酱、花生酱、泰式鱼露和少许蒜末，搅拌均匀，制成花生海鲜酱。

2. 鲜虾洗净去虾线。烧一锅开水，加入两片姜，中火煮几分钟，熟透出锅。去掉虾壳备用。

3. 烧一锅开水，加入两片姜。下入鸡胸肉，小火煮8~10分钟，熟透后取出。冷却后拆成鸡丝。

4. 黄瓜和芒果去皮后切片，小番茄切片，鸡蛋摊成蛋饼后切成细丝。

5. 红甜椒和黄甜椒用模具压印出小星星的形状。

 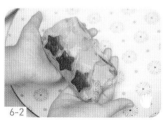

6. 春卷米皮用白开水泡一下取出平铺在盘子上，依次加入喜欢的食材，涂抹适量的花生海鲜酱，像叠被子一样将春卷包好就完成了。

墨西哥 塔可玉米卷饼

　　墨西哥有"玉米的故乡"之称，有着自己独特的玉米文化。对墨西哥人来说，玉米不仅仅是食物，更是千百年历史中崇拜的对象。古印第安有好几位玉米神，比如辛特奥特尔玉米神、西洛嫩女神、科麦科阿特尔玉米穗女神等，他们象征着幸福和运气。在玛雅人的神话中，人的身体就是造物主用玉米做成的。

　　墨西哥人常说："我们创造了玉米，玉米又创造了我们，我们永远在相互的哺育中生活，我们就是玉米人。"墨西哥卷饼（塔可，taco）在西班牙语里是"塞子""插销"的意思，是墨西哥的传统特色美食，这是一张用玉米粉煎制的薄饼（tortilla），卷成∪字形后烤制而成。之后大家可以根据自己的喜好，加入炒熟的肉馅、鸡肉条、蔬菜、芝士酱等馅料一起吃。如果你细心的话，经常可以在国外的影视剧中看到墨西哥卷饼的身影。这种充满异域风情的美食在家中也很容易实现。

材料 ▶

玉米饼

中筋面粉	100克
玉米粉	100克
牛奶	100克
橄榄油	10克

莎莎酱

番茄	1个
洋葱	1/4个
香菜	2根
大蒜	2瓣
柠檬汁	10克

黑胡椒	适量
盐	适量
生菜、虾仁等	
喜欢的食材	适量

制作莎莎酱

1. 番茄去皮去瓤，切成小丁；洋葱、大蒜切碎，给孩子吃的话可以少加入洋葱和大蒜；香菜切碎。
2. 碗中加入番茄丁、洋葱碎、大蒜碎、香菜碎和柠檬汁，加入少许盐和黑胡椒，搅拌均匀，静置1个小时风味更佳。

制作玉米饼

1. 玉米粉和中筋面粉混合，倒入牛奶用筷子搅拌，直到面粉变成絮状。
2. 把面团揉成团，醒发约15分钟。

 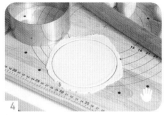 

3. 将面团搓成长条，切割成每份约30克的小面团。
4. 将小面团擀成薄厚均匀的圆形薄饼，孩子擀出的面饼可能不太圆，可以借助模具印出一个圆饼。
5. 取一个平底锅，刷少许橄榄油，将面饼小火烙熟。如果是购买的玉米饼，在平底锅上每面加热15~30秒就可以吃了。

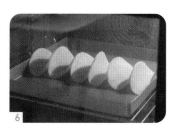 

6. 将卷饼折叠成U形排在烤盘中，放入烤箱，180℃烤5分钟定形。
7. 取出卷饼，稍微放凉，加入生菜、莎莎酱、煮熟的虾仁等喜欢的食材即可。

巴西 香气扑鼻，美味烤肉串

巴西烤肉以食材丰富著称，在以牛肉为主要食材的基础上，还有烤鸡肉、猪排、羊肉、香肠、菠萝等30多个品种。刷过酱汁的原材料被串在一个特制的器具上，放到火上翻烤，其间随着火势翻转，并刷上油，直至金黄。扑鼻的香气，令人胃口大开。

巴西烤肉的发源地位于巴西最南部，是高乔草原文化的起源地。欧洲人与印第安人的混血后裔被称为高乔人，"高乔"一词代表"孤儿""浪子"。高乔人是生活在巴西南部大草原的游牧土著民族，他们终生放牧，以烤肉为食。他们把牛肉用盐腌好，串在木棍上，用文火烤熟，这便是最早的巴西烤肉。18世纪末，巴西的牛仔们闲暇时经常以长剑串肉，在篝火上烧烤，形成了风味独特的巴西烤肉。

串烤肉的过程也很有意思，女儿乐此不疲，想象着串肉和绘画一样，不仅要注重口味，还要考虑色彩搭配。这份是"公主串"，这份是"骑士串"，真是佩服孩子的想象力。

材料 ▸

鸡胸肉	1块	菠萝	1个
牛肋条肉	1块	小番茄	适量
洋葱	1个	黑胡椒粉	适量
黄、红、绿色		烤肉酱	适量
甜椒	各1个	盐	适量

做法 ▸

1. 牛肋条肉和鸡胸肉切成大小适中的块，分别加入1/4个洋葱、黑胡椒粉和烤肉酱，冷藏腌制1个小时。

2. 把蔬菜洗净，菠萝去皮后切块，把三种颜色的甜椒掰成小块。

3. 把菠萝、蔬菜和腌好的肉错开穿成串。

4. 把肉串放在烤盘上，放入预热到180℃的烤箱烤25分钟，直至熟透就可以出炉了。

埃及　古老的面包，麦香浓浓皮塔饼

　　埃及，这个曾经与中国并列四大文明古国的古老国度有着丰富的历史文化。酵母是鲜为人知的古埃及人第二大发明。大约4000年前，古埃及人最先掌握了制作发酵面包的技术。最初的发酵方法可能是偶然间发现的，和好的面团在温暖的地方放置久了，受到空气中野生酵母菌的侵入，导致发酵膨胀变酸，再经过烤制，便得到了一种更加松软美味的新面食，这便是世界上最早的面包，也是人类对酵母最早的应用。

　　其中，最著名的一款古埃及面包就是皮塔饼，在中国也被称为口袋饼。这是一种外脆内软的烤面饼，刚做好时像一只吹起的气球，冷了之后就成了中空的薄饼。传统的皮塔饼通常被人们用来蘸酱料吃，但我们可以在皮塔饼里装入各种喜欢的食材：鸡肉、煎蛋、培根、新鲜蔬菜等。

材料

饼皮

高筋面粉	160克	细砂糖	2.5克
酵母	2克	橄榄油	10克
温水	110克	喜欢的馅料食材	适量

扫码看视频

1. 酵母溶化在110克温水中，加入细砂糖搅拌均匀。
2. 将步骤1的酵母液倒入的高筋面粉中，揉成面团。
3. 向面团中加入橄榄油，继续揉均匀，需要六七分钟。
4. 在28℃的环境下，面团盖保鲜膜，等待面团发酵到原来体积的2倍大，戳进去不会回缩。

5. 把面团分成6等份，整成球形，盖上保鲜膜二次醒发15分钟。
6. 将醒发好的面团擀成椭圆面饼，盖上保鲜膜再次醒发3分钟。
7. 烤箱230℃预热5～10分钟，将醒发好的面饼放入烤箱，烘烤3～5分钟。2分钟左右的时候，面团会开始膨胀。待完全膨胀时就可以出炉了。

8. 待面饼冷却后，对半切开，自然形成两个小口袋的样子。
9. 皮塔饼的馅料丰富多样，鸡肉、牛肉、鸡蛋、蔬菜都适合在口袋饼里搭配。
10. 按照自己的喜好，将食材自由搭配塞入口袋饼就完成啦！

意大利　亲子猫咪比萨

　　说到意大利美食，一定绕不开比萨。有言道"一千个意大利人眼里有一千种最美味的比萨"。如果把范围扩大到全世界，那美味比萨的种类更是数不胜数。据说在2500年前，中东人和地中海人就开始用类似制作比萨的方式制作美食，不过真正意义上的第一份意大利比萨诞生在200年前的意大利城市那不勒斯的某家比萨店，据说这家比萨店现在依然开着，游客络绎不绝。

　　如今的比萨种类繁多，你能想到的配料几乎都能加入比萨之中。在家中制作比萨，不必纠结要多么正宗，多么传统。只需要用上喜欢的食材和调味料，做成自己喜欢的造型就行。比如我这次给女儿做的猫咪比萨，造型超级可爱。女儿说，这就是她心中最完美的比萨。

材料▶	比萨饼皮	比萨酱	其他
	面粉 450克	橄榄油 20克	小番茄 .... 适量
	细砂糖 30克	洋葱 1/4个	青椒 1个
	酵母 5克	大蒜 4粒	比萨用芝士 .... 适量
	黄油 30克	番茄 1个	培根 .... 适量
	盐 5克	番茄酱 30克	
做法▼	温水 约190克	盐 .... 适量	

 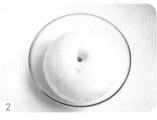 

1. 黄油切成小粒，与面粉、细砂糖和盐混合，充分揉搓。

2. 加入酵母和温水，揉成面团。面团盖上保鲜膜，在28℃的环境下，发酵到原来体积的2倍大，戳进去不会回缩。

3. 接下来制作比萨酱，食材全部切丁，锅中下橄榄油，炒香洋葱和大蒜。

4. 加入番茄丁和番茄酱，翻炒至完全熟透，加入适量盐调味。

5. 稍微放凉后，将制作比萨酱的所有食材倒入料理机打成酱即可。

6. 步骤2的面团发酵好后，揉面排气，取2/3的面团擀成厚约8毫米的面饼。

7. 沿着面饼的边缘摆好比萨用芝士，将饼皮向内折，包入一圈芝士。

8. 用叉子戳洞在面饼的中间扎孔。

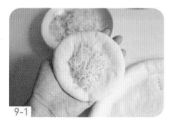  

9. 将剩余的1/3的面团分成两部分，一部分擀成面片，包入比萨用芝士后收口成球形作为猫咪的头；另一部分面团捏成猫咪的耳朵、胳膊和尾巴。

10. 将猫咪的头部和比萨面饼组装起来，连接的部位需要少许蘸些水，可以使连接更牢固。

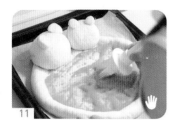  

11. 在比萨的面饼上铺满自制的比萨酱。

12. 接下来铺满切片的小番茄、培根、青椒丝和芝士。最后把猫咪的胳膊和尾巴粘到比萨面饼上。

 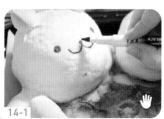 

13. 烤箱预热180℃，烘烤20～30分钟，直到芝士变成金黄色，就可以出炉了。

14. 等待比萨稍微凉一些后，用可食用黑色素笔画出猫咪的五官和花纹即可。

於

http://www.hwatai.com.tw

華泰文化事業股份有限公司

　　華泰文化事業股份有限公司成立於一九七四年，專營出版及經銷代理大專商管教科書。迄今不僅邀請國內外學者專家執筆著書八百餘冊，亦獨家代理商管外文書千餘種。展望未來，在持續出版高水準之商管教科書的同時，也將拓展市場領域，繼續秉持誠信、服務及感恩的態度，落實自省、自行、自覺及負責的實踐精神，為文化賡續與知識傳播使命竭盡心力、為事業伙伴與服務對象創造附加價值，以求積極回饋社會。

管理辭典

編輯群

◆

總　策　劃：許士軍　林金塗

總　編　輯：許士軍

編輯顧問：李存修　林英峰　許士軍　黃俊英　黃英忠
　　　　　劉水深　謝清俊

編輯委員：司徒達賢　吳秉恩　吳思華　吳壽山　李仁芳
　　　　　林能白　洪順慶　范錚強　徐木蘭　翁景民
　　　　　張保隆　梁定澎　許和鈞　陳松柏　黃光國
　　　　　黃國隆　劉維琪　賴士葆

編輯助理：江宏志　何秀青　吳犀靈　李蕙如　邱雅萍
　　　　　姜定宇　陳必碩　陳叔君　陳灯能　陳綉千
　　　　　黃明官　裴鎮寧　劉玉華　劉彥慶　潘昭宏
　　　　　蔣其霖　賴敏雄　顏如妙　魏小蘭

總編輯助理：陳惠芳

行政助理：林美伶

（以上姓氏均按筆劃排列）

華泰文化事業公司

本 辭 典 使 用 說 明

名詞例釋

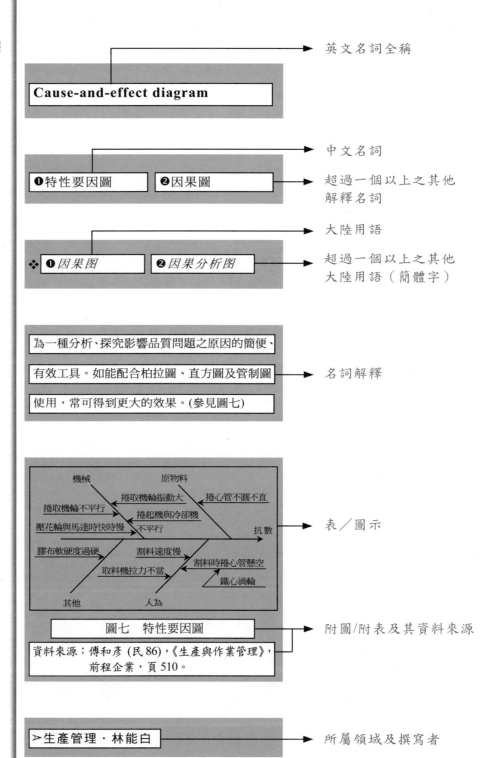

英文名詞全稱

Cause-and-effect diagram

中文名詞

❶特性要因圖　　　❷因果圖

超過一個以上之其他
解釋名詞

大陸用語

❖ ❶因果图　　　❷因果分析图

超過一個以上之其他
大陸用語（簡體字）

為一種分析、探究影響品質問題之原因的簡便、
有效工具。如能配合柏拉圖、直方圖及管制圖
使用，常可得到更大的效果。(參見圖七)

名詞解釋

機械　　　　　　原物料
　　　捲取機輪振動大　　捲心管不圓不直
捲取機輪不平行　　捲起機與冷卻機
壓花輪與馬達時快時慢　不平行　　　　　抗數
　　　　　　　　　　　　　割料時捲心管懸空
膠布軟硬度過硬　　割料速度慢
　　取料機拉力不當　　　鐵心渦輪
其他　　　　　人為

表／圖示

圖七　特性要因圖

資料來源：傅和彥 (民86)，《生產與作業管理》，
　　　　　前程企業，頁510。

附圖/附表及其資料來源

➢生產管理‧林能白

所屬領域及撰寫者

Contents

行動是通往知識的唯一道路

　　華泰投身出版文化事業二十八載，向以出版優質商管專業用書為職志，為文化賡續與知識傳播竭盡心力。今日獲幸，承蒙中華民國管理科學學會許理事長士軍的支持，共邀合作編纂出版《管理辭典》一書，得以進一步具體實現多年來紮根學術、回饋社會的理想。

　　談到本辭典的出版，可回溯至民國七十四年，當時華泰在一次難得的機會裡，在國立政治大學管理研究所楊前所長必立與劉前所長水深的主持下與管科會合作，歷時三年時間，出版發行包括行銷管理、財務管理及生產管理在內的三本辭典；因此，這次《管理辭典》的出版，可說是雙方再續前緣，惟箇中不同之處在於：隨著管理學術的發展變化、新的觀念理論與日俱增，我們這次自民國八十九年底開始籌組辭典出版委員會，歷經數次出版會議協商，決定收納包含英文及繁、簡體中文在內的管理學科專有名詞，並將涵蓋之領域及範圍除行銷管理、財務管理、生產管理外，擴及至人力資源管理、資訊管理、科技管理、策略管理及組織理論八大門類。每一門類特邀二、三名主要編輯委員，共十八位，分別有：司徒教授達賢、吳教授秉恩、吳教授思華、吳教授壽山、李教授仁芳、林教授能白、洪教授順慶、范教授錚強、徐教授木蘭、翁教授景民、張教授保隆、梁教授定澎、許教授和鈞、陳教授松柏、黃教授光國、黃教授國隆、劉教授維琪、賴教授士葆，另則聘請李教授存修、林教授英峰、許教授士軍、黃教授俊英、黃教授英忠、劉教授水深、謝教授清俊等人為各科顧問群。對於上述堅實顧問群、編輯委員，以及其他共同參與本辭典編纂作業的所有工作夥伴在整個過程中，從專有名詞的蒐集、翻譯、釋義、例舉至索引製作，所付出的時間心力，個人謹此致上最高的敬意與最深的謝忱。

「事不濟者，患在不為，不患其難。」出版是另一型態的文化教育工作，是一種理想，是一種期待。辭典的編纂工程浩大，往往費心勞力，然而華泰身為出版界一員，每每捫心尋思，捨我其誰。本辭典的問世，希冀能在兼容並蓄以本土化為主、全球化為輔的豐富資料中，統整管理學科專有名詞，釐清混淆觀念，成為普羅大眾、莘莘學子、專業人士乃至學術機構、企業組織、企管顧問公司等必備的案頭書，並據以提升國內管理知識及水準，既略盡華泰薄力，亦得一償宿願。謹記。

　　　　　　　　　　　　　　　　　　　　　吳成根　謹識

　　　　　　　　　　　　　　華泰文化事業公司　總經理
　　　　　　　　　　　　　　民國九十一年十二月

必也正名乎！

　　孔子早在二千五百年前就說過，「必也正名乎！」的話；他的道理是：「名不正則言不順，言不順則事不成」。以現代語意學的說法是：「名詞」代表一種「意思」的符號，人們藉由這種符號得以有效溝通；同樣的符號被解釋為不同的「意思」，輕則造成誤解，重者帶來災難，這種情況幾乎可說是俯拾皆是。

　　這一問題最容易發生在一種新興的學科領域中；學者對於某些新生觀念或事物，在各不相知的情況下，分別賦予不同的名稱；或且是明知另一名稱存在，但由於約定俗成、積重難返，仍然分別沿用。以管理學科而言，儘管許多中文名詞原係來自相同的英文詞彙，但在不同學者或不同地區間卻使用不同的譯名。就以最常見於海峽兩岸者而言，譬如「performance」一詞，在台灣一般稱為「績效」，大陸稱為「效益」；「quality」則分別稱為「品質」與「質量」，「information」稱為「資訊」或「信息」，這些都屬一般熟知的例子。至於「operations research」在台灣稱為「作業研究」，在大陸稱為「運籌學」，則其差異遠甚於前此各例，如非熟悉兩岸用語者，在字面上根本看不出二者實是名異而實同的一回事。

　　其實，問題並不只是存在於兩岸用語之差異上，即使在台灣一地，同一名稱往往也被賦予不同的涵義。以最基本之「管理」這一名詞而言，在許多場合，被認為「管制」；所謂「積極開放、有效管理」的說法下，管理被認為是「開放」的反義字，因而導引人們懷疑上述八字之意義模稜兩可，自相矛盾。又在有些場合，「管理」被認為「服務」的反義字；所謂「以服務取代管理」常見之於政府機關之宣示中。事實上，管理(management)之真正意義為「有效組合及運用資源，經由創造社會所重視之價值，以達到組織目的」；在這意義下，管理在

本質上不涉及究竟屬於「開放」或「管制」的差異問題；管理更不會與「服務」有何抵觸。甚至可以說，如果社會所需要的是「服務」——事實上確屬如此——則管理不但不會和服務抵觸，而且乃是有效提供「服務」的手段。

事實上，人類先有概念，後有名詞。而概念之萌芽與繁衍乃和使用人群之生活環境與行為間存在有密切關係。例如愛斯基摩人對於雪之描述，我國對於親屬之稱謂，都較其他人群為複雜與精細，即是反映不同的經驗與價值。就管理這一活動而言，不容諱言者，乃近數十年來方在中文社會中被引入與成長。因此，在這一領域內所使用名詞，其發展較之其他自然或社會科學領域，應處於較早期階段，因此，有關概念與名詞之使用，自然較會出現上述分歧和混亂狀況。

相信這種狀況將會隨著時間而改善，人們將發覺上述種種名異而實同——甚或名同而實異——的現象以及所帶來溝通上的困難和問題，自然地從中演化為較統一的名詞而被廣泛使用。先不說兩岸間所存在的名詞使用問題，即以台灣島內而言，早期有關「marketing」之中文名稱，即曾自「市場」到「上市」、「營業」、「市場推銷」、「營銷」等不一而足，然而幾十年下來，「行銷」幾已成為普遍接受的名詞。如今，在中國大陸上，似乎仍以使用「營銷」為多。隨著今後兩岸交流頻繁，相信不久的將來仍將趨於一致。

問題在於，在這瞬息萬變和分秒必爭的環境中，等待這種自然發展的過程以解決名詞紛歧問題，在時間上過於緩慢，其間造成種種溝通上的困擾和人力時間的虛擲應該是不必要的。要達到這一目的，一部有關管理名詞的工具書的出版應有其某種程度的作用。在個人記憶中，在一九六○年代時，曾參與政治大學公共行政暨企業管理教育中心一項類似活動，在當時中心主任魯傳鼎教授主導下，利用一整個暑假，邀集有關管理領域內之學者專家定期討論，將管理名詞予以適當之中譯並出版。雖然所出版的，在篇幅上只是一本小冊子，但對於日後管理名詞之統一與推廣卻有顯著的貢獻。例如今天大家所習用的「綜效」(synergy)，「市場區隔化」(market segmentation)，「定位」(positioning)等等都深受這一出版物的影響。

時過三十多年，管理學術也經歷重大發展和變化，各種新進觀念和名詞大量出現，其中不免發生上述之分歧現象，管科學會做為一提供管理學界與實務界服務機構，深感有再次從事這一編譯工作之必要。經個人將這建議提出後，幸獲國內管理學界熱烈與普遍之響應與支持，尤其獲得國內在供應大學及研究所管理用書上有重要地位之華泰書局之慨允，承當本書之財務及發行工作。有了這麼多方面的鼓勵與支持，使本辭典得以順利問世，謹借此機會對於參與本項編撰工作之各組委員、顧問與助理人員之辛勞表達個人衷心之感謝與欽佩。

　　管理名詞範疇淵廣，新名詞與日俱增，本書所輯難免掛漏，尚祈先進同修不吝斧正，歡迎賜教指正。E-mail: anne@mail.management.org.tw

教授

中華民國管理科學學會理事長
元智大學遠東管理講座教授
民國九十一年三月十五日

A

1st generation R&D management
第一代研發管理

約處於 1950 至 1960 年代之間的研發管理哲學，認為研發只會增加費用，把研發部門視為成本中心，每年編列一定的預算，缺乏研發管理的策略性架構，研發與製造或業務部門之間甚少聯繫，高階主管也很少涉入或給予指導，相關事務幾乎完全由技術主管負責，對於研發的成果衡量也無明確的界定。

➤科技管理‧賴士葆‧陳松柏

2nd generation R&D management
第二代研發管理

約處於 1970 至 1980 年代間的研發管理哲學，可視為第一代與第三代 R&D 管理之間的轉換過渡時期，具有部分的策略性架構，在規劃研發的相關活動時，多少會考慮到與企業整體發展策略的配合。研發與其他相關單位的溝通必需加強，各自為政的現象遠較第一代 R&D 管理為少，但仍無研發組合的觀念。

➤科技管理‧賴士葆‧陳松柏

3rd generation R&D management
第三代研發管理

約處於 1980 年代之後的研發管理哲學，以企業的整體發展觀點來規劃與管理研發活動，打破研發的孤立現象，研發與製造或業務等相關單位成為合夥關係，彼此之間有高度的溝通與協調，研發可以為企業創造競爭優勢，研發的支出視為一種投資，研發的執行，採取多專案的研發組合，依策略目標的達成來做研發成果的衡量。

➤科技管理‧賴士葆‧陳松柏

5'S (housekeeping)　5S 活動　❖五 S 管理

由日本發展而來，為了強化其經營體質，對於任何不合理的現象均列為改善對象，總而言之，就是消除浪費。有關 5S 的內容如下：

1. 整理(seiri)：將需要與不需要的東西分開，不需要者即丟棄。
2. 整頓(seiton)：考慮符合安全、品質、效率提升之置物方法。將要使用的東西置於容易取得的地方，以需要時能迅速找到加以使用。
3. 清掃(seiso)：將工作環境打掃乾淨，使它成為無垃圾、無污穢的環境。
4. 清潔(seikitsu)：每位員工的身心要保持清潔，個人儀容、服裝也要乾淨整潔。
5. 教養(shitsuke)：全體員工要遵守社會規範及公司規定並養成習慣，在工作場所要相互問候、有禮貌打招呼，健全員工心理建設。

透過此項運動不僅可以使工廠內部機械、設備、物料等排列整齊、漂亮，最重要的是在工廠內有異狀產生時馬上可以分辨出來，並可減少呆廢料的產生。呆廢料管理不善會使工廠顯得雜亂無章，使得工廠無法達到預期的生產力。要達到徹底合理化，應從工廠內每件小事情都能著手改善才行。

➤生產管理‧張保隆

ABC inventory classification system
❶ABC 存貨分類系統　❷存貨重點管理
❸ABC 分析與管理　❖ ❶ABC 庫存分類法
❷ABC 分類管理法

係指依照貨品的重要程度予以分為極重要存貨（A 級存貨）、次重要存貨（B 級存貨）及不重要存貨（C 級存貨）。

另外，決策者亦應針對不同等級的存貨而給予不同的管理措施，在此一管理構想下，A

級存貨為最重要的存貨且對企業的貢獻最大，因而必須進行完整且精確的記錄與分析（即採永續盤存制），B 級存貨之管制程度介於 A 級與 C 級之間故可採例行性管理，C 級存貨可視為不重要存貨且對企業的貢獻最小因而僅需簡單的管理（採用雙倉系統或每月盤點一次的方式控制存貨）即可。

➤生產管理・林能白

abnormal return ❶超常報酬 ❷超額報酬
❖超額报酬

對某一資產（如證券）的風險與報酬，以某一種模型（如資本資產訂價模式 CAPM）進行分析時，可獲得一線性關係，稱為證券市場線(SML)。在 SML 線上每一點所對應的報酬率為投資該證券時，應獲得的預期報酬率（亦即必要報酬率）。若個別證券能夠提供的預期報酬率高於必要報酬率，則投資該證券即發生所謂的超常報酬。

➤財務管理・吳壽山・許和鈞

absenteeism 缺勤率
乃指定期間內缺勤人工天數占總人工天數之比例，其計算常應用於人力資源規劃如下：

$$缺勤率＝\frac{缺勤人工天數(worker-days\ lost)}{出勤人工天數(worker-days\ worked)+缺勤人工天數(worker-days\ lost)}$$

若缺勤率過高，則生產排程、業務執行等方面都有不利影響。因此，在估計究竟有多少人力可參與實際工作時，宜將缺勤率的因素納入考量，以利預留足夠的額外人力備用。

➤人力資源・吳秉恩

absorptive capability 吸收能力
❖吸收能力

係指的是廠商確認外界新資訊的價值，吸收並從事商業利用的能力。廠商的吸收能力與其先前相關知識的多寡有關，在此，先前知識可能包括基礎性技能、廠商內部的共用知識，與其對近期技術發展的了解。

➤策略管理・吳思華

acceptable quality level (AQL)
允收品質水準 ❖可接受质量水平

係指消費者或買方以抽樣方法驗收供應商所提供產品時所要求之最低品質水準。若供應商產品之平均品質符合此一品質水準即被判定合格而允收，因此，其意指 AQL 可作為產品被判定為合格而允收的最高不良率。例如：某公司的允收水準定為 5%，意指對產品進行抽樣檢驗時若有超過 5%的不良品，則對供應商所提供的該批貨品予以拒收並退回。

➤生產管理・林能白

acceptance sampling plan
允收抽樣計畫 ❖允收抽样法

係指從送驗批中抽取一定數量的樣本數，以事先訂定的檢驗標準加以檢驗與測定，再將檢測結果（合格判定數或不合格判定數等）與判定基準（即允收品質水準，AQL）比較，然後，利用統計方法來判定該送驗批為合格（允收）或不合格（拒收）的計畫。抽樣計畫可分單次抽樣、雙次抽樣、多次抽樣及逐次抽樣等。

➤生產管理・林能白

access control 存取控制 ❖存取控制
在資訊系統中，授與不同使用者不同等級的

使用權限,使未經授權者不能接觸到某些功能與資料,以達到安全控管的目的。

➤資訊管理・梁定澎

accommodate ❶順應 ❷調適

當衝突發生時,為了維持雙方的關係,有一方願意自我犧牲,將別人的利益置於自己利益之上。

➤組織行為・黃國隆

account 客戶

通常是指購買某公司產品或服務的一個機構或組織。

➤行銷管理・洪順慶

account executive (AE) 客戶經理
❖客戶代表

通常有兩種定義。第一種定義用在廣告界,指任職於廣告代理商的職員,他負責和一家或一家以上的客戶聯絡,並且協調所有和此客戶之間所有的事務。第二種定義是指一個業務人員,他負責所任職公司和少數幾家主要客戶之間的全面性關係。一般客戶經理負責協調公司內的財務、生產管理和技術的能力,來滿足客戶各方面的需求。

➤行銷管理・洪順慶

accountability 職責

參閱 responsibility。

➤人力資源・吳秉恩

accounting beta method 會計貝他法

一種衡量貝他風險的技巧。其作法係以個別公司的資產報酬率(息前稅前盈餘除以公司總資產)為應變數,以投資組合的資產報酬率為自變數,進行時間數列迴歸分析。因為迴歸分析是使用會計資料,所以,經由此方式所算出的貝他係數特稱為會計貝他。

➤財務管理・吳壽山・許和鈞

accounting rate of return method 會計報酬率法

一種評估投資專案的方法。該法藉由計算投資專案的會計報酬率,以評估專案是否被接受。其中,專案的會計報酬率,其值等於投資專案壽命期間的平均稅後淨利除以該專案在壽命期間內之平均帳面餘額,亦即:

會計報酬率＝平均稅後淨利÷平均帳面餘額

會計報酬率法由於並未考慮貨幣的時間價值,因此不是一種理想的評估方法。

➤財務管理・吳壽山・許和鈞

accounts payable ❶應付帳款 ❷應付款項

有廣狹二義。就廣義而言,凡因賒購商品財貨或預先享受服務所發生之一切債務或財務負擔,均屬之。就狹義而言,則專指由於進貨或購料所發生之債務。此類帳款會隨正常交易行為的發生而發生,故可視為一種自發性的融資來源。

➤財務管理・吳壽山・許和鈞

accounts receivable ❶應收帳款 ❷應收客帳

通常專指由於主要業務活動之銷售或提供勞務,依信用基礎所發生之短期債權。換言之,即專指顧客所欠之帳款而言,故亦稱應收客

帳。至於貸放之款項或附屬公司之欠款等，均應另以其他應收款科目表示之。

➢財務管理‧吳壽山‧許和鈞

accruals ❶應付費用 ❷應計費用
❸應付未付費用 ❖預提費用

凡屬本期已實際連續消耗、耗用，或使用之各項費用，應由本期負擔，但尚未付款或入帳，應計入本期損益者，均屬之，如應付薪資，應付所得稅等。應付費用會隨公司營運的擴充而自動增加，本質上，可視為不斷發生的短期負債。由於不會給公司帶來外債的利息負擔，故可視為一種可供公司使用的免費短期負債。

➢財務管理‧吳壽山‧許和鈞

achievement motivation or achievement need ❶成就動機 ❷成就需求
❖❶成就需要激励 ❷成就需要理论

成就動機指朝向追求傑出標準的行為動機，反映出個人對成就的需求 (need for achievement)。成就需求是促使個體努力追求成就、超越他人的心理性動機；高成就動機或需求者所具備的特質包括：

1. 有解決問題的強烈慾望，將之視為一種個人責任，會不斷地努力把工作做得更好。
2. 喜愛困難適中的任務，傾向設定中等難度的目標，並願意承擔預期的風險。
3. 對作業績效的表現要求具體回饋，全神貫注於作業與作業完成上。
4. 擁有希望能影響及控制他人的慾望。

➢組織理論‧黃光國

➢人力資源‧黃國隆

acid-test ratio 酸性測驗比率
❖❶酸性測試比率 ❷速动比率

速動資產除以流動負債的比率，又稱速動比率。所謂速動資產是指現金、有價證券、應收票據及應收帳款等較易變現的資產，至於不易立即變現的存貨以及無法變現的預付費用則加以排除。酸性測驗比率用於分析一企業清償短期債務之能力，其比率愈高表示不能還債之風險愈小。至於比率要多大才適當，通常因行業性質而異，故比較時須視同業平均數而定。

➢財務管理‧吳壽山‧許和鈞

acquisition 購併 ❖❶购并 ❷收购 ❸并购

從策略的觀點來看，購併是指一企業在進行垂直整合或多角化策略時，不採用「內部發展」的方式，而藉由直接買入該產業／市場中已經存在的企業來進入該市場。購併可以擴大公司的營運規模或範圍。公司在從事購併時，可能會購併現有業務相關的企業，例如：買下競爭者、上游供應商或下游的客戶；也可能購併和現有業務不相關的企業，而進入一個新的行業。

➢行銷管理‧洪順慶

➢策略管理‧吳思華

activities, interests, and opinions (AIO) 活動、興趣和意見

生活型態(life style)是指人們支配時間、使用金錢的方式以及對周遭世界的看法，通常會以一個人所從事的各項活動、對事物的興趣和意見來呈現。

➢行銷管理‧洪順慶

activity quota　活動配額

業務代表為了達成銷售所必須從事各種活動的配額。活動配額的重點在於業務人員所投入的心力，而非這些活動所產生的銷售績效。一個業務代表必須從事的活動配額包括寄給可能客戶的信件數、產品展示的個數、對新舊客戶的拜訪次數等。

➤行銷管理‧洪順慶

activity-based costing (ABC)

❶活動基礎成本法　❷作業基礎成本法　❸交易基礎成本法　❖❶業務量成本法　❷作業成本法

傳統上，有關產品成本之計算方式多採標準成本制(standard cost system)，在此一成本會計制中，各產品的製造費用乃以其所使用之直接人工（人工小時或人工成本數）比例予以分攤之。然而，隨著自動化生產與先進製程技術漸被廣泛地運用於製造業中，使得在許多產業中直接人工成本占總成本的比率漸次降低，因此，以直接人工為基礎來分攤製造費用將無法反映真實情況甚至產生誤導或實施困難情事。活動基礎成本法尋求以更直接與精確方式來反映與分攤各產品所耗費之製造費用數量。

活動基礎成本法之計算程序主要分成三個步驟，首先，界定作業中心與辨認成本動因(cost driver)，接著，將成本追溯到各作業中心與成本動因中，最後，按執行各成本動因活動（作業）之比例將各作業中心與成本動因之成本追溯（分攤）到其所加工之各產品中。（參閱 transaction based costing）

➤生產管理‧張保隆

activity-relationship chart　活動相關圖

❖❶活动关系图　❷生产活动关系图

它是規劃某一群組活動間相互關係的一種理想技術，其以一組欄位表示出各別兩個活動間的關係接近程度與理由。它以字母 A，E，I，O，U，X 來表示出每個活動與其他活動間關係密切的接近程度和重要性，填寫於菱形欄位上方，而形成關係的理由則分別以數字作為代號，填於菱形欄位下方。一般而言，活動相關圖具下列功能：

1. 對於起迄圖（從至圖）中基本順序與相互關係安排。
2. 辦公部門之工作崗位或各單位之相關位置決定。
3. 在服務業中活動位置的決定。
4. 在一個維修或修理作業，其工作中心位置的決定。
5. 對於一個兼有服務及生產管理區域性質的單位，其相關位置的決定。
6. 表示出和每一個活動有關係的各個活動，並解釋其關連的理由。
7. 製作活動相關線圖之參考資料。
8. 為往後的區域分派圖提供一個良好基礎。

由於此圖主要係以部門間之互動關係為依據，故亦有人稱活動相關圖為互動鏈 (interaction chain)（參閱圖一，頁 7）。

➤生產管理‧張保隆

actual capacity　實際產出

係指實際達到的產出率，由於受不良品、設備損壞、斷料（待料）或其他因素的影響，實際產出通常會少於有效產能，一般情況下，設計產能大於有效產能，而有效產能大於實際產出。（參閱 design capacity, effective capacity）

➤生產管理‧林能白

A

工　　廠：Powarm　　專　案：新廠規劃
製　　者：A.M.J.　與　S.P.W
日　　期：5月6日　頁　數：　　1
參　　照：無

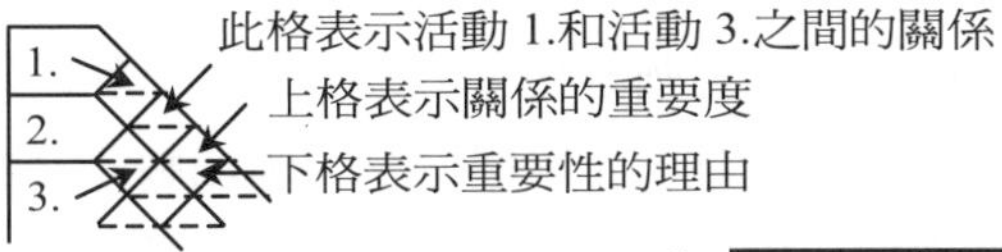

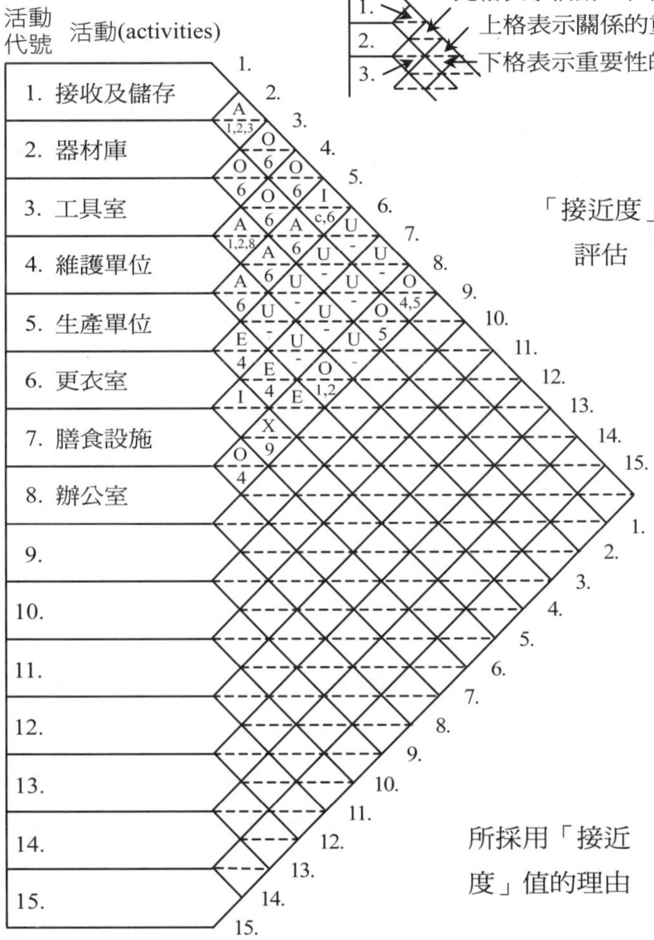

活動
代號　　活動(activities)

1. 接收及儲存
2. 器材庫
3. 工具室
4. 維護單位
5. 生產單位
6. 更衣室
7. 膳食設施
8. 辦公室
9.
10.
11.
12.
13.
14.
15.

此格表示活動 1.和活動 3.之間的關係
上格表示關係的重要度
下格表示重要性的理由

「接近度」評估

評估值	接近程度	評估數
A	絕對要接近	5
E	特別重要	3
I	重要	2
O	普通接近度	8
U	不重要	9
X	不要接近	1

$$總計 = \frac{N \times (N-1)}{2} = 28$$

所採用「接近度」值的理由

號碼	理　由
1	使用共同的記錄
2	同一人操作
3	占同一空間
4	人員接觸程度的需要
5	文件接觸程度的需要
6	工作流程順序的需要
7	進行類似的工作
8	使用共同設備
9	可能不愉快之順序

圖一　活動相關圖

資料來源：彭游等 (1995)，《工業管理》，南宏圖書，頁 354。

A

adaptability　適應力　✤适应性

組織所擁有彈性調整以因應外部環境變動之能力。

➤策略管理 · 司徒達賢

adaptation　適應　✤适应

消費者受到外在刺激時，就會對刺激物產生注意。適應是指消費者逐漸調整，而對環境刺激越來越不注意的過程。例如：一個人由花蓮搬到台北住，剛開始他會覺得噪音吵雜，晚上睡不著覺。但逐漸地他就會習慣台北的環境，而對噪音產生適應的現象。企業的行銷活動也有同樣的效果，很多的廣告因為一再地重複出現，也會造成消費者對廣告刺激產生適應化，而不再引起消費者的注意。

➤行銷管理 · 洪順慶

adaptation preclude adaptability　適應妨礙適應力

過度適應以往的成功造成將來無法順應改變而改變，導致無法忘掉過去造成成功的因素。

➤科技管理 · 李仁芳

adaptive selling　適應性的銷售

係指業務員在和顧客互動的過程中或是不同的互動狀況時，根據銷售情境時的感受，調整銷售行為。例如：如果顧客看起來沒有太大的耐心或者沒有時間時，業務員的展示說明就應簡潔有力，直接進入重點；如果顧客想知道更多細節才能制訂決策，則業務員就應提供更多相關資訊，詳細說明產品的優點。

➤行銷管理 · 洪順慶

adhocracy　❶統協式組織　❷有機式組織　❸自由式結構　❹變形蟲組織　❺網路型組織

主要為因應動態且複雜之環境的組織結構，能夠融合不同專業背景的專家，使他們在每次的新專案小組中可以順利發揮功能。當專案小組的目標達成後，成員便解散，並重新集結為新的專案小組。強調創新活動，溝通網絡較不正式化，可自由變化（正式性低），高度授權於各專案小組（集權度低），因為多為專案小組，因此部門的數目少（複雜度低）。

➤組織理論 · 徐木蘭

adjustment disputes　調整事項

係指勞資雙方當事人對於勞動條件主張繼續維持或變更之爭議（如調薪幅度、年終獎金發放額度、分紅……等），屬於行政體系。勞資爭議若屬調整事項，應先經調解，調解不成立則可申請仲裁。

➤人力資源 · 吳秉恩

administered vertical marketing system　管理式垂直行銷系統

這是垂直行銷系統(VMS)的一種，這種系統透過通路領袖的權力運用，可以統籌管理整個通路體系。通路領袖是在一個管理式垂直行銷系統內的通路成員，透過權力的使用，而非透過所有權或契約方式，進而影響其他通路成員的行銷決策與行動。其他的通路成員必須依賴通路領袖，因為通路領袖的行動可以幫助他們完成行銷目標。

➤行銷管理 · 洪順慶

adopter categories　採用者類別

人或組織可以根據他們採用一項創新的時間先後分成五種類別：

1. 創新者為前 2%至 5%。
2. 早期採用者，再來的 10%至 15%。
3. 早期多數，再來的 35%。
4. 晚期多數，再來的 35%。
5. 落後者，最後的 5%至 10%。

這些採用者類別的百分比是實際採用者總數的百分比，而非市場上所有的人或組織的百分比。學者對於每一個類別內的百分比，並沒有完全一致的看法。

➢行銷管理・洪順慶

adoption process　採用過程

有時候是指一個消費者從得知某產品的訊息，到形成產品知識、不同產品品牌的評估、嘗試性的購買，一直到最後採用的過程。但是此一名詞更常用來表示一個創新在社會上被逐漸接受的擴散過程。

➢行銷管理・洪順慶

advanced manufacturing technology
先進製造技術　❖*先进制造技术*

組織所擁有獨特、創新且優於競爭對手的製造能力與技術。

➢策略管理・司徒達賢

adverse impact　負面影響

係指雇主的任用程序或政策顯然導致受保護的弱勢團體在甄選、升遷、薪資等方面，相較其他族群有較高的比例受到排擠，或是受到較不利的差別待遇。若受雇工作者感受到雇主的歧視待遇，則只需在雇用歧視訴訟中指出雇主的行為對於受保護的弱勢團體造成「負面影響」即可。雇主需舉證基於「營運效率」、「工作安全」需要或已申請「職業資格」(BFOQ)限制，否則即有責任。

➢人力資源・吳秉恩

advertisement (advertising)　廣告
❖*广告*

一種使用大眾傳播媒體，由贊助者付費用來購買時段或版面的溝通型態，目的在說服或影響目標閱聽者。

➢行銷管理・洪順慶

advertiser　廣告主

廣告的贊助者，可能是公司、組織或個人，支付金錢以購買媒體的時段或版面，以呈現一個宣告或說服性的訊息給大眾。台灣主要的廣告主通常是日用品業、汽車業、食品業和瘦身美容業的公司。

➢行銷管理・洪順慶

advertising agency　廣告代理商
❖*广告代理*

提供各種廣告相關的服務給客戶，以幫助這些客戶執行廣告活動的組織。大型的廣告代理商所提供的服務，包括整個廣告活動的規劃和執行、發展廣告策略、製作廣告訊息、發展和執行媒體計畫、甚至有時候還必須協調其他的行銷活動，例如：促銷和公共關係。

➢行銷管理・洪順慶

A

advertising budget　廣告預算　❖广告预算

在一段特定的時間內，關於花費多少金錢於廣告的決策，以達成顧客特定的目標。廣告預算的決策通常還會包括總預算如何分配到各種不同的媒體、創意製作、一年當中不同時間的出現等。

➢行銷管理・洪順慶

advertising campaign　廣告活動　❖广告攻势

一組廣告物、廣告節目、相關的推廣材料和活動等，被設計來在一段特定的時間內執行一個廣告計畫，以達成客戶特定的目標。

➢行銷管理・洪順慶

advertising claim　廣告主張

在一個廣告裏面有關於產品或服務的利益、特性、績效等所做的敘述。

➢行銷管理・洪順慶

advertising clutter　廣告混亂　❖广告混杂

多種不同訊息競爭消費者有限的注意力的狀態，通常是指多重的競爭性訊息出現在一個媒體（如電視或報紙）的情況，而導致消費者無所適從。

➢行銷管理・洪順慶

advertising copy　廣告文案　❖广告文案

廣告訊息內口頭或書面的部分。

➢行銷管理・洪順慶

advertising effectiveness　廣告效果　❖广告效果

對於一個特定的廣告或廣告活動達成廣告主（客戶）所界定目標的評估。廣告效果的衡量包括廣告本身和廣告主題的回憶、對廣告的態度、說服力、對銷售的影響等。

➢行銷管理・洪順慶

advertising media　廣告媒體　❖广告媒体

各種可以為產品、組織或理念傳達廣告訊息給潛在閱聽者或目標市場的各種媒體，通常包括報紙、雜誌、電視、電台、網際網路等。

➢行銷管理・洪順慶

advertising message　廣告訊息　❖广告讯息

廣告主用來告知或說服閱聽者，有關於產品、組織或理念的視覺或聽覺的資訊，有時候也被廣告專業人員稱為創意的部分，以用來認可廣告製作所需的才能和技巧。

➢行銷管理・洪順慶

advertising objective　廣告目標　❖广告目标

廣告主在廣告代理商的協助之下，所制定在特定期間所要完成的特定目標。廣告目標可能為產品的銷售額、消費者嘗試購買的個數、消費者重複購買的個數、接觸閱聽者的個數、接觸閱聽者的次數、閱聽者因為此廣告而知道該產品占有閱聽人的比例等。

➢行銷管理・洪順慶

advertising strategy 廣告策略
❖广告战略

廣告主在廣告代理商的協助之下，為一個特定的產品在一個廣告活動中，所設定的競爭範疇、目標市場、訊息論據等。

➢行銷管理‧洪順慶

advertising wearout 廣告耗損

因為同樣的廣告一再地重複出現，使得消費者不再注意的現象。

➢行銷管理‧洪順慶

affect 情感

一個人對於一個態度對象，如品牌、廣告、商店等的感覺。

➢行銷管理‧洪順慶

affirmative action 承諾性行動

係指為了消除企業內，工作就業條件之不公平待遇，雇主所必須承諾履行的特定行動。承諾性行動比訴求平等機會的公平就業法案更具積極意義，它要求雇主必須付出「額外的努力」去雇用和拔擢婦女或弱勢團體的成員，其計畫和行動本身必須定期在甄選、任用、晉升、獎酬方面展現出具體的成果。
美國在 1973 年的輔導殘障就業法案中即規定，聯邦政府的承包商有履行「承諾性行動方案」的義務，雇用或拔擢殘障人士。

➢人力資源‧吳秉恩

agency cost 代理成本 ❖代理成本

指因代理問題所產生的損失，以及為解決代理問題，所發生的監督成本與約束成本。代理成本可視為下列三種成本的總和。

1.監督成本：主理人為確保代理人會依主理人的最佳利益行事，所發生的成本。
2.約束成本：代理人為使主理人相信他會為主理人的最大福利而努力，所從事相關活動的支出。
3.剩餘損失：在使用各種監督與約束方法後，代理人的決策仍然偏離使主理人福利最大的決策，所產生的損失。

➢財務管理‧吳壽山‧許和鈞
➢策略管理‧吳思華

agency problem 代理問題 ❖代理问题

在代理關係中，若主理人與代理人所追求的目標不一致，他們之間就會有潛在的利害衝突，這種衝突稱為代理問題。

➢財務管理‧吳壽山‧許和鈞

agency relationship 代理關係
❖代理关系

一位或一位以上的主理人，雇用並授權給另一位代理人，代其行使某些特定行動，彼此間所存在的契約關係，例如：股東（主理人）與管理當局（代理人）之間的關係。在代理關係下，如果主理人與代理人所追求的目標不一致，他們之間就可能存有潛在的利害衝突，而導致代理問題的發生。

➢財務管理‧吳壽山‧許和鈞

agency theory 代理理論
❖❶代理人理论 ❷代办理论

係指在企業所有權與經營權分離的情況下，探討主理人(the principal)與代理人(the agent)間之關係。本理論認為由於代理人的自利、資訊不對稱，而對主理人做出非理性或是逆

選擇的決策，在此狀況下，組織應當設計某種激勵與控制機制來管理組織中代理人，使代理人不致產生有害於主理人的行為。

➢策略管理‧司徒達賢‧吳思華

➢組織理論‧徐木蘭

agent 代理商 ❖❶代理 ❷代理商

一種功能性的中間商，撮合買賣雙方，但並未實際擁有產品的所有權。在國際行銷的領域中，代理商可能是一家公司或一個人，在一個特定的市場中代表一家公司。

➢行銷管理‧洪順慶

aggregate planning ❶總體規劃 ❷總合規劃 ❖❶总体规划 ❷总体计划

又稱為中期規劃，在生產與作業管理領域內，係指藉由產銷配合來提升企業的年度營運能力，以實現長期生產計畫的目標並做為短期作業規劃的基準，而產銷配合策略通常包含生產率變更、存貨、人力、外包以及欠撥量處理等策略，各種策略運用的成本有所不同，如何以最低成本加以組合藉以滿足市場需求的變動，不過最終目的仍在於獲得最大利潤。

簡言之，總體規劃為中程生產計畫，規劃期間為未來半年至一年半，規劃主要來源為長期生產計畫與中期產銷預測結果，計畫的主要對象為產品族(product families)或產品線(product lines)，因此，總體規劃即在於決定未來一年左右各產品線的生產與資源使用。

而一般採行之總體規劃策略計有：

1. 追尋策略(chase strategy)：公司調整在每一總體規劃期間中的產出率以迎合在該期間的需求率。

2. 準策略(level- strategy)：公司維持在每一總體規劃期間中相同的產出率。

3. 混合策略(mixed strategy)：乃適當混用以上兩種策略。

➢生產管理‧林能白

aging schedule 帳齡分析表

依應收帳款流通在外時間的長短，加以編製的分析表。用以決定備抵壞帳（壞帳準備、呆帳準備）的金額，以及評估公司的信用政策是否適當。如果過期太久的應收帳款所占的比率極大，則需檢討收款部門的效率是否欠佳或公司所制定的信用政策是否太過寬鬆。

➢財務管理‧吳壽山‧許和鈞

Aguilar's modes of scanning 阿吉拉的環境偵測模式

由學者法蘭西斯阿吉拉(Francis Aguilar)所提出，管理者進行環境偵測時，隨著結構化程度的差異，而採用不同的偵測模式；從低度結構化至高度結構化之構面包括：

1. 無方向性的觀察：管理者並無特定目標地主動接收環境資訊的流入，資料豐富、變異性大，且有助於掌握各種可能的趨勢。

2. 有條件式的觀察：管理者基於特定目標或需求而接收特定類型環境資訊的流入，此為被動反應性的環境偵測行為。

3. 非正式尋找：管理者預應式地向外搜尋環境資訊，但此行為並非式基於特定目標，也因而結構性程度不高。

4. 正式尋找：管理者基於特定目標而高度預應式地與結構性地向外搜尋環境資訊，其獲取資訊的方式根據正式程序與方法。

➢組織理論‧徐木蘭

algorithm　演算法　❖算法

以有限數目的一群指令，說明完成某一件特定的工作的步驟與方法。通常演算法可以很容易的轉換為一般的程式語言，並交由電腦執行。由於演算法關係到電腦的執行法則，所以一個完整的演算法必須具備下列三個條件：

1. 在有限的步驟當中可解決問題。
2. 每個步驟都是可以由電腦執行的。
3. 必須具備終止條件。常見有關討論演算法的主題，包括搜尋、排序、最佳化遊戲和數值方法等。

➢資訊管理・梁定澎

alliances　聯盟

兩個或兩個以上的組織，對某些新事業機會，彼此協議以合作方式，來共同分攤成本、風險、與利益。

➢策略管理・司徒達賢

allowance　寬放　❖休息與生理需要时间

生產時之標準操作時間是於正常時間之外加上一些作業或個人需要，例如：換料、休息或其他延遲的時間等，這些時間稱之為寬放時間。寬放是為了實際上的需要。

一般寬放可分為：

1. 私事寬放(personal allowance)：指為維持個人工作舒適所需的時間。
2. 疲勞寬放(fatigue allowance)：主要用於人力之工作，指為不超出個人身心負荷所需的休息時間。
3. 遲延寬放(delay allowance)：指工作中因不可避免之干擾或中斷事件發生而導致的遲延時間。

➢生產管理・張保隆

all-you-can-afford budgeting 竭盡所能預算法

這是一種決定廣告預算的方法，在這種方法之下，廣告支出金額的決定是公司所有必要的開銷和投資都扣除之後，所剩下的資金。

➢行銷管理・洪順慶

alpha testing　α測試　❖α測試

α是由使用者在開發者的指導之下，對軟體進行測試驗收，並將錯誤及使用問題記錄下來。

➢資訊管理・梁定澎

alternation ranking method 交替排序法

是績效考評的一種方法，針對特定考評項目，列出所有將接受評分的員工，而後首先挑選出在該考評項目上表現最佳和表現最差的員工各一人，接著再選出剩下人選之中最佳與最差的人（亦即全體中次佳與次差者），一直重複此相似步驟，在剩下人選中的最佳與最差者之間交替，直到所有員工都已列出，即完成該項目的考評工作。

此法有利於鑑別考績相似者之等第，然仍無法達到全盤比較之優點。

➢人力資源・吳秉恩

alternative work schedule　彈性工時制

在工作時間安排上給予員工相當程度的彈性，使其更能適應員工個人需求及偏好，常見的方法如下：

1. 在一天工作時間不變的原則下，讓員工可自行選擇上下班時間的「彈性工時」，但某一段「核心時間」內所有員工都必須在崗位上。

2.以「每週工作 4 天，每天工作 10 小時」取代「每週工作 5 天，每天工作 8 小時」的「壓縮工作天數」。此法每天可有二小時的「儲存時間」。

3.由兩個或多個人共同分攤一個全職工作的「職務分擔」。

4.員工在家工作，透過電話、傳真、網路等工具與公司、同事溝通和處理事務的「電子通勤」(telecommuting)。

➤人力資源・吳秉恩

➤組織理論・黃光國

ambiguity of information　資訊模糊
❖信息歧义

是指某些事件或議題的資訊無法被客觀的分析與了解，而其他的資訊也無法被收集以解決該議題。

➤策略管理・司徒達賢

American option　美式選擇權　❖美式期权

在到期前的任何時間都能履約的選擇權，與歐式選擇權相對。美式選擇權與歐式選擇權現已無任何地理上的意義，目前無論是在美國或是在歐洲，其所交易的選擇權，均以美式選擇權為主，雖然歐式選擇權仍然存在，但其交易量已比不上美式選擇權。

➤財務管理・吳壽山・許和鈞

amortized loan　分期償還貸款
❖分期偿还贷款

一種允許債務人按月、按季，或按年逐期支付利息並償還部分本金給債權人的貸款，如汽車貸款與購屋貸款等。

➤財務管理・吳壽山・許和鈞

accessibility-mobility-receptibily model (AMR model)
可及性－流通性－接納力模式

應用在技術轉移時，做為技術仲介者所應遵循的模式。可及性指的是技術仲介者要了解雙方各自的需求是什麼？在何處可以找到技術的可能來源？流通性指的是透過何種管道通路幫技術接受者取得該項技術？接納力指的是在考慮將該項技術移轉給某特定的技術接受者時，應該考慮該技術接受者，對於承購該項技術是否有能力全盤接納吸收，而不致於發生所傳非人的困境。

➤科技管理・賴士葆・陳松柏

analog signal　類比訊號　❖模拟信号

電子訊號依其波型特性、功率或能量可分為類比與數位訊號。類比訊號是以連續性的波形變化來表示資料內容，例如：語音與電流均是。

➤資訊管理・梁定澎

analytical hierarchy process (AHP)
層級分析法　❖层次分析法

由美國賓夕法尼亞大學(University of Pennsylvania)的數學家沙提教授(T. L. Saaty)所研究發表的一個多準則、多目標的決策問題處理方法。AHP 幫助決策者將所要解決問題中的重要考慮因素建構成樹狀的階層式結構，將複雜的決策評估簡化成一連串簡單的比較和排序，並綜合計算出各因素的權值以得到最後的決策建議。

➤資訊管理・梁定澎

anarchy　無政府　❖无政府状态

由於組織內成員對於問題的偏好不同、對技術了解不夠、且人員流動率過高，使得組織無法以層級式職權或決策運作，而呈現出混亂狀態。

➤策略管理・司徒達賢

annual report　年報　❖年报

年報是一企業發給股東最重要的一項報告之一。在年度報告中通常揭露兩項重要的訊息：一是文字說明部分，描述企業去年的營運成果，並討論其未來營運發展；另外在年度報告中也揭露四種基本的財務報表，包括損益表、資產負債表、保留盈餘表及財務狀況變動表。從這四張表中可以顯示其營運與財務的狀況。

➤策略管理・司徒達賢

annuity　年金　❖年金

一系列的等額付款或收款。通常有一特定期限，亦即年金所提供的定期等額支付或收取，僅限於此特定期限內，其中款項的支付或收取若發生在每期期末，稱為普通年金或遞延年金，款項的支付或收取若發生在每期期初，則稱為期初年金。然而也有一種年金，其款項之支付或收取，會持續到永遠，這種年金稱為永續年金。

➤財務管理・吳壽山・許和鈞

annuity due　期初年金

一種年金。該年金的款項支付或收取發生在每期期初。

➤財務管理・吳壽山・許和鈞

anthropology　人類學

以研究「人」本身、人類社會及其所創造的文化的科學。在研究取向上可分為：

1. 體質人類學(physical anthropology)：以生物學觀點研究人類的進化歷程與種族差異（考古學與民族學屬之）；
2. 文化人類學(cultural anthropology)：又可稱為社會人類學(social anthropology)以社會學觀點研究社會結構、語言、價值觀、思想、藝術、風俗習慣、宗教活動等。

➤組織行為・黃國隆

application programmers
應用程式設計師　❖应用程序员

熟悉電腦軟硬體之軟體程式開發人員，他們設計電腦程式，供使用者解決特定的應用問題，如進銷存貨系統或會計系統。

➤資訊管理・梁定澎

application service provider (ASP)
應用服務提供者　❖应用服务提供者

提供企業或個人用戶，透過網際網路使用原本應該儲存在該企業或個人電腦上的應用程式或服務。亦即讓原本在企業或個人電腦端運算的軟體，轉移到 ASP 提供的伺服器上運算，使用者則是透過網際網路使用那些軟體服務。這是以服務為形態的軟體租賃方式，也是企業資訊委外應用的一種。

➤資訊管理・梁定澎

application software (AP)　應用軟體
❖*应用软件*

應用軟體是為解決某些特定問題所發展的電腦軟體，如文書處理軟體、會計軟體等。

➢資訊管理・梁定澎

applied research　應用研究

相對於基礎研究而言，是一種具有特定目的（一般都為商業目的）之鑽研，對於產業而言，應用研究的結果一般都可直接用於產品製程上，例如：微處理器的研究。

➢科技管理・賴士葆・陳松柏

appraisal interview　考評面談

是人員績效考評過程之一，考評者必須先了解受評員工的工作內容、績效標準，以及該員工過去的記錄；而後在評估進行前給予受評員工充裕的時間自行評估其績效表現、分析問題以及提供意見；最後選擇適當的時間與地點，由考評者和受評者彼此就績效評量檢討和改善建議等項充分地交談和意見交換，並共同協商研擬工作改善方案。

➢人力資源・吳秉恩

apprenticeship program　見習制度

若干專案中，使用者利用本身工作情況的知識，全權負起建立新工具所需專技的整合。開發人員必須願意扮演教師，而非提供者的角色；而使用者則必須願意投資足夠的時間和資源，以成為相關技術的專家，並在回到自己的地盤之後，實行所有必要的改變。這是想要自身擁有開發能力，且不至於受開發人員牽制的使用者，多半採用的模式（參閱圖二）。

➢科技管理・李仁芳

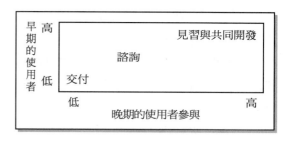

圖二　使用者參與模式的多構面等級圖

資料來源：Dorothy Leonard-Barton (1998)，《知識創新之泉》，遠流出版社，頁 135。

appropriability of technology 技術獨享性

亦稱為技術專屬性，指的是該技術不論是在法律上的專利商標版權之保護，或在非法律上而由技術本身的製程技術 know-how、商業祕密、經濟規模……等因素，可使公司於技術創新後，免於被模仿者所跟進分享，以確保其創新之利潤。當技術獨享性程度愈高時，代表研發之技術較不容易為競爭者所抄襲模仿，其智慧財產權保障程度愈高，對於研發之投入所獲致之研發成果，較能為公司帶來競爭優勢與利益。

➢科技管理・賴士葆・陳松柏

arbitrage　套利　❖❶*套利*　❷*套汇*

指投資人在不需使用自己資金，且又不必負擔風險的情況下，藉著同時買進與賣出同一物品以賺取報酬的行為。換言之，從事套利行為的人（套利者）係藉由在兩個或兩個以上的市場同時買賣同一物品或兩種關係密切的商品，以博取短暫價差之利潤。

➢財務管理・吳壽山・許和鈞

arbitrage pricing theory (APT)

❶套利定價理論　❷多因素模式　❖套利定价理论

資本資產的定價理論之一，由美國學者羅斯(Ross)於 1976 年提出。該理論主張風險性資產的報酬率與多個共同因素間存有線性關係，以數學式表示如下：

$$E(R_j)=R_f+\lambda_1\beta_{j1}+\lambda_2\beta_{j2}+\ldots\ldots+\lambda_k\beta_{jk}$$

其中，

$E(R_j)$ 代表第 j 種風險性資產的預期報酬率；

R_f 代表無風險利率；

λ_k 代表第 k 個共同因素在均衡時的風險溢酬；

β_{jk} 代表第 j 種風險性資產對第 K 個共同因素的敏感性。

APT 與 CAPM（資本資產定價理論）的主要差異，在於 CAPM 認為風險性資產的報酬率僅與單一共同因素（即市場風險）間存有線性關係，而 APT 則認為有多個共同因素會影響到風險性資產的預期報酬率，所以，APT 又叫做多因素模式。

➢財務管理・吳壽山・許和鈞

arbitration　仲裁

凡屬「調整事項」之勞資爭議，經調解不成立者，經爭議當事人雙方之申請，應交付勞資爭議仲裁；或經當事人雙方同意，亦得不經調解逕付仲裁。主管機關應於接到仲裁申請書之日起五日內組成 9~13 人之仲裁委員會，其中 3~5 人為主管機關及其他有關機關代表，勞資當事人各於當地之仲裁委員會中選定 3~4 人。

依法勞資爭議仲裁委員之仲裁，應有三分之二以上委員出席，並經出席委員四分之三以上決議。但經二次會議仍無法作成決議時，第三次會議取決於多數。勞資爭議當事人對於仲裁委員會之仲裁，不得聲明不服。

➢人力資源・吳秉恩

arbitrator　仲裁者

此人是協商(negotiation)歷程中的第三者，若當事人之間的爭議調節不成時，仲裁者有正式的權威去裁定協議的成立與執行。

➢組織行為・黃國隆

area sampling　地區抽樣法

❖❶地区别抽样法　❷区域抽样

這是集群抽樣的一種方式，而地區就是主要的抽樣單位。在這個抽樣方法之下，母群體利用地圖，將之分為周延和互斥的地區，再以隨機抽樣的方法抽出不同的地區。如果在被抽中的地區中，使用全部的家計單位的話，就是一種一階段的地區抽樣法。如果被抽中的地區，再根據家計單位再做一次抽樣，則為兩階段的地區抽樣法。

➢行銷管理・洪順慶

arrearage　❶積欠　❷累積未付額

特別股的未付股利，或泛指一切逾期未付之款項，有時稱為累積未付額。假定某一公司發行 8%累積特別股 1,000 股，每股$100，若去年與今年公司的營運皆虧損，致無法支付股利，則該公司的積欠為$16,000。

➢財務管理・吳壽山・許和鈞

artificial intelligence (AI)　人工智慧

❖人工智能

用電腦可執行的方法來分析人類知識、及智慧行為，並使資訊系統可以表現出人類判斷或解決困難問題之能力的一門學問。其研究領域包括知識表達、推理、學習、電腦視覺、語音辨認等。

➢資訊管理・梁定澎

American Standards Code for Information Interchange (ASCII)

美國編碼標準　❖美国标准编码

美國國家標準局(ANSI)所制定的一套標準化資訊交換碼，有七個位元與八個位元兩種。目前使用最多的是加長型的 ASCII 以 8 個位元為一個位元組，可表示 256 種符號。

➢資訊管理・梁定澎

A-shaped skill　A 型技巧

同時具有兩種專業知識專長的人。有別於 T型技巧者僅擁有單一學問的專精，但對於互動的學科僅具表面知識者。

➢科技管理・李仁芳

ask price　賣出價格　❖卖出报价

財產所有人在交易時，為出售其所有物所提出之價格，尤以證券及商品之出售者為然。在證券市場上，賣出價格係代表賣者願依某一價格賣出之意，不過在證券市場的行情表上所顯示的賣出價格係代表所有賣者中願意出售的最低價格。

➢財務管理・吳壽山・許和鈞

assembly chart　❶裝配圖　❷組裝圖

裝配圖是產品製造設計上用以顯示構成最終產品之所有零組件，其間之關係與裝配次序（參閱圖三，頁 19），圖中圓圈代表裝配操作。裝配圖是製程規劃的重要步驟，尤其是對於複雜之產品，如飛機、船舶之製程規劃非常重要。裝配圖的主要目的固然是顯示零件間的關係，但亦可做為組件之合適性及零件外購或自製之決定。

➢生產管理・張保隆

assembly language　組合語言

❖汇编语言

組合語言和機械語言一樣都是最接近硬體的電腦語言，但組合語言是利用符號以及縮寫的英文字彙來代表機械語言的每個指令，所以較易為人們所接受。例如：我們常以 ADD代表加法，MUL 代表乘法。通常組合語言寫成的原始程式需將它組譯(compile)成機械語言，才能由電腦執行動作。

➢資訊管理・梁定澎

assembly　組裝

開發中國家的營運部門購買設備、外國公司設立的整廠輸出工廠，或是跨國企業所建立的組裝廠，都具有某些共同特徵。它們通常代表單向、單次完成的科技移轉舊觀念，並以第一層次作為科技來源者的終極和唯一目標。整個作業的基本假設是，所有必須的新技巧、管理系統和行為規範，都已包含在轉移的設備、軟體和實體系統中（參閱圖四，頁 20）。

➢科技管理・李仁芳

A

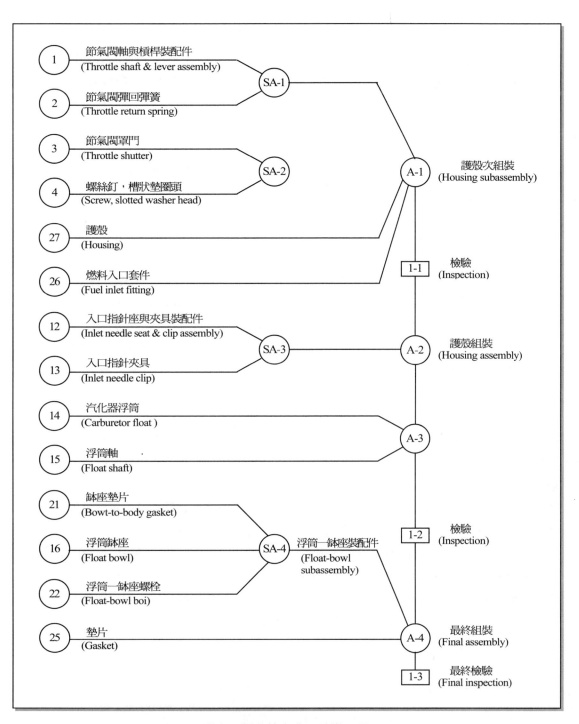

圖三　割草機汽化器的裝配圖

資料來源：James-R. Evans……等 (1990)，*Applied Production & Operations Management*, west, p.319.

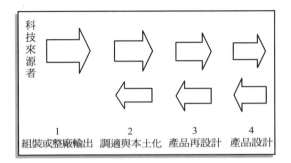

圖四　能力移轉過程中的知識流動

資料來源：Dorthy Leonard-Barton (1998)，《知識創新
之泉》，遠流出版社，頁311。

assessment center　評鑑中心　❖评价中心

一套在標準化情境條件下所施行的行為評鑑
技術。首先經由工作分析，確認某一職位所
需的知識、技能、態度和人格特質等，接著
設計或選擇數種測驗或模擬演習，讓受評人
實際參與，由多位評鑑人員觀察受評人的實
際行為表現，以鑑定受評人資格符合標準的
程度，以做為甄選、晉升、訓練與派任的參
考依據。

經常應用於評鑑中心的測驗或模擬演習包
括：籃中演習(in-basket exercise)、經營競
賽(management game)、群體討論(group
discussion)、口頭報告(oral presentation)、個案
分析(case study)、問題分析(problem analysis)
以及面試(interview)等。國內中國鋼鐵公司已
施行多年。

➢人力資源・吳秉恩

asset substitution problem
資產替換問題

存在於股東與債權人之間的一種代理問題。
指股東未經債權人同意，便促使管理當局將
資金投資在一些比債權人原先預期風險還高

的新專案上。由於新專案的風險比原先預期
的專案風險高，因此負債的必要報酬率也跟
著提高，而使流通在外的負債價值因而下降。
這種高風險的新專案如果成功，因為債權人
只能得到固定的報酬，所以額外的利益全部
歸股東所有；但是新專案如果不幸失敗，則
債權人必須與股東共同分擔損失。這種透過
管理當局剝削債權人財富的方式，還有債權
稀釋等作法。

➢財務管理・吳壽山・許和鈞

assets specificity　資產專屬性

係指企業所擁有的某些資產是被設計用在某
些特定的工作與任務上，若該資產轉移到他
處，則其所能產生的價值會有所降低，或資
產無法轉移到其他用途，導致利用上的限
制。這些資產是一種非標準化的商品，交易
的困難度也相對較高。

一般資產專屬性至少有下列四種類型：

1.地點專屬性指地點上移動的無效率所產生
的專屬性。

2.實體資產專屬性指為特定交易所設計的設
備而衍生的專屬性。

3.專用資產指為特定顧客所投資的資產所帶
來的專屬性。

4.人力資產專屬性指人力資源鑲嵌於特定的
工作情境所產生的專屬性。

➢策略管理・司徒達賢・吳思華

assignable variation (chance causes)
❶可辨識之變異　❷可歸屬之變異

❖❶随机原因　❷正常原因　❸偶然原因

係指於統計的管制狀態內，可找出特定發生
原因的變異，其原因一般來源計有工具耗

損、設備欠缺調整、不良原物料與人為因素等。為避免產生不良品或損害到品質，一旦發現可辨識之變異的變異原因時工作人員應予快速排除。

一般而言，若觀測值在管制界限內則並不需調整製程，亦即表示在機遇性變異的情況下，製程相當穩定，此時，可使用抽樣方法預測總生產品質或研究最適化製程。（參閱common causes of variation）

➤生產管理 · 林能白

assignment problem　指派問題

❖❶指派问题　❷分配问题　❸委派问题

為線型規劃問題之特例，它是將資源以一對一的方式分配於各活動。亦即將每一資源或受派者(assignment)（如職員、機器或計時器）被唯一分派於某一特定的活動或任務（如工作、地點、或事件）。

受派者 i (i =1,2,...,n)，執行任務 j (j=1,2,...,n) 時，發生相關成本，故問題的目標在於確定應如何分派所有的任務以使總成本為最低。

指派問題有其兩大特徵為：

1.列數與行數相等。

2.其供應量與需求量均分別為 1，且各行各列中的數值非零即 1。

➤生產管理 · 張保隆

assortment　❶貨色種類　❷貨品搭配

對一種特定的商品而言，消費者可以選擇的範圍大小，例如：以手錶而言，貨色種類是指價格、款式、顏色、功能、材質等，以供消費者選擇的範圍。

➤行銷管理 · 洪順慶

asymmetric information　資訊不對稱

❖❶不对称信息　❷非对称信息

係指在一場交易合約中，由於眾多外部環境之干擾，市場資訊無法自由流通，使得交易雙方成員不能同樣接觸到與交易相關的所有資訊，因此交易雙方所擁有的資訊完整性有所差異。在資訊不對稱的情況下，交易的一方可能刻意扭曲資訊。

➤策略管理 · 司徒達賢 · 吳思華

asymmetrical digital subscriber loop (ADSL)　非對稱數位用戶迴路

❖ 非对称数字回路

一種利用傳統電話線（亦稱為雙絞線）來提供高速網際網路上網服務的調變／解調變技術。ADSL 所以稱為「不對稱」的關鍵在於其上行與下行的頻寬是不對稱的，從網路提供者到用戶（俗稱下行）的頻寬比上傳的頻寬高。

這種方法可以配合現有電話網路頻譜的相容性，不需另行拉網路線，而且可以同時上網及使用電話。

➤資訊管理 · 梁定澎

asynchronous transfer mode (ATM)　非同步傳輸模式　❖異步传输模式

是一種網路上的傳輸標準，目前多應用在網路傳輸的骨幹上。ATM 技術的解決方式是將所有資料切分為 53 位元組的細胞(cell)。前 5 位元組是表頭(header)資料，後 48 位元組為資料內容(payload)。亦即無論多長的資料傳送，均先切分為小細胞來傳送，於接收端再行組合。

ATM 技術可以判斷細胞內容的即時性程度或重要性程度，來決定先傳送哪個細胞。它適合用來傳輸即時性的資料，如視訊會訊、同步教學等。

➣資訊管理・梁定澎

atrophy of organization　組織萎縮
❖组织萎缩

當組織成長老化，變得無效率或過度官僚運作，而喪失其活力的現象稱之。其發生的原因常是組織長期的成功，而習於過去的經驗，進而喪失回應外部環境變動之能力。（參閱 organizational atrophy）

➣策略管理・司徒達賢

attention　注意

一個消費者從環境中選擇資訊和解釋的過程。消費者會專注於某些刺激，感覺不到其他刺激，或完全忽視某些刺激。一個人過去的經驗，是決定他所能接受多少刺激的重要因素。選擇性的接觸除了反應一個人過去的消費經驗以外，和消費者目前需求最有關的刺激，也會最先被感受到。

因此，當一個人要換購行動電話時，過去使用行動電話的經驗和現在的需求，都會使他特別注意有關行動電話方面的廣告，也就是選擇性的注意。

➣行銷管理・洪順慶

attention, interest, desire, action (AIDA)　注意－興趣－欲望－行動
❖注意－兴趣－欲望－行动

這是一種了解廣告和銷售運作的途徑，這個理論假設在消費者被影響的過程中，會經過好幾個步驟。首先消費者必須注意(attention)，再引發興趣(interest)，再產生欲望(desire)，最後才有行動(action)產生。

➣行銷管理・洪順慶

attitude　態度　❖态度

係指個體對周遭環境之人、事、物所抱持之有利或不利的評價性看法，一般而言，態度具有持久性與一致性的傾向並包含認知、情感、與行為傾向等三要素。例如：消費者對產品的態度，是一種後天學來的傾向，用以評估產品，而給予喜愛與否的評價。人們幾乎對所有的事物都有一定的態度，例如：食物、衣服、政治、社會等。

➣行銷管理・洪順慶
➣組織行為・黃國隆

attribution theory　歸因理論

為個人解釋自身或他人行為之原因的方式。通常可將原因分為兩類：

 1.性格歸因：將行為歸於個人意志所導致。
 2.情境歸因：將行為歸於環境因素。個人在做歸因時，會依照他人行為之獨特性、共同性以及一致性，來作出其行為原因之判斷。

➣組織理論・黃光國

audimeter　電視收視器　❖自动播音纪录器

一種衡量與記錄家計單位的電視觀賞行為的電子儀器。行銷研究公司透過電視收視器，連結到家庭的電視機上，透過電話線再接到公司的中央電腦。當家庭的電視打開時，電視觀賞的頻道就會被記錄下來。

➣行銷管理・洪順慶

augmented product　擴大產品

❖扩大产品

一個產品所包括的不只是其核心利益和實體的部分，還包括服務、品牌、保證等，例如：有的汽車就強調尊貴、高尚的形象，有的強調有安全氣囊和 ABS 剎車系統，或是終生保障的售後服務系統等擴大利益。

➣行銷管理・洪順慶

authority　職權　❖❶权力　❷权威性

係指因管理職位而得到發佈命令且預期命令會被遵循的權力。職權通常記載於工作說明書或分層負責表中，用以列述擔任某一特定職位之員工在工作上的決策範圍和內容，通常包括業務的核閱權、對屬下的人事建議權、獎懲權，以及可動用的預算限制等。

因此，職權可界定為組織成員依正式職位所擁有正式且公開之用人、用料、用錢及行事之權力。

➣策略管理・司徒達賢

➣人力資源・吳秉恩

automated material handing systems (AMHS)　自動物料搬運系統

❖自动物料搬运系统

以自動搬運為基礎之物件導向模式，並配合派車法及運用加工設備中的各種即時生產資訊，包含輸出入暫存區的儲存資訊、在製品數量、加工設備加工時間、加工剩餘時間、及無人搬運車的移動時間，並評估各個搬運需求急迫程度的指標，供派車法判定各搬運需求的優先程度，最後並以急迫評量時間，將所有搬運需求中先篩選出小於平均值的搬運需求，再推算這些入選的搬運需求的所有可能搬運的順序。

從中選取具有最短空車行走距離的搬運順序者進行派車，以達到途程串接優化的目的。

➣生產管理・張保隆

automated storage (AS)

❶自動倉儲　❷自動儲存　❸自動倉庫

❖❶自动存取　❷自动仓库　❸自动存贮

在現代化的生產系統內扮演很重要的角色，它係將生產系統內所需的原料、零件、在製品、成品、工具，甚至廢棄物、辦公用品等進行適當的管理，使得這些物料能適時、適量、適質地服務有關的單位。

此系統的主要構成單元是：

1.物料儲存料架。

2.存取機器。

3.物料存放棧板。

4.物料移轉工作站。

自動倉庫的設立主要有以下幾個目的：

1.增加儲存容量，擴大土地及空間使用率。

2.提高生產力、降低作業的人工成本。

3.提高物料搬運操作上的安全，並減少失竊率。

4.改進存貨管理，增加存貨週轉率。

5.改善對內部或外部顧客的服務。

（參閱 retrieval system）

➣生產管理・張保隆

automation　自動化　❖自动化

係指使用機械或電子化設備代替人工，由自動運作的感測與控制裝置檢查正在進行中的作業，並將作業狀況經由回饋系統通知控制系統。因此，自動化（日本：Ninbennoaru Jidoka），並不是單純的自動加工，而是將人類的智慧

賦予機械,使機械具有預防失誤的能力。

在豐田生產系統的精神裏,「動」字僅為從事移動、運動。而「動」字具有智慧,使機械有判斷力,能判別機械的移動、運動是否所必須的工作、活動。自動化之優點為提高機器效率、節省人力、縮短製造時間及可適時採取矯正措施以確保產品品質,但其缺點為投資成本高且生產彈性一般亦較小。

➢生產管理 · 林能白

autonomation ❶自働化 ❷目視管理

❖能自动检出不合格品的机器

係指在生產現場中,若發生任何異常情況時,機器立即停止本身作業且工作人員必須立即停止該生產線的作業,此為構成 JIT 系統的基本架構之一。自働化意含將人的智慧賦予機器來防止不良品的發生,賦予智慧後使用自働化不但能自動生產且能自動自我檢查與必要時自動停止。

因此,自働化機器乃至自働化生產線的裝設不但能有效運用人力資源,更使其得以自我控制製造過剩的問題、減少浪費且具有自動檢查生產現場異常的功能。

➢生產管理 · 林能白

autonomous work teams 自主工作團隊

源自於工作特性模式,利用團隊工作的方式,來增進工作的變化性。自主工作團隊有三個特點:

1. 成員各自具有多重技能,能執行各種任務。
2. 團隊成員之任務彼此相關,整個團隊將為其最終的產出負責。
3. 績效的回饋與評估,以團隊為對象。

➢組織理論 · 黃光國

autonomy 自主權

在情況許可時,所有組織的個別成員均應被賦予自主行動的權力。自主權可以增加員工自動創造新知的動機。再者,有自主性的員工也是完整組織架構的一部分,在這個架構內整體和個體分享同樣的資訊。富原創性的觀念將可自具有自主性的個人身上釋放出來,擴散到小組之間,並成為組織的觀念。

➢科技管理 · 李仁芳

autopoietic system 自生系統

一個能夠確保自主性的知識創造型組織。生命的有機系統是由不同的器官所組成,而每個器官又是由許多的細胞所組成。系統和器官之間的關係,既非從屬也非全體和部分的關係。每一個單位都控制著所有內部持續發生的變化,每一個單位也藉由自我創造來決定它的界線,這種自我參照的本質正是自生系統的精髓。

➢科技管理 · 李仁芳

availability-to-promise (ATP)
可允諾量 ❖可承诺量

是一種當針對主生產排程中預定生產產品進行細部分析時的項目之一,ATP 乃指在未來之主生產排程規劃期間(planning horizon)內,排定生產之令單量中扣除已確定之需求量(實際接單量)後,在每一個時間區段(time bucket)尚可由存貨中,立即供應給新需求(新訂單)的產品種類與數量,ATP 之產生起因於各時間區段中預測需求量與實際訂單量間的預期落差。

若在前一個時間區段中沒有任何新需求(新訂單),則後一個時間區段中的可允諾量將

是前一個時間區段中 ATP 與本時間區段中 ATP 之和，此稱累積可允諾量(cumulative ATP)。

➢生產管理・張保隆

average collection period
❶平均收現期間　❷平均收帳期間

應收帳款除以每日平均銷售額的比率，它代表公司將產品售出後，一直到將應收帳款收現時所需花費的平均時間，主要被用以評估應收帳款的催收速度。以平均收現期間與公司的授信期間相比，可看出公司應收帳款品質的好壞與帳款管理的良窳。

➢財務管理・吳壽山・許和鈞

average outgoing quality (AOQ)
平均出廠品質　❖平均出貨质量

係指在使用選別型抽樣檢驗（即將不合格批予以全數檢驗，並以良品更換不良品後允收之）後，整批產品平均的品質水準，亦即在經過抽樣檢驗後，不必全數檢驗的允收批中仍然含有某種程度的不良率，而平均出廠品質即是用來評估選別檢驗計畫的一種指標，其平均出廠品質應低於送驗批的不良率。

在抽樣檢驗計畫 OC 曲線已知的情況下，AOQ 可計算如下：

$$AOQ = p \times P_{ac}(N - n \div N)$$

其中，

　p 代表批的不良率；

　P_{ac} 代表該不良率下的允收機率；

　N 代表母體大小；

　n 代表樣本大小。

由於不良品數超過拒收數時需進行全數檢驗，故當送驗批的品質極好或極差時，在選別型抽樣檢驗下將可以得到高的平均出廠品質（即低的 AOQ 值），最差的平均出廠品質（即最高的 AOQ 值）稱為平均出廠品質界限(average outgoing quality limit; AOQL)。

➢生產管理・林能白

avoiding　❶逃避　❷迴避

當衝突發生時，當事人之一可能已察覺衝突的存在而想逃離衝突情境，或有意忽視它。

➢人力資源・黃國隆

B

B

back integration 向後整合 ❖向后集成

係指產品或服務之製造商（組裝商）經由供應鏈來整合與供應商（賣方）的整合活動過程，製造商（組裝商）與供應商間共享生產、設計與品質等方面的資訊，並追求共同的成長，因此，向後整合的目的乃為尋求一長期且穩定的原物料、零組件或裝配件供應來源以取得減少風險與降低成本的優勢。

向後整合與向前整合皆指透過價值鏈（產業鏈）進行垂直整合的整合程序。（參閱 forward integration）

➢生產管理・林能白

back office operation / back room operation 後場作業

銷售點與作業系統可分為硬體和軟體，硬體又以作業順序分成前台與後台，前台係指利用電子收銀機設備處理銷售、結帳、退貨、開具發票之櫃檯作業；後台則包含內部進貨、存貨銷售分析、會計等各種分析管理作業。

在服務業中，前場作業係指與顧客直接接觸與互動的一序列活動，而後場作業則指支援前場作業的一序列活動。（參閱 front office operation）

➢生產管理・張保隆

backlog ❶積壓待撥訂貨 ❷未撥量 ❖❶压订单 ❷欠交订单

係指尚未裝運給顧客的顧客訂貨量，其中包含未到期及已到期的訂單，但非因存貨不足而為其他理由所未交運的訂單。（參閱 back order）

➢生產管理・林能白

back order ❶積欠待補訂單 ❷欠撥量 ❖延期付货

係指到期而不能交貨的訂貨量，其發生原因大多為產能不足、生產進度延誤等。

當到期無法交貨時，可能失去該筆訂單，但也可能顧客願意等待延遲交貨，倘若顧客願意等待，則該筆訂單即成為欠撥訂貨。

（參閱 backlog）

➢生產管理・林能白

back-up 代理制度

係指主管對部屬教導過程中，以「排定代理」方式，每人均有機會學習；或「指定代理」方式，刻意教導培育潛力者；及「法定代理」方式，結合公司晉升安排，促其代理主管職務，歷練扮演主管之能耐。對上述各種代理，若能設計配套與晉升制度結合，則其效果更佳。

➢人力資源・吳秉恩

backward integration 向後整合 ❖❶后向一体化 ❷后向企业合并

一般而言，垂直整合指的是將技術上迥然不同的重要價值活動，包括生產、銷售、配銷、服務等，結合在單一廠商內部進行。而向後整合，則特別指將原本屬於廠商上游或供應商的價值活動，納入該廠商內部進行，此一策略作為可能帶來的優勢包括增加廠商差異化的能力、以及擁有自己的專屬知識，而不需要讓供應商分享等。

➢策略管理・吳思華

B

backward scheduling　❶逆向排程
❷由後往前排程　❖❶倒序編排法
❷倒推安排日程

係指以承諾之顧客交期或物料需求規劃
(MRP)輸出中之預定完工日期做為最後一項
作業的完成時間,並根據製程中各項作業之
作業前置時間(operation lead time)來逐步由
後往前推算出各項作業在不延誤交期或完工
日期下的最遲開始與完成時間(latest start and
completion time)。

逆向排程與正向排程的用途之一是配合產能
規劃程序以了解規劃期間內所有製令在各工
作中心之各時間區段中所課加負荷的總預計
負荷分佈(load projection)情況。(參閱 forward
scheduling)

➢生產管理・張保隆

bait advertising　誘餌式廣告

一種誘惑式但不真實的廣告方式,廣告主並
不打算以所聲稱的價格,銷售所廣告的產
品,目的是吸引人潮。

➢行銷管理・洪順慶

bait and switch　上勾再掉包

這是一種欺騙消費者的銷售方式,常見的是
公司先用某些低價的商品吸引消費者到賣
場,再用貶低此一商品價值或稱已銷售完畢
的方式說服消費者購買其他高價的商品。

➢行銷管理・洪順慶

bait and switch advertising　上勾再掉
包的廣告

這是一種欺騙消費者的廣告手法,常見的是
公司先用某些低價的商品吸引消費者到賣
場,再用貶低此一商品價值或稱已銷售完畢
的方式說服消費者購買其他高價的商品。

➢行銷管理・洪順慶

balance delay / balancing delay
平衡線遲延

係指生產線上機器與人員因某些工作無法合
併或分割,以致人力與設備無法最佳組合及
高度使用,因而使得原物料、零組件在生產
線上難以平滑地移動而產生瓶頸與閒置情
形,此種造成生產線難以達到完全平衡所產
生的產能損失即謂之平衡線遲延。

因此,平衡線遲延即指製程處於閒置狀態的
時間百分比以衡量現行佈置的效率。

平衡線遲延的計算公式如下:

$$D=100(NC-T) \div NC$$

其中,
　D 代表平衡線遲延;
　N 代表工作中心數;
　C 代表欲達成之產出率下的週期時間;
　T 代表所有作業時間之和。

(參閱 line balancing, balancing loss)

➢生產管理・林能白

balance scorecard model
平衡計分卡模式

一種管理控制系統,由卡布蘭與諾頓(Robert
Kaplan & David Norton, 1992)提出,認為傳統
的財務會計模式只能衡量過去發生的結果,
無法評估企業前瞻性的投資。因此,本模式
將組織願景轉化為一組由四項觀點組成的績
效指標架構來評核組織的績效。此四項指標

分別是：財務、顧客、企業內部流程、學習與成長。

➤策略管理・司徒達賢

balance sheet approach　資負表方法

是企業針對派外人員之薪資給付的一種衡量方法，其做法是考量母國與派駐當地國之間的生活水準、消費物價等差距，同時考量派外服務的加給，做為人員派駐當地國之後，薪資給付上下調整的依據。其目的是要使派外人員的薪資給付價值與母公司同事的薪資給付價值之間取得平衡，讓人員不至由於派外而多損失或多得到金錢性的酬償。

➤人力資源・吳秉恩

balancing loss　平衡線損失

參閱 line balancing, balancing delay。

➤生產管理・林能白

bandwidth　頻寬　❖帶寬

每個傳輸媒介所能容納的頻率範圍稱為頻寬，亦即一個頻道可容忍之上下限頻率的差額。頻率範圍愈大，其頻寬愈大，傳輸容量就愈大。

➤資訊管理・梁定澎

bank's acceptance　銀行承兌匯票
❖銀行承兌汇票

以銀行為承兌人之匯票。通常由賣方開給買方，並已獲買方銀行之保證付款承諾。可依其產生情形，分為商業性銀行承兌匯票與融通性銀行承兌匯票。

➤財務管理・吳壽山・許和鈞

bar code　條碼　❖❶条形码　❷条型码

將數字用平行線條的符號編碼，以方便讓掃描器閱讀。條碼經過電腦解碼後，可將「線條符號」轉變回「數字號碼」。條碼主要在商業上作為商品的代碼，協助從製造、批發到銷售，這一連串作業過程的自動化管理。

條碼是一種資訊科技的運用，讓電腦方便地確認資訊，透過掃描器閱讀，可以增加物流處理的速度和正確性。有些行銷研究公司也可以根據超市和其他零售商的結帳掃描器之銷售資料，提供各種資料蒐集、彙總和分析的服務。

➤行銷管理・洪順慶
➤資訊管理・梁定澎

bargaining　談判　❖谈判

協商過程中，一方與另一方直接交涉的行為。在其使用的策略上，分為兩種：一為分配性談判(distributive bargaining)，在資源有限的情況下，雙方都想要獲得自己最大的利益，而有明顯的輸贏結果；另一為整合性談判(integrative bargaining)，雙方均能顧及彼此的最大利益，願意共同解決問題，而形成較長久的關係。

➤組織理論・黃先國

bargaining power of buyers
買方議價力　❖讨价还价能力

來自於下游顧客的競爭力量，此一力量為波特(Porter, M.)所指的五大產業競爭力量之一，此力量的高低將影響廠商在一產業中的獲利能力。影響買方議價力高低的因素包括，買方人數的多寡和集中度、買方在此產業內採購的產品占其成本與採購的比例大

小、產品的差異化程度、轉換成本高低、買方向後整合的能力等。

➢策略管理‧吳思華

bargaining power of suppliers 供應商議價力

來自於上游供應商的競爭力量，此一力量為波特(Porter, M.)所指的五大產業競爭力量之一，此力量的高低將影響廠商在一產業中的獲利能力。影響供應商議價力高低的因素包括，供應商人數多寡、替代品的有無、該零件是否為廠商的重要投入、該產業占供應商業務的比重、供應商是否有向前整合的能力。

➢策略管理‧吳思華

barriers to competition 競爭障礙

有一些法令、政治、科技或經濟因素的存在，會導致產業競爭的程度降低，例如：知名品牌的效果、廣告量、專利、關稅等都是。

➢行銷管理‧洪順慶

barriers to entry 進入障礙

❖❶入場障礙　❷進入障碍

指某產業由於產品、生產、技術等特性，或現有廠商策略及進入時機等因素，導致潛在競爭者無法進入該產業的因素，或進入該產業之利益不如已存在的廠商或讓現有廠商佔有優勢或賺取利潤的要素。這些要素可能是一些法令、政治、科技或經濟因素，會增加新的廠商進入產業的困難程度。

➢行銷管理‧洪順慶

➢策略管理‧司徒達賢‧吳思華

barriers to exit 退出障礙

是指當廠商獲利不佳，甚至虧損時，仍讓該廠商繼續留在市場咬牙苦撐、也不願退出市場的一些經濟、策略與心理因素，可能因素包括，專屬資產、固定退出成本、相互間的策略關係、心理障礙、政府及社會限制等。

➢策略管理‧吳思華

barriers to imitation 模仿障礙

係指一組影響競爭者進入該市場或產業區隔的因素，這些因素可能是有形或無形的。有形的因素如法律上的限制、投入資源的稀少性、規模經濟、或接觸顧客的優勢；無形的因素則如因果模糊性、該產業發展有明顯的路徑依賴特性等。（參閱 impediments to imitation）

➢策略管理‧吳思華

barter 以貨易貨

兩個團體沒有透過金錢，而是直接交換財貨或服務的交易型態。在初民社會中，或在比較落後、尚未開發的地區，人們經常是以貨易貨。

➢行銷管理‧洪順慶

base technology 共通性技術

為產業內所有競爭者所共同需要的技術，發展此種技術，技術獨享性低，難以用智慧財產權來保護，研發成果很容易外溢給其他競爭者，一般而言，此種產業共同需要的共通性技術，較宜由政府研究單位來開發。

➢科技管理‧賴士葆‧陳松柏

B

basic research 基礎研究

研究(R)是一種對於某一特定學科,做有系統的、密集的鑽研,以求得更完整的知識,包括基礎研究與應用研究。基礎研究相對於應用研究而言,是一種致力於更完整的知識或認識,而不計較其實際的應用情形,例如:傳統的物理學、化學即為此類。

➢科技管理・賴士葆・陳松柏

batch 批次 ❖成批

在剛好及時(JIT)與 最佳化生產技術(OPT)方法論中,皆主張將生產批(production batch)與運送批(transfer batch)區分開來以降低整體之生產週期時間,此一做法為將一生產批分割成若干個較小的運送批,接著,配合先進與快速的運輸系統來縮短此一「在製品」的搬運等待時間與空間。

不過在物料需求規劃/製造資源規劃(MRP/MRPII)中,主張僅使用一種批次,或許其認為在製程基礎式佈置(process based layout)、長的前置時間(lead time),長的整備時間(setup time)或傳統之運輸系統下分割批次將不見得有利。

另外,在最佳化生產技術中,主張在瓶頸資源中使用大的批次以降低整備時間,而在非瓶頸資源中使用小的批次以縮短等待時間。

➢生產管理・張保隆

batch processing 批次處理 ❖批处理

一種電腦資料處理的方法。資料及作業的要求被提出後,並不馬上處理,而是累積達到相當數量,或在特定時間(如每天或每周)一次加以處理。

➢資訊管理・梁定澎

batch production 批量生產
❖❶成批生产 ❷批量生产

其特徵為中等產品種類之中等產量生產型態,同時,批量生產製程通常使用在類似產品其製程中,一系列作業的小批次或批量生產,而且,一般而言在各項作業中,僅當一整個批次皆被加工完成後才進行下一項作業。

與大量生產與零工式生產相較不同之處在於所使用之物料種類、機器類型、機器整備以及佈置型態等,其製造環境情勢一般乃介於純粹零工式生產與大量生產之間,並為希望能兼顧到生產效率與生產彈性,故常並存專用目的設備與通用目的設備及存貨生產,且常配合群組式佈置型態。

➢生產管理・張保隆

bathtub curve 浴缸曲線 ❖浴盆曲线

是一種描述系統瞬間故障率在不同時間分配情況下的曲線,其橫座標為操作時間,而縱座標為系統的瞬間故障率。

此曲線的第 I 階段為瞬間故障率遞減型,其瞬間故障發生的原因多為可歸咎的原因。例如:操作者對系統不熟悉等,第 II 階段為瞬間故障率固定型,是瞬間故障率最低的正常操作階段,第 III 階段為瞬間故障率遞增型,其瞬間故障的原因為時久耗損所致,故瞬間故障率較高。據此繪出曲線其形如浴缸,故稱為浴缸曲線。此一名詞在保險業的術語中稱為壽命曲線(參閱圖五,頁 33)。

➢生產管理・張保隆

B

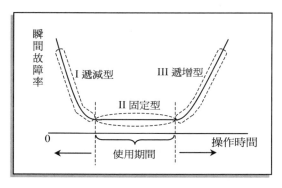

圖五 浴缸曲線

資料來源：真壁肇 (民 82)，《可靠性工程入門》，中華
民國品質科學學會發行，頁 75。

baud rate 傳輸速率 ❖传输速率

由法國工程師所發明，用來測量電報傳輸速
率的單位，目前常用於電腦之間資料傳輸的
速率，每一個鮑耳是指在一秒鐘內所能傳輸
的信號個數。

➢資訊管理 · 梁定澎

Baumol model 鮑莫模式

決定目標現金餘額的模式之一，由鮑莫
(Baumol)提出。鮑莫將存貨管理的經濟訂購
量模式應用在現金餘額的定上。該模式主要
在尋求最適現金餘額，以使現金餘額的總成
本最小。

現金餘額的總成本為：

$$S = b(T \div C) + i(C \div 2)$$

其中，

S 代表總成本；

b 代表出售有價證券或舉債時，公司每次
　負擔的交易成本；

T 代表此一期間內，現金交易所需之數
　額；

i 代表有價證券在此一期間的利率；

$T \div C$ 代表此一期間內的交易次數；

$C \div 2$ 代表平均現金餘額。

將上式對 C 微分，並令其值等於 0，可得現
金餘額之最適值：

$$C^* = \sqrt{2bT \div i}$$

➢財務管理 · 吳壽山 · 許和鈞

behavior control 行為控制

❖❶行為控制 ❷动作控制

組織經由建立一套複雜法則或程序系統以指
引各部門或個人的行動與行為。

➢策略管理 · 司徒達賢

behavioral contingency management (BCM) 行為權變管理

應用行為學派調整行為的技術，用以發展和
管理組織中有關績效的關鍵行為，有系統地
改進員工效能。管理者必須先界定出與工作
績效有關的行為，並明確地告知員工，那些
行為是好的，值得被鼓勵的。

依不同的員工、不同的情境，使用最有效的
增強物，使員工的行為表現，逐步接近標準
合宜的行為。即是使用形塑(shaping)、示範
(modeling)等行為改變技術，使員工以自我控
制的方式，完成要求的行為表現。

➢組織理論 · 黃光國

behavioral observation scale (BOS)
行為觀察量表

為評量可觀察行為的量表，但較加註行為評等尺度(BARS)簡單，僅就每個重要的績效指標行為，以 1 點（幾乎沒有）至 5 點（總是如此）的行為表現頻次進行評量。可就每個行為向度總計行為的表現頻次。

≫組織理論・**黃光國**

behavioral self-management (BSM)
行為自我管理

經由系統化的管理線索、認知歷程、及可能的結果，所進行的一連串調整自身行為的過程。當違反一般行事規則的情境或事件發生時，個人經由自我監控、自我評估、及自我增強等認知過程，自主地控制自身行為的改變歷程。

≫組織理論・**黃光國**

behavioral theories of leadership
領導的行為理論

此理論主要想探討有效能的領導者其行為具有那些特性。此理論意味著有效能的領導者是可以透過後天的訓練而加以培養的。領導的行為理論多數主張領導者的行為可以分成二大類別：

1. 關係導向(relationship-oriented)行為，亦即領導者對跟隨者表達出尊重、信賴、支持與關懷的行為；

2. 任務導向 (task-oriented) 或工作導向(job-oriented)行為，亦即領導者清楚地界定跟隨者的工作角色與任務，重視團體目標的達成，嚴格要求跟隨者達到一定的績效水準，要求在期限內完成工作。

≫組織行為・**黃國隆**

behaviorally anchored rating scales (BARSs)　加註行為評等尺度
❖*行动定位评分法*

是一種績效考評的工具，首先由了解工作內容的人列出代表績效好壞的敘述性具體事例，而後再把這些事例分成若干個績效評估構面，並且與每一個考評構面的量化衡量尺度相對應。

其特色即在於量化的績效衡量尺度上，加註敘述性的績效評估標準，因而兼有描述性事蹟與量化評等之優點。

≫人力資源・**吳秉恩**

belief　信念　❖*信念*

在消費者心中，兩個觀念之間所知覺的關連性。信念和知識或意義為同義詞，都是代表消費者對於重要觀念的解釋。

≫行銷管理・**洪順慶**

benchmark job　標竿工作

在利用「因素比較法」進行工作或職務評價時，通常會先選擇組織當中 15~25 種最具代表性，而且工作內容和工作資格也最定型化的工作，予以先行評價，以做為後續眾多其他不同工作間相互比較的基礎，這些具有指標和比較作用的工作就稱為標竿工作。

≫人力資源・**吳秉恩**

benchmarking　❶設定標竿　❷標竿管理
❖❶*基准评比法* ❷*标杆瞄准*

係指一種企業內部評價與改善績效的方法，經由設定標竿的過程，企業管理者可以找出經營方式相同的業者中的最佳範例，以此作為改善企業內部經營的基礎。

依企業選擇標竿夥伴之標的可區分三類，即內部標竿、外部標竿（亦稱競爭標竿）及功能標竿（亦稱最佳實務標竿）。依執行時所需支持層面可分為策略標竿、績效標竿及程序標竿。

➢生產管理・張保隆

➢策略管理・吳思華

benchmarks ❶比較基準 ❷標竿
❖比较标准

測試電腦效率或特定工作效率的標準，利用這個標準所測量得到的數值，可在不同的電腦設備上作為客觀的比較基礎。

➢資訊管理・梁定澎

benefit drivers 利益驅動因數

所謂利益驅動因數，指的是影響顧客價值的一組產品屬性，這些產品屬性因為能帶給顧客其所重視的利益，因此成為企業思考產品差異化策略時的重要基礎。

➢策略管理・吳思華

benefit segmentation ❶利益區隔
❷利益區隔化 ❖利益的细分化

根據消費者想從產品消費所得到的結果，將消費者分成不同群體的市場區隔化程序。由於任何的產品或服務，都是由一群利益構成，而互相競爭的品牌，則代表不同的利益組合。因此，利益區隔就是由消費者購買產品時所追求的不同利益為出發點，而將市場劃分。

➢行銷管理・洪順慶

benefits 福利

組織在給予員工工作報酬時，除了勞動契約事先約定好的薪資外，組織依法律規定給付或補助性額外給予的財務性或非財務性酬償，就稱為福利，例如：保險給付、退休金、有給休假、員工宿舍、育嬰托兒照顧、健康檢查補助等，其目的在改善員工工作生活品質，提升員工士氣與生產力。福利通常亦是企業的一項成本，廣義言，也同時被員工視為是待遇的一部分。（參閱 fringe benefit）

➢人力資源・吳秉恩

best practice 最佳實務 ❖最佳实践

產業中某一公司的產品、服務、或其他活動最有效率，而能讓其他廠商學習、模仿、或改善本身的運作方式。

➢策略管理・司徒達賢

beta coefficient 貝他係數 ❖贝他系数

一種衡量系統風險大小的測量數，用以衡量某一資產組合或某特定證券之報酬率對市場資產組合報酬率變動之敏感度。

可用符號表示如下：

$$\beta_i = COV(R_i, R_m) \div \sigma_m^2$$

其中，

β_i 代表資產 i 之貝他係數；

R_i 代表資產 i 之報酬率；

R_m 代表市場資產組合之報酬率；

$COV(R_i, R_m)$ 代表資產 i 的報酬率與市場報酬率的共變異數；

σ_m^2 代表市場資產組合報酬率的變異數。

如果某一股票的貝他係數小於 1，該股票稱為低風險股票；如果，貝他係數等於 1，該股票稱為平均風險股票；如果，貝他係數大於 1，該股票稱為高風險股票。

➢財務管理 · 吳壽山 · 許和鈞

beta testing ❶β測試 ❷二次測試 ❖β測試

β 測試是由使用者在開發者不參與的環境下所作的軟體應用測試。由使用者記錄測試過程中所有的問題，在一定期間內將這些問題告知開發者，開發者再針對問題進行修正。它是軟體產品上市或採用前的最後測試。

➢資訊管理 · 梁定澎

bid price ❶買進價格 ❷買進報價

證券交易市場內的自營商或受委託的經紀商欲買進某一證券時，需報出自己所希望的買進價格以進行競價，此種行為稱為買進報價。

➢財務管理 · 吳壽山 · 許和鈞

"big five" personality traits ❶五大性格特質 ❷五大人格特質

又稱五因子性格模式，利用五種因素來描述個人的性格構面。五種因素分別為：

1. 外向性(extraversion)：描述個人喜歡與人互動交談、活潑開放、喜歡冒險的程度。
2. 親和性(agreeableness)：描述個人性情溫和、可靠、有禮貌、容易與人合作的程度。
3. 負責性(conscientiousness)：描述個人負責、堅忍不屈、謹慎的程度。
4. 情緒穩定性(emotional stability/neuroticism)：描述個人情緒敏感、焦慮、緊張、憂鬱的程度。
5. 對經驗的開放性(openness to experience)：

描述個人富想像力、對藝術的敏銳性、優雅、聰慧的程度。

➢組織行為 · 黃國隆

bill of material (BOM) 物料清單

❖❶物料清單 ❷零件需要明細表 ❸零件清單

係根據產品設計來列出組成或生產主生產排程中一特定產品、高階組件或備用零件(spares)一單位所需之一系列原物料／零組件的清單，在物料需求規劃(MRP)程序中依主生產排程(MPS) 展開 BOM 即可計算出所需之各個原物料／零組件的毛需求量。

➢生產管理 · 張保隆

bill of resource (BOR) 資源清單

❖資源需求單

係根據製程設計來列出組成或生產主生產排程中一特定產品、高階組件或備用零件一單位所需之一系列工作中心的產能（人工小時和／或機器小時），在概略產能規劃(RCCP)與產能需求規劃(CRP)規劃程序中依主生產排程(MPS)展開(BOR)即可計算出所需之各個工作中心的總產能需求量。

➢生產管理 · 張保隆

bio-function-type 生物功能型

組織各單位和電腦資訊網路有機且有彈性地互相交織的組織架構。在這個架構之下，單一的組織單位可以和其他單位通力合作，以應付外部環境的變數和事故，就好像一個有機體一樣。

➢科技管理 · 李仁芳

bird in the hand theory 一鳥在手論

❖*在手之鸟论*

一種股利政策理論，由戈登(Gordon)與林納(Lintner)提出。該理論主張股利的風險比資本利得的風險低（就像還停留在叢林中尚未被抓到的兩隻鳥比不上一隻已握在手中的鳥一樣，發生在未來的資本利得，其風險高於已掌握在手中的股利），所以投資人比較喜歡股利，如果公司的股利支付率越高，投資人所要求的必要報酬率會越低。

因此，為了使資金成本降到最低，公司應該維持高股利支付率政策。

➢財務管理・吳壽山・許和鈞

bit 位元 ❖*二进制*

構成電腦資料的最基本單位，每個位元只有兩種狀態（0 或 1）。位元在應用時可以組合成為位元組(byte)，每個位元組有 8 個位元。在縮寫時，通常將位元寫為小寫「b」，位元組寫成大寫「B」。

➢資訊管理・梁定澎

black list 黑名單

是指勞資爭議發生時，資方所可能採取的手段之一，其乃指雇主將參與爭議行為之勞工（或參與罷工之勞工），納入企業內部人事決策之依據，或列名函知其他雇主做為聘雇之參考。惟黑名單做法之正當性待議。

➢人力資源・吳秉恩

bona fide occupational qualifications (BFOQs) 真正職業資格

在美國重視公平就業機會之規定下，真正職業資格是指為了從事和執行特定工作所必須具備的必要條件（例如：年齡、性別、宗教、國籍、單身與否等）。在反雇用歧視意識抬頭的現代，真正職業資格是雇主用來對抗歧視控訴的主要舉證工具。

例如：現今職場一般均認為不能以性別做為雇用資格的限制，但某些特定角色演員、服裝模特兒、洗手間清潔工等，雇主就能輕易舉證以性別為做為真正職業資格的合理性，但需以事先向勞工主管單位申請同意為前題。

➢人力資源・吳秉恩

bond 債券 ❖*债券*

一種債務憑證，由政府或企業在籌集資金時發行。債券的種類繁多，可依下列標準加以分類：

1. 以債券之記名與否分為記名債券與無記名債券。
2. 以債券之留置權分為優先債券、第一抵押債券、第二抵押債券等。
3. 以債券之發行單位分為政府、公營事業及民營企業債券等。
4. 以債券之發行目的分為糧食債券、灌溉債券或十大建設債券等。
5. 以債券之支付貨幣分為美元債券、英鎊債券、黃金債券、法定通貨債券等。
6. 以債券之發行期限分為短期債券與長期債券等。
7. 以債券之投資對象分為儲蓄銀行債券、信託債券等。

➢財務管理・吳壽山・許和鈞

bond indenture 債券契約

發行債券的公司（債務人）為保障持票人（債

B

權人）權益，與信託人（債務信託人）所訂定的契約。此項契約在使信託人得以代表眾多債權人監督發行契約的執行，使發行公司儘可能依法履行債務，並代表眾多債權人保管抵押品。

> ➤財務管理・吳壽山・許和鈞

bond rating 債券評等 ❖債券級別

債券評等機構根據債券發行機構或公司的某些條件與因素，來鑑別各類債券的品質，並區分為若干等級，以作為投資人投資的參考依據。判別等級的因素通常包括負債／資產比、利息倍數比、固定費用倍數、流動比率、抵押條款、附屬條款、擔保條款、償債基金、到期日、銷貨與盈餘的穩定性等。

> ➤財務管理・吳壽山・許和鈞

bond redeemable at par
按面值贖回債券

允許持有人在債券到期前，按面值將債券賣回發行公司的債券。由於債券市價會隨市場利率的上升而下降，因此，持有人在市場利率上升時，如果想要提前出售債券，將遭受資本損失。可是，持有人如果有權在債券未到期前，要求發行公司按面值將債券贖回，則持有人就能避免因利率上漲所造成的損失，亦即可使持有人避開利率風險。因此，按面值贖回債券的票面利率通常較一般的債券低。

> ➤財務管理・吳壽山・許和鈞

bonus systems 紅利制度

一套將員工的薪資與獎金（如股票選擇權）與績效連結在一起的制度，通常此一制度又可分為個人與群體的獎酬制度。（參閱 reward system）

> ➤策略管理・司徒達賢

borrowing portfolio ❶借款組合
❷借入資產組合 ❸借入投資組合

在資本市場中，若每一位投資人皆能以無風險利率(R_f)進行借貸，且投資人對所有風險性資產報酬率的機率分配都有相同預期時，則投資人的資產組合報酬率(R_p)可表示如下：

$$\tilde{R}_p = XR_f + (1-X)\tilde{R}_m$$

其中，

R_m 代表市場資產組合報酬率；

X 代表投資於無風險資產的比例。

若 $X<0$，代表投資人經由資本市場以無風險利率借入資金，再將全部資金（含本身資金與借入資金）拿去購買市場資產組合，稱為借款組合。與放款組合相對。

> ➤財務管理・吳壽山・許和鈞

Boston consulting group
波士頓顧問團 ❖波士頓咨詢公司

由波士頓顧問團所提出的成長占有率矩陣，是以「產業成長率」與「相對市場占有率」（該廠商相對於市場占有率最大的競爭者的市占比例）兩軸，畫出一個四方格矩陣圖，根據一事業單位的淨現金流量狀況，將事業單位區分為四種類型包括金牛事業、明星事業、問題事業、以及落水狗事業。此一矩陣有助於企業根據現金流量平衡的原則，來規劃各個事業單位的發展和組合。（參閱圖六，頁 39、growth-share matrix）

> ➤策略管理・吳思華

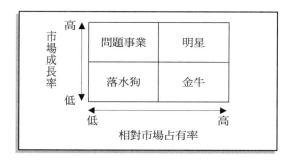

圖六　成長－占有率矩陣圖

資料來源：Philip Kotler 原著，方世榮譯 (民 81)，《行銷管理學》，第 7 版，東華書局，頁 52。

bottleneck　瓶頸　❖瓶頸

係指一種設施、功能、部門或資源其供給產能等於或小於某一期間內的產能需求量，瓶頸可為生產系統中的機器、技術熟練的人員、專業工具甚至工作中心，亦可能是銷售系統中的市場容量。

如果瓶頸在生產系統中則稱為內部瓶頸(internal bottleneck)，否則即稱為外部瓶頸(external bottleneck)，若生產系統存在內部瓶頸，則該瓶頸的生產速率即決定了整個系統的產出率，剛好及時生產系統(JIT)主張應提供彈性及充足產能以減少瓶頸的發生。

➢生產管理・林能白

bottleneck resource　瓶頸資源

❖瓶頸資源

係指一種產能受限資源(capacity-constrained resource)，乃指在生產過程中被列為關鍵且必要的資源。倘若瓶頸資源產能損失一小時即為整個系統損失一小時，管理者需加強瓶頸資源的效能以提升整個生產系統的整體效能，最佳化生產技術(OPT)中主張為保護瓶頸資源的正常運作與高度利用，在其前囤積在

製品有時是必要且有價值的。(參閱 bottleneck)

➢生產管理・林能白

bottom-up approach　由下而上方法

❖由下而上方法

在解決問題的過程，首先將一個大問題分成數個小問題，先由小問題開始解決，再將結果整合，以解決原先的大問題，這種方法便稱為由下而上的方法。

➢資訊管理・梁定澎

bottom-up change　由下而上變革

❖自底向上改變

組織變革不再只是由高階主管單向決策，而是高階主管在訪談組織各階層的主管與幹部後，發展出詳細且有時間與階段性的變革計畫。此一方式的優點，是能讓員工參與並知道目前所處的情境，以降低其不確定性。不過缺點在於採此一方式，所花費的時間可能較久，時效性較低。

➢策略管理・司徒達賢

boundary spanner　環境偵測者

在創新的過程中，負責代表公司或團隊與外界溝通、交換訊息的人。

➢科技管理・李仁芳

boundary spanning　跨邊界

偵測外部環境改變並將該資訊導入組織，或將組織內的資訊傳送到外部，從事組織內外資訊交換的工作。

➢策略管理・司徒達賢

B

boundaryless organization
無邊界組織 ❖*无疆界组织*

在動盪的環境下，過去以組織疆界來區分管理重點已無法因應今日創新、彈性、速度與整合之需求。管理者必須打破組織疆界限制，擴大對垂直、水平、外部與地理疆界之知覺，並學習新的領導技能，平衡組織內、外部關係。

➤策略管理・司徒達賢

bounded rationality　有限理性
❖*有限理性*

是賀爾伯特賽門(Herbert Simon)所提出的概念，管理者個人決策的方式之一，與最適化的完全理性決策相對。個人的行為基本上是追求利益極大化之理性行為，但在處理資訊與複雜問題時，決策者因本身的時間、資訊與資源有限，無法完全獲得並理解所有的資訊，決策者只能在掌握問題重點的情況下，就有限的資訊，進行理性的分析，因而影響其處理複雜資訊的能力。

➤策略管理・司徒達賢・吳思華

➤組織理論・黃光國・徐木蘭

boycott　❶杯葛　❷抵制

是勞資衝突陷入僵局時，工會方面可能會用來向資方施壓，以迫使其資方讓步的方法之一，其做法是聯合公司內部員工採取抵制公司政策或不合作，或是與公司有關的其他利害關係團體形成聯合陣線，共同抵制公司的正常經營活動。例如：工會聯合消費者共同拒買該公司的產品；或是工會聯合上游供應商，共同向公司的往來銀行施壓，籲其勿貸款給該公司等。

➤人力資源・吳秉恩

brain storming　腦力激盪
❖❶*头脑风暴*　❷*脑力激荡*

一般用在幫助團體產生創意或在制訂決策時提高其品質的方法，這也是最常用的團體創意思考方法，由奧斯朋(Osborn)所提出。其主要設計概念是為了克服個人容易在團體壓力下壓抑個別意見的情況，強調團體協力作用、歡迎搭便車、延遲判斷、以量求質等幾項重要原則，最適參與人數約在 6~12 人。

➤策略管理・吳思華

brainstorming camps　腦力激盪營

利用非正式的會議來作詳細的討論，以解決專案發展中所遇到的難題。唯一的禁忌是：不帶建設性的批評。其運用範圍並不僅限於新產品和服務的開發，亦可運用於管理系統或公司策略的發展上。這類活動不僅可以刺激富有創意的談話，同時也可提升參與者彼此之間的信任並分享經驗。

➤科技管理・李仁芳

brainstorming technique　腦力激盪法
❖*畅谈会法*

在團體進行討論時，為避免不易聽見不同意見，所形成的討論法。其重點在塑造暢所欲言的團體氣氛，鼓勵成員提出具有創意的意見，並避免對成員所提出的意見，進行批評或是嘲笑。

➤組織理論・黃光國

brand　品牌　❖❶*品牌*　❷*厂牌*

一個名稱、名詞、標誌、符號、設計或這些的組合，可以用來辨認不同廠商間的產品或服務，而和競爭者的產品形成差異化。品牌

是企業在顧客心目中的形象、承諾與經驗的複雜組合，它代表一家公司對一個特定產品的承諾。

➢行銷管理 · 洪順慶

brand equity　品牌權益　❖品牌资产

品牌的價值，也就是由一個品牌、名稱與符號所連結的資產與負債，由廠商所提供的產品或服務對顧客的價值加減而成。

➢行銷管理 · 洪順慶

brand image　品牌形象　❖品牌形象

係指一個品牌在人們心目中的感受，常常是人們對於此品牌的主觀想法和感覺。消費者對一個品牌之形象會衍生聯想，例如：勞力士手錶和賓士車會使消費者聯想到尊貴、高品質和昂貴的價格等，萬客隆量販店會使消費者聯想到大賣場、價格低廉、有限的服務等。

➢行銷管理 · 洪順慶

brand loyalty　❶品牌忠誠度　❷品牌忠誠
❖❶品牌忠实　❷品牌忠诚度　❸品牌忠诚

指顧客經由過去使用經驗，而對某特定品牌之產品有所偏好，使其有再次購買、推薦該品牌給他人、或付出較高交易成本之意願。品牌忠誠的消費行為，是來自於消費者的需求重複地被滿足，而且對某特定品牌有一個強烈的承諾感所致。

➢行銷管理 · 洪順慶

➢策略管理 · 司徒達賢

brand management organization
品牌管理組織

將品牌或產品指派給經理人負責品牌或產品績效的組織結構。產品經理或品牌經理負責發展行銷計畫，和各功能部門協調計畫的執行，並且要監控產品或品牌的績效。基本上，產品管理、產品經理和品牌管理、品牌經理為同義詞。

這種組織型態的優點是每一個產品都可以得到一個人全權負責，以確保此一產品的成功。缺點是產品經理對於此一產品的設計、生產、流通等的功能部門，並沒有太大的職權。因此，此一制度需有相當程度的修正，例如：品牌經理人應由更資深、更有經驗的經理人來擔任，並且和外部機構有更頻繁的溝通和接觸。

➢行銷管理 · 洪順慶

brand mark　品牌標誌　❖品牌标志

品牌名稱當中無法發音的部分，通常是一個符號、圖型、設計、字、英文字母、顏色等的組合。

➢行銷管理 · 洪順慶

brand name　❶品牌名稱　❷品名
❖❶品牌名称　❷品名

品牌中可以發音的部分，可能包括英文字母、字、數字等。

➢行銷管理 · 洪順慶

brand personality　❶品牌性格
❷品牌個性　❖品牌个性

廠商對於其所銷售的品牌所想塑造的一種心理特質，雖然這種心理特質可能和消費者心

中的認知不盡相同（品牌形象）。

➣行銷管理・洪順慶

branding, family　家族品牌

一個被用在兩個以上個別產品的品牌，例如：當製造商想要培養消費者對公司品牌的整體好感時，就可以在相關的產品上用相同的品牌，例如：大同公司的產品都冠以「大同」品牌，大同電視、大同冰箱、大同洗衣機等，就是一種家族品牌。（參閱 family brand）

➣行銷管理・洪順慶

branding, generic　沒有品牌的產品

最常見的是在超市中常看到的紙抹布、紙巾、垃圾袋、狗食等，通常在這些產品的外包裝看不到品牌名稱，只有產品種類的字樣和一些相關必須的資訊，如內容成分、製造公司等。沒有品牌的產品成本低，當然價格也低，在經濟景氣不佳時，比較受到消費者的歡迎。（參閱 generic brand）

➣行銷管理・洪順慶

branding, individual　個別品牌

廠商對於一個個別產品所給予的品牌，以和市場上其他的產品作一個區別。如果廠商所行銷的產品有不同的等級，為了訴求不同的市場區隔，則可以使用個別品牌，例如：金車飲料公司的產品，就有伯朗、金車、法舶、奧利多等。（參閱 individual brand）

➣行銷管理・洪順慶

breadth-first search (BFS)　廣度優先搜尋　❖广度优先搜寻

是一種樹狀資料搜尋的方法，程式是先選擇任一個頂點 v 為起始點，然後依序拜訪與頂點 v 相鄰的其他頂點，亦即是採用 Level-by-Level 的方式；先拜訪完相鄰的頂點，再去搜尋下一層其他相鄰的頂點；如此反覆執行，直到所有節點都被搜尋完畢為止。

➣資訊管理・梁定澎

break-even analysis　❶損益兩平分析　❷損益平衡分析　❖❶盈亏平衡分析　❷盈亏临界点分析　❸盈亏分界点分析　❹损益分歧点分析

研究固定成本、變動成本，以及利潤三者間關係的一種技巧。損益兩平分析的性質可用圖形（損益兩平圖）加以描繪，其中，損益兩平點代表總成本等於總收入的銷貨量，亦即利潤為零的那一點。

損益兩平分析也是一種利潤規劃方法，企業利用損益兩平分析，可預知損益平衡所需之銷貨量，亦可預知任一銷貨量所對應之利益或損失。

➣生產管理・林能白

➣財務管理・吳壽山・許和鈞

broadband ISDN (B-ISDN)　❶寬頻ISDN　❷寬頻整體服務數位網路　❖寬频ISDN

整體服務數位網路是一種特殊電信網路，利用現有電話線路與電腦網路，可以處理視訊、文字、語音、數據、傳真影像、圖像的傳輸。傳輸速率較數據機撥接高，但費用較專線低廉。目前，ISDN 使用於長程傳輸、封包傳輸、資訊與資料庫服務、儀表測量，以及視訊服務等。

一般 ISDN 頻寬為 64K，但超過一個 T1 頻寬 (1.544 Mbps)的 ISDN，通常歸類為「寬頻

ISDN」，架構在非同步傳輸模式(ATM)或光纖網路上。

➤資訊管理・梁定澎

broker ❶經紀商 ❷經紀人
❖❶证券经纪商经纪人 ❷掮客

在財管上，經紀商是指經營有價證券買賣的行紀或居間者，又稱證券經紀商。其形態有合夥、公司組織的法人及單獨經營的自然人，如各銀行信託、儲蓄部及各證券公司等皆屬之。經紀商只代顧客買賣，本身並不取得證券的所有權，與自營商有別。

在行銷上，經紀商是一種撮合買賣雙方的功能性中間商，協助雙方議價和相關的買賣條件，可能須處理實體產品，但未擁有產品所有權，並由此賺取佣金。經紀商會對不常在市場上之買賣雙方，提供有價值的市場資訊。

➤行銷管理・洪順慶

➤財務管理・吳壽山・許和鈞

buffer 暫存區

參閱 WIP buffer, work-in-process。

➤生產管理・張保隆

building an archetype 建立原型

將已經確認的觀念轉化為較有形或具體的原型。（組織知識創造過程五階段模式之第四階段）

➤科技管理・李仁芳

bulletin board service (BBS)
電子佈告欄 ❖电子公告栏

一個電腦系統，使用者可以透過網際網路張貼及瀏覽該電腦系統上面的檔案資訊、與大家分享、發送電子郵件，或是和不同地方的使用者交談。這類系統上面的討論可以針對不同主題分類，達到意見交流與知識分享之目的。

➤資訊管理・梁定澎

bureaucracy 科層結構

為組織設計或結構的一種形式，其特徵為：
1.分工細密，每個人的工作要求皆定義清楚。
2.職權層級清楚且嚴謹，低職位受到高職位的監督控制。
3.高度正式化，制訂清楚的規定與處理流程，供員工遵循。
4.不講人情，避免因個人喜惡影響公務。
5.以資格與貢獻論功行賞，甄選及升遷的決定，均以個人的能力與績效為準。

➤組織理論・黃光國

bureaucracy school 科層學派

屬於古典管理(classic management)學派之一。又稱層級學派、層級結構學派或官僚學派。

學者馬克思韋伯(Max Weber)於 1940 年代觀察教堂、政府機構和軍隊組織運作後，提出科層管理的理論，主張科層是最理想、最有效的組織型態，認為組織結構乃是基於職權層級、職位的權利義務法則和規範所發展，強調功能性專業分工，重視以技術專業來甄選與晉升員工，而忽略人際關係。

本學派採封閉系統觀點，認為組織與外在環境彼此間是不存在互動關係的。

➤組織理論・徐木蘭

bureaucratic control　科層控制

中高階管理者控制組織的三種方法之一，由學者威廉大內(William Ouchi)提出。利用規則、政策、權力階層、書面文件、標準化行為，以及評估績效的科層機制，進行組織內部的控制活動，其主要目的在於標準化和控制員工的行為。

此方法適用於大型組織中，因為各種垂直與水平架構上的資訊處理行為和方法太過複雜，因而需要依賴規則和政策來統一規範，此控制程度會隨著組織而異，對非營利組織、無定價機制和無競爭市場的組織而言，此控制方法也非常有效。

➢組織理論‧徐木蘭

bureaucratic cost　官僚成本　❖官僚成本

組織將一些經濟活動內部化後，為了管理這些活動所產生的成本。

➢策略管理‧司徒達賢

burnout　耗盡

一種廣泛的耗竭感。當個人需要同時處理太多的壓力，而能夠解決問題的資源又很少時，則很可能造成此種感受。其共同特徵為：太過理想化、自我驅策太強、常常追尋不可能達成的目標、以及缺乏可以減緩壓力的資源。長期處於耗竭感下的員工，可能會發展出廣泛性的負面感受，並且對組織及自身產生敵意。

➢組織理論‧黃光國

business analysis　商業分析　❖商业分析

此一名詞常代表許多不同的意義。

在行銷學上，通常代表新產品計畫的評估。當公司有了具體的產品觀念和初步的行銷策略之後，就應從事商業分析。新產品的商業分析包括檢視整個新產品的預計銷售額、成本和利潤，是否能滿足公司的總體目標等。

公司可能會需要好幾種類型的銷售預測。對一些比較少購買的耐用品，例如：家電用品、個人電腦等，公司必須估計產品的第一次購買和長期的重置再購。對一些經常購買的日用品，公司就必須估計第一次的嘗試性購買和隨著時間經過的重複購買。管理當局必須估計好幾個購買週期的產品銷售額，因為一個新產品的成功，終究決定於願意去嘗試購買的顧客和不斷地重複購買。

➢行銷管理‧洪順慶

business functions　❶企業功能　❷業務功能　❖企业职能

企業組織為達成某特定目標所需具備和執行的業務功能，會因組織類型本質的差異而有所不同。

一般而言，營利組織的企業功能通常包括行銷、生產、人力資源、財務會計、資訊、研發等功能，而學校的業務功能則包括教學、研究、總務、出版等，醫院則是包括各科門診、住院、給藥、手術等。

➢組織理論‧徐木蘭

business information systems　企業資訊系統　❖商业信息系统

企業運用電腦軟硬體所建置的系統，包含收集、儲存、分析以及散佈企業資訊之功能單元，用以輔助管理者解決經營決策與管理上的問題。系統同時也應具備協助分析企業問題與開創新型服務產品的功能。

➢資訊管理‧梁定澎

business plan　營運計畫

❖❶经营计划　❷商业计划

係指將一個創業構想轉成實際可行的規劃書。一般而言，營運計畫通常包括新創事業的使命、目標、策略、政策、主要董事與其他成員等。

➢策略管理・吳思華

business policy　企業政策

❖❶公司策略　❷商务策略

早期指的是一些有關企業長期性規劃與策略方面的主題，也就是現在一般通稱的「策略管理」領域。現在的「企業政策」領域，則接近於所謂的「一般管理」範疇，主要關心的議題是如何適當地整合企業中各個功能別的活動。

➢策略管理・吳思華

business portfolio　事業組合

指企業中所有策略事業部(strategic business unit, SBU)所形成之集合。

➢策略管理・司徒達賢

business process redesign (BPR)

❶企業流程重新設計　❷企業再造　❸企業流程再造　❹企業再造工程　❖❶企業流程重建　❷企業流程再造　❸商業流程再造工程

企業流程再造是美國麻省理工學院教授韓默(Hammer)於1990年提出的，其意義是指由根本重新思考、徹底翻新企業的作業流程，以便在績效表現的關鍵構面，如成本、品質、服務和速度上獲得大幅的改善。

企業流程再造是藉由針對企業活動流程的分析、簡化和重新設計，以降低企業營運成本

與強化企業績效的改造過程。例如：企業可以利用資訊技術來改進作業速度、提升服務品質，重新整合工作流程來減少浪費，消除重複性及大量的紙張作業等。有下列四個要素和做法：

1. 重新思考工作方式，以追求高生產力及改進製造之程序。
2. 重建組織結構，將多層性的功能架構改為交叉性的功能架構。
3. 建立新而整體性的資訊系統及衡量系統。
4. 塑造新價值系統，例如：將顧客滿意視為首要。

（參閱 reengineering）

➢策略管理・吳思華

➢生產管理・張保隆

➢資訊管理・梁定澎

business risk　❶企業風險　❷事業風險

❸業務風險　❖经营风险

在財管上，企業風險是指在未使用負債融資情況下，公司營運所具有的風險，或稱業務風險，與財務風險相對。一般而言，企業風險的高低，可由隱含在公司未來資產報酬率中的不確定程度來判別，不確定程度越高，公司的企業風險越大。企業風險的大小，與公司成本的固定程度、該企業的產品或服務的需求彈性、替代性，以及其對經濟景況之敏感性有很大的關係。

因此產業不同，其企業風險各異；在同一產業的不同公司，其企業風險也各異。企業風險也是新產品研發風險中的一部分。（參閱technical risk）

➢財務管理・吳壽山・許和鈞

➢科技管理・賴士葆・陳松柏

B

buy decision　**外購決策**　❖外购决策

為一種物料取得的方式，係指以對外採購尋求協力廠商供應等方式來取得原物料／零配件。（參閱 make）

➤生產管理・林能白

buyclasses　**組織購買類型**

可根據好幾個特性加以分類，例如：決策的複雜度、購買方案的個數、所需資訊的多寡等，而分成三種：直接再購、修正再購、新任務購買。

直接再購常是例行性的從同一家供應商訂購相同的標準零件或原料。修正再購是廠商對購買情境有一些不熟悉、複雜度和考慮方案都增加時的狀況。新任務購買是最複雜的組織購買型態，常是一個過去沒有碰過的問題，所以組織購買者會投入最多的時間，尋找多家合格的供應商，再做最後的選擇。

➤行銷管理・洪順慶

buying center　**購買中心**

參與組織購買決策過程的個人和群體，他們有共同的目標和決策的風險。購買中心內的成員主要有六種角色：發起者、使用者、影響者、購買者、決定者、守門者等。

➤行銷管理・洪順慶

buying on margin　**融資買進**　❖买入边际

借入資金以購買風險性資產的行為。

➤財務管理・吳壽山・許和鈞

buying roles　**購買角色**

購買中心內的成員有六種角色：發起者、使用者、影響者、購買者、決定者、守門者。

發起者是確認組織內部的問題或是需求，可以藉由購買某商品而解決的人；使用者是實際使用此產品的人；影響者是影響購買決策的人，通常會幫忙發展產品規格，例如：工程人員幫忙制定零件規格；購買者是擁有職權和責任來選擇供應商和談判交易條件的人，一般中大型組織通常交由採購部門負責；決定者是指有正式或非正式權限來選擇或批准供應商選擇的人，決定者實際上選擇供應商和產品；而守門者是控制資訊流入購買中心的人員，例如：秘書和技術人員。

➤行銷管理・洪順慶

byte　**位元組**　❖字节

電腦資料的計量單位，一個位元組等於八個位元。

➤資訊管理・梁定澎

call option ❶買進選擇權 ❷買多契約
❸敲進 ❖❶购买期 ❷权买入权 ❸看涨期权
❹买叫期权

一種選擇權。由買者（或執票人）與發行人
（或賣者）訂約，協議買者（或執票人）得
於合約有效期限內，具有特權按照雙方協定
的價格（履約價格），向發行人（或賣者）買
進某一固定數量的指定證券。

在實行此選擇特權時，不論當時市價如何，
賣者均不得拒絕。證券投資者如果認為未來
股價將上漲，可以此方式投機。與賣出選擇
權相對。

➤財務管理·吳壽山·許和鈞

call premium ❶贖回溢價 ❷收回溢價
❖赎回溢价

公司贖回發行證券，其贖回價格超過面值的
部分。公司若於發行第一年收回證券（如債
券），其贖回溢價通常等於一年的利息，以後
每年溢價則以定率遞減。

例如：面額$1,000，20 年期，8%債券，若在
第一年收回，其收回溢價通常為$80，第二年
收回溢價為$76（減少$80，或 8%溢價的二十
分之一），以後各年之收回溢價依此類推。

➤財務管理·吳壽山·許和鈞

call provision ❶贖回條款 ❷收回條款

一種記載於證券（如債券）契約內之條款。
以債券為例，贖回條款的內容是有關發行公
司在債券正常到期之前，可按特定條件購回
債券之相關規定。此種收回的權利對公司較
為有利，而對投資人較為不利。

➤財務管理·吳壽山·許和鈞

campus recruiting ❶校園徵才
❷校園招募

是一種人才招募方式，係指企業主動前往校
園吸引或徵訪所需人力，此法已逐漸成為尋
求管理人才和技術專業人才的重要管道。但
校園招募一般較為費錢費時，而且若徵募員
本身良莠不齊，素質低落，未將公司優點具
體宣傳，或未能有效檢視應徵學生素質，或
對學生舉止傲慢，損壞學生對公司形象，則
將造成負面效果。因此，應重視徵募員的訓
練以及人力單位的前置作業，以避免不當
表現。

➤人力資源·吳秉恩

canned sales presentation
制式的銷售說明

一種標準化的銷售說明方式、業務人員在展
示說明時會包括一些重要的賣點，希望能從
顧客得到最好的效果。

➤行銷管理·洪順慶

capability gaps 能力落差

當公司內部無法提供重要的策略性技術專業
時，便產生了能力落差。公司也必須轉而外
求。一個公司經歷能力落差的層次，至少視
兩種情況而定：

1.所需科技與公司核心科技能力相輔相成的
　程度。

2.公司目前對於所需科技知識了解的程度。
為了找出能力落差，經理人必須了解專業策
略和科技的關聯，並且評估公司目前對該項
科技熟悉的程度。

➤科技管理·李仁芳

C

capability of process　製程能力

❖❶*工序能力*　❷*工艺能力*

係指一製程產出產品之品質的一致性，其常用公式如下：

$$製程能力 = 6\sigma$$

其中，

σ 代表統計管制下製程的標準差。

某些工業製程即使用此 6σ 來計算製程能力。但此用於管制用途的製程能力界限往往並不等同於產品之規格公差界限，因此，需透過製程能力分析來分析製程產出之機遇變異與設計規格之容許變異之間的關係，此可利用兩種指標（製程準確度與製程能力指數）予以衡量之，此兩指標的計算如下：

$$C_p = \frac{UTL - LTL}{6\sigma}$$

$$C_{px} = \min\left(\frac{UTL - \mu}{3\sigma}, \frac{\mu - LTL}{3\sigma}\right)$$

其中，

C_p　代表製程準確度；

C_{px}　代表製程能力指數；

UTL 代表規格上限；

LTL 代表規格下限若（或）。

表示其公差範圍比實際製程產出的範圍還大，亦即表示此一製程所產出的產品品質具有一致性，製程能力佳。反之，若（或）<1，表示製程將會產出超出公差範圍的產品或服務，此時管理者必須決定如何調整或矯正製程。

➢生產管理・林能白

capacity　產能　❖*生产能力*

係指機器或製程或工廠之生產能量或生產能力，一般以人工或機器時數表示，其意指在一定的時間內生產可接受產品或勞務的最大產出量。

通常可藉由設計（理想）產能、有效產能及實際產出來衡量產能，而不論何者其皆在定義效率(efficiency)和效益(effectiveness)，效率為實際產出對有效產能之比，而效益為實際產出對設計產能之比。

其計算公式分別如下：

$$效率 = 實際產出 \div 有效產能 \times 100\%$$
$$效益 = 實際產出 \div 設計產能 \times 100\%$$

（參閱 efficiency and effectiveness, design capacity, actual capacity）

➢生產管理・林能白

capacity requirement planning (CRP)　產能需求規劃　❖*能力需求计划*

為一較概略產能規劃更為詳細的產能描述，係指推算短程生產計畫所需之所有零組件的產能需求，亦即將預定生產量換算成對機器和（或）人工的產能需求，並詳細決定所有工作中心各需要多少人力和機器設備以完成生產計畫的過程。

其過程乃將暫時性生產日程安排總表（主生產排程）導入物料需求規劃(MRP)中以確認各類物料需求，針對 MRP 輸出中自製零組件部分，並利用其計畫令單發出資訊來計算出每一規劃期間中每一工作中心所需的機器和（或）人工資源，進而將需求產能與可用產能做一比較以利需求規劃，如此經數次測試

與調整直到產能供需近乎平衡為止，使最終所決定的生產日程安排總表應為實際可行。

➤生產管理・林能白

capital asset pricing model (CAPM)
資本資產定價模式 ❖*資本资产定价模型*

決定個別資產或資產組合定價的一種工具，亦可用來探討報酬與風險間的關係。CAPM 所描述的是，當證券市場達到均衡時，在一個「已有效多角化並達成投資效率」的資產組合中，個別資本資產的預期報酬率與其系統風險間的關係。

其所闡明的「風險－報酬」關係如下列公式所示：

$$E(R_i) = R_f + \beta_i \times (E(R_m) - R_f)$$

其中，

$E(R_i)$ 代表資產組合中第 i 種證券的預期報酬率；

R_f 代表無風險利率；

$E(R_m)$ 代表市場資產組合的預期報酬率；

β_i 代表第 i 種證券的貝他係數。

由此公式可知，個別證券的預期報酬率是由無風險利率和風險溢酬兩部分所組成。

➤財務管理・吳壽山・許和鈞

capital budget 資本預算 ❖*资本预算*

指會計期間擬定資本支出及其籌資方法的計畫。其過程如下：

1. 將公司所有可行的投資計畫分門別類一一列出，進而審慎評估每個計畫所需要的投資金額與回收之現金流量。

2. 依風險的高低程度，以特定評估方法排列投資計畫的優先順序。

3. 最後視預算的金額將選擇的投資計畫正式編入公司的營運中。

常用的評估方法包括：回收期間法、會計平均報酬率法、淨現值法、以及內部報酬率法等。資本預算也是一套財務管理的程式與工具，與固定資產投資決策有關，經由資本預算程式的運用可使管理者分析各種固定資產投資決策的利弊，再選出可行的投資專案，將專案所需資金編入企業的資本預算中。

➤財務管理・吳壽山・許和鈞

➤策略管理・吳思華

capital gain 資本利得
❖❶*资产增值* ❷*资本收益*

股票的賣出價格超過買進價格的部分。例如：某人以每股 \$70 的價格買進一張股票，之後，又以每股 \$80 的價格賣出這張股票，則此人賺取資本利得 \$10。

➤財務管理・吳壽山・許和鈞

capital gain yield 資本利得收益率
❖*资本增值率*

資本利得對期初價格的比值。以公式表示如下：

$$資本利得收益率 = (P_{t+1} - P_t) \div P_t$$

其中，

P_t 代表該資產或證券於期間 t 的期初價格；

P_{t+1} 代表該資產或證券於期間 t 的期末出售價格。

➤財務管理・吳壽山・許和鈞

capital intensive rate ❶資本密集率 ❷資本密集度

資產總額對銷貨收入的比值，常被企業管理當局用於估算銷售額成長時的額外資金需求。資本密集率代表增加一元的銷貨收入，公司所需進行的額外資產投資。所以，公司的資本密集率越高，代表銷售額成長時，它的額外資金需求就越大。

≫財務管理・吳壽山・許和鈞

capital market 資本市場 ❖資本市場

企業長期資金供需的交易場所。該市場以股票與期限較長的債券為主要交易對象，為一長期的金融市場，如我國的台灣證券交易所與美國的證券交易所。

資本市場可分兩種，一為股票市場（買賣普通股與特別股等權益證券），另一為債券市場（買賣政府公債與公司債券等負債證券）。

≫財務管理・吳壽山・許和鈞

capital market line (CML) 資本市場線 ❖資本市場线

當借貸利率相等，且投資人對所有風險性資產報酬率的機率分配都具有同質性預期時，投資人將具有相同的線性效率集合，此種線性效率集合叫做資本市場線。

資本市場線是一條起於無風險報酬，而與效率前緣相切的直線。線上每一點都是效率資產組合。其數學關係式下：

$$E(R_P) = R_f + \left[\frac{E(R_m) - R_f}{\sigma_m} \right] \sigma_p$$

其中，

$E(R_p)$ 代表效率資產組合的預期報酬率；

R_f 代表無風險報酬；

$E(R_m)$ 代表市場資產組合的預期報酬率；

σ_m 代表市場資產組合報酬率的標準差；

σ_p 代表效率資產組合報酬率的標準差。

≫財務管理・吳壽山・許和鈞

capital rationing ❶資本配額 ❷資本限額 ❸資本分配

在某一特定期間內，對資本投資總額所設的上限。企業從事投資之所以設定配額，通常是因為本身內部資金有限，又不願向外籌資（如貸款或出售股票），以免利息負擔過重或失去某些控制工具。由於實施資本配額的公司，實際上等於放棄一些有利可圖的投資專案，故其公司價值無法達到最大。

≫財務管理・吳壽山・許和鈞

capital structure 資本結構 ❖資本结构

負債資金與權益資金的融資組合。分析資本結構，其目的在了解企業取得資產之資金，有多少來自於長期性融資，藉此可進而分析資產結構是否適宜，亦即永久性資產是否以長期資金支應，流動資產是否以短期資金支應。

≫財務管理・吳壽山・許和鈞

capital structure irrelevance theory 資本結構無關論 ❖资本结构无关论

參閱 M&M proposition I & II : no tax。

≫財務管理・吳壽山・許和鈞

C

capitalizing the lease 租賃資本化
❖*資本性租賃*

長期融資式租賃與抵押借款一樣，均持有資產之實際使用權益，故需將其權益資本化表現於帳簿，此種將租賃資產之權益資本化的行為稱為租賃資本化。

租賃資本化意味，使用資本租賃方式取得資產的公司，必須將租賃資產和未來租賃支付的現值報導在資產負債表中，分別作為公司的固定資產和負債處理，其目的在矯正負債比率被低估的偏差。

➢*財務管理 · 吳壽山 · 許和鈞*

captive market 俘虜市場

消費者在某些零售據點沒有太多的選擇，只能從現有的商品或服務中挑選，例如：在飯店、機場、火車站、高速公路休息站等。

➢*行銷管理 · 洪順慶*

career circle 生涯循環 ❖*职业生涯循环*

係指組織成員在其事業生涯發展之歷程，依蘇普爾(Super)之觀點，可分為如下階段：

1. 成長階段（0~14 歲）：通常乃指發展「自我概念」時期。
2. 探索階段（15~24 歲）：大學畢業前，於自我成長探索與生涯有關之志趣問題，以為後續選擇事業參考。
3. 建立階段（25~44 歲）：其中 25~30 歲為試誤期，31~40 歲為穩定期，41~44 歲為危機期。此階段為事業生涯之關鍵。
4. 維持階段（45~64 歲）：以建立階段創造之基礎，維持平穩生活及工作狀態。
5. 衰退階段（65 歲以後）：準備退休後各項準備。

惟各階段困境不同，組織需注意輔導，個人需自行認知與改善。

➢*人力資源 · 吳秉恩*

career development 生涯發展
❖*职业生涯发展*

其概念在 1950 年代以前稱為「職業發展」(vocational development)，重視的是個人特質與工作內涵互相配合的課題；1950 年代以後，其意義才擴大為人一生事業發展目標的追尋，並以「生涯發展」一詞取代「職業發展」。

生涯發展是一生中連續不斷發展的過程，在這過程中個人發展出他對自己和事業生涯的認同，並引導出個人的工作價值、職業選擇、事業生涯型態等。

➢*人力資源 · 吳秉恩*

career management 生涯管理
❖*职业生涯管理*

是企業站在輔導立場，協助員工實行生涯規劃的一系列措施，包括：透過靜態資料或研習活動，協助員工做自我評估；實施正式或非正式的員工個別諮商；定期或不定期提供企業內職缺和資格條件等內部勞力市場資訊；提供企業內各領域的生涯路徑設計；協助評鑑員工的發展潛能和升遷可能性，以提供員工個人事業生涯規劃參考。

➢*人力資源 · 吳秉恩*

career paths 生涯路徑 ❖*职业生涯路径*

係指企業組織內，各領域中之各項職位可能的調動與升遷順序，以及晉升至各特定職位所需具備的資格與能力條件，通常提供做為

組織人力資源規劃和員工個人生涯發展的參考。

➤人力資源·吳秉恩

career planning　生涯規劃
❖*職業生涯的設計与規劃*

指員工個人所從事的系統性事業生涯發展計畫，其步驟與內涵包括：對自我的能力、專長、興趣、價值觀做一評價；根據社會環境、科技發展等趨勢分析未來就業市場的發展機會，選擇欲投身的行業；著手訂定短、中、長期目標，做為引導自我成長的方向；擬定達成目標的各項策略與方法；而後配合計畫身體力行及檢討修正。

➤人力資源·吳秉恩

Carnegie model　卡內基模型

組織決策的方式之一。由美國卡內基大學的三位教授共同發展出，認為因組織目標和部門目標通常模糊且不一致，且時間、資源和個人的心智認知能力有限，因此數位管理者間應該結盟合作，互相討論、交流資訊與透過必要的政治性協商，使得決策過程更加理性化。

因此，該方式的決策結果所獲得者為滿意解（組織可接受、滿意的替代方案），而非最佳解。由於管理者所關心的是急迫的問題和快速的解決方案，此與管理科學的決策方式（追求最佳解）是形成對比的。

➤組織理論·徐木蘭

computer-assisted system (CASE)
電腦輔助軟體工程　❖*計算机輔助設計系統*

在軟體開發過程中，用來輔助程式設計師開發軟體的軟體。基本的 CASE 工具能幫助程式設計人員產生需要的報表、流程圖、程式碼及分析說明文件，而完整的 CASE 環境則包含下列五大部分：

1.資訊貯存器。
2.前端工具。
3.後端工具。
4.專案管理工具。
5.反轉工程工具。

➤資訊管理·梁定澎

case-based reasoning (CBR)
個案式推理　❖*个案分析*

是知識推理的一種方法，最主要的概念就是利用過去的個案經驗來解決問題。在 CBR 中，知識是以個案的形態來表示並儲存，而當需要解決類似問題時，便使用這些過去的經驗來引導推理。目前這樣的觀念已被利用在法律、排程及其它人工智慧的應用開發上。

➤資訊管理·梁定澎

cash budget　現金預算
❖❶*現金預算*　❷*資金預算*

一種現金管理的技術。指在既定計畫期間中，公司對於其現金流入量與現金流出量所作的預測。現金預算能顯示出，在未來的某特定期間中，公司是否會發生現金短缺或過剩的現象。如果公司預期現金會短缺，就要提前擬好籌資計畫；反之，則應該訂定短期投資計畫，以便將過剩的現金投資出去。

➤財務管理·吳壽山·許和鈞

cash conversion cycle　現金轉換循環

公司自買進原料後，一直到將製成品賣出，並將應收帳款收現所需的期間。可利用下列公式來計算：

現金轉換循環＝存貨轉換期間
　　　　　　　＋應收帳款收現期間
　　　　　　　－應付帳款遞延支付期間

公式中各變數的關係（參閱圖七）。

> 財務管理・吳壽山・許和鈞

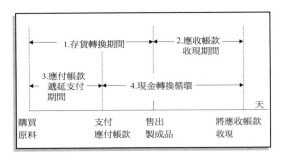

圖七　現金轉換循環圖

資料來源：陳隆麒（民 88），《當代財務管理》，華泰文化事業公司，頁 409。

cash cow　金牛　❖搖錢樹

指相對市場占有率很高但成長性較差之事業部或投資，因為可以源源不斷提供資金流入，故稱為「金牛」事業。此一名詞為美國波士頓顧問群(BCG)所發明，用以評估分析企業之投資組合或事業部配置優劣，金牛為四種描述事業部或投資型態之名詞之一。

> 策略管理・司徒達賢

cash discount　現金折扣　❖現金折扣

售貨人為誘使購貨人提早於特定期間內，償付其欠款之一部或全部，所訂定之優惠條件。通常規定購貨人只要在一定期間內清償欠款，即可減付某一特定比率之帳款，此一減讓數即為現金折扣。現金折扣對賒銷貨品的售貨人而言，為少收之帳款，所以，現金折扣又稱銷貨折扣；然而，對賒購貨品的購貨人而言，則為少付之現金，故為進貨折扣。

> 財務管理・吳壽山・許和鈞

**cash flow synchronization
現金流量同步化**

一種現金管理的技術。指公司利用改善本身預測能力以及將一些事務重做安排的方式，讓現金流入量與流出量的發生時間能儘量趨於一致（同步化）。藉由現金流量同步化，公司可降低其目標現金餘額，同時也可減少融資的需求。

> 財務管理・吳壽山・許和鈞

cash management　現金管理　❖资金管理

對現金這種本身無法產生利潤但又不能匱乏的資產，所作的管理。其目標是將公司的現金餘額降低到足以維持日常營運所需的水準。近來學術界已發展幾種數學模式，用於輔助企業決定其最適現金餘額，這些模式稱為現金管理模式。雖然其實用性已漸漸為企業界所接受，不過在實際應用時，只能視為一種決策上的指導，仍須加入管理人員的主觀判斷，才能使現金管理決策趨於更完美的境界。

> 財務管理・吳壽山・許和鈞

**category killer store　❶產品類別殺手商店
❷大型專賣店　❖类别杀手商店**

一種規模特別龐大，而且集中營運於某一類產品的商店，因此可以銷售特別寬廣的貨色

種類，並以低廉的價格銷售。例如：玩具反斗城就是一家玩具的產品類別殺手商店。

➤行銷管理‧洪順慶

category manager　產品類別經理

負責一個產品類別（如洗髮精、香皂）中好幾個不同品牌之行銷成敗的經理人。當廠商以不同的產品訴求不同的市場區隔時，廠商的行銷組織就會包括一群或一個類別經理，這些類別經理又管理好幾個產品經理，並且將行銷資源分派到不同的品牌。類別經理必須和其他的功能經理（如財務、研發）合作，以為該產品類別經營最佳績效。

➤行銷管理‧洪順慶

category of technology　技術類型

以某一個構面將技術區分為不同類型，例如：以二分法將技術區分為產品技術與製程技術，可獨享性(appropriability)與不可獨享性(inappropriability)技術，可捆包(bundled)與不可捆包(unbundled)技術，可體現(embodied)與不可體現(disembodied)技術，小規模(small-scale)與大規模(large-scale)技術……等，另外還有學者以不同構面對技術又有不同的分類法。

➤科技管理‧賴士葆‧陳松柏

causal research　因果性研究

為了決定變數之間因果關係的研究設計，例如：想研究某品牌的即溶咖啡年度廣告金額增加20%（因），對營業額增加的影響（果）。為了確定變數之間的因果關係，必須用實驗的研究方法。

➤行銷管理‧洪順慶

cause-and-effect diagram　❶特性要因圖 ❷因果圖　❖❶*因果图*　❷*因果分析图*

由日本石川馨(Kaoru Ishikawa)所創，係用來辨識出設計問題並加以修正的方法，其目的為找出產品可能之不良特性及其與要因之間的關係並分析問題發生的潛在因素，又稱為因果圖或石川圖，另外，因其說明圖形結構類似魚骨，故又稱為魚骨圖或枝葉圖。

其根本思維為一個品質問題的產生，往往並非一個或少數幾個原因所造成，而是多種錯綜複雜之原因共同作用的結果，但在這多種原因中必有主要的、關鍵的原因，亦有次要的、一般的原因，要從如此紛繁複雜的原因中理出頭緒，查明真正起關鍵作用的原因，並非輕而易舉之事，特性要因圖即為一種分析、探究影響品質問題之原因的簡便、有效工具。特性要因圖如能配合柏拉圖、直方圖及管制圖之使用，常可得到更大的效果（參閱圖八）。

➤生產管理‧林能白

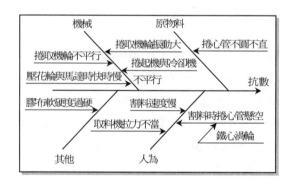

圖八　特性要因圖

資料來源：傅和彥（民86），《生產與作業管理》，前程企業，頁510。

cellular layout　單元佈置　❖ 单元式布置

參閱 group layout, cellular manufacturing system。

≻生產管理．張保隆

cellular manufacturing system and manufacturing cell　單元製造系統與製造單元　❖ 单元式制造

為群組技術之應用，故常採群組式佈置，此一製造系統中可簡化生產流程降低整備時間減少物料處理減少品質問題等，達到降低成本之目的單元製造系統與各製造單元(manufacturing cell; MC)的主要架構，乃包含數個直接或間接連結的製造和（或）裝配單元，且每一製造和（或）裝配單元均由進行生產操作的製造單元與進行組裝作業的工作站所組成。

透過適當的設計與規劃，單元製造系統與製造單元將可在高度彈性的環境中求得最低的生產成本。

≻生產管理．張保隆

center-of-gravity method　重心法

係用來尋找一個廠址使其能達到運入與運出該新位址的運輸成本之總和為最小。重心法的假設在於運入與運出的單位運輸成本相同且亦不需考慮少於滿載(carload)的運輸成本，此外亦假設運輸數量及運輸距離與運輸成本呈現一個線性函數(linear function)之關係。

此方法常用在決定大區域中倉庫或物流中心的位址選擇之上。此方法首先利用座標圖把已存在之設施的位置用座標圖表示其相對的位置，然後利用下面的公式求出新位址的最佳位置。

$$C_x = \left[\sum_{i=1}^{n} x_i v_i \right] \div \sum_{i=1}^{n} v_i$$

$$C_y = \left[\sum_{i=1}^{n} y_i v_i \right] \div \sum_{i=1}^{n} v_i$$

其中，

C_x 代表新位址的 X 座標；

C_y 代表新位址的 Y 座標；

i 代表已有的運送點；

n 代表已有運送點的總數；

x_i 代表第 i 個運送點之 X 座標；

y_i 代表第 i 個運送點之 Y 座標；

v_i 代表由第 i 點運出或運入的數量。

≻生產管理．張保隆

central route to persuasion　說服的中樞路徑

在從事說服時，兩種認知過程當中的一種。在說服的中樞路徑，說服者會將重點放在產品的訊息、加以解釋、形成產品信念、並將這些加以整合成品牌態度。

≻行銷管理．洪順慶

central tendency　趨中傾向

是考評者在從事績效評估時，可能會發生的偏失之一，其現象是指考評者因難以區分各受評人之間的績效差距，於是導致考評分數有集中於中庸程度的傾向。此種現象的發生，多半是由於不了解受評人，或是不願意得罪受評人的心理所造成，亦可能係評量尺度窄化，無法顯示區別效度。

≻人力資源．吳秉恩

centralization　集權化　❖集中化

組織中決策權集中的程度。在一個層級式組織中，若主要之決策係由最高階層決定者，稱之為集權式組織。在高度集權化的組織中，員工與管理階層有鮮明的階級劃分。低階人員對組織中決策過程的參與程度較小，所提意見影響決策的可能性也較小，高階人員決定一切，低階人員僅須按指示行事。

➢組織理論・黃光國

➢策略管理・司徒達賢

centralized sales organization
集權式銷售組織

一種直接向公司的管理當局負責，而且銷售兩個以上部門產品的銷售團隊。

➢行銷管理・洪順慶

certainty factor　確定因數子　❖確定因子

在決策問題的制定過程中，存在著許多因素會影響決策問題分析的結果，其影響程度的確定性稱之為確定因子。每一個確定因子都具有不同程度的風險，這些風險程度我們可以百分比的方式來表達。

例如：「企業現金流量良好，則財務風險較低」的法則，若其確定因子為 90，即表示兩個關係有九成是正確的。它是由史丹佛大學在設計 MYCIN 系統時所提出的概念，可以應用於設計專家系統上。

➢資訊管理・梁定澎

chain store system　連鎖商店系統

一種在本質上屬於同一種類型、集權控制營運和集權擁有的一群零售商店，例如：統一超商股份有限公司的 7-Eleven 便利商店。

➢行銷管理・洪順慶

change interdependence　變革相依性

科技的變革、人員與文化的變革、策略與結構的變革、產品與服務的變革此四種變革彼此間具有相依性，當某一項變革進行時，通常會隱含著另一項變革的進行。

例如：新產品的變革通常同時需要生產技術的變革、組織結構的變革亦需配合員工技能水準的改變，這是因為組織是由數個相關聯的區塊所形成之系統，當某一區塊改變時，將會牽動另一區塊的變動。

➢組織理論・徐木蘭

channel flows　通路流程

在行銷通路體系內，製造商、批發商、零售商和其他通路成員所執行的行銷功能。行銷通路的流程通常有八個：實體擁有、所有權、推廣、磋商、融資、風險承擔、訂購、付款。

➢行銷管理・洪順慶

channel functions　通路功能

在行銷通路內，為了將商品由製造商送交給消費者所必須執行的任務或活動。

➢行銷管理・洪順慶

channel of distribution　❶分配通路
❷配銷通路　❖❶分销渠道　❷销售渠道

一組互相依賴的組織，他們互相合作執行行銷功能，使產品或服務可供最終消費者購買或使用。

➢行銷管理・洪順慶

channel power 通路權力

一個通路成員去控制或影響另外一個通路成員的決策和行為的能力。這種控制要成為通路權力，必須一個通路成員能影響到另一個成員，原先對自己行銷策略的控制意願。通路權力是通路成員之間，用來達成彼此協調與合作最主要的工具。

➤行銷管理 · 洪順慶

characteristic line 特性線 ❖特征线

應用統計方法求得之迴歸線，表示一種資產或一個資產組合之報酬率與市場上所有資產之報酬的關係。迴歸線的斜率，就是貝它係數，用以衡量某資產之報酬率對市場報酬率變動之敏感性。特性線同時顯示系統與非系統性風險的本質。

其中，系統性風險之衡量，就是貝它係數；而非系統性風險之衡量，則是環繞於特性線的殘差變異數。特性線一般係以最小平方法求得迴歸式的方式來取得，其數學式如下：

$$\hat{r}_{it} = a_i + b_i \, r_{mt}$$

其中，

$\hat{r}_{it}$ 代表第 i 種資產的第 t 期報酬率估計值；

a_i 代表截距；

b_i 代表第 i 種資產的貝他係數估計值；

r_{mt} 代表市場資產組合在第 t 期的實際報酬率。

➤財務管理 · 吳壽山 · 許和鈞

characteristics of technology 技術特性 ❖技术特点

技術可被視為製作、機器、工具、設備、置程、說明書(instruction)、處方(prescriptions)、食譜、型式、裝置等項知識，或與此有關的專利發明、問題解決、創意產生等所需的知識皆屬之。

較常提及的技術特性有：複雜性(complexity)、因果模糊性(causal ambiguity)、風險性(riskiness)、默慧性(tacitness)、累積性(accumulatedness)、獨享性(appropriability)⋯⋯等。

➤科技管理 · 賴士葆 · 陳松柏

charismatic leadership theory 魅力領導理論

本理論認為：領導者具有的獨特天賦和權力，能夠吸引並影響其部屬，或是改變其部屬對工作的價值觀，使其部屬有超乎水準的表現。魅力領導者的部屬之所以喜愛其領導，是因為他們覺得工作較有意義，也較具信心，較受領導者的支持，及覺得倍受重視。

➤組織理論 · 黃光國

check sheet 檢核表

是提供使用者紀錄組織資料的一種簡單工具，它是品管七手法之一，其目的在於資料之蒐集與分析。檢核表之設計完全視使用者期望蒐集什麼樣的資料而設計。

➤生產管理 · 張保隆

chief executive officer 總裁 ❖执行长

指一企業中負責總體營運管理之最高主管。

➤策略管理 · 司徒達賢

C

chief information officer (CIO)

❶資訊長　❷資訊主管

❖*❶信息长　❷讯息官　❸信息系统主管*

企業中負責資訊管理及規劃的最高主管。資訊長負責企業內各單位之資訊需求規劃、資訊政策之制定，及資訊系統建設之推動與落實。

➢*資訊管理・梁定澎*

➢*策略管理・司徒達賢*

chief knowledge officer (CKO)

❶知識長　❷知識主管　❖*知识主管*

是企業內負責知識管理的最高領導人。負責將資訊有效的整合，讓企業能夠順利的創造、累積、利用、管理重要知識，並能夠同時理解來自市場、行銷、管理、研發各種來源的資訊，從中萃取出寶貴的知識，並讓這些知識被妥善的保存、傳播、運用，其最終的目的在於使知識管理為企業創造價值及競爭優勢。（參閱 knowledge officer）

➢*資訊管理・梁定澎*

chief technology officer　技術長

❖*研发总监*

指一企業中負責技術相關事務之最高主管。

➢*策略管理・司徒達賢*

claim dilution　債權稀釋

存在於股東與債權人之間的一種代理問題。指股東為提高公司的利潤，未徵得現有債權人的同意，就促使管理當局發行新債。這種作法會使舊債價值下降，因為公司如果破產，舊債權人必須與新債權人共同分配公司破產後的價值。這種股東透過管理當局剝削

債權人財富的方式還有資產替換等作法。

➢*財務管理・吳壽山・許和鈞*

clan control　派閥控制　❖*❶党派　❷派系*

指運用公司文化、共享價值觀、信念、傳統等社會特徵做為組織控制之一種方式，在此控制下，人們會因符合組織需求而被雇用，並經過長時間的社會化以獲得同儕的認同。這種控制方式在日本集團企業最為常見。

➢*策略管理・司徒達賢*

➢*組織理論・徐木蘭*

classical conditioning　古典制約

俄國生理學家巴伐洛夫(Pavlov)所提出的理論。若選定兩類刺激，其中一個會引發個體產生自然反應，另一則否。兩個刺激伴隨出現許多次後，原本無法引發反應的刺激，也能引起相似的反應。

➢*組織理論・黃光國*

classical model of decision making
古典決策模式

個人在選擇做出決定或採取某一行動方案時，會在不同的選擇方案中，以有計畫、依順序、及合於邏輯的方式，做出能獲致最大利益的決策。

此模式認為人是理性的，並且尋求決策的最大利益。其問題在於：人的理性會受到基本心智能力的限制，以及自身價值偏見的影響。

➢*組織理論・黃光國*

client / server architecture　主從架構

❖*❶主从结构　❷客户服务器结构*

主從架構將資料處理分為前端及後端兩個層

次，前端負責計算及使用者介面工作，後端則專司資料儲存、計算、管制及存取。

一般網路應用常採用主從架構，例如：使用者藉瀏覽器（客戶端）輸入所要瀏覽的網址，網路上的伺服器（伺服器端）接收到這些資料要求，將符合請求的資料回傳給使用者。（參閱 server architecture）

➤資訊管理・梁定澎

close systems　封閉式系統　❖封閉式系統

相對於開放系統而言，封閉系統是指一個系統不與外在環境交互感應，也不會受到外來的刺激而影響。例如：電冰箱內的溫度，不因外面的氣溫冷熱而受到影響，便屬於一個封閉系統。

封閉系統用於電腦界，便是指電腦的軟硬體系統無法透過周邊設備或網路設備和其他電腦系統連結。

➤資訊管理・梁定澎

cluster sample　集群樣本

這是一種兩階段的機率抽樣，研究者先將母群體分成若干周延且互斥的子集合，再抽出一個子集合調查。

➤行銷管理・洪順慶

coercive isomorphism　強制同形化

在相同領域內，使得所有組織朝向共同結構與方法而發展（同形化）的一種機制。此種同形化機制的產生來自外在的壓力，組織會受到如政府、法律機構或其他組織的壓力，以至於被迫去接受與其他組織相似的結構、技術與行為。

例如：大型的汽車製造商通常會要求其供應商堅持特定明確的政策、程序與技術。強制同形化可能看起來更有效能且合法，但不一定會使組織實際變得更有效能。

➤組織理論・徐木蘭

coercive power　強制權

是權力基礎之一，係藉由誘發他人的恐懼，強迫他人順服的權力。強制的基礎來自於畏懼害怕，恐懼可能來自身體的傷害、言語的差辱、或是剝奪情感依附。個體順從於強制權的原因，在於害怕不順從可能帶來懲罰或其他不良的後果。在組織中強制權表現的形式，權力擁有者可以行使開除、降級、轉調、及減除額外津貼等權力。

➤人力資源・黃國隆
➤組織理論・黃光國

cognition　認知　❖认知

一個人對於其個人所處世界某些事情的信念、態度、知覺等的總和。

➤行銷管理・洪順慶

cognitive dissonance　認知失調　❖认知失调

一種因為個人的信念和行為的不一致，所導致心理上的不適狀態。例如：吸煙者知道吸煙有害健康，但吸煙又會帶來快樂和歡愉，此兩者就會導致認知失調。認知失調因為是一種不舒服的狀態，所以會驅使一個人想辦法去減少。

➤行銷管理・洪順慶

cognitive dissonance theory
認知失調理論

由費斯汀格(Festinger)所提出來的理論。認知失調是指個體之行為與態度，或是兩種態度間有不一致、矛盾的情形。由於失調會導致心理上的不快感，當個體認知失調時，將會試圖改變行為或態度的方式，以消除失調。

➢組織理論・黃光國

cognitive processes　認知過程

一種心理過程，將外在環境的資訊轉換成意義或思想的型態，再形成對於行為的判斷。

➢行銷管理・洪順慶

cold-canvassing　低溫兜攬

一種業務人員拜訪完全不認識的公司和個人的客戶開發方式。例如：在開發客戶時，業務員從電話號碼或通訊處得到名單，就直接打電話或登門拜訪。對一名新進的業務人員而言，此種方法有很大的威脅感，而且心理障礙不易克服。但如果可以克服心理的畏懼，並且找出潛在顧客的需求加以滿足的話，低溫兜攬不失為一種良好的磨練方法。

➢行銷管理・洪順慶

collaborate　❶統合　❷合作

當雙方面臨衝突時，欲找到一個對雙方都有利的解決方式，即試圖找到雙贏的解決方案。它需要所有涉及衝突的當事人共同都加入。組織中發生衝突時，在下列情況最適合使用統合的方法：

1.當事人之間的相依程度很高。
2.當事人所具有所具有的權力要均等。
3.雙方要都有獲利的可能。

4.組織投入時間和人力來支持以統合方式解決衝突。

➢組織行為・黃國隆

collaborative network　合作網路

代表組織間關係的一種型態：支持以型態相異之組織的彼此合作。依資源依賴理論的論點，一組織已無法在國際化經營環境下單打獨鬥，應該透過共同合作或共同參與的方式以共同流通或分享稀少性資源，增強彼此的產業市場競爭力，例如：策略聯盟、異業結盟。傳統組織間的關係是敵對關係，彼此獨立、競爭，缺乏互動，追求自我的極大化利潤與效率，組織間的衝突常以法律訴訟的方式解決。且由於資源有限，因此投資規模較小，對產業的投入程度也為局部性，即使與其他廠商間訂有合約關係，也多為短期性、限定性的內容。

然而隨著多角化與國際化經營的需求日增，組織間的關係已轉變為合作共榮的夥伴關係，彼此間是合作、互信、尊重與高度承諾的，透過連結機制來交換資訊、進行問題的討論與回饋，追求利潤共享，強調公平正義的程序與目標；雙方的衝突是透過密切的協調機制來化解；彼此的契約關係是較為長期穩定的，且給予對方的協助通常優於契約內容中所載者。

➢組織理論・徐木蘭

collateral　❶擔保品　❷抵押品　❸質押品
❖❶担保品　❷抵押品

債權人為獲得貸款或客戶為獲得交易信用，所提供作為擔保用的資產。例如：某公司欲發行抵押公司債，其抵押之標的物為公司的

C

機器設備，則該機器設備為該抵押公司債的抵押品。

➢財務管理・吳壽山・許和鈞

collection policy ❶收款政策 ❷收帳政策
❖收帳政策

公司為催收已過期應收帳款所訂定的一套程式。例如：過期 10 天的帳戶，以書信催繳；過期 30 天的帳戶，先以電話通知，再派專人催繳。催收帳款往往會發生金錢上的支出與商譽上的損失，因此，公司必須事先衡量不同收款政策所能產生的利益與成本，以選擇最適當的收款政策。

➢財務管理・吳壽山・許和鈞

collective bargaining 團體協商

係指勞方與資方代表，透過集體協商的過程，在平等的基礎上，針對勞動條件所展開的談判。團體協商對勞資雙方均有利：勞方組織工會，並透過工會力量進行團體協商，了解企業營運狀況與問題，並保障勞工的權益；資方則可透過團體協商了解勞方的需要與想法，以避免怠工或罷工事件的發生，並可促進勞工對企業的向心力。

➢人力資源・吳秉恩

collectivity stage 協力階段

此屬於組織生命週期的第二個階段。當強而有力的領導階層形成後，組織開始發展出明確的目標與方向，依據職權等級和分工專業化形成各部門。員工必須認知公司的使命，逐漸地認同自身為組織整體的一份子，並花費長時間以協助組織達成其目標。儘管此時已有少數的正式系統出現，但溝通與控制體系仍多為非正式化。

此時低階員工和管理幹部獲得工作能力上的自信，產生工作自主的需求，而高階管理階層亦欲控制公司每一環節的協調狀況，因此將需要發展一個可以控制與協調各部門，又不必直接由最上層監督的機制。

➢組織理論・徐木蘭

commercial 商業廣告 ❖商业广告

在收音機電台和電視台所播出的廣告及其訊息。

➢行銷管理・洪順慶

commercial bank 商業銀行 ❖商业银行

傳統的金融百貨公司，提供範圍廣泛的服務給儲蓄者，以及需要資金的個人或公司。以前，商業銀行是辦理活期存款的主要金融機構，中央銀行常透過商業銀行來擴張或緊縮全國的貨幣供給量；目前，在美國有很多商業銀行也兼營證券承銷或人壽保險的業務。

➢財務管理・吳壽山・許和鈞

commercial paper (CP) 商業本票
❖商业票据

由大公司發行的一種無擔保短期本票，在美國係以 100 萬元或 100 萬元以上為一發行單位，而我國則以新台幣 10 萬元為一發行單位。CP的利率通常微低於一般利率，是企業短期籌資的方式之一，為大公司所發行，主要售予其他企業、保險公司、退休基金及銀行等。公司如果大量發行商業本票，會面臨極大的流動性壓力，例如：以前的美國賓州中央鐵路公司(Penn-Central Co.)因為發行過多的商業本票，使其財務流動性欠佳 ，最後終於宣佈破產。

➢財務管理・吳壽山・許和鈞

commercialization 商業化

新產品開發過程中的最後一個階段，一般認為當產品被引介到市場上時，就是商業化階段。事實上，管理當局決定要行銷該新產品時，就可以算是商業化了。商業化的後續動作包括製造、分配和推廣等一系列的活動，公司也要投入比先前活動更多的資金。

➢行銷管理・洪順慶

committee rating 委員會考評

員工績效考評的方式之一，委員會通常是由員工的直屬主管及 3~4 位其他層級的主管所共同組成。這種考評方式的優點是，採用多位考評者的組合性評分似乎比單一考評者的評分更為可信、公平和有效，也比較可以去除諸如偏見、暈輪效果等考評偏失，而且考評者來自不同階層，也比較可以從不同觀點或層面評估員工的績效表現。此種考評方式最常適用於中高階主管人員之績效評估與考績申訴時。

➢人力資源・吳秉恩

committee structure 委員會式結構

主要為因應組織內影響層面廣泛之政策性決策活動所形成的臨時編制結構，可透過專家集思廣益，進行群體決策，提高決策品質，落實決策的執行，有利於資訊的傳達流通、共同參與、避免權力過度集中於少數個人、培養化解衝突與協調整合的能力。

但卻可能產生團體迷思(group-think)、團體偏移(group-shift)、搭便車(free rider)行為。可能導致成員彼此規避責任等團體決策的負面行為，亦有可能造成決策時間延宕、決策祕密不慎洩露，反而使決策品質下降等問題。

➢組織理論・徐木蘭

commodity skill 商品型技能

非專屬任一行業，隨時可以取得，對於行業裏每一成員的價值都差不多。

➢科技管理・李仁芳

common causes of variation (chance causes) 變異之機遇原因

❖❶異常原因 ❷系統原因

係指這些變異係以隨機方式出現在管制圖的管制界限內，且其發生原因難以辨識或歸屬，亦即在製程中雖有變異產生，但其發生原因為一般性且此一變異量是安定的。

一般而言，若觀測值在管制界限內則並不需調整製程，亦即表示在機遇性變異的情況下，製程相當穩定，此時，可使用抽樣方法預測總生產品質或研究最適化製程。（參閱 assignable variation）

➢生產管理・林能白

common stock 普通股 ❖普通股

一種權益證券。由公司發行，其受償順序排在最後，且報酬變動不定。它所代表之股份權益，具有基本之一致權利與義務。換言之，普通股之股份，有同等表決權、選舉權、被選舉權、優先認股權及剩餘財產分配權之各種基本權利，是以普通股享有公司法或公司章程中，一般股東所應享有之所有權益。

此種權益，係以平等為基礎，每股之權益一律相同，無分軒輊，而與特別股有所區別。

➢財務管理・吳壽山・許和鈞

communication ❶溝通 ❷交流 ❸傳播

人與人之間透過一套共同了解的符號系統
（如語言、符號或文字）來傳達思想、觀念
或訊息的動態歷程。它涉及送訊者將訊息加
以編碼(encoding)，然後透過媒介或頻道
(channel)將訊息傳送給收訊者，再由收訊者
加以解碼(decoding)，以了解訊息之意義，
並將其反應回饋給送訊者。在組織中有效的
溝通可以減少人與人之間的誤會與衝突，改
善組織氣氛，激勵工作士氣，以及增進組織
績效。

➤人力資源・黃國隆

communication networks 溝通網絡

❖信息交流网络

團體或組織內，成員間人際溝通所呈現的結
構（參閱圖九）。大致可分成兩類：集中式網
絡 (centralized networks) 與 分 散 式 網 絡
(decentralized networks)。

➤組織行為・黃光國

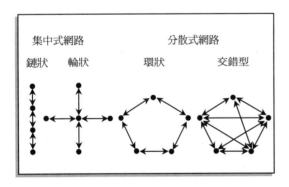

集中式網路　　　　　分散式網路

鏈狀　輪狀　　　　環狀　　　　交錯型

圖九　溝通網絡

資料來源：R. Dafe and R. Steers (1986). *Organizations: A Micro/Macro Approach* (Glenview, III.: Scott, Foresman), p.534.

communication protocols 通訊協定

❖通信协议

網路上建立通訊及傳送資料格式的標準，稱
之為通訊協定。通訊協定的規範包含的相當
廣泛，例如：訊號編碼、同步化、流量控制、
繞送控制、資料格式等。通訊雙方得遵循相
同的標準才能完成通訊，因此通訊協定通常
由國際標準組織來統一制定。

➤資訊管理・梁定澎

communications networks 通訊網路

❖通信网路

利用一組通訊線路，將終端機、PC、電話、
主機、各種周邊設備與通訊裝置相互連結起
來，以使資料和訊息可以互通的系統。

➤資訊管理・梁定澎

community of practice 實務社群

具有學習的團體，具有某些特色：自動自發
形成，必須由某種兼具社交及專業性質的力
量所牽引而聚合在一起的，群體彼此必須是
面對面直接合作的。

➤科技管理・李仁芳

company-wide quality control (CWQC) 全公司品質管制

❖全公司性质量管理

係為日本引進費根堡(A.V. Feigenbaun)的全
面品質管制，並經吸收與改良後所提出的品
質觀點，其意義係指全員參與、全公司品管
教育訓練及整合性的品質管理。其構想為品
質管理不單是品管人員的責任，故全公司品
質管制主題應由產品品質提升至績效品質、
強調管理的品質及注重顧客、經銷商、員工、

供應商與社會整體的滿意度。（參閱 total quality control）

➢生產管理・林能白

comparative advantage　❶比較利益 ❷比較優勢　❖比较优势

從個體經濟學的定義來說，當兩人同時生產兩種產品的場合，個人「機會成本」較低的產品就是有生產上的比較利益，根據比較利益法則，來決定專業生產的產品，分工合作，雙方都可以獲利。此一概念成為國際貿易或全球分工相當重要的基礎。

➢策略管理・吳思華

comparative advertising　比較性廣告 ❖比较广告

一種藉由比較兩種以上的產品品牌的方式，以嘗試說服閱聽人的廣告型態。這個被比較的品牌可能是一個自己原先的「版本」，或是一個指名道姓的競爭品牌，或是一個沒有明確指出品牌名稱的競爭者。

➢行銷管理・洪順慶

compatibility　相容　❖兼容

產品或技術在使用上不存在轉換問題，或者轉換成本相對而言很低。當該產品或技術的使用有「網路外部性」效果，指一產品或技術會因為新使用者的增加而帶給原使用者更大價值時，產品「相容」與否成為相當重要的議題此一情況通常較常出現於電腦硬體、軟體或消費電子產品等。

➢策略管理・吳思華

compatibility of technology　技術相容性

指的是公司所欲研發之技術，與現有技術之相容性如何。當所欲研發之技術與公司現有技術相容性愈高時，則公司具備研發此項產品所需之互補性資產愈多，也可利用公司現有技術之延伸來研發，研發的成功機率愈高。

➢科技管理・賴士葆・陳松柏

compensation factors　報酬因素

在工作評價中，可用來界定工作內容，同時藉此比較各項工作內容相對價值的數個基本要素組合，例如：工作所需技能、知識、負擔責任、所需努力程度、解決問題能力等。透過對這些基本要素的比較與評價，可決定每個工作或職位的報酬高低。

➢人力資源・吳秉恩

compensation　❶薪酬　❷報償　❖补偿

指來自對員工雇用所產生的所有形式之給付，包括直接的財務性給付，如工資、津貼、獎金、佣金紅利等；以及非財務性的給付，如保險、休假、員工福利等。其內涵結構項目，以複數薪俸而言，包括本俸、津貼、加給、獎金及福利等項。

➢人力資源・吳秉恩

compensation balance　補償性餘額

借款人向其往來的商業銀行借款後，在帳戶內必須保持的最低餘款，此數額通常是未償還貸款金額的 10%至 20%。其性質實為借款回存，故能提高銀行放款的實際利率。例如：某公司需要$80,000 以清償債務，但銀行規定需維持 20%的補償性餘額，所以，該公司必

須借$100,000，才得使用$80,000。若名目利率為 8%，則其實際利率為 10%。

➢財務管理 · 吳壽山 · 許和鈞

competence map　才能地圖

人員在職場生涯的路途中，一路應該具有那些技能以推進事業前進。

➢科技管理 · 李仁芳

competence model　才能模型

用此模型描述顧客希望來往的員工應具有的能力。

➢科技管理 · 李仁芳

competence-based pay plans
職能本位計酬方案

一種融合並延伸技能本位的獎酬制度，特別是針對管理層級、顧客服務人員、或專業人員，期望能夠完整且成功地學習到某一特殊課程或能力而予以鼓勵的一種獎酬方案。

換句話說，職能本位獎酬制度就是要獎勵員工能夠發揮潛力並對於工作本身或組織有所貢獻，也就是延伸績效給薪的另一種計酬方案。

➢人力資源 · 黃國隆

competency-based pay system
能耐基礎薪資

指根據員工本身所具備的工作能力高低，做為決定薪酬給付和薪酬調整的基準。這些用來衡量員工工作能力的構面包括：與工作有關的專業知識、技能的多寡和深淺程度，以及能勝任的工作種類多寡等。

➢人力資源 · 吳秉恩

competing value approach　競值方法

屬於近來量測組織效能的整合性方法之一。認為以單一效標來衡量組織效能是無法令人滿足的，因此將管理者與研究者所用的各種績效指標組合成兩個構面：「內部焦點及外部焦點」、「控制及彈性」，據此又形成人群關係、開放系統、系統資源、目標模式等四種評估的模式，此四個模式代表相對的組織價值。

此整合性方法將不同的效能概念整合為單一構面，並將效能標準以管理價值來表達，使管理者能依據企業的情境和需求以比較相對價值，而決定採用哪一種評估模式。

➢組織理論 · 徐木蘭

competitive advantage　競爭優勢
❖ 竞争优势

指使企業優於競爭者的因素，當一家公司所擁有的獨特能力和產業內的關鍵成功因素適配時，該公司會比其競爭者有更佳的績效表現。公司可以藉由最低成本或差異化的方式，提供給消費者重視的屬性和利益，因而創造競爭優勢。

➢行銷管理 · 洪順慶
➢科技管理 · 李仁芳

competitive analysis　競爭分析
❖❶竞争分析　❷竞争者分析

用以解答「一家廠商和其競爭者相較之下，表現為何？」的因素分析。在競爭分析當中，除了和主要的競爭者比較營業額、利潤等基本資料以外，常常還須比較價格、品質、顧客服務、技術能力等重要因素。

➢行銷管理 · 洪順慶

competitive diamond model
競爭鑽石模型

由哈佛大學教授波特(Porter, M.)於 1990 年提出，討論國家層次的競爭優勢。波特指出，影響一國的競爭優勢的因素包括四大項，分別是：

1. 生產因素：指該國在特定產業中有關生產方面的表現。
2. 需求條件：指本國市場對該產業所提供的產品或服務的需求為何。
3. 相關產業與支援產業的表現：指該產業的相關產業和上游產業是否具國際競爭力
4. 企業的策略、結構與競爭對手：指企業在國家的基礎、組織與管理型態，以及國內市場競爭者的表現。

➤策略管理・吳思華

competitive environment 　競爭環境
❖行业环境

參閱 industry environment。

➤組織理論・徐木蘭

competitive forces 　競爭力量

這裏所謂競爭力量，是由哈佛大學教授波特(Porter, M.)所提出。他認為，產業中共有五種競爭力量，包括現有競爭者、潛在競爭者、替代品、顧客，以及供應商，這五種競爭力量共同形成了一個產業的競爭強度以及獲利潛力。

➤策略管理・吳思華

competitive parity budgeting
競爭對等預算法

一種廣告預算決定的方法，廣告主根據主要競爭對手的廣告支出水準，決定自己的廣告支出水準。

➤行銷管理・洪順慶

competitive scope 　競爭範疇

廠商在一產業中其產品線廣度與深度，以及目標市場的選擇。在廠商確定競爭範疇後，方能進一步決定其競爭策略。

➤策略管理・吳思華

competitive strategy 　競爭策略
❖竞争战略

根據哈佛大學教授波特(Porter, M.)所指出，是指廠商所面臨的兩項主要策略問題：一是選擇「差異化策略」或「低成本策略」；其二則是選擇有利可圖的利基市場，或者與主要的競爭者面對面衝突。

➤策略管理・吳思華

competitor analysis 　競爭者分析

指為了擬定競爭策略，針對競爭者可能的採行的策略、行動以及回應，所進行的分析。競爭者分析一般包括競爭者的未來目標、其現行策略、競爭者對其本身及產業的假設，以及競爭者的優勢與劣勢等四大項。以此四項元素的資訊，來了解未來競爭者可能的反應。

➤策略管理・吳思華

compile　編譯　❖编译

在電腦程式的開發過程中，程式設計師以高階程式語言編寫程式，稱之為原始程式。屬於高階程式語言的原始程式，並無法讓電腦直接執行，必須藉由編譯器將原始程式編譯成機器語言，才能讓電腦執行。

➤資訊管理・梁定澎

compiler　編譯器　❖编译器

參閱 compile。

➤資訊管理・梁定澎

complementary products　互補品

有三種不同的定義：經濟學、產品發展和環境觀點。

1. 從經濟學來看，有正向需求的產品就是互補品，也就是 A 產品的需求增加，導致產品 B 的需求增加。
2. 從產品發展來看，同時生產出來的產品、同時購買的產品、或同時使用的產品，都可稱為互補品。
3. 從環境觀點來看，一起使用或一起銷售的產品，例如：刮鬍刀和刀片、照相機和底片等，都是互補品。

➤行銷管理・洪順慶

complete of inspection　全數檢驗
❖全数检验

係指將每批製件或成品中每一製件或成品均全數予以檢驗的檢驗方法，其目的為不允許不良品或不良物料存在，因此，全數檢驗較適用於高品質要求且批量小、易實施全數檢驗的製品（物料）中，以確保產品品質及消費者安全性。不過，全數檢驗並不適合用於破壞性檢驗的場合中。（參閱 sampling inspecting）

➤生產管理・林能白

compound interest　複利　❖复利

利息亦滾入本金再生利息的利息計算方式。與單利相對，單利僅對本金生息。

➤財務管理・吳壽山・許和鈞

compounding　複利計算　❖复利

以複利計息方式，計算某一項付款或一系列付款的終值。

➤財務管理・吳壽山・許和鈞

compressure work week　壓縮式工作週

指在維持一定合理時程內（依設計需要可為一週、二週或一個月等）總工作時數不變的原則下，將原本所有工作天數加以縮減，例如：若以一週為計算時程，將一週總工作時數 40 小時，由原本的一週工作 5 天，每天工作 8 小時，改為一週工作 4 天，每天工作 10 小時，亦即每天有兩小時為儲存時間。

壓縮式工作週的優點，包括減少加班給付、節省上下班通勤時間、降低缺席率、改善工作效率、增加員工休閒天數等；但其最大缺點則是一天工作時間過長所可能造成的疲勞問題。

➤人力資源・吳秉恩

compromise　妥協

當衝突發生時，雙方當事人均願意放棄部分己見來解決衝突，而沒有明顯的勝負方。

➤組織行為・黃國隆

computer aided design (CAD)
電腦輔助設計
❖❶計算器輔助設計　❷計算机輔助設計

使用電腦繪圖的工具，包括滑鼠或數位版、繪圖機等硬體，再配合 CAD 軟體，來進行產品設計的工作。一般 CAD 的軟體大多應用在工程方面，如建築設計圖，機械設計圖、積體電路圖以及航空設計和室內設計等方面。CAD 軟體可以設計二度或三度空間的物件，如製作物體的骨架，以及任意旋轉或縮小放大等效果。AutoCAD 是目前最著名，也是最廣為使用的 CAD 軟體。

CAD 可讓設計人員以互動方式進行，以避免過去那些耗時的繪製與修改作業。同時，現代的 CAD 工具可輕易建立立體幾何乃至於動畫模型，且能夠建立協助設計人員標準化零組件、實現模組設計概念及屬行統一之零件編號的資料館(library)。

應用 CAD 的五大理由是：
1. 增加設計人員的生產力。
2. 可建立設計與生產時所需的資料庫。
3. 提升產品設計的品質。
4. 降低設計與生產成本。
5. 易於發展與連結電腦輔導製程設計與電腦輔助製造。

➢生產管理・張保隆

➢資訊管理・梁定澎

computer aided engineering (CAE)
電腦輔助工程　❖計算器輔助工程

目前有兩種涵義，一種為電腦輔助設計(CAD)／電腦輔助製程規劃(CAPP)／電腦輔助製造(CAM)等工程部門中一系列工程設計活動的總稱或整合結果。另一種乃指 CAD 工具附加 CAE 功能，此一 CAE 功能可供設計者在不必建立實體模型下，讓其設計構想通過一系列的工程檢測及進行一系列的工程分析，以了解與評估所設計產品的工程特徵。

➢生產管理・張保隆

computer aided manufacturing (CAM)　電腦輔助製造
❖❶計算器輔助制造　❷計算机輔助制造

企業在產品的製作過程中，透過電腦系統的協助，精準的控制產品的規格、品質、數量及製造流程等，稱之為電腦輔助製造。由於 CAM 應用電腦科技及透過系列指令與加工程式來管理、監控、或操作生產設備或製程作業，因此，CAM 設備常為軟體自動化設備，過去的數位控制(NC)／電腦數值控制(CNC)與現在的工業機器人皆屬 CAM 應用之一。

CAM 在許多情況下如當面臨變動的需求時、經常的設計變更時、複雜與冗長的製程作業時及需要專精員工技能與緊密監控時等，將會提供比傳統製造方法更高的優勢。將 CAM 與製造資訊系統整合即構成一製造規劃與管制系統(manufacturing planning and control system)。

CAM 其應用方式可分成兩類：
1. 直接的應用：指 CAM 直接用於控制或監視工廠中之生產作業上。
2. 間接的應用：指 CAM 間接用於工廠中之生產作業的支援性任務上。

➢生產管理・張保隆

➢資訊管理・梁定澎

C

computer aided process planning (CAPP) 電腦輔助製程規劃

❖❶*計算器輔助工艺计划* ❷*計算器輔助加工计划*

支援為生產一特定產品所需之製程計畫之開發與建立的電腦應用系統,因此,CAPP 工具可說是一種產生標準製程計畫,以知識為基礎的專家系統(knowledge-based expert system)。

CAPP 不僅增進完成製程計畫的速度,而且促進製程計畫的一致性與提升製程效率,CAPP 另一個重要的應用為擔任電腦輔助設計(CAD)與電腦輔助製造(CAM)間的橋樑,CAPP 首先將 CAD 的設計輸出轉換成工件加工程式,及產生排定工件通過各工作中心的順序程式,接著,將這些程式或指令導入至對應的 CAM 設備中據以執行之。

目前發展 CAPP 系統有兩種方法:

1. 變形法(the variant approach):主要乃利用群組技術依設計和(或)製造屬性來選取出現有的製程計畫,並透過修改此一製程計畫來產生一新產品的製程計畫。
2. 增生法(the generative approach):乃從製造資料庫中取出相關之製程能力資訊來建立一新產品的製程計畫。

➢生產管理・張保隆

computer-assisted instruction (CAI) 電腦輔助教學 ❖*計算機輔助教学*

以電腦軟體來輔助教學的一種技術,尤其電腦硬體在加上多媒體配備之後,CAI 更可利用音效、圖片、動畫等效果來增加使用者的學習興趣,這對於學齡前兒童及小學生的學習上將會產生很大的助益。

此外,對於需要發出聲音的語言學習軟體,例如:英漢字典、實用英文會話等,也都是一般社會人士十分需要的 CAI。

➢資訊管理・梁定澎

computer integrated business (CIB) 電腦整合營運 ❖*計算器一体化经营系统*

電腦整合營運(CIB)/電腦整合企業(CIE)乃是電腦整合製造(CIM)之進一步延伸,CIM 為四面牆內之整合(integration within four walls),意指其整合與一公司或企業內製造相關部門的應用系統,而 CIB 內更整合與一公司或企業內所有功能部門的系列應用系統,由於電子資料交換(EDI)技術的成熟使得這樣的整合可予達成,現今之企業資源規劃(ERP)系統即是此一整合概念下的產物。

隨著網路科技的進展,CIB 可進一步延伸出公司外,往上游整合至供應商相關之應用系統形成供應鏈網路,往下游整合至通路商(顧客)相關之應用系統形成顧客鏈網路,全面整合即構成產業鏈網路。

➢生產管理・張保隆

computer integrated enterprise (CIE) 電腦整合企業

參閱 computer integrated business (CIB)。

➢生產管理・張保隆

computer integrated manufacturing (CIM) 電腦整合製造 ❖❶*計算器集成制造* ❷*計算器一体化制造*

是彈性製造系統與公司其他部門充分整合後的系統,其實質內容包含上述之電腦輔助設

計、電腦輔助製造、物料搬運及儲存系統，並包含財務、行銷、人力資源等。

由於電腦資訊技術的高度發展，此種整合的工作非電腦系統莫屬，在此必須強調的是CIM絕不是高科技生產技術而已，而是生產作業環境的整合，不但需要資金的投入，也需組織架構、人事制度、甚或公司文化的整體配合才得以成功。它是工廠自動化(factory automation; FA) 的極致呈現，CIM系統中一般包括：

1. 製程（機械加工、裝配等）設備的自動化。
2. 物流的自動化。
3. 生產資訊的自動化。

➢生產管理・張保隆

computer numerical control (CNC)
電腦數值控制　❖計算器數控系統

數值控制(NC)設備的發展是生產系統由硬體自動化(hard automation)／固定自動化(fixed automation)邁向軟體自動化(soft automation)／可程式自動化(programmable automation)的一個重要里程碑。數值控制是由一些數值、文字、符號等構成一系列指令經適當編排後成為一加工程式，用以規範生產設備的功能與運作。

因此，針對一工件或工作可設計出一加工程式，而且只要備妥程式即可迅速改變生產設備所設定的工作。每一部數值控制設備皆被連線至一部以即時方式傳遞加工程式給各個NC設備的主電腦(host computer)中。隨著電腦科技快速的進步導致CNC設備的發展，先前之 NC 設備裝設上一專屬之微電腦(microcomputer)後即成為一CNC設備，有了自身的微電腦系統後可直接輸入、編輯、儲存及執行程式以指揮與控制設備的加工作業，而不必仰賴主電腦。

現今之 CNC 設備已邁入彈性自動化(flexible automation)的境界，亦即可生產眾多種類的產品且產品變換生產時幾乎不需要時間。

➢生產管理・張保隆

computer supported cooperative work (CSCW)　電腦輔助協力工作
❖计算机辅助协同工作

藉由資訊科技的支援，提供使用者一個共用的環境，以實行群體合作的工作。工作夥伴可透過 CSCW 的軟體，彼此間以通訊、合作以及協調等方式，完成群體團隊工作以提升組織效率與品質。這樣的系統對於成員身處異地的工作團隊，可以有效的節省成本。例如：一組人可以共同完成一個產品設計或共同寫一本書。

➢資訊管理・梁定澎

concentrator　集線器　❖集线器

通訊系統中的一項硬體設備，可將訊息從多個線路匯集起來，然後再利用一條或多條線路將其送至中央工作站；或從中央工作站獲得資訊再利用多條線路透過集線器分發給各地區的工作站。

➢資訊管理・梁定澎

concept testing and development
❶觀念測試與發展　❷概念測試與發展

一個產品觀念的陳述句呈現給潛在的使用者或購買者，以探討他們可能反應的一種過程。廠商可藉由此一過程，估計產品觀念可能的價值。在新產品發展的過程中，此一階

C

段可能用文字說明、口頭說明或圖形輔助等各種方式，呈現給可能的目標消費群，以了解新產品觀念是否可行。

➣行銷管理・洪順慶

conceptual data models　概念資料模式

❖概念数据模型

利用實體(entity)、屬性(attribute)及關係(relationship)來描述資料的各種概念，它所提供的概念和一般使用者理解資料的方法相似，然而並不詳細交待資料是如何儲存於電腦上的。

➣資訊管理・梁定澎

conceptual schema　概念網目

❖概念模式

在設計資料庫的早期階段，當完成了需求收集與分析後，必須利用高階概念資料模式（如E-R model）來建立一個資料庫的概念綱目，用抽象化的方法來描述使用者需求、及資料的型態、關係、與限制。這些概念沒有包含任何實作的細節，所以通常較容易被了解，並可用來與非技術性的使用者做溝通。

➣資訊管理・梁定澎

conciliation　自我協商

當勞資爭議發生時，主導協商的外部公正機構，例如：美國的公平就業委員會(Equal Employment Opportunity Commission; EEOC)台灣的勞委會或地方勞工主管機關等，在正式介入調解或斡旋之前，會先給予爭議雙方一定時日的緩衝時間私下自行協商。

換句話說，就是在勞資爭議訴訟尚未正式提出前，先給予爭議雙方私下談判解決問題的時間和空間，若仍舊無法達成協議，才進一步提出調解或仲裁的要求。

➣人力資源・吳秉恩

conciliator　斡旋者

是一位具公信力的第三者，在協商者與競爭對手間提供一個非正式的溝通管道，以協助澄清事實真相、解釋訊息，並說明雙方以平息爭議。

➣組織行為・黃國隆

concurrent engineering　同步工程

❖并行工程

指過去經常各自獨立作業的工程師、產品經理與銷售人員等，現在並肩工作，共同設計出顧客所需要、同時符合成本效率的產品。

➣策略管理・吳思華
➣生產管理・林能白
➣科技管理・賴士葆・陳松柏

concurrent validity　同時效度

企業於測試應徵人員時，需能達到鑑別合乎資格條件之「內容效度」，亦即測試成績能預測未來工作表現，即具「預測效度」。同時效度，即衡量預測效度之策略的一種方式。亦即將現有在職員工之績效（效標）與應徵者之測試成績做相關分析，相關愈高，則其同時效度愈高，反之則較低。

➣人力資源・吳秉恩

configuration theory　構型理論

將組織視為一種觀念上不盡相同，但卻同時發生之特質要素所組成的多重構面之集群，亦即組織是多種同時發生之要素的組合。

依此理論，人們應該從多重角度，而非僅採

取單一角度來分析和解釋組織現象。當要素間達成一定的均衡時,即形成一種構型,而當要素的動力累積至一定程度時,將促使突破原有構型,轉變至新構型,有時候不同的構型會產生相同的結果,例如:科層組織與有機組織可能同樣面臨績效不佳、人員流動率高的現象,此即為殊途同歸效果。

企業隨著生命週期的演進,會面臨四種不同驅動力的循環運作而形成不同構型的轉變:

1.領導趨力:企業經營的初期,在小型企業或集權企業中,構型的特色主要受到領導者個人特質的型塑,例如:來自經營者的領導魅力、強烈動機與目標等。

2.環境趨力:組織將增加與環境的互動,為因應環境的變化和挑戰,組織轉化為有機結構、分權結構或高度適應性的構型。

3.結構趨力:當環境相對穩定時,組織的規模隨著穩定成長而擴大,擁有了市場影響力,因而重視內部效率,並希望透過結構來控制工作環境,而逐漸成為科層或專案式組織。

4.策略趨力:為多角化經營或取得競爭優勢,而重視策略的規劃,構型便會因應結構而調整。

➢組織理論・徐木蘭

conflict　衝突

指當事人雙方的意見或目標不一致或無法相容,而引起的爭論歷程,而其特徵是彼此具有明顯的敵意,且有意阻礙對方達成目標。在組織中產生衝突的主要原因包括:

1.競爭有限的資源;

2.工作上相互依賴,但觀點或目標不一致;

3.權責劃分不清;

4.溝通障礙;

5.個人的性格、需求或價值觀不相容。

➢組織行為・黃國隆

conflict management　衝突管理

指採取有效的衝突解決策略或激化衝突的技巧來達到理想的衝突水平(desired level of conflict)。在組織中處理衝突的一般性原則如下:

1.建立明確的組織規則,權責劃分清楚;

2.建立標準化的作業程序,改善工作設計;

3.改善獎懲辦法,鼓勵合作與公平競爭;

4.鼓勵成員共同參與制定組織目標與政策;

5.設立仲裁者或調節者以排解紛爭;

6.排除引發衝突的關鍵人物;

7.訂定更高層次或更具吸引力的目標,但必須當事人共同合作方可達成。

(參閱 management conflict)

➢組織行為・黃國隆

conformity　從眾

身為團體的一員,為求被團體的長期接受,所以人們會服從團體的規範。同時團體也會在成員身上施加壓力,使成員能符合團體制定的標準,這是一種團體的影響力。

➢人力資源・黃國隆

congealed knowledge　融合式知識

在新經濟中,對知識所進行的買賣,就是在一張有形的封套裏,裝進許多的智慧。例如:電腦軟體或是新飛機,其成本大部分都用在研發上。

➢科技管理・李仁芳

conglomerate diversification
集團多角化　❖混合式多元经营

通常是一種非相關多角化。當一企業因為企業所處之產業逐漸失去吸引入，而轉入另一個新產業時，稱之為集團多角化。

➣策略管理・吳思華

conglomerate merger　❶複合式合併
❷複合式吞併　❸集合吞併　❹集團式吞併
❖❶联合兼并　❷混合兼并

當收購公司與被收購公司沒有任何產業關聯性時，這種合併就叫做複合式合併，亦即對不同產業公司的合併，例如：一家連鎖雜貨店取得一家鋼鐵公司，即為一種複合式合併。

➣財務管理・吳壽山・許和鈞

conjoint analysis　聯合分析

一種統計分析的技術，可以根據消費者對產品屬性的不同組合之偏好，推論出各個屬性的價值或效用。

➣行銷管理・洪順慶

consignment　寄售　❖寄售

製造商提供商品給通路商銷售，前者仍保有商品的所有權，後者只需支付銷售出去的商品，而沒有賣出去的商品則可免費退回。

➣行銷管理・洪順慶

consolidation　合併　❖❶創設合并　❷合并

兩家或兩家以上的公司依照彼此所簽訂的合約，透過法定程序結合成一家新的公司。在合併的情況下，收購公司和被收購公司都終止它們先前的法定存續，而成為新公司的一部分。（參閱 mergers）

➣財務管理・吳壽山・許和鈞

constant growth model　固定成長模式

一種多期股利評價模式，用以評估普通股的市場價值。該模式假定一正常公司之盈餘與股利均逐年增加，而其成長率在可預見的未來，將依國民生產毛額相同之成長率成長，因此，第 t 年的股利 $d_t = d_0(1+g)^t$，其中 g 代表預期成長率。具此性質之股票價格可依下式求算：

$$
\begin{aligned}
V_0 &= \frac{d_1}{(1+K_s)^1} + \frac{d_2}{(1+K_s)^2} + \frac{d_3}{(1+K_s)^3} + \cdots \\
&= \frac{d_0(1+g)^1}{(1+K_s)^1} + \frac{d_0(1+g)^2}{(1+K_s)^2} + \frac{d_0(1+g)^3}{(1+K_s)^3} + \cdots \\
&= \sum_{t=1}^{\infty} \frac{d_0(1+g)^t}{(1+K_s)^t}
\end{aligned}
$$

其中，

K_s 代表必要報酬率。

因為 g 固定，所以上式可加以簡化，而得固定成長模式如下：

$$
V_0 = \frac{d_1}{K_s - g} ,\quad K_s > g
$$

此模式係由美國學者戈登(Gordon)首先提出，所以又稱 Gordon 模式。

➣財務管理・吳壽山・許和鈞

constructive confrontation　建設性對立

根據傑利內克(Jelinek)和熊哈芬(Schoonhoven)的觀察，在英特爾(Intel)以及其他快速成長的公司內部所鼓勵的「建設性對立」，為這些公司的企業文化鼓勵員工十分積極開放地面對問題，絕不讓客套掩飾重要意見上的差異，以致拖延了必要的行動。

這種對立未必出自對事務的不同看法，同時此標準也適用於所有的人際行為。

➢科技管理・李仁芳

consumer "bill of rights"　消費者權利

美國總統甘迺迪(John F. Kennedy)在 1962 年向美國國會提出消費者權利諮文，揭櫫消費者的四項基本權利，後來成為消費者保護的基本精神和消費者保護法的立法精神。消費者的四項基本權利：要求產品安全的權利、明瞭產品真相的權利、選擇產品的權利、意見受尊重的權利。

➢行銷管理・洪順慶

consumer behavior　消費者行為
❖消費者行为

是一種人們取得、使用與處置各種產品的行為。

➢行銷管理・洪順慶

consumer product　消費品　❖消费商品

為一般家庭或個人所購買和使用的產品。消費品可分為四大類：便利品、偏好品、選購品和特殊品。

➢行銷管理・洪順慶

consumer' risk and producer' risk
❶消費者風險　❷生產者風險
❖❶消费者风险　❷生产者风险

當某一批產品實際不良率高於消費者所願意接受的最高不良率，但在抽樣檢驗時，樣本所顯示的不良率卻低於消費者所願意接受的最高不良率，因此，消費者樂於接受此批產品，這種事件發生的機率稱為消費者風險，即為一般所稱的型 I 誤差。

生產者風險為一批合格的產品因抽樣檢驗而被拒絕因而蒙受損失的風險，即為一般所謂的型 II 誤差。

➢生產管理・張保隆

consumer sales promotion
❶消費者促銷　❷拉式促銷　❖消费者销售推广

以消費者為對象的促銷，又稱為拉式促銷。基本精神在於企業提供某些額外的獎賞或誘因給消費者，以鼓勵消費者提早或增加從事某些消費或購買的行動。常見的消費者促銷有折價券、免費樣品的試用、紅利包、贈品、贈獎等。

➢行銷管理・洪順慶

consumer satisfaction　消費者滿意
❖顾客满意度

消費者對於一個產品的績效預期被達成的程度。如果廠商所提供的產品等於或超過消費者的預期，則代表消費者滿意此一產品。（參閱 customer satisfaction）

➢行銷管理・洪順慶

consumer sovereignty　消費者主權
在一個經濟體系中，消費者的需求和偏好會

指引產品和服務提供的品質和種類，行銷觀念表示廠商對「消費者主權」的承諾，製造和提供消費者所需要的產品，使消費者的滿足達到最大，並在這個過程當中賺取合理的利潤。

➤行銷管理・洪順慶

consumer surplus　消費者剩餘

❖消费者剩余

一個經濟學的概念，是指消費者消費時，願意付的最高總價款與實際付的總價款之間的差額。就經濟學的角度來看，消費者剩餘是交易行為所產生的消費者福利，對個人來說，這是消費者為何從事市場交易的理由；從經濟政策或經濟制度而言，這是社會福利的一項重要來源。

➤策略管理・吳思華

consumerism　消費者主義　❖消费者主义

消費者在追求消費生活的品質時，為了尋找因消費的不滿意所從事的救濟和賠償的集體努力。

➤行銷管理・洪順慶

contestability theory　可競爭性理論

❖可竞争性理论

指進入者的威脅可能限制獨占廠商任意提高價格。若一獨占廠商無法將價格提高至競爭水準以上，則該市場可以稱為「可競爭市場」，一旦獨占廠商企圖提高價格，此時尋求短期利潤的廠商將進入市場，然後打了就跑。

➤策略管理・吳思華

contingency school　❶權變學派

❷情境學派　❖权变学派

由於環境多變化，無法全盤統一使用古典學派或行為學派的管理方法，必須因權達變，根據所面臨的情勢或情境脈絡，來決定適當且有效的組織結構、目標、規模科技等，因此並無放諸四海皆準的最佳管理方法，例如：當組織面臨穩定的環境時，應該以效率為目標，採功能式結構設計，利用科層控制與正式溝通方式、例行性技術；而當面臨不穩定、動態的環境下，則應該有不一樣的管理方式。

此學派的理論至今仍是主流、被廣為接受。本學派採取的為開放系統觀點，認為組織與外在環境彼此間是會產生互動影響的。

➤組織理論・徐木蘭

contingency theories of leadership

領導的權變理論　❖领导的权变理论

本理論認為領導效能取決於領導者的領導行為與其所面臨的情境狀況的適配度，特別強調領導情境因素的重要性。例如：在情況 A 中，是適合於領導類型 X 的，而在 B 情況中，卻適合於領導類型 Y，在情境 C 中則適合領導類型 Z。常被討論的領導情境因素有：工作的結構化程度、領導者與部屬的關係品質、領導者所擁有的職權、部屬的成熟度……等。針對不同的情境因素，研究者曾發展出不同的模式，包括「專制－民主模式」、「費氏權變模式」、「賀－布氏情境理論」、「領導者－成員交換理論」、「路徑－目標模氏」、及「領導者參與模式」等。

➤組織行為・黃國隆

➤組織理論・黃光國

C

contingency theory ❶權變理論

❷情境理論 ❖权变管理理论

概念是沒有一種「最佳」的組織結構，可用於所有環境中的所有組織。其理論傾向於討論三種影響組織結構的權變因數，包括組織中「技術與任務的相互關係」、「資訊流」，以及「差異化及整合之間的平衡」。

➢策略管理‧吳思華

contingent worker 權變工作者

其意義類似於臨時性的工作人力，代表一群具有某領域專業知識或技能，但不願對單一企業組織做長期性投入的工作者。企業為了彌補員工臨時缺席的人力需求空缺，為了臨時性的專案計畫，正是員工到任前的暫時支援，以及對某些特定專業技能的短期性需求等，都是促成權變工作者雇用型態興起的主要原因。廣義而言，更泛指包括在家工作者及部分工時人員。

➢人力資源‧吳秉恩

continuous manufacturing 連續性製造

❖连续型过程生产

參閱 continuous production。

➢生產管理‧林能白

continuous production 連續性生產

❖续型生产

係指將原料投入後，經過連續不斷甚或反覆的製造程序來產出產品的生產方式，在此種生產方式下其主要特徵為產品種類極少但產量極大、製造程序幾乎不變、設備與佈置方式固定(多採產品式佈置)、產品經過標準化設計以及品質穩定等，例如：石化業、製糖

業、煉鋼業等一般均採連續性生產。

➢生產管理‧林能白

continuous-review system 永續盤存制

係指將倉庫或物料分成若干區，於盤點時不關閉倉庫並逐區或逐類進行盤點，永續盤存制的優點為不需停工盤點以減少停工損失及可隨時更新盤點資料，缺點為分區或分類容易遺漏盤點及未停工盤點較易產生誤差。

另外，永續盤存制與定期盤存制皆屬獨立需求存貨制度，不同的是，永續盤存制為定量訂購制，亦即當存貨水準低於訂購點時，則採購或生產一固定數量（經濟訂購量或經濟批量），因存貨水準是否低於訂購點須經常檢查存貨記錄方可確知，故名為永續盤存制。

➢生產管理‧林能白

contract-out R&D 委託研發

當委託者欲進行某一項技術之研發，而無能力自行研發時，此時由委託者一方支付研發過程所需之各項費用給接受委託者進行研發，研發成果並歸屬於委託者，稱之為委託研發。此種型態常存在於學術教育機構及民間企業之間，例如：國內很多廠商將研發工作委託大學或研究機構（如工研院等）。

➢科技管理‧賴士葆‧陳松柏

contractual vertical marketing system 契約型垂直行銷系統 ❖合同系统

在流通體系內不同層級的獨立廠商，根據契約運作，為了協調各自的資源與營運目標，在流通體系內互相合作，形成一種集權管理、追求最大效率和市場影響的垂直行銷系統。

➢行銷管理‧洪順慶

contrast effects 對比效果

是影響人際知覺的一項重要因素。我們在評估一個人的某項特質時，不會單純地只依其客觀事實來做判斷，還會受到我們對其他人的同一特質所留下的印象之影響，而產生知覺扭曲的現象。例如在求職面談時，主考官對某應徵者之評價，不僅受此應徵者在面談時的表現之影響，還會受到他的面談順序的影響。如果在他前面的應徵者表現極佳，則在前後對比之下，他所受到的評價會比較吃虧。

➢組織行為・黃國隆

contrast error 比對誤差

指考評者在進行員工的績效考評時，以受評者之間相互比較的方式評定績效等級，而非使用既定的績效標準為之，而造成評價結果過高或過低的考評偏失。

對某一個別受評者而言，依受評順序排列，如果被用來與其比較者都較差者，便容易顯出該受評者很優秀；如果被用來與其比較者都較為優秀，便容易顯的該受評者很差。解決此種誤差，其受評時，變更考評順序可減少其比對誤差。

➢人力資源・吳秉恩

control chart 管制圖 ❖控制图

全名為品質管制圖(quality control charts)，係由中心線(central line; CL)、管制上限(upper control limit; UCL)、管制下限(lower control limit; LCL)及樣本點(sample point)所構成的科學化圖形，管制圖的主要目的為分析一製程中所產生的品質變異，其以抽樣分配為基礎，並設定管制界限來檢視製程中產品品質的分佈情形並對品質特性加以測量、記錄與管制改善。

更清楚的說，管制圖是一種按時間順序來記錄樣本統計量的圖形工具，其目的在於區別一製程中之產品是屬於機遇性變異或非機遇性變異以便採取對應的適當措施，管制圖為一產品於一製程中某項品質特性的圖示記錄，它顯示一製程是否在穩定狀態（即是否在管制中）（參閱圖十）。

➢生產管理・林能白

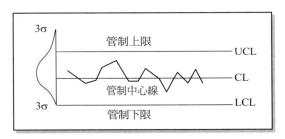

圖十　管制圖

資料來源：傅和彥（民 86），《生產與作業管理》，前程企業，頁 493。

control group 控制組

在一個實驗當中，不會接受一個實驗的處理，並且加以衡量的受測者組別。

➢行銷管理・洪順慶

controlled test market 控制試銷

整個行銷測試方案，由一個行銷研究顧問公司在一個市場上執行。

➢行銷管理・洪順慶

controller ❶主計長 ❷會計長 ❖总会计师

企業組織的主要財務主管之一，負責會計與稅務方面的活動。其主要職責包括：
　1 部門預算的編製。

2.財務報表的編製。

3.財務報表分析。

4.稅務規劃。

5.內部稽核。

6.公司績效評估。

➤財務管理・吳壽山・許和鈞

convenience product　便利品

❖方便商品

消費者購買產品時，如果投入心力和隨之而來的風險都低時，稱之為便利品。購買便利品時，消費者不會花很多的時間或金錢，也不會感受到太大的風險。便利品通常包括大宗商品和廉價的物品，不同的品牌之間也沒有太大的差異，價格與便利性往往可以決定消費者是否購買。

➤行銷管理・洪順慶

convenience sample　便利樣本

純粹以便利為基礎的抽樣方法所產生的樣本。樣本的選擇只考慮到接近或衡量的便利，例如：訪問過路的行人，詢問他們對某新上市產品的意見和態度。

➤行銷管理・洪順慶

convenience store　便利商店

❖❶便利店　❷便利商店

一種主要競爭優勢為提供給消費者時間和地點便利性的零售機構，其主要特色為高毛利和高週轉率，台灣主要的便利商店有7-Eleven、全家、萊爾富、OK 等。

➤行銷管理・洪順慶

conversion price　轉換價格　❖转换价

可轉換證券（如可轉換公司債或優先股等）在轉換成普通股時，公司可以收到的每股普通股有效價格。其計算公式如下：

$$轉換價格 = \frac{公司債（或優先股）面值}{轉換率}$$

例如：某公司發行面值 $1,000 的無抵押公司債，假設該公司規定債券持有人在公司債發行五年後，能以一張公司債轉換 20 股普通股，則其轉換價格為每股 $50。

➤財務管理・吳壽山・許和鈞

conversion ratio　❶轉換比率　❷轉換率

❖折合率

可轉換證券（如可轉換公司債或特別股等）在轉換成普通股時，可換得的普通股股數。轉換比率在可轉換證券出售時即應訂明，但遇普通股股份分割或發放股票股利時，轉換比率應予調整。

例如：某公司的可轉換特別股，每股可轉換普通股 1½股。假定普通股後來每股分割為 3 股，則轉換比率將增為每股特別股可轉換普通股 4½股。

➤財務管理・吳壽山・許和鈞

conversion value　轉換價值　❖转换价值

轉換證券（如可轉換公司債或特別股等）在轉換成普通股時，公司所能得到的普通股價值。其值等於普通股每股市價乘以轉換比率。

➤財務管理・吳壽山・許和鈞

convertible bond ❶可轉換債券
❷可轉換公司債 ❖可转换债券

債券的一種。在發行時約定,債券持有人得轉換發行公司其他證券,如普通股或特別股。但其轉換條件(包括換股之期限及換股之比例),應於發行章則中事先明訂。由於可轉換債券的轉換權在債券持有人,所以對持有人較為有利,而對發行公司較為不利。因此,這種證券的利率通常較低。

➢財務管理・吳壽山・許和鈞

convertible preferred stock
可轉換特別股 ❖可转换优先股

特別股的一種。約定於一定期限以後,特別股股東有權將其股票按照事先約定之比例轉換為公司的普通股、他種特別股、或公司發行的債券,此項轉換權利為特別股股東所有,與可收回特別股之權利為發行公司所有者不同。

➢財務管理・吳壽山・許和鈞

cooperative advertising ❶共同廣告
❷合作廣告 ❖联合广告

兩家以上的廣告主共同贊助一個廣告活動的方式,又可分為垂直和水平兩種方式。垂直的共同廣告是製造商和其下游的批發商或零售商合作,共同贊助一個廣告活動;水平的共同廣告可能是兩個以上製造商或零售商合作,共同贊助一個廣告活動。

➢行銷管理・洪順慶

cooperative marketing ❶共同行銷
❷合作行銷

兩家以上的製造商、批發商、零售商、消費者或這些的組合,共同執行一個購買或銷售的過程。

➢行銷管理・洪順慶

cooperative research 合作研發
❖合作研究

指產業內水平關係的廠商由於成本、效率或產業標準等因素的考量,共同進行技術研發活動。(參閱 Co-R&D)

➢策略管理・吳思華

cooperative strategies 合作策略

藉由與其他廠商合作來取得競爭優勢,其中可能包括善意的合作策略,例如:合作研發,或者惡意的合作策略,例如:少數寡占廠商勾結,聯合對抗其他廠商或消費者。

➢策略管理・吳思華

coordination 協調

將具有相互關連性的工作化為一致行動的過程,無論何時何地,只要兩個以上的個人或團體、部門,希望達成共同目標時,便需要透過協調活動,通常上司、主管可扮演協調者的角色。例如:總經理可協調行銷部門與研發部門的活動,使產品的研發可滿足市場需求,當需協調之兩造間的既有關係本就較為強烈時,此時所需投入的協調活動也較多,而關係較為獨立的兩造,因為互動機會本就不多,無共同目標,因此較不需要協調。通常協調的技巧包括:利用規則和程序進行協調、利用目標與標的的協調、透過組織層級的協調、利用劃分部門方式的協調、由幕僚或助理人員進行協調、透過居中聯絡人的協調、透過委員會的介入協調、透過獨立整

合者的協調、兩造間非正式溝通的相互調適以協調，通常須視不同的情境而使用不同的協調技巧。例如：機械式組織可透過組織層級、規則程序的方式來進行兩造間的協調。

➢組織理論・徐木蘭

copy research　文案研究　❖文案研究

測試閱聽人對廣告訊息的反應，又可分為兩種。前測是指廣告文稿尚在發展的當時，後測是指廣告文稿發展完畢所做的測試。

➢行銷管理・洪順慶

copy testing　文案測試

參閱 copy research。

➢行銷管理・洪順慶

Co-R&D　合作研發

為兩個以上的組織，共同分擔研發進行過程中所需各項投入要素，例如：人力、物力、經費、儀器設備、場所空間、技術資訊……等，同時也於事先雙方約定共同分享研發成果。合作研發提供一種分散風險及降低研發成本的機制，常發生於雙方互相擁有對方所需要之互補性研發資產。（參閱 cooperative research）

➢科技管理・賴士葆・陳松柏

core capability　核心能力

成為核心能力，需符合三項標準：顧客價值、競爭者差異性，及擴展性。顧客價值標準要求核心能力必須對顧客的認知價值有不尋常的高度貢獻。
例如：蘋果(Apple)電腦所開發的圖形使用者介面軟體；倘或某項能力是唯一的，抑或公

司的能力水準高於其他競爭者，則被稱為「競爭者差異性」；若某項能力被應用於多項產品中即被稱為具有擴展性（參閱圖十一）。

➢科技管理・李仁芳

core competence　❶核心能力　❷核心能耐
❖企業核心能力

指一組稀少、專屬、難以模仿的資源或能耐，能為企業創造、維持或保護競爭優勢的來源。核心能力是那些企業優於競爭者，且為競爭者無法取代的能力，管理者將這些組織的獨特資源和實力，列入制定公司策略時的考量因素，特別是在協調不同的作業程序及整合多樣化科技方面。

➢生產管理・林能白

➢策略管理・吳思華

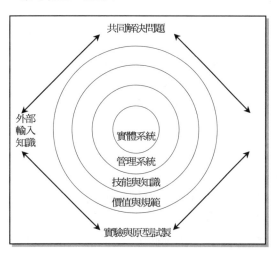

圖十一　核心能力的四個構面

資料來源：Dorothy Leonard- Barton (1998)，《知識創新之泉》，遠流出版社，頁 28。

core rigidity　核心僵化

公司專注於發展和累積具競爭優勢知識的活動和決策時，難免會犧牲其他事務。管理核

心能力所遭遇到的矛盾,同時也是核心僵化,它們僅是一體的兩面。在企業環境改變,或是系統本身逐漸成熟並陷入輕忽的常規時,經理人將發覺他們所對抗的,正是公司原本賴以成功的基礎,進而阻礙知識的流通。

➢科技管理・李仁芳

core technology　核心技術　❖核心技术

廠商為完成其經濟目的,必須利用適當的技術當投入的資源轉換成產品,所謂核心技術指的即是完成此任資源轉換任務的技術。

➢策略管理・吳思華

corporate culture　企業文化　❖企业文化

企業組織中的成員,共享的基本假設與信念或常規等,也是企業認為需要傳遞給新成員的重要和正當的價值體系。企業文化包括世界觀、組織的定位、在歷史發展中的價值、對人性本質的看法、以及對人群關係的觀點。當企業文化鮮明時,意味著大部分員工的行為與價值觀,與該企業文化一致。

➢策略管理・司徒達賢
➢組織理論・黃光國

corporate marketing system　公司行銷系統

透過行銷通路內兩個以上不同層級的成員,在共同的所有權或營運之下,達成一種垂直協調的一種行銷通路。

➢行銷管理・洪順慶

corporate resilience　組織彈性

組織面對環境衝擊及變換的能力。

➢科技管理・李仁芳

corporate risk　公司風險

不考慮股東投資組合的多角化程度,只純粹站在公司立場來衡量的投資專案風險。簡單的說,就是在不考慮多角化效果的情況下,接受投資專案後,造成損失的可能性。

➢財務管理・吳壽山・許和鈞

corporate strategy　公司策略　❖公司战略

公司在長期的考量下,因為外在環境的可能變化而重新分派內部資源以為因應的過程。一般來講,包括四個相關決策的界定:公司的營運範圍和使命、公司的目標、公司的發展策略,以及在不同的事業作最有效的資源分派。

➢行銷管理・洪順慶

corporate value-chain　公司價值鏈　❖价值链

價值鏈的觀念由哈佛大學教授波特(Porter, M.)所提出。他指出,廠商內部為顧客創造價值的各種經營活動,可區分為基本活動與支援活動兩大類。

其中,基本活動是指對最終商品組合有直接貢獻的部分,包括原料與進貨後勤、生產作業與技術、通路與配銷後勤、品牌與行銷以及服務等;其他支援性的活動則包括採購活動、研究發展、人力資源管理、財務等。

➢策略管理・吳思華

corporate vertical marketing system　公司型垂直行銷系統　❖公司系统

參閱 corporate marketing system。

➢行銷管理・洪順慶

corporation 公司

❖➊*公司* ➋*企業* ➌*法人团体*

由政府主管機關創造的一種法人組織，具有
所有權與經營權分離的特性。此一特性使公
司具有三個主要優點：

1. 企業生命無限，不會因為所有者或經營者
   的死亡而宣告結束。
2. 所有權移轉容易，因為公司所有權可被輕
   易劃分成每股股票來代表。
3. 償債責任有限，公司所有者（股東）的潛
   在損失最多等於購買股票的原始金額。

依我國公司法規定：「本法所稱公司，謂以營
利為目的，依照本法組織、登記、成立之社
團法人。」其基本型態分為四種：無限公司、
有限公司、兩合公司與股份有限公司。

➢*財務管理・* **吳壽山・許和鈞**

cost advantage 成本優勢

指廠商因為採取「低成本策略」而產生相對
於競爭者的競爭優勢。

➢*策略管理・* **吳思華**

cost drivers 成本驅動因素 ❖*成本动因*

指影響一廠商的成本不同於其他廠商背後
的主要經濟力量，這些因素可能包括廠商的
規模或範疇（規模經濟、範疇經濟、產能利
用率），廠商累積的經驗（學習曲線）等多
項因素。

➢*策略管理・* **吳思華**

cost leadership 成本領導 ❖*成本领先*

由哈佛大學教授波特(Porter, M.)所提出來的
三大一般性策略中的第一項。成本領導策略
基本上是利用規模經濟與經驗曲線效果所帶
來的低廉成本優勢，使公司在產業內獲得一
般水準以上的報酬。成本領導策略的執行通
常必須取得較大的市場占有率，因此早期必
須投入較大的資金，採取掠奪性定價策略、
先取得市場占有率。

➢*策略管理・* **吳思華**

cost of capital ➊資金成本 ➋資本成本

❖➊*資金成本* ➋*資本成本*

指公司使用資本所需支付的代價。資本是公
司的生產要素之一，與其他生產要素一樣，
使用者須支付代價。此種代價對使用者而
言，是一種成本，對提供資本者而言，是一
種報酬。

企業的資金來源有負債、特別股、保留盈餘
與新普通股。因此，資金成本的組成份子有
負債成本、特別股成本、保留盈餘成本與新
普通股成本。不同的資金來源，其風險不同，
故所需支付的成本也不一樣。在計算整體資
金成本時，大多以加權平均資金成本(WACC)
為準。

➢*財務管理・* **吳壽山・許和鈞**

➢*策略管理・* **司徒達賢**

cost of debt 負債成本 ❖*負債成本*

一種資金成本，指企業以負債方式籌措資
金，所需支付的代價。企業發行債券，須支
付利息，利息與本金之比率稱為利率，此即
為稅前負債成本。以公式表示如下：

稅前負債成本＝利息 ÷ 本金

稅後負債成本＝$R_d \times 1 - T$

其中，

R_d 代表稅前負債成本；

T 代表公司稅率。

稅後負債成本為計算加權平均資金成本所用之負債成本。負債成本指的是新債利率，而非已發行在外的舊債利率，因為資金成本主要被用來協助企業制定資本預算決策，而舊債成本與此目的毫無關聯。

➢財務管理．吳壽山．許和鈞

cost of new common equity
❶新普通股成本　❷外來權益成本

一種資金成本，指企業以發行新普通股方式籌措資金，所需支付的代價，此代價等於出售新股籌集資金所需賺回的報酬。

以成長率固定的公司為例，新普通股成本的計算公式如下：

$$R_e = \frac{E(D_1)}{P_0(1-F)} + g = \frac{E(D_1)}{P_n} + g$$

其中，

R_e 代表新階通股成本；

$E(D_1)$ 代表下年度的預期每股股利；

P_0 代表新股每股市價；

F 代表新股發行成本占新股所籌得資金之百分比；

g 代表股利的預期固定成長率；

P_n 代表發行新股可收到的每股新股淨價格。

新普通股成本其值比保留盈餘成本（又稱內部權益成本）高，因為出售新普通股需要發行成本。

➢財務管理．吳壽山．許和鈞

cost of preferred stock　特別股成本
❖优先股成本

一種資金成本，指企業以發行特別股方式籌措資金，所需支付的代價。用於計算加權平均資金成本的特別股成本之公式如下：

$$R_{pf} = D_{pf} \div P_n$$

其中，

R_{pf} 代表特別股成本；

D_{pf} 代表特別股股利；

R_n 代表特別股的淨發行價格；

（亦即扣除發行成本後，公司所收到的每股股價）。

➢財務管理．吳壽山．許和鈞

cost of retained earnings　保留盈餘成本
❖❶留存收益成本　❷保留盈余成本

一種資金成本，指企業將當期盈餘中未發放股利的部分作為再投資，所付出的代價。保留盈餘成本的存在，與機會成本原則有關，其原因在於：盈餘如果被當作股利發放給股東，股東可以將這些股利投資在其他股票、債券、房地產或任何方面，以賺取報酬。

因此，公司使用保留盈餘投資，至少應賺回股東在其他相同風險投資上所能賺得的數額，此即保留盈餘成本，亦是股東在此種相等風險投資上預期能得到的必要報酬率。

➢財務管理．吳壽山．許和鈞

cost of trade credit　信用交易成本

信用交易可分免費與有代價兩種。其中，免費的信用交易係指在銷貨折扣期限內付款的賒購額，故其信用交易成本為零；至於

有代價的信用交易則指超過銷貨折扣期限付款的賒購額,其信用交易成本可以下式估算之:

$$信用交易成本 = \frac{購貨折扣百分比}{100 - 折扣百分比} \times \frac{360}{信用期限 - 折扣期限}$$

➤財務管理‧吳壽山‧許和鈞

cost-per-thousand (CPM)　每千人成本
❖千人成本

一種簡單但使用很廣泛比較兩種以上廣告媒體載具的成本效益的方法,也就是該媒體載具接觸到 1,000 個人或家庭的成本。任何媒體載具的每千人成本是以在該媒體載具做一次廣告的成本,除以該載具所能接觸的閱聽人多寡,再乘以 1000 所得。

➤行銷管理‧洪順慶

cost-plus pricing　成本附加定價法

以成本再加上一個事前決定的利潤來決定產品的價格,這是一種最簡單以成本為基礎的定價方式。

產品的價格=(總固定成本+總變動成本
　　　　　　+預期利潤)÷ 產品生產量

➤行銷管理‧洪順慶

cost-volume-profit analysis
成本-產量-利潤分析

著重於決定企業如何運用可用的資源來達成利潤目標,所需要的銷售數量與生產組合,「成本-產量-利潤分析」是一項分析性工具,可以提供管理階層有關成本、利潤、生產組合與銷售數量之間的關係,要點是針對下列五種事項來掌握成本、數量、和利潤之間的關係:

1.產品價格。
2.銷售量或作業量。
3.單位變動成本。
4.總固定成本。
5.產品銷售組合。

故可以比較不同產能方案的優劣。

另外,其主要假設條件為「在攸關營運範圍內,所有成本項目都可以區分為固定成本與變動成本」。

➤生產管理‧張保隆

country of origin effect　來源國效果

因為產品在某一個國家製造,而導致於消費者對該產品品質認知的影響。例如:我們可能覺得美國的牛仔褲、法國的香水或德國的汽車等品質比較好。

➤行銷管理‧洪順慶

coupon　❶息票　❷折價券
❖❶債息　❷息單優待券　❸优惠券　❹折价券

在財務管理上,coupon 指息票,當公債或公司債設為不記名債券時,在債券的下半段會附上各期息票,載明每期應付之債息金額。在付息日時,將息票剪下,憑票至指定銀行即可領取利息。

在行銷管理上,coupon 稱為折價券,是一種消費者可用來抵減商品購買價格的憑券,通常有很多種方式送達消費者:報紙、雜誌、

郵寄或傳單送到家、放在零售據點裏面的明顯之處、或印在商品包裝盒上面等。

➤行銷管理・洪順慶

➤財務管理・吳壽山・許和鈞

coupon bond ❶附息債券 ❷息票債券

❖附息票債券

附有息票的債券。債券購買人憑債券所附之息票，即可領取利息。

➤財務管理・吳壽山・許和鈞

coupon interest rate 票面利率

❖票息利率

債券所附息票之利率，亦即債券之名目利率。票面利率等於每年所支付之債券息票利息除以債券面值。例如：某公司的債券面值為$1,000，每年支付債券之息票利息為$90，則票面利率為 9%。

➤財務管理・吳壽山・許和鈞

covered option 有掩護選擇權

❖有担保选择权

出售選擇權的人如果十足持有選擇權的標的物，則被出售之選擇權稱為有掩護選擇權。與單一部位選擇權相對。

➤財務管理・吳壽山・許和鈞

creative abrasion 創造性摩擦

由衝突激發而來的活力可以導致創造和結合，而非毀滅與分裂，這類由管理人營造出一個即使人們各執己見，卻仍舊能夠相互尊重的環境。在這樣的環境中，人們可以接受認知差異，卻不鼓勵各自為政。不過僅有衝突而無妥協和整合也無法發揮生產力。但是創新來自於不同心智的交會，而非單一的知識或技能領域。

➤科技管理・李仁芳

creative destruction 創造性毀滅

❖创造性毁灭

是由經濟學家熊彼得(Schumpeter)所提出來的概念。熊彼得認為創業精神或創新的產生是一連串創造性毀滅的過程。即為了下一波的創新而將現行的核心技術或能耐推翻並取代。新產品、新技術不斷推出，替代了舊產品與舊技術，構成一種動態的均衡，此種動態均衡比傳統的靜態均衡觀點，更能有效率地分配社會資源，以促成長期的社會成長與技術進步。

➤策略管理・吳思華

➤科技管理・李仁芳

creativity ❶創造力 ❷創造性

指產生新奇的觀念、想法或事物的能力。與創造力之關係最為密切的認知歷程是擴散性或分殊性思考(divergent thinking)。Guilford指出擴散性思考的四個構成要素是：

1. 流暢性(fluency)：指能夠連續思考或產生意念的能力；
2. 變通性(flexibility)：指轉變思考方向或內容的能力；
3. 獨創性(originality)：指能產生獨特想法或觀念的能力；
4. 精進性(elaboration)：指思考的豐富性及周密性，亦即在想法上能增添更豐富內涵，或能持續完成一項工作計劃的能力。

➤組織行為・黃國隆

credit period　信用期間

公司給予客戶的付款時間，亦即客戶從購貨到支付貨款所經過的時間。例如：公司如果允許客戶在購貨後的三十天內付款，則信用期間等於三十天。

➤財務管理・吳壽山・許和鈞

credit policy　信用政策

❖❶約定政策　❷信用政策

公司授予客戶交易信用的相關規定，由信用期間、信用標準、收款政策以及現金折扣等四個變數所構成，為公司應收帳款管理的主要內容。有「寬鬆」與「嚴苛」之分，其中，「寬鬆」信用政策常用於銷售量偏低與呆債損失不高的時候，而「嚴苛」信用政策則用於呆債損失偏高，且銷售量不太受信用政策影響時。嚴格來說，採用何種政策較為適當，應視其對利潤之淨影響來做決定。

➤財務管理・吳壽山・許和鈞

credit standard　信用標準　❖信用标准

為獲得公司的交易信用，客戶所需具備的最低財務力量。如果客戶的財務力量未能符合公司規定的正常信用標準，客戶就必須在比較「嚴苛」的交易條件下購貨。公司在設定客戶的信用標準前，會先根據從前和客戶交往的經驗，去衡量客戶的信用品質，然後再加上信用部門經理個人主觀的判斷來做決定。

➤財務管理・吳壽山・許和鈞

crisis management　危機管理

❖危机管理

一個組織透過各種傳播技巧，去降低、減少或控制一個災難事件影響所做的努力。（參閱 management by crisis）

➤行銷管理・洪順慶

critical incident technique

❶關鍵事件法　❷特殊事件法　❸重要事件法

❖❶重大事件技术　❷关键事件技术

關鍵事件法為績效考評方式之一，適用於受評單位或人員之工作績效為非例行性，且其表現不易立即呈現時，譬如企劃單位，可依一定期間內（如一年），其所負責若干指定專案（每一專案即視為一特殊事件），分別依專案目標評估，以決定其考績。因此，保持各事件之記錄做為依據是非常重要的。對於一般員工而言，關鍵事件法也是一種績效評量的方法。

當部屬在工作上有異於常態之表現而獲得成功或導致失敗時，主管即記錄下該部屬的行為表現，可以每天記錄或每週記錄。所得到的資料可以用來和部屬討論特殊事件的處理過程，成為回饋部屬工作表現的方式。由於難以進行量化，因此不太適用於升遷評估與加薪考量。

➤人力資源・吳秉恩

➤組織理論・黃光國

critical path method (CPM)　要徑法

❖❶关键路径法　❷关键线路法

係由杜邦公司所獨立發展的網路規劃技術，用以規劃和管制一個專案中的各項作業，利用觀察幾何圖法、最小路線法、線性規劃法等來尋找出由專案的開始到完成花費時間最長（作業時間）的一條路線，此條路線即為要徑（又稱關鍵路徑）。路線上各作業時間之總

和即為工期。當要徑界定出專案的完成時間後，若其中某個作業時間延誤時，整個專案亦將受到延誤，故各要徑上之作業是決定能否如期完成的關鍵，要縮短工期亦需從要徑上之作業處著手。

➢生產管理‧林能白

critical-ratio scheduling ❶關鍵比排程 ❷臨界比排程

它是眾多排程的準則之一，其意義為距到期日所剩時間除以完成工作所需時間，一般是該比值愈小則應愈優先處理。關鍵比值的計算如下：

$$CR_k = AT_k \div TRT_k$$

其中，

CR_k 代表第 k 件工作的關鍵比值；

AT_k 代表第 k 件工作距到期日所剩的時間；

TRT_k 代表第 k 件工作剩餘製程所需的時間。

➢生產管理‧張保隆

cross rating 交叉考評

在進行單位間或部門間的績效考評時，除了由上層主管考評之外，尚可由受評的各單位中或部門中挑選具有跨單位合作經驗的合適人選，組成考評小組，互相為對方進行考評，以減少單一上層主管考評的主觀偏失，此種方法就稱為交叉考評，通常可做為輔助性方式。

➢人力資源‧吳秉恩

cross selling 交叉銷售 ❖交叉銷售

這是一種針對消費者促銷的手法，公司嘗試賣兩個以上相關的產品給消費者，以增加營業收入。如果公司有建立顧客資料庫，就可以根據顧客過去的購買歷史分析，以一個比較低的價格，將兩個以上的產品出售。

➢行銷管理‧洪順慶

cross training ❶交叉訓練 ❷水平歷練

此種人力發展策略又稱第二或第三專長，規定員工晉升主管職位之前，必須在該系統內(intra-system)之各單位水平歷練後，才能晉升；例如：人事部之科長升任主任之前需在甄敘科、考核科、訓練科等均任職（且可要求任職年限），而後才有資格晉升。至於更高層之晉升甚至可要求跨系統(inter-system)之歷練才可升遷，如此有助培養組織通才或多能工，對於中高層人力發展有實質助益，亦可促使工作輪調易行有效。

➢人力資源‧吳秉恩

cross-cultural training 跨文化訓練

安排員工了解或接觸各種不同的文化，以幫助員工了解各種文化的異同處，目的在降低因文化差異而形成的錯誤認知，進而提升組織績效。

➢人力資源‧黃國隆

cross-functional teams 跨功能團隊 ❖❶交叉职能小组 ❷多功能型团队

指企業為了增加新產品發展的創新，將原屬於不同功能別的人員，包括如工程設計、生產、業務等集合在一起，組合一個新產品開發團隊，此類團隊即稱為「跨功能團隊」。

➢策略管理‧吳思華

cross-leveling knowledge
跨層次的知識擴展

因為組織知識創造是一個不斷自我提升的過程，新的觀念經過創造、確認和模型化後會繼續前進，在其他本體論層次上發展成知識創造的新循環。（為組織知識創造過程五階段模式之第五階段，參閱圖十二）

➢科技管理・李仁芳

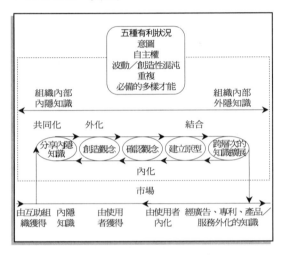

圖十二　知識創造過程五階段模式圖

資料來源：Nonaka & Takecuchi (1997)，《創新求勝》，
遠流出版社，頁113。

culture　文化

指成員所共用的意義體系、價值觀或規範。任一組織或機構的文化常常是該組織有別於其他組織的一項關鍵特徵，也可能是該組織重要的核心資源。上述組織成員所共有的意義體系，可以反映在組織成員對個體主控權、風險容忍度、認同、衝突容忍度、溝通型態、獎酬制度、組織目標及願景等的看法。

➢策略管理・吳思華

current asset　流動資產　❖流动资产

現金及其他預期能在一年或一營業周期內（以較長者為準）轉換成現金、出售、或消耗之資產。流動資產通常包括現金、有價證券（短期投資）、應收票據、應收帳款、存貨，及預付費用等，通常按流動性大小排列。

➢財務管理・吳壽山・許和鈞

current liability　流動負債　❖流动负债

將於一年或一營業週期內（以較長者為準）以流動資產或其他流動負債償還之負債。流動負債通常包括：

1. 因進貨或購買勞務而發生的債務，如應付帳款、應付薪津、應付房租等。
2. 預收收益而須於將來提供貨物或勞務者，如預收貨款、預收租金等。
3. 其他須於下一年度或營業週期內償付之債務，如應付票據、應付股利、長期負債下一年度到期部分等。

➢財務管理・吳壽山・許和鈞

current ratio　流動比率　❖流动比率

一種變現力比率，其值等於流動資產除以流動負債。該財務比率所顯示的是短期債權人的求償權受流動資產保障的程度，為衡量短期償債能力之最佳指標。流動比率常被債權人用以衡量短期債權之保障率，或被債務人用以衡量本身之短期償債能力。流動比率如果越高，代表公司的短期償債能力越大。

➢財務管理・吳壽山・許和鈞

current securities　有價證券

參閱 marketable securities。

➢財務管理・劉維琪

C

customer capital　顧客資本

企業與顧客共同創造的智慧資本,作為雙方既共有又獨有的財產。將資訊與權力下放給顧客,可以大量增加一家公司的市場資訊,以及顧客擁有的市場資訊,可是要將這些知識轉化成顧客資本,需要有能力對個別顧客的需求做靈活的反應。

➢科技管理‧李仁芳

customer chain　顧客鏈

乃探討製造商(組裝商)與通路商(顧客)間的鏈結關係,其中心思維為將通路商(顧客)視為整體製造系統的一部分且為製造系統的一項重要資產,另一方面,通路商(顧客)亦可將製造廠(組裝廠)視為其自身的工廠般隨時可了解生產進度。

而顧客鏈管理乃試圖建立與維護這樣的鏈結關係,透過顧客鏈可迅速將顧客需求資訊反映在產品與製程設計中,以生產出符合市場(顧客功能)與品質需求的產品,並達成顧客參與(customer involvement)與顧客驅動製造(customer driven manufacturing,如整合製造與配送規劃及管制系統)的目標。

隨著朝向少量多樣與客製化產品(customization product)的需求趨勢以及因應激烈的競爭環境,建立顧客鏈的重要性已與日俱增並已成為贏得競爭優勢的利器之一。

➢生產管理‧張保隆

customer oriented　顧客導向　❖客户导向

指一種經營之觀念,在此觀念下,企業之營運必須從顧客之觀點出發,從產品之開發、生產、銷售等,都應以滿足顧客需求創造顧客滿意為出發。

➢策略管理‧司徒達賢

customer-developer condition model (CDC model)　顧客、發展者情境模式

以兩個構面,一為「顧客對該新產品知識了解的程度」,依其了解程度區分為三級,二為「產品發展者對該新產品知識了解的程度」,依其了解程度區分為四級,如此形成十二種不同的情境,在新產品發展過程中,對於不同的情境應採用不同的研發(行銷溝通)方式,對於產品的創意來源、組織管理的方式、研發與行銷之間所需要互動的程度也都不一樣。

➢科技管理‧賴士葆‧陳松柏

customer satisfaction　消費者滿意

❖顾客满意度

參閱 consumer satisfaction。

➢行銷管理‧洪順慶

customization　客製化

係指根據個別顧客需求來訂定產品的規格、樣式、特質等基準,客製化的產品因不限制樣式、大小等故有其獨特性,且產品間的區別性亦較標準化大。因此,客製化產品雖具有特色與高市場接受度,但工作程序與作業時間亦較不易固定且製造速度與產量較難增加,生產計畫與管制作業將亦較為複雜,在客製化策略下,一般常採零工式生產型態。(參閱 standardization)

➢生產管理‧林能白

cycle time ❶生產週期時間 ❷週期時間 ❸週程時間 ❖❶*周期时间* ❷*生产周期*

在工業工程領域裏，其意為間歇性(discrete)生產型態中兩件工件完成的間隔時間為週期時間，例如：以每小時 120 個的速率來組裝馬達的週期時間為 30 秒。

更確切地說，週期時間係指生產線上每一工作站（或工作中心）在要求的產出水準下工件所能停留的最長時間，因此，週期時間可簡單計算如下：

$$CT = OT \div OR$$

其中，

OT 代表每單位時間中可使用的作業時間；

OR 代表每單位時間中所要求的產出水準。

例如：某生產線的週期時間為 10 分鐘，亦即每 10 分鐘即有一個產出，因此每小時即有 6 個產量。另外，若其製程如下：

第一工作站：0.7 分鐘
第二工作站：1.5 分鐘
第三工作站：1.3 分鐘
第四工作站：0.9 分鐘
第五工作站：0.6 分鐘

在此五個工作站中，工作時間總和 5 分鐘代表最大週期時間，而第二工作站 1.5 分鐘有最長作業時間且此時間代表最小週期時間。

≫生產管理・林能白

Darwinian selection　達爾文式的選擇

市場實驗策略的一種，採這種策略的廠商同時推出多種產品測試市場反應，並觀察市場的反應（參閱圖十三）。

➢科技管理・李仁芳

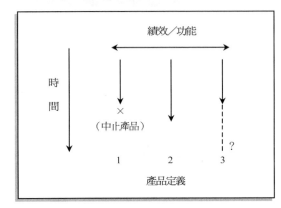

圖十三　達爾文式的選擇

資料來源：Dorothy Leonard- Barton (1998)，《知識創新之泉》，遠流出版社，頁 292。

data center　❶資料中心　❷數據中心
❖資料中心

是結合了網路(Internet)服務供應商及軟硬體資源的一個作業環境，提供企業將其資訊軟硬體寄放之處。有關資料庫規劃、軟硬體的空間規劃、系統安全、頻寬、應用軟體及專人維護等，都包含在資料中心的服務範圍之內。

➢資訊管理・梁定澎

data compression　資料壓縮　❖數據压缩

將原始的資料經過某種演算法的處理之後，使其所需儲存空間縮小的一種過程。資訊系統運作交易資料、或是定期需要備份的資料通常都會運用資料壓縮的技術，使資料量變小，增加儲存空間的利用效率。一般而言，

壓縮後的資料必須被解壓縮之後，才能夠再被使用。

➢資訊管理・梁定澎

data definition language (DDL)
資料定義語言　❖資料定义语言

是資料庫管理系統的一部分，這個語言的指令都是用來定義資料庫的表格結構、欄位元名稱、欄位型態以及欄位長度等。例如：要建立表格的指令為 CREATE TABLE、建立索引檔為 CREATE INDEX。

➢資訊管理・梁定澎

data dictionary　資料字典　❖数据字典

資料庫中的資料需要定義，而資料字典則是儲存所有資料定義的地方。其儲存的內容包括資料的型態、長度、別名、所有人、相關的程式、相關的功能、相關的報表、更新權限、存取的權限等資訊，是企業在資料管理上的重要工具。

➢資訊管理・梁定澎

data element　資料元素　❖资料元

一組資料中的一個資料項目，例如：存貨資料可能包括品名、代碼、供貨數量、總數量及目前存貨數量等，其中，每一個項目都是一個資料元素。

➢資訊管理・梁定澎

data encryption standard (DES)
資料加密標準　❖資料加密标准

由美國國防部於 1972 年所制定的一套資料加密演算法。它一般使用 64 或是 128 位元的鍵值來作為加密或是解密的鑰匙。DES 的

特性在於它使用一個鑰匙來做加密和解密的動作，而且加密與解密演算法也完全相同，所以稱為「對稱式密碼演算法」。

➢資訊管理・梁定澎

data flow diagram (DFD)　資料流程圖
❖数据流程图

在資訊系統分析的過程中，用來描述系統中資料與處理程式間的關係，與資料由一個部門（工作）移動到另一個部門（工作）之情形的結構化圖形。它可以顯示出系統內部資料與運算的結構。資料流程圖並採用層級結構，從上而下，由初步輪廓到細微流程。

➢資訊管理・梁定澎

data independence　資料獨立
❖资料独立

在資料庫的架構設計中，資料是以互為獨立的方式來表示，使資料庫系統中某一層級的綱目(schema)改變，不需改變較高層級的綱目。資料獨立又分為邏輯資料獨立和實體資料獨立，邏輯資料獨立表示概念層的改變不會影響外部層或應用程式的運作；而實體資料獨立代表內部層資料儲存方式的改變，不會影響到概念層。

➢資訊管理・梁定澎

data integrity　資料完整性　❖资料完整
指資料庫中資料的準確性或正確性，並防止未經授權的使用者對資料庫的破壞。例如：表示同一個事實的兩個資料不一致，即是缺乏完整性的例子。

➢資訊管理・梁定澎

data management　資料管理　❖数据管理
利用資訊科技對散佈於企業內外之相關的資料，做有效的組織、搜尋、篩選、儲存、分析、傳送，其目的在確保優良的資料品質提供對使用者在工作上及決策上做有效的支援。資料管理是企業推行資訊管理、知識管理的重要基礎。

➢資訊管理・梁定澎

data manipulation language (DML)
資料操作語言　❖资料操纵语言

對資料庫中的資料加以運用的操作語言。使用者可以使用的操作一般有新增、刪除、修改與選擇等資料運算，以增刪資料庫中的資料。

➢資訊管理・梁定澎

data mart　資料商城　❖资料市场
從資料倉儲中複製的一部分資料所形成的資料組合，其目的是專門為支援某些特定部門（如，行銷）的資訊需求，提高系統的效率。

➢資訊管理・梁定澎

data mining　資料探勘　❖资料挖掘
由大量資料中尋找有具有價值的關係的方法，它利用演算法來找出資料中各項目的可能關係，建立決策法則作為決策者的參考。例如：資料探勘方法可以自銷售資料中發掘買牙膏的人有六成也買了肥皂，決策者便可利用這些資訊訂定較有效的促銷方案。
常用的資料探勘技術包括分類分析(classification)、群集分析(clustering analysis)、關聯法則分析(association rule analysis)、次序相關分析(sequential pattern analysis)、鏈結分析(link analysis)、時間序列

分析(time series analysis)等。

➤資訊管理 · 梁定澎

data model 資料模式 ❖資料模式

是一種將資料庫中資料的結構加以抽象表達的方法。高階或是概念資料模式以使用者容易理解的概念來表達資料庫中的結構，如E-R model；而低階或實體資料模式則描述資料如何儲存於電腦上的細節，如關聯式、網路式及階層式資料模式。

➤資訊管理 · 梁定澎

data structure 資料結構 ❖數據結構

利用電腦程式來組織並管理大量資料間存取方法的一門學問，常用的結構包括 B 樹等方式。使用適當的資料結構可以使得程式執行效率倍增，所以它程式設計的基礎，也是資訊相關科系學生的重要必修課程。

➤資訊管理 · 梁定澎

data warehouse 資料倉儲 ❖資料倉庫

一種資料庫的設計概念，它能將不同單位的多個資料庫彙總，並具有主題導向、整合性、時間差異性、不變動性等特性，目的在於能快速支援使用者的管理決策。資料倉儲可依不同的主題提供多維度的資料觀點，支援不同角度的決策。

➤資訊管理 · 梁定澎

database (DB) 資料庫 ❖數據庫

一群有意義、有關連的資料加以組織後所形成的組合。資料庫由一連串的記錄(record)組合而成，每一筆記錄可記載著有關連的一組資料。每筆記錄又可分為許多欄位(field)，欄位是資料庫的基本資料項目，它代表著一個事實或現象，是有意義的最小單位。

例如：在資料庫中，每一個員工的個人資料就可以用一筆記錄來表達，這筆記錄中包含了員工編號、部門、姓名、學歷、薪資等不同的欄位。在企業資訊系統的運作中，資料庫是最基本的單元。

➤資訊管理 · 梁定澎

database administrator (DBA)
資料庫管理師 ❖數據庫管理員

在資料庫環境裏，運用資料庫管理系統來管理企業資料資源的人。資料庫管理師負責授權存取資料庫、協調監督資料庫的使用，還有負責取得所需的軟硬體資源。對於安全系統被破壞，或者系統反應太慢等問題，資料庫管理師也要負責處理。

➤資訊管理 · 梁定澎

database management system (DBMS) 資料庫管理系統
❖數據庫管理系統

是許多程式的集合，它讓使用者可以很方便的去建立與維護資料庫。使用者必須透過資料庫管理系統才能定義、建構及操作資料庫，存取其中的資料。

➤資訊管理 · 梁定澎

database marketing 資料庫行銷
❖數據庫營銷

利用電腦資料庫科技來設計、創造和維持顧客資料，以尋找、選擇、服務顧客、和顧客建立關係，並進而增加顧客對公司的終生價值。通常資料庫內會包括顧客的一些人口統

計特徵和過去的購買歷史。

➢行銷管理‧洪順慶

day-after-recall (DAR)　隔日回憶

一種用來測試廣告效果的方法，在一群廣告
閱聽人接觸到一個廣告之後的第二天，再調
查有多少人記得接觸過此一廣告。

➢行銷管理‧洪順慶

deal　促銷案

一種降價、免費商品或其他由廠商提供給通
路成員或最終消費者的提供物，通常只在一
小段時間內有限。

➢行銷管理‧洪順慶

dealer　❶自營商　❷證券商　❸證券自營商
❖经销商

經營有價證券的自行買賣者，又稱證券自營
商。自營商與經紀商有別，後者只代顧客買
賣，本身並不取得證券的所有權。

➢財務管理‧吳壽山‧許和鈞

debenture　❶信用債券　❷無擔保債券
❖信用债券

發行之公司債，僅憑發行者信用而無其他有
形資產作為擔保者。由於無擔保品，故於合
約中需做若干保護性規定。例如：保持一定
比例的運用資金；遇有不能付息時，所發行
之債券即作到期論；公司如再發行債券，無
擔保債券持有人對發行者之資產有優先權；
限制擔保債額之增加；股東股利之限制；以
及當公司資產出售或轉讓時，對無擔保債券
之保證等。

➢財務管理‧吳壽山‧許和鈞

debt ratio　負債比率　❖負債比率

負債總額除以資產總額的比率，用以測度企
業總資產中由債權人提供的資金比率大小。
該財務比率或被企業管理者用以評估財務結
構之良窳，或被債權人用以衡量債權之保障
程度。負債比率如果越高，表示企業之資金
由債權人提供的部分越大，對債權人的保障
自然越小，亦即資本結構越不健全。

➢財務管理‧吳壽山‧許和鈞

decentralization　分權　❖❶分权　❷分散

分權與集權是形容組織內部授權程度高低的
兩種概念。所謂授權，指的是組織內一位主
管將某種職權與職責，指定某位下屬擔負，
使下屬可以代表他從事管理或作業性的工
作。當一組織內授權程度極高，將多數事務
決策的權力都下放到第一線的工作人員時，
稱之為分權性組織。

➢策略管理‧吳思華

decentralized sales organization
分權式銷售組織

在公司內的每一個部門都有自己銷售團隊的
組織型態。當公司透過不同的通路，銷售不
同的產品到不同的市場時；或各部門規模夠
大，足以擁有自己的銷售團隊時，此種組織
型態頗為適合。在分權式的行銷組織架構
下，公司可以因員工的能力和專業的發揮而
受益，同時，層級較少也可能降低成本。因
為分權的結果，使得員工和低階管理人員有
較大的決策權，高階管理人員不必事必躬
親，公司也可以針對外在環境的變化，快速
的反應，以免喪失先機。

➢行銷管理‧洪順慶

deceptive advertising　欺騙性廣告
❖ 欺骗性广告

利用錯誤的講法、沒有完全的資訊揭露，或是這兩者都有意圖誤導消費者的廣告手法。

➢行銷管理・洪順慶

decision calculus models　決策計算模式

一種數量模式，根據檢驗在各種不同的假設性情境下，經理人主觀判斷可能結果，再測定模式的參數值。例如：經理人主觀的判斷在不同的廣告水準或者是不同的價格之下，產品可能的銷售額。一旦模式將市場反應和行銷決策改變連結起來之後，就可能得到最佳的行銷投資水準。

➢行銷管理・洪順慶

decision making　有限的問題解決

參閱 limited problem solving。

➢行銷管理・洪順慶

decision making, consumer
消費者的決策制定　❖ 消费者决策过程

消費者的行為可視為一種決策的過程，也就是一種問題的解決，當消費者有某些需求待滿足，而採取一連串的步驟，來解決他所面臨的問題。消費者的決策行為包括下列步驟：確認需求、蒐集資訊、評估不同的品牌或方案、購買、購後結果。

➢行銷管理・洪順慶

decision support systems (DSS)
決策支援系統　❖ 决策支持系统

協助管理者分析半結構化、快速改變、或包含不確定性的決策問題，協助決策的制定。

藉由內建的模式分析能力，透過友善、可交談式的使用介面，將大量資料彙總成可供決策者理解的形式。

➢資訊管理・梁定澎

decision variables, marketing
行銷決策變數

影響到產品銷售的主要的行銷功能，也就是行銷 4P：產品、價格、推廣和通路。

➢行銷管理・洪順慶

decline stage (product life cycle)
產品生命週期的衰退期
❖ 产品生命周期的衰退期

「產業生命週期」的概念對了解一個產業內重要的演化進程有相當大的幫助，一般認為，一個產品或產業在發展過程中必然會經過四個階段，包括導入期、成長期、成熟期，以及衰退期。

在衰退期階段，顧客都已經相當成熟，而產品需求相當標準化、可能產生產能嚴重過剩的情況，導致競爭者開始退出市場，此時市場價格與利潤大幅下降。

➢策略管理・吳思華

decoding　解碼

訊息被接收之前，訊息符號必須轉成接收者能夠了解的形式，此過程稱之。它會受接收者的技巧、態度、知識和所處的社會、文化影響。

➢組織行為・黃國隆

decreasing failure rate (DFR)
遞減失效率

產品未能按應有之功能正常運作即稱為失效、失靈或故障，至於介於兩次失效之間的時間則稱為失效週期，而其導數即稱為失效（故障）率。失效（故障）率隨使用時間的增加而逐漸降低的失效（故障）率函數分佈曲線。

這種現象通常是產品剛開始時，失效（故障）率較高（稱為早夭期），爾後隨著使用時間之增加失效（故障）率漸漸降低，而達於穩定狀態。通常產品失效（或故障）與否，往往並非能夠單純地「成功」或「失敗」來判斷，故複雜之產品系統，必須以事先建立的「故障判定準則」來判斷之。

➢生產管理・張保隆

default risk　違約風險　❖清償风险

證券發行人無法支付利息或償還本金的風險。證券發行者若是財政部，可不必考慮此風險，因此，國庫券可認定為無違約風險。

➢財務管理・吳壽山・許和鈞

default risk premium　違約風險溢酬
❖清償风险违约

一種貼水。用以補償投資人承擔違約風險的可能損失。其值等於國庫券與擁有相同到期日、變現力與其他特性之公司債券間的利率差距。

➢財務管理・吳壽山・許和鈞

defensive behavior　防衛性行為

組織中政治行為的一種。在組織中個人為了維護自身的利益，會表現出不採取行動，規避責罵或避免改變的防衛性行為。

➢組織行為・黃國隆

defensive communication　防衛性溝通

此種溝通方式會讓訊息接收者感到：
 1.批評式的、論斷式的。
 2.控制式的、訓導式的。
 3.陰謀狡詐、沒有誠意。
 4.對對方漠不關心、說風涼話。
 5.以充滿優越感的態度對待對方。
 6.專斷的、權威的。
 7.斷章取義的。
此溝通方式常導致對方焦慮、防衛或與抗拒，以及雙方彼此猜疑與衝突增加。

➢組織行為・黃國隆

defensive merger　防禦性合併

為防止被其他公司購併，而先行購併另一家公司的行為。例如：甲公司怕被乙公司購併，所以先舉債買下丙公司，此一購併行為，使甲公司的規模一下子暴增，而使乙公司難以購併甲公司。

➢財務管理・吳壽山・許和鈞

degree of financial leverage (DFL)
財務槓桿程度　❖财务杠杆系数

普通股每股盈餘(EPS)隨息前稅前盈餘(EBIT)變動而變動的幅度。可用符號表示如下：

$$DFL = \frac{\Delta EPS \div EPS}{\Delta EBIT \div EBIT} = \frac{EBIT}{EBIT - I}$$

其中，

EPS 代表稅後每股盈餘；

EBIT 代表息前稅前盈餘；

I 代表利息支出。

財務槓桿程度的值如果越大，代表公司使用財務槓桿的程度越高，亦即普通股股東所需負擔的財務風險越大。

➤財務管理‧吳壽山‧許和鈞

degree of innovativeness　創新度

指某一公司上市三年內的新產品營業額，占該公司當年度營業額的比例，此比例愈高，表示該公司的創新度愈高，新產品研發績效愈好。不同產業的平均合理創新度不同，當產品生命週期愈短的產業，其合理的創新度愈高。

➤科技管理‧賴士葆‧陳松柏

degree of operating leverage (DOL)
營運槓桿程度　❖经营杠杆系数

營運利潤〔亦即息前稅前盈餘〕隨銷售額變動而變動的幅度。可用符號表示如下：

$$DOL = \frac{\Delta EBIT \div EBIT}{\Delta S \div S} = \frac{Q(P-V)}{Q(P-V)-F}$$

其中，

EBIT 代表息前稅前盈餘；

S 代表銷售額；

Q 代表銷售單位數；

P 代表單位平均售價；

V 代表單位變動成本；

F 代表總固定成本。

DOL 除了受固定成本影響外，也會因銷售量的不同而改變，如果公司的銷售額與損益兩平點的銷售額越接近，則 DOL 越大，反之，如果公司的銷售額與損益兩平點的銷售額離越遠，則 DOL 越小。

➤財務管理‧吳壽山‧許和鈞

degree of R&D leverage　研發槓桿程度

研發槓桿概念來自營業槓桿與財務槓桿，研發風險是新產品研發失敗，研發投資無法回收。「研發槓桿程度」定義為：公司投資較多的研發費用，每多增加投入一單位的研發費用，能為公司增加更多單位的每股盈餘，其能達成之槓桿程度稱之。

$$DRL = (\Delta EPS \div EPS) \div \Delta R/R = dlnEPS \div dlnR$$
$$lnEPS = \alpha + \beta lnR$$

以 lnEPS 對 ln$R$ 之迴歸係數，可得 β 值，即 DRL。

其中，

EPS 代表稅後每股盈餘；

R 代表年度研發費用。

➤科技管理‧賴士葆‧陳松柏

degree of technology embodiment
技術具體化程度

指的是該技術接近商品化的程度，也相等於該技術所處於技術生命週期的那一個階段，當技術具體化程度愈低時，處於技術生命週期愈早期，距離商品化的程度愈遠，技術成熟度愈低，投資的風險愈高，市場上的競爭者愈少。

➤科技管理‧賴士葆‧陳松柏

degree of total leverage (DTL)
總槓桿程度 ❖*总杠杆系数*

每股盈餘隨銷售額變動而變動的幅度。可用符號表示如下：

$$DTL = \frac{\Delta EPS \div EPS}{\Delta S \div S}$$
$$= \frac{\Delta EBIT \div EBIT}{\Delta S \div S} \times \frac{\Delta EPS \div EPS}{\Delta EBIT \div EBIT}$$
$$= DOL \times DFL$$

其中，

　EPS 代表稅後每股盈餘；

　EBIT 代表息前稅前盈餘；

　DOL 代表營運槓桿程度；

　DFL 代表財務槓桿程度；

　　S 代表銷售額。

由上式可知，總槓桿程度等於營運槓桿程度與財務槓桿程度的乘積，因此，如果公司同時使用相當程度的營運槓桿與財務槓桿，則銷售量輕微的變動，將導致每股盈餘產生相當大的變動。

➢財務管理・吳壽山・許和鈞

delivery mode　交付模式

工具或程序的開發小組在沒有任何使用者規格，或甚至在使用者未曾表達需求的情況下，即自行開發工具。開發者同時也是銷售廠商，交付一整套的工具給使用者，有時連訓練手冊都沒有，純粹是兩個團體的隔牆交易，並建立在工具可以完全使用與使用者可以自行了解與修改的期許下。（參閱圖二，頁 16）

➢科技管理・李仁芳

Delphi technique　德爾菲法
❖**❶** *德尔菲法*　**❷** *台尔菲法*

組織進行團體決策的一種方式。它是一種專家意見法，研究者將擬研究之一系列的問卷郵寄給具有該專業知識能力的個人，以求得有專業且有意義的意見。問卷採用匿名方式，希望透過反覆幾次的彙總而達成意見收斂（或一致）的預測。與具名團體法(nominal group technique)的差異，在於本法不允許參與決策的成員面對面討論。

➢生產管理・張保隆

➢組織理論・黃光國

demand management　需求管理
❖*需求管理*

係指認知及管理產品的所有需求以確保主排程人員能清楚了解並協調、控制所有的需求來源，使得生產系統能有效地運作，並可使產品能準時交貨與滿足各方需求。需求來源可分為相依需求來源與獨立需求來源。相依需求來源係指各項生產要素間的需求量彼此有所關聯，故可推算而不需藉助預測；獨立需求來源係只針對單一自身需求而言，故需藉助預測。

因此，需求管理包含了預測活動、訂單登錄、訂單確認、分支倉庫需求、工廠間需求、售後服務零件（備用零件）需求等業務。

➢生產管理・林能白

demand-oriented pricing
需求導向定價法　❖*需求导向定价法*

一種賣方嘗試將產品售價設定於買方願意購買的價格之定價方式。

➢行銷管理・洪順慶

demand-side policy tools
需求面政策工具

政府居於科技研發市場需求者的觀點，直接對科技研發的成果（產品或服務）有所需求，而為民間企業的科技研發活動創造市場，如此有助於民間的研發投資活動。代表性的政策工具包括：政府將某項技術研發的產物（例如：IDF 戰機的零配件），以某一個年度需求數量，委託民間企業研發並加以生產製造，透過政府的合約採購，以促進民間對該項產品的研發生產製造活動。

➤科技管理・賴士葆・陳松柏

demarketing　低行銷　❖抑制銷售

一種當廠商的目標是減少產品消費時的行銷策略，或是由一個非營利機構所規劃，為了減少某些對社會有害之產品消費（例如：煙、酒）的行銷策略。

➤行銷管理・洪順慶

Deming　戴明　❖戴明

係資深的品質導師，1940 年身為紐約大學的統計學教授，第二次世界大戰後隻身赴日本，協助日本改進品質與生產力。在一系列戴明所主持的演講之後，日本人對戴明印象深刻，遂於 1951 年成立戴明獎，以茲獎賞那些年度推行品質管理計畫績效傑出的廠商。雖然受到日本人之尊敬與愛戴，戴明當時在美國企業界仍鮮為人知。事實上，戴明在博得美國認同之前，已為日本工作奉獻達三十年之久。在 1993 年他去世前，美國公司業已對戴明矚目萬分，開始擁抱其哲學，請求戴明協助品質改進計畫之建立。

戴明所提出的十四點聲明列示如下：

1. 建立一致性的目標之計畫，以改進產品或服務品質，使公司產品或服務更具競爭力。
2. 採用新的哲學。吾人是處在新的經濟時代，我們不再接受下列的生活：延誤、不良、缺陷。
3. 消除對品質管制大量檢驗的依賴，而代之以統計方法的製程管制。
4. 減少供應商的數目。對供應商產品品質之考量不再僅以價格為考慮因素。鼓勵供應商使用統計的品質管制。
5. 持續發掘問題並改進生產與服務系統，是管理者的工作。
6. 利用現代的方法進行工作訓練。
7. 領班的責任應從重視數量轉向重視品質，以便自動增進生產力。對於領班所提出攸關生產障礙（如，高不良率、機器缺乏預防保養、工具拙劣）的報告，應立即採取矯正措施。
8. 員工若能設法跳出疑懼，則可更有效率地為公司服務。
9. 消除部門之間的障礙。開發、設計、銷售與生產人員必須一起工作，期能預知生產問題之所在，並設法解決之。
10. 避免給予員工過多的口號、目標或標語。
11. 消除數字限額的工作標準。
12. 排除員工追求工作榮譽的障礙。
13. 實施活潑有力的教育訓練計畫。
14. 建立一套結構性方法，使頂層管理能夠推動上述 13 點聲明。

戴明的基本信念是，沒效率與拙劣品質的原因在於生產系統，而不在於員工，因此管理者應有責任來矯正生產系統，以達成期望結果。除了十四點聲明之外，戴明還強調有必要降低產出的變異。為完成此想法，戴明還

強調辨認變異的特殊原因（可矯正）與變異的一般原因（機遇變異）之重要性。

➢生產管理・張保隆

demographic environment
❶人口統計環境　❷人口環境　❖人口环境

影響到一個廠商或國家的人口特性，人口統計環境包括了年齡結構、職業、所得、家庭結構、出生、死亡、教育程度、性別、老化和地理區分佈。如台灣的人口統計環境有幾個特徵：人口不斷增加、成長率不斷下降；年齡結構日趨成熟和老化；家庭戶數不斷增加、家庭規模逐漸縮小；人口向都市集中，並向郊區移動；初婚年齡緩慢上升，離婚率不斷增加；職業婦女增加，女性主管日益普遍；教育水準持續提高等。

➢行銷管理・洪順慶

demographics　人口統計學　❖人口学

一種針對人口總數、性別、地理區分佈、年齡、人口組成和其他人口特性的研究，或是針對人口成份變化的分析研究。

➢行銷管理・洪順慶

demotion　❶降級　❷降職

指人員在組織內部中職位和層級的向下移動，而且通常伴隨薪酬的減少，地位的降低，原有特殊職權的削減，可支配資源的減少，以及執行特定任務機會的減少等。降級通常是組織內用來處理有過失人員的一種懲處手段。

➢人力資源・吳秉恩

department store　百貨公司　❖百货商店

一種銷售多種商品的大型商店，所經營的商品依部門分類，以滿足消費者一次購足所需商品的服務。百貨公司所銷售的商品包羅萬象，例如：家具、室內裝潢用品、家電用品、廚房用具、五金器材、男女服飾和童裝、寢具和床單等。

➢行銷管理・洪順慶

departmentalization　部門化　❖部门化

根據某種構想或原則，將個別工作予以組合的過程。一般而言，部門劃分的基礎，可以分為兩大類，一是根據產出或顧客的基礎，例如：產品、顧客或地區別部門化；一是根據內部程式或功能的基礎。

➢策略管理・吳思華

dependent demand　相依性需求
❖❶相关性需求　❷非独立性需求

指一物項的需求乃由製程中其他相關物項的需求所決定，其物項的需求量可藉由物料清單展開計算而得，故不必使用預測方法來推估其需求量。（參閱 independent demand）

➢生產管理・張保隆

depression　❶憂鬱症　❷抑鬱

指包含多種不愉快情緒的心理狀態。輕微的憂鬱會表現出悲觀、憂慮、沉悶、生活缺乏情趣等情緒；嚴重的憂鬱則會顯現悲傷、自責、絕望、思想雜亂的情緒，甚至會有自殺的念頭。生理上則會有倦怠、食慾不振、頭痛、失眠、心悸等症狀。

➢組織行為・黃國隆

depth-first search (DFS)　深度優先搜尋
❖ *深度优先搜索*

一種樹狀資料搜尋的方法，其程序是先選擇一個節點 *v* 為起始點，然後沿著樹枝逐層拜訪節點 *v* 的下一層子節點，如此遞迴地進行，直到節點已沒有子節點或者所有的相鄰節點都已被拜訪過，才回溯到上一層繼續進行深度優先搜尋其他尚未拜訪的節點。

➢資訊管理·梁定澎

derivative　衍生性金融商品

一種對另一金融資產具有求償權的有價證券，其價值高低視所涉及的特定資產在未來交易的價格而定，例如：選擇權、期貨契約、遠期契約，以及交換(SWAP)等皆屬之。

➢財務管理·吳壽山·許和鈞

descriptive research　描述性研究
❖ *描述性研究*

一種用來探討某件事發生的次數或調查兩個變數之間關係的行銷研究。

➢行銷管理·洪順慶

design around　迴避設計

根據專利侵害鑑定的過程與內容為基礎，藉其間之差異使欲設計或利用之技術不落入已存在之權利範圍中。

➢科技管理·賴士葆·陳松柏

design capacity　❶設計產能　❷理想產能

係指理想狀況下，在機器不故障、原物料不短缺、不良品可以降到最低情況時的產能，亦即可能達到的最大產出。（參閱 effective capacity, actual capacity）

➢生產管理·林能白

desktop publishing (DTP)　桌上出版
❖ *桌面出版系統*

桌上排版技術在八○年代初發表，全世界的出版社、設計師開始採用 Quark 或 Adobe PageMaker 來進行電腦排版，從此告別了膠水、鉛印、手工貼稿的舊時代。任何完稿設計，都可以在電腦上展示、修改後再正式輸出，具有「所見即所得」的便利。

➢資訊管理·梁定澎

destructive testing and non-destructive testing　破壞性檢驗與非破壞性檢驗　❖ *破坏性检验与非破坏性检验*

破壞性檢驗指測試時會產生對產品本身的破壞，而非破壞性檢驗指在進行產品試驗時，不致對產品本身產生破壞的檢驗方法。因破壞性檢驗會導致產品本身的破壞，成本太高，故在品質檢驗時應追求非破壞性檢驗，如以材料分析或其他儀器檢驗方法，以求節省成本，若非使用破壞性檢驗不可時，亦應儘可能採抽樣檢驗方式。

➢生產管理·張保隆

developer-driven development　開發者驅動開發

在沒有直接競爭或客戶的要求下，開發人員也能對目前成本或使用功能障礙的了解，輕易地看出市場的需求。由於開發者已對使用者的使用習性瞭若指掌，就算使用者不開口，開發者還使可預期他們的需要。（參閱圖十四，頁 105）

➢科技管理·李仁芳

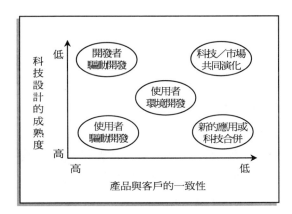

圖十四　各極端情況下的新產品開發過程

資料來源：Dorothy Leonard-Barton (1998)，《知識創新之泉》，遠流出版社，頁 259。

design for manufacturbility (DFM) 設計易製化

是對產品設計的一種數量化評估技術，研發工程設計人員在產品設計初期，即應用此技術來評估並改善產品的易製性。常用的設計原則：在早期設計階段即考慮製造問題，儘量減少零組件的使用數目、愈簡單容易愈好，使用標準零組件與模組化之設計，避免生產線重新換線，儘量使用輔助軟體，以幫助生產線之順利運作⋯⋯等。

➤科技管理・賴士葆・陳松柏

differentiation advantage 差異化優勢

是指因為採取差異化策略所帶來的競爭優勢，這些優勢可能包括提升顧客的忠誠度、降低顧客的價值敏感度、同時增加平均的利潤水準，因此無須追求低成本地位，如此可以阻絕競爭者的進入與競爭。

➤策略管理・吳思華

differentiation focus 差異化集中

指一種專注於特定客戶群、產品線或地域市場，並提供全產業都視為與眾不同之產品之競爭策略。

➤策略管理・司徒達賢

differentiation strategy 差異化策略
❖差异化

指使公司所提供的產品或服務與別人形成差異，創造出全產業都視為獨一無二的產品。造成差異化的作法可能包括，設計或品牌形象，運用科技，顧客服務、經銷網路或其他特色等。

➤策略管理・吳思華

diffusion of innovation 創新擴散
❖❶創新扩散　❷創新推广

一個創新的事物在一個特定的群體或市場內，隨著時間的經過，逐漸地被人們採用的過程，創新可能是一個有形的實體產品、無形的服務或理念。一種大多數學者所接受的，依採用創新的先後次序，不同的採用者可分成五種類型：創新者、早期採用者、早期大多數、晚期大多數和落後者。

➤行銷管理・洪順慶

digital libraries 數位圖書館
❖数字图书馆

是收藏數位化文件的地方，但並非侷限於某一當地的硬體和軟體的館藏，藉由網路的連結，可使數位圖書館館藏的內容無限擴大。這些館藏皆是數位化文件，包括任何形式、任何媒體的資訊，因此可以直接提供搜尋的功能，讓使用者透過網路直接查詢到所需的

資訊。

> 資訊管理 · 梁定澎

direct channel 直接通路
❖❶*直銷通路* ❷*直接渠道模式*

指製造商將產品製造出來後，沒有透過其他中間商，就直接銷售給消費者，許多工業品廠商和某些消費品製造商使用直接通路銷售他們的產品。

> 行銷管理 · 洪順慶

direct marketing ❶直效行銷 ❷直接行銷
❖❶*直复營銷* ❷*直通營銷*

指企業為了在任何地點誘發一個可以衡量的反應或交易，設計一套行銷的互動系統，並使用一個或一個以上廣告媒體的活動。也就是透過各種「非人的媒體」，如信件、電視或網際網路等，直接和消費者接觸，並且賣給消費者商品的方式。

> 行銷管理 · 洪順慶

> 策略管理 · 司徒達賢

direct numerical control (DNC)
直接數值控制 ❖❶*直接數控* ❷*計算器群控*

電腦數值控制(CNC)機器有一項重大缺失，因為每部機器其本身皆儲存一特定程式的備份，當產品被修改時確保所有機器皆有相同的程式版本是相當困難之事，直接數值控制即為解決此一資料管理方面的難題。

DNC 描述一種將一生產系統中若干部 CNC 機器連結到一部儲存所有程式的主電腦中，當需要時程式即被下載到 CNC 機器中，且縱使主電腦故障亦不影響到該 CNC 機器。同時，主電腦以即時方式指揮與協調各個 CNC

機器的加工作業。

> 生產管理 · 張保隆

direct observation method
❶直接測時法 ❷直接觀測法

為在某種標準狀態下，由操作人員觀察、記錄，並做主觀的判斷，來決定操作的工作需要多少時間（標準時間），而予以粗略之估計。

> 生產管理 · 張保隆

direct selling ❶直接銷售 ❷直銷
❖❶*直接銷售* ❷*直銷*

以人員為主要媒介的銷售方式。商品的製造商或供應商透過業務人員（或銷售代表）採取面對面的方式，不在固定的店面或營業的地點，而到消費者家中、工作場所或消費者所指定的地點，而將消費性的商品或服務銷售給顧客的行銷方式。

如果從通路的觀點來看，直銷是指企業透過銷售人員直接或是透過電話和消費者接觸，而達成交易的銷售型態。直銷最大的特色在於「直接」，也就是不透過現有的批發或零售業銷售，或者說是一種零階通路。

> 行銷管理 · 洪順慶

directive leadership 指導式領導

這是「路徑－目標」模式中的一種領導行為，領導者讓部屬清楚了解他人的期望，完成工作的程序，並且對如何達成工作任務有明確指導。「路徑－目標」模式認為：當工作結構模糊不清或情境壓力大時，指導式領導可以讓部屬有較大的工作滿足感。

> 組織理論 · 黃光國

D

discard　排工

勞資爭議發生時,資方所可能採行的手段之一,其乃指對於參與爭議之勞工,排除正常營運工作之列,與未參與爭議之勞工區隔,防止其影響。

➢人力資源・吳秉恩

discount rate　❶折現率　❷貼現率

折現過程中所用的利率。折現率愈大,其現值愈小;反之,折現率愈小,則其現值愈大。折現率的大小,與要資本化或折現的對象有關,債券的折現率通常為市場利率,而股票的折現率,則需另找一種適當的報酬率。
以永續債券為例,其價值之計算,可以下式表示:

$$V = \sum_{t=1}^{\infty} \frac{I}{(1+K_d)^t}$$

其中,

V 代表債券價值;

I 代表利息收入;

t 代表期數;

K_d 代表市場利率(亦即為計算債券價值之折現率)。

➢財務管理・吳壽山・許和鈞

discounted bond　折價債券

當市場利率高於債券的票面利率時,債券的售價會比面值低,這種債券就叫做折價債券。

➢財務管理・吳壽山・許和鈞

discriminant analysis　區別分析
❖判別分析

一種統計分析的工具,用來建立一組連續性變數和一個分類性變數之間的關係。例如:行銷研究人員可能利用某些人口統計變數將某種產品的消費者分為重度使用者、低度使用者和非使用者;業務經理可能利用某些業務人員所從事的銷售活動的類型,將業務人員分為高績效、中績效和低績效三種;區別分析可用來從事上述的分類分析。

➢行銷管理・洪順慶

discrimination　歧視　❖歧视

當某一群體相較於其他群體而言,明顯得到了比較優渥的利益,或是當某一群體相較於其他群體而言,明顯承受了比較不利的待遇時,此種情形就稱為歧視。例如:由於種族、宗教、性別或國籍等因素,而導致某一群人在組織中的晉升、解雇、薪酬、升遷、獎懲、福利等方面,遭受到與其他群體不同的對待,就是屬於歧視,其將造成「負面衝擊」。

➢人力資源・吳秉恩

diseconomies of scale　❶規模不經濟
❷規模報酬遞減　❖规模不经济

相對於規模報酬遞增或規模經濟,意旨隨著產業增加而使長期平均成本上升。通常當產業增加到相當大的程度後,規模報酬遞增的部分將會耗盡,此時規模不經濟的現象將會出現。換言之,一般而言,廠商的長期平均成本通常一開始隨產量下降,增加到一定程度後則開始上升。

➢策略管理・吳思華

disintegration　反整合

一般而言，垂直整合指的是將技術上迥然不同的重要價值活動，包括生產、銷售、配銷、服務等，結合在單一廠商內部進行。相反地，反整合則意旨將這些活動拆開分散於不同廠商內進行，利用綿密的產業上下游網路分工來達成單一活動專精與規模的效率。

➤策略管理・吳思華

dispatching　工作分派

❖❶調度　❷派工　❸任務下达

按已訂定的製造流程及時間先後順序，將工作分配到工作站，以便適時開始並意圖如期完成，因此，工作分派即為計畫部門對執行單位發佈生產（作業）命令、授權執行單位能夠調度生產（作業）活動所需的原物料、人力、機器設備、工具等，使其能如期執行之。

➤生產管理・張保隆

distributed database　分散式資料庫

❖分布式数据库

資料庫分散在各不同的地點，藉由通訊網路聯繫，每個不同地點有它自已的資料庫，並能存取維護在其他地點的資料。這樣的架構具有較高的區域性，能較快回應查詢，系統也較容易擴充。

➤資訊管理・梁定澎

distributed system　分散式系統

❖分布式系统

多部電腦分布在不同地點，且每部電腦都有自己的獨立計算能力，電腦與電腦間透過網路與相同的管理機制進行溝通協調，以完成工作目標資訊系統。

➤資訊管理・梁定澎

distribution　❶配送　❷配銷

❖❶分配　❷配送　❸分销

指將商品或勞務由製造商移轉至最終消費者手中之過程，即適時、適地的將產品由供給點送達消費點的相關活動均可泛稱為配銷、分配或流通，配送活動中需克服存在於產品、服務與使用者間的時間、空間等方面障礙，因此，企業需考慮到通路結構、產品與市場特性、中間商因素、本身因素、競爭者與環境因素等以訂定出配送管理決策，並配合實體配送系統來滿足顧客需求與創造自身利潤。（參閱 physical distribution）

➤策略管理・司徒達賢
➤生產管理・林能白

distribution center　❶物流中心　❷配銷中心　❸配送中心　❖配送中心

為一種特殊設計的系統，可將產品集中並分散至零售業或其他通路中，具有聯結上、下游之間的重要功能，並可以快速的將商品從供應商運送到商店或最終顧客的手裏。

物流中心的目的在有效縮短生產至消費的通路距離、提高經濟價值及避免不必要的運儲成本，其主要功用為運送商品而非商品儲存，故其儲存成本遠較傳統倉庫為低。

在台灣，物流中心因其設立的市場定位不同，產生不同型態的物流中心，可能為製造商、零售商或專業的物流公司所營運。

➤生產管理・林能白
➤行銷管理・洪順慶

distribution requirements planning (DRP) and distribution resource planning (DRPII)　配送需求規劃（配銷需求規劃）與配送資源規劃（配銷資源規劃）

❖分配需求计划与分销资源计划

正如同物料需求規劃(MRP)被用於規劃與排定流經製造廠中的物料流程(flow of materials)，DRP 被用於規劃與排定流經配送通路中的產品流程(flow of products)。

DRP 為一種透過從每一獨立需求中心所指定之需求量處以後溯方式來逐一推算出在一配送網路中各個層級的各時段庫存需求量，DRP 主要用於解決多層級配送網路(multi-echelon distribution network)的問題。

DRP 採取與 MRP 相同的規劃邏輯，即首先為每一產品建立一份描述其配送網路之結構（即每一配送層級之組成）的配送清單(bill of distribution; BOD)，並針對 BOD 中的每項連結計算出標準前置時間，接著，求得每一週期的淨需求量及計畫令單量與發出日期，最後，藉由展開 BOD 與利用在每一獨立需求中心之各個週期中的計畫令單量與發出日期來發展出主配送排程(master distribution schedule)。

一如製造資源規劃系統(MRPII)為物料需求規劃(MRP)的擴充，DRPII 亦為配送需求規劃(DRP)的擴充，DRPII 系統呈現朝向整合整個價值鏈(value chain)及建立企業後勤規劃(enterprise logistic planning; ELP)系統的趨勢。

➢生產管理・張保隆

distribution resource planning (DRPII)　❶配送資源規劃　❷配銷資源規劃

❖分销资源计划

參閱 distribution requirements planning。

➢生產管理・張保隆

distributive bargaining　分配式談判

指瓜分固定大餅或零和狀態(zero-sum condition)的談判方式，亦即一方的獲利會造成另一方的損失。例如勞資雙方對是否應該加薪或加薪幅度大小的談判即屬於分配式談判。

➢組織行為・黃國隆

distributive justice　分配正義

其核心概念在說明合理的資源分配結果，亦即探討個體對於彼此間獎酬分配數量所知覺的公平性，分配正義強調如何創造公平的分配結果。

➢人力資源・黃國隆

distributor　❶經銷商　❷配銷商

❖❶经销商　❷配销商

和批發商幾乎是同義詞，在行銷通路內，通常採用獨家或選擇性的分配策略，而且製造商會預期從經銷商得到大力的推廣支援。

➢行銷管理・洪順慶

distributor's brand　❶經銷商品牌　❷配銷商品牌

指由中間商所擁有和使用的品牌，有一些強勢的零售商，如萬客隆、家樂福，7-Eleven 等都發展了自有的品牌，例如：7-Eleven 所擁有的「大燒包」和「大亨堡」。

➢行銷管理・洪順慶

disturbed, reactive environment
混亂－反應式環境

此屬於學者佛雷德‧艾墨利(Fred Emery)和艾力克崔斯特(Eric Trist)所提出之環境演變進化的第三個階段。在此階段中之環境，不只資源被集中化，且因廠商數增加，環境也變得不穩定，造成企業組織彼此間的競爭，此時經由適當設定組織目標以獲得競爭優勢變得相當必要，而不再僅是侷限於地區的選擇而已，許多競爭激烈的產業即屬於此類環境。

➢組織理論‧徐木蘭

diversification　❶多角化　❷多角化投資
❖❶多元经营　❷多种经营　❸投资多元化

在策略管理上，是指一企業進入一個與原先事業核心不同的新事業。多角化又可以進一步區分為相關多角化與非相關多角化，相關多角化是指所進入的新事業與原先的核心事業存在某方面的相關性，兩者可以發揮某種綜效；而非相關多角化，則指新事業與原先事業間並未存在任何相關性。

在財務管理上稱為多角化投資，指將資金分散投資於多種不同的投資標的物，以減少由非系統風險所引起的未來報酬之不確定性的投資行為。多角化投資可大量減少非系統風險，如果資產組合中的投資標的物數目很大，則非系統風險將遞減而趨於零。

➢策略管理‧吳思華

➢財務管理‧吳壽山‧許和鈞

diversification risk　❶可分散風險
❷非系統風險　❖可分散风险

可藉由多角化投資來分散掉的個別證券風險。（參閱 unsystematic risk）

➢財務管理‧吳壽山‧許和鈞

divest strategy　減資策略

為了將公司內的資源做更有效的使用或避免未來進一步的損失，將某些事業部、產品線或品牌出售的策略。

➢行銷管理‧洪順慶

divestment　撤資
❖❶资产过户　❷资产剥离

為控制或因應環境的手段之一。指當外在環境變差或不符預期時，對原有投資採取撤離之一種方式。

➢策略管理‧司徒達賢

dividend　❶股利　❷股息　❖股利

公司對股東所做的支付。廣義的股利，指股東由公司所分得之一切收入，而狹義之股利，則專指公司將當期純益或累積盈餘，依照各股東所持有之股份比例，所作之分配。

➢財務管理‧吳壽山‧許和鈞

dividend clientele effect　股利顧客效果

主張不同的投資人會偏好不同股利政策的股票，例如：喜歡當期收入的投資人，可能比較偏好高股利支付率的股票，而那些不必靠當期收入生活的投資人則可能偏好持有低股利支付率的股票。

當股東的投資可以在不同的公司間移進移出時，公司管理當局可以訂定一套自認為最適當的股利政策，來吸引那些喜歡此一政策的投資人前來購買股票；至於那些不喜歡這套政策的股東，則可將股票轉售給那些喜歡這

套政策的投資人。

➢財務管理・吳壽山・許和鈞

dividend irrelevance theory
股利無關論 ❖*股利无关论定理*

一種股利政策理論，由米勒(Miller)與墨迪格里艾尼(Modigliani)提出。該理論主張，股利政策不會影響公司的價值或資金成本，所以沒有所謂的最佳股利政策。這兩位學者認為公司的價值完全由其投資政策而定，而非決定於其盈餘分配方式（亦即股利政策）。因此，每種股利政策都一樣好。

➢財務管理・吳壽山・許和鈞

dividend policy　股利政策

公司用來決定要將多少盈餘當做股利發放給股東？多少盈餘保留下來作為再投資用？的公司基本政策。影響股利政策的因素很多，例如：法律與債券契約中對於股利支付的限制、投資機會的多寡、不同資金來源的可用性、股東的消費時間偏好、股利與資本利得在稅率上的差異，以及股利傳達給投資人的資訊內容等。這些影響因素的相對重要性會隨時間或公司的不同而改變，因此很難發展出一套放諸四海而皆準的一般化模式，以供制定股利政策之用。

➢財務管理・吳壽山・許和鈞

dividend yield　股利收益率　❖*周息率*

每股預期現金股利對每股現行市價之比值，用以衡量每一元實際投資之報酬率，或稱預期股利收益率。股利收益率之分子亦可以實際之現金股利計算，而稱為實現股利收益率。假定某公司股票今年預期發放現金股利$2元，而現行市價為 $40，則預期股利收益率

為 5%。若今年年底其實際發放每股現金股利為 $1，則其實現股利收益率為 2.5%。

➢財務管理・吳壽山・許和鈞

division of labor　分工

其原則是指將一組織之整體任務，不斷予以區分為許多性質不同的具體工作，此即分工的概念。分工是傳統管理學中相當重要的概念，主要是為了達成專業化的所帶來效率，此也成為傳統部門劃分的基礎。

➢策略管理・吳思華

divisional structure　事業部門結構
❖*区域一体化*

指組織結構型態之一，即組織依照個別產品、服務、產品群、重要專案或計畫、事業部、企業、利潤中心等基礎劃分為不同部門，稱為事業部門或策略性事業單位。此種結構可促進組織因應環境變化之彈性與創新之能力，代表一種分權體制，有益於各事業部內的跨部門功能協調。

此結構因在各事業部內重複設立各種功能部門，影響規模經濟；且產品線之間變得獨立，跨產品線的協調變得困難。

➢組織理論・徐木蘭

➢策略管理・司徒達賢

dogs　落水狗　❖❶*落水狗* ❷*水库狗*

指相對市場占有率低且成長性差之事業部或投資，此一名詞為美國波士頓顧問群(BCG)所發明，用以評估分析企業之投資組合或事業部配置優劣，Dogs 為四種描述事業部或投資型態之名詞之一。

➢策略管理・司徒達賢

D

domain knowledge 領域知識

❖ *領域知識*

指某一特定領域內的專業知識。顧名思義，領域知識除了真正在該專業領域的人之外，其他人很難一窺門徑，有時候可能是一點小訣竅，或者關於龐大的生產流程……等，這些外行人無法一點即通的專業知識，便是領域知識。

➢資訊管理・梁定澎

domain name server (DNS)
網域名稱伺服器 ❖ *域名服務器*

是管理網際網路上使用者輸入的網域名稱與電腦 IP 位址的對應關係的伺服器。全世界網域名稱系統管理機制是採取階層式架構，並以「區域」為單位，區分每一層的管理工作（如台灣均以.tw 為區分，香港則為.hk），在每一層的各個單位裏，都會有 DNS 負責單位名稱解譯的工作。例如網域名稱 www.nsysu.edu.tw 對應的 IP 位址是 140.117.11.112，中間的轉換工作就是由 DNS 來負責。

➢資訊管理・梁定澎

dominant design 主流設計

在市場中為大部分的顧客與廠商接受的設計。

➢科技管理・李仁芳

dominant design paradigm
主流設計典範

在產品生命週期的早期，市場上以產品創新為主，競爭廠商陸續推出不同的產品規格設計，彼此之間或許不相容，在此時期的設計稱之為前典範期設計(pre-paradigm design)。但當產品創新達到一個高峰後，在往後的時間，市場上逐漸有主流設計典範的產品出現，一統整個市場，例如早期在個人電腦市場群雄並起時，自從 IBM-PC 出現後，整個市場的產品設計趨於一致，形成主流設計典範，往後廠商的創新只能在此典範之下進行製程創新。

➢科技管理・賴士葆・陳松柏

downsizing 企業瘦身 ❖ *向下規模化*

指企業面臨經營困境、成本效益考量或是其他策略性考量，進行辭退或資遣員工之動作。

➢策略管理・司徒達賢

downward communication 向下溝通

團體或組織中的某層級，向較低層級進行溝通。通常經理人員會利用此種溝通方式，來進行任務的指派、傳達公司的政策、或提供員工其工作績效的回饋。

➢組織理論・黃光國

DU PONT equation 杜邦方程式
❖ *杜邦方程式*

將銷售利潤邊際乘上總資產週轉率後，所得到的乘積稱為總資產報酬率，而此一計算公式就是所謂的杜邦方程式：

$$總資產報酬率＝銷售利潤邊際×總資產週轉率$$
$$＝\frac{稅後淨利}{銷貨收入}×\frac{銷貨收入}{資產總額}$$

由方程式中可看出損益表及資產負債表如何相互影響，以決定公司整體之報酬率。因此，杜邦方程式常被用來評估企業總體績效之良窳。

➢財務管理・吳壽山・許和鈞

dual career 雙生涯 ❖対偶职业生涯

此乃針對工作職場之女性工作同仁，一者其必須善盡組織交付任務，成為良好之專業工作者；二者其又必須善盡家庭管理之責。相較於男性而言，在社會觀念及父權社會中，其生涯發展之困境較鉅，因此有雙生涯之難關更甚。

➢人力資源‧吳秉恩

dual ladder 雙梯制

對研發專業技術人員做職業生涯規劃的一種制度，指的是互相平行的兩個階梯，一為管理梯，另一為技術梯。雙梯制的設計發展，係針對研發專業技術人員，使其職業生涯中，不必非做管理性工作不可，亦可以在其專業技術工作領域上鑽研，而仍有優厚的誘因報酬。

1. 維持雙梯制升遷管道，可激勵技術人員從事非管理職。
2. 最好的工程師不一定為最好的經理。
3. 走技術階梯的生涯，可能享有某些報償，如頭銜、停車位……等。

➢科技管理‧賴士葆‧陳松柏

dual system 雙軌制度 ❖対偶系统

即讓員工可在「直線系統」與「幕僚系統」彈性選擇，不會一直為在直線系統發展而堵塞受阻，亦不會感到派至幕僚系統有被貶滋味；其次更可在「行政系統」與「專業系統」交流，如此亦不會掌有行政職權而放棄專業，以適才適所彈性運用，專業人員亦可付予專業津貼以對應於行政主管之主管加給，但兩系統間之交流，不宜採強迫式，否則易造成一流科研人員，成為三流主管之不適性障礙。

➢人力資源‧吳秉恩

Duncan's typology of organizational environment 鄧肯的組織環境類型學

學者鄧肯(Robert Duncan)所提出，目的在透過兩個構面：

1. 環境複雜度的「簡單－複雜構面」：環境中與組織有關之不相似要素－例如競爭者、政府、顧客、供應商……等的數目。
2. 環境變化度的「穩定－動態構面」：環境要素不穩定的程度。

將二者交叉考量，以確認組織所面臨環境的不確定性程度。當環境簡單且穩定時，環境不確定性低，例如：美髮沙龍業；當環境複雜且穩定時，環境不確定性介於低度至中等間，例如：大學院校；當環境簡單且動態時，環境不確定性介於中等至高度間，例如：流行時尚設計業；而當環境複雜且動態時，環境不確定性高，例如：電子產業。

鄧肯認為環境的簡單或複雜性，管理者較容易加以控制、轉變為對自己有利者，因此「穩定－動態構面」是決定環境不確定性程度的主要因素。

➢組織理論‧徐木蘭

durability 耐用性 ❖耐用性分析

指企業或組織擁有之資源或能力，具有長期使用之價值，不易於短期內消失之特質，例如：公司之品牌商譽就是一個例子。

➢策略管理‧司徒達賢

durable good　耐用品　❖耐用消費品

通常購買的頻率很低，而且可以使用相當長
一段時間的產品，例如：一般的家電用品（電
視、冰箱、洗衣機）、汽車、衣服、家具等。
耐用品的價格通常比較高，經常要大量的人
員解說以及妥善的售後服務，當然同樣的單
位利潤也比較高。

➢行銷管理・洪順慶

duty　職務　❖任務

參閱 task。

➢人力資源・吳秉恩

dynamic network structure

❶動態網路結構　❷模組化公司

在快速改變產業中常被應用，公司僅做本身
所專長的功能活動，其他的功能活動則外包
給外面的專家（或企業組織）；公司可以與其
他的企業合作，形成自由市場風格的動態網
路結構，而外包廠商在此動態結構中可來去
自如，例如：耐吉(Nike)公司則是保留且集中
於產品的設計和行銷活動，而將製造活動外
包給其他廠商。

此種結構因為內部結構規模小、員工少、行
政費用支出低，且可利用電子媒體取得協
調，因而可以快速和彈性地因應環境變化，
並積極投入研發活動，但是由於整個活動鏈
被切割分配至數個外部企業，因此品質和進
度不易監控，且易受這些協力廠商或供應商
的牽制。

➢組織理論・徐木蘭

elaboration likelihood model (ELM)
推敲可能模式

❖❶ *詳盡可能性模型* ❷ *精細加工可能性模型*

這是一種態度形成或改變的模式，此一模式認為態度改變的過程決定於訊息接受者的動機水準。提出此一模式的兩位學者，派地(Petty)和卡西歐波(Cacioppo)認為，如果動機水準高的時候，訊息接受者會專注於訊息論點的品質；如果動機水準低的時候，訊息接受者會比較注意訊息的週邊要素，例如：代言人、背景音樂或圖片是否吸引人。

➢ 行銷管理・洪順慶

earliest due date (EDD)　最早到期日

為規劃生產作業排程時，分派工作給工人或機器之先後次序的準則。最早到期日，即下一個要執行的工作是所有等待的工作中有最早到期日。係指下一個要執行的工作是所有等待的工作中具最短之處理時間。

➢ 生產管理・張保隆

earning before interest and taxes (EBIT)　息前稅前盈餘　❖❶ *息稅前收益*
❷ *稅息前盈余*

不考慮利息費用與所得稅負擔的企業盈餘。其中，利息為負債成本，而所得稅則為政府法令規定下的企業負擔。這兩項費用對企業正常營運的盈餘都沒有直接影響，因為企業舉債經營或完全以自有資金經營，對營運本身並無不同，而稅則是一種事後項目（亦即算出本期淨利後才決定的項目）。

因此，要了解一企業正常營運之效率，必須評估息前稅前盈餘，而非淨利。息前稅前盈餘之計算，可由本期淨利加利息支出淨額加所得稅費用而得。

➢ 財務管理・吳壽山・許和鈞

earning per share (EPS)　每股盈餘
❖ *每股盈利*

指公司普通股每股在一會計年度中所賺得的盈餘。其值等於扣除費用、利息、稅捐之公司淨利，減去優先股股利，再除以普通股加權平均流通在外股數。公式如下：

$$每股盈餘 = \frac{公司淨利 - 優先股股利}{普通股加權平均流通在外股數}$$

每股盈餘常被用來代表公司之獲利能力及評估股票投資之風險指標。

➢ 財務管理・吳壽山・許和鈞

➢ 策略管理・吳思華

e-commerce　電子商務　❖ *电子商务*

參閱 electronic commerce。

➢ 資訊管理・梁定澎

➢ 策略管理・司徒達賢

economic life and physical life
經濟壽命與實體壽命　❖ *经济寿命与物质寿命*

產品之壽命數值乃是使用特性、時間或綜合該兩者的函數。例如：輪胎之壽命數值可用 5 萬公里（使用特性）或 36 個月（時間）來表示。過度設計(overdesign)當然可以提高壽命，唯成本必然較高。因此，經濟壽命係於考量成本與消費者可接受之產品壽命之後的一項期望預定壽命(intended life)，至於實體壽命則為某個別產品的實際壽命。

➢ 生產管理・張保隆

economic man model 經濟人模式
❖经济寿命与物质寿命

參閱 classical model of decision making。

➤組織理論・黃光國

economic order quantity (EOQ)
經濟訂購量 ❖经济订货批量

經濟訂購量模型為最簡單的永續盤存制，且適用於產品結構中階層較低或外購物料的存量模式，其基本假設如下：

1. 需求速率為已知與固定而且平均分佈。
2. 採購前置時間（從發訂單至收到貨）採購價格與訂購成本固定。
3. 不允許缺貨。
4. 存貨的補充速率無限大，亦即訂購量一次送達。
5. 庫存持有成本是基於平均庫存經濟訂購量係指年存貨成本總和最小化下的訂講量，而年存貨成本為年訂購成本與年存貨持有成本之和。計算如下：

$$TC = (D \div Q) \times S + (Q \div 2) \times H$$

其中，

　　TC 代表年總成本；
　　D 代表年需求量；
　　S 代表訂購成本／次；
　　Q 代表訂購量；
　　H 代表年平均單位持有成本。

使用簡單的微分技巧，將 TC 對 Q 微分後可得經濟訂購量：

$$EOQ = \sqrt{2DS \div H}$$

➤生產管理・林能白

economic production quantity (EPQ) 經濟生產批量 ❖经济生产批量

經濟生產批量模型適用於自製物料的生產模式，除了存貨補充速率為有限的即生產批量為逐步抵達(gradual deliveries)外，其餘基本假設皆與經濟訂購量(EOQ)模型相同，另外，此模型中以整備成本取代訂購成本。EPQ係指年存貨成本總和最小化下的生產批量，而年存貨成本為年整備成本與年存貨持有成本之和，計算如下：

$$TC = (D \div Q) \times S + ((p-d)Q \div 2p) \times H$$

其中，

　　TC 代表年總成本；
　　D 代表年需求量；
　　S 代表整備成本／次；
　　Q 代表生產批量；
　　H 代表年單位持有成本；
　　p 代表存貨補充速率／天；
　　d 代表需求速率／天。

亦將 TC 對 Q 微分後可得經濟生產批量：

$$POQ = \sqrt{\frac{2DS}{H} \times \frac{p}{(p-d)}}$$

（參閱 economic order quantity）

➤生產管理・林能白

economic value added (EVA)
經濟附加價值 ❖经济增加值

指將企業稅後營業利潤減去資金總成本後的傳統財務衡量方式，此一數字可以衡量出任一計畫或活動可以帶來的淨利益，因此是決

策者評估專案或經營績效的財務工具之一。

➢策略管理・吳思華

economies of scale　規模經濟　❖規模经济

從經濟學的角度來看，規模經濟是指廠商的長期平均成本，將隨著產量增加而下降。換言之，規模經濟是透過數量的增加使平均單位成本降低。當廠商以同比例增加所有要素投入時，將使產量增加超過此一比例，此即「規模報酬遞增」的概念，一般而言，成本的「不可分割性」是產生規模經濟現象的主因。（參閱 scale economies）

➢策略管理・吳思華

➢組織理論・黃光國

economies of scope　範疇經濟
❖范围经济

從經濟學的角度來看，範疇經濟是指同一企業生產兩項產品的成本低於兩個企業個別生產一項產品的成本，通常範疇經濟來自於不可分割的實體資產，或者可以重複使用的經營知識。為取得範疇經濟方面的優勢，需要將一系列產品配合一定的產出量，如此才能充分地利用各型設備的產能，此外，由於設備的固定成本被分攤至多種類型的產品上，使得單位成本因而減低。（參閱 scope economies)

➢生產管理・林能白

➢策略管理・吳思華

educational acquisition　教育性收購

參閱 equity。

➢科技管理・李仁芳

effective capacity　有效產能

係指考慮到產品組合的改變、機器保養的問題、品質因素、排程及生產線平衡等實際狀況後，某一段時間內可能達到的最高產出，若改變前述任一種情況即可能改變有效產能。（參閱 design capacity, actual capacity）

➢生產管理・林能白

effectiveness　❶效能　❷效益　❸效果

在組織理論上，指人為判斷組織是否為令人滿意地運作，也可說是做對的事(do the right thing)。效能一般被認為是廣泛的概念，比達成目標此名詞更加複雜，有多種的用途，可用以評估多重目標的達成度，例如：效率通常被視為是組織的一種內部效能。組織的整體效能通常難以衡量，因為組織通常龐大且多樣，同時進行許多活動又有多種目標。

組織從環境帶入資源而將其轉換成產品後，又將其送返回環境，形成了投入、轉換和產出的系統流程，在不同的階段有著不同的組織效能量測方法。另外近來也形成利害關係人方法、矛盾模型與競值方法。

在生產管理中，效益包括效率與利用率(utilization)兩項產能衡量。乃指各部門對整體系統目標的貢獻度，因此，系統成員應當追求的是整體效益而非個別效率。（參閱 efficiency）

➢組織理論・徐木蘭

➢生產管理・張保隆

efficiency　效率

在組織理論中，是範圍較小的概念，主要是衡量組織是否能相對地以最少的投入要素成本與轉換投入要素為產出之成本，而

使產出極大化,若一個組織能以最少的投入資源與轉換成本而達到相同的產出水準,則是較具效率的,亦即指以正確的方式來完成目標(do the thing right),效率有可能導致效能的達成,然也可能組織雖具有效率,但卻顯得沒有效能。

在生產管理中,則是衡量產能的指標之一,效率為實際產出/有效產能。其中,有效產能係指在既定產品組合,日程安排困難、機器維護、品質因素……等條件下最大可能產出。利用率亦為衡量產能之指標之一,利用率為實際產出/設計產能。另外,效率亦常指各部門對個別部門目標的達成率或貢獻度。

(參閱 effectiveness)

➤組織理論・徐木蘭

➤生產管理・張保隆

efficient frontier　❶效率前緣　❷效率集合　❖有效边界

在既定變異數下,可提供最高報酬率的資產組合所形成的軌跡。位於效率前緣上的每一個資產組合均為效率資產組合,因此,效率前緣又稱效率集合。

➤財務管理・吳壽山・許和鈞

efficient market　效率市場　❖❶有效市場理論　❷市場有效理論

所有能影響證券價格的資訊,都能正確且迅速地反映到證券價格上的一種證券市場。學者法瑪(Fama)將效率市場分為三種類型:

1.弱式效率市場:指目前的證券價格,能充分反映所有歷史價量資訊。

2.半強式效率市場:指目前的證券價格充分反映所有公開的資訊。

3.強式效率市場:指目前的證券價格,能充分反映所有公開和未公開的資訊。

➤財務管理・吳壽山・許和鈞

efficient market hypothesis　效率市場假說　❖有效市場假说

該假說主張:「在資本市場中,由於充滿眾多受過嚴格專業訓練的證券分析師與交易商,他們幾乎全天候從事工作,而且在有利可圖的投資機會出現時,就能調動數以億計的資金來買賣股票,因此,當各種能影響某種股票價格的新訊息一出現,買賣該種股票的所有證券專家幾乎都能同時收到訊息,並評估其對股價的影響,然後立刻採取交易行動,所以該股票的價格會隨著新訊息的出現而立即調整。」換言之,在一個效率市場中,股票總是處於均衡狀態,任何投資人都無法持續擊敗市場,而賺得超常報酬。

➤財務管理・吳壽山・許和鈞

efficient portfolio　❶效率資產組合　❷效率投資組合　❖有效证券组合

滿足下列兩個條件的資產組合,稱為效率資產組合。

1.在既定的風險水準下,能使期望報酬達到最高。

2.在既定的期望報酬水準下,能使以資產組合的標準差表示的風險降到最低。

➤財務管理・吳壽山・許和鈞

ego-defensive function of attitudes　態度的自我防衛功能

有些態度形成的原因是為了保護個人,以免受到外來的威脅或內在情感的傷害,就形成

E

一種自我防衛功能。許多化妝品和個人衛生用品針對消費者的自我防衛態度的功能，以訴求消費者自我形象的方式，藉由提升對消費者的攸關度和改變有利態度來推廣。

➣行銷管理．洪順慶

elaboration stage　苦心經營階段

此屬於組織生命週期的第四個階段。為解決官僚制度所帶來的無效率問題，管理者尋求新的合作與協力方式，並透過自我管理而減少正式控制系統的負擔，例如：形成管理團隊、任務小組、子公司等可以獨立運作與交互增援的方式，以取代複雜龐大的正式官僚系統。

組織達到成熟期一段時日後，總會面臨衰退的威脅，此時需要適切的改革與創新，以替換過度的官僚體制，而高階管理者也經常於此時期被更換，以期為組織帶入新的活力和生氣。

➣組織理論．徐木蘭

elastic demand　有彈性的需求

指小量的價格變化導致需求數量的大幅變化，如果產品的價格下跌的話，會導致總收益增加。

➣行銷管理．洪順慶

elastic supply　有彈性的供給

指小量的價格變化導致供給數量的大幅變化。

➣行銷管理．洪順慶

electronic commerce　電子商務

❖电子商务

指企業利用網際網路為平台，進行商品與服務交易的商業模式。一般常見的電子商務模式包括：

1.企業間電子商務(B2B)；
2.消費性電子商務(B2C)；
3.消費者對企業(C2B)；
4.消費者間電子商務(C2C)四種類型。

就企業面來看，電子商務也涉及了供應鏈管理(SCM)，企業資源規劃(ERP)，及客戶關係管理(CRM)的整合等問題。

➣資訊管理．梁定澎
➣策略管理．司徒達賢

electronic data interchange (EDI)

電子資料交換　❖电子数据交换

指將企業與企業之間業務往來的商業文件（如訂單、發票、應收帳款等）以標準化的格式，無須人工的介入，直接以電子傳輸的方式，在雙方的電腦應用系統間互相傳送的機制，它可以加速企業間資料的傳輸速度，減少錯誤及降低作業成本。

➣資訊管理．梁定澎
➣行銷管理．洪順慶

electronic data processing (EDP)

電子資料處理　❖电子数据处理

運用電腦進行資料及資訊的蒐集、儲存、處理和傳送等活動，就是電子資料處理。

➣資訊管理．梁定澎

electronic funds transfer (EFT)

電子轉帳　❖电子转帐

使用電子資料交換系統，進行資金的轉移。電子金融轉帳包含安全機制、跨行轉帳作業及收費方式三項機制。在安全機制上，有身

份確認及授權的功能。配合清算中心的結算功能後，EFT 可進行跨行的轉帳作業。收費方式方面，EFT 收取資訊交換服務費用，不同於傳統的由信用卡的交易額度百分比之收費方式，較適合大金額之資金移轉。

➢資訊管理・梁定澎

electronic meeting system (EMS)
電子會議系統　❖电子会议系统

利用電腦與通訊科技，提供群體可以在不同地區進行會議的系統。隨著資訊科技的進步，EMS 從早期只能傳送文字畫面，到現在已經可以傳送即時的影像、聲音資訊，並提供討論、記錄、投票等會議功能。

➢資訊管理・梁定澎

emergency product　緊急用品

必須馬上擁有一個的產品就是緊急購買品，如停電時馬上需要一個手電筒、突然的驟雨立刻需要一把雨傘。

➢行銷管理・洪順慶

empathic design　同理心設計

在市場上還沒有直接相似的產品存在，但潛在使用者則已呼之欲出。為已知科技潛能和市場需求尋找配對的各種技巧，稱為同理心設計。有異於其他市場研究的三大特性：

1. 產品概念由實際觀察消費者行為而來。
2. 常由十分了解公司科技能力者，與產品使用者的互動來執行。
3. 傾向於調整現有科技方向，或是更富創意地將其應用在新產品或服務上。
（參閱圖十五）。

➢科技管理・李仁芳

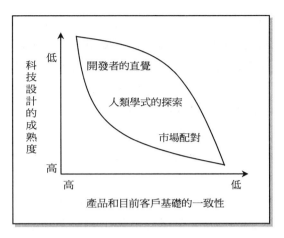

圖十五　由市場輸入知識－同理心設計

資料來源：Dorothy Leonard-Barton (1998)，《知識創新之泉》，遠流出版社，頁 274。

employee assistance program
員工協助計畫

是一種針對員工特定問題，如酗酒、賭博、工作壓力等，提供專業諮詢以及特別照顧服務的正式計畫。

較普遍的模式有四種：

1. 公司內模式：公司自行雇用專業諮詢人員。
2. 公司外模式：公司與專業機構簽訂服務契約的。
3. 聯合模式：結合數家公司相關服務資源的。
4. 會員制模式：與一家專業機構簽約，服務卻可由其他多家專業機構同時提供的。

➢人力資源・吳秉恩

employee stock ownership plans (ESOP)　員工入股方案

是提升員工參與的方案之一，公司提列出一定額度的股份或是等額的股票購買價金（通常是每年定期按員工薪資的特定比例提撥），委託第三者的信託機構代表員工購買並

且代管個人帳戶中存有的股票，於員工退休時發還股票；此計畫有助於鼓勵員工對公司產生長期的承諾，因而凝聚向心力和團隊精神，讓員工視自己為公司的所有人，享受公司經營成果的財務性報償。本方案需注意相關作業問題及公平原則。

➣人力資源・**黃國隆**・**吳秉恩**

employment interview　雇用面談

在許多情況下面談是最常用的員工甄選工具，面談可讓主其事者有機會親自接觸到應徵者，並且對某些問題作深入的了解，提供一個評估應徵者知識、技能與態度的機會，同時也可以對應徵者的外貌、表情、情緒等人格特質現象做出務實的判斷，這些都是一般書面測驗無法做到的。但面談過程中的疏漏或主觀偏見，也容易導致面談的信度與效度降低，應予避免。

➣人力資源・**吳秉恩**

employment service law　就業服務法

勞基法施行多年之後，仍有公平就業未及部分，乃再訂定就業服務法，於民國 81 年 5 月 8 日總統公佈施行。本法基於憲法保障國民工作權之精神，於第四條即規定，國民具有工作能力者，接受就業服務一律平等。

第五條更具體明示：「為保障國民就業機會平等，雇主對於求職人或所雇用之員工，不得以種族、階級、語言、思想、宗教、黨派、籍貫、性別、容貌、五官、殘障或以往工會會員身份為由，予以歧視。」顯見其貫徹公平就業之本意甚明。

另外，此法並對輔導就業、協助培訓、失業保險、聘雇外國籍工作者……等均明列條文，促使相關機構配合協助。

➣人力資源・**吳秉恩**

enabling capability　必要能力

是公司不可或缺的要件，但是其本身並不足以構成公司的競爭優勢（參閱圖十六）。

➣科技管理・**李仁芳**

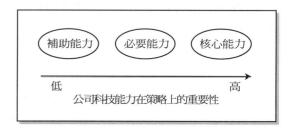

圖十六　公司科技能力在策略上的重要性

資料來源：Dorothy Leonard-Barton (1998)，《知識創新之泉》，遠流出版社，頁 8。

encoding　編碼

指在溝通過程中，將外在具體的刺激或訊息轉換成抽象的形式，以便在記憶中儲存及提供以後取用的心理歷程。

➣組織行為・**黃國隆**

enduring involvement　持久涉入

通常是指對某一產品類別有連續不斷的興趣，例如：電腦狂熱者對電腦知識或汽車狂熱者對汽車相關知識的注意。

➣行銷管理・**洪順慶**

end-user computing (EUC)
使用者自建系統　❖終端用戶計算

是一種資訊系統發展的策略。為了滿足使用者多變、層出不窮的需求，讓使用者可以自行規劃、開發資訊系統，透過成熟而友善的

各種軟體工具（如 Excel），使用者可以運用電腦自行開發程式進行資料分析、繪圖、查詢、產生報表等工作，而不需要資訊專業人員的介入。

➢資訊管理・梁定澎

enterprise resource planning (ERP)
企業資源規劃 ❖*企业资源整合规划*

指將企業內部價值鏈上主要活動，例如：財務會計、銷售配送、生產製造、物流管理、人力資源等所有跨部門功能的資訊整合起來，並進行重新規劃，以提供管理者最即時、正確、有用的資訊，支援管理決策，使企業資訊資源做最有效運用的資訊系統策略。

➢生產管理・林能白

➢資訊管理・梁定澎

entity-relationship model
實體關係模式 ❖*实体关系模型*

是一種概念資料模式，幫助我們分析企業的資料需求與結構，做資料的分析與規劃，尤其它的圖示技巧，我們稱之為實體關係圖(ER diagram)易於使用者理解。它並可作為系統分析與邏輯資料庫設計的工具，也是系統分析師與使用者間溝通系統需求的一項工具。

➢資訊管理・梁定澎

entrepreneur　創業家

指一項創新的推動者，此種推動可能在現有企業內或現有企業以外。在實務上，我們一般稱在現有企業以外，藉由一個新技術、新產品或新流程等創新活動來創立一個新創企業(start-up)者為創業家。

➢策略管理・吳思華

entrepreneurial stage　創業階段

此屬於組織生命週期的第一個階段。具有企業家精神的創立者投入全部精力於新產品或新服務之製造與行銷的技術活動上，此時組織為非正式化、非官僚的；工作時數很長，採自我監督的控制方法。

例如：微軟寫出最初的軟體程式並加以行銷時，即為創業階段。而當組織的成長邁入下一階段時，組織規模逐漸增大、事務日益繁雜，因此需要專業的管理者（公司創立者自行培育或由外部引進）進行組織的調整、管控以及領導，以因應成長的新環境需求。

➢組織理論・徐木蘭

envelope of progress　技術進步包絡線

一種技術預測的方法。例如：觀察不同廠商技術改良與進步的軌跡，然後將這些軌跡描繪出一條技術進步的包絡線，然後根據這條包絡線進行的軌跡進行預測。當競爭者 A 推出新產品一段時間後，競爭者 B 也跟進並改良該項技術約 20%，爾後 A 再推出創新，B 亦如此，最後形成一條包絡線，由此包絡線可預測未來技術發展（參閱圖十七，頁 124）。

➢科技管理・賴士葆・陳松柏

environmental analysis　環境分析
❖*环境分析*

指組織主要決策者對現在或未來可能會影響組織運作與績效之外在環境因素的了解程序。主要有三個目標：告知主要決策者目前及未來環境的變化情況和趨勢；提供高階決策者進行策略性規劃的重要資訊；挑戰高階決策者的既定假設而使其更能敏感地認知環境中的威脅、機會和問題點。

其步驟為：

1. 偵測：對環境要素的一般性監看，以儘早發現環境變化的信號徵候。

2. 監控：系統性且焦點式地進一步追蹤環境變化趨勢，以及追蹤偵測步驟所未發覺的事件。

3. 預測：根據監控結果，得以對環境變化的背後驅力進行了解，並加以預測未來變化的方向、速度、範圍和強度。

4. 評估：確認與分析當前和未來環境的變化，對組織的管理會發生何種影響以及如何影響、為何影響，作為組織結構、策略等因應改變的依據。

➤組織理論・徐木蘭

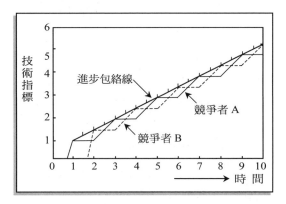

圖十七　技術進步的包絡線

資料來源：賴士葆、謝龍發、曾淑婉（民 86），《科技管理》，國立空中大學，頁 133。

environmental scanning　環境掃描
❖环境扫描

指利用有系統的方式、長期進行企業外部環境的競爭情報蒐集與評估。企業利用「環境掃瞄」來避免出乎意料的策略事件發生，以達成企業長期的生存。

➤策略管理・吳思華

environmental uncertainty
環境不確定性　❖环境不确定性

指一組織所面臨外部環境的「複雜」與「變化」程度，當一組織所面臨的環境複雜度與變化性都很高時，表示環境不確定程度高。此時，組織管理者在進行長期規劃或策略決策時困難度將增加。

➤策略管理・吳思華

environmentalism　環境主義　❖环境主义

一種社會大眾對於環境保護和改善的關心，通常包括自然資源的節約，減少污染和有害的物質，史蹟的保護，避免某些動、植物的滅絕等。

➤行銷管理・洪順慶

environmental-side policy tools
環境面政策工具

政府在塑造一個有利廠商科技研發的總體環境，包括：建立廠商科技研發所需的基礎結構環境、激勵及導引廠商的研發創新意願。代表性政策工具包括：制訂智財權保護相關法規，確保研發投資者的研發成果；制訂研發投資的租稅抵減辦法……等，鼓勵廠商做研發投資。

➤科技管理・賴士葆・陳松柏

environment-centered environment analysis mode
以環境為中心的環境分析模式

代表組織進行環境分析的一種模式。組織致力於確認與評估可能會面臨的合理性環境情況，目的在於廣泛性、無限制立場地了解環境長期的動態情形，而且是在考量其對組織

可能的影響與意義之前，即進行環境分析，也就是說非針對特定的組織管理目的而去進行特定範圍的環境分析；分析的時段常介於1~5年，有時會介於5~10年，多採定期性或非規則性的分析頻率，其優點為：避免以組織為中心之環境分析模式的盲點、確認環境趨勢的廣泛方向、提早預測環境變化趨勢。

➢組織理論・徐木蘭

EPS indifference analysis
每股盈餘無異分析 ❖每股盈利分析

一種能顯示出不同融資方式對每股盈餘影響的分析工具（參閱圖十八）。

以下圖為例，如果公司銷售額在每股盈餘無異點左邊，應採權益融資方式較優，如果銷售額在每股盈餘無異點右邊，則應改採負債融資方式，才能得到較大的每股盈餘。

➢財務管理・吳壽山・許和鈞

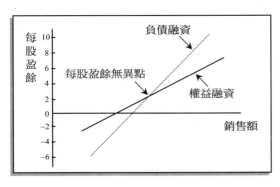

圖十八　每股盈餘無異分析圖

資料來源：陳隆麒（民88），《當代財務管理》，華泰文化事業公司，頁355。

EPS indifference point　**每股盈餘無異點**

可使每股盈餘不會受到融資方式影響的銷售水準。

➢財務管理・吳壽山・許和鈞

equal employment opportunity (EEO)　**公平就業機會**

其主張的就是工作職場上的反歧視主義，雇主不得因種族、膚色、性別、宗教、國籍等之差異，而拒絕雇用、故意解雇、施予不平等之工作條件和報酬、福利，或剝奪個人的就業、升遷機會，以及影響員工的合法地位。

➢人力資源・吳秉恩

equal employment opportunity commission (EEOC)　**公平就業委員會**

是美國聯邦政府應人民權利法案第七條之要求，為執行公平就業機會相關法律而成立。其基本的任務內容和程序是：委員會受理就業歧視案件並展開調查，當查證屬實時，將首先嘗試以調解方式解決爭端，如果調解失敗，委員會則有權逕送法院強制執行，以消弭歧視問題。

➢人力資源・吳秉恩

equal rate of return principal
報酬率均等原則

風險相同的證券，其所提供的報酬率也要一樣，否則就有套利的機會；投資人爭相套利的結果，最後會使風險相同的證券，在供需達到均衡時，其所提供之報酬率又趨於一致。

➢財務管理・吳壽山・許和鈞

equalized workload method
平均工作負荷法

一種公司用來決定銷售團隊大小的方法，平均工作負荷的精神是每一個業務人員的工作量相等。在這種方法之下，管理當局必須先估計為了服務所有的顧客，所需要的工作總

量，也就是算出所有的客戶總數、拜訪和服務每一位客戶的次數和時間。再將這個總工作時數除以每一個業務員可以工作的時數，就可以得出公司應該聘用多少業務人員。

≫行銷管理・洪順慶

equilibrium　均衡

從經濟學的定義而言，是指一種不會自發性改變的狀況，換言之，在其他條件不變下，此一現況將會繼續維持下去。

≫策略管理・吳思華

equity　❶權益　❷股權　❖权益

在財務管理中，係指公司股東對於企業資產的剩餘權益（即償還負債後的權益），包括股本、資本公積、未實現資本增值或損失，以及保留盈餘等。若公司發行兩種以上股票，則普通股權益等於總權益扣掉特別股權益；若公司僅發行一種股票，則普通股權益即等於總權益，此時，「淨值」及「權益」可交互使用。在科技管理中，外部科技的來源可透過各種不同管道獲得，這些關係可依雙方相互承諾（以及某種程度的知識整合）的程度，以及合約的形式加以排列（參閱圖十九）。

≫財務管理・吳壽山・許和鈞

≫科技管理・李仁芳

equity multiplier　權益乘數　❖权益乘数

資產總額對普通股權益總額的比率，可用以衡量股東的出資比例。權益乘數如果越大，代表股東的出資比例越小。當總資產報酬率維持不變時，若股東的出資比例越小（亦即權益乘數越大），則其享有之權益報酬率就越高，因為

$$普通股權益報酬率＝總資產報酬率 \times 權益乘數$$

≫財務管理・吳壽山・許和鈞

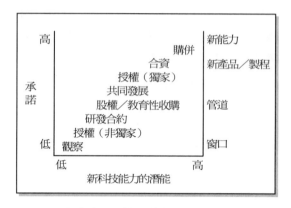

圖十九　尋找科技來源的機制圖

資料來源：Dorothy Leonard-Barton (1998)，《知識創新之泉》，遠流出版社，頁 215。

equity theory　公平理論　❖公平理论

員工會將自身對工作的投入，與從工作中得到的報償，與其他員工相比較。當兩者的比率（報償÷投入）相當時，員工會感到公平；反之，員工會感到不公平。在不公平的狀態下，員工會藉由改變投入或報償，以達到公平。

≫組織理論・黃光國

equivalent annual annuity approach　約當年金法

評估互斥投資專案的一種方法。該法將投資專案的預期現金流量，先按其折現率，轉變成等額的年值當量（約當年金），然後再利用約當年金的大小，比較互斥投資專案的優劣。如果約當年金越大，該投資專案越值得投資。

≫財務管理・吳壽山・許和鈞

ERG theory　ERG 理論
❖❶*生存*　❷*关系*　❸*发展理论*

克雷頓‧奧德勒(Clayton P. Alderfer)修改馬斯洛(Maslow)的需求階層理論，將五個需求縮減成三個需求層級：

1.生存需求：維繫個體生存的需求，包括生理滿足及安全。
2.聯繫需求：個體與社會環境聯繫的需求，包括有意義的社會關係與人際關係。
3.成長需求：發展個體潛能的需求，包括自尊與自我實現。

個人在滿足較低層級的需求後，會努力滿足更高層級的需求。若是在較高層級的努力受挫，會降至尋求較低層級需求的滿足。

➣組織理論‧**黃光國**

ER model　實體關係模式　❖*实体关系模型*
參閱 entity-relationship model。

➣資訊管理‧**梁定澎**

ergonomics　❶人體工學　❷人因工程
❖❶*人类工程学*　❷*工效学*

係指研究人體活動與空間之間的正確合理關係，以求人在空間中能具有高效率、最舒適的生活機能表現的學問。換言之，人因工程將人類能力與極限的知識應用到產品、製程與生產環境的設計上。

進行人因工程研究與實施人因工程研究結果，可增加生產與作業效率並減低操作人員的疲勞與傷害率。在工業產品或空間規劃上，講究人體工學因素而設計的東西在使用上就會覺得格外的方便和舒適。例如：椅子的高度一般為 45 公分、流理台的高度為 80 公分、單人床為 90×210 公分等。

➣資訊管理‧**梁定澎**

➣生產管理‧**林能白**

ethernet　乙太網路　❖*以太网*

由 IEEE 802.3 所制定的一個區域網路標準，這種網路使用 CSMA/CD 通訊協定，允許多個工作站同時發出存取的請求，並具有碰撞偵測的能力，是目前最常見的區域網路(LAN)通訊協定。

➣資訊管理‧**梁定澎**

european option　歐式選擇權　❖*欧式期权*

在到期時才能履約的選擇權，與美式選擇權相對。

➣財務管理‧**吳壽山‧許和鈞**

every day low price (EDLP)　每日低價法

強調賣場內所有可能的商品都以最低的價格出售，一致性的以低於競爭者的價格出售，而非偶爾將某些產品項目打折。在美國，除了大型的零售商採用以外，有些製造商如寶鹼公司也用每日低價的方式，促銷商品。

➣行銷管理‧**洪順慶**

evoked set　記憶集合　❖❶*参考组*　❷*品牌集*

在購買一個產品時，消費者會考慮產品的屬性和屬性的相對重要性，而且消費者還得決定從事選擇時的種種方案或品牌，這些方案或品牌稱為記憶集合。有時候也指在消費者的記憶中，直接可以想到的方案或品牌的集合。

➣行銷管理‧**洪順慶**

exclusive distribution ❶獨家分配
❷獨家配銷　❖独家分销

一個產品在特定範圍內只由一個零售據點銷售，適用於具有非常高品牌忠誠的產品或是具有某些特殊屬性的產品，例如：賓士汽車和勞力士手錶。此種通路分配策略主要的優點在於可以擁有最強的品牌形象優勢，對中間商的銷售行為擁有最大的控制；主要的缺點則在於其他的中間商所銷售的類似產品會構成主要的競爭者，而消費者看到的可能不夠多。

➢行銷管理 · 洪順慶

ex-dividend date　除息日
❖❶除息日　❷股息除權日

為方便公司內部整理股東名冊與融資買賣之過戶作業，公司法規定在股票基準日的前五天，停止股票過戶，稱為停止過戶日。停止過戶日以後買入的股票，因為不能過戶，所以無法享有股利。在除息日以前買入的股票，由於可分配股利，因此稱為附息股。除息股與附息股的價格通常差一個股利，所以，除息日股票的開盤價格通常等於前一日股票收盤價格減掉每股股利。

➢財務管理 · 吳壽山 · 許和鈞

executive information systems (EIS)
主管資訊系統　❖主管信息系統

利用資訊科技快速準確的收集、分析企業內外部的資訊，以親和性的圖形介面，輔助高階主管了解外部的市場資訊，並監督內部的關鍵指標及危機資訊，達到策略層次支援目的資訊系統。

➢資訊管理 · 梁定澎

exercise price　❶履約價格　❷認購價格
❖❶执行价格　❷行权价格

行使認股權購買一股普通股必須支付的價格或指選擇權交易中，雙方協議之普通股每股買價或賣價。

➢財務管理 · 吳壽山 · 許和鈞

expansion project　擴充型投資專案

需公司投入新資產才能使銷售額增加的專案。這種以增加銷售額為目的的擴充型投資專案，需估計銷售額增加後的淨營運資金需求，並將其包含在投資專案的原始投資支出中。

➢財務管理 · 吳壽山 · 許和鈞

expatriate　派外人員

接受所屬企業指派，離開母國前往海外其他地區從事特定工作或任務，並且在任務結束或特定工作告一段落後，計畫將會歸建，返回母國服務，或是再調往第三國工作的企業母國籍公民，就稱為派外人員。
依過去學者研究，派外人員成功率不高，最主要乃因其跨文化適應不良，家庭支持不足及專業能力欠缺所致。因此需要重視派前訓練、在職諮商及返任安排等事宜。

➢人力資源 · 吳秉恩

expectancy theory　期望理論
❖期望机率理论

個體之所以會進行某種行為，是預期會獲得某種具吸引力的後果。在管理意涵上，員工的投入與績效之關連、績效與報償之關連，以及報償對員工的吸引力，均會影響員工的行為傾向。當此三者均很高時，將能增強員

工投入的動機。

➢組織理論・黃先國

expectation-disconfirmation model
期望－不確認模式

此一模式認為顧客滿意決定於先前期望和績效之間的一致性，如果一個產品或服務的績效不如事前的期望，就會導致顧客不滿意；如果績效等於或大於事前的期望，顧客就會滿意。也就是說，顧客滿意與否決定於期望是否得到確認。

➢行銷管理・洪順慶

expected rate of return　❶預期報酬率
❷期望報酬率　❖預期回報率

投資時所預期實現的報酬率，是各種可能出現的報酬率之期望值，亦即各種可能報酬率乘以它們的機率之和。預期報酬率可用符號表示如下：

$$E(r)=\sum_{t=1}^{n} P_t\, r_t$$

其中，

　　r_t 代表機率分配中的第 t 種可能報酬率；
　　P_t 代表第 t 種可能報酬率發生的機率。

➢財務管理・吳壽山・許和鈞

experience curve　經驗曲線　❖经验曲线

係指當生產的累積數量增加後，相對應的平均成本下降。一般而言，形成經驗曲線的原因主要有三項，分別是：

1.學習效果：由於重複工作所帶來的學習效果。
2.科技進步：從事一項工作一段時間後，較容易進行生產製程改善。

3.產品改善：生產產品一段時間後可以清楚了解顧客偏好，經過設計改善，可以在不影響功能下，使零件減少。

➢策略管理・吳思華

experience curve effect　經驗曲線效果

由於一家公司累積的產品生產或銷售數量，因此導致的經驗增加，而使得產品的單位成本持續下降的效果。

➢行銷管理・洪順慶

experience-curve pricing
經驗曲線定價法

以廠商在產業內經營經驗的多寡，作為定價的主要依據，因為企業生產和行銷經驗累積的結果，商品的單位成本會隨著銷售量的增加而遞減。因此，如果將價格定的比較低的話，而且有相當多的消費者對價格敏感，則會刺激需求，進而降低商品的平均成本。

➢行銷管理・洪順慶

experiment　實驗法　❖实验法

指在控制的情況下操縱一個或以上的變數，以明確的測定這些變數效果的研究程序。為了實驗的目的，實驗者通常要設法創造一個假造的或人為的情況，才能取得所需的特定資訊，並正確的衡量所取得的資訊。

假造性或人為性是實驗法的要素，可以使研究者對所要研究的因素或變數有較多的控制，能有計畫的變動某一變數的數值，觀察並記錄其對另一變數的影響，從而了解任何兩個變數間的因果關係。

➢行銷管理・洪順慶

E

experimental design　實驗設計
❖实验设计

一種研究者可以直接控制至少一個自變數，並且加以操弄的研究方法。

➢行銷管理・洪順慶

experimental group　實驗組

在一個實驗當中，會接受一個實驗的處理，並且加以衡量和比較的受測者組別。

➢行銷管理・洪順慶

expert power　專家權

是指藉由擁有特殊的、專業的技術或知識而發揮的影響力。當社會上的分工愈趨向專業化時，專家權的表現會愈顯著。例如醫生、會計師、電腦工程師……等專業人員皆具有專家權。

➢組織行為・黃國隆

expert system (ES)　專家系統
❖专家系统

將人類專家的專業知識以經驗法則或其他的知識表達方式存放在電腦的知識庫內，再經由系統內推理機制的推理作用，來提供專家的意見或指導使用者解決問題的資訊系統。

➢資訊管理・梁定澎

explicit knowledge　外顯知識

指可形式化、制度化語言傳遞的知識，如文件、檔案。

➢科技管理・李仁芳

exploratory research　探索性研究

常被視為研究程序的起點，目的在發現問題的真相和增進對問題的了解，主要的特色是彈性很大，因此有時候也稱為定性研究。探索性研究通常為了達成下列的目的：

　1.為了日後更精確的探索或發展假設，而進一步確認問題的本質；

　2.為了後面的研究而建立優先順序；

　3.為了某些研究上的猜測，進一步蒐集執行後續研究所需的資訊；

　4.為使研究者對問題更加的熟悉和澄清觀念。

探索性研究的可能做法有四：文獻調查、經驗調查、焦點團體、選擇案例的分析。

➢行銷管理・洪順慶

extensible mark-up language (XML)
可延伸性標示語言　❖扩展式置标语言

一種因應電子商務之蓬勃發展而創立的多目的性標示語言，是對標準通用性標示語言(SGML)的簡化，其目的是提供更簡便、直接的撰寫方式於網路上分享結構化的數據資料。XML 採用 Unicode 為字符集標準，足以代表幾乎世界所有語言的字符，使網路無國界的傳遞更能實現。目前許多資料交換格式的製訂，皆以 XML 的為標準。

➢資訊管理・范錚強

extensive problem solving
廣泛的問題解決　❖广泛解决问题

消費者的行為有很多種，消費者本身的差異也很大，因此可以根據決策時的情境複雜度、思考的層面、所需要及蒐集的資訊、決策的重要性等各種因素，將消費者的決策分為難易兩大類，深度的問題解決為其中一類。一般而言，當消費者面臨第一次的購買時，往往就是一個複雜的決策行為，例如：購買汽車、房子、音響、出國旅遊等，都是

一些典型的深度的問題解決。

➣行銷管理・洪順慶

external environment　外部環境

❖外部环境

指的是企業所處周遭可能影響企業生存與經營的因素，一般可分為一般環境與競爭環境兩者。一般環境包括政治、經濟、技術、社會、法律、生態等影響所有企業的外部因素；競爭環境則通常指企業所在的產業與競爭環境，影響因素包括現有競爭者、潛在競爭者、替代品、顧客與供應商等。

➣策略管理・吳思華

external validity　外部效度

一種評估一個實驗是否有效的準則，特別是指實驗所得到的結果可以推論到實驗室以外的能力。

➣行銷管理・洪順慶

externalization　外化

將內隱知識明白表達為外顯觀念的過程，在這個過程，內隱知識透過隱喻、類比、觀念、假設或模式表達出來（參閱圖二十、二一）。

➣科技管理・李仁芳

extremity　極端傾向

指考評者所給予的考評結果有失之過寬或是過嚴的傾向，使受評者的考績結果普遍偏高或普遍偏低的現象，因此容易造成工作績效不良者得以藉此蒙混過關，或是工作績效優良者被埋沒犧牲等考評缺失。增加考評者乃是解決此種偏誤方式之一。

➣人力資源・吳秉恩

extrinsic rewards　外在酬賞

除工作本身以外所獲得的獎賞，都算是外在酬賞。一般而言，包括直接或間接的薪酬、晉升、及他人的讚美等。在認知上，員工期望他們所得到的外在酬賞，跟他們對組織的貢獻成正比，並希望在同樣的貢獻基礎上跟其他員工做公平的比較。

➣組織理論・黃光國

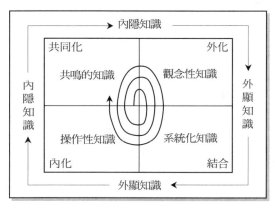

圖二十　知識螺旋圖

資料來源：Nonaka & Takecuchi (1997)，《創新求勝》，遠流出版社，頁 93。

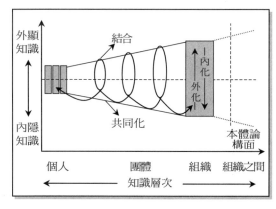

圖二一　組識知識創造螺旋圖

資料來源：Nonaka & Takecuchi (1997)，《創新求勝》，遠流出版社，頁 96。

face 面子

代表一個人在社會上有所成就而獲得的聲望或社會地位。一個人的面子可以是與生俱來（如年齡、性別、出生序等），或繼承而來（如家世、財富），亦可能是來自他本身的努力或能力（如學業或事業上的成就等）。「愛面子」是中國社會中特別顯著的文化特質。「面子功夫」則是一套處理面子問題的社會技巧。

➤ 組織行為・黃國隆

face value 面值 ❖表面价值

股票、債券、票據，以及其他證券票面上所標示之金額，亦即票面價值，其中不包括利息或股利之附加額在內。

➤ 財務管理・吳壽山・許和鈞

facility layout 設施佈置 ❖设备

一旦公司決定了其廠址後，下一個重要的決策即為廠房設施佈置，配合人員、物料與資訊流動之間的互動關係，並循著達成最佳佈置的前提下，設施佈置首先決定各個部門（包括功能區域、工作站或工作中心、倉儲點等）的位址，接著將各部門中的人員、設備、設施等做最適當的安排，以使產品的生產作業能以最經濟、最有效及最順暢的方式進行，進而必然可提高其生產力。

➤ 生產管理・林能白

facility location 廠址選擇 ❖厂址选择

參閱 location selection。

➤ 生產管理・林能白

facility planning 設施規劃 ❖车间布置

參閱 facility layout。

➤ 生產管理・林能白

factor analysis 因素分析 ❖因素分析

一種探討變數之間相互依賴性的統計分析工具，特別適合在資料包含許多變數，而需將資料結構簡化的情況。

➤ 行銷管理・洪順慶

factor rating 因素評等法 ❖分等加权法

乃基於許多不同的準則(criteria)的結合來評估各個可能位址的一種方法。大體而言，可分為五個步驟：

1. 先找出並確認評估各種可行方案的最主要之因素。（假設有 P 個方案）

2. 每一個因子(factor) j 找出其對應的權數 (Wt_j) 且 $\sum_{j=1}^{k} Wt_j = 1$，此權數反應了各因子的重要性，愈重要的因子其分數愈高，但是各因子權數和必須為 11。至於權數的認定多為主觀的數值或經由效用函數(utility function)得來。

3. 對每一個可行方案中的各因子給予不同的分數。此些分數由 0 至 100，0 表示完全不滿足此因子，100 表示完全滿足此因子。並定義第 i 個可行方案（位址）的第 j 個因子之分數為 S_{ij}，$0 \le S_{ij} \le 100$，且 $1 \le i \le p$，$1 \le j \le k$。

4. 把每一個分數(S_{ij})乘上該因子 j 的權數 (Wt_j) 而得到加權分數($Wt_j \times S_{ij}$)。

5. 把每一個可行方案的加權分數($Wt_j \times S_{ij}$)相加總，即得 $S_i = \sum_{j=1}^{k} Wt_j S_{ij}$，可行方案中有

最高的 S_i 即是最佳的位址。

➤ 生產管理・張保隆

factor-comparison method　因素比較法

是工作評價的方法之一，針對一群已有薪酬標準的工作，首先選定可供評判這些不同工作之價值的相關報酬因素，而後逐一根據個別報酬因素所呈現出來的工作需求量和工作困難度，對所有待評估的工作進行一次排序。例如：這些工作可能先以「技能」的報酬因素做比較，而後再以「心智需求」等報酬因素做比較據以製作因素比較尺度表，供作評估其他工作之依據。最後將待評工作所獲得的各項排序成績彙總統計，即可做為決定各工作薪資差異的參考。

➤ 人力資源・吳秉恩

factorial design　因子設計

❖❶析因设计　❷因子设计

研究者同時探討兩個或以上變數的共同效果的一種實驗設計，在因子設計中，每一個因子的每一個水準都會有一個組合。

➤ 行銷管理・洪順慶

factoring of accounts receivable　應收帳款讓售

應收帳款融資的一種方式。指公司將其應收帳款直接售予金融機構，如果公司的客戶未能償還應收帳款，金融機構要自行負擔損失，不能對公司行使追索權。因此，公司必須將應收帳款所有權已轉移給金融機構的事，通知向其購買貨物的公司或人，並且請他們直接付款給金融機構（應收帳款承購人）。

➤ 財務管理・吳壽山・許和鈞

failing forward　向前失敗

從失敗中學習，創造出向前的動力。在某個方向上失敗的探索，可能意外導致其他方向商未曾預期的成功。然而一般人較不了解，也較難容忍實驗室以外的實驗，因此習慣對此類實驗隱惡揚善，將失敗的新產品或製程轉變為成功產品的例子，除了 3M 的便利貼外，其他鮮少被記載或流傳。因此先前的開發或專案努力對於核心知識的貢獻也就難以估計。

➤ 科技管理・李仁芳

failure model effects and criticality analysis (FMECA)　失效模式效應與嚴重性分析　❖ 故障模型影响与严重性分析

它是現代可靠度設計的方法之一，是指依據可靠度理論而開發出來的設計方法，為設計工程師、製造工程師或品管工程師用以找出一件產品、產品系統、製造過程或品質管制系統的所有可能故障型態的分析方法。

失效模式效應與嚴重性分析的用意在於：

1.累計各組件失效的失效模式。

2.追溯各模式的特徵及對整個系統可能的後果。

它或許可算是目前設計工程師作為保證產品可靠度十分有用的工具，最常見的參考文獻是美軍 MIL-STD-1629 (Procedures for Performing a Failure Mode, Effects and Criticality Analysis)。FMECA 的作法是：

1.首先將系統的主要裝配件列出，然後再將各主要裝配件細分成組件。

2.開始探討它會如何失效，每一種失效是何種原因引起的，以及這種失效對於其他組件或子系統乃至整個系統會產生何種影響。

3.估計其失效率,並且計算出產品在某一時段操作的機率,或失效間隔內的可能操作時間(預測系統可靠度)。

4.確認關鍵組件,並且依據嚴重性列出順序。FMECA 模式深受歡迎的理由之一,是它促使工程效率極大化。長久以來,工程界一直致力於消除最有可能影響產品績效、同時影響最大的失效實態。有了 FMECA,產品可靠度在設計階段就可極大化(以最低成本求取最大可靠度)。

MIL-STD-1629 提供兩種執行 FMECA 的基本方法(101.102)。方法 101 為非數量方法,目的在於凸顯被認定為在嚴重性(severity)、檢知性(detectability)、維修性(maintainability)或安全性(safety)等方面有重要影響的失效實態。

方法 102(嚴重性分析,criticality analysis)則包括失效率或機率失效實態比(Failure mode ratio)及嚴重性的數量化評估等考量,以便進行組件或機能的數量化。

➢ 生產管理 · 張保隆

family brand 家族品牌 ❖家族的品牌

用在兩個或以上個別產品的品牌。如果公司想要培養消費者對公司品牌的整體好感時,就可以在一些相關的產品上用相同的品牌,例如:大同公司的產品都冠以「大同」品牌,大同電視、大同冰箱、大同洗衣機等,就是一種家族品牌。(參閱 branding, family)

➢ 行銷管理 · 洪順慶

family businesses 家族企業

指一個企業由一個家族多數成員所掌控的現象,亦即企業生命與家族生命合一的情況。

在此類的企業中,企業經營的考量可能家族利益勝過企業利益,人員任用也以家族關係重於專業考量。

➢ 策略管理 · 吳思華

family decision making 家庭決策制定

以整個家庭成員的群體為單位,制定決策時的互動和過程。

➢ 行銷管理 · 洪順慶

family life cycle 家庭生命週期

❖家庭生命周期

一個用來描述家庭隨著時間經過,而導致不同狀態的觀念。許多消費者的開銷都和家庭有很密切的關係,尤其當一個家庭經歷不同的生命階段時更是如此。家庭生命週期的階段包括年輕單身階段、新婚階段、滿巢階段、空巢階段等。

➢ 行銷管理 · 洪順慶

fashion cycle 流行週期

流行是一種特定的領域內,目前被接受的款式或花樣。流行的生命週期通常比較像一般產品的生命週期,流行常起源於少數消費者的標新立異,當有其他的消費者模仿、跟進時,就逐漸成為一般大眾接受視為常規。最後,流行進入衰退期,流行的生命週期又由另一種款式開始,成衣或服飾業最為明顯。

➢ 行銷管理 · 洪順慶

fault tree analysis (FTA)
❶故障樹分析 ❷缺陷樹分析

是一套分析的方法,以便對產品的可靠度和安全性有所要求。FTA 分析步驟是一種在系

統上長期重複使用的分析工具,可以找出產品的缺點及造成故障的原因等,還可以訂出故障發生的機率,以便進行可靠度分析。

FTA 的程序是一套由上而下的分析,由一個不良的事件出發,把所有可能造成此不良事件的原因找出來,並探討其根源,並找出避免這些原因發生的方法。

➤ 生產管理・張保隆

favor 人情

金耀基(1980)從三個角度來探討人情:

1. 把人情視為是一種人之常情,即喜怒哀樂等自發的情緒。
2. 把人情看成是人際交往中,人們用以交易的資源。
3. 把人情視為是一套人際交往的社會規範。

這套規範的重點在於一個「報」字,亦即人情的交換是遵循比較嚴格的「有來有往」的規則。

➤ 組織行為・黃國隆

fear appeals 恐懼訴求

利用讓消費者害怕的訊息內容,企圖加以說服的傳播方式。

➤ 行銷管理・洪順慶

federal organization 聯邦組織
❖联邦分权制组织结构

乃是產品別結構設計的延伸型態,由一個小型的中央組織提供所有子公司或事業部所需的領導與規劃活動,這些子公司皆保有相當大程度的自主權與彈性力,但是其會受來自中央組織的強力財務性控制。奇異(GE)、嬌生(Johnson & Johnson)即是此例。

➤ 組織理論・徐木蘭

feedback 回饋 ❖反馈

在組織理論上,回饋是指個體做出行為反應後,其後果形成另一刺激,讓個體知覺的歷程。回饋將能增進個體對行為反應的了解,進而影響未來的行為。

在人力資源管理上,回饋乃指績效考評後所提供給受評員工的評價性資訊或修正性建議,主要目的在於讓員工獲知其工作成果是否達到公司的預期目標,讓員工可以了解自身工作表現的相對優劣,同時提供員工做為修正未來工作方向與行為的依據,以期藉此逐步改善組織成員的工作績效。

➤ 組織理論・黃光國

➤ 人力資源・吳秉恩

Fiedler contingency theory of leadership 費德勒的領導權變理論
❖ 菲德乐权变领导理论

此理論認為團體績效有賴領導者與其部屬的互動,以及情境給予領導者控制或發揮影響力的適當配合。

費德勒認為有效能的群體績效取決於兩個因素是否能適當地配合。

1. 領導者本身的風格與其部屬之間的互動關係。
2. 情境所給予領導者的控制和影響程度。

費德勒亦發展出一套 LPC 量表 (least-preferred co-worker),衡量一個人的領導風格是屬於任務導向或是人際關係導向。

此理論亦提出三項情境準則:領導者與部屬關係、任務結構、與權力位置,認為將這三項準則經過處理後,能建立出最合適的領導者行為取向。(參閱 Fiedler's contingency leadership model)

➤ 人力資源・黃國隆

Fiedler's contingency leadership model ❶費德勒權變領導模式

❷LPC 權變模式 ❖菲德勒权变领导模式

費德勒(Fred Fiedler)認為團體績效之優劣取決於「領導者的領導行為」是否能與「領導者對情境的控制程度」相互配合。費德勒先以「最不喜歡的工作伙伴」(LPC)量表來衡量領導行為是屬於關係取向或工作取向。接著衡量三個權變因素（領導者與部屬的關係、工作結構及職權大小）以決定領導者對領導情境的控制程度。費德勒的研究發現：工作取向的領導者在高度控制（或非常有利）及低度控制（或非常不利）之情境下領導績效較佳；而關係取向的領導者則在中度控制或中度有利）的情境下有較佳的領導績效。（參閱 Fiedler contingency theory of leadership）

➤ 組織行為・黃光國

field 欄位 ❖字段

在資料庫系統中，欄位包含特定的資料值，是可以用來形容某一主體的屬性值。例如：身高 175 公分的學生。其中學生是被描述的主體，身高是屬性（欄位名稱），175 是屬性的資料值（欄位的資料值）。

➤ 資訊管理・梁定澎

field building 建立活動範圍

共同化的模式往往由設立互動範圍開始，這個範圍促進成員經驗與心智模式的分析。

➤ 科技管理・李仁芳

field experiment ❶實地實驗法

❷現場實驗法

由實驗者在盡可能小心控制的條件下，在一真實的狀況中操弄一個或以上的自變數，再觀察市場的反應。

➤ 行銷管理・洪順慶

fifth generation computer 第五代電腦

❖第五代計算机

1980 年代末期由日本提出一項具有雄心的計畫，要開發結合人工智慧技術能力的電腦，但目前尚無法達成預期功能。

➤ 資訊管理・梁定澎

file 檔案 ❖文檔

相關紀錄的集合，用來存放程式碼、文字、資料、圖形等所有資訊化的記錄。一般而言，檔案是人類使用電腦的最小操控單位。

➤ 資訊管理・梁定澎

file management system 檔案管理系統

❖文件管理系統

用來執行資訊系統中檔案開啟、儲存、查詢、修改等功能的程式。通常由作業系統提供。

➤ 資訊管理・梁定澎

file server 檔案伺服器 ❖文件伺服器

具有高容量硬碟的資訊系統，其功能為提供使用者作業所需之檔案、程式之儲存處所，讓使用者可以共用系統資源，並可用來當作資料備份的系統。檔案伺服器通常包含區域網路管理軟體，用以管理檔案伺服器中的檔案與網路間的傳送。

➤ 資訊管理・梁定澎

financial distress 財務危機 ❖金融壓抑

公司無法履行償債義務或財務狀況惡化的情

況公司若無法即時解決財務危機，可能會面臨嚴重的破產威脅。此外，財務危機的發生也會迫使公司必須負擔一些額外的成本。例如：由於客戶與供應商的不信任，致使公司銷售額下降所造成的損失，或是為了籌到足夠的現金，使公司能夠渡過財務危機，而廉價出售資產所造成的損失等。

➤ 財務管理 · **吳壽山** · **許和鈞**

financial forecasting   財務預測
❖財務預測

企業對本身資金需求所作的預先估計。財務預測主要由銷售預測、資金需求預測、預估財務報表編製等工作構成。所以，財務預測最重要的變數是企業的預期銷售額，根據預期銷售額才能預估公司未來的資金需求。

透過財務預測，可以產生公司未來預估的營運結果，可以讓管理當局事先得知，為達到預定銷售成長目標，公司到底要籌多少錢。

➤ 財務管理 · **吳壽山** · **許和鈞**

financial leverage   財務槓桿   ❖財務杠杆

指公司利用負債或優先股籌集營業所需資金之程度。財務槓桿能使普通股報酬率發生變動，當總資產報酬率大於舉債成本時，普通股報酬率會增加；反之，當總資產報酬率小於舉債成本時，普通股報酬率則會減少。財務槓桿有三個重要涵義：

1. 負債融資使企業所有者能以有限資金取得控制權。
2. 對債權人而言，當企業財務槓桿比重愈高，其債權愈無保障。
3. 若企業運用負債融資之資金而賺得的利潤高於利息費用，則股東報酬將會增加。

➤ 財務管理 · **吳壽山** · **許和鈞**
➤ 策略管理 · **吳思華**

financial market   金融市場   ❖金融市場

指提供資金供需流通交易的市場，其主要功能是將資金不足的單位與資金過剩的單位撮合在一起，使資金能做有效率的利用。

金融市場可依買賣的證券是否曾發行而分為初級市場與次級市場。此外，也可依資金融通時間的長短分為貨幣市場與資本市場。

➤ 財務管理 · **吳壽山** · **許和鈞**
➤ 策略管理 · **司徒達賢**

financial merger   財務合併   ❖財务合并

預期不會產生任何營運規模經濟利益，但卻有助於降低營運風險的合併。在財務合併下，購併公司的營運與被購併公司的營運在合併後，依舊彼此獨立，故該種合併並不會使購併公司享受到營運方面的綜效。

➤ 財務管理 · **吳壽山** · **許和鈞**

financial risk   財務風險   ❖财务风险

財務槓桿帶給普通股股東的額外風險，與事業風險相對。當一家公司開始使用負債融資時，其權益之必要報酬率會隨即上升，此乃因負債融資的使用會增加股東的風險。這個因使用負債融資所產生的額外風險，就稱為財務風險。

➤ 財務管理 · **吳壽山** · **許和鈞**

financial statement analysis
財務報表分析
❖❶財務報表分析 ❷財務報告分析

應用分析工具與方法，從財務報表中整理出一些對決策有用的衡量或關係，以幫助決策

的一種過程。換言之,財務報表分析乃是從財務報表的資料中,尋求有用的資訊,以評估企業管理當局的績效,預測未來的財務狀況及營業結果,從而幫助投資或授信之決策。

➢財務管理・吳壽山・許和鈞

finished goods inspection ❶成品檢驗 ❷最終檢驗 ❖❶产品出厂检验 ❷最终检验

係指在製程最後階段中針對產品所進行的檢驗程序,檢驗內容包括成品的性能、規格及良品與不良品的選別等。(參閱 incoming inspection, in-process inspection)

➢生產管理・林能白

finite loading 有限負荷 ❖有限能力负荷

假定較符合實際情形,不過在分派程序上將較為複雜,通常許多公司會利用模擬方式或其它技巧來逐一分配產能給各項預定之工作,一旦一工作中心之產能飽和後即不再分派工作到此一工作中心中,有限負荷法應能與產能需求規劃(CRP)相配合,因此獲得很多業界採用。另外,在物料需求規劃/製作資源規劃系統(MRP/MRPII)中隱含無限負荷排程法,而最佳化生產技術(OPT)中則明示有限負荷排程法。(參閱 infinite loading)

➢生產管理・張保隆

firewall 防火牆 ❖防火墙

電腦軟硬體的組合,建置在網際網路與企業內部網路之間,使組織外未經合法授權之用戶,無法任意的侵入企業內部電腦,以保護資訊安全的機制。

➢資訊管理・梁定澎

firm infrastructure 公司基礎設施

泛指企業經營環境中,公司所具備的軟、硬體設施、儀器與建築物。

➢策略管理・司徒達賢

firm profitability 公司獲利力

公司經營績效表現在獲利能力上的成果,具體指標包括基本獲利率、總資產報酬率、銷售邊際利潤與普通股權益報酬率。

➢策略管理・司徒達賢

firm size (effect on innovation) 公司規模(對創新的影響)

一般可以藉由許多相關的指標來衡量,包括營業額、員工人數、市場占有率、甚至研發經費等。傳統上認為,公司規模愈大對創新或創意的發生愈不利。但此一議題始終沒有一致的看法。

➢策略管理・吳思華

firm specific risk ❶公司特有風險 ❷非系統風險 ❖企业特定风险

可經由多角化投資方式來分散掉的風險,又稱非系統風險。此種風險與市場風險(即無法經由多角化投資方式來分散掉的風險,又稱系統風險)相對,兩者皆是以個別投資人立場來探討之風險。公司特有風險與市場風險的加總為個別投資人投資證券的總風險。

➢財務管理・吳壽山・許和鈞

firmware 韌體 ❖半固件

將電腦程式燒錄在硬體的唯讀晶片中,一經安裝使用就不易被更改,這種內建有軟體的硬體,稱之為韌體。韌體有可能是特別的電腦程式碼,就像作業系統的一部分或電腦語

言解譯器。

➣資訊管理・梁定澎

first mover 先進者

指第一家生產與銷售一項新產品與服務的公司。

➣策略管理・吳思華

first mover advantages ❶先進者優勢
❷先行者優勢 ❖❶先驅优势 ❷先行优势

指廠商因早期進入市場,而取得競爭上的優勢。帶來先進者優勢的可能原因包括較佳的產品品質和較佳的通路關係,可導致較高的市場占有率;顧客的轉換成本高;先累積到一定的生產量而帶來的學習曲線或規模經濟效果;技術的領導地位;特殊而稀少資源的擁有;或是建立其他的進入障礙等。

➣策略管理・吳思華

➣行銷管理・洪順慶

fishbone diagram 魚骨圖 ❖鱼刺图

參閱 cause-and-effect diagram。

➣生產管理・張保隆

five-forces industry analysis
五力產業分析 ❖5 个影响力

指 1980 年由哈佛大學教授波特(Porter, M.)所提出來的產業分析模式。他將產業經濟學的概念,結合企業管理的概念,提出以五個不同的競爭力量來綜合評估一個產業的競爭強度,包括產業內現有競爭者、潛在競爭者、替代品、購買者以及供應商等五項競爭力量。

➣策略管理・吳思華

fixed asset turnover ratio
固定資產週轉率 ❖固定资产周转率

銷售額除以固定資產淨額所得之比率,用以衡量企業固定資產的運用效率,以及投入固定資產的資金是否適量。其公式如下:

$$固定資產週轉率 = \frac{銷\ 貨}{固定資產淨額}$$

固定資產週轉率如果低於產業平均水準,代表與產業中的其他公司相比,該公司可能未將固定資產作充分利用。

➣財務管理・吳壽山・許和鈞

fixed charge ratio 固定費用涵蓋比率

衡量公司支付年度固定費用能力的財務比率。所謂固定費用係指利息費用加租賃費用,因此,固定費用涵蓋比率的定義如下:

$$固定費用涵蓋比率 = \frac{稅前淨利 + 利息費用 + 租賃費用}{利息費用 + 租賃費用}$$

固定費用涵蓋比率類似利息償付倍數,但比利息償付倍數更詳盡,因為它把企業租賃資產與因租賃契約而發生之長期債務亦考慮在內。租賃近年來頗為盛行,因此,一些財務分析師較偏愛採用此比率來評估公司的短期償債能力。

➣財務管理・吳壽山・許和鈞

fixed-order interval system
❶定期訂購制 ❷經濟訂購制
❖❶定期库存控制系统 ❷定期间订货法

參閱 fixed-order quantity system。

➣生產管理・張保隆

fixed-order quantity system and fixed-order period system (fixed-order interval system)
定量訂購制與定期訂購制

❖❶ *定量／定点库存控制系统与定期库存控制系统*
❷ *固定订货批量法与定期间订货法*

二者皆為基本的存貨管制系統類型。定量訂購制又稱訂購點制，它的重點乃在決定訂購點的存貨水準，當存貨量低於此預定的水準時，則立即訂購一定的數量，一般訂購點的存貨水準多為前置時間內平均需求量及安全存量兩部分，而訂購的數量為經濟訂購量，至於訂購的時距則不一定。

定期訂購制的重點乃在決定訂購的時間間隔，此一時間間隔一到則立刻訂購一定數量，不過，此數量可為變動數量（目前存量與最高存量之差）或亦可為經濟訂購量。

≫生產管理・張保隆

fixed-order period system
❶定期訂購制 ❷經濟訂購制

❖❶ *定期库存控制系统* ❷ *定期间订货法*

參閱 fixed-order quantity system。

≫生產管理・張保隆

fixed-position layout　固定位置式佈置
❖*定置管理*

此為設備佈置方式之一，此種佈置主要是應用在所要製造的產品不動，而將所需的工具設備及員工移到製造處來施工，因此這種佈置的考量因素乃是如何使物料的搬運，作業的排程及技術能夠有效的組合。尤其在飛機、造船、建築等產業最常採用。

其優點在於將目標物的移動減至最低，減少損害與搬運成本，其缺點在於設備的移動可能使成本提高而且使其利用率降低。

≫生產管理・張保隆

fixture　夾具

係指當進行工件加工之前為了支持且固定工件，以利加工的一些輔助裝置、工具、器械即稱為夾具。其最主要目的在於定位並夾緊工件以便加工。（參閱 jig）

≫生產管理・張保隆

flanker brand　側翼品牌

這是產品線延伸的一種方式，經常是指比較低價的一種產品延伸方式。

≫行銷管理・洪順慶

flanking　側翼攻擊

一種間接的攻擊方式，目標在取得競爭者沒有服務地很好的市場區隔。側翼攻擊可能針對某一個特定的地理區隔，或是某一群特定的消費者，如果競爭者不願意或無法報復的話。

≫行銷管理・洪順慶

flexibility　彈性　❖❶*柔性* ❷*弹性*

指對新環境、新狀況的反應能力，對不同的人，可能有不同的涵意。一般而言，可以從製程、產品、及組織結構來理解。製造系統內的各種彈性可分為十二種彈性（參閱表一，頁 143）。

≫生產管理・張保隆

表一　製造系統的十二種彈性

彈　　性	說　　明
1. 機器彈性	機器能完全不同的操作功能的能力
2. 物料搬運彈性	物料搬運系統能將不同的物料移動及定位的能力
3. 製程彈性	能以不同流程生產的能力
4. 途程彈性	製造系統的備用製程
5. 計畫彈性	無人監控亦能操作使生產計畫不受限於操作員
6. 擴充(產能)彈性	擴充設施、增加產量以應付需求變動的能力
7. 產品彈性	能迅速引介新產品進入製程的能力
8. 產品組合彈性	因應市場需求變更產品組合
9. 產量彈性	能快速變更某一產品產量的能力
10. 人工彈性	作業員能夠有效的完成多種任務的能力
11. 物料彈性	當原料短缺或價格上揚時,可改以其他物料替代的能力
12. 組織彈性	能調適組織結構因應環境轉變的能力

flexible assembly system (FAS) and flexible manufacturing system (FMS)　彈性組裝系統與彈性製造系統

❖❶ 柔性制造系統与柔性裝配系統　❷ 弹性制造系統与弹性裝配系統

FMS/FAS 為製造／組裝現場中最重要的自動化島嶼 (islands of automation),亦即 FMS/FAS 為先前現場中單點電腦輔助製造 (CAM)設備的擴展與連線整合。

FMS 為一種由自動物料搬運設備〔如無人搬運車(AGV)、輸送帶等〕串連起一群可同時加工多種產品中等產量之加工站(如電腦數值控制(CNC)、機器人製程設備等),並受一中央電腦統制的整合電腦控制系統,類似地, FAS 為一種由自動物料搬運設備串連起一群可同時組裝多種產品中等產量之組裝站〔如電子業中表面黏著技術(SMT)組裝設備〕,並受一中央電腦統制的整合電腦控制系統。

設計 FMS/FAS 以製造／組裝多類的工件,並可以任意順序來同時地製造／組裝不同的工件,FMS/FAS 的重大效益為改進之產品品質與一致性、增進生產力、降低在製品與成品存貨、降低人工成本以及減少現場空間需求等。

➢生產管理‧張保隆

flexible benefits　彈性福利制度

讓員工在組織所擬定的選擇範圍及福利金額的上限內,自行決定並選擇自己所需的福利內容與組合。

➢人力資源‧黃國隆

flexible manufacturing system (FMS)　❶彈性製造系統　❷電腦整合製造 ❸智慧型生產　❹商業自動化　❖❶ 柔性制造系統　❷ 柔性裝配系統　❸ 弹性裝配系統

指運用電腦軟體或資訊工具以整合機器人、生產設備、控制儀器與生產軟體等工具,以彈性的生產流程支援產品設計、工程、製造等活動,謂之彈性製造系統。(參閱 flexible assembly system)

➢策略管理‧司徒達賢

➢生產管理‧張保隆

flexible workforce　❶彈性人力 ❷彈性勞動力　❖ 柔性劳动力

彈性勞動力係指一項服務（工作）若愈能符合顧客需求,則所需要的勞動力技能亦愈高,亦即視其是否能兼具自身與不同工作崗位的工作量和能力而定。由此可知,彈性勞動力通常指一群經過各種技能訓練的員工所構成的一組勞動力,其工作規章亦允許分派

給每個員工各式各樣不同的工作任務。

因此，不但這些勞動力可操作（看管）多種設備或執行多項任務且必要時可相互奧援(mutual relief)之，此外，彈性勞動力可具體達到顧客服務水準，並能減輕產能瓶頸發生的機會與嚴重性。

➢生產管理・林能白

flextime 彈性時間

指在一天工作時數維持不變的情況下，可規劃若干組合的上下班時間（例如：上午 8 點到下午 4 點，以及上午 10 點到下午 6 點等時段），由員工自由選擇，但是某核心時段（例如：上午 11 點到下午 3 點）則所有員工必須都在工作崗位上，其他時段則為彈性時間。此法的優點是可滿足員工對上下班時間的需求和偏好，同時舒緩通勤交通問題所帶來的衝擊，工作資源不足和設備使用上的擁擠情況也能藉此獲得改善。但是工作程序具有相當高程度前後連慣性，需要員工同時到齊才能運作的組織，則無法適用此種方法。

➢人力資源・吳秉恩

flexible work hours 彈性工作時間

請參閱 flextime。

➢人力資源・黃國隆

float ❶浮動差額 ❷浮游量

公司（或個人）支票簿的存款餘額與銀行帳簿中的公司（或個人）存款餘額間的差額。例如：某一公司平均每天開發 $5,000 的支票，這些支票金額要六天的時間，才會從銀行帳簿中的公司（或個人）存款內扣除。因此，公司本身的收支紀錄會比銀行的收支

紀錄短少 $30,000。假定該公司每天會自客戶處收到 $5,000 的支票，這些支票金額要四天的時間，才會存進銀行帳戶內，則其本身的存款餘額會比銀行存款餘額多 $20,000，因此該公司的淨浮動差額為 $10,000。浮動差額如果能正確預測，可將其作為短期資金運用。

➢財務管理・吳壽山・許和鈞

flow diagram 流程圖

❖❶流程图 ❷流向图

係指將工廠建築或工廠佈置縮小繪製成平面圖，並將生產設施、工作地點相關位置與流程以線形或記號方式標明繪製於圖上，若流程為立體流動時，可利用三度空間圖表示之。因此，流程圖中包含了工廠佈置圖與流程程序圖，其目的在於協助工作分析人員研究是否可經由改變工廠佈置而能減少搬運距離，進而使工作流程更順暢（參閱圖二二，頁 145，flowcharts）。

➢生產管理・張保隆

flow process chart 流程程序圖

❖流动程序图

是程序分析中所使用的主要研究工具之一，一種以符號來圖示的方法，它標示一產品之製程中所發生之操作(○)、搬運(⇧)、檢驗(□)、等待或遲延(◻)以及儲存(▽)等各項作業之順序，並記載所需時間、移動距離等事實，以供分析其搬運距離、延遲、儲存等時間，俾了解這些隱藏成本浪費的情形而達到改善之目的。（參閱圖二三，頁 146）

➢生產管理・張保隆

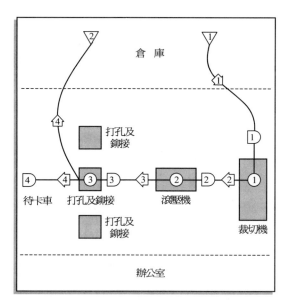

圖二二　通風管製作之流程圖

資料來源：彭游等 (民84)，《工業管理》，南宏圖書，
　　　　　頁 642。

flow shop and job shop　流程式工廠與零工式工廠　❖流水式工厂与单件式工厂

二者主要差異在於現場中設備佈置方式與工件流程樣式上。流程型工廠一般屬連續性或大量生產的製造程序組織，且常採產品式(直線式佈置)，在此一類型生產系統中，所有工件皆從第一個工作中心處進入系統、依序經過中間工作中心後、最後由最後一個工作中心處離開系統。

流程型又可分成純粹流程型(pure flow shop)與一般流程型(general flow shop)，純粹流程型指所有工件皆按相同順序經歷每個工作中心，而一般流程型指某些工件可能跳過（即不必經歷）其中若干個工作中心。零工式工廠一般屬零工式生產的製造程序組織，且常採製程式（功能式佈置）。

在此一類型生產系統中，工件的加工順序可不相同，從工件之角度看，其可由任一工作中心處進入系統中，且當全部加工完成後亦可由任一工作中心處離開系統，從工作中心之角度看，其到達之工件可能直接來自系統外部或來自系統中任一工作中心處。

➤生產管理‧張保隆

flowcharts　流程圖　❖流程图

是利用線條和符號的組合，表達出事物的動作流程先後順序的工具。通常程式設計師利用流程圖，將問題處理程式表達成圖形和符號的組合，再依據流程圖撰寫成程式指令，所以流程圖是系統分析中，十分重要的一個工具。（參閱 flow diagram）

➤資訊管理‧梁定澎

F.O.B. origin pricing　起運點定價　❖❶离岸价格　❷船上交货价

這是地理區定價法的一種方式，賣方從商品銷售的起運點報價，買方可以選擇不同的商品運送方式和運輸工具。

➤行銷管理‧洪順慶

focus group　焦點團體法　❖❶小组座谈会　❷小组讨论　❸焦点组

是一種獲得創意與消費者內心深處想法的技巧，通常一次找 8~12 個產品的目標消費者，他們具有類似的特性，例如：多數為 25~45 歲的職業婦女，公司可以藉由舉辦不同場次的團體會議訪問，而得到不同的觀點和意見，每個人在發表意見時，雖然是依賴一般性的話題指引，但會議進行當中，常鼓勵許多來賓之間的互動，因此主持人的角色就成為關鍵的因素。

位置：Dorben 廣告公司	總		結	
活動：準備廣告信件	事件	現有	建議的	節省
日期：1-26-98	操作	4		
作業員：J.S.　分析師：A.F.	運送	4		
圈出適當的方法及類型	遲延	4		
方法：(現有)　提議的	檢驗	0		
類型：人員　(物料)　機器	儲存	2		
附註：	時間（分鐘）			
	距離（呎）	340		
	成本			

事件說明	符　號	時間（分）	距離（呎）	建議方法
儲藏室	○ ⇨ D ▽(●)			
至整理室	○ ⇨(●) D ▽		100	
依類型整理在架上	○ ⇨ D(●) ▽			
整理 4 頁	○(●) ⇨ D ▽			
堆置	○ ⇨ D(●) ▽			
至摺疊室	○ ⇨(●) D ▽		20	
摺疊	○(●) ⇨ D ▽			
堆置	○ ⇨ D(●) ▽			
至裝訂處	○ ⇨(●) D ▽		20	
裝訂	○(●) ⇨ D ▽			
堆置	○ ⇨ D(●) ▽			
至郵務室	○ ⇨(●) D ▽		200	
貼上地址名條	○(●) ⇨ D ▽			
郵袋	○ ⇨ D ▽(●)			
	○ ⇨ D ▽			
	○ ⇨ D ▽			
	○ ⇨ D ▽			
	○ ⇨ D ▽			
	○ ⇨ D ▽			

圖二三　流程程序圖

資料來源：蕭堯仁譯 (民 89)，《工作研究》，前程企管，頁 48。

基本上，在一種輕鬆愉快的氣氛下，消費者會在不經意間說出許多內心的話，例如：產品開始使用的起緣、產品的購買和使用的情形、消費者滿意的程度、消費者在乎的產品利益水準、產品可以改良之處……等。焦點團體可以得到許多非常寶貴的資訊，是行銷研究中非常受企業界歡迎的重要研究工具。

➣行銷管理・洪順慶

focus strategies　集中策略

是 1980 年由哈佛大學教授波特(Porter, M.)所提出來的三大一般性策略之一。所謂集中策略是指環繞一特定目標，而非針對整個產業進行競爭，同時，每一項功能政策，也依此原則而發展。而此策略的基本概念是專注於特定目標的公司，與那些競爭範圍較廣的競爭者相比，必能以更高的效能或效率，達成自己較小範圍的策略目標。

➣策略管理・吳思華

focused factory　❶點化工廠　❷重點工廠

係指大型企業為創造更為優異的經營績效，而將其產品範圍分類，並成立若干規模較小且較專門性的工廠來生產之，其優點為針對一較狹小之市場區隔來縮減各工廠所需生產的產品範圍，因此，管理者可專注於單一且較專業化的工作以達成企業目標。

➣生產管理・林能白

follower advantage　追隨者優勢

比較晚進入一個市場的公司，因為先進入者已經花了許多行銷經費教育消費者、或是技術已經比較成熟、或是基礎建設比較完善等因素，可能會享有一些長期的競爭優勢。

➣行銷管理・洪順慶

follow-up　❶跟催　❷追查　❖跟踪

工作跟催是一項工作派令的進度檢查，其目的在於催查、掌握、派令的製造進度，以確保派令的工件，得以準時完工，準時交貨。另外事後跟催即已超過交貨日期尚未交貨，則進行製造進度遲交之催趕與掌握。採購跟催則是一種為使得供應商可以在確定期限內交貨之一些催促活動，如電詢或派員前往了解生產進度。

➣生產管理・張保隆

fool-proof　防呆

產品設計時考量即使發生人為的不當或過失，亦能保持產品的可靠性及安全性的設計方式，亦即防呆乃指在模具、工具、機器設備上設計防止錯誤（不良）發生的裝置，一旦作業員做錯或需要作業上的警示時，防呆裝置可以預防或使機器停止下來，以確保不產生不良品。（參閱 poka-yoka）

➣生產管理・張保隆

foot-in-the-door technique　得寸進尺法
❖踏腳入門技巧

當要說服別人做某件事時，可先要求一件小事（寸），當對方同意之後，再要求一件比較大的事（尺），通常會比直接要一件比較大的事（尺），更容易得到對方的同意。

➣行銷管理・洪順慶

forced distribution method
強迫式分配法

是員工績效評等排序的一種方法，類似以常態分配來進行各績效等級人數比例的分配。其做法是先定出各績效等級所應占的受評員工百分比，之後所有受評員工的每一績效項目考評排序，都必須依據定好的比例，硬性進行分配或調整。就大數法則而言，此法有其學理之依據，惟需注意實務上，採此法之最適單位規模之選擇，以及務實調整各績效等第比例。

➤人力資源・吳秉恩

forcing experimentation　　強迫實驗

強迫有目的的失敗且鼓勵大量的實驗，並且在強迫對每一個方案做嚴謹的選擇。常常是公司的領導人以上對下(Top-down)的方式帶領強迫實驗的進行，對重大產品專案或是製程改進方案進行策略性的實驗。

➤科技管理・李仁芳

forecast　　預測　　❖❶ 預測　❷ 預報

預期未來將發生之結果所做的推測謂之預測。

➤策略管理・司徒達賢

forecasting　　預測　　❖預測

預測為一切生產計畫的開始，係對未來產品或勞務需求量的推估。預測所涵蓋的時間長度分三類：長程預測、中程預測與短期預測。預測方法有：

1. 定性預測法(qualitative forecasting methods)：較偏重於預測者主觀的意見或判斷，或建立共識之形成，常用之定性預測法有銷售人員調查、消費者調查、主管人員共識凝聚法、及德爾菲法等，在銷售資料不完全或預測時間較長時，常使用定性預測法。

2. 定量預測法(quantitative forecasting methods)：較偏重於數學模式的應用，如迴歸分析、移動平均法、指數平滑法等，使用定量預測法時需要詳細及具體的歷史銷售資料。

➤生產管理・張保隆

foreign direct investment (FDI)
國外直接投資

❖❶ *外商直接投資*　❷ *海外直接投資*

相對於其他國際化的進入策略，如單純的產品出口或授權，是一種透過直接在國外市場建立經營據點而進入國外市場的方式。此種方式由於必須直接面對陌生的國外環境與龐大的投資成本，因此，通常發生在國際化過程中較晚期。

➤策略管理・吳思華

formalization stage　　形式化階段

此屬於組織生命週期的第三個階段。此時組織訂定出許多正式化的規則、程序和控制系統；人際間的溝通交流成為正式化且頻次減少；由於組織規模變大，增加了許多專業人員與幕僚人員，因此高階管理者更專心於策略的規劃，而中階、基層主管則負責實際作業的管理，透過利潤分享的激勵作用，使得組織各環節得以連結運作。

然由於組織系統的繁雜，使得趨近於官僚制度，許多正常的工作無法有效地被管理，甚至限制了創新的可能性。

➤組織理論・徐木蘭

formula selling　公式型銷售

業務員藉由了解顧客在 AIDA 過程中所處的階段，再用一種制式的說明促成銷售的達成。（AIDA 的過程是指消費由注意、引發興趣、產生慾望到行動的一連串過程）。

➢行銷管理・洪順慶

forward integration　向前整合

❖❶ *前向一体化*　❷ *向前整全*　❸ *向前集成*

向後整合與向前整合皆指透過價值鏈（產業鏈）進行垂直整合的整合程序。

向前整合係指產品或服務之製造商（組裝商）經由顧客鏈來整合與通路商（經銷商）的整合活動過程，製造商（組裝商）與通路商（經銷商）間共享競爭態勢、市場開發、顧客需求及售後服務等方面的資訊。因此，向前整合的目的乃為維持少數可靠的通路商（經銷商）以因應競爭、掌握市場與生產符合顧客需求的產品。

向後整合係指產品或服務之製造商（組裝商）經由供應鏈來整合與供應商（賣方）的整合活動過程，製造商（組裝商）與供應商間共享生產、設計與品質等方面的資訊，並追求共同的成長，因此，向後整合的目的乃為尋求一長期且穩定的原物料、零組件或裝配件供應來源以取得減少風險與降低成本的優勢。

一般而言，垂直整合指的是將技術上迥然不同的重要價值活動，包括生產、銷售、配銷、服務等，結合在單一廠商內部進行。而向前整合，則特別指將原本屬於廠商下游或顧客的價值活動，納入該廠商內部進行，此一策略作為可能帶來的優勢包括創造產品差異的能力更高、取得配銷通路、更易取得市場資訊等。（參閱 back integration）

➢策略管理・吳思華
➢生產管理・林能白

forward scheduling　❶正向排程

❷前往後排程　❖❶ *正序編排法*　❷ *向前安排日程*

指以主生產排程(MPS)或 MRP 輸出中之計畫令單發出日期(planned order release)做為第一項作業的最早開始時間(earliest start time)，並根據製程中各項作業之作業前置時間來逐步由前往後推算出各項作業的最早開始與完成時間(latest start and completion time)。

逆向排程與正向排程的用途之一是配合產能規劃程序以了解規劃期間內所有製令在各工作中心之各時間區段中所課加負荷的總預計負荷分佈 (load projection) 情況。（參閱 backward scheduling）

➢生產管理・張保隆

fourth-generation language (4GL)

第四代語言　❖ *第四代语言*

是指使用者導向的程式語言，這種程式語言和第三代程式語言最大的不同，在於它是依程式的「目的」來撰寫程式指令，而不必注意到程式執行的細部「過程」。也就是說，只要告訴電腦「做什麼」，而不用詳細交待「如何做」。目前資料庫的 SQL 查詢語言便是第四代語言；C 語言則是第四代語言。

➢資訊管理・梁定澎

fragmented industry　碎裂產業

❖ *零碎产业*

係指一種特殊類型的產業環境，在此類的產業中，許多小企業充斥其中，但缺乏大型、

足以影響產業的領導廠商,亦即沒有任何一家廠商的市場占有率大到足以形塑產業形貌。此類產業常因產品差異性大、沒有明顯規模經濟而形成碎裂。

≻策略管理‧吳思華

freight absorption pricing 吸收運費定價法

公司為了獲得某些特定客戶或地區的業務,自行吸收運費,以加速市場滲透和提升市場競爭力。

≻行銷管理‧洪順慶

friendly merger ❶善意合併 ❷友善合併
❖善意合并

在被購併公司管理當局同意的情況下,所進行的合併行為。如果購併公司認為被購併公司的管理當局應該同意合併,那麼,購併公司就可以擬定一些可被對方接受的條件,直接與被購併公司的管理者進行協商。

如果雙方達成協議,雙方的管理者就會各自發通知給股東,建議他們核准合併。若合併能獲股東同意,則購併公司只要全數買下目標公司股東的股票,合併就算大功告成。

≻財務管理‧吳壽山‧許和鈞

fringe benefit 福利

乃指薪資以外之補充性酬償,其內容涵蓋各種員工保險支出、休假日照常給薪、休閒活動設施等。與其他直接的財務性酬償比較起來,福利或間接酬償大多是所有員工一體適用的措施,因此比較無法對工作績效產生直接的激勵;但換一個角度看,福利或間接酬償卻是一項維持性的必要措施,其內容的好壞程度通常是影響員工對組織向心力和認同感的重要因素。(參閱 benefits)

≻人力資源‧吳秉恩

from personal to organizational knowledge 由個人知識到組織知識

個人的內隱知識是組織知識創造的基礎,組織必須動員個人層次所創造和累積的內隱知識,逐漸擴大互動範圍,超越單位、部門和整個組織的界線。

≻科技管理‧李仁芳

from to chart ❶起迄圖 ❷從至圖
❖从至表法

起迄圖與操作程序圖或多產品程序圖一樣,主要用於系統化佈置規劃(SLP)之第一個步驟(即準備流程圖)中以描述廠區之物料流程,不過,一般起迄圖常用於產品種類較多的零工式製造環境中。

起迄圖係依據過去或預定生產計畫與製程資訊來估量出廠區中各個不同部門(區域)之間以單位負荷量或生產量計(即以負荷量或生產量加權)的旅程數或移動數,起迄圖中所呈現的資訊可做為安排部門(區域)位置時的參考,因此,它可做為於 SLP 之第二個步驟(建立活動關聯圖)的輸入資訊之一(參閱圖二四,頁 151)。

≻生產管理‧張保隆

front-end processor 前端處理器
❖前端處理器

在以大型主機為中心的網路架構中,為了減低主機處理網路流量的負擔,通常會加裝一台前端處理器,負責通訊路線的選擇、數碼

轉換、錯誤檢查、以及其他許多的工作,以減輕主機的工作量。

➤資訊管理・梁定澎

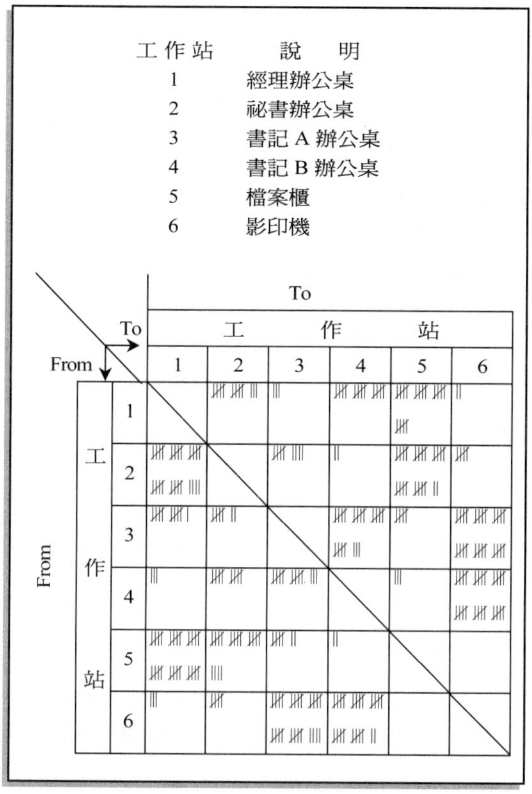

図二四　某辦公室作業之從至圖

資料來源:彭游等(民84),《工業管理》,南宏圖書,頁644。

front office operation / front room operation　前場作業

參閱 back office operation。

➤生產管理・張保隆

file transfer protocol (FTP)
檔案傳輸協定　❖文件传输协议

一種檔案通訊協定,定義如何將一個電腦系統上的檔案透過網路傳送到另一台電腦上,

本協定的主要工作內容是提供檔案目錄清單,並負責檔案傳輸與轉換工作。

➤資訊管理・梁定澎

fully diluted EPS　完全稀釋每股盈餘
❖完全稀释每股收益

完全稀釋每股盈餘等於可供分配給普通股股東的盈餘除以完全稀釋流通在外股數。其中,完全稀釋流通在外股數係為所有認股權證與可轉換證券,全都轉換為普通股後,因而增加的股數,再加上公司實際流通在外股數。(參閱 primary EPS, simple EPS)

➤財務管理・吳壽山・許和鈞

functional departmentalization
功能部門化

將組織中不同功能的組織活動,獨立成單一部門,這些部門所執行的,是對組織存續有重大影響的功能。在一般商業組織中,包括有行銷、財務、製造、研發、及人事等部門。

➤組織理論・黃先國

functional discount　功能性折扣
❖功能性折扣

製造商為了鼓勵經銷商或零售商執行某些流通的服務,所提供給他們的折扣。一般功能性折扣和中間商的進貨數量無關。

➤行銷管理・洪順慶

functional expense classification
功能性費用分類

分析人員從事行銷成本分析時,必須將某些自然帳戶的成本重新分類成行銷功能帳戶,才能顯示透過資金運用所執行的行銷功能。

公司常見的行銷功能帳戶有銷售、廣告、促銷、市場研究、訂單處理等。

≫行銷管理・洪順慶

functional fixedness 功能固著

「干擾問題的解決」。再解決問題時，就連頂尖聰明者的搜尋模式，也極容易受限於過往的經驗和成功。事實上，人們很容易因循舊念，而將創新的問題解決方法排除在外，也就是一經暗示，人們對於物品的用途很快就會產生一種固定的看法。此種現象即稱為「功能固著」。

≫科技管理・李仁芳

functional layout 功能式佈置
❖机群式布置

為工廠機器設備佈置所採用的方法之一，採用製程式佈置的工廠係將具有相同功能之機器設備和（或）作業人員聚集在一起而形成一個功能區域或部門，因此，功能式佈置又稱為製程式或程序式佈置。功能式佈置適用於採多樣少量之生產型態與零工式（訂單型）生產之製程組織中的製造環境。

≫生產管理・張保隆

functional strategy 功能策略
❖职能战略

指策略的構想落實在管理功能的執行與具體做法。事業單位策略(SBU strategy)下的個別管理功能，如組織、行銷、生產、財務及資訊等的策略均為功能策略。就策略制定的觀點而言，功能策略是為完成事業策略的目標而制定。

≫策略管理・司徒達賢・吳思華

functional structure 功能別組織結構
❖职能制组织结构

根據企業功能別來劃分部門，將具有相同功能的活動、工作任務、人員集合在一起，例如：劃分為總經理室、行銷部門、生產部門、研發部門、會計部門等，也是一種在組織中從上而下的部門劃分基礎，可說是最常見的組織結構設計。

此種組織結構適用於下列狀況或條件：組織面臨穩定環境、技術例行性相對較高、各部門間彼此互動頻率低、組織首要目標為追求內部效率、組織規模為小型或中等（僅有單一或少數幾條產品線）。

功能別組織之資源運作效率較高（因為各功能的專精化而達到規模經濟），透過垂直連結的機制可獲得較完整之控制與協調，並促進組織內各部門人員技術的專精程度。

由於各部門間各自專業程度高，卻缺乏水平的協調互動機制，因此回應複雜動態環境或因應組織快速成長擴增時的改變速度較慢，決策時間過長，而且所有決策動作都積累在管理高層，造成過度負荷，決策品質下降。也因部門各自獨立地專業化運作和追求各自的功能性目標，因此對組織整體目標的認知有限。另外，由於各專業功能無法有效整合，因而缺乏創新的機會與能力。

近來為因應環境變化需要，功能別組織積極地透過水平連結機制來增加部門間的互動，這些水平連結機制例如：專任整合者、專案經理、跨功能工作團隊、任務小組、內部資訊網路系統等。

≫組織理論・徐木蘭

functional theory of attitudes
態度的功能理論

發展一個態度對消費者所提供的功能主要有
四：實利、價值表現、自我防衛和知識。因
為不同的消費者可能基於不同的理由，喜歡
或不喜歡同樣的產品，所以功能觀點的態
度，對行銷人員制定行銷決策就很有意義。
實務上來講，行銷訴求也常常合併好幾個不
同的功能，以增加訊息的說服力。

➢行銷管理・**洪順慶**

fundamental analysis 基本分析
❖*基本分析法*

預測股價變動趨勢的方法之一。此方法認為
公司股票有其內在價值，而其內在價值則由
總體經濟環境、其所屬產業環境，及其個別
公司經營績效等因素所決定。利用這些基本
因素可預測公司未來每股獲利能力(l_{it})，然後
乘以每股盈餘乘數(m_{it})，便可得到該股票的
每股內在價值。其公式如下：

$$P_{i0} = l_{it} \ m_{it}$$

如果股票內在價值高於市價，則買進該股
票；如果低於市價，則予以售出。但一般求
出內在價值後，會取±10%做為其內在價值的
估計區間，若股票價格落在此區間內，則不
採取任何行動。

➢財務管理・**吳壽山・許和鈞**

future value 終值

貨幣在未來某一特定時點的價值，與現值
相對。

➢財務管理・**吳壽山・許和鈞**

gain sharing　成果分享

透過資訊公開和員工集體參與，以求引導員工行為改變，進而提高生產力或改善組織運作績效的一種財務性激勵方式，而這些經由生產力或運作效率提升所帶來的獲利增額或成本節省，則由公司定期提撥固定比例，以紅利的方式分配給全體員工共享。比較著名的成果分享方式有 Scanlon plan, Rucker plan, Improshare plan 等。

➤人力資源・吳秉恩

game theory　賽局理論　❖博奕论

以數學模型方式，模擬理性決策者之間衝突與合作的分析方法。

➤策略管理・司徒達賢

gang process chart　組作業程序圖

為研究一群人共同從事的作業中所發生的操作、檢驗、遲延、儲存、搬運等事項，它是由個別的操作程序圖所構成，簡單的說，就是把同時發生的動作並排在一起，以利分析。組作業程序圖的基本目的，是在分析組群的作業，然後重新編排工作組，以將等待的時間和延遲時間降至最低。（參閱 multiple activity process chart，圖二五，頁 157）。

➤生產管理・張保隆

Gantt chart　甘特圖　❖甘特图

為亨利甘特(Henry L. Gantt)所設計，係用以協助規劃人員來規劃或排定專案計畫或機器設備之工作順序且可隨時監控工作進度的圖表，亦即規劃人員可利用甘特圖來發展出時間上依序進行的計畫並以目視方式提供任何時間點的進度執行情況。

其圖表展現方式有兩種基本形式：工作進度表和機器圖表，不過，圖表方式雖可顯示出在一段時間中理想和實際資源的使用狀況，但缺點為無法完全提出不同活動之間的互動作用。（參閱圖二六）

➤生產管理・林能白

圖二六　甘特圖

資料來源：傅和彥（民86），《生產與作業管理》，頁 450。

garbage can model　垃圾桶模型

代表組織決策的方式之一。是用來解釋組織在極端不確定時的決策模型，其特性為不依循問題之開始到結束的流程步驟（問題的認定與解決可能不互相連結），基於某些決策是組織中獨立事件流程的結果，使組織的決策模型具有隨機的特質：問題、解決方案、參與者（員工）和抉擇機會（組織決策的時機）此四種流程都在組織中流動，而組織如同一個大垃圾桶，這些流程在裏面攪拌和發生連結，其決策結果有四：

1. 可能在沒有確定問題或問題尚未發生的情況下，便提出解決方案。
2. 做了抉擇，但卻沒有解決問題。
3. 問題可能一直存在，但卻沒有解決方案。
4. 很少的問題被解決。

➤組織理論・徐木蘭

作業名稱：利用推高機將貨品送上貨櫃　　　　作業編號：T10

作業類別：倉儲作業　　　　　　　　　　　部門編號：45

部　　門：成品課　　位置：倉庫門口

工　　廠：成品1廠　　製圖：Lu. K. H.

第 1 頁共 1 頁

卸貨員—貨櫃 A	卸貨員—貨櫃 A	推高機	卸貨員—貨櫃 B	卸貨員—貨櫃 B	群體編號 5 步　驟 說　明		
②	②	①a	②	②	1	放 2 箱在淺板上
①	④	<u>2</u>→	④	④	1a	從貨櫃 A 舉起放滿 20 箱的淺板
①	①	③	①	①	2	有負載移動 40 呎
④	④	<u>4</u>→	④	④	3	放下負載物
①	①	1b	①	①	4	無負載移動 40 呎
④	④	<u>2</u>→	④	④	1b	從貨櫃 B 舉起放滿 20 箱的淺板
①	①	③	①	①	5	在貨櫃內搬箱子
⑥	⑥	<u>4</u>→	⑥	⑥	6	搬運空箱子

備　註	摘　要			
		目　前	建　議	低　減
	總工作單位	24	40	
	步驟／工作單位	5	1.25	75%

圖二五　組作業程序圖

資料來源：張保隆等 (民 89)，《生產管理》，華泰文化事業公司，頁 166。

gatekeeper　守門者　❖❶看門人　❷守門人

在行銷上，守門者通常是指控制大眾傳播媒體的資訊流入一個團體的個人，有時候也指購買中心的成員之一，是控制資訊流入購買中心的人員，例如：秘書和技術人員。在新產品開發團隊中，守門者的角色在負責做蒐集、吸收、消化組織內外環境有關市場與製造的資訊，並將之傳遞給需要此資訊之單位。守門者之個人特質為：個性容易與人相處，且容易親近，喜好面對面溝通來幫助別人；在組織中的活動是透過期刊、會議、同事、或其他公司得知組織外的相關發展，將資訊傳給別人，充當組織內其他單位的資訊來源者，在人際間提供非正式的協調。

➢行銷管理 · 洪順慶

➢科技管理 · 賴士葆 · 陳松柏

gearing　槓桿作用

參閱 leverage。

➢管略管理 · 吳思華

generalist　通才

參閱 specialist。

➢人力資源 · 吳秉恩

generally accepted accounting principle (GAAP)　一般公認會計原則　❖公认会计准则

係揉合任何時候對各項議題（如：何種經濟資源及義務應以資產及負債入帳？其間何種變動應予記錄？這些變動何時應予入帳？所入帳的資產及負債與其變動應如何衡量？何種情報應予揭露及應如何揭露？以及應編製何種財務報表等？）之輿論而成，可劃分為三級：泛用原則、運用原則，及詳細原則。其內容涵蓋所有有關會計之慣例、原則、準則、觀念與建議等。

在美國，財務會計準則委員會(FASB)所發表的公告，會計原則委員會(APB)的意見書、及會計程式委員會(CAP)的公報，均屬權威性的一般公認會計原則。在我國，則以財團法人中華民國會計研究發展基金會財務會計準則委員會所發布的「財務會計準則公報」為一般公認會計原則的主要來源。

➢財務管理 · 吳壽山 · 許和鈞

generic brand　沒有品牌的產品

指在超市或量販店所銷售給一般消費者的商品，雖然製造商或零售商的名稱有標示，但並沒有刻意強調品牌，因此此種商品的價格會比「名牌」便宜。（參閱 branding, generic）

➢行銷管理 · 洪順慶

generic strategies　一般性策略　❖典型策略

哈佛大學的教授波特(Porter, E.)認為在面對五大競爭力作用時，公司為了保持競爭優勢必須做出選擇，是超越產業內其他公司的最佳策略，其為一種攻勢或守勢，為公司在產業內創造出足以禦敵的地位，使公司獲得優異的投資報酬。該最佳策略有三種可使公司獲致成功：整體低成本領導策略、差異化策略及集中策略。波特(Porter)認為追求一種以上方法而成功的企業之機會是微乎其微。

➢策略管理 · 吳思華

generic value chain　一般性價值鏈

哈佛大學的教授波特(Porter, E.)認為分析競

爭優勢的來源需有一套系統化方法，以檢視企業內所有活動及其間之關係。企業由九項必備的一般性活動所組成，其包括涉及產品實體的進料後勤、生產作業、出貨後勤、行銷與銷售、服務的主要活動；以及支援主要活動的輔助活動，包括企業的基本設施、人力資源管理、技術發展及採購活動。

➤策略管理・吳思華

genetic algorithm (GA)　基因演算法
❖基因算法

在人工智慧領域中，利用遺傳科學與自然淘汰的想法，以程式模擬人類基因演化的機制，將問題的結構安排成一串數值，來模擬基因中的一串染色體。大量的基因經過評估、選擇、突變與交配……等運算不停地產生新的基因，且淘汰不良的基因，最後演化出最佳的基因，找出問題的最佳解。

➤資訊管理・梁定澎

geographic location　地理位置

企業在制訂策略時，除了考量業務內容與各項價值活動外，這些活動在世界版圖上的地理分佈狀況，亦是一項重要的決策構面。企業常常為了追求成本的降低與效率的提升，將各價值活動的地理位置做移動，尤其在全球化市場的今天，這個趨勢更為明顯。

➤策略管理・吳思華

geographic organization　地理區組織
❖地区式组织

一種根據不同的地理區來組織公司的方式，分布在不同地區的單位向公司總部負責。

➤行銷管理・洪順慶

geographic structure　地區別組織結構

此乃組織結構型態之一。此即一組織依其使用者或顧客所在區域為組織劃分設計的準則，根據同一國內不同地區的產品或服務需求，或者全球之不同國家市場的產品或服務需求，分別成立分公司或事業部。各地區別組織自有完整的功能部門，以應付該地區的生產與行銷業務。

此結構的優點和弱點與事業部組織極為類似，當個別地區具有特殊需求，或者員工在特定區域目標的共識甚於總公司目標時，此結構相當適用，可突顯在同一地區內功能部門間水平協調的重要性。

➤組織理論・徐木蘭

gigabyte (GB)　兆位元組　❖兆字节

電腦資料的計量單位，1 GB 為 2 的 30 次方個位元組，約等於一兆個位元組。（參閱 terabyte）

➤資訊管理・梁定澎

glass ceiling　玻璃頂棚

是形容女性員工或弱勢族群員工在高階職位升遷上所遭遇到的障礙，雖然本身具備有勝任高階職位的能力，但由於社會觀念偏差、性別歧視……等種種不公平的限制，導致這些員工自始無法升遷至該職位。

➤人力資源・吳秉恩

global brand　全球性品牌　❖全球品牌

在全世界都用相同的策略原則來行銷的品牌，例如：可口可樂、柯達、微軟。

➤行銷管理・洪順慶

global geographic structure
全球化地區別結構

國際化廠商之全球化組織的結構型態之一，此即以地區別為設計基礎。當公司擁有成熟的產品線和穩定的技術，可根據不同國家地區的不同需求來行銷各地，由於可區分為數個國家區域，每一國家區域直接向總裁報告，而每一地理區域內的功能性活動有完全的自主控制權。

此一結構促進區域性的競爭優勢開發，但是因各地理區域的產品需求差異，因此新產品研發或產品的交流導入有極大困難，重複的生產線與人員又增加成本與費用。

> 組織理論・徐木蘭

global industries　全球產業

相對於多國性產業，全球產業在全球各市場的產品相近，甚至生產活動、行銷活動都達到標準化的地步，不因各市場的消費特性不同而調整。也因此某一企業在甲市場的相對競爭優勢會受到其在乙市場的相對競爭優勢的影響，因此必須採取全球策略來維持在世界市場的優勢。

> 策略管理・吳思華

global marketing　全球行銷　❖全球營銷

一種針對全球的消費者、市場和競爭者的行銷策略，有時候也指在全世界都用相同的方式來行銷的標準化策略。

> 行銷管理・洪順慶

global matrix structure
全球化矩陣式結構

國際化廠商之全球化組織的結構型態之一，以矩陣式結構作為設計基礎。當產品的標準化和地方化達到決策平衡，且公司資源分享的協調獲得重視時，此組織結構可運作良好。主要為整合地理別與產品別的結構設計，此結構可提供垂直和水平式協調效果，對跨地理區域的溝通和協調尤其有效。

例如：台灣分公司的通訊產品事業部主管必須同時向亞太區域或總公司通訊產品事業部最高主管，以及台灣分公司最高負責人和亞太地區集團總裁來報告負責。

> 組織理論・徐木蘭

global product structure
全球化產品結構

國際化廠商之全球化組織的結構型態之一，此即以產品為設計基礎。當公司有機會在全世界生產，且對所有市場銷售標準化產品時，可採用此結構。特定產品部門需對其全球作業負責，每個產品部門可因合適的國際化作業方式而成立，各產品部門管理者負責該產品之規劃、組織，並控制所有生產功能與產品的分配。

此結構可提供規模經濟、生產標準化、統一的行銷手法與廣告，但是有關不同產品部門間的協調合作則常無法順利進行。

> 組織理論・徐木蘭

global strategy　全球策略

是視整個世界為一個單獨的競爭舞台的策略。企業有其整個世界的產品定位、製造和供應的體系，一方面必須面對各地的競爭對手，另一方面還必須面對其它的全球性大企業。全球策略通常運用散佈各國的工廠，分別產製供應全世界的產品零組件或成品，以

達成各方面的規模經濟。

≻策略管理・吳思華

global team
❶全球化工作團隊　❷跨國籍團隊

全球化工作環境引導了全球化工作團隊的建立,乃由多國的成員所共同組成,其活動範圍跨越許多國家,團隊領導者和成員必須共同學習他人的文化、價值觀、背景,和諧地一起工作。

此團隊有助於組織的全球化發展和當地化生根經營,其運作模式稱做 GRIP 模式,認為團隊應專注於四個關鍵區域的發展與了解:1.目標(goal);2.關係(relations);3.資訊(information);4.工作程序(processes),如此將可使團隊的合作效用最大化。

≻組織理論・徐木蘭

globalization　全球化

字義為活動遍及整個地球(globe),指個人、企業、團體等各種行為主體,超越國內的範圍,在廣泛的國際間追求理性選擇而行動,因而在地理上建構起廣泛的市場與網絡,對全球各地的經濟、文化、政治產生深刻影響的整體過程。也因為全球化的影響,使資本、商品與勞動力等生產要素的跨國移動在質量上均不斷增大。

≻策略管理・吳思華

goal　目標

是行為所想要達成的目的或結果。它不僅只是期望的未來事務狀況,更需要有很明顯的支持目標的行為。目標對管理有效性的貢獻可由下列途徑達成:做為指導與激勵、標準、

對管理人員的主要工作提供基礎,做為評估變動的基準點,但目標的設立必須是可接受的、精確的、可完成的、一致性的並與其他目標相比較。(參閱 objectives)

≻策略管理・吳思華

goal approach　目標方法

量測組織效能的方法之一,乃從產出的立場來衡量目標的達成度。先確認組織的產出目標(通常是較易衡量的營運目標),接著再評估達到產出目標的程度,因此較適用於產出目標易於量測的營利組織,通常以利潤、成長、市場占有率、投資報酬率作為評估的績效。但有時需考量多重目標間可能存在的衝突性,以及員工福祉、社會責任等主觀目標的量測方式。

≻組織理論・徐木蘭

goal-seeking analysis　目標達成分析
❖目标搜索分析

以決策者提供之目標及系統內之決策模式,尋找需要如何才能達成所設定之目標的途徑,及必要資源的一套分析方法。例如:若下一年度之營業成長率目標為 20%,則系統可據此計算出欲達成此目標所需增加之業務人員、資金需求、產能調整等配合事項。

≻資訊管理・梁定澎

goal-setting theory　目標設定理論

艾德溫拉克(Edwin Locke)所提出的理論。本理論指出,設定明確且適度困難的目標,將導致員工有較高的生產力。若能給予員工回饋,使其了解工作進行狀況,將更有助於工作表現。

≻組織理論・黃光國

going public ❶公開發行 ❷資本大眾化
❖❶公开出售 ❷转让股权

私有化公司採用公開發行新股或出售原有股東所持有的舊股等方式，使廣大的投資大眾得以持有其股票。

其優點有：

1.便於原有股東進行多角化投資，以分散風險。

2.提高股票變現力。

3.便於籌措新資金。

4.便於確定公司價值。

而其缺點則包括：

1.必須負擔額外的報導。

2.必須對外公開公司的經營狀況與財務資料。

3.難以隱瞞圖利自己或他人的交易。

4.容易造成控制權的外流。

➤財務管理 · 吳壽山 · 許和鈞

golden parachute 金降落傘
❖❶金降落伞 ❷金保护伞

公司管理當局為保障自身權益，在公司章程中所作的一些規定。例如：公司如果被接收，現任管理當局將可收到巨額的退休紅利。此一方法主要是希望透過提高購併成本的方式，來嚇阻購併公司的購併意圖。

➤財務管理 · 吳壽山 · 許和鈞

goods ❶消費品 ❷便利品
❖❶消费商品 ❷方便商品

參閱 consumer product, convenience product。

➤行銷管理 · 洪順慶

Gordon's bird-in-the-hand model
戈登鳥在手模式 ❖戈登在手之鳥模型

普通股評價模式之一，以式子表示如下：

$$V_0 = \sum_{t=1}^{\infty} \frac{d_t}{(1+K_t)^t}$$

其中，

V_0 代表普通股股價；

d_t 代表第 t 年的股利；

K_t 代表第 t 年的適當折現率；

t 代表年數。

戈登氏認為風險與不確定性隨未來時間的久遠而增大，亦即未來的股利比目前的股利不確定，因此未來的股利應以較日前股利為高的折現率來折現，即

$$K_t > K_{t-1} \quad , t = 1, 2, \cdots, \infty \text{。}$$

式中顯示較近股利的現值高於未來者，亦即眾鳥在林，不如一鳥在手。

➤財務管理 · 吳壽山 · 許和鈞

government bond ❶政府公債 ❷公債
❖政府债券

債券的一種，由政府發行。一國之各級政府為發展公共設施及其改良，或應付非常事件支出，或彌補歲入不足等原因，可基於政府之信用，依法向本國人民，或按契約向外國政府或銀行，借貸所需資金。其所出具還本付息之憑證，即為政府公債，或稱公債。

➤財務管理 · 吳壽山 · 許和鈞

government policy 政府政策

是構成產業進入障礙的一項重要手段。政府限制或阻止局外人進入產業的管制手段有很多，包括有條件的發放執照、對原料取得設

限等，都能有效加高資金門檻並讓產業中原有廠商有充分的時間應變並予以還擊。政府政策的使用必須很小心，否則可能在不知不覺中，未蒙其利、先受其害。

> 策略管理・吳思華

grant back provision　回饋授權條款

在技術授權合約中的一項特別條款，指的是授權技術接受者(licensee)若有將技術改良是否要回饋給原技術授權者(licensor)，合約中若有此一條款，將對技術提供者有利，而對技術接受者不利。

> 科技管理・賴士葆・陳松柏

grant forward provision　改良授權條款

在技術授權合約中的一項特別條款，指的是技術授權者(licensor)將技術授權提供給技術接受者(licensee)，往後若有將技術改良是否要主動提供給技術接受者，合約中若有此一條款，將對技術接受者較有保障，如此以防技術提供者所提供的技術可能只是一個次等技術，而非最好的技術，而即使在授權合約簽訂時提供的是最好技術，技術提供者仍有可能繼續研發改良該技術。

> 科技管理・賴士葆・陳松柏

graphic rating scales　評等尺度圖

是一般企業績效考評時最廣為採用的方法之一，該方法首先針對個別工作的性質，列出取自工作說明書中的數個衡量指標和項目（如品質、數量、對顧客服務態度）以及績效程度（從表現不佳到表現優異），考評者可在表格上適當的位置逐項評估打勾並給予評分，在將這些項目的得分加總起來，即可得到受評者的績效考評結果。（參閱圖二七）

> 人力資源・吳秉恩

請依員工實際表現，逐項評估勾選適當一欄（如有必要評述意見，則附述說明）			
工作知識：具備工作所需之相關知識	需再輔導訓練 ☐	具備基本知識 ☐	具備豐富知識 ☐
	（附註）		
進取創新：具備執行工作之創意構想及進取性	缺乏想像創意 ☐	具備基本需求 ☐	創見構想泉湧 ☐
	（附註）		
工作應用：具備工作專注及轉化應用	需要嚴予監督 ☐	平實苦幹實幹 ☐	積極努力進取 ☐
	（附註）		
工作品質：具備工作精準及週延	尚需改善精進 ☐	已能符合標準 ☐	維持高度品質 ☐
	（附註）		
工作數量：具備完成交付之工作數量	仍需力求改善 ☐	已能符合標準 ☐	維持高度績效 ☐
	（附註）		

圖二七　評等尺度圖

資料來源：Bohlander, G., Snell, S. & Sherman, A. (2001), *Managing Human Resources*, Southwestern College Publising, p.335.

gray market good　❶灰色市場產品 ❷水貨

某些中間商從國外公司的子公司購買產品，再以一個比較低的價格出售，這個價格甚至低於原廠授權的公司所銷售的價格，有時也稱為水貨。

> 行銷管理・洪順慶

green marketing　綠色行銷　❖綠色營銷

一些現代產業的發展無可避免的傷害了環境的品質，例如：化學和核能發電廢棄物的處理、大氣中二氧化碳的快速累積、無法自然分解的瓶罐、塑膠和其他包裝材料。有一些

消費者願意為再生紙或綠色產品支付一個比較高的價格，企業因此行銷對生態和環境有利的商品。

➢行銷管理・洪順慶

gross rating point (GRP)　毛評點
❖❶毛评点　❷总收视点

在一段特定的期間，目標對象中至少接觸過一次廣告訊息的人，以占總人口之百分比來呈現，稱為「到達率」；目標對象曾接觸廣告訊息的平均接觸次數，稱為「接觸頻率」；毛評點為到達率乘以接觸頻率，或稱為總收視毛評點。

➢行銷管理・洪順慶

group　團體　❖团体

廣義的團體是指「同時出現在同一地點的兩個或兩個以上的人」。狹義的團體則是指「集合在一起的兩個或兩個以上的人」，他們會彼此互相影響、相互依賴，以達成共同目標。這種集合體又可稱為「社會團體」。

➢組織行為・黃國隆

group cohesiveness　❶團體凝聚力
❷團體向心力　❖团体内聚力

團體中的成員希望留在團體內的程度。其特徵為團體中的成員有高度情誼、團隊精神、一體感。同時，成員主動積極參與團體活動，在情感上亦與團體緊密連結。當團體成功時，個人感到高興；失敗時，則感到難過。

➢組織理論・黃光國

group decision making　團體決策
❖群決策

意指由兩個人以上，針對特定議題進行討論，決定行動方針或執行計畫。相對於個體決策，團體可以提供較具廣度及深度的資訊，能產生較多的替代方案，所做的分析也會較透徹。當最後的決定一致通過後，會有較多參與決策的人予以支持與執行。

➢組織理論・黃光國

group decision sharing theory
團體決策共享理論

參閱 leader-participation model。

➢組織理論・黃光國

group decision support system (GDSS)
群體決策支援系統　❖群决策支持系统

此系統結合了網路科技與及決策支援系統，以互動式的方式，消除群體溝通障礙，並提供結構化的決策分析，有系統地指引討論的型態、時機、內容，以協助決策群體解決一些較不具結構性的問題。

➢資訊管理・梁定澎

group process chart　組作業程序圖

參閱 gang process chart。

➢生產管理・張保隆

group layout　❶群組式佈置　❷單元佈置
❖成组式布置

在大多數的工廠中，其產品種類往往高達數十種，甚至數百種，俾便於生產，吾人可利用群組技術，先將所有的零件數劃分為若干「群族」(family)，所謂群族是一組因使用相同加工機器的類似工件族 (family of part)，而將所有機器劃分為群組。在這種劃分方法下，在同一群組之工作可集中在同一區域

內、同一條生產線或同一製造單元中生產完成，這種佈置方式就稱為群組式佈置或單元佈置。群組式佈置的目的乃希望多樣少量生產亦能獲致少樣多量生產的優點。

➢生產管理・張保隆

group technology　群組技術　❖成组技术

係指一種按產品屬性和（或）製程屬性等相關屬性的相似度，來尋找相關或類似之零件及所使用之機器，並將之聚合、編排成組以利流程型生產(flow-production)的技術。

➢生產管理・張保隆

groupshift　團體偏移

團體決策過程中出現的一種現象。在某些情形下，團體的決定會比個體的決定保守；但是在多數的情況下，團體會比個體願意冒更大的風險。此種經由團體討論而使成員決定極端化的現象，稱為團體偏移。

➢組織理論・黃光國

groupthink　團體迷思

團體決策過程中出現的一種現象，團體的成員因為感受到要求共識的團體規範所形成的壓力，而不願表達不同的意見，或抹殺少數人的觀點。當團體迷思產生時，團體成員會為了顧全某些規範，缺乏有效的思維，枉顧與現實情形不合的證據，做出偏頗的道德判斷。

➢組織理論・黃光國

groupware　群組軟體　❖群件

是結合電子郵件、文件分享、電子表單、群組排程的多功能軟體，可以讓一群人利用不同的電腦系統共同完成某些工作，交換與分享彼此資訊的系統。例如：微軟 Exchange、Lotus Notes 等。由於它是要讓一群人同時利用電腦系統工作，所以必須具備安全管理能力與整合不同電腦系統的能力。

群組軟體依合作方式不同，可分為四大類。（參閱圖二八）

➢資訊管理・梁定澎

圖二八　群組軟體合作方式圖

資料來源：DeSanctis, G., and Gallupe, B., (1985), *Group Decision Support Systems: A New Frontier*, DataBase, Writer, pp.3-10.

growth stage of product life cycle
❶產品生命週期的成長階段　❷成長期

成長階段是產品生命週期中的第二個階段，在這個階段，產品的營業額和利潤快速的上升。同時也因為獲利的潛能存在，吸引了許多競爭者進入市場，因此各種不同款式、外型的產品也紛紛出籠，企圖占有一席之地並瓜分利潤。基本上來說，競爭者的家數和進入市場的速度，可以決定成長期的長度。如果競爭廠商進入市場的速度很快而且競爭很激烈時，成長期就很快結束。

➢行銷管理・洪順慶

growth strategies　成長策略　❖增长战略

在有系統的設定企業目標與評估內外環境後，高階管理者採用之策略，以擴張企業營

運規模。採用成長策略需要企業所尋求的目標水準較以往高；而配套的勞務提供與服務市場區域亦大量增加。常見的成長策略有水平整合、垂直整合與多角化三種。

➤策略管理・吳思華

growth-share matrix　成長－占有率矩陣
❖❶增长－占有率矩阵　❷增长－份额率矩阵

將一家公司內所有的策略事業單位分類的方法，縱軸為市場成長率，即銷售產品的市場之年度成長率，用以衡量市場之吸引力；橫軸為相對市場占有率，即事業部的市場佔有率與產業中最大競爭者市場占有率之比，用以衡量公司在市場中的強度。根據以上的指標分隔成長率及占有率矩陣之後，可得到四種類型之策略事業單位：問題事業、明星事業、金牛事業以及落水狗事業。（參閱 Boston consulting group）

➤行銷管理・洪順慶

government supported research institute (GSRI)　政府資助之研究機構

研究機構依其經費來源可分為民間研究機構（例：聲寶研究所）、政府研究機構（例：中央研究院）以及政府資助的研究機構（例：財團法人工研院、食品研究所……等），一般常用該機構的經費來源有多少比率來自政府補助？有多少比率來自自籌款？用此比率來評估 GSRI 的研發活動。

➤科技管理・賴士葆・陳松柏

guanxi orientation　關係取向

楊國樞(1992)認為關係取向是中國人在人際網絡中的一種主要運作方式，它具有下列四項重要特徵：

1. 關係形式化：在關係網絡中每個人具有特定的角色身分。關係的形式化或角色化使得每個人需依其角色規範行事。例如中國家庭所強調的「父慈子孝、夫和妻柔、兄友弟恭」。

2. 關係互依性（回報性）：強調社會關係中對偶角色的互惠性、互依性與回報性。例如子女以孝順來回報父母的慈愛，部屬以效忠來回報上司的關懷。

3. 關係和諧性：中國人重視與追求人際關係的和諧，尤其是五倫關係的和諧。例如強調「家和萬世興」、「天時不如地利，地利不如人和」。

4. 關係宿命觀：傳統中國人常用「緣」的信念來強調各種人際關係的必然性與不可避免性，尤其是強調父子關係與夫妻關係的命定性。人們應該逆來順受，以認命態度來守住現有關係。

5. 關係決定論：在中國社會中，人與人的關係決定了彼此的對待方式及處事態度。人際互動方式會隨著彼此關係的親疏遠近而有差別待遇。（參閱 relationship-oriented）

➤人力資源・黃國隆

habitual decision making　習慣性決策

消費者出自於習慣，而非深思熟慮後的購買決策選擇。

➢行銷管理・洪順慶

halo effect　月暈效應

在組織理論上，指在對他人進行判斷時，會以其具有之顯著屬性，來推論其餘之屬性。本效應常會造成評估上的失真，高估或是低估。像一般人認為：書讀得好的人，人品也會好，就是典型的月暈效應。

在人力資源管理上，是指考評者根據受評員工的單一特質或能力，推論其整體表現的主觀偏失。此種偏失可能來自於考評者對該受評人的「第一印象」很好，或因「最近表現」優秀，而推論他的全部表現也很傑出；更可能因受評人的「表達能力」特強，而對其賞識；亦可能因考評者本身有某種缺陷之「盲點」，而無法發現受評人之類似缺點。這種心態很容易使考評人對受評人之能力有高估現象。考評指標多元化及增加考評人員，是解決此項偏誤之途徑。

➢組織理論・黃光國

➢人力資源・吳秉恩

hard automation　硬體自動化　❖硬自动化

指當一自動機器變換生產不同類型產品時需更換機器本身者稱之，硬體自動化設備多為可高效率生產，一種或極少數特定產品種類的專用目的設備，且此種設備常存在於大量生產或連續性生產組織中；如聯製生產線(transfer line)等。（參閱 soft automation）

➢生產管理・張保隆

Hardware　硬體　❖硬件

相對於軟體或資料而言，硬體是電腦或是其他系統中實體的、可觸摸到的部分。通常電腦硬體包括中央處理器、硬碟、介面卡、鍵盤、滑鼠、螢幕等運算、輸出入及儲存的設備。電腦硬體也是電腦系統真正儲存資料、執行計算的地方。

➢資訊管理・梁定澎

harmonization between national standard and international standard　國家標準與國際標準的調和

世界各國有各國的國家標準，適用於各國領域，例如：我國的中國國家標準(CNS)，而各國所自訂的國家標準寬嚴程度不一，未必能同步。世界貿易組織(WTO)則規定各個會員國的國家標準應以國際標準之內容或其一部分為依據制定或修訂，為消除區域間的貿易障礙，亞太經濟合作會議(APEC)的「標準及符合性次級委員會(Sub-Committee on Standards and Conformance; SCSC)」乃積極著手推動各經濟體之國家標準應與國際標準相調和趨於一致。

➢科技管理・賴士葆・陳松柏

harvesting strategy　收割策略 ❖收割战略

預期市場沒有前途，因此從市場撤退並且要賺取最多的短期現金流入的事業策略。從一個事業部的收割策略所得到的現金流入，可以挹注到其他的事業部。

➢行銷管理・洪順慶

Hawthorne experiment　霍桑實驗

❖霍桑調查 (Hawthorne investigation)

促使發現霍桑效應(Hawthorne effect)，學者梅堯(Mayo)等人於 1927 年在西方電氣公司(Western Electric's)霍桑工廠進行科學管理理論的實驗，意外發現員工的生產力會受到其心理情緒因素的影響，駁斥了科學管理學派的機械式論點，主張影響員工行為和生產力最主要的內在因素為員工在工作場合中是否參與社會團體，是否在工作場所的人際互動中獲得社會性滿足感，人們在工廠中會形成自我特有而可被觀察與分析的文化，因此管理者若能在工作安排時，同時考量員工的內在心理狀態、社會關係需求，將可因員工間社會性的作用而提高生產力。

此實驗結果促進了人群關係學派的發展，也可說是當今品管圈、工作生活品質、工作團隊、團隊激勵制度等的濫觴。

➤組織理論・徐木蘭

head-hunter　獵人頭公司

係指代尋高階經理人的人力仲介服務公司，這種公司所代尋和推薦之職位的年薪都相當高，且通常是公司內少數幾個重要的職位。這種公司會和一些合乎條件，但目前已經有工作，而且並不積極想換工作的人保持接觸，一旦有雇主提出條件委託代尋，獵人頭公司即居間溝通引薦，費用通常由雇主方面負擔。這種服務的優點是可為亟需高階人力的雇主省下大筆的甄選經費與時間。

➤人力資源・吳秉恩

hedonistic consumption　❶美感消費 ❷歡樂消費

消費者重視情感反應，感官歡愉，或美感考慮，例如：音樂、美術、藝術等產品的消費行為。

➤行銷管理・洪順慶

Herzberg's two-factor theory / Herzberg's motivator-hygiene theory
❶赫茲柏格之雙因素理論　❷激勵－保健理論 ❸二因子理論　❖激励因素－保健因素理论

為早期的激勵理論之一。赫茲柏格(Herzberg)認為導致員工之工作滿足的因素是不同於導致工作不滿足的因素。他的研究發現，導致工作不滿足的因素包括公司的政策與行政管理、上司的監督方式、人際關係、工作環境、薪資、工作保障等。赫茲柏格將這些工作外在環境因素視為「保健因素」。當保健因素不良時，員工會對工作不滿足；但當保健因素良好時，員工只是「無不滿足」(no dissatisfaction)，但不見得會感到「滿足」。反之，員工在工作上的成就感、獲得他人認同、升遷、成長機會、富有挑戰性的工作、擔負重要責任等與工作本身有關的因素則會影響工作滿足，赫茲柏格稱之為「激勵因素」。當激勵因素良好時，員工會感到「滿足」；但當激勵因素不良時，員工只是會有「無滿足」(no satisfaction)的感覺，不見得會感到「不滿足」(dissatisfaction)。此理論對「工作豐富化」與「工作設計」的理論與實務發展有重大影響。

➤組織行為・黃國隆

heuristic 經驗法則 ❖经验法则

人類解決問題時所採用一些由過去經驗累積下來的原則，它們常常可以迅速找到解決問題的可行方案，並且在某些特殊情況下有很好的效果，但卻不能保證可以找到解決問題的最佳解答。經驗法則也常被用在設計人工智慧的電腦系統上。

➢資訊管理・梁定澎

hierarchy of effects model
效果層級模式

態度的三個成分（情感、行為、認知）之相對重要性因消費者對態度標的物的動機水準而異，造成了效果層級。每一個效果層級代表一種態度形成的特定順序。這是一個相當老的消費者模式，說明消費者的購買會經過知曉、了解、偏好、信服等階段，逐步演進。

➢行銷管理・洪順慶

hierarchy of needs 需要層級 ❖需要层次

心理學家馬斯洛(Maslow)所提出的理論，也就是人們的需求是由低而高發展而來，最低的層次是生理（如飢餓、口渴、性）需求，再逐漸發展至安全、歸屬和愛的需求，最高的是尊重和自我實現的需求。當一個人低層次的需求滿足到一定程度之後，就會追求高層次的需求。

➢行銷管理・洪順慶

high-density field 高度互動的工作場域

要在組織內孕育主觀和個人化的心態，公司必須提供一個可取得豐富原創經驗資源的場所，即是高度互動的工作場域。也就是團隊成員間互動頻繁且密切的工作環境。

➢科技管理・李仁芳

Hofstede's four value dimensions of national culture 霍夫斯德的國家文化之四個構面

霍夫斯德(Hofstede)曾調查 53 個國家之 IBM 員工的價值觀，結果發現構成國家文化的四個價值觀面為：

1. 權力距離(power distance)：指社會組織中權力分配不均的程度。
2. 個人主義 vs.集體主義(individualism vs. collectivism)：個人主義是指在社會中個人之間的連結較為鬆散，每個人只強調照顧自己及親人。集體主義則指在社會中的個人彼此之間緊密結合，群體會對個人予以照顧保護，個人則對群體有很高的忠誠度。
3. 男性化 vs.女性化(masculinity vs. femininity)：男性化的社會較重視財富與物質的追求，強調競爭與果斷；女性化的社會則較重視人際關係的維護，關心他人的福祉，強調溫柔與謙虛。
4. 逃避不確定性(uncertainty avoidance)：是指一個社會中的成員感受到不確定性對他的威脅程度。一個社會的逃避不確定性程度愈高，則其成員的焦慮程度愈高，攻擊性愈強，也愈偏愛有條理及結構化的情境。

➢人力資源・黃國隆

holding company ❶控股公司 ❷握股公司 ❸股權公司 ❖控股公司

一家公司購買另一家公司的全部或大部分普通股，而將被購買的公司看成附屬的營業公司來控制，此時收購的公司稱為控股公司。

控股公司的利益有：

1. 以少於合併時的投資，就能控制被收購的公司。
2. 風險隔離，因為各為獨立的法律個體，債務分開。
3. 可經由非正式的操作，而不需經由被購買公司股東的同意。

➢財務管理·吳壽山·許和鈞

home country nationals ❶母國籍人士 ❷派外員工

其所指的是企業母國籍公民，即一般所稱之派外人員(expatriate)。雇用母國籍人士掌理海外分公司的優點包括：人才通常是具國際經驗的一時之選，可維持子公司和母公司之間的組織控制及協調，可確保子公司會完成公司目標。

其缺點是：對當地國環境的適應期可能較長，可能帶入不適合於子公司的管理型態，也會使當地國籍員工晉升機會減少，或者因薪資差距過大，而容易導致爭議。

➢人力資源·吳秉恩

horizontal cooperative advertising 水平式合作廣告 ❖橫向联合广告

好幾家製造商或好幾家零售商共同分攤費用的廣告。

➢行銷管理·洪順慶

horizontal corporation 水平式組織

現今企業依據工作流程建立水平式組織，而非依據傳統之部門功能，去除傳統部門間的界限，減少部門層級數目；強調所有員工必須學習各種相關知識，依據工作流程而建立

各種自我管理團隊（如原料取得、新產品研發等）；此種結構的設計必須符合顧客的需求，使員工得以直接且頻繁地接觸顧客和供應商，將其視為完整的團隊成員之一。

此結構可以獲得較佳的反應速度、效率、顧客滿意度、功能間的水平協調合作，但是建立與運作的過程極為漫長且艱辛，需要人員的認同與各相關系統的配套。

➢組織理論·徐木蘭

horizontal differentiation 水平分化

組織中水平部門細分的程度。一般來說，水平分化的程度愈高，表示組織需要擁有多種專業知識與技能的人才，在組織中形成許多平行地位的部門，如會計、行銷、生產、管理、系統整合、客戶服務、地區營業部等部門。

➢組織理論·黃光國

horizontal integration 水平整合 ❖❶水平一体化 ❷橫向一体化

是一種成長性策略，主要內容為公司併購其他類似附加價值之競爭對手。例如：零售商併購其他零售商，或製造商併購其他製造商。水平整合也適用同一個通路層級的兩家以上廠商之整合，如兩家製造商或兩家零售商，透過購併成為同一個集團底下的合作方式。水平整合的效益在幫助一家公司增加其產品線或迎合不同市場之需求。

例如：通用汽車(GM)併購瑞典紳寶(SAAB)汽車就同時達到上述兩項目的，而美國許多大型釀酒廠購併地方上小型釀酒廠，最主要的好處是可增加市場占有率。

➢行銷管理·洪順慶
➢策略管理·吳思華

H

horizontal linkage　水平連結

乃是從資訊處理觀點看組織結構。指組織的設計應增進跨越部門界限的水平方向溝通與協調,提供有利於員工間資訊交流、協調合作的環境,以發揮個人能力以及達成組織目標。一般而言,當環境改變、技術不確定性增加、而組織目標在追求創新和彈性時,水平協調的需求同時增加。此時組織可透過跨功能資訊系統、直接溝通、任務小組、專任整合者、工作團隊等設計方式來增加組織之水平連結。

➢組織理論・徐木蘭

horizontal linkage model　水平連結模式

為達成新產品的創新,組織的設計須包含三部分,以與環境產生適配互動,稱為水平連結模式。此三部分包括:新產品發展過程攸關重要的研發、生產、行銷部門,必須具有各自專精的目標、態度與技能;這些部門必須與外界環境相關的人事物密切連結,如:行銷人員須與顧客緊密接觸、研發人員須與專業協會或其他研發部門聯繫合作;研發、行銷與生產部門人員共同分享創意與資訊、共同決策,使新產品得以符合顧客所需,又能將其成本控制於產能限制之內。

➢組織理論・徐木蘭

horizontal merger　❶水平式合併 ❷橫向吞併　❖水平式合并

出價公司對同產業內的另一家公司所進行的收購行為,亦即同行企業之合併,例如:某一皮鞋製造廠收購另一皮鞋製造廠。水平式合併通常是為了規模經濟或減少競爭力而被企業所採行。

➢財務管理・吳壽山・許和鈞

horizontal organization　水平組織 ❖水平组织

相對於科層式組織,將一個工作分割成片段,由設計、行銷等不同部門執行各個部分,每個部門各有不同文化、做事的方法,以及自己的官僚體系,水平組織則以核心流程(core process)為基礎,將員工從傳統的部門解放出來,員工參與、負責完整的一項核心流程,以滿足顧客需求,為顧客創造價值為目標。

➢策略管理・吳思華

horn effect　尖角效應

指考評人因某種特殊事件或概念,對受評人能力低估之偏誤。例如:,考評人為「完美主義」者,因此受評人工作上之瑕疵,亦無法見容;也可能因考評人討厭「唱反調者」,因此持異議者在考評時容易吃虧;同樣地,受評人處於績效較差之團體裏,雖有優秀才能,亦有被一齊矮化之傾向。

➢人力資源・吳秉恩

host country nationals　❶當地國籍員工 ❷地主國籍員工

即跨國企業海外分公司駐在國之當地公民,且受雇於該海外分公司者。雇用當地國籍人士的優點包括:降低雇用成本,無語言和環境適應障礙,任期通常也較長,管理改善可持續,而且由於當地國籍員工比較可預見其生涯,將較容易激勵其士氣。

其缺點則是:有礙總公司的控制與協調,限制母國籍員工得到海外經驗的機會,而當地國籍員工在子公司之外的晉升機會也有限。

➢人力資源・吳秉恩

hostile takeover　非善意接收

❖❶ *恶意炒买*　❷ *敌意收购*

外來人士或其他公司在公司現任管理當局的反對下，強行購併公司。非善意接收如果成功，購併公司通常會解雇被購併公司的管理當局，因此，為避免公司被其他公司強行購併，管理當局通常會採取一些能提高股價的行動。可是，有些管理當局也可能使用一些不利股東的不當作法，例如：吞食毒藥丸與支付贖金。另外，為保障自身的權利，有些公司可能會有類似金降落傘的規定。

➢ 財務管理・吳壽山・許和鈞

hot-stove principle　熱爐原則

此原則為麥克瑞格(McGregor)於 1960 年提出，強調三項要點：

1. 公開性原則：激勵與考評之標準、方式宜公開告知員工（考評結果如願守密則可行之），事後邀約員工溝通，坦承對談，減少員工事先不知努力方向，事後徒增猜測與誤解。
2. 一致性原則：對內部員工按標準及規定獎懲，一視同仁，毫無差別待遇。
3. 立即性原則：對於考評之獎懲（除犯重大錯誤，不宜當眾處罰外），應採「立即」之回應，增加行為強化作用。

➢ 人力資源・吳秉恩

HTML　超文件標籤語言　❖ *超文本标记语言*

一種用於編輯網頁的程式碼，可用來描述文件的各種資訊內容，及呈現在網頁上的形式。在超文件標籤語言中，文句是使用標籤符號< >來界定，所以一個 HTML 檔案是由許多標籤與內文所組成。

➢ 資訊管理・梁定澎

human capital　人力資本

指附著在個人知識與能力之總合，強調「人力」的健康、智識、技藝及動機(motivation)。經濟學將資本分為物質資本及人力資本兩種。物質資本係指廠房、機器設備等資本財，而將勞工的技術與能力亦視為資本財之一，稱之為人力資本，因此企業針對員工所投入的教育投資，亦可視為一種為人力資本投資。從管理角度而言，人力資本指個人為顧客解決問題的才能。

人力資本的重要性在於它是創新與更新的源頭。人力資本是深植於難以歸類和具備高附加價值的人員身上，也就是擁有專屬性技能的員工。

➢ 策略管理・吳思華
➢ 科技管理・李仁芳

human-factors engineering　❶人體工學 ❷人因工程　❖❶ *人类工程学*　❷ *工效学*

參閱 ergonomics。

➢ 資訊管理・梁定澎
➢ 生產管理・林能白

human relations school　❶人群關係學派 ❷人群關係運動　❖ *人际关系学派*

興起於 1920 年代經濟衰退時期，當時的環境背景為強調社會道德（非個人道德）、倫理觀、技術不變（但更加機械化），基本上仍假定所處環境是穩定的，以員工的態度、道德觀與團體的影響力為研究重心，主張人類已從經濟人（主要被金錢所激勵）轉變為社會

人（主要被社會需求所激勵，在工作關係上尋求酬償，並對其工作團隊的團體壓力作出積極性回應），認為應該透過建立員工彼此間的非正式關係，利用合作的系統來達成效率，亦即認為管理的工作任務更加複雜，不僅包含原有的經濟性和生產性層次，更需考量社會性層次。

本學派之代表性學者有梅堯(Mayo)所提出的霍桑(Hawthorne)效應；弗烈德(Mary Park Follet)從個體行為與群體行為來探討組織，認為組織的基礎主張為群體倫理，而非個人主義；巴納德(Barnard)認為組織是個需要人與人合作的社會化系統。此學派對組織行為、人力資源管理等領域的發展有著極大的影響。

➢組織理論・徐木蘭

human resource accounting
人力資源會計　❖人力資源会计

是用來評估人力資源系統的一種方式，其基本論點乃在將人力視為可衡量之資產，其價值可於資產負債表之資產方呈現，而為招募員工及培育所花費之費用及成本，則亦可於損益表呈現。此法將人力視為資產之「投資」觀點，惟其衡量及相對未來貢獻仍不易計量處理，且亦遭「物化」之批評，未能更發揚光大。

➢人力資源・吳秉恩

human resource cycle
人力資源管理循環　❖人力資源管理周期

指人力資源管理活動的分工及整合概念，其完整內涵應包括：

1.選才：工作分析、人力預測、人力招募、面談遴選、人力規劃。

2.用才：工作指派、溝通領導、授權協調、人力運用、指導諮詢。

3.育才：始業訓練、職內訓練、職外訓練、教育研習、管理發展。

4.晉才：調遷晉升、員工輔導、前程發展、職務歷練、績校考評。

5.留才：薪資福利、勞資協商、任免資遣、紀律管理、內在激勵。

6.其他：人事行政研究、人力統計分析、人事資訊系統。

➢人力資源・吳秉恩

human resource forecasts
人力資源預測　❖人力資源预测

是人力資源規劃活動的其中一環，其目的是預測組織未來的人力資源需求，包括所需員工人數和所需的技能組合等；人力資源預測同時也預估未來組織內部的人力供給以及組織外部勞動市場的供給狀況，以做為人力資源規劃上的參考。

➢人力資源・吳秉恩

human resource information systems (HRIS)　人力資源資訊系統
❖人力資源信息系统

是輔助人力資源管理的資訊系統，可以分為作業性、戰術性和策略性等三個層次。

1.作業性人力資源資訊系統通常包括員工系統、職位控制系統、應徵者選聘系統、績效管理系統、外部報告系統和薪資系統等。

2.戰術性人力資源資訊系統的目的在輔助管理者分配人力資源，如工作分析和設計資訊系統、招募資訊系統和薪資及福利資訊系統等。

3.策略性資訊系統主要用來支援公司擬定長期的人力資源規劃，亦可用來支援勞資談判，此外，許多對公司人力組合和人事成本有影響的策略性決策也需要用到人力資源資訊系統。

➤資訊管理‧梁定澎

human resource management
人力資源管理　❖人力資源管理

就理論層次而言，人力資源管理係探討人力資源運用「效率」，人力與其他資源間之分配「效能」，以及統合目標相對均衡之「彈性」的社會科學。如就操作性層次而言，則人力資源管理乃為人力運用之動態調適過程，旨在採取計畫、執行及控制上之基本程序於人力活動，亦即甄選人力、運用人力、培育人力、晉升人力及留住人力之循環，以達適才適所目的，進而創造組織競爭優勢，促成組織目標之達成。

➤人力資源‧吳秉恩

human resource planning
人力資源規劃　❖人力資源规划

指配合企業內部環境條件（目標、策略、文化、人力結構、員工異動）、外部環境變遷（人口統計狀況、經濟情勢、產業生態、政府法規），以及企業未來發展之需要，運用定量、定性分析，藉以「適時適地」、「適質適量」、「適質適格」及「適才適所」地配置人力，以促進組織目標之達成和組織永續發展。其內涵包括：人力供給分析、人力需求預測、人力供需比較和人力檢查回饋等。

➤人力資源‧吳秉恩

hybrid layout　混合式佈置　❖综合式布置

乃指一種融合製程式佈置與產品或固定位置式佈置的佈置型態。在混合式佈置策略下，生產現場中共用製程或固定製程部分可採產品式或固定位置式佈置以提高生產效率，而製程較分歧的部分可採製程式佈置以增加生產彈性，故而混合式佈置的採用時機及目的與群組式佈置相類似，亦即較適用中樣中量的生產型態與批量生產的製造程序組織中，並希望能兼顧到生產效率與生產彈性。

➤生產管理‧張保隆

hybrid structure　混合型組織結構

當組織成長至大規模時，通常擁有多種產品市場，每個市場必須有各自完整的生產與行銷功能，而技術、人力資源等部分功能又必須集權於總公司以達到經濟規模或監督控制的目的，因此純粹的功能別、事業部別或地區別結構不易存在於真實世界的經營環境中，所以組織結構可能多元地結合兩種或兩種以上的結構型態特性成為混合型結構。

此結構的優點類似事業別組織，但更可同時兼顧各事業部與功能部門的內部效率、提升中心部門對跨事業部的協調、促進產品事業部與總公司目標間的整合，但是總公司用以監督事業部的人員與行政費用可能劇增，且總公司與事業部管理人員間的職權衝突會增加。

➤組織理論‧徐木蘭

hypercompetition　超優勢競爭　❖超竞争

由學者理查‧達凡尼(Richard D' Aveni)所提出。指企業身處在一個變化頻繁的環境，以富有彈性、攻擊性和創意的競爭者姿態，輕

鬆、快速的進軍各個市場，破壞龐大、績優對手的優勢。其主要有四個基礎，分別是：

1. 價格－品質的定位競爭。
2. 創造新專業知識和建立先驅者優勢的競爭。
3. 既有產品或地理性市場的攻防競爭。
4. 以雄厚資本為根基，建立資本更雄厚之聯盟的競爭。

➢策略管理・**吳思華**

hypermarket　量販店　❖巨型超级市场

一種非常大規模、提供給顧客非常有限服務的零售商，通常在同一個賣場內包括生鮮超市、折扣商店、雜貨、家電用品等。量販店的經營型態起源於歐洲，台灣比較有名的量販店有萬客隆、家樂福、大潤發等。

➢行銷管理・**洪順慶**

hypermedia　超媒體　❖超媒体

是一種超文件的延伸規格，可以讓文字、圖形與聲音等多媒體物件，透過事先界定的捷徑，直接相互連結，方便瀏覽使用。

➢資訊管理・**梁定澎**

hypertext　超文件　❖超文本

指文件中包含指向其他文件、詞彙或段落的連結捷徑的文件。有了超文件，使用者在閱讀時，可以透過超文件作者所設定的文字、片語或圖形，點下滑鼠，而鏈結到另一個文件中，讓閱讀過程變得更有彈性而多元，亦可透過超連結直接連結到本地電腦以外的機器上的超文件。

➢資訊管理・**梁定澎**

➢科技管理・**李仁芳**

hypertext organization　超連結組織

由相互連結的「層」而成，如企業系統層、專案小組和知識庫所組成。獨特之處在於三層同時存在於組織之內，成員可以轉換環境。這三層就是企業系統層，專案小組層與知識庫層。（參閱圖二九）

➢科技管理・**李仁芳**

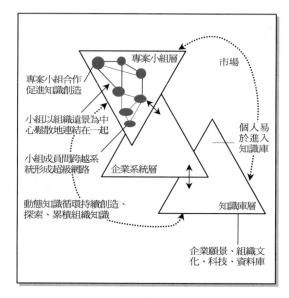

圖二九　超連結組織

資料來源：Nonaka & Takecachi (1997)，《創新求勝》，遠流出版社，頁230。

hypertransformation　超轉型

要成為知識創造型公司，應學習建立與管理多樣的轉換、螺旋和綜合，而不能以實行單一構面為滿足。關鍵在於橫跨多重構面的多重轉型。也就是超轉型。

➢科技管理・**李仁芳**

icon 圖象 ❖图标

指電腦顯示螢幕上的物件圖形或符號，如文件匣圖象、應用程式圖象等。圖象的設置，讓使用者可以輕易的利用滑鼠點選運用該物件的功能。

➢資訊管理 · 梁定澎

idea generation 創意產生

這是新產品發展的第一個步驟，所有的新產品都來自於某些創意，再加上科技研發和行銷包裝，才能進一步發展而成。創意的產生可能來自於環境趨勢的變化、消費者研究、科技的預測或國家的政策……等。

➢行銷管理 · 洪順慶

idea generator 創意產生者

在新產品開發團隊中，此角色扮演創意的產生。個人特質為：喜好觀念化與抽象化、從事創新的工作；在組織中的活動是：產生新點子，且試驗其可行性，對事情採與人不同與嶄新的觀點。

➢科技管理 · 賴士葆 · 陳松柏

ideal self concept 理想的自我觀念

人們覺得自己最完美或最理想狀況的一種態度、知覺或了解。

➢行銷管理 · 洪順慶

image 形象 ❖形象

消費者對於一個產品、品牌、公司、機構甚至個人的知覺，這種知覺可能和真實的狀況有所不同。

➢行銷管理 · 洪順慶

image compression 影像壓縮 ❖图像压缩

利用數學演算法，將影像檔案的大小加以縮減到較小規模的作業。有些影像文件的壓縮比率可以達到 70%，即壓縮後的檔案大小只有原來檔案的 30%。然而經過壓縮後的檔案，通常會略顯失真，也常常必須搭配特殊的軟硬體才能夠呈現壓縮後的影像文件。

➢資訊管理 · 梁定澎

impairment of capital rule
❶資本損害條款 ❷資本減損規定

政府或債權人為保障債權人權益，在法律或負債合約中所訂定的條款。主要內容係規定股利的支付，不得超過公司資產負債表上保留盈餘科目之餘額。其目的是為了保護債權人，防止企業以資本發放股利，而使債權人的權益受損。例如：某公司發行在外股份有 1,000 股，今年資產負債表上保留盈餘為 $4,000，根據資本損害條款的規定，公司今年每股股利最多僅能發放$4.00。

➢財務管理 · 吳壽山 · 許和鈞

impediments to imitation 模仿障礙

阻礙或防止他人模仿行為或技術的情境或條件。（參閱 barriers to imitation）

➢策略管理 · 司徒達賢

impulse buying ❶即興購買 ❷衝動性購買 ❖冲动性购买

一種沒有事先計畫或事前沒有想到的購買行為，例如：消費者在超市結帳台前等候結帳，就順便買口香糖、喉糖或電池。

➢行銷管理 · 洪順慶

impulse product　❶即興購買品

❷衝動性購買的商品　❖*冲动性购买的商品*

消費者興之所致,沒有事先計畫就購買的產
品,經常在超級市場的結帳台附近可以看到
的商品,都屬於即興購買品,例如:糖果、
雜誌、口香糖、電池、零食等,通常是便
利品。

➢行銷管理・洪順慶

impulse purchase　❶即興購買

❷衝動性購買　❖*冲动性购买*

參閱 impulse buying。

➢行銷管理・洪順慶

in the money　價內　❖❶*賺头*　❷*盈价*

選擇權在履約價值大於 0 時,稱為價內,與
價外相對。以買進選擇權為例,其所涉及的
股票(標的股票)每股市價如果大於履約價
格,則此選擇權屬於價內;如果價內的程度
很深,則稱為深價內。

➢財務管理・吳壽山・許和鈞

in-basket training　公文籃演練

工作教導機制中的一種,較屬於技術性設
計,運用企業內部以往發生之案例,以公文
方式書面化,請部屬模擬批閱及評論,以強
化其知識與實務經驗。

在經理人員的測試與甄選的場合下,公文籃
演練也經常是管理評鑑中心(management
assessment center)模擬測試的一種,受測的
候選人面對一堆與其扮演角色有關的報
告、備忘錄、留言、信函以及其他資料等,
放置在辦公桌上的公文籃中,候選人必須一
一加以適切處理,而後針對其處理過程加以
記錄和評分。

➢人力資源・吳秉恩

incentives　❶獎金　❷誘因

❖❶*鼓励政策*　❷*激励*

誘因原是指一些刺激物,使個體產生驅力並
誘導行為發生,以滿足個人某些心理及生理
的需求。在管理上,誘因是激勵個人從事某
項行為的因素與報酬。

工作上能建立誘因的內容和方式包括:

1. 統稱「外在獎酬」的直接薪酬:基本薪資、
   績效紅利、分配股票。
2. 間接薪酬:額外津貼、工作外給付、工作
   保障。
3. 非財務性薪酬:職銜、辦公室、停車位。
3. 統稱「內在獎酬」的成長機會、參與決策、
   提高職責、提高工作自由度、擴大工作範
   圍、增加有趣之工作等。

➢人力資源・吳秉恩

➢策略管理・司徒達賢

income bonds　收益公司債

當發行公司已賺到盈餘,才支付利息給持有
人的債券。此種債券並非固定利率,而是視
公司盈餘大小來決定利息之多寡,所以利息
通常每年由董事會決定公告。

利息之計算方式,分為累積與非累積兩種,
其情形有如優先股股利之計算。此種債券的
持有人既不是債權人,也不是股東。據美國
州際商業委員會的解釋,此種公司債系一種
「混合體」,其價值甚低,在正常財務結構
中,並無地位。

➢財務管理・吳壽山・許和鈞

incoming inspection 進料檢驗

❖进厂检验

進料檢驗係指當原物料／零組件等購入時，為防止不良物料進廠而進行的檢驗，此項檢驗可保證品質並建立品質保證與抽驗管制制度，如此將可能促使供應商於出廠前自行實施品質管制措施。（參閱 in-process inspection, finished goods inspection）

≫生產管理・林能白

incremental cash flow 增額現金流量

直接因為決定接受某一專案，所導致公司整體未來現金流量的改變量，或稱攸關現金流量。專案評估中的增額現金流量包括所有因為接受該專案，而直接導致公司未來現金流量改變的數量。因此，任何現金流量，如果不管專案是否被接受都存在，則此現金流量就不是攸關現金流量。

≫財務管理・吳壽山・許和鈞

incremental change 漸進式變革

組織因應環境變動所採取的一種計畫性變革方式。此變革方式對組織的影響程度比劇烈式變革來得輕微、緩慢；漸進式變革呈現出的是持續性過程，且透過正常結構與管理歷程，目的在維持組織的均衡，只影響到組織的一部分，例如：實行銷售團隊的經營管理。一般而言，漸進式變革的發生，來自於組織架構的建立或流程管理，其中包含了產品改善和新科技的發展。

≫組織理論・徐木蘭

incremental decision process model 漸進決策模型

代表組織決策的方式之一。學者亨利閔茲伯格(Henry Mintzberg)和其同事強調問題從發現到解決之整個活動的結構，包含三大步驟：

1. 確認階段：認知和定義問題、蒐集資訊、診斷原因。
2. 發展階段：形成解決方案，可以是搜尋組織中既有的各種解決方案或是設計一個合適的解決方案。
3. 評估與選擇階段；以管理科學來判斷選擇或透過協商討論來抉擇。

此方式強調逐步地達成解決方案，在管理者有共識後，再逐步檢視各個解決方案，找出何者可以運行，當解決方案不明確時，可以利用試誤(try and error)的方法來解決。

≫組織理論・徐木蘭

incremental innovation ❶漸進式創新 ❷邊際式創新 ❸連續的創新

又稱為邊際式創新(marginal innovation)，是在現有科技典範架構下，從事改善績效或降低成本的創新，並有助於科學演進中「嘗試與錯誤」學習經驗的累積，相當於常態科學的解謎活動。由於漸進式創新的進步是點點滴滴累積而形成的，故也稱為連續的創新(continuous innovation)。例如：積體電路佈局的設計；增加人造橡膠的彈性；降低噴射機的噪音。

≫科技管理・賴士葆・陳松柏

incubator 創新育成中心

此概念緣自孵蛋器或早產兒的保溫箱，以外力來協助脆弱的新生命得以順利成長。創新

育成中心是一個提供創業者早期所需的實驗室、營運空間、技術支援、行政服務與後續的商業服務,輔導創業者得以順利成長。我國自從 1996 年通過「鼓勵公民營機構設立中小企業創新育成中心要點」,各公民營創新育成中心陸續成立。

➤科技管理・賴士葆・陳松柏

independent demand 獨立性需求
❖獨立性需求

指一物項的需求與任何其他物項的需求都沒有關係,而是受市場需求的直接影響,例如:主生產排程中的產品、備用零件等,對於獨立性需求的物項其需求量通常需藉助訂單或預測。(參閱 dependent demand)

➤生產管理・張保隆

index 索引 ❖索引

在資料庫系統中,都將一些重要的內容擷取出來,建立起關聯,並製作成索引檔,讓使用者要找尋這些內容時更為迅速。運用索引時,應用程式先找尋索引檔的內容,而後再根據索引檔所指示的位置,來讀取資料庫的內容。

➤資訊管理・梁定澎

index of research effectiveness
研究效果指數

衡量研發績效的方法,有四種公式,以下的指數愈高,代表研發績效愈好。

1. R&D 報酬指數＝淨利 ÷ (R&D 成本 × 25),公司淨利除以 25,與研發成本的比值。
2. 資產報酬指數＝淨利 ÷ (0.1352 × 資產),公司淨利與資產總值的 0.1352 的比值。

3. 金額指數(index of dollar volume)＝可能增加的訂單金額 ÷(總訂單 ÷ 25)(新產品的訂單佔總訂單參考值為 4%,則指數為 1)。
4. 市場獲取指數(index of market capture)＝可能增加的訂單金額 ÷ (總市場 ÷ 2)新產品研發成功後,所可能增加的新產品訂單金額與總市場的比值乘以 2。

➤科技管理・賴士葆・陳松柏

indexed bond ❶指數債券 ❷購買力債券
❖指數化債券

一種債券,其利率視通貨膨脹指數而定,亦即當通貨膨脹率上升時,指數債券的利率會跟著往上調整。因此,可使投資人免於受到通貨膨脹的危害。此種債券在高通貨膨脹率的國家(如巴西)較為普遍。又稱購買力債券。

➤財務管理・吳壽山・許和鈞

indexed sequential access method (ISAM) 索引順序存法 ❖索引順序存取法

是一種建立索引檔的方式,所有的記錄均依主鍵值的順序儲存,而且必須建立主鍵值與其所代表記錄位址間的關係索引表,以便事後利用查尋索引的方式,快速找到資料。

➤資訊管理・梁定澎

indirect channel 間接通路
❖間接銷售渠道

透過其他中間商,將製造商生產出來的產品賣給消費者的通路,有些工業品和大多數的消費品製造商使用間接通路。

➤行銷管理・洪順慶

indirect compensation　間接酬償

參閱 fringe benefit。

➤人力資源・吳秉恩

individual brand　個別品牌　❖独立品牌

給予個別產品的一種品牌識別,當製造商所製造的產品有不同的等級,為了訴求不同的市場區隔時,就可以使用個別品牌。(參閱 branding, individual)

➤行銷管理・洪順慶

individualization　個人化

個人試圖改變所處的工作環境,使其更符合自己的需求。相對於社會化,為個人抵抗組織想要對個人所欲進行的改變。

面對組織的社會化壓力,個人化力量可能有下列反應:

1.反抗:公開反對而且帶有敵意。

2.僅接受組織的基本規範和價值觀,對於其他部分則拒絕接受。

3.順從:將個人生活與組織切割,在組織中即順從組織的規範要求。

➤組織理論・黃光國

indivisibility　不可分割性

❖❶不可分割　❷不可分性

泛指技術、知識或其他價值活動無法分割使用的特性。

➤策略管理・司徒達賢

industrial democracy　❶工業民主

❷產業民主　❖行業民主

指讓員工經由正式管道分享組織決策制定乃至價值分配之參與,以及在所有組織階層中公平代表勞工。組織內的員工可以藉由這種途徑來要求更多的力量。按國內勞基法規定,運用勞資會議、團體協商及員工入股等機制達成工業民主之目標。

➤人力資源・吳秉恩

industrial dynamics　產業動態

過去稱為工業動態學(industrial dynamics)。它是一種分析工業和其他社會系統的動態行為方法。動態行為模式包括:成長、不穩定成長、停滯、衰退,及週期性波動等。就企業行為而言,諸如喪失市場佔有率、獲利率衰退、及生產與就業的波動等行為,皆表示企業的病徵。運用動態性統方法時,需將一個系統的結構、情報流轉,及政策等項目組合為一套電腦模式。因為很多行為的原因(包括病因),存在於一套系統內各部分彼此的互動關係方面,基於此一理由,動態系統模式往往將諸如財務、生產、行銷等功能領域融入模式內予以探討,偵測出病因後,即可設計一套新的政策來改善過去不良的行為。

系統動態學是一種用來澄清公司目標,及設計公司政策與策略,使之達成這些目標的有用工具。

➤策略管理・吳思華

industrial engineering　工業工程

❖工業工程

係指人員、物料、設備、資訊以及能源等整合系統的設計與改善,並結合與工程分析與設計的原理,以對此整合系統所得的結果進行預測與評估。工業工程發展階段歷經科學管理、工業工程、作業研究時期到系統工業工程,不斷融入新觀念以適應環境變化與需

求。（參閱 industrial management）

➢生產管理・林能白

利水準之政策。

➢策略管理・司徒達賢

industrial market　工業市場

❖工业品市场

個人或組織取得產品或服務之後，再進一步用來生產其他產品或服務，所構成的市場。

➢行銷管理・洪順慶

industrial products　工業品　❖工业品

用來生產其他產品或提供服務，而非一般家庭或個人最終消費所需的產品，工業品包括原料、零組件、機器設備等。

➢行銷管理・洪順慶

industrial market segmentation　工業市場區隔　❖工业品市场细分

將一個工業市場分解成一組一組的顧客群，使得每一組內顧客群的購買行為比較類似。

➢行銷管理・洪順慶

industrial safety　工業安全　❖安全管理

係指廣泛地運用各種工程科學、工業心理學、工業工程與人因工程等知識，以專業化與系統化的科學方式來防止事故發生。工業安全的實施需社會機構與企業全體人員參與並認真執行，透過各項安全衛生政策與工業安全檢查分析，推行完善的工安計畫與建立工業安全組織，以保障個人在執行工作中的安全性。

➢生產管理・林能白

industrial marketing　工業行銷

❖工业行销

將產品和服務行銷給工業市場。

➢行銷管理・洪順慶

industrial management　工業管理

❖工业管理

係指有效取得人力、物力及財力等各項資源，並透過合理的分配、安排、規劃與管制等活動以求得最大產出來供給市場上銷售的管理工作，其重點在於使人、事、物之間獲得最適當的調配，以便有效的執行計畫並達成預設的目標。（參閱 industrial engineering）

➢生產管理・林能白

industry　產業

指一群生產具相互替代性產品之廠商的集合體。要明確地去定義產業界線，是一種判斷，通常可以從顧客分析及競爭對手分析為基礎。企業在制訂策略時，產業分析是企業外在環境分析時，相當重要的一環，包括產業吸引力、關鍵成功因素、結構、趨勢等，皆不可忽略。

➢策略管理・吳思華

industrial policy　產業政策　❖产业政策

政府藉由調整分配各產業間之資源，或干預特定產業內的產業組織，以提高國家經濟福

industry concentration　產業集中度

主要在描述市場內各廠商的規模分佈情形，又可稱為賣方集中度。規模分佈包括廠商數及廠商規模的不均程度，利用這二個因子所編列出來的市場集中度指標，以顯示不同的

市場結構及其特性。

➤策略管理・吳思華

industry environment 產業環境
❖行业环境

指由企業本身及其競爭者所共同組成之外界直接環境，此環境由所有競爭者所共同分享與共處，因此其範疇較工作環境更為廣泛。在此環境中，競爭者的任何一項行動都可能會改變產業中所有競爭企業的相對位置，例如：市場占有率的重分配。

➤組織理論・徐木蘭

industry evolution 產業演進

泛指產業歷經導入期、成長期、成熟期、衰退期等不同產業發展階段的演進過程。

➤策略管理・司徒達賢

industry structure 產業結構 ❖行业结构

一產業的競爭強度，視該產業的結構而定。所謂產業結構，由多項結構要素所構成。包括：競爭對手、潛在競爭對手、替代的產品、顧客及供應商。其中每一個構成項目，均各扮演一定的角色；一方面影響該產業的競爭強度，一方面也足以說明為何某些產業一向可較其他產業更易獲利的原因。

➤策略管理・吳思華

industry value chain 產業價值鏈
❖产业价值链

產業自原、物料到消費者之間的生產過程，凡是可以增加產品價值的活動項目之總和，謂之產業價值鏈。

➤策略管理・司徒達賢

inelastic demand 缺乏彈性的需求
❖无弹性需求

一個產品的價格下跌，只增加更小量的需求量，而使得此一產品的總收益減少。

➤行銷管理・洪順慶

inelastic supply 缺乏彈性的供給

一個產品的價格上升，只減少更小量的供給量。

➤行銷管理・洪順慶

inertia 惰性 ❖惯性

對外在環境變化與刺激缺乏立即回應之能力。

➤策略管理・司徒達賢

inference engine ❶推理機 ❷推論引擎
❖推理机

一個完整的專家系統中，包含三大部分：使用者介面、推理機和知識庫。知識庫是由使用者或專家所提供的事實組合而成，也可由專家系統程式經由本身的「學習」而得到。而要從知識庫當中的事實去求得問題的解答，便要靠許多演繹、推理的法則，這些法則便構成推理機。換言之，也就是能由知識庫當中去找尋問題解答的軟體工具。

➤資訊管理・梁定澎

infinite loading 無限負荷 ❖无限能力负荷

指在將訂單指派給各個工作中心時毋需考慮工作中心的產能限制，此種假定明顯背離了資源產能規劃及每個工作中心具有負荷上限的實際考量，因此，除非製造廠中存有過多產能，否則將使分派結果滯礙難行並可能造成許多訂單在某些工作中心中長期等待。

（參閱 finite loading）

➢生產管理・張保隆

infinitely flat organization
無限扁平組織

一種以任務編組為主的新組織模式，幾乎沒有層級之分；任務編組是針對層級制度的缺點所特別設計出來的組織結構，它有彈性、易調適、富有機動性和參與性。

➢科技管理・李仁芳

inflation premium 通貨膨脹溢酬
❖通胀风险溢价

一種貼水。用以補償通貨膨脹所造成的貨幣購買力損失。例如：美國政府證券利率（或稱無違約風險利率）係由 4%的真實利率加上反映預期長期通貨膨脹率的通貨膨脹溢酬所組成。

因此，假設美國政府一年期公債的利率為 7%，預計未來一年通貨膨脹率為 3%。其中 4%為真實利率，而 3%則為通貨膨脹溢酬。

➢財務管理・吳壽山・許和鈞

infomercial 資訊式廣告

一種內容說明多而反覆、所提供的商品資訊比較不受時間限制的長秒數廣告，常見於電視購物頻道。

➢行銷管理・洪順慶

information 資訊 ❖信息

經過組織、整理、分析過後，有助於解決特定問題的資料稱之為資訊，其對使用者具有實用意義與價值。

➢資訊管理・梁定澎

information content hypothesis
❶資訊內涵假說 ❷資訊內容假說

對股票價格隨股利增減而改變的現象所提出的一種解釋。米勒(Miller)與墨迪格里艾尼(Modigliani)認為，投資人對股利支付的改變所做出反應，不必然表示，投資人偏愛股利而非資本利得。股票價格之所以會隨股利的增減而改變，僅意味有重要的訊息隱含在股利宣告中。其中，股利的增發，傳達公司的未來盈餘將獲得改善；而股利的減發，則傳達公司的未來盈餘將較目前的盈餘差。

➢財務管理・吳壽山・許和鈞

information search 資訊蒐集
❖信息搜索

一旦消費者的需求確認之後，就會開始進行的步驟。一般人蒐集消費相關資訊的途徑有二：

1.內部蒐集：回憶記憶中的過去經驗或相關的消費知識。

2.外部蒐集：從外在環境去蒐集。

一般而言，一旦需求確認之後消費者就會從腦海中去檢索和購買決策有關的資訊，如果這樣得來的資訊已經足以幫助他做購買決策，則資訊蒐集會停止，否則就會進行外部蒐集。

➢行銷管理・洪順慶

information superhighway
資訊高速公路 ❖信息高速公路

指高速的通信網路，能夠使文字、影像、圖形、聲音、視訊及多媒體等各種形式的資訊，在資訊供應者和資訊用戶之間快速地傳送。資訊高速公路的設立將有助於資訊技術在政

府、企業裏的廣泛應用，能提升政府行政效率與產業國際競爭力，繼續維持其經濟與社會的繁榮與發展。

➢資訊管理・梁定澎

information system (IS) 資訊系統
❖信息系統

集合了電腦程式、硬體設備和使用者，所組合成的一個系統，它能取代或是輔助某些傳統上人類必須處理的工作。例如：會計資訊系統，會計小姐只要將每天的傳票輸入電腦，則傳票的內容會自動加入總帳當中，而且每天的日報表、月報表、資產負債表和損益表等也完全可由電腦產生，這麼一來便節省了許多人工成本，這也便是資訊系統帶來的好處。

➢資訊管理・梁定澎

information system planning (ISP)
資訊系統規劃 ❖信息系統規劃

企業採用資訊科技會對企業發展上造成莫大的影響，若整合不當，往往浪費組織資源，甚至造成系統的失敗。

資訊系統規劃便是先預期組織引進資訊科技後可能的變化，以及組織期待在未來所欲達成的目標，並考慮各資訊科技與使用者間整合的問題，所需之財力與人力，訂定各項配合工作的日程表，進行完整的分析規劃及系統開發的優先順序，以期成功地導入資訊系統的方法。

➢資訊管理・梁定澎

innovation 創新 ❖創新

教育部修訂的《國語辭典》對創新此一名詞的定義為「創造，推陳出新」，而在《韋伯字典》中，「innovation」所代表的意義則為「創造的活動；在原有的社會習慣中介紹新的事物」。

在管理上，創新代表的是「推陳出新，運用知識或關鍵資訊而創造或引入有用的東西」。其類型大致上分為「跳躍型創新」與「漸進型創新」。在行銷上，創新指「將一個新的產品、服務或理念引介到市場上」。

➢行銷管理・洪順慶
➢策略管理・吳思華

innovativeness 創新性 ❖創新性

一個人或組織願意接受比別人更早採用一個創新所導致的風險。

➢行銷管理・洪順慶

innovators 創新者 ❖創新者

首先採納一個創新的個人或組織，也常被視為意見領袖；有時候是指首先創造一個創新的個人或組織。

➢行銷管理・洪順慶

in-pack premium 包裝內贈品

一種單價低、附贈在產品的包裝盒內的小禮品，用來回饋消費者或鼓勵消費者再惠顧之用。

➢行銷管理・洪順慶

in-process inspection 製程檢驗
❖中間檢驗

係指在產品製造過程中，為保持品質水準與防止不良品而對產品進行測定、試驗及檢查等措施，製程檢驗可分為全數檢驗與抽樣檢

驗兩種。(參閱 incoming inspection, finished goods inspection)

≻生產管理・林能白

input and output control
投入／產出管制　❖投入／出产控制

對作業管理者而言是一項重要的活動,由投入與產出報告中可以確認一些諸如不足的產能、過多的產能及許多相連的工作站間發生的問題。在投入與產出表中通常會將所有投入與產出轉換成相同資源的單位(如機器小時或人工小時)使可以與產能相關的共同衡量基準來比較不同的工作。

≻生產管理・張保隆

insider　❶內部人　❷內線人士　❖內部人員

指稱可能擁有未公開資訊的人員,包括公司的經理人、董監事、大股東,以及參與股票發行或承銷業務的人員,如會計師、律師等。

≻財務管理・吳壽山・許和鈞

insider trading　內線交易　❖内线交易

特指內部人利用所擁有的獨特資訊,從事股票買賣,以從中獲取不當利益的交易行為。

≻財務管理・吳壽山・許和鈞

institutional advertising　機構廣告
❖机构广告

主要目的在推廣整個公司、組織或產業的廣告,一家公司如果認為可從更多的知名度和曝光度受惠的話,就可以做機構廣告,也就是將廣告的重點放在整個組織,而非公司產品和服務。

≻行銷管理・洪順慶

institutional investor　❶機構投資人
❷機構投資者　❖机构投资家

擁有雄厚資金、專業證券分析師,且經常買賣大量股票的組織,如共同基金、保險公司與證券自營商等。其中保險公司、私人企業退休基金、信託基金是資本市場的三種主要機構投資人。它們擁有鉅額的資金,分散投資於普通股和債券,並雇有專家從事證券分析、市場分析、以便利投資組合管理。為中長期資金的主要來源之一。

≻財務管理・吳壽山・許和鈞

institutional theory　❶制度理論
❷制式理論　❸機制理論　❹機構理論

此即將組織視為一種制度(institution)或一種社會秩序的集合。組織為了適應環境,會配合環境而改變,以獲取公眾意見或法律的支持,使其義務、行為、與社會互動的規則,被認為適當,而取得合法性、正當性(legitimacy),其形成受到環境中廣泛的社會秩序所影響。

組織是社會體系的一個子系統,需要透過適應更廣大的社會系統以求得生存,例如:對社會價值觀、法令、文化的順從,而產業內的組織面臨相似環境、社會體系,且彼此間又有密切關係,因此會因任一組織的改變而引起共鳴、學習,使得組織間逐漸產生同形化現象(模仿同形化、強制同形化、規範同形化)。

例如:醫院、銀行等,彼此的經營管理活動就極其類似,因為他們都必須符合制式環境(消費者、投資大眾、董事會、公會、政府)的期望與要求,以取得經營生存的合法性地位。

例如：銀行若無存款保險的機制與符合顧客所需的財務管理機制，將不會吸引人們進行存款，也正因為取得合法性而採取的結構與設計，其所衍生的生產流程技術、產品或服務並不一定符合最佳化效率的標準，但卻能夠使組織生存下去。

➤組織理論・徐木蘭

in-store coupon　商店內折價券

在特定零售據點用來購買商品，可以折價的憑證。折價券可用來抵減商品的購買價格，通常有很多種方式送達給消費者：報紙、雜誌、郵寄或傳單送到家、零售據點裏面的明顯之處、商品包裝盒的上面等。

➤行銷管理・洪順慶

instrumental values　工具性價值觀

係指個人為了達成其目的性價值觀（如財富、幸福……等）所偏好採取的手段或行為模式，例如：雄心勃勃、氣度恢宏、才幹過人、乾淨整潔、勇敢有擔當、寬恕他人、樂於助人、誠實正直、富有想像力、聰慧過人、獨立自主……等。

➤組織行為・黃國隆

intangible barriers to imitation　無形的模仿障礙

無法藉由外表觀察且足以阻礙他人模仿行為或技術的情境或條件。

➤策略管理・司徒達賢

integrated circuit (IC)　積體電路
❖集成电路

1958 年德州儀器公司工程師柯爾白(Jack St. Clair Kilby)發明。原理是將電路的電晶體、電阻和電容三種元件，放在一片矽上，縮短電子移動的距離，大大改善早期電腦使用玻璃真空管體積大、容易破碎、發熱量大等缺點。電腦 IC 可分為數種：

1.中央處理器和微處理器。
2.唯讀記憶體晶片。
3.隨機存取記憶體晶片。
4.快取晶片。
5.控制器晶片，負責傳遞電子訊號等。

➤資訊管理・梁定澎

integrated marketing communications　❶整合行銷傳播
❷整合的行銷溝通　❖整合营销传播

將所有和產品、服務或整個組織有關的訊息來源加以管理，使得消費者或潛在的消費者接觸一致性的訊息，進而產生購買行為，並且維持品牌忠誠。整合行銷傳播有五大傳播工具：廣告、公共關係、直效行銷、事件行銷和促銷。

➤行銷管理・洪順慶

integrated services digital network (ISDN)　整體服務數位網路
❖综合资料服务网

是一種特殊電信網路，利用現有電話線路與電腦網路，可以傳送視訊、文字、語音、數據、傳真影像、圖像等。傳輸速率較數據機撥接高，但費用較專線低廉。目前，ISDN 可使用於長程傳輸、封包傳輸、資訊與資料庫服務、儀表測量，以及視訊服務等。

➤資訊管理・梁定澎

integrative bargaining　整合式談判

係指一種追求雙贏的談判方式，亦即雙方共同分析爭議的性質與產生原因，評估各種可能的解決方案，公開表達自己的看法與偏好，希望能夠尋求雙方都可以接受的答案。在這過程中，雙方都要積極地尋求解答，了解對方的需求，抱持互相信賴及彈性的態度。整合性談判的結果可以導致雙方較佳的長期關係，促進未來的共同合作。

➤組織行為・**黃國隆**

integrity constrains　完整性限制
❖*完整性限制*

為了保有資料庫系統中資料完整性所制定的許多限制條件。完整性限制可視為維持資料庫正確狀態需要滿足的條件。例如，資料庫不同位置所存營業額的單位是否相同，表格中某項資料刪除時，是否相關資料均同時更新。完整性限制不但要能清楚指明各科條件，也應包括能在適當時機指明補救措施的功能。

➤資訊管理・**梁定澎**

intellectual capital　智慧資本　❖*知識資本*

能為公司帶來競爭優勢的一切知識、能力等無形資產的總合。其一般可以分為四大類：

 1.人力資本：指附著在個人的知識與能力之總合。
 2.流程資本：指附著在企業主體，與效率相關之企業內部的程序與方法。
 3.創新資本：指附著在企業主體，與企業未來之競爭優勢之創造相關的無形資產。
 4.關係資本：附著在企業與外部主體之間，與現在及未來競爭優勢相關的互動狀態。

➤策略管理・**吳思華**

intelligence　智力　❖❶*智力*　❷*才智*

係指個人表現在思考、學習、推理、判斷，以及生活適應等方面的綜合性能力。個人的智力表現會受其本身的遺傳條件、後天的學習經驗及特定的時空環境之交互影響。智力測驗(intelligence test)即是用來衡鑑個人智力高低的標準化測量工具。

➤組織行為・**黃國隆**

intelligent agent (IA)　智慧代理人
❖*智能代理*

被設計來幫助主人（使用者）完成某些特定目的及任務的軟體程式，其本身具有某種程度的知識與獨立自主的運作特性。智慧代理人必須具備學習及判斷能力，可以因應所在環境的改變而進行學習、更新自己的知識庫並給予環境適當的回應。目前主要的商業應用包括在網路上自助瀏覽與擷取特定資訊（如查詢商品價格）、電子商務上交易行為的代理、及提供個人例行任務的支援等。

➤資訊管理・**梁定澎**

intelligent failure　智慧型失敗

指有成功機會的一時犯錯，這種失敗是「智慧」的，不僅有益，更有其必要；智慧型失敗是冒險的結果，如果人們沒有說錯話或作錯事的自由，他們也就沒有創造力的空間。

➤科技管理・**李仁芳**

intensive distribution　❶密集式分配
❷**密集式配銷**　❖*密集分銷*

一種產品儘量在很多零售點銷售的市場涵蓋形式，適用於低價便利品、小數量的購買，例如：味全食品和黑松飲料。此種分配策略

的優點在於可達到最大的產品鋪貨程度；缺點則為消費者看得太多、鋪貨過度、中間商注意力降低。

➢行銷管理・洪順慶

interdependencies　互賴

企業之間基於本身專業形成自然分工，幾乎沒有任何一家公司能夠由組織內部提供生產所需的全部資源，亦無法以一己之力對抗環境的壓力，因此企業之間常是互相依賴又共同發展，形成福禍與共的事業共同體。因此任一企業無法獨立思考策略課題，必須同時考量組織間的關係，合作策略與事業網路管理成為重要的策略管理議題。

➢策略管理・吳思華

interest rate risk　❶利率風險　❷系統風險

因為利率變動，而使投資人遭受損失的風險。長期而言，所有市場利率有共同上漲或下跌的趨勢。利率的改變，會對債券價格造成影響，亦即債券價格與利率呈反向變動。此乃因債券價格為其收益之現值，而市場利率又為計算債券價格之折現率所致。

利率風險影響固定收益證券的價格較普通股為大，此乃因固定收益證券其在報酬上的任何改變，僅可由資本利得或損失來實現。由於利率水準的變動，足以影響所有證券的價格。

➢財務管理・吳壽山・許和鈞

interlocking directorate　互派董監事

藉由二家以上企業的董、監事的互換行為，以達到建立彼此連結的正式關係

➢策略管理・司徒達賢

intermittent production　間歇性生產

❖❶离散型生产　❷离散型过程生产　❸间歇式生产

係指按一預設之時間間隔將每批原料投入且使每批產品之產出間亦有或多或少時間間隔的生產方式，此種生產方式下，其主要特徵為產品種類相對較多但產量相對較小、產品設計沒有標準化且規格變化大使製造程序差異大、設備與佈置方式保持彈性（多採製程式佈置）以及將使生產線不易平衡且單位成本較高等。

一般而言，間歇性生產又可分為大量生產、批量生產與零工式生產三類，例如：家具業、機械業、電子業等一般均採間歇性生產。

➢生產管理・林能白

intermittent manufacturing　間歇性製造

參閱 intermittent production。

➢生產管理・林能白

internal market　內部市場

當使用者和開發者兩者合而為一時，科技人員對使用者的同理心自然最強。刺激創新的方法之一就是鼓勵科技人員充當內部市場，不斷地尋求消費者需求及科技人員知識之間的交叉點。

➢科技管理・李仁芳

internal marketing　內部行銷

❖内部营销

公司的管理當局發起一種類似行銷的途徑激勵員工，使他們成為有服務意識和顧客導向，也就是公司從行銷哲學的觀點來看待員

工，以利各種政策和方案的執行。

➤行銷管理・洪順慶

internal process approach
內部程序方法

代表量測組織效能的方法之一，乃從組織內部運作活動、程序的效率與健全以衡量組織的效能。組織效能便是指善用資源，並由內部活動歷程的健全與效率反應而得出，此方法通常不考量外在環境，且對健全與效率的評估常落於主觀，是其缺點。

此方法於今日甚受重視，且與人力資源管理密切相關，例如：強調透過塑造優良的企業文化、授權賦能、建立工作團隊與團隊精神等方式，促進內部運作時的和順與效率。

➤組織理論・徐木蘭

internal rate of return (IRR)
內部報酬率

能使現金流入量現值等於現金流出量現值的折現率。因此，將投資專案所產生的淨現金流量，以內部報酬率折現，其加總之折現值應等於零。內部報酬率可利用下列方程式求解：

$$\frac{R_1}{(1+r)} + \frac{R_2}{(1+r)^2} + \cdots + \frac{R_N}{(1+r)^N} - C_0 = 0$$

亦即，

$$\sum_{t=1}^{N} \frac{R_t}{(1+r)^t} - C_0 = 0$$

其中，

C_0 代表期初投資；

R_t 代表各年收益。

由方程式解出之 r 值，即為內部報酬率。當現金流出量淨額出現不只一次時，內部報酬率(r)可能不止一個。

➤財務管理・吳壽山・許和鈞

internal rate of return method
內部報酬率法

一種評估投資專案的方法。該法藉由計算投資專案的內部報酬率，以評估專案是否被接受。內部報酬率法的接受標準是將此內部報酬率與某一取捨點（亦即投資人的必要報酬率）相比較，如果內部報酬率大於必要報酬率，則接受此一計畫；否則，將予以拒絕。

➤財務管理・劉維琪

internal validity　內部效度
❖❶內部效度　❷內在真實性

一種用來評估實驗好壞的準則，此一評估的重點在於準則變數的變化是因為實驗處理或自變數所導致。

➤行銷管理・洪順慶

internal wrecking crews　內部救難隊

員工若能模擬外在市場，亦即將新產品推出時所會面臨的情況原型化，公司在學習上就可獲得內在的優勢。這種內部救難隊的功能，和使用者團體大同小異，都能夠給予產品開發者相關的回饋。

➤科技管理・李仁芳

internalization　內化

指將外顯知識轉化為內隱知識的過程。它和

「邊作邊學」息息相關。當經驗透過共同化、外化和結合，進一部內化到個人的內隱知識基礎上時，它們就成為有價值的資產（參閱圖二十、二一，頁131）。

➢科技管理‧李仁芳

internally network organization
內部網路式組織

資訊時代經理人面臨的最大挑戰——創造可分享知識的組織。網路可為他做到這一點，因為網路可讓資訊在組織內部快速流通。

➢科技管理‧李仁芳

international expansion　國際化發展

自 1990 年代起，全球化市場具有很大的潛在利潤，同時全球化競爭迫使企業逐漸發展至國際化經營的體質，而一個企業由國內企業發展至全球化企業,共歷經了四個主要階段：

1. 國內階段：市場重點置於國內，為國內性架構，成立出口部門，產品開始加入國外貿易。
2. 國際化階段：出口導向策略，成立國際部門以取代出口部門，獨立處理各海外國的經營管理事務與產業競爭狀況。
3. 多國籍化階段：成為真正的多國籍公司，事業單位遍佈海外，行銷和製造遍佈許多國家，且超過 1/3 的銷售是在國外。
4. 全球化階段：子公司遍佈海外各國，不只在單一國家經營，而是超越單一國家成為無國籍國家，隨著全球的流行而作業，以全球為市場，組織結構相當複雜。

➢組織理論‧徐木蘭

international product cycle
國際產品週期

一個已開發的先進國家，具備其他較低度開發國家所沒有的技術創新能力和消費能力，所以當產品開發出來之後，先供應自己國內消費者,同時也供應一部分開發中國家的消費者。經過一段時間之後，開發中國家的廠商也有能力生產此一產品,而且生產成本還比先進國家低，甚至會有回銷先進國家的能力。

➢行銷管理‧洪順慶

international standard　國際標準

參閱 harmonization between national standard。

➢科技管理‧賴士葆‧陳松柏

internet　網際網路　❖互聯網

是一個全球性的電腦網路，網際網路的前身是 1969 年美國尖端研究計畫署(Advanced Research Projects Agency)的 ARPANET，如今的網際網路已擴展到全世界各國，上面已擁有各式各樣的資源與服務，例如：WWW、email、FTP、NEWS 等，成為人類生活中不可或缺的一部分。

➢資訊管理‧梁定澎

internet broadcasting　網上廣播
❖网上现场直播服务

參閱 webcasting。

➢資訊管理‧范錚強

internet content provider (ICP)
網路內容提供者　❖互联网内容提供者
以提供網頁內容的資訊作為商品的網路公

司。由於網頁內容及資訊需要人力生產，因此主要 ICP 多為實體世界的媒體，例如：中時、CNN 等。

➣資訊管理・梁定澎

internet protocol (IP)　網際網路通訊協定
❖网际通信协议

IP 是目前網際網路通訊協定中的基本通訊協定，負責傳送資料到指定位址，但在協定中不確認資料是否正確傳達，是一種無連結的通訊協定。IP 的目的地辨識方式是對每一個網路及每一台主機給予一個 ID，合併稱為 IP 位址(IP address)。(參閱 transmission control protocol)

➣資訊管理・梁定澎

internet service provider (ISP)
網路服務提供者　❖互联网服务提供者

提供使用者連線到網際網路上的公司。除了提供上網服務外，ISP 也提供使用者網際網路上的各種服務，包括 e-mail 帳號、虛擬主機、Domain name 申請、網頁設計與維護等。例如：HINET、SEEDNET 等公司。

➣資訊管理・梁定澎

inter-organizational information systems　跨組織資訊系統　❖跨组织信息系统

隨著全球企業環境的變遷，企業組織應用資訊科技的範圍逐漸從組織內部轉移到外部。例如：如何應用資訊科技以協助客戶或原料供應商等。這種用來支援組織與組織之間的交易、協調和溝通等活動的資訊系統，便稱為跨組織資訊系統。

➣資訊管理・梁定澎

interpretative equivocality
解釋性的模稜兩可

組織的波動可以帶動創造性混沌，進一步誘導並加強個人的主觀投入，在每日例行的作業中，組織成員通常不會面對這樣的一種狀況。在一些創新力強的公司中，高階經理人可能刻意的製造波動，使組織的低層出現「解釋上的模稜」。這種模稜兩可促使個人改變他們的基本思考方法，也有助於將個人內隱的知識外化。

➣科技管理・李仁芳

interpreter　解譯器　❖译码器

一次翻譯一行原始碼指令，將高階語言翻譯成機器語言的軟體。解譯器一旦發現錯誤就會停止執行動作，能幫助程式設計師迅速解決程式設計發生的錯誤。與編譯器相同的是，兩者都可以將程式語言轉成機器語言；不同的是，編譯器還需要連結器才能產生一個完整的執行檔，有了執行檔以後就不需要編譯器與解譯器，而解譯器只會產生可執行的敘述，不會轉成執行檔。

➣資訊管理・梁定澎

intervention　訴訟

是勞資爭議漸進方式處理過程中，最後所能採取的步驟。以我國勞資爭議處理程序為例，當勞資爭議發生時，若爭議屬權利事項，則先依調解程序，調解不成立，則進入法律訴訟；若爭議屬調整事項，則先依調解程序，調解不成立，則可申請仲裁，仲裁不成，則進入法律訴訟程序。

➣人力資源・吳秉恩

I

intervention　介入

進行組織發展活動時所使用的特殊技巧，目的在於促進變革活動的推展，發掘舊有問題之所在、消除人員抗拒變革的心理與行動、賦予新觀念和新行為的教育，以確保組織績效的改善目標能夠達成，此為一種運用行為科學知識的結構式活動，通常包含三個步驟：

1. 收集所欲改善之現象的資訊，進行問題點的診斷。
2. 擬定改善問題的行動方案並落實執行。
3. 注意執行過程中與執行完成後的資訊回饋，以決定後續的動作，維持變革活動的推展。常見的介入技巧包括調查回饋、過程諮商、團隊建立等。

➤組織理論・徐木蘭

interview　❶面談　❷面試

進行工作分析時的一種定性方法，透過直接與相關人員交談和提出問題的方式，以收集工作內容和工作職責等資訊。一般有三種形式：個別員工面談法、集體員工面談法以及主管面談法。集體面談法是在一群員工從事同樣工作的情況下使用，通常也會邀其主管出席。主管面談法則是找一個或多個對於該工作有相當了解的主管進行面談。

面談法的優點是透過追蹤問答，可深入探知實際工作內涵，資訊較完整；缺點則是對方可能提供錯誤資料或是無心的誤解，導致資訊受到扭曲。其他若為測定應徵者之知識、技能及態度，亦可用面談或面試方式為之。

➤人力資源・吳秉恩

intrinsic rewards　內在酬賞

個人從工作行為本身所獲得的滿足。像是完成工作所帶來的滿足感、成就感、或從工作中感受到個人自我的成長與發展。

➤組織理論・黃光國

introductory stage of product life cycle　❶產品生命週期的上市階段　❷上市期　❸導入期

產品生命週期中的第一個階段。一個新產品被廠商推出到市場時，上市期就開始了。公司要將一項商品推到市場，必須透過批發商和零售商才能進行鋪貨，由於零售商的展示空間有限，甚至必須擠下現有的商品，所以銷售成長通常很緩慢。廠商在這個階段的主要行銷目標是創造產品的知名度和鼓勵消費者試用。

➤行銷管理・洪順慶

inventory blanket lien　存貨綜合留置權

存貨融資的一種方式。指金融機構（放款人）在貸款未獲完全清償前，其對公司（借款人）的所有存貨擁有留置權。亦即當公司未能償還貸款時，金融機構有權將公司所有存貨拍賣掉，以清償其貸款。但由於公司可不經金融機構的同意，隨時出售存貨。所以，在公司出售部分存貨時，用來作為擔保品的存貨價值，將會低於公司向金融機構貸款時的水準，而使金融機構所能獲得的保障較前為少。

➤財務管理・劉維琪

inventory control　存貨管制　❖庫存控制

係指以最低總成本來維持最低物料存量，並適時、適量地滿足生產與銷售所需，進而提高資金週轉能力。通常不同的需求型態常導致不同的存量管制模型，若為獨立需求型態則有定量訂購制、定期訂購制、複倉制及 S-s

模式等存量管制模型，若為相依需求型態則
有物料需求規劃(MRP)管制模型等，無論何
種管制模型，其重點皆在於考量到最低存貨
成本下，作成應維持多少存量、何時補充存
量以及需補充多少存量等管制決策。

➢生產管理・林能白

inventory conversion period
存貨轉換期間

公司將原料轉換成製成品，再將製成品賣出
所需的平均時間。(參閱 cash conversion cycle)

➢財務管理・劉維琪

inventory financing　存貨融資

一種融資方式。指公司以現有存貨作為擔
保，以獲取貸款。如果公司的信用不錯，可
能只要有存貨存在的事實即可獲得貸款；如
果公司信用不佳，則可能必須使用存貨綜合
留置權、信託存單等方式作為擔保，才能取
得貸款。

➢財務管理・劉維琪

inventory policy　存貨政策　*庫存政策*

係指在考量到整體儲運目標下確保生產或銷
售所需的存量，亦即對於企業的生產與配銷
活動給與最佳的後援供應。存貨政策的主要
目的為決定適當的訂購時機（即決定最佳訂
貨時間）與訂購量（即決定最佳訂貨數量），
使物流總成本降至最低，同時能提供顧客滿
意的服務，其中，持有成本、訂購或整備成
本以及缺貨成本為會影響存貨政策的三種主
要成本。因此，存貨政策乃公司管理階層正
式頒布有關公司之整體存貨意願與方向的政
策，一般而言，存貨政策包括下列各項：

1.顧客服務水準。
2.庫存投資金額。
3.存貨週轉率。

➢生產管理・林能白

inventory turnover ratio　存貨週轉率
存货周转率

存貨全年週轉的次數，亦即平均庫存的存
貨，其在一年中出售的次數。其公式為：

$$存貨週轉率＝銷貨成本÷平均存貨餘額$$

至於在製品存貨之週轉率，其值等於全年製
造成本除以平均在製品存貨餘額；而原料存
貨週轉率則等於全年耗用原料總額除以平均
原料存貨餘額。存貨周轉率越高，表示存貨
越低，資產使用效率越高。但是存貨水準如
果過低（即週轉次數太高），則發生缺貨及停
工待料的危險性相對增加，亦非良好現象。
存貨週轉率的高低，除與經營效率有關外，
亦受經營行業的影響。例如：百貨業的存貨
週轉率很高，而造船業的存貨週轉率則很低。

➢財務管理・劉維琪

inverted pyramid organization
倒金字塔組織

一種以任務編組為主的新組織模式，如果執
行得宜將可剷除威權，以避開曠日費時的行
政結構並支援策略的快速執行。這種組織型
式迫使組織重新思考高階主管、中階主管以
及基層員工三者間的關係。

➢科技管理・李仁芳

inverted-U relationship between stress and performance
壓力與績效之倒 U 字型關係

壓力與績效呈現倒 U 字型關係，當壓力太大、太小時，個體的績效表現不佳；當壓力適中或正好在個體的壓力忍受臨界點時，此時所表現的績效會達最佳水準。

➢組織行為・黃國隆

investment banker　投資銀行
❖❶*投資銀行*　❷*专业投资银行家*

一種金融機構。該機構將一公司所發行之債券或股票全部買下，或同他人作是類購入，其承購之股票可批發予證券商，亦可直接賣予投資者或二者兼之，與一般所了解的銀行並無關連。投資銀行的主要功能有：

1. 包銷公司新發行證券，使發行公司不必冒證券可能無法以原訂價格出售給投資大眾的風險。
2. 經銷新上市的證券（因為投資銀行擁有專門幕僚及市場組織）。
3. 提供諮詢顧問服務。

➢財務管理・劉維琪

investment opportunity schedule (IOS)　投資機會表

一種將公司投資機會按其報酬率大小排列的圖或表。亦稱投資機會明細表或資本需求明細表。

➢財務管理・劉維琪

invisible hand　看不見的手　❖*看不见的手*

亞當・史密斯(Adam Smith)在《國富論》(*The wealth of Nations*)一書中稱價格機制為看不見的手，指市場的交易數量是由市場的供給及需求雙方所決定，價格資訊扮演著關鍵的決定角色。

➢策略管理・吳思華

involvement　涉入

指個人所感受到的重要性或者是在一個特定情境下被刺激所激發的興趣。

➢行銷管理・洪順慶

IP audit　智財權的稽核　❖*知识产权的稽核*

此為企業智財權管理活動的第一項要務，主動盡全力發掘企業內具有那些潛在專利價值的發明案，儘速提出申請。由於研發人員太專注於技術的鑽研，有時不太了解專利市場，不知道他所進行研發的技術可以申請到專利，此時就有賴專利管理人員主動出擊，與研發人員密切的溝通協調提出專利的申請。

➢科技管理・賴士葆・陳松柏

IP maintenance　智財權的維護
❖*知识产权的维护*

企業在某個國家地區申請到了某項智財權保護後，為確保其所擁有的智財權，每年仍必須花費一些成本做智財權的維護工作，例如：專利的註冊登記、繳納年費、定期更新、特定商標的使用證明……等，當其他公司侵害到本公司的專利時，本公司將如何應對？……等皆是智財權維護的範圍。

➢科技管理・賴士葆・陳松柏

IP strategy 智財權的策略
❖知识产权的战略

有兩種不同策略：

1. 攻擊性智財權策略：適合於創新技術型企業，企業有一批監理警察，主動出擊了解有無其它廠商侵占到企業的權利，屬於一種主動抓賊的策略，並利用企業擁有的智財權來實施市場獨占。

2. 防禦性智財權策略：適合於模仿技術型企業，乃在充分利用競爭對手所出版的技術公報或專利公報等公開資訊，藉以合法的篩檢企業所提出的防禦性專利申請，並迴避一些可能來自競爭者的告發。

➢科技管理 · 賴士葆 · 陳松柏

intellectual property right (IPR)
智慧財產權 ❖知识产权

包括三類：

1. 著作權：包括文字及藝術作品，例如：小說、詩詞戲劇、電影、音樂、圖畫、建築設計……等。

2. 人類智慧所創作發明的產物：例如：專利、植物新品種、積體電路佈局、電腦軟體、工業設計、營業秘密(know-how)……等。

3. 營業上的標誌：例如：商標、服務標章、商號權……等。

以國內的法律保障有專利法、商標法、營業秘密法、著作權法。

➢科技管理 · 賴士葆 · 陳松柏

Ishikawa diagram 石川圖

參閱 cause-and-effect diagram。

➢生產管理 · 張保隆

islands of automation ❶自動化島嶼
❷自動化孤島 ❖自动化孤岛

自動化島嶼代表製造／組裝廠中自動化整合的子系統，亦即自動化島嶼乃指整合局部區域中相關或鄰近的單點自動化設備而成為一完整系統，以利集中協調與管制或進一步擴展與周延化其功能面，目前較常見於製造／組裝廠中的三種重要自動化島嶼分別為製造部門的彈性製造／組裝系統、工程設計部門的電腦輔助工程系統以及生產部門的製造資源規劃系統(MRPII)等。

➢生產管理 · 張保隆

ISO 14000 ISO 14000 標準
❖14000 质量管理和质量保证国际标准

ISO 14000 標準內涵為環境管理系統，係指要求參與的公司記錄原物料使用的狀況及其危險廢棄物的產生、處置和處理方法，重點在於環境績效上的改良。

其涵蓋領域包括改良資源使用與污染物排放的環境管理系統、敘述企業合格指導方針的環境績效評估、定義有效能源與再循環利用等環境影響分類以及評估產品製造對環境造成衝擊的生命週期評估等項目，企業必須委託合法機構的稽查員於固定時間進行檢查以維持認證資格。

➢生產管理 · 林能白

ISO 9000 ISO 9000 標準
❖9000 质量管理和质量保证国际标准

係指為因應國際市場的交易活動與克服各國不同標準的貿易環境問題，而由國際標準組織 (ISO)所設計之一套管制品質計畫證明文件的標準規範。

ISO 9000 標準係由 ISO 9000～9004 所組成：ISO 9000 為概論證明文件，提供標準的指導方針，ISO 9001 為制定標準之一；其範圍包含設計、生產、訓練等 20 項，由於範圍最廣因而較難達成，ISO 9002 涵蓋與 ISO 9001 同樣的領域，但重點著重於生產與服務程序，ISO 9003 範圍最小，著重於生產製程標準的達成，而 ISO 9004 為解釋其他標準上的指導方針。

➢生產管理 · 林能白

Industrial Technology Research Institure (ITRI) 財團法人工業技術研究院（台灣）

簡稱工研院，是一個非營利、致力於應用研究、科技服務的研究機構。民國六十二年，經濟部為了促進台灣的產業界技術升級，增強我國工業在國際上的競爭力，為國家培育工業技術人才，而成立了工研院。目前工研院共有六千個員工，十二個研究單位，不斷的在傳統產業、高科技產業領域上進行研究開發。

➢科技管理 · 賴士葆 · 陳松柏

Java 爪哇語言 ❖Java 语言

為 Sun Microsystems 所發展之程式語言，主要的設計目標就是要適用於網際網路之程式開發。Java 語言具有安全性高、跨平台、生產速度快、及維護容易的特性。

➢資訊管理．梁定澎

J.B. Quinn 比率法

對研發投入與效益產出之衡量比率，來評估衡量研發績效的一種方法，當比率愈高時，表示研發的績效愈高。常用的比率方法有：

1.利潤／R&D 成本。
2.新產品盈餘部分／總盈餘。
3.市場占有率／R&D 成本。
4.銷售額的增加／R&D 成本。

➢科技管理．賴士葆．陳松柏

jig 冶具

係指工件進行加工時，往往需藉助一些工具（諸如：車刀、鑽刀等）來改變工件的形狀或物性。（參閱 fixture）

➢生產管理．張保隆

Jimmy Steward test 吉米史迪瓦測試

是一種假設某一人、事、物若在這世界中消失後，會有什麼後果？來顯示該人、事、物對這世界之重要性。以此引申到對某部門或某人重要性之評估，評估人員自我詢問幾個問題，「如果公司沒有研發部門，如果公司沒有我，公司將會如何？公司的什麼利潤將會消失？」藉此方法在認定該研發部或某人是否為公司關鍵性不可缺乏之部門或角色。

➢科技管理．賴士葆．陳松柏

job analysis ❶工作分析 ❷職務分析 ❖职务分析

乃指對職務與人員之內涵，進行記錄、檢視與鑑別的過程。詳言之，即將工作組織中與各項職務有關的活動內容（如工作目的與性質、工作執掌及內容、執行程序及方法等），以及人員的必備條件（專業知識、技能、學歷、資歷等），加以記載、描述、分析與識別。工作分析的具體結果會撰為「工作說明書」(job description) 及「工作規範表」(job specification)，以提供做為後續工作評價和員工甄選的參考依據。

➢人力資源．吳秉恩

job characteristic model (JCM) 工作特性模式

由海可曼(Hackman)與奧德罕(Oldham)所共同提出。工作特性模式將工作的核心構面分為五項：技能多樣性、任務完整性、任務重要性、自主性、回饋性。工作在此五個向度上的特徵，將分別影響到員工的心理狀態，進而影響工作績效與員工滿足感。這五個構面分別為：

1.技能多樣性：執行一項工作時需要運用各種不同技巧與能力的程度。
2.任務完整性：工作者能完成整件工作及可辨認出工作成果的程度。
3.任務重要性：工作任務對他人的生活或工作產生重大影響的程度。
4.工作自主性：作者能獨立自主地決定工作排程及工作程序的程度。
5.回饋性：工作者能清楚地獲知其工作績效優劣的程度。

➢組織行為．黃國隆

➢組織理論．黃光國

job description ❶工作說明書 ❷職務說明書 ❖职务说明书

是一種書面文件，記載著任職者實際上做些什麼，如何去做，以及在什麼條件之下執行其工作。編寫工作說明書並沒有標準的格式，不過大部分的工作說明書都至少會包含：工作識別、工作摘要、工作關係、職務及職責、職權及績效標準、工作條件（環境、機具、設備）等項目。

➢人力資源・**吳秉恩**

job design 工作設計 ❖职务设计

將任務組合成一完整工作的方法。為了增進工作效率、提高生產力、改善產品或服務品質及增進員工滿意度，而對員工的工作內容、技能和訓練及適職專業化的程度等進行技術與人為因素方面的考量與分析。

工作設計的範圍從原物料投入到產品的產出過程，包括人員、物料、機器設備、生產方法、工作環境、工廠佈置等做有系統的研究，以確保人員、物料、機器設備等均能做最有效的利用。

主要有四種學派：

1. 工程學派：以工作效率為考量。
2. 心理學派：以員工工作滿足為考量。
3. 人因學派：以人機界面的穩定性、工作安全為考量。
4. 生物學派：以員工工作環境的舒適為考量。

➢生產管理・**林能白**

➢組織理論・**黃光國**

job enlargement 工作擴大化

企業為提升員工全方位之工作能耐，水平增加其工作種類或兼辦多種業務，以強化其第二、第三專長，同時也能減輕單調性工作所可能帶來的乏味與倦怠。在工作指導方法上，工作擴大化是給予員工工作上「量」的增長。由於工作擴大化僅在量的方面增加工作，在質的方面缺少改進，因此成效並不顯著。

➢人力資源・**吳秉恩**

➢組織理論・**黃光國**

job enrichment 工作豐富化

將原有前後多步驟分工的工作加以垂直整合，或學習執行更高階工作，讓員工學習更高層次的工作，增加其困難度和挑戰性，同時讓員工更了解其工作領域中附加價值活動的完整輪廓，以激發員工對工作的責任感，並提升其對工作的投入與熱忱。工作豐富化藉由擴充職務的內涵，讓員工對工作有更大控制權，以增進其工作滿意度。

➢人力資源・**吳秉恩**

➢組織理論・**黃光國**

job evaluation ❶工作評價 ❷職務評價 ❖工作评估

係薪資規劃程序之一，其基本程序是按照努力程度、職務權責以及所需技能等「工作內容」，來比較組織中各種工作或職務之相對價值，按照相對價值之差異，給付不同的薪資。在美國，企業均一致公認工作評價是核定合理薪資的有效方法而廣被採用；在國內除公營機構據以建立「職位分類」系統外，民營機構應用較少，主要原因在工作評價可明確界定薪資「規則」與「結構」，但相對亦使激勵「彈性」相對降低。

➢人力資源・**吳秉恩**

job involvement 工作投入

個人對其所交付任務的喜愛與承諾程度，表現在個人對其工作的態度之上，如：認同所從事的工作、將完成工作視為個人重要的價值等。

➢組織理論・黃光國

job posting 職缺公佈

有職位出缺時，人力資源部門即將之公告於佈告欄，以便讓公司內部員工申請報名，或互相推薦人選，遴選程序與甄選標準與對外招募一視同仁；這種方式能節省廣告或推薦的支出。不過，如果員工的申請或者員工推介的人選不被接受，則容易導致員工的熱忱降低，甚至引起員工的不滿，值得多加留意。

➢人力資源・吳秉恩

job redesign 工作重新設計 ❖职务再设计

指以提高員工工作生活品質為前提，利用工作擴大、工作豐富化、工作輪調，以及運用品管圈、彈性上班、壓縮式工作週等措施，使員工提升工作生產力，讓個人技能充分發揮，並可提供個人工作滿意度的機會。

➢人力資源・黃國隆・吳秉恩

job rotation 工作輪調

是員工訓練方法之一，讓員工定期地由某項工作轉移從事另一項工作，藉此讓員工有機會體驗並熟悉組織內各部門的工作內容和運作實況，讓員工學習多樣知識技能，培養員工對組織的整體觀，同時促進組織內各部門之間的相互了解與協調合作。

➢人力資源・吳秉恩

job satisfaction ❶工作滿足 ❷工作滿意度 ❖工作满足

指工作者對其工作所抱持的一般性態度，或工作者對其工作的感受與評價。影響工作滿足的因素可歸納為兩大類：

1. 環境因素（如上司的領導方式、工作特性……等）；
2. 個人屬性（如個人的價值、需求、教育程度……等）。工作者的工作滿足程度會影響其曠職率及離職傾向。

➢組織行為・黃國隆
➢組織理論・黃光國

job sharing 職務分享制

指公司在營運困難時期為了避免大量解雇員工，而由員工分擔同一職務的工作份量，暫時性地減少每人的工作時數，但薪資給付也同時跟著工作時數等比例減少。

➢人力資源・吳秉恩

job shop 零工式工廠

參閱 flow shop。

➢生產管理・張保隆

job specification ❶工作規範書 ❷職務規範表

乃是接續於工作說明書之後的書面文件，詳列擔任某項工作所需具備的各種條件，包括學歷、經歷、知識技能等，以做為員工甄選標準及工作評價的參考依據。工作規範書可以跟工作說明書分開，但通常都附於工作說明書之後，一併表述，較為單純易讀。

➢人力資源・吳秉恩

jobbing shop production

❶零工式生產　❷訂單式生產　❸訂貨型生產

❖❶単件小批生产　❷単件生产

訂貨生產型，其主要特徵為極多產品種類之極少產量生產型態，同時，其產品多為特殊的客製化產品且甚少共用之標準化零組件。由於所生產之產品種類眾多且每種產品之加工特性與加工順序各不相同，故為提高生產彈性需使用通用目的設備與多能工(multi-skilled labor)並配合製程式（功能式）佈置型態，不過，在此種生產方式下將會犧牲性生產效率使得其單位生產成本較其他生產類型為高，而其產出率(throughput)卻較其他生產類型為低。（參閱 make-to-order）

➢生產管理・張保隆

Johnson's rule　詹森法則

是 1954 年詹森(J.M. Johnson)所發展出來的，主要解決流程式工廠雙機排程的問題，其主要的目的是找出具最小總完工時間下的工作順序。詹森法則的排程步驟如下：

1.列出各訂單機器 A 和機器 B 的處理時間。
2.找出處理時間最少者。
3.假如最少時間在機器 A，則將對應的訂單排在第 1.假如最少時間是在機器 B，則將對應的訂單排在最後。
4.重複步驟 2 和步驟 3，找出剩下時間為最小者，並從已排好順序的訂單兩端往內排，直到所有的訂單都排好止。
5.如果有兩個處理時間一樣小的話，可任意選擇一個先排。

➢生產管理・張保隆

join venture　合資　❖合营

指兩公司聯合雙方的才能以成立另一家公司，通常兩家公司擁有互補的才能，且具有共同的目標。主要的優點在於合資公司的風險只限於出資的部分；進入外國市場的公司可以利用當地公司的專長，彌補自己的短處；如果當地國家的政府限制外國人的公司資本額時，合資就成為唯一可行的辦法。

合資共有三種類型：即合約式、股權式、和混合式。

1.合約式合資：在這種類型的合約當中並不是以獨立的合法企業實體來進行合資。它是一個非法人組織形式的企業，創立目的是要去執行定義明確的活動，並且要在一個特定的時期內達成一些特定的目標。同意以這種類型進行合資的公司雙方劃分的很清楚。雙方只需要對自己的負債負責。
2.股權式合資：在此種約定下至少有兩方以上參與其中並且具有以下的特色：參與投資的合夥者以有限責任組成法人企業並且共同管理、以預定的股票權益(equity)比例共同入股新成立的企業、以各方所占有的股權來共同分享或承擔盈虧。
3.混合式合資：正如此名稱所表示的，這種型態的合約兼具上面兩種類型的特性。就股權式這部分來說，混合式合資讓新成立的企業仍舊保有獨立法人的形式，但不見得一定是有限責任企業。就契約式合資這部分來說，混合式合資則保有其具有時效性的活動及目標特性。

➢科技管理・李仁芳
➢行銷管理・洪順慶
➢財務管理・劉維琪
➢策略管理・吳思華

joint application design (JAD)
共同應用設計 ❖*合作应用设计*

為資訊系統開發初期，需求分析階段中需求擷取的方法之一。主要之精神是透過二至五天的集會，讓開發者與顧客能夠快速有效且深入的檢討需求並取得共識。JAD 的具體結果是產生完整的需求文件，過程分為範圍界定、關鍵人員的熟悉、會議準備、會議進行及文件產生五個主要步驟來進行。

➢資訊管理・梁定澎

junk bond　垃圾債券　❖*垃圾债券*

具高風險與高報酬性質的債券。通常由陷入困境的公司所發行。此外，在合併或融資買下的場合中，被用來籌資，且同樣具有高風險與高報酬性質的債券，也稱為垃圾債券。

➢財務管理・劉維琪

just-in-time (JIT)　及時生產制度
❖*❶准时化(准时制)生产实时制管理　❷无库存生产方式*

指一家中心的製造商及其上游的供應商充分合作，使整個體系的存貨減到最低的管理制度。本制度是以統計、工業工程、生產管理及行為科學等為基礎，並將不同企業所發展的經營理念具體化的一種哲學。及時生產制度主要包括三個層面：

1.及時生產哲學。
2.設計與規劃及時製造系統的技巧。
3.及時系統中現場監控的技巧。

➢生產管理・林能白

➢行銷管理・洪順慶

just-in-time (JIT) production system
剛好及時生產系統 ❖*❶准时化生产系统*
❷准时制生产系统

由日本大野耐一(Mr. Taiichi Ohno)於豐田(Toyota)汽車公司所發展出的生產管理方法，係指在製程中，以適時、適地、適量及適質的方式提供現場所需的物料（適物），採用快速換模法並配合生產平準化與小批量混合生產方式及看板目視管理等方法，以尋求縮短製造／裝配時間、排除浪費、提升設備使用率及達成零庫存、零待料時間、零故障、零不良率等終極目標，並維持生產線的彈性以順應市場需求與製造環境變化。

➢生產管理・林能白

kanban system 看板系統

❖❶看板系统 ❷看板法

該系統為剛好及時生產系統(JIT)中一種應用在現場監控的技巧，係指將零組件名稱、物料編號等寫於卡片上，此種卡片可提供製程中生產作業指示、物流數量及存量掌控等功能。常見之雙卡片看板系統(two-card kanban system)中的看板卡片依用途可分為生產看板(production kanban)與提領看板(withdrawal kanban)二種，先由後製程利用廠內之移動看板，適時向前製程領取適量的物料，前製程再依生產看板之作業條件與製造資訊，生產適量後製程所需的零組件。

看板系統可保持生產線的彈性與動態性，依市場需求隨時調整內容以提供最新的生產與物流資訊。

➢生產管理・林能白

Keiretsu business group

日本商社集團 ❖合作企業模式

為日文用字。指的是會員成員結合他們的銷售、財務、及其他部門的功能在本身鬆散的企業組織中，並且能夠在國內和國際商業環境中擁有更龐大的力量。

藉著深植於日本文化中忠心和合作的特質，再加上第二次世界大戰後日本盟軍要求日本解散其舊有勢力 zaibatsu，keiretsu 乃於此時出現。此種組織成員利用彼此的資源來獲得他們可能在獨立運作時絕不可能達到的商業水準。

日本有三種主要集團：

1.以銀行為中心的經聯會。

2.供應者為中心的經聯會。

3.以配銷通路為中心之經聯會。

➢策略管理・吳思華

key 鍵 ❖键

在資料庫系統或檔案中，選擇作為存取資料之用的欄位稱為鍵。作為鍵的欄位，它的值在整個檔案或資料庫中必須不會重複、獨一無二的，以便識別各筆記錄。

➢資訊管理・梁定澎

key success factor 關鍵成功要素

❖主要成功因素

泛指所有可能成為企業經營競爭優勢的來源項目，例如：行銷通路、研發能力、品牌。

➢策略管理・司徒達賢

key technology 關鍵性技術

指的是該項技術有其獨特性，為公司營運所必備之競爭武器，可為公司帶來競爭優勢，其有智慧財產之保護。

➢科技管理・賴士葆・陳松柏

kilobyte (KB) 千位元組 ❖千字节

電腦資料的計量單位，1 KB 為 2 的 10 次方個位元組，約等於一千個位元組。

➢資訊管理・梁定澎

know-how ❶營業秘密 ❷專門技術

指的是一種方法、技術、製程、配方、程式、設計或其它可用於生產、銷售或經營之資訊。在過去營業秘密並不像專利有法律的保障，公司對於營業秘密只能用「內部管理」的方式，確保營業秘密不會外洩。但自從「營業秘密法」立法通過後，營業秘密也有了與專利相等的法律保障，國內的營業秘密法是在民國 85 年 1 月 17 日公佈實施。

➢科技管理・賴士葆・陳松柏

knowledge acquisition　知識擷取
❖知识提取

在建構專家系統或其他知識性系統的一個重要步驟，將專家們解決問題所用的領域知識加以取得，透過有系統的組織並以電腦可以運用的方式表達出來，以便電腦系統可用來作出正確的推論與決策。知識擷取的方法可以透過知識工程師以訪談等方法來進行，也可以透過電腦的輔助來加速工作進行。

➤資訊管理・梁定澎

knowledge base　知識庫　❖知识库

專家系統的一個組成部分。知識庫包含人類在特定應用領域內的經驗和過去解決問題的方法，它收集整理人類—尤其是專家—在特定應用領域內的知識和經驗，並匯集先前解決某些問題的資料，找出和知識之間的連繫，從而建立關於某個領域專門知識的資料庫。

➤資訊管理・梁定澎

knowledge capital　知識資本

在知識經濟中，產業的生產要素已從資本、勞工，轉移到知識，從產業發展的角度審視應予重視、具有經濟利益的知識資本，包括：
1. 產權化知識（智慧財產權）。
2. 依附在人身上的知識（受過訓練擁有專業技能的人力）。
3. 鑲嵌於精密機械內的知識（自動化、智慧型機器設備的運用）。
4. 隱藏於複雜作業系統或社會體制之中的知識（制度、系統或文化氛圍）。

➤策略管理・吳思華

knowledge company　知識型企業

一家公司只要以資訊取代成堆的存貨，將他們資訊的物質軀殼脫掉，幻化出另一種專屬的作業生命，這時這家公司自然就蛻變成另外一種完全不一樣的東西了。知識型企業不只是主要資產是無形無相的，甚至連誰擁有這些資產，誰負責照顧這些資產都不太清楚。

➤科技管理・李仁芳

knowledge conversion　知識轉換

一般而言，西方較強調外顯知識，而日方則較重視內隱知識，但內隱和外顯知識並非分離，而是相輔相成的實體。動態的知識創造理論的重要基本假設建立在：人類的知識係藉由內隱和外顯知識的社會互動而創造出來並發揚光大。這種互動稱為「知識的轉換」。

➤科技管理・李仁芳

knowledge economy　知識型經濟

知識在經濟體系、企業、工作中，扮演主宰的角色；而在知識型經濟中知識已經成為經濟的首要資源，他絕對比原料還重要，而且大部分時候也比金錢重要。若以資訊和知識為經濟的產物，那麼資訊和知識在今天比汽車、石油、鋼鐵或是工業時代任何一種產品還要重要。

➤科技管理・李仁芳

knowledge engineer　知識工程師
❖知识工程师

在建造一個專家系統時，最艱難的部分在於如何把人類專家所具有的知識轉換為外顯知識並符合知識庫規定的格式。因為知識本身所涵括的範圍、內容，並非全部可轉換成電

腦的儲存型式,再加上專精於專家系統所要解決問題的人類專家,也並非電腦專家,更加深了此問題的困難度。知識工程即在研究如何把人類專家所具有的知識轉換為知識庫規定的具體格式,專精知識工程的人員稱為知識工程師,他們擔任起人類專家與電腦間的橋樑。

在科技管理領域中,中間經理人常扮演著促進組織知識發展的關鍵性角色,他們是結合高階和基層人員的策略的「結」(knot),他們是高階理想世界和基層混沌而真實世界的橋樑。這就是所謂知識創造公司中真正的「知識工程師」。

➢資訊管理・梁定澎

➢科技管理・李仁芳

knowledge function of attitudes
態度的知識功能

有些態度的形成是由於次序、結構或是意義的需求而來,消費者希望了解他們所接觸的人或事物,就是知識功能。消費者「想知道」的需求,對行銷人員制定定位策略有很重要的影響,因為這種需求會導致消費者「知覺選擇性」的現象。事實上,大部分的產品和品牌定位都是想滿足消費者「想知道」的需求,並透過強調比競爭品優越的方式來改進消費者態度。

➢行銷管理・洪順慶

knowledge management (KM)
知識管理

指組織為了達成組織目標而對知識的擷取、整理、儲存、傳播、運用加以管理的程式與機制。其目的在使組織成員分享所創造的知識並加以運用,減少重複學習與犯錯所造成的資源浪費,以提升組織競爭力並創造利潤。企業為有效運用知識資本,加速產品或服務的創新,常建置資訊系統來管理知識,這個系統包含知識創造、知識流通與知識加值三大機能,稱為知識管理系統。

在知識經濟時代中,建構一個有效運作的知識管理系統,是知識型企業發展所必須具備的基本條件。

➢策略管理・吳思華

➢資訊管理・梁定澎

knowledge officer　知識主管

通常是公司的高階或資深主管,他們所扮演的角色是管理整個組織知識創造的過程。知識主管創造和控制過程的方式不一而足。有時他們會採取走動式管理,有時卻又會遠離日常作業而僅決定創造和贊助那些專案。(參閱 chief knowledge officer)

➢科技管理・李仁芳

knowledge operator　知識操作員

以累積和生產以經驗為主的豐富內隱知識。他們大都是第一線的員工和直線主管,也因此最接近企業的真實面。這個團體裏的成員包括和市場客戶互動的銷售組織、生產線上的技術工人和主管、熟練的工匠、直線主管以及其他的作業人員。他們不斷接觸每個領域裏的真實情況,並經由親身的體驗累積內隱知識。

➢科技管理・李仁芳

knowledge practitioner　知識執行人員

係由兩個相輔相成的團體所組成——「知識操作員」和「知識專門人員」。知識執行人員最

基本的角色是成為知識的化身。他們日復一日累積、生產和更新內隱和外顯知識，角色幾乎像公司的活動檔案。由於這些人的工作大都在企業的第一線，不斷地和外在的世界有直接的接觸，因而可以獲得有關市場、科技和競爭發展的最新資訊。

➢科技管理・**李仁芳**

knowledge representation　知識表達
❖知识表达

是利用邏輯符號來表達人類知識或真實世界的事物，以便於程式可以辨識，其重點在於如何將人類的知識以文字及電腦可以處理的方式呈現出來。知識表達是知識管理及人工智慧所面臨的重要關鍵問題之一。

➢資訊管理・**梁定澎**

knowledge specialist　知識專門人員

與知識操作員屬同一層級的知識專門人員經由親身體驗累積、生產和更新知識。不同的是，知識專門人員處理的是有結構、可以電腦傳遞和儲存的技術、科學以及其他可量化的數據等外顯知識。這個團體的成員包括研發部的科學家，設計、軟體、銷售工程師，策略規劃人員、財務、人事、法律和行銷研究等部門的幕僚作業人員。

➢科技管理・**李仁芳**

knowledge spiral　知識螺旋

組織必須動員個人層次所創造和累積的內隱知識，經由人員的內隱知識由四種知識轉換模式在組織內部加以擴大，成為較高本體論的層次；這個現象稱為「知識螺旋」。在知識螺旋當中，內隱和外顯知識互動的規模隨著本體層次的上升而擴大。（參閱圖二十、二一，頁 131）

➢科技管理・**李仁芳**

knowledge work　知識型工作

指的就是你正在做的事，資訊可能是你工作所需原料當中最重要的；這在過去原只是某些人才如此的，但如今大部分的人都是如此。

➢科技管理・**李仁芳**

knowledge worker　知識工作者

工作的時間都是耗在資訊和思考領域內的人，就可以成為知識工作者。

➢科技管理・**李仁芳**

knowledge-based economy　知識經濟
❖知识经济

在足量市場需求及良好社會基礎建設的支撐下，以知識資源為主要生產要素，透過持續不斷的創新，提升產品或服務的附加價值，並善用資訊科技的產業或企業活動。發展知識經濟的基本要素則包括：知識資本、創新能力、資訊科技、足量市場及知識社會基礎建設五大項。

➢策略管理・**吳思華**

knowledge-based organization
以知識為基礎的組織

除了建立包括知識執行人員、知識工程師和知識主管三種角色在內的知識創造型團員之外，還建立了新的組織知識架構，以提供知識創造型團員足夠的支援；我們稱這樣的組織為以知識為基礎的組織。

➢科技管理・**李仁芳**

K

knowledge-creating crew
知識創造型團隊成員

知識創造型公司裏的新知創造需要第一線員工、中階主管和高階主管的共同參予。知識創造型公司裏的每一個人都是知識的創造者。所謂「知識創造型團員」泛指公司內所有參與知識創造的個人，知識創造型團員包含有知識執行人員、知識工程師以及知識主管。

➢科技管理 · 李仁芳

knowledge-intensive industries
知識密集產業

1999 年經濟合作開發組織(Organization for Economic Cooperation and Development; OECD)將知識密集產業區分為知識密集製造業與知識密集服務業兩大類。前者以中、高科技製造業為主，包括航太、電腦與辦公室自動化設備、製藥、通訊與半導體、科學儀器、汽車、電機、化學製品、其他運輸工具、機械等十個產業；後者則涵蓋一些專業性的個人和生產性服務業，包括運輸倉儲及通訊、金融保險不動產、工商服務、社會及個人服務等。

➢策略管理 · 吳思華

knowledge-sharing system
知識分享系統

不斷地將共享的知識和經驗，做重複的利用和創造性的運用。而形成這一條件，則需要透過科技、製程說明、手冊、網路……等的協助，將能力予以組織、包裝，以求在員工下班之後，能力仍能留在公司之內。

➢科技管理 · 李仁芳

Korean Institute of Science & Technology (KIST)　韓國科學技術院

相當於我國的工業技術研究院(ITRI)，韓國科學技術院每年研發收入由政府支持比率約達80%，該院在院長之下設立直屬研究部與附屬研究所，前者包括應用科學部、機械與系統控制部、化學工程部、金屬部、研究規劃與協調部、管理部及其他研究部五個；附屬研究所下設系統工程研究所(SERI)、基因工程研究所(GERI)與科學技術政策管理研究所(STERI)。

➢科技管理 · 賴士葆 · 陳松柏

labor diversity　勞力多樣化

現代社會的就業人口結構中，女性、少數民族、外籍人士以及高齡工作者的比例大幅增加，有別於過去單一種族男性占壓倒性多數的現象，即稱為勞力多樣化。因此，企業組織之人力管理，應有「人力組合」及「整合運用」觀念，才能更提升人力運用效能。

➢人力資源・吳秉恩

labor market　勞動市場

指一個特定地理區域之內，分別存在勞力供給力量（欲尋找工作的人）以及勞動需求力量（欲雇用人力的雇主），並且在這兩股力量的互動之下，共同決定出勞力價格。

➢人力資源・吳秉恩

labor standards law　勞動基準法

旨在規範勞動基本條件，於民國73年8月1日起生效。為鑑於保障勞工基本權益，並加強勞雇關係及促進社會與經濟發展，本法開宗明義即依此立法精神明示為規定勞動條件基本標準。

後經民國85年12月2日總統令修正第三條條文，並增三十條之一、八十四條之一及八十四條之二條文，並於民國74年2月依勞基法第八十五條規定之法源，訂定勞動基準法施行細則以為執行之依據。

勞基法對適用行業、勞動契約、工作時間、休假……等相關勞動條件均有明文；依此確使勞雇關係，得以有較明確之法源依循。

➢人力資源・吳秉恩

labor union law　工會法

旨在規範工會成立及權益等之相關條件。此法訂定甚早，於民國18年10月21日國民政府公佈，同年11月1日施行。期間，因動員戡亂，實質上未能有效落實，迄解嚴後，勞工抗爭之罷工權再得恢復。此法對工會之設立、組織、角色……等均有規定。按工會法規定，發起組織工會應有30人以上之連署，並向主管機關登記，發起人應即組織籌備會辦理徵求會員，召開成立大會等籌備工作。依工會法第十二條規定，凡在工會組織區域內，年滿十六歲之男女工人，均有加入其所從事產業或職業工會為會員之權利與義務。

➢人力資源・吳秉恩

laggards　落後者　❖落后型消費者

在一個創新擴散的過程中，採納創新的最後一類（第五類）的人。

➢行銷管理・洪順慶

late majority　晚期多數

在一個創新擴散的過程中，採納創新的第四類人。

➢行銷管理・洪順慶

lateral promotion　水平升遷

類似工作輪調，不同的是由一部門調至另一部門之外。此種方法也是管理能力發展的方式之一，可使接受訓練者累積基層工作經驗，增加對各部門工作內容和功能的了解，並熟悉各種管理原則和管理技巧，增加其全方位之能耐，以為未來晉升之準備。

➢人力資源・吳秉恩

lay-off　暫時解雇

發生在下述三個條件所構成的情境中：

1. 組織一時之間沒有適當工作給該名員工，致使該員工必須解職。
2. 管理者預期沒有工作的現象是暫時的或短期的。
3. 當工作需要該名員工幫忙時，管理者希望能及時將他召回。

因此暫時解雇並不是真正的解除雇傭關係。

≫人力資源・吳秉恩

lead time　前置時間

❖❶ 提前期　❷ 前置时间

可分為製造前置時間(manufacturing lead time)與採購前置時間(purchasing lead time)，採購前置時間指下訂購單到物料收到為止所需要的時間，而製造前置時間指下製令單到製品收到為止所需要的時間。

一般而言，前置時間可能相當穩定，也可能是隨機的前置時間為訂購物料或生產製品時所需考量的重要因素之一，因為前置時間的長短影響到計畫訂單發出時程，並最終影響到生產週期時間及系統的產出率。

≫生產管理・張保隆

leaderless group discussion
無主持人小組討論

是評估管理職候選人管理潛能的一種測試方式，一群人在沒有指派領導者的情況下，共同針對一個指定的議題進行討論，並作成群體決策，考評者則仔細觀察各候選人在討論過程中的表現，並評估其人際關係技巧、群體接受度、領導能力以及個人的影響力。

≫人力資源・吳秉恩

leader-member exchange (LMX) theory　領導者－成員交換理論

此理論係由喬治格蘭(George Graen)及其同事所提出的，它認為領導者會和部屬中的某些人建立特別的關係，這些人所形成的內團體(in-group)，會受到領導者的信任，以及更多的關注，並可能擁有較多特權。而屬於外團體(out-group)的部屬領導者和他們互動的時間較少，給予的酬賞亦較少。研究證據顯示領導者的確對部屬會有差別待遇，而這差別待遇並不是隨機產生的，因此歸屬於內團體或外團體將會影響員工的績效評估結果與工作滿足感。

≫人力資源・黃國隆

leader-participation model
領導者參與模式　❖ 领导－参与模式

為維多法儒姆(Victor Vroom)與菲律浦耶頓(Phillip Yetton)所建構的模式。在解決團體問題時，依情境類型不同，而有不同的最適領導方式，包括五種：

1. 民主式 1(AI)：主管自行決策。
2. 民主式 2(AII)：向部屬取得必要訊息，但仍由主管自行決策。
3. 諮詢式 1(CI)：個別徵詢部屬對問題的意見與建議。
4. 諮詢式 2(CII)：主管與部屬們一起討論問題，但仍由主管做最後的決定。
5. 團體式 2(GII)：主管與部屬們一起討論問題，由團體做最後的決定。

≫組織理論・黃光國

L

leadership　領導

指影響團體成員，以共同達成團體目標的歷程。領導效能的優劣會受領導者本人的特質與行為、跟隨者的特質、以及領導情境的影響。領導者影響力的來源則可能是正式的（如正式的職位權力），亦可能是非正式的（如來自正式組織之外的影響力）。

➤人力資源・黃國隆

lean production　❶簡捷生產　❷精簡生產　❸精實生產

1980 年代萌生於日本汽車業中，係為一種迥異於當時一般西方國家所倡導之大量生產概念及所使用之生產管理方式，其認為因國情不同而須採納一種適用於日本的生產概念，因而追求一種由顧客需求驅動製造的多樣少量化生產。

其物料採購方式係與供應商合作開發零組件、協商單價、生產線上的工作人員即擔負起品質管制的作業、採用供應商少量多次於生產線上交貨，並採取經加工裝配後直接出廠的少量庫存存貨管理方式以結合市場趨勢，強調品質、彈性、時間降低與團隊工作等以促使組織結構的扁平化及管理級層的最小化。

➤生產管理・林能白

leapfrogging strategy　跳蛙策略
❖跳跃式

在企業動態競爭的過程中，落後的競爭者在產品或製程上，跳過先前的發展階段，以創新的手法直接躍進到最先進的領域中。但此一策略也具有它的危險性，每一次躍進所必須耗用的資源都比前一次來的多，提高企業

經營的風險。必須設法阻隔競爭者的快速模仿，才能從中贏得所需的利潤與資源。

➤策略管理・吳思華

learning　學習

指個體經由經驗或練習而產生的相當持久性的行為（或行為潛能）的改變歷程或結果。例如人們學會打網球、騎自行車、唱歌、背誦詩詞……等皆屬學習。馬戲團中的各種動物亦會經由學習而表演各種技巧，以博得觀眾的掌聲，一般而言，不是經由練習或經驗（例如由於疲勞、疾病或受傷）而產生的行為改變，不稱為學習。再者，增強物（reinforce，如獎賞或懲罰）的給予往往可以促進學習的效果。

➤組織行為・黃國隆

learning alliance　學習式聯盟

高門・卡賽瑞斯(Gomes Casseres)指出三種不同公司創造科技聯盟的聯盟形態——學習、供應、定位。學習式聯盟是初期的、以知識交換為主的協定，某些雖無結盟之名，但卻是科技供應者和接收者之間非正式的連結，其開宗明義以擴大內部知識為主要目標，因此也較容易發生在新產品和新能力的開發初期。

➤科技管理・李仁芳

learning curve　學習曲線　❖学习曲线

指隨著生產的累積數量之增加而使對應平均生產成本下降的情況。

1910 年代初期福特 T 型車的成功是學習曲線效果最佳的詮釋，因為工人的技術隨著生產量的增加及經驗的累積而愈來愈進步，使生

產產品所需的勞工時數，隨產出單位的增加而逐漸減少，隨著福特的高工資政策大量降低生產線工人的流動率，使工人的學習曲線更能發揮效用，創造出低成本優勢。通常生產力會隨著累計操作時間或連續生產數量之增加而漸增，但到達某一程度後，則呈水平停滯現象。

影響學習曲線變化的因素頗多，例如：操作員的動作熟練程度、工具改良、設備改善、產品設計的改良、管理技術的改善、材料品質的好壞等。學習曲線能幫助管理者估計員工需求量和產能、決定成本與預算，以及規劃和安排生產作業（參閱圖三十）。

➣生產管理・張保隆

➣策略管理・吳思華

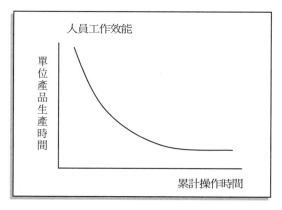

圖三十　學習曲線圖

資料來源：楊必立、劉水深（民 77），《生產管理辭典》，華泰文化事業公司，頁 147。

learning organizations　學習型組織
❖ 学习型组织

代表一種組織型態，可協助組織發展持續學習和變革的能力，以獲取競爭優勢。在學習型組織中的每一個人能夠辨識與解決問題，同時能夠讓組織不斷去經歷、改善、與

增加能力。

➣組織理論・徐木蘭

➣策略管理・司徒達賢

lease　租賃　❖租赁

當事人一方（出租人）將資產交付他方（承租人）在一定期間使用收益，而他方則承諾支付一定租金的交易行為。表彰此種交易行為的合約稱為租約。通常當租期屆滿後，承租人可以較低租金繼續租用，或優先購買該項設備。透過租賃，承租人無須支付租賃資產的全部價款即可使用資產，而出租人則可賺取優渥的利息收入。

➣財務管理・劉維琪

least preferred coworker scale (LPC scale)　最不願與之共事者量表

此量表要求受試者回想在工作經驗中，那些與之共事最不順利，甚至是最不願意與之共事的同事、主管、或部屬，並在量表中評量該共事者的特徵。在此量表得高分者，是傾向於關係取向的領導者，而得低分者，是傾向於任務取向的領導者。

➣組織理論・黃光國

left hand-right hand chart　❶左右手圖 ❷左右手程序圖　❖双手操作程序图

為一種特殊的作業分析工具，又稱為操作人程序圖(operator process chart)，因為它分別將左右手之所有動作與空間都予記錄，並將左右手之動作，依其正確之相互關係配合時間標尺(time scale)記錄下來。

其目的在於將各項操作更詳細的記錄，以便分析並改進各項操作之動作。由於它所記錄

與分析者為最詳細之操作，因此它通常運用在具有高度重複性的工作上，並在某一固定之工作地點上進行，否則並不實用。

由操作人程序圖之細微動作分析，可以明顯看出動作是否違反「動作經濟原則」，而設法改進，平衡兩手之操作，刪減無效率的動作，而達到更經濟及有效率的動作週程，使工作遲延和操作者的疲勞減至最低。（參閱圖三一）

➤生產管理 · 張保隆

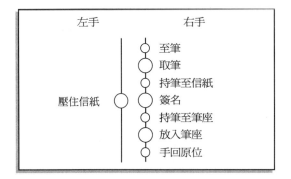

圖三一　左右手程序圖

資料來源：彭游等（民84），《工業管理》，南宏圖書，頁645。

legitimacy power　合法權　❖合法性权力

合法權力類似於職權，來自於組織層級中的正式職位。

➤策略管理 · 司徒達賢

legitimate power　❶法定權　❷合法權

係指組織依法授予領導者之權力。透過此權力領導者可要求下屬服從組織之規定及上級之指示。但除非下屬心悅誠服，否則法定權的影響相當有限。

➤組織行為 · 黃國隆

lemons problem　酸檸檬效應
❖*生产并出售信息*

在許多市場上，買方由於知識與資訊不足，因此無法在購買產品前有效辨識品質，只有賣方可以分辨。此時賣方會先出售品質較差的產品，而消費者亦會在預期買到劣質品的心理下壓低價格，因而使得生產高品質產品的廠商無法生存。形成劣幣驅逐良幣。

➤策略管理 · 司徒達賢

lending portfolio　❶放款組合
❷貸出資產組合　❸貸出投資組合

在資本市場中，若每一位投資人皆能以無風險利率(R_f)進行借貸，且投資人對所有風險性資產報酬率的機率分配都有相同預期時，則投資人的資產組合報酬率(R_p)可表示如下：

$$\tilde{R}_p = XR_f + (1 - X)\tilde{R}_m$$

其中，

　　R_m 代表市場資產組合報酬率；

　　X 代表投資於無風險資產的比例。

當 $0 < X \leq 1$ ，代表投資人將部分資金投入無風險資產中，稱為放款組合。與借款組合相對。

➤財務管理 · 劉維琪

leniency problem　過寬問題

過寬是指績效考評時，考評者所持標準過鬆，而傾向對全體受評者給予高分的現象。改善方法是考評時將績效好與績效差的員工加以分散區隔，或採用所謂「強迫分配法」將員工考評結果依據各績效等級人數比例

強制分配。

➢人力資源・吳秉恩

leverage　槓桿作用

美國用語，在英國稱為 gearing。以較低成本取得的資金融通部分的投資，目的在提高投資報酬率。通常指借錢進行投機買賣，以其獲得大於利息的利潤。

➢策略管理・吳思華

leveraged buyout (LBO)

❶融資買斷　❷融資買下

❖❶杠杆收购　❷杠杆购并　❸支点买断

公司管理當局以舉債方式籌措資金所進行的管理買下。其步驟有三：

1. 公司管理當局以舉債方式自金融機構處取得一筆資金。
2. 運用這筆資金，直接向股東出價收購股票，此即所謂的股票回購。
3. 將流通在外的股票全部購回，然後不再讓公司股票公開上市，而將整家公司私有化。

➢財務管理・劉維琪

leveraged skill　槓桿型技能

雖然不是某一行業專屬的知識，但是對該行業的價值大於其他行業。例如：法律事務所從律師身上取得的價值，要高於公司的行號。因此槓桿型技能常是專屬於某一行業的，而不是一家公司的。

➢科技管理・李仁芳

Lewin's three-step model of organizational change
Lewin 組織變革的三階段模式

勒溫(Kurt Lewin)主張成功的組織變革需要遵循下列三步驟：

1. 解凍(unfreezing)：打破現狀，並克服個人及團體的抗拒。亦即一方面增加擺脫現狀的驅動力(driving forces)，另一方面減少抗拒變革的阻力(restraining forces)。
2. 推動變革(movement to a new state)：實際執行變革方案。
3. 再凍結(refreezing)：當變革執行完成後，再將增加驅動力或減少阻力的暫時性因素變為永久因素，以使新的均衡狀態更為穩固。

➢人力資源・黃國隆

liabilities　負債　❖负债

凡屬欠他人之款，將來有償還義務者，均屬之。換言之，凡收受他人之資產，或享有他人所提供之勞務，將來應以金錢、貨物、勞務，及其他方式償還者，均屬之。通常包括：

1. 到期或過期之債務（如流動負債）。
2. 於未來指定期間到期之債務（如遞延負債及長期負債）。
3. 僅在將來不能實現某種約定事項時，才需支付之債務（如預收收益及或有負債）。

➢財務管理・劉維琪

licensing　授權　❖❶许可　❷授权

指一家公司（授權者）同意另一家公司（被授權者）使用前者所擁有的品牌名稱、商標、專利權、版權、商業秘密、技術或製造過程，並由後者支付一定的費用或權利金。授權是

廠商實現國際行銷的簡易方式。採取授權的優點能以最低度的投資，進入某一國外市場，並獲得當地市場知識，規避他國的進口限制，及有機會讓行銷人員針對海外市場消費者做某種程度的產品修正。授權的缺點在於授權者對被授權者不易控制；當授權的合約到期時，可能已經培養出了一個強大的競爭者；當然利潤也可能太小。

➢行銷管理・洪順慶

➢策略管理・司徒達賢・吳思華

➢科技管理・李仁芳

life cycle costing (LCC)　❶生命週期成本法　❷壽命週期成本法　❖寿命周期成本法

傳統的成本系統焦點集中於重複發生的製造成本，然而，產品成本的一顯著部分發生於其生命週期中的設計與開發階段中，其他非重複發生的成本包括後勤支援與行銷成本、特殊設備的採購價格以及訓練成本等。

生命週期成本法乃指累積每一產品從其最初研發，一直到對市場中最終顧客售後服務的實際成本。生命週期成本法能使一公司將焦點放在最小化一產品於其整個生命週期中的成本，而非僅最小化生產階段之幾個時期中的成本。生命週期成本的計算式如下：

LCC＝研發成本＋運輸成本＋安裝成本
　　　＋使用期間的操作與維修成本
　　　＋報廢費用－殘值

➢生產管理・張保隆

life stress　生活壓力

係指個體因生活事件的發生或生活上的改變（如失業、退休、結婚、改換工作、親人亡故……）而帶來的壓力。這裡所謂「壓力」(stress)是指個體對環境中的刺激所產生的一種緊張狀態。適度的生活壓力會促使個體更進步、更成熟；然而過大的壓力卻會引起個體適應不良而產生身體或心理上的疾病。

➢人力資源・黃國隆

life style　生活型態　❖生活方式

人們支配時間與金錢，從事各項活動，認為重要的事物以及對周遭世界的看法。生活型態包括了一個人的各項活動(activity)、對事物的興趣(interest)，以及意見(opinion)，因此又稱為 AIO，是一個綜合許多變數的概念。

➢行銷管理・洪順慶

life-cycle costs　生命週期成本

一個耐久性產品在其全部使用的壽命期間所花費的成本總合，包括一開始購買的第一次支出和後續使用所必須的各項維修、保養等。

➢行銷管理・洪順慶

limit of diversification
風險分散極限原則

當投資人手中所持有的證券數目增加時，由於不同證券間存在若干負相關，所以資產組合總風險會隨持有證券數目的增加而下降，但不會降至零，而是趨於一極限值 $\overline{\sigma_{ij}}$。

此特性可利用以下模式說明：假設個別證券的報酬與報酬變異數分別為 R_i 與 $\sigma_i^2 (i=1,2,\cdots,n)$，證券 i 與證券 j 報酬的共變異數為 σ_{ij}，相關係數為 ρ_{ij}，投資於個別證券的資金權重為 w_i，則資產組合的總風險 σ_P^2 如下式：

$$\sigma_P^2 = Var(\sum_{i=1}^{n} w_i R_i)$$

$$= \sum_{i=1}^{n} w_i^2 \sigma_i^2 + \sum_{i=1}^{n}\sum_{\substack{j=1 \\ (i \neq j)}}^{n} w_i w_j \sigma_{ij}$$

假定投資於個別證券之比重相等，即 $w_i = 1/n, i = 1, 2, \cdots, n$，則

$$\sigma_P^2 = \frac{1}{n^2}\sum_{i=1}^{n}\sigma_i^2 + \frac{1}{n^2}\sum_{i=1}^{n}\sum_{\substack{j=1 \\ (i \neq j)}}^{n}\sigma_{ij}$$

$$= \frac{1}{n}\left(\frac{\sum_{i=1}^{n}\sigma_i^2}{n}\right) + \frac{n^2-n}{n^2}\left(\frac{\sum_{i=1}^{n}\sum_{\substack{j=1 \\ (i \neq j)}}^{n}\sigma_{ij}}{n^2-n}\right)$$

$$= \frac{\overline{\sigma_i^2}}{n} + (1 - \frac{1}{n})\overline{\sigma_{ij}}$$

當 $n \to \infty$ 時，σ_P^2 趨近於 $\overline{\sigma_{ij}}$。

➤財務管理・劉維琪

limited liability　有限責任　❖有限责任

依法或契約，對於債務負擔有一定限制或限額者，謂之有限責任。例如：股份有限公司之股東，即為有限責任。

➤財務管理・劉維琪

limited problem solving
有限的問題解決

消費者的行為有千百種，消費者本身的差異也很大，因此可以根據決策時的情境複雜度、思考的層面、所需要及蒐集的資訊、決策的重要性等各種因素，將消費者的決策分為難易兩大類，有限的問題解決為其中一類。在大部分的情況下，消費者既沒有精力也沒

有時間來從事深度的問題解決，而通常會用一些簡單的規則來做決策，例如：到超市購物，通常是買最便宜的、知名度最大的、折扣最多的等，例如：購買紙抹布、牙膏、香皂、牛奶等，都屬於有限的問題解決。

➤行銷管理・洪順慶

line balancing　生產線平衡　❖生产线平衡

係指意圖減少生產線上機器與人員的閒置時間，一般而言，生產線平衡適用於產品式佈置環境中，用以決定所需的機器設備與作業員數，接著，按加工速率將機器適當地分組並集中置於一工作中心中，最後，將生產作業適當地分配予各工作中心，其目的乃藉以發揮工作中心的最大效率，並以最少生產資源來維持整個生產程序的順利運作。（參閱 line of balance）

➤生產管理・林能白

line extension　產品線延長　❖产品线延长

公司已有舊產品在市面上銷售，再以此為基礎推出新產品，通常是新的尺寸大小、顏色、包裝、機型、應用等。

➤行銷管理・洪順慶

line of balance (LOB)　平衡線圖
❖平衡线图

為進度報告與控制的工具之一，其由目標、生產計畫、工作進度圖及平衡線等四部分所構成，其中目標指累計交貨時間表，生產計畫則選擇生產程序中一些足以影響生產進度之工作為控制點，並標出其前置時間，工作進度圖則依控制點予以排列，並以長條圖表示各控制點完成之工作量，在檢查日應將當

時完工情形予以標示，以便比較之。

至於平衡線的繪製步驟如下：

1. 將目標圖列於進度圖左方，同時以相同之尺度表示其縱座標，生產計畫圖則置於進度圖下方。

2. 以縱線標示檢查日期，並以此線畫橫線，表示各控制點之前置時間。

3. 從此前置時間端畫垂直線與累計生產量相交。

4. 由此交點畫橫線通過進度圖至相對應之控制點，其高度表示應完成之單位數。

由以上步驟所繪出之平衡線與實際進度比較，可看出各控制點進度落後或超前。再根據生產計畫圖即可找出整個進度落後的癥結所在，而能及時採取適當措施，以避免延遲交貨所造成的損失。（參閱圖三二，line balancing）

➤生產管理・張保隆

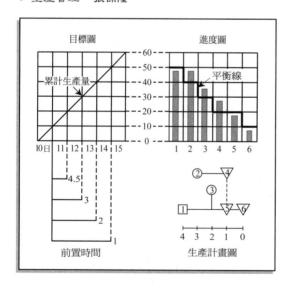

圖三二　平衡線圖

資料來源：楊必立、劉水深 (民 77)，《生產管理辭典》，華泰文化事業公司，頁 152。

line of credit　信用額度

金融機構（銀行或保險公司）同意在一特定期間內貸款給公司企業的最高金額。此乃金融機構與借款人之間的一種協定。例如：某銀行貸款主辦人向甲公司經理表示，該公司可於來年在$80,000 額度內向銀行借款，那麼，甲公司在來年，就可開發本票動用信用額度。當銀行接到公司本票時，會將本票所載金額撥入公司在該銀行的支票帳戶，惟未償付總金額不能超過$80,000。

➤財務管理・劉維琪

line stretching　產品線延伸

將原有的產品線加長，有向下延伸、向上延伸和雙向延伸三種方式。如原先只產銷較高品級產品的公司決定朝產銷較低品級產品方向去發展，即屬「向下延伸」。

➤行銷管理・洪順慶

liquidity　❶流動性　❷變現能力　❖流动性

會計的流動性，係指資產轉換成現金或負債到期清償所需的時間，亦即企業資產及負債接近現金的程度。資產能越快轉換成現金者，其流動性越大；負債到期日越短者，其流動性越大。

至於財務或經濟的流動性，則偏重在資產轉換成現金的能力。此轉換能力以所需花費時間及成本來衡量。所需時間越短、轉換的損失成本越低者，其流動性越大。

➤財務管理・劉維琪

liquidity premium　變現力溢酬
❖❶流动性溢价　❷流动贴水

一種貼水。用以補償投資人購買未上市公司

股票或小公司債券等變現力或流動性較差的證券，在變現時可能遭遇的損失。

➢財務管理・劉維琪

liquidity ratio 變現力比率 ❖流动性比例

財務比率的一種類型，用以衡量企業償還其即將到期債務之能力。此類型比率主要是以短期資產對短期負債之比，來表示企業資金流動性的強弱。

理論上，短期負債是以短期資產來償付，對一個營運正常的公司而言，短期資產相對於短期負債的多寡非常重要。在實務上，最常被使用的變現力比率有兩種，一為流動比率，另一為速動比率。

➢財務管理・劉維琪

liquidity risk 變現力風險

無法在短期間內，按照合理價格賣掉資產的風險。因此，某資產若能在短期內，以接近市價的價格被賣掉，則該資產具有高度的變現力，亦即該資產具有較低的變現力風險；反之，某資產如果想要在短期內賣掉，只有折價一途，則該資產所具有之變現力較差，亦即該資產之變現力風險較大。

➢財務管理・劉維琪

load chart ❶負荷圖 ❷負荷輪廓圖
❖负荷图

指對某一工作站或機器設備於一特定時間內所指派的總工作量，負荷一般以工人小時或機器小時表示之。生產能力負荷的安排是根據主排程計畫，以決定人員與機器設備使用能力的安排，其目的在於了解生產能力的運用情形與人機負荷的平衡情形。因此，通常

藉著負荷圖來從事生產負荷之控制與負荷分析，以期工作負荷能與工廠產能相配合，力求負荷之平穩，而使產率作最小之變動。

從負荷圖中可觀察出各工作站或機器設備在各時間區段中預計負荷分佈情形，藉以了解各工作站或機器設備在各時間區段中是否產能過剩或產能不足，而運用各種方法（如外包、庫存因應、加班趕工、使用臨時機器／人力或者調整主排程計畫等）予以解決之。（參閱圖三三）

➢生產管理・張保隆

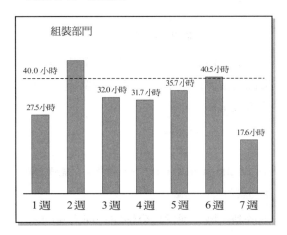

圖三三　負荷圖

資料來源：黃明官等（民90），《生產管理系統》，儒林出版社，頁187。

load leveling 負荷平準化 ❖❶负荷平整
❷负荷调平 ❸均衡负荷

大多數的製造廠，生產需求是每期不同，變化愈大則產生浪費的機會亦愈大，特別是在長時間生產週期之下更是如此，這造成過多存量及波動的資源需求。產能是配合尖峰需求並非平均生產率，而負荷平準化便是平滑對公司資源需求的平滑化。

負荷平準化是剛好及時生產(JIT)的關鍵部

分,在日本十分重視,日本製造業傾向每種終端產品每天生產同樣件數,這允許零件在工廠內相同流通量,而使累積加工、重做、及其它延遲極小化。另外,所有員工用同一個排程,也使干擾儘可能減少。

➣生產管理 · 張保隆

load profile ❶負荷圖 ❷負荷輪廓圖
❖负荷图

參閱 load chart。

➣生產管理 · 張保隆

lobbying 遊說 ❖游说

常見於政治公關活動中,是一種組織為了影響政府法律或規章,而藉助公關進行的陳述或說服工作。

➣行銷管理 · 洪順慶

local area network (LAN) 區域網路
❖局域网

限於某區域,通常是分佈在一棟大樓內的網路系統稱之。在一個區域網路內,利用網路線連接所有的組件,包括個人電腦、伺服主機、印表機等,彼此可透個 LAN 分享資料、程式。

➣資訊管理 · 梁定澎

local brand 當地品牌 ❖本地品牌

在一個相當小而侷促的地區銷售或是專門為某一個國家所特別開發的產品品牌。

➣行銷管理 · 洪順慶

localization 人才當地化

企業進行國際而在海外設立經營據點時,為

顧及對當地市場型態、法令規範、政治情勢、勞動力特質的了解和確實掌握,而直接雇用海外據點所在地國籍的人員擔任海外據點重要職務的做法,就稱為人才當地化。人才當地化可彌補母公司派外人員在不熟悉當地環境情況下所產生的管理盲點,但卻也可能降低母公司對海外據點的管控能力。

➣人力資源 · 吳秉恩

location selection 廠址選擇 ❖厂址选择

係指為考量到企業組織與外部環境的互動關係後決定設立的生產或服務據點所在,廠址選擇為進行實質佈置規劃前的重要決策之一。

在發展廠址選擇決策中,不同行業有其不同的考慮因素,這些因素可為定性或定量因素,一般而言,廠址選擇必須考慮到運輸(運輸成本與運輸方式)、勞工(勞工成本與技術能力之取得)、動力(能源成本如水、電力等)、環境污染與環保法令(環保處理設施成本)及其他因素(如氣候、地理條件等)。

常用的廠址選擇方法有因素評比法(factor rating system)、線性規劃法/運輸法、重心法 (center of gravity method)、網路分析法(network analysis)等。

➣生產管理 · 林能白

lockout ❶關廠 ❷鎖廠

是勞資爭議發生時,資方所可能採行的一種抵制手段,其做法是資方採取暫時性停工措施,拒絕受領所有勞務,造成勞工的經濟壓力,以迫使勞方讓步。

➣人力資源 · 吳秉恩

locus of control ❶控制焦點 ❷內外控性格

指個人對自身與環境間關係的看法，可分為兩種類型，內控者認為凡事操之在己，外控者認為一切均為天意。

➢組織理論・黃光國

logo ❶圖案字 ❷標識

用來代表一個組織的字、詞、圖案或其組合，類似於商標。

➢行銷管理・洪順慶

long range production planning (LRPP) 長期生產規劃 ❖長期生產計划

主要目的就在公司現有的財務及產能限制下，如何以競爭成本生產出高品質且又足夠的成品數量，適時地滿足銷售計畫的目標，因此，規劃者必須能夠發展一個能在可獲得資源內滿足需求的計畫，這牽涉到多少資源才能滿足市場的需求，以及比較可獲得的資源與實際所需的資源間的差異，以便提出可行的生產計畫。

就是以長遠的觀點，對資源的取得與重置作規劃，這些資源包括土地、機器設備、人員等。資源需求計畫與概略產能計畫可以用作規劃長期的產能需求，而這兩者主要的區別是，資源需求計畫(RRP)是針對一公司的長遠行銷計畫與生產計畫來規劃其未來必要的資源，概略產能計畫則是針對主生產日程，概略的求出生產所需的產能。

➢生產管理・張保隆

long-term debt 長期負債 ❖長期負債

在下一年度或下一營業週期（以較長者為準）不必動用流動資產或產生新的流動負債以償付之債務。通常包括長期應付票據、抵押借款、應付公司債、應付退休金、長期應付租金等。

➢財務管理・劉維琪

lot 批量 ❖批量

參閱 batch。

➢生產管理・張保隆

lot sizing 批量決策 ❖批量確定

乃訂購／生產批量大小，係指使訂購成本、儲存成本、購價／生產成本等最低的訂購政策，其為物料需求規劃及存貨管理中對每一次訂購／生產數量決定的方法，正常情況下，公司必須決定各種不同原物料／零組件的批量訂購或生產方式。

大部分此種批量決策乃基於兩大目標：一是使總成本最低、二是須維持一個合理且實際可行的物料需求規劃(MRP)排程方案，常用的批量決策方法有逐批法(lot-for-lot)、經濟訂購量模式(EOQ)、週期訂購量法(period order quantity)、部分週期平衡法(Part period balancing)、Wagner-Whitin 法則……等。

➢生產管理・林能白

lot tolerance percent defective (LTPD) ❶批容忍不良率 ❷拒收品質水準

亦稱拒收品質水準(rejected quality level; RQL)，批容忍不良率為當生產者生產的產品批中所含的不良品程度不能為消費者所接受，即不良群體的最低不合格率為拒收品質水準，以符號 P1 或 LTPD 表示。亦即當送驗批中的不良率等於或大於拒收品質水準時，應判定該批不合格而拒收，由於抽樣關係，

亦可能被允收，其允收的機率即為消費者冒
險率，一般訂為 10%。

➢生產管理・張保隆

lot-for-lot (L4L)　逐批法

❖❶按需订货法　❷直接批量法

係指接到顧客的訂單後，依訂單所展開的需
求量逐批訂購／製造所需原物料／零組件的
存貨管理方法之一。逐批法較適用於訂單生
產型的公司中，目前盛行的剛好及時系統
(JIT)即屬此類，因為此法致力於降低訂購成
本或整備成本，因此，當每次訂購／整備成
本愈低時，採用逐批法的總成本亦會接近最
低。

➢生產管理・林能白

low-cost strategy　低成本策略

❖低成本战略

為一種嘗試以交競爭者為低的成本來增加市
場占有率。

➢策略管理・司徒達賢

LPC contingency model　LPC 權變模式

參閱 Fiedler's contingency model。

➢組織理論・黃光國

M&M proposition I&II: no tax
MM 定理 I&II：未考慮稅之情況

米勒(Miller)和墨迪格里艾尼(Modigliani)這二位美國學者在 1958 年發表的一篇論文中指出，一家公司無法藉由改變其資本結構或融資決策，來改變公司本身的價值和資金成本，這就是著名的 M&M 無稅情況下的命題 I（或稱 MM 資本結構無關論）。米勒和墨迪格里艾尼在完美市場及無公司稅、個人稅的前提下，證明有負債公司的價值必等於無負債公司的價值，不然就存在有套利的機會。雖然這兩人提出了資本結構無法影響公司價值或資金成本的推論，但權益資金的成本卻會隨槓桿程度的上升而增加，此即為 M&M 在無稅情況下的命題 II，因為隨著負債程度的增加，造成權益成本的上升。所以使用便宜負債的好處會被上漲的權益資金成本而抵銷，最後使得有負債與無負債公司的加權平均成本皆相同，價值也會一樣。

➢財務管理‧劉維琪

M&M proposition I&II: with tax
MM 定理 I&II：考慮稅之情況

米勒(Miller)和墨迪格里艾尼(Modigliani)，1963 年又共同提出一篇和資本結構有關的論文，修正他們了在 1958 年提出論文中的一項假設，亦即在有公司稅的情況下，資本結構可以影響公司價格，負債公司的價值將會等於相同風險等級無負債公司的價值加上稅盾（負債的節稅利益），這就是在有公司稅情況下的 M&M 命題 I。

同樣的，在有公司稅的 M&M 命題 II 中，權益成本還是會隨負債融資程度的上升而增加，不過它的增加程度比無公司稅的情況來得小，而且公司負債的利息，可當作費用，有稅的扣抵效果存在，導致有負債公司的加權平均資金成本較無負債公司的加權平均資金成本低，同時公司價值也會比無負債公司的價值高。

➢財務管理‧劉維琪

Machiavellianism　❶馬基維利主義
❷權術主義　❖马基雅维利论

源自於十六世紀時義大利人馬基維利(Niccolo Machiavelli)所提出的理論。高權術主義傾向的人，行事較為專斷，在情感上與人保持距離，認為只要達到目的，即可不擇手段。喜歡操縱事物，較不易受人影響，且較會說服他人依循自己的意志。

➢組織理論‧黃光國

machine language　機器語言　❖机器语言

第一代(1951～1958)可以讓機器直接執行工作的程式語言，由 0 與 1 二進位碼組成的命令。優點是執行速度快，缺點是不易學習。機械語言和組合語言都屬於低階語言。

➢資訊管理‧梁定澎

machine learning　機器學習　❖机器学习

讓電腦可以自己「學習」原來電腦所不知道的事物，以自行擴充知識庫。常見的機器學習技術有類神經網路、法則歸納等。

➢資訊管理‧梁定澎

macroenvironment　總體環境
❖❶宏观环境　❷企业宏观环境

又稱一般環境(general environment)或基本環境，是範疇最為廣泛的環境。總體環境指對

組織的日常運作具有間接影響作用的環境因素，由六個主要的部分所構成，包括：經濟、實體、法令政治、科技、人口統計、社會文化等。

通常企業對一般環境的改變和影響力較為有限。總體環境會以不同程度影響所有的產業環境，再間接影響個別企業的工作環境。

➢ 行銷管理 · 洪順慶

➢ 組織理論 · 徐木蘭

macromarketing ❶總體行銷 ❷宏觀行銷
❖宏观市场营销

引導一個社會的財貨和服務從生產者到消費者的社會過程，使需求和供給有效的搭配，以滿足社會目標的行銷活動。總體行銷強調的是行銷體系如何運作，而不是個別公司的行銷活動。通常處理的是「國家大事」，例如：公平交易法和消費者保護法對企業行銷管理的影響、如何運用行銷策略回收資源、宗教團體運用行銷守法的適切性等。

➢ 行銷管理 · 洪順慶

macro-organizational behavior
❶巨觀組織行為 ❷組織理論

關注組織層面的問題，像是組織設計、組織與其環境的關係等。

➢ 組織理論 · 黃光國

magnetic ink character recognition (MICR) 磁性墨水文字辨識
❖磁性墨水文字识别

對於用含有磁性材料微粒的墨水列印出來的文字符號進行識別，以數位化的資料型態輸入電腦，減少重複輸入的時間，它常用於銀行支票處理。

➢ 資訊管理 · 梁定澎

majority fallacy 多數謬誤

一種只是因為市場規模比較大，而將產品針對整個市場或最大市場區隔的行銷策略。

➢ 行銷管理 · 洪順慶

make 自製決策 ❖自制決策

為物料取得的方式之一，係指企業本身自己製造加工來供應生產所需的零配件。

自製與外購決策即在於分析與決定各類物料最佳取得的方式，此一決策與可提供產能、生產成本、穩定物料來源、品質水準、員工士氣等相關因素有密切關係，企業需進行外購與自製決策分析以獲得最大的經濟效益。（參閱 buy decision）

➢ 生產管理 · 林能白

make-to-order ❶訂貨生產 ❷訂單式生產
❖❶訂货方式生产 ❷面向订单生产的产品

係指廠商在接到顧客訂單後才開始擬定生產計畫與安排生產活動，同時，依照顧客訂單所指定的規格、數量、交貨條件等進行生產作業之管理與管制，因此，每批產品的規格可能均不相同，訂貨生產適用於少量多樣的工業用品，如輪船或工廠用機器設備等。其與存貨生產的主要差別在於每批產品的規格、數量並不相同，因此，需求預測一般較為困難。（參閱 make-to-stock, jobbing shop production）

➢ 生產管理 · 林能白

M

make-to-stock ❶存貨生產 ❷計畫性生產
❖❶*存货方式生产* ❷*面向库存生产的产品*

係指廠商在未接到顧客訂單前即依據銷售需求量預測結果來決定產品的產量,並據以安排生產時程與生產活動,同時,為縮短交貨時間,廠商通常會將產品儲存於倉庫中以便顧客採購時能儘早供應之。存貨生產一般適用於生產樣式少但產量高的標準化產品,如電視機、電子零件等。(參閱 make-to-order)

➢生產管理 · 林能白

mall intercept ❶商場訪問 ❷購物場所攔截訪問

一種資料蒐集的方法,訪問人員在一個商場內攔下過往的人們,詢問他們是否有意願參與一項市場研究計畫,有意願者會被帶到一個特定的訪問場所再進行訪問。

➢行銷管理 · 洪順慶

management 管理

若做名詞使用,代表人們在社會中所採取的一類具有達成特定性質和意義的活動,其目的為藉由群體合作,以達成某些共同的任務或目標,換言之,管理乃是人類追求生存、發展和進步的一種途徑與手段,自這意義上看,管理之存在於人類社會,由來已久。管理的功能包括規劃、組織、領導、控制,另有一說為:規劃、組織、任用、領導、控制。執行管理工作和功能的人員即稱為管理者(manager)。一般而言,依照在組織中的職位高低可大致區分為三類:高階管理者(如總經理、協理)、中階管理者(如經理、主任)、基層管理者或第一線主管(如班長、組長),各有不同的能力要求與目標、任務。

➢組織理論 · 徐木蘭

management buyout (MBO) 管理買下
❖❶*管理层收购经营者收购* ❷*经理层融资收购管理层杠杆收购*

公司管理當局使用自行籌措的資金,將公司流通在外的股票全數購回,以取得 100% 的公司控制權,這種行為就稱為「管理買下」。公司管理當局如果是以舉債的方式取得資金以進行管理買下,則此種管理買下稱為「融資買下」。公司管理當局為減少購買成本,可能會採取某些行動蓄意壓低股價,而使其他股東的權益受損。

➢財務管理 · 劉維琪

management by crisis 危機管理
❖*危机管理*

為管理者重要的管理技能之一。管理人如何整合運用有限的資源,使風險所導致之損失衝擊降至最低的一種管理過程。(參閱 crisis management)

➢策略管理 · 司徒達賢

management by objectives (MBO) 目標管理 ❖*目标管理*

源自於目標設定理論,其重點在於將組織目標轉化為員工個人目標,以激勵員工。目標的設定通常是由公司整體目標開始,逐層傳遞建構成為部門目標,而後再設定員工個人目標。

通常由員工共同參與設定目標,讓每位員工事先設定一個具體可衡量的績效目標,而後定期由員工和其直屬主管共同檢討目標達成

的進度,以提供員工回饋(feedback)。如果每個成員都達成目標,其所屬部門的目標也就達成,整體性目標也就可以實現。目標管理有四項要素:目標具體化、參與決策、限期完成,及績效回饋。

➢組織理論·黃光國

➢人力資源·吳秉恩

➢策略管理·司徒達賢

management by participation
參與管理

勞工要求在有影響他們日常工作生活決策時能參與決策制定,可包括管理性或策略性之決策制定,典型的方式為意見箱、勞工管理福利委員會以及勞資會議。

➢人力資源·吳秉恩

management controls　管理控制
❖*管理控制*

就安松尼(Anthony)之觀點,以組織整體而論,組織目標達成在於「策略規劃」與「策略控制」之相互運用促成。控制機制中,相對於作業性控制而言,管理控制乃針對策略性及管理性事務之監控及匡正,為重要之機制。若運用於人力資源管理中,員工工作安全及衛生管理活動,則除針對事務性及身體環境之管控與調整以外,如何組成「工作安全委員會」、設定「安全規則」、培訓人員「安全意識及方法」以及設計激勵制度,則為管理控制之範圍。

➢人力資源·吳秉恩

management cycle　管理循環
❖PDCA *循环*

係指一系列規劃、組織、領導、管制及評估等以朝向共同目標邁進的活動,企業雖因組織結構或環境之差異而有其不同的管理原則,但如何有效運用有限的資源,及利用計畫、組織、領導、控制與評估等管理功能,來達到設定目標卻有其共同的管理原理與方法,此種具有循環特性的管理即稱為管理循環。

管理循環是一不斷重複的循環,亦稱P-D-C-A循環,其中,計畫(plan)乃為決定目標及決定達成目標的方法、實施(do)乃將計畫付諸實行包含教育訓練與生產作業兩項工作、考核(check)乃將實際情況與原訂計畫作一分析比較並找出其差異原因、修正(action)乃為進行改善作業以矯正偏差。

➢生產管理·林能白

management development
管理才能發展

針對組織內管理者的一種長期性學習過程,讓管理者本身的管理知識、能力和技巧,能隨著組織內外在環境的變遷和發展等而同步成長,為組織培養深具才識、高瞻遠矚的管理人才,以確保組織的長期生存與發展。

管理才能發展同時也是企業內部培養管理人才的重要管道,其過程包括「評估組織管理需求」、「評估現有管理人力效能和需求」、「實際執行人才培育」等;其目標包括提升專業知識、改變態度與價值觀,或是強化技術能力等;而其施行途徑則包括公司內部訓練課程、外界的專業課程、上司指導、工作輪調等。

➢人力資源·吳秉恩

M

management information system (MIS) 管理資訊系統 ❖*管理信息系统*

狹義而言,指利用電腦軟硬體來提供資訊以支援組織的例行作業、管理控制與策略性決策活動的系統。此系統包括電腦硬體、電腦軟體、人機程式、模式以及資料庫。一般也可泛指用來協助企業進行管理、決策等活動之資訊系統。

廣義而言,它指利用電腦及資訊科技來協助各項企業應用的工具。

➤資訊管理・梁定澎

management of conflict 衝突管理 ❖*劳资冲突*

為管理者重要的管理技能之一。衝突就是由於認知不相容的差異,因而導致干涉與對立。衝突管理即是對於員工所認知存在的差異管理的工作。(參閱 conflict management)

➤策略管理・司徒達賢

management of technology 科技管理

科技為科學(science)與技術(technology)的統稱。科學指的是有組織、有系統且明確陳述自然現象的知識;技術指的是有系統性的、有目的性的應用知識,以解決實務問題的方法及工具。

科技管理的範圍領域包括國家、產業層面的科技政策、科技發展體制管理,以及企業個體層面的科技管理(或稱研究發展管理)。

➤科技管理・賴士葆・陳松柏

management process school ❶管理程序學派 ❷一般行政學派 ❸一般管理學派 ❹行政管理學派 ❖*管理过程学派*

屬於古典管理(classic management)學派之一。主要著眼於組織整體的管理層次,包括規劃、組織、任用、監督、控制等管理功能的分析,以求企業組織的運作更具效率。

亨利費堯(Henri Fayol)指出,所有組織的管理活動,乃由規劃、組織、命令、協調、控制等五要素所組成,同時提出管理的十四原則(包括專業分工、權責相當、鎖鏈原則、控制幅度、中央集權、指揮統一等)。

後續學者如詹姆斯穆尼(James Mooney)、艾倫雷利(Alan Reily)等人的主張亦主要跟隨費堯(Fayol)的精神。本學派亦採封閉系統觀點,認為組織與外在環境彼此間是不存在互動關係的。

➤組織理論・徐木蘭

management roles 管理角色 ❖*经理角色*

管理者管理行為的特定分類。諸如管理者的管理角色,可分為:

1. 人際性角色:包括主管、領導者與聯絡者的角色。
2. 資訊性角色:包括偵察者、傳達者及發言人的角色。
3. 決策性角色:包括企業家、清道夫、資源分派者及仲裁者四個角色。

➤人力資源・黃國隆

management science 管理科學 ❖*管理科学*

其興起與二次大戰期間作業研究應用在軍事上有關,由於這一方面獲得輝煌成就,使得

人們在戰後企圖將其應用到其他方面，如企業、政府、學校等，因科學日新月異，競爭激烈。

各國在管理上首要的目的，為將資源作最有效的運用，制定最佳政策，貫徹執行，以達成其目標與任務，因而成了高階當局以決策為中心的管理問題。於是管理科學乃應運而生，以期於企業目標與企業資源作最佳的規劃與配合。

因此，管理科學乃是以現代科學理論方法與技術，對問題做系統的分析，提供最適當的行動方案，以供決策者的抉擇。

➤生產管理・張保隆

management science approach
管理科學方法

代表組織決策的方式之一。類似管理者個人決策時採用的理性方法，強調利用二次大戰後所快速發展的管理科學知識，例如：線性規劃、作業研究、電腦模擬等統計與數學技術，將決策相關的變數予以量化成數量模型，並發展量化的解決方案、計算每個替代方案的成功機率與成本利益，提供管理者決策時的數量資訊。

當問題可明確定義、並可將變數量化予以計算分析時，此方法通常可提供快速又精準的解決答案，例如：公車司機的排班問題。

➤組織理論・徐木蘭

management science school
管理科學學派　　❖管理科学学派

同科學管理學派般地主張以科學方法（尤其是數量方法）來解決管理問題，但本學派乃是發展於二次世界大戰之後，所運用的數量

方法更為精確，例如：作業研究、電腦科學、統計方法（在泰勒(Taylor)的科學管理時代尚未出現），可以解決更多的管理問題，且應用的範圍更加廣泛，並不限於工廠內的時間與動作研究之議題。

此學派主要焦點至於經濟－技術因素，較不關心心理—社會因素，並將組織視為一個封閉性系統，在此系統中尋求最佳策略。

➤組織理論・徐木蘭

management skills　　管理技能　　❖管理技能

管理者管理行為的能力。羅伯特凱茲(Robert Katz)界定管理者三種基本管理技能為：

1. 技術性技能：係指個人運用專業知識的能力。
2. 人際性技能：係指不論在一對一或在團體中都能與他人合作，並能了解與激勵他人的能力。
3. 概念性技能：係指面對複雜情況的時候，管理者必須有分析及診斷的能力。

➤人力資源・黃國隆

management system　　管理系統
❖管理系統

是構成管理行為的計畫、策略以及獎懲的組合。組織的日常資源累積和調度佈置，人們知識的累積係由公司的管理系統加以引導和監督。

這些管理系統包括教育、報酬和激勵系統，創造知識取得和流通的管道，同時對不合需要的知識活動設立障礙（參閱圖十一，頁81）。管理系統幾乎都是以某種形式的財務衡量指標為基礎。

一個特定的財務目標能夠說明經理人所面對

的議題與決策事項，例如：增加銷售量或是利潤。

財務責任共分為四大類型，每一個類型都有自己的一套目標：

1. 成本中心。
2. 利潤中心。
3. 收入中心。
4. 投資中心。

公平性與目標的整合性對建立管理控制系統具有關鍵重要性。

➤策略管理‧吳思華

➤科技管理‧李仁芳

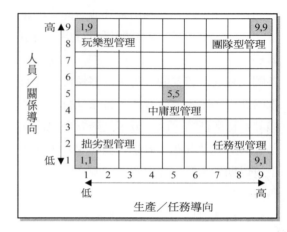

圖三四　管理格局圖

資料來源：Robbins, S.P. (2001), *Organization Behavior*, Prentice Hall International, Inc. p.317.

managerial grid　❶管理格局　❷管理座標

❖管理方格法

1964 年，布雷克與冒頓(R.R. Blake & S. Mouton) 利用類似雙構面之分析方式，以「關心員工」和「關心生產」構面，每個構面皆分為九個等級，劃分出各種管理者領導風格，稱為管理格局。

其中最具代表性的有五種：

1. 拙劣型：對生產及員工均漠視。
2. 任務型：苛求效率卻忽視員工。
3. 玩樂型：強調員工滿足卻忽視生產。
4. 中庸型：力求員工滿足和生產效率均衡。
5. 團隊型：對員工需求和工作效率均極端重視。

其結論隱含既關心員工，也關心生產的領導風格最佳（參閱圖三四）。

➤人力資源‧吳秉恩

➤組織理論‧黃光國

managerial ladder　管理梯

在雙梯制規劃中，從事管理性工作的升遷階梯，例如：組長、主任、襄理、副理、經理、協理、副總經理、總經理……等，依循著組織正常層次之升遷方式，愈上層所代表的權力、職權及所管轄的員工人數愈多。

➤科技管理‧賴士葆‧陳松柏

mania　躁狂症

屬情感性精神病之一。其特徵為情緒過度興奮、好動、活力充沛、遇事過度自信、自誇、好說話、動輒干涉別人、支配別人、易怒，稍受阻礙，即對人對物體攻擊破壞，又有時口出穢言，與平時判若二人。

➤人力資源‧黃國隆

man-machine chart　人機圖

用來分析同一時間（或同一操作週期），同一工作地點內機器之操作與作業人員之操作動作相互配合的情形，以及兩者互動之作業時

間，透過這些資料，分析人員可進一步設法了解人工與機器產能間是否有閒置情形，若有閒置將藉以消除浪費，達到機器與人工之產能得以充分利用而提高效率。

繪製人機圖的步驟如下：

1.了解作業員及機器細部作業內容。

2.了解作業之間先後順序及其同時或重疊之關係。

3.測定各作業所需之時間。

4.尋找作業員與機器之作業是在何處同時開始、完成，並詳細了解其先後順序，再基於現狀繪製人機圖（參閱圖三五）。

➤生產管理・張保隆

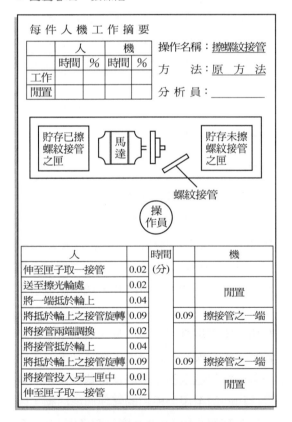

圖三五　擦螺紋接管之人機圖

資料來源：劉水深（民 73），《生產管理－系統方法》，華泰文化事業公司，頁 174。

manufacturing cell　製造單元

參閱 cellular manufacturing system。

➤生產管理・張保隆

manufacturing cost　製造成本

❖生产成本

製造成本又常稱為生產成本或工廠成本，其屬於一種可以直接歸屬到所製造之產品的產品成本(product cost)。大體上，一產品的製造成本包含兩部分：

1.固定成本：係指一項不因生產量的增減而有所變動，僅可能隨時間而改變的成本，例如：機台設備的折舊、土地或廠房的資金成本或租金、水電費等，通常固定成本係採平均分攤方式來分攤至各產品中。固定成本可表示為維持最高生產能量所需的成本，故亦稱產能成本(capacity cost)。

2.變動成本：係指一項會隨生產量或銷售量的增減而成比例增減的成本，通常變動成本為下列三項成本之和，即：

$$變動成本＝直接人工＋直接材料＋製造費用$$

變動成本可表示為發揮生產潛力所需的成本，故亦稱活動成本(activity cost)或產量成本(volume cost)。

➤生產管理・張保隆

manufacturing executive system (MES)　製造執行系統

為一排定、分派、追蹤、監督及管制現場之生產活動的資訊系統，另外，MES 系統也提供以即時方式連結到物料需求規劃(MRP)

M

系統、產品與製程規劃系統以及延伸出工廠以外之系統如供應鏈管理、企業資源規劃(ERP)、銷售機構及服務管理等。

杜威爾(Deuel)與瓊斯(Chance)依據 AMR (advanced manufacturing research)的說法將 MES 分成規劃(planning)、執行(execution)、控制(control)及製造(manufacturing)等四個階層，MES 負責規劃與協調廠區中的生產活動，管理短期生產規劃，並執行、監督及管制由製造資源規劃系統(MRP II)系統所下達之生產訂單在廠區中的流動，廠區中的管制活動包括對工令單(job orders)的排程、派工與監控等。

在工令執行過程中，MES 同時蒐集、整理及分析來自廠區中的資訊並回饋給規劃階層，而後視實際生產現況調整規劃與排程計畫以確實掌握與回應生產狀況。

➢生產管理・張保隆

manufacturing industry　製造業

❖ 制造业

相對於服務業，製造業指的是以從事有形物品製造、加工為主要經營活動的產業。

➢策略管理・吳思華

manufacturing order　製令　❖制造订单

乃為工廠用以發出生產產品的正式通知單據，為工廠內一切工作依循的依據，工令上通常載明包括產品名稱、代號、數量、預定完工日期以及製造過程中所需要的各種資料與指示。

➢生產管理・張保隆

manufacturing process　製造程序

❖❶ 制造过程　❷ 工艺、制造工序

可定義為改變材料的形狀，以製出成品的加工過程。廠商若能善加選用適合的資源，生產出來的成品就能廣被接受，售價可高於成本，因此就能獲取利潤，製造系統就是統籌規劃輸入的資源、其間的程序以及成品、輸出及其間過程的系統。

現代化製造程序的開端可歸功於阿里・懷特尼(Eli Whitney)在十八世紀初期所提出的互換性生產概念而衍生的一些極須嚴格控制的必需品，更激發了製造程序的改善。要創造新的製造方法，就需要研究有關材料以及這些材料用各種生產程序所製造出來的產品。同時，新的材料也需要新的改良及製造程序，例如：電腦輔助設計及製造、機器人學、新合金、電子及太空設計、安全，以及防污染法律……等，都能刺激出創新的方法。

➢生產管理・張保隆

manufacturing resource planning (MRPII)　製造資源規劃　❖制造资源计划

為物料需求規劃(MRP)的延伸與擴展，係指延伸原先的封閉迴路式物料需求規劃系統(close loop MRP)以整合與企業製造相關之資源，因此，一典型的 MRPII 系統中涵蓋了生產規劃、物料規劃、產能規劃、銷售計畫與財務系統等規劃模組，以及採購與生產活動管制等執行模組，藉以達成從將計畫資訊由規劃模組傳遞至執行模組及將執行資訊由執行模組回饋至規劃模組的管理循環活動，因其涵蓋範圍遠較 MRP 為廣且避免與 MRP 混淆，故稱新的資源規劃系統為 MRPII。

➢生產管理・林能白

marginal cost　邊際成本　❖边际成本

指每增加或減少一個單位的產品所變動的成本，如果單從增加方面說，則可稱為新增成本。

➢策略管理・司徒達賢

marginal cost of capital (MCC)
邊際資金成本

為獲取額外一元的新資金，公司所需負擔的成本。邊際資金成本與目標資本結構有關，在目標資本結構下，其加權平均資金成本最低、股票價格最高。此時，加權平均資金成本通常即為邊際資金成本。

➢財務管理・劉維琪

marginal innovation　邊際式創新

參閱 incremental innovation。

➢科技管理・賴士葆・陳松柏

market attractiveness　市場吸引力

表示某個事業領域對於企業而言，其願意投資的程度。用以評估市場吸引力的可能指標包括規模、成長率、顧客滿意度、競爭情形（數量、種類、效力、承諾）、價格水準、獲利能力、技術、政府相關法令、對經濟趨勢的敏感度等。市場吸引力屬於外部分析，特別是市場分析的部分。

➢策略管理・吳思華

market attractiveness-business position matrix
市場吸引力－事業定位矩陣

是一個正式且結構化的分析方式，嘗試去搭配公司的優勢與市場的機會。橫軸是市場吸引力(market attractiveness)的估計，也部分反應了競爭者的優勢與劣勢。縱軸則是事業定位的評估，屬於內部分析。

市場吸引力與事業定位都是正的時候，公司應該擴大投資；市場吸引力與事業定位都是正負的時候，公司應該開始收割或撤資；其他情形，則須做選擇性的投資。（參閱圖三六）

➢策略管理・吳思華

事業定位（競爭地位）	高	投資	投資	選擇性投資
	中	投資	選擇性投資	收割或撤資
	低	選擇性投資	收割或撤資	收割或撤資
		高	中	低
		市場吸引力		

圖三六　市場吸引力－事業定位矩陣圖

資料來源：Philip Kotler 原著，方世榮譯(民81)，《行銷管理學》(第 7 版)，東華書局，頁 56。

market control　市場控制

中、高階管理者控制組織的三種方法之一，在價格競爭時，市場控制可作為評估組織的產出與生產力的方法。管理者藉由定價機制，比較事先訂定的產出之價格和實際獲得的利潤，以評估公司的效能、生產力。

此種方式可使用於利潤中心或部門的控制上，亦可用於不同部門間的競爭，當內部價格相當於外部廠商時，企業可決定對內或向外買賣產品或服務。

➢組織理論・徐木蘭

➢策略管理・司徒達賢

market coverage　市場涵蓋　❖市場覆盖

在一個既定的市場範圍內，一種特定的批發或零售型態中所有個數的總合，一家製造商通常有三種市場涵蓋策略可供選擇：密集性分配、選擇性分配和獨家性分配。

➢行銷管理・洪順慶

market demand　市場需求　❖市場需求

一個特定的產品或服務在一定的時間、一個特定的市場範圍、由一群特定的人所購買的總量。

➢行銷管理・洪順慶

market development　市場發展
❖市場发展

一家公司擴展整個市場的途徑，一般而言有三種方式：

1. 進入新的市場區隔。
2. 將非使用者轉換為使用者。
3. 增加現有使用者的使用量。

➢行銷管理・洪順慶

market failure　市場失靈　❖市场失败

當交易的情境是在充滿不確定性與複雜性的情況，交易者間的交易行為並非完全理性（有限理性），存有投機心理（投機主義），衡量雙方所付出及所獲得的價值，以及監督雙方履行合約所需的成本過高，使得市場機制的基礎—合約價格無法建立。

➢策略管理・司徒達賢

market model　市場模式　❖市场模型

資本資產評價模式(CAPM)在實務應用上，常以下列的時間序列迴歸模式，進行貝他值的估計，稱為市場模式：

$$R_{jt} = \alpha_j + \beta_j R_{mt} + \varepsilon_{jt}$$

$$\varepsilon_{jt} \overset{iid}{\sim} N(0, \sigma^2)$$

其中，

R_{jt} 代表第 j 種資產在第 t 期的實際報酬率；

α_j 代表截距項；

β_j 代表第 j 種資產的貝他係數估計值；

R_{mt} 代表市場資產組合在第 t 期的實際報酬率；

ε_{jt} 代表第 j 種資產在第 t 期的隨機誤差項。

根據最小平方法，可得第 j 種資產貝他值的最小平方估計式如下：

$$\hat{\beta}_j = \sum_{t=1}^{T}(R_{jt} - \bar{R}_j)(R_{mt} - \bar{R}_m) \div \sum_{t=1}^{T}(R_{mt} - \bar{R}_m)^2$$

➢財務管理・劉維琪

market niche　市場利基　❖❶市场位
❷市场机会

在管理學中，利基意指在市場中，具有小規模之市場占有率，並針對這狹小市場提供專業化的服務。

➢策略管理・吳思華

market orientation　市場導向
❖市场导向

公司上下針對有關現在與未來顧客需求的市場情報的蒐集，跨部門的情報傳播，以及因此採取的反應行動。也是行銷哲學中最基本、最重要的觀念。

➢行銷管理・洪順慶

market penetration　市場滲透

❖市场渗透

為一種新產品上市時的定價策略，以低價格
來刺激產品的嘗試購買和適用，通常假設消
費者對商品價格較敏感，而低價格可以刺激
營業額，搶占市場占有率。

市場滲透也指藉由增加現有產品在現有市場
的市場占有率的企業成長策略，市場滲透有
三種主要方式：

　1.搶奪競爭者的顧客。

　2.說服現有的顧客增加使用量。

　3.吸引非使用者將其轉換為使用者。

➢行銷管理·洪順慶

➢策略管理·司徒達賢

market portfolio　❶市場資產組合

❷市場投資組合　❖市场投资组合

由所有風險性資產組成的資產組合。該資產
組合中每一種風險性資產所占的權重等於其
價值與所有風險性資產的市場價值總和之比
值，亦即：

$$W_i = V_i \div \sum_{i=1}^{n} V_i$$

其中，

　W_i 代表第 i 種風險性資產在市場資產組合
　　中的權重；

　V_i 代表第 i 種風險性資產的市場價值；

$\sum_{i=1}^{n} V_i$ 代表所有風險性資產的市場價值總和。

➢財務管理·劉維琪

market positioning　市場定位

❖市场定位

公司對於行銷組合的選擇，包括管理當局所
想塑造的形象、產品利益、溝通訊息、流通
管道和產品價位等，目的是希望在目標消費
者心目中建立特定的位置。

➢行銷管理·洪順慶

market research　市場研究　❖市场研究

指公司面對一項行銷情勢時，應用科學的原
則，對有關市場資料的進行系統化地蒐集、
處理、分析和報告。其目的在於提供管理者
有關消費及市場行為的精確知識，以增加行
銷活動與分配的效率。由於市場變化很難完
全掌握，因此行銷人員在面對某一種情況
時，需要市場的研究資料作為決策之用。

➢策略管理·吳思華

M

market risk　❶市場風險　❷系統風險

❖市场风险

個別投資人由於市場價格的波動，而遭到損
失的可能性大小。一般而言，普通股受市場
風險的影響較大，而債券受市場風險的影響
則較小。這種風險無法經由多角化投資的方
式加以分散，又稱系統風險。

➢財務管理·劉維琪

market risk premium　市場風險溢酬

❖市场风险溢酬

市場資產組合的預期報酬率高於無風險利率
的部分。它代表對投資人承擔市場風險的補
償。以市場風險溢酬乘以證券的貝他係數，
可得該證券的風險溢酬。

➢財務管理·劉維琪

market saturation effect　市場飽和效應

通常在產品生命週期中最長的一段時間,且代表市場的飽和。

➢策略管理・吳思華

market segment　市場區隔　❖细分市场

是市場中可以確認的多數顧客群。利基市場是定義較狹窄的顧客群,他們尋求一組特定利益的產品組合。

➢策略管理・司徒達賢

market segmentation　市場區隔化
❖❶市场细分　❷市场分化

消費者的需求和消費行為因人而異的狀態。在任何產品的市場中,不同的消費者往往存在相當程度的差異性,因此在企業行銷規劃與分析的過程中,必須確認不同顧客群的需求、偏好和產品消費等相關的行為,並且從許多顧客群當中進行評估,挑選目標市場,再將行銷資源投入其中。

➢行銷管理・洪順慶

market segmentation strategies
市場區隔化策略

將一群消費者依需求狀態和消費行為的差異,分割成若干比較小的群體,公司再決定服務那一個群體的做法。市場區隔化策略有三種:無差異行銷、差異行銷和集中行銷。

➢行銷管理・洪順慶

market share　市場占有率
❖❶市场占有率　❷市场份额

指在某個特定的市場中,公司的銷售(單位數量或金額數量皆可)除以相對之競爭者總體銷售數字。

➢行銷管理・洪順慶

➢策略管理・吳思華

market structure　市場結構　❖市场结构

指市場之組成的一些特性,這些特性就足以決定買賣雙方的行為。通常用來描述市場結構的構面包括廠商數目的多寡、市場占有率集中的程度等。

➢策略管理・司徒達賢

market test　❶市場測試　❷試銷
❖❶市场测试　❷试销

在一個範圍有限但慎審選擇的市場內所從事的實地實驗,目的是預測在一套既定的行銷計畫內,產品可能的營業額和利潤。

➢行銷管理・洪順慶

market testing　試銷　❖试销

當一新產品觀念在公司內逐漸成熟時,為了驗證市場的接受度,實際將其推到一個小市場銷售的檢測。行銷人員在此一階段的任務非常重要,因為在此階段之前所有的行銷想法幾乎都是一廂情願的。新產品的本身、產品的包裝和品牌名稱、價格、推廣訴求的主題、流通的管道、目標消費者的界定等,都要在這個階段加以檢驗。

換言之,新產品及其行銷策略需要一番的實兵演練,目的是希望透過試銷,得到市場回饋的資訊,並將新產品的設計和整套的行銷策略修改,以得到最好的新產品上市結果。

➢行銷管理・洪順慶

market value ratio 市場價值比率
❖❶*市值* ❷*账面净值比率* ❸*账面价值比率*

財務比率的一種類型，可顯示公司盈餘、普通股每股市價以及每股帳面價值等三者間的關係。如果公司在變現力、資產管理、負債管理，以及利潤力等方面，都有不錯的表現，則該公司的市場價值比率也會很高。常見的本益比就是一種市場價值比率。

➣財務管理・**劉維琪**

marketable securities 有價證券

可以轉讓的各種債權憑證。其主要內容包括在證券市場流通的股票與債券，如上市公司的股票、國庫券、商業本票與銀行定期存單等，這些證券能夠在短期間內，以接近市價的價格被賣掉，可作為現金的替代品。

➣財務管理・**劉維琪**

market-driven strategy 市場驅動策略

相對於內部取向的策略發展型態。市場驅動策略是指由市場和環境來驅動策略的發展。換言之，市場驅動策略以顧客、競爭者、市場與市場的環境為導向，目標在於發展出對顧客敏感的策略。這個程序應該是預應而非反應，其策略任務除了純粹反應環境外，更積極地去影響環境。

➣策略管理・**吳思華**

marketing ❶行銷 ❷行銷學
❖❶*市场营销* ❷*市场营销学*

個人或組織為了使消費者以其經濟資源、時間資源及心理資源來交換所提供的理念、財貨及服務，而所採行的一系列定位、訂價、推廣、分配的規劃與執行的過程，以同時達成組織與個人的目的。

➣行銷管理・**洪順慶**

marketing channel 行銷通路
❖*市场营销渠道*

一組相互依賴的組織，例如：批發商和零售商，他們互相合作使產品或服務可供最終消費者購買或使用。

➣行銷管理・**洪順慶**

marketing information systems
行銷資訊系統 ❖*营销信息系统*

用來支援組織中行銷活動的資訊系統，它蒐集記錄組織行銷作業的資料，經過處理後提供給管理者以進行規劃與控制。系統經常會使用到外部的資料庫以了解經營環境，也需要與其他如訂單處理、採購、庫存、製造等系統連結，以了解組織內部情形。

➣資訊管理・**梁定澎**

marketing management 行銷管理
❖*市场营销管理*

一家公司將消費者所需要的產品，以他們所能接受的價格，透過適當的溝通方式，運送到對他們便利的場所，並促使其購買的規劃與執行的過程。

➣行銷管理・**洪順慶**

marketing mix 行銷組合 ❖*市场营销组合*

企業為了滿足目標顧客的需求，而所使用的一套行銷工具，可分為四大類：產品(product)、通路(place)、價格(price)與推廣(promotion)，經常我們也將這四個主要的行

M

銷工具稱為「行銷4P」。

➢行銷管理・洪順慶

marketing plan　行銷計畫　❖市場營銷規劃 (planning)

行銷規劃的書面文件，通常包括計畫總結摘要、行銷情勢分析、優劣勢與機會威脅分析、行銷策略與方案、行動方案等。行銷計畫雖然可能大到整個公司事業部的策略方向，但一般都只涵蓋一個特定的產品或品牌。

➢行銷管理・洪順慶

marketing public relations　行銷公關

目的在鼓勵大家購買產品並增進消費者滿意度的公關活動。

➢行銷管理・洪順慶

marketing research　行銷研究 ❖市场调研

透過資訊將消費者、顧客、大眾與行銷者連結的功能，資訊用來確認與定義市場機會與問題；產生、修正和評估行銷行動；監測行銷績效；和改進對行銷過程的了解。行銷研究首先確定針對上述議題所需的資訊；設計蒐集資訊的方法；管理與執行資料蒐集的過程；分析結果，將結果與涵義溝通。

公司常會因某一個特殊的任務，因為現成的行銷資訊系統沒有現成的資訊，有時候為了一個特定的目的，必須從事一個專案式的資訊蒐集，以幫助經理人員制定決策，例如：市場調查就是行銷研究的一種。

➢行銷管理・洪順慶

marketing strategy　行銷策略 ❖市场营销战略

一個產品或品牌達成目標的方法，一般而言，包括目標市場的界定和產品、分配、定價、推廣的決策制定。

➢行銷管理・洪順慶

market-pull innovation　市場拉動創新

在創新過程中，創意來自市場使用者（即市場拉力）產生，將此市場需求轉達給研究發展部門開發，以滿足特定使用者的需要。在研發過程中，技術推動創新與市場拉動創新往往是一體兩面同步進行的，例如：傳真機的發明是市場拉動與技術推動同時產生的創新。

➢科技管理・賴士葆・陳松柏

markup　加成 ❖差价

商品品項的零售價和成本之間的差距。

➢行銷管理・洪順慶

Maslow's hierarchy of needs theory 馬斯洛之需求層次理論 ❖人类基本需要等级论

為早期的激勵理論之一，該理論認為每個人均有五個層級的需求：生理的、安全的、社交的、尊嚴的及自我實現的需求，並且在某個層級的需求達到相當程度的滿足後，才會再追逐其上一層級的需求目標。

➢人力資源・黃國隆

mass customization　大量客製化

係指一公司具備遞交高度客製化產品與服務給全球中不同顧客的能力，亦即大量客製化乃指顧客定製化產品與服務的大量生產。大

量客製化的目的或利益乃在於兼顧能滿足眾多特定顧客需求與成本效益性。大量客製化的原則包括：

1. 在設計產品時應讓它由各個獨立之模組所組成，使成本低廉且容易地組裝成不同樣式的產品。

2. 在設計製造與服務程序時應讓它由各個獨立之模組所構成，使能輕易地搬移與重新佈署以支援不同之配送網路設計。

3. 在設計供應網路時（如存貨位址決定及服務、製造與配送設施的位置、數量與結構等）應提供兩項能力：

   (1) 它必須能夠以成本有效之方式供應基本產品給執行客製化的設施。

   (2) 它必須具備彈性與回應性以接收顧客訂單與快速地運交最終之客製化貨品。

➤生產管理・張保隆

mass interview   集體式面談

是人力遴選過程中的一種面談方法，指多位主試者與多位應徵者同時進行面談，主試者可交叉提出不同問題，亦可使應徵者搶答，以考驗其機智及應變力。某種程度，亦為創造適度面談壓力，以激發應徵者之潛力。

➤人力資源・吳秉恩

mass production   大量製造

❖❶大量制造 ❷大量生产

是二十世紀初期，由福特(Ford)汽車所發展出來的生產製造模式。當時，福特將其 T 型車規格化，用五千多個可更換的零件裝配而成，且裝配工作的各個階段由各個不同的作業員擔任，當輸送帶到達最後階段時，裝配工作即告完成，大大降低生產成本並提高效率。這種大量製造同質產品或服務的生產模式一度蔚為風行。

大量生產亦稱計畫性生產，意謂其屬存貨生產(make-to-stock)型，其主要特徵為極少產品種類之極多產量生產型態，同時，其產品多為一般的標準化產品且含甚多共用之標準化零組件。

➤生產管理・林能白

➤策略管理・吳思華

master production scheduling (MPS)   主生產排程 ❖主生产计划

係指擬定出一生產規劃期間內產品的生產項目、生產時間及生產數量等資訊的計畫。一般乃承接中程之總體規劃的結果進行短期的細部生產規劃，主生產排程規劃的結果即為主排程或生產日程(master production schedule; MPS)。

因此，主生產排程即依據中程總體生產計畫、企業營運狀況、訂單、預測、產能等資訊，來詳細說明在特定時間內將會生產那些與多少數量的最終產品，並且將整個生產計畫之規劃期間分成幾個特定的時間區段單元，同時預定各時間區段中的產品生產時程。若主生產排程頻率能與中期年度預測頻率一致的話，將能促進產銷配合並提升企業資源的使用率與生產力。

➤生產管理・林能白

material management   物料管理

❖❶物料管理 ❷材料管理 ❸物资管理

係針對物料流程以整體化與系統化方式來進行物料的規劃與管制，並以經濟合理的方式來供應各單位所需物料的管理方法，物料管

理的主要目標在於控制物料的流程，以使人力、設備及其它資源能做最有效的運用並提供適當的服務水準。有效的物料管理包含在適當的時間、在適當的地點、以適當的價格及適當的品質供應適當數量的物料等五大要件。

➢生產管理・林能白

material requirements planning (MRP) 物料需求規劃

❖❶物料需求计划 ❷物资需要量计划

係指一種利用主生產排程計畫(master production schedule; MPS)、材料清單(bill of material; BOM)、現有存貨量(on-hand inventories)、已發出但未交貨之令單／訂購單／製令單(open order)量及預撥量(allocated)等資料，經歷一套縝密且正確的計算程序後而得到所需之各種相依性原物料／零組件的毛需求量(gross requirements)與淨需求量(net requirements)，同時根據前置時間、批量決策等，來決定新訂單發出時程以作成存貨補充建議並修正各種已送出訂單的實用技術。

➢生產管理・林能白

matrix of cross-impact 交叉影響矩陣法

❖技術預測的交叉影响法

此法由戈登(Gordon)與海屋(Haywood)所共同提出，與相關樹分析法非常類似，但要進一步找出某項技術的創新(T1)，對另一技術產生影響的程度與可能產生機率(T2，T3)，其觀念如表一交叉影響矩陣一例。

在表中指出影響的強度（如＋20，增加20%等），影響的方向（正、負號），以互動的時間落後，此外，尚可考慮二階影響程度（例

如：透過 T1 影響 T2，在透過 T2 影響 T3），或更多階的情形（參閱表二）。

➢科技管理・賴士葆・陳松柏

表二　交叉影響矩陣一例

若發生此一事件↓	對以下事件之影響		
	T1	T2	T3
T1		+20馬上	+20 5年
T2	−30 3年		0馬上
T3	−20馬上	−90馬上	

資料來源：賴士葆、謝龍發、曾淑婉、陳松柏（民86），《科技管理》，國立空中大學，頁138。

matrix organization 矩陣式組織

❖矩阵型组织

具有強大的水平連結，其特色是事業部與功能部的結構一同實行。

➢策略管理・司徒達賢

matrix structure 矩陣式組織結構

❖矩阵组织结构

如同混合式結構一樣，矩陣式結構也可達到整合多元產出的目的。當組織發現無論是功能別、事業部別、地區別或混合式結構的水平連結機制皆無法運作時，矩陣式結構常是解決方案。

此結構方式之一，可能是將產品事業部與功能別結構同時實行，產品經理（水平的）與功能部門經理（垂直的）在組織中擁有相同的職權，員工同時向兩位上司報告。當環境不確定性很高、產品多元化、有產品與功能雙重目標之要求、技術非例行性時，此結構

相當適用，有助於提供功能與產品技術發展的機會，並在產品間彈性地分配人力資源，然而此結構所導致的雙重職權衝突，容易造成員工的挫折與困惑，主管間也需要更多的人際溝通訓練以改善職權衝突和促進意見交流。

➤組織理論・徐木蘭

mature markets 成熟市場 ❖成熟市场

相對於市場快速成長期而言，成熟市場是指該市場邁入比較和緩成長的時期。緩慢成長意味著在市場占有率上有更多的競爭，廠商不能僅靠著某種程度的市場占有率來維持未來之成長率，競爭的注意力轉向攻擊其他廠商的市場占有率，更強調成本與服務，因此價格戰、服務戰，和促銷戰在此期間將普遍的發生。

➤策略管理・吳思華

maturity risk premium 到期風險溢酬

一種貼水，用以補償投資人承擔利率風險可能遭遇的損失。

➤財務管理・劉維琪

maturity stage of product life cycle
❶產品生命週期的成熟階段 ❷成熟期

這是產品生命週期的第三個階段，在成熟期階段，產品的價格和利潤會開始下降，競爭力比較低的廠商受不了激烈的競爭，就會逐漸退出市場。在經銷商方面，產品的銷售毛利逐漸下降，所以成熟商品的擺設空間也會受到擠壓，經銷商會降低成熟商品的存貨持有，減少商品促銷。在這些情況下，製造商會加強對經銷商和零售商的促銷，以鼓勵他們多進貨。

➤行銷管理・洪順慶

McClelland's theory of needs
麥克里蘭之需求理論 ❖三需求理論

為近代的激勵理論之一，該理論強調三種需求，即成就需求、權力需求、與親和需求，是組織在了解對員工激勵作用時的三個重要的需求。

➤人力資源・黃國隆

media vehicle 媒體載具 ❖媒介载体

一種特定的可以用來播放或刊登廣告的電視節目、收音機電台、報紙或雜誌，例如：《中國時報》就是一種報紙類廣告媒體的媒體載具。

➤行銷管理・洪順慶

M

mediation 調解

若勞資爭議屬「調整事項」，需先依調解程序，調解不成立則交付仲裁；若屬「權利事項」，雙方當事人可逕付法院訴訟程序，亦可先經調解程序，調解不成再進入訴訟階段。勞資爭議當事人申請調解時，應向直轄市或縣市主管機關提出調解申請書，權利事項勞資爭議之當事人為個別勞工者，得委任其所屬工會申請調解。主管機關對於勞資爭議認為必要時，得依職權交付調解。主管機應於7日內組成3至5人之調解委員會，除有特殊情況外，調解委員應於7~15日內開會，且應有過半數調解委員出席，經出席委員過半數同意，使得決議，作成調解方案。

➤人力資源・吳秉恩

mediator　調解者

中立的第三者,透過判斷、說服及建議方案來促使雙方能一起協商解決問題。調解者在勞資管理協商與民事法庭上廣為使用。

➢人力資源・黃國隆

megabyte (MB)　百萬位元組　❖兆字节

電腦資料的計量單位,1 MB 為 2 的 20 次方個位元組,約等於一百萬個位元組。

➢資訊管理・梁定澎

mentoring　師徒傳授

指將年輕的人員交予某一位經驗豐富的資深主管,後者為前者之師傅,負責年輕員工所有知識技能的訓練和啟迪,具有將生活與學習結合之特色,是最典型、最常用的「工作教導」途徑,對提攜栽培年輕管理人才甚具功效。此法尤其對於「隱性知識」之學習,特別有效,然師徒關係如何於倫理及專業間均衡,則是關鍵。

➢人力資源・吳秉恩

mergers　合併　❖❶兼并　❷合并

指兩家或多家公司的結合。此種結合可能透過以股換股的形式完成,產生帳戶的結合,雙方藉由成立新公司取得合併後的公司資產。或可藉由購買的方式,其中所支付之超過被購買公司帳面價值的金額,不得列在取得資產價值中,而必須放入購買方帳簿的商譽項目中。(參閱 consolidation)

➢財務管理・劉維琪

➢策略管理・吳思華

merit pay systems　績效薪資

指在特定的時點以調整底薪的方式增加薪資,而加薪幅度則完全根據員工個人績效,是一種為獎勵員工個別績效而採取的加薪制度。績效薪資的做法頗受爭議,贊成者認為加薪與個人績效連結可激發員工工作動機,可補足全體加薪所欠缺的激勵效果;反對者則認為績效薪資的成效會受到績效評估制度有效性的影響,若績效評估制度有欠公平性,則績效薪資制度也會被認為是不公平的。

➢人力資源・吳秉恩

meso theory　中間理論

是組織研究的新方向,兼重組織行為與組織理論,整合微觀與宏觀的分析觀點,認為個人與團體會影響組織,組織也會影響個人與團體,因此必須透過各種層級的分析以了解組織的管理,例如:管理者必須塑造對應的組織結構與文化脈絡,以及選育留用多元勞動力,使彼此的交互作用能夠促進創新的發展。

➢組織理論・徐木蘭

method engineering　方法工程
❖方法工程

由美國工程師梅內德(H.B. Maynard)所提出,他將方法研究與預定時間標準法合併而為方法工程。方法工程之內容包括方法、場所、操作、工具等標準化,訂定標準時間與標準工作方法等,因此,方法工程乃是一種包含選擇或採用最有效技術來滿足製造條件(品質)的功能,此外,方法工程中尚包括其他研究改善目前加工程序或減少目前工作內容的功能。(參閱 method study, predetermined time standards approach）

➢生產管理・林能白

method study　方法研究　❖方法研究

為動作研究（內容為減少無效益的動作，目的為改善工作方法、減少浪費，進而降低生產成本）的修正與擴大範圍，同時亦為工作研究的基礎。方法研究是以提高作業效率為目的，並利用程序分析、作業分析及動作分析等技術來達成預設的目標，並藉由發展與應用較容易與更有效的工作方法來改進生產力。（參閱 motion study）

➢生產管理・林能白

methods-time measurement (MTM)
方法時間衡量　❖❶方法时间衡量　❷时间计量方法

為預定時間標準法之一，方法時間衡量係由西屋公司(Westing House)三位工程師所發展的工時測定法，係指依據分析手部動作的操作和方法來將操作劃分成若干個基本動作，並就各個動作的性質與工作環境特徵來將預定時間標準指定賦予至各個基本動作上，組合各項基本動作的時間標準即得一作業的標準時間。

其時間單位為 TMU (time measurement unit) 約為 0.036 秒。主要的基本動作包括伸手 (reach)、移動(move)、轉動(turn)、握取(grasp)、對準(position)、拆卸(disengage)及放手 (release)等，利用所得之數據作為工作方法改善的依據。（參閱 predetermined time standards approach, work factor）

➢生產管理・林能白

microcomputer　❶微電腦　❷個人電腦
❖微型计算机

它出現於 1970 年代末期，機體小，適合放置於辦公桌上，通常只有單一使用者使用且價格低、功能強大，廣為一般大眾所使用。

➢資訊管理・梁定澎

microenvironment　❶個體環境
❷微觀環境　❖微观环境

公司所處行業的上游和下游廠商、消費者、競爭者和社會大眾等。

➢行銷管理・洪順慶

micromarketing　❶個體行銷
❷微觀行銷　❖微观市场营销

一個組織的行銷行為及其研究，也就是一個組織，無論是營利或非營利的，所執行的各項活動，目的在與市場從事交換，以滿足市場和組織的需求。

➢行銷管理・洪順慶

M

micromotion study　❶細微動作研究
❷微動作研究

也為動作分析的工具之一，在操作或動作分析中雖有操作人程序圖與動作經濟原則等分析工具，不過，這些工具或方法所記錄的過程常失之粗略，對於過程時間短且反覆性高的工作站而言，因其精密度要求高故較難適用，此時，可應用吉爾伯斯(Frank Gilbreth)夫婦所研創的十七種動素來執行更詳盡的分析。

動素分析即構成細微動作研究的骨幹，動素分析即細分出工作中的動素並將這些動素逐項分析以謀求工作改善。由於此十七種動素非常細微，若用目視予以觀測與記錄往往不

易正確，故實際施行時經常搭配影片分析或使用動素程序圖(therblig process chart)，影片分析係利用攝影機來捕捉其真實畫面以求得正確數據，接著，再針對各個動素的特性予以檢討與改進。

由於動作影片分析之拍攝與放映可能需耗費大量的時間，因此，若非該項操作深具附加價值或高重複性，則可以動素程序圖取代之，動素程序圖的繪製方式如同操作人程序圖，不過，圖中之符號以基本動素取代之，同時，慣常以 TMU(time measurement unit)作為時間單位。

➢生產管理・張保隆

micro-organizational behavior
微觀組織行為

此種研究取向主要關注組織內個人或團體的行為。如領導、團體建立、及團體決策等。

➢組織理論・黃光國

microprocessor　微處理機　❖微处理器

於 1971 年發明，是一顆單晶片，能夠執行命令的積體電路，通常包含電腦的控制單元與邏輯運算單元。最新的微處理器還包含快取記憶體，具備完整的中央處理器功能。

➢資訊管理・梁定澎

microprogramming　微程式　❖微程序

傳統計算器的邏輯設計多採硬接線的方式，為了簡化線路設計，且避免高階語言的無效率，由威爾科(Maurice V. Wilker)在 1951 年提出的一種方法，將控制單元改以微程式控制方式，就是以微指令所組成。微指令中的每個位元狀態(0 或 1)能存在記憶體中，並直接控制各種硬體運算的啟動。這種方法隨硬體的進步，已逐步失去價值。

➢資訊管理・梁定澎

microsecond　微秒　❖微秒

百萬分之一秒，常常用在電腦計算的時間單位。

➢資訊管理・梁定澎

middleman　中間商　❖中间商

將商品從生產者移轉給消費者的公司，通常至少包括批發商和零售商。

➢行銷管理・洪順慶

middle-up-down management style
由中而上而下的管理風格

在此一架構中，高階主管創造遠景和夢想，中階主管則發展一般員工所容易了解的、較具體的觀念。中階主管試著解決高階主管在夢想和現實世界之間的衝突。換句話說，高階主管創造宏觀理論，而中階主管則試圖創造可由基層人員在公司內實際測試的中程理論。（參閱表三，頁 247）

➢科技管理・李仁芳

middleware　中介軟體　❖中软件

一套特殊性質的軟體，主要用來作為連結不同應用系統間的介面或橋梁，可以用來整合底層驅動程式與應用系統，也可以透過網路來聯結主從式架構中的用戶端電腦及伺服器電腦上的應用程式。

➢資訊管理・梁定澎

表三　由中而上而下的管理風格

WHO	知識創造的代理人 高階主管角色 中階主管角色	團隊 催化劑 團隊領導人
WHAT	累積的知識 知識轉換	外顯和內隱 內化 外化 結合 共同化
WHERE	知識的儲存	組織的知識庫
HOW	知識 溝通 對模糊的忍容度 缺點	層級和任務分組 會談及使用暗喻與類比 創造和擴大混沌與波動 人力的耗費：重複的成本

資料來源：Nonaka & Takecuchi (1997)，《創新求勝》、
遠流出版社，頁 174。

milking strategy　吸脂策略

其目的在於迅速回收資金，可劃分為快速吸
脂和緩慢吸脂兩種類型。

1. 快速吸脂：是將該事業單位的營業費用迅
速減少，或甚至提高產品價格，一方面使
資金流動增加，一方面也減少對該事業投
入資金的可能性。

2. 緩慢吸脂：則係降低對該事業的工廠設
備、研究發展等長期性的投資，而對於有
關行銷和服務之類的營業費用做緩慢的
減少。

➢策略管理・吳思華

Miller-Orr model　米奧模式

決定目標現金餘額的模式之一，由米勒
(Miller)和奧爾(Orr)兩位教授所提出。這兩位
教授認為公司每日的淨現金流入量會隨時間
的經過而隨機波動。當公司的現金餘額上升
到現金餘額的上限時，公司可利用購買有價
證券的方式，將現金餘額回降到目標現金餘
額的水準上；反之，當現金餘額下降至現金
餘額的下限時，公司則可透過出售有價證券

的方式，將現金餘額回升至目標現金餘額的
水準上。

➢財務管理・劉維琪

millisecond　千分之一秒　❖千分之一秒

指軟、硬碟或光碟機在儲存資料時常用的速
度計算單位元。如果說硬碟存取速度為
15ms，則表示其存取資料所需時間為 15×1
／1000 秒左右。ms 越大表示存取速度越慢。

➢資訊管理・梁定澎

multipurpose internet mail extensions (MIME)　多用途網際網路郵件擴充協定　❖多用途互联网邮件扩充协议

使用網際網路傳送資料時的規格，定義傳送
端及接收端資料的格式。最常見的是在電子
郵件程式使用 MIME 來定義傳送的附加檔案
為文字、影像、聲音或其他格式。

➢資訊管理・梁定澎

mimetic isomorphism　模仿同形化

在相同領域內，組織有朝向共同結構與方法
發展（同形化）之一種機制。大部分的企業
組織常會面對高度的不確定性環境，高階管
理者難以確定產品、服務和技術所要達成的
目標，因此會模仿同業組織的成功結構與方
法，例如：模仿某一企業組織的創新成功之
道，找出競爭者的主力技術或產品，而加以
模仿和改進。高階管理者需注意環境中所發
生的創新事件，並在契合的組織文化下，才
得以合法性地加以模仿。

➢組織理論・徐木蘭

mind set 思想模式

在解決問題時，就連最頂尖聰明者的搜尋方式，也極容易受限於過往的經驗和成功。人們很容易因循舊念，而將創新的解決方法排除在外，故對於常規的工作極具助益，亦急救經驗所偏好的技術可提供最佳解決之道時，使用這種方法既有效率又有效果。在組織中，如果這項技術不斷經由成功加以強化，就會成為一種固定的習慣，同時成為組織能力的一部分。

➢科技管理・李仁芳

minicomputer 迷你電腦
❖迷你电子计算器

1965 年於麻州 Maynard 名為 Digital Equipment Corporation (DEC)的公司推出，具有快速處理及某一程度輸出／輸入能力的電腦，其外型及價格皆比當時國際商業機器(IBM)和漢威聯合股份有限公司(Honeywell)公司生產的大型電腦來得小且低，故稱為「迷你電腦」。其主要特色有：

1. 可支援多使用者，有的甚至能架設數百部終端機。
2. 可擔任工作站與大型電腦之間的橋樑。
3. 利用 CPU 加裝高速緩衝區，可達到高速之處理。
4. 記憶體容量、運算速度、控制週邊能力皆比個人電腦好。

➢資訊管理・梁定澎

minimum variance opportunity set
最小變異數機會集合 ❖最小方差机会集合

在既定報酬率下，能產生最小變異數的所有資產組合所形成的軌跡。

➢財務管理・劉維琪

minimum variance portfolio
❶最小變異數資產組合 ❷最小變異數投資組合
❖最小方差资产组合

能使風險降到最低的資產組合。

➢財務管理・劉維琪

minimun effective scale 最小效率規模

能夠進行有效生產之最低規模。

➢策略管理・司徒達賢

mission 使命 ❖任务

又稱為正式目標(official goal)或策略性目標(strategic objective)。指公司的經營理念與存在的理由，通常與公司的歷史、企業主的偏好、市場環境趨勢、公司的資源與獨特的競爭能力有關。

使命的陳述通常是較為抽象和廣泛的，它是組織經營管理的基本哲學，是所有成員共同分享的價值觀與信念，描繪組織的願景，引導組織的運作方向，界定了組織的經營疆域、市場，通常明定於組織政策或年度報告上，是種長期性的目標，會影響營運目標的設定。

➢策略管理・司徒達賢
➢組織理論・徐木蘭

mission statement 使命說明書
❖任务说明

用以說明公司的中心目的、策略，以及價值的簡短聲明。其內涵包括公司存在的理由，或是可作為公司的指導目標，並解釋公司打算運用何種策略實現其中心目的、闡明工作活動的核心價值，以及陳述指導公司成員的行動準則，以期公司上下共同分享使命感，

可以培養出員工的忠誠度、合作、投入、信賴，以及集中工作心力。

➤策略管理・吳思華

missionary salesperson
❶傳教士型銷售人員　❷巡迴銷售人員

製造商的業務員，他們拜訪流通業者和執行促銷活動。例如：味全食品公司的業務人員，可能拜訪經銷商或超市，運送一種特別口味的新產品，佈置特殊的促銷展示，並且建議結帳小姐發送免費樣品給顧客。但這些業務人員並沒有取得這些商品的訂單，只是客戶的拜訪，希望能增加產品的銷售。他們的主要職責是發展公司的商譽和刺激需求，幫助中間商訓練他們的銷售人員。

➤行銷管理・洪順慶

MITI　日本通產省

相當於我國的經濟部，日本從戰後能於最短時間內，迎頭趕上歐美國家，多數學者研究認為通產省扮演很重要的角色。戰後的日本主要靠其從國外取得技術移轉，而通產省就扮演偵查國外技術發展、與國外創新者技術授權談判的角色，並使國外廠商所移轉的技術確實被日本本土廠商所吸收，並進而使技術在國內擴散，而日本本國技術的發展則受到關稅與非關稅障礙的保護，使國外廠商難以進入本土市場。

➤科技管理・賴士葆・陳松柏

mixed-model production and multi-model production　混合模式生產與多模式生產　❖*混流生产模式 (混合流水线)与多品种生产模式*

係指一製造現場同時地以不同的批量來製造多類產品，以此生產方式所生產出的產品組合將甚為接近於當日所銷售的產品組合，混合模式生產被廣汎地用於反覆性製造系統中 (repetitive manufacturing system)。

另外，混合模式生產與多模式生產稍有不同，多模式生產係指雖亦可生產多類產品，但並非同時地。

➤生產管理・林能白

mobility barriers　移動障礙

指在某一產業內，企業從一個策略群組移動到另一個策略群組所需付出的絕對成本（例如：企業進行垂直整合），亦即相對於某一策略群組中的在位者，新進入者所必須面對的營運或變動成本。當移動障礙越高，變更群組所需付出的成本會降低其可能的獲利率，即具有阻滯其他公司進入該群組作用。

➤策略管理・吳思華

mobility premium　搬家津貼

一種以派外人員為給付對象的財務性補助，適用時機包括：派外人員前往派駐地時；派外人員自派駐地返任；或是派外人員由原派駐地調遷至另一個派駐地時。

➤人力資源・吳秉恩

mode of technology substitution 技術代替模式

預測新技術如何隨著時間替代舊技術的速

M

率。當一項新的技術在市場出現，如何逐漸替代原有的舊技術，必須看新舊兩項技術彼此之間的成本效益比值而定，例如：生物性農業如何替代傳統的有機農藥，隱形眼鏡如何替代傳統接觸式眼鏡。

➢科技管理・賴士葆・陳松柏

model base　模式庫　❖模型库

決策支援系統(DSS)中重要的單元之一。決策支援系統將不同的模式，如迴歸模式、時間序列、線性規劃等模式存入模式庫中，視使用者不同的需求，取用適當的模式將資料加以分析整理，產生可支援使用者做決策的資訊。

➢資訊管理・梁定澎

modes of user involvement
使用者參與模式

《知識創新之泉》(*Dorothy Leonard-Barton*)一書中針對四大電子公司 34 個軟體工具開發所做的研究，將使用者參與歸納成四種模式：

1.交付模式。
2.諮詢模式。
3.共同開發。
4.見習模式。

在開發者十分了解使用者環境的專案裏，即使沒有使用者參與，案子也能成功。開發者無足夠知識的專案，則需要借助共同解決問題和使用者參與，方能獲致成功。（參閱圖二，頁 16）

➢科技管理・李仁芳

modularity　模組化　❖模块化

又稱為零件共通化(part commonality)或組件的標準化(standardization of components)，係指將產品之各個零組件依其不同的特性或功能來分類成一個個群組，每個群組即視為一個模組。同一個模組中具有共通的結構與機能，不但標準化亦更單純化，便於設計或生產／裝配時組合利用與維修更換。

➢生產管理・林能白

modular design　模組化設計　❖模块化设计

係指在產品設計時僅須挑選適當的模組加以組合即可獲得各種型式的最終產品。模組化設計除便於產生不同機能的產品外，因僅需維護較少數共用的模組，故容易管理且能降低庫存成本，另外，在維護保養上亦可提供經濟利益，然而，在設計模組時須考慮所含零組件及相關設備在介面與型式等方面的配合問題。

➢生產管理・林能白

money market　貨幣市場　❖货币市场

短期的金融市場。此一市場以期限較短（亦即到期期間不超過一年）的工商週轉金、拆款及短期政府債券為其主要交易對象。如：承兌貼現市場、商業本票市場、拆款市場、短期政府債券市場等均屬之。若企業需要短期資金，或有多餘短期資金供投資運用時可用之。

➢財務管理・劉維琪

monopolistic competition　獨占性競爭　❖独占性竞争

獨占性競爭和純粹競爭一樣能容易地進出，

二者不同在於，純粹競爭的廠商生產相同的產品，而獨占性競爭的廠商生產有差別的產品。獨占性競爭的產業具有如下特徵：

1. 有大量的潛在供給者。
2. 每個廠商生產略有不同的產品。
3. 進入或退出較容易。
4. 廠商有價格控制力。

➢策略管理 · 司徒達賢

Monte Carlo simulation　蒙地卡羅模擬

一種將敏感性分析與投入變數的機率分配兩者結合在一起，以衡量投資專案風險的分析技術。在進行蒙地卡羅模擬時，首先要找出能夠影響投資專案淨現值的關鍵投入變數，然後針對每個投入變數去估計它的各種可能出現結果的機率，以形成機率分配，最後再以電腦進行模擬分析。

➢財務管理 · 劉維琪

moral hazard　道德風險

❖❶道德危机因素　❷道德风险

代理理論認為企業經營者無法如部門管理者般接觸到同樣的資訊，而且也無法監督他們的每項行動，因此部門管理者會追求私人的利益。道德風險包含了工作上的懶散、部門管理者犧牲組織利益以達到自己目標、捏造數據使組織對自己部門多加投資、或拒絕讓好的員工到其他部門等。

➢策略管理 · 司徒達賢

more favorable provision　優惠條款

在技術授權合約中的一項特別條款，指的是在技術授權合約中，如果該合約並非獨家授權的情況下，技術提供者(licensor)有義務主動提供和後來技術接受者同等優惠條件給先前的技術接受者。

➢科技管理 · 賴士葆 · 陳松柏

mortgage bond　❶抵押債券　❷擔保債券

有固定資產（如土地、廠房、機器設備等）作為抵押品的債券，又稱有擔保債券。通常是當企業債信不強，無法發行信用債券時用之。抵押債券發行時，由於債權人尚未確定，同時分散各方，故以受託人為抵押權人，代表眾多債權人行使抵押權，並監督債務人履行借款合約。

➢財務管理 · 劉維琪

motion analysis　動作分析　❖动作分析

動作分析的意義，乃在縝密分析工作中的各細微身體動作，刪減其無效之動作，促進其有效之動作。其主要目的在於促使操作為簡便有效，提升生產力。動作分析之主要目的有二：

1. 發現人在動作方面之無效或浪費，簡化操作方法，減少工人疲勞，進而訂定標準操作方法。
2. 發現閒餘時間，刪除不必要之動作，進而預定動作時間標準。（參閱 motion study, operation analysis）

➢生產管理 · 張保隆

motion study　動作研究　❖动作研究

與動作分析為同義字，動作分析，係由吉爾勃斯夫婦(Frank.B.Gilbreth & Lillian M. Gilbreth)所首創，最初為手動作之研究，而導致「動作經濟原則」之發明，緊接著他們又合創動作影片(motionpicture)，此為細微動作研究(micromotion study)之骨幹。動作分

析，因確程度之不同，往往採用下列各種方法：目視動作分析(visual motion study)、動素分析及影片分析，動作研究之創始應全歸功於吉爾勃斯夫婦。

≫生產管理・張保隆

motivating potential score (MPS)
激勵潛能指標

此一指標具體反映員工將其工作視為激勵來源的程度。指標內容包括工作意義度（技能多樣性、任務完整性、任務重要性）、自主性、以及回饋性等三個向度，如下所示。

激勵潛能指標＝（技能多樣性＋任務完整性
　　　　　　＋任務重要性）÷3×自主性
　　　　　　×回饋性

資料來源：J. R. Hackman and J.L. Suttle (eds) (1997)
*Improving Life at Work: Behavioral Science
Approaches to Organizational Change*, Santa
Monica, Calif: Goodyear, p.135。

MPS 的數值要高，在此三個向度中，至少要有一項得高分。若在自主性與回饋性的得分趨近於零，會使得 MPS 數值亦趨近於零。

≫組織理論・黃光國

motivation　激勵　❖激勵

個體在達成組織目標時，所願意付出努力的強度、方向及持久性的過程，而此一意願受制於此一努力是否能滿足個人的某種需求。

≫人力資源・黃國隆

motivator factors　激勵因素

依赫滋柏格(Herzberg)之研究，對會計師、工程師等社會階層較高之白領工作者調查，發現必須強化其工作挑戰性、任務豐富化……等因素，才能積極提升其工作滿意度及生產力。這些因素稱為「激勵因素」。惟此觀點，若針對藍領階級，則其激勵因素可能有不同，需適性適域調整之。

≫人力資源・吳秉恩

multiattribute models of attitudes
多屬性態度模式

這是態度形成的一種重要理論，人們對某一事物的態度是由對此一事物的各種屬性及這些屬性的重要性構成。

≫行銷管理・洪順慶

multidimensional scaling　多元尺度法

❖❶多维尺度法　❷多维等级分析

一種衡量人們對事物之間相似程度及其偏好，再將這個資料畫在一個多元空間的方法。

≫行銷管理・洪順慶

multidivisional structure (M-form)
❶多部門結構　❷M 型組織結構

❖❶M 型結構　❷事業部型結構

組織依照事業或地理區域劃分為次級單位，每個單位就其執掌的範圍內具有足夠的決策權。如此可達到專業分工的目的。

≫策略管理・司徒達賢

multidomestic strategy　多國策略

相對於全球策略(global strategy)，多國策略是指對於不同的國家制訂不同的策略，且分別交由各國分公司自己執行。各國分公司之間各自獨立的操作，彼此並沒有緊密的聯繫。

多國策略的運作模式通常適合由許多獨立的事業單位所組成的集團，各事業單位為每個國家制訂不同的投資決策。

➢策略管理・吳思華

multilevel marketing 多層次傳銷
❖❶多层次传销 ❷多层次市场推广

一種行銷商品或服務的方式，企業透過一連串獨立的直銷商銷售商品，每一個直銷商，除了可以賺取零售利潤以外，還可以透過自己所招募、訓練的直銷商而建立的銷售網路來銷售商品，以賺取獎金或其他經濟利益。換言之，這是一種透過人員引介的方式，一層一層建構起來的龐大銷售網路，也就是一種類似傳教士佈道的銷售方式，故名傳銷。

➢行銷管理・洪順慶

multinational corporation (MNC)
多國籍企業 ❖❶跨国企业 ❷跨国公司

指在兩個以上的國家擁有生產設施及從事銷售業務活動的企業體。多國籍企業的經營模式類似於企業經營的專業分工模式，可以擴大範圍到以國家或地區為基礎，將整個產品的價值活動作適當的地點配置，讓具有不同比較利益的地區能專注於其所擅長的價值活動做最佳的發揮，降低風險同時提高報酬率。

➢策略管理・吳思華

➢行銷管理・洪順慶

multiplant economies of scope
多工廠範疇經濟

單一廠商擁有數家工廠，享有專業化和大量儲備的經濟(economics of massed reserves)。

在其他情況不變下，多工廠企業較單一工廠的企業，能夠雇用到更富有專業知識的會計、財務、行銷、排解製程問題、研究及法律等方面的人才。因此可降低管理成本，或獲得較高的生產力。

➢策略管理・司徒達賢

multiple activity process chart
❶多動作程序圖 ❷聯合程序圖

可記錄多數操作人和（或）機器之相關工作程序，在一公共時間標尺(time scale)邊將各操作人及機器之操作並列，以粗線或斜線表示操作，空白處即表示人或機器之空間情形，及無效時間。 組作業程序圖與多動作程序圖之二者差別，在於前者為程序分析技術之一，而後者為動作分析技術之一。（參閱圖三七）

➢生產管理・張保隆

時間(秒)	1號工人	時間(秒)	2號工人	時間(秒)	3號工人	時間(秒)	機器 送洗車	時間(秒)
0	鈎上車子去洗	30	閒置		閒置		閒置	
60	洗輪子	30	閒置		閒置		閒置	
120	閒置		閒置		閒置		洗車	120
180 240	閒置		放下車	60	放下車	60	閒置	
	閒置		閒置		自鈎上解下車	30	閒置	
300	閒置		閒置		收錢	60	閒置	

圖三七 多動作程序圖

資料來源：楊必立、劉水深 (民77)，《生產管理辭典》，華泰文化事業公司，頁 192。

multiple management　複式管理

又稱初級董事會(junior boards)，是一種讓中階經理人員體驗公司整體決策過程和經驗的訓練方式，提供受訓者以高層級的立場來分析問題以及制訂政策的學習管道。其做法是由來自不同部門的若干位中階經理人組成初級董事會，成員對於組織結構、薪酬制度、部門間衝突等高層議題進行討論，並向實際的董事會提出建議。

≫人力資源 · 吳秉恩

multiple product process chart
多產品程序圖

係指將多種產品或零組件的工作程序圖合併繪製於一圖形中，由於生產方式的不同，多產品程序圖又可分為聚合工作程序圖(converging process chart)及離散工作程序圖(diverging process chart)，其亦可以列表來表示之，藉以顯示各種產品所需的共同操作。它的用途主要有：

　1.向後追蹤上一步驟。

　2.將流程相近似化。

　3.找尋最有效的流程佈置。

　（參閱圖三八）。

≫生產管理 · 張保隆

multiple rating　複式考評

是績效考評程序的一種，受評者在接受其直屬主管考評後，再由更高階的主管進行複評和調整。此法的優點即在於藉由「多元化」考評的機制設計，讓直屬主管單獨考評所易造成的主觀偏誤得以降低；缺點則是除了受評者的直屬主管以外，其他的上層主管多半並不了解受評者的日常工作表現，所以複評

時將缺乏客觀、可靠的考評依據，因此受評者與考評者，層級不宜跨距太遠。

≫人力資源 · 吳秉恩

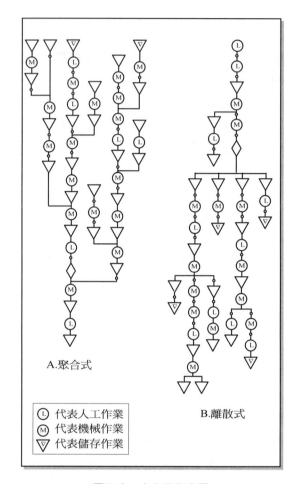

圖三八　多產品程序圖

資料來源：楊必立、劉水深 (民77)，《生產管理辭典》，華泰文化事業公司，頁 193。

multiple souring　多重供應源

係指自一個以上的獨立供應商處購買貨品或服務的方式，多重供應源有多個供應商故可提供較多的選擇以避免壟斷或其它可能產生的弊端，另一方面，多重供應源除了供應的物料或服務品質較難於短時間內確認外，亦

較難建立與供應商間的信任感。（參閱 sole sourcing）

➤生產管理・林能白

multipoint competitors　多點競爭者

廠商彼此在相同的或相關的多個市場上競爭，因此在某一市場上的競爭狀態會影響到其他市場上的競爭狀態。

➤策略管理・司徒達賢

multiprogramming　多元程式

❖多元程序

作業系統在同一時間將數個程式同時載入在記憶體中，由作業系統負責將中央處理器(CPU)時間公平的分配給這些程式。多元程式的目的就是要讓 CPU 始終有工作做，以增加 CPU 的使用率。

➤資訊管理・梁定澎

multi-model production　多模式生產

❖品种生产模式

參閱 mixed-model production。

➤生產管理・林能白

multi-skilled worker　多能工

指員工本身具備多種知識、技能或經驗，可以勝任兩種以上的工作任務。在企業運作日趨複雜，職務內涵日趨多樣化的今日，多能工的觀念以漸廣為接受，組織內的教育訓練亦以多能工做為培養組織人才的長期目標。

➤人力資源・吳秉恩

multitasking　多工　❖多任务

多工作業允許使用者可同時操作數個程式，

例如：同時開啟 Access 搜尋顧客住址、Word 文書處理及列印功能。中央處理器(CPU)則在數個程式間交替操作，使用者感覺電腦同時在處理許多項工作。

➤資訊管理・梁定澎

mutual fund　共同基金　❖共同基金

一種集合性投資，以發行受益憑證的方式自儲蓄者處取得資金，再將資金轉投資於股票或公民營機構所發行的長短期債券上。共同基金主要以集中資金做多角化投資的方式來分散風險，由於可以享受規模經濟的利益，因此在證券分析與證券交易方面的成本得以降低。為滿足不同類型儲蓄者的需求，有很多性質互異的共同基金正逐漸應運而生。

➤財務管理・劉維琪

M

naked option ❶單一部位選擇權

❷選擇權裸部位　❋无抵期权

未持有標的物而出售的選擇權。與有掩護選擇權相對。

➢財務管理・劉維琪

national account 全國性客戶

如果有個大客戶在全國各地有許多的營業部門，且對其分支機構的採購具有影響力；此時它常會被當作全國性客戶來處理，而指派特定的人員或銷售小組與之接洽。

➢行銷管理・翁景民

national brand 全國性品牌

它是品牌類別中的一種，品牌類別(brand sponsorship)包括三種：製造商品牌、經銷商品牌及授權品牌。

➢行銷管理・翁景民

national competitiveness 國家競爭力

衡量世界各國的國家競爭力，目前最著名的有兩個單位：

1.瑞士洛桑國際管理學院(International Institute for Management Development; IMD)，採用八大類項目指標分別為：國內經濟實力、國際化程度、政府效率、金融實力、基礎建設、企業管理、科技實力、人力與生活素質。

2.瑞士《世界經濟論壇》(*World Economic Forum; WEF*)，也採用八大類項目指標分別為：經濟開放的程度、政府職能、金融市場的品質、基礎建設的品質、技術的品質、企業管理的品質、勞動市場的彈性、司法及政治制度的品質。

➢科技管理・賴士葆・陳松柏

National Science Foundation (NSF) 美國國家科學基金會

於 1950 年正式設立，主要任務是支持有關基礎研究及科學教育，尤其偏重於研究經費之支援，並且是美國總統的直屬機構。NSF 的運作方式，由總統直接任命行政首長來負責，但另聘請科技專家組成審議委員會，對於研究契約及研究經費的分配，享有超然的否決權。

➢科技管理・賴士葆・陳松柏

natural environment 自然環境

自然環境的惡化是現在企業與社會大眾關心的主要議題。在許多城市，空氣與水汙染都達危險程度。行銷人員必須注意到自然環境帶來的威脅與機會，如：原料的短缺、能源成本的上升、汙染程度增加、政府角色的轉變。

➢行銷管理・翁景民

natural experiment 自然實驗

當大公司在不同地點同時採用某種新工具、方法或製程時，實驗通常會自然發生。可惜的是，這類自發性的實驗通常只被視為學習創新技術的良機。每個地點均會審慎評估創新的技術部分，卻無人負責觀察創新對組織造成的不同影響。

➢科技管理・李仁芳

natural monopoly 自然獨占　❋自然垄断

進入障礙有兩類：人為的進入障礙，造成人為獨占；市場力量阻礙他人進入，則形成自然獨占。假設單一廠商在最適規模時，其產量就足以應付整個市場的需求，則該產業自然會形成獨占局面。這類型的獨占就稱為自

然獨占。

➣策略管理・司徒達賢

need hierarchy theory　需求階層理論
❖基本需要等級論

為馬斯洛(Maslow)所發展出來的理論。認為人有滿足需求的欲望，並因此驅策人的行動。人所追尋的需求有階層次序，當較低層級的需求獲得滿足後，就會追尋更高層級需求的滿足。

需求主要包括兩類，匱乏需求：個體為了自身的健康和安全而必須滿足的需求，包括生理需求、安全需求、及歸屬需求；另一為成長需求：個體為發展和完成其自身潛能的需求，包括尊重需求與自我實現需求。

➣組織理論・黃光國

needs　需求

根據馬斯洛(Maslow)的需要層級分類，需求指人們在身體上、心理上、社會上、安全上等方面的要求。需要可以分為吃、穿、用、住、行、服務、文教和衛生等方面。人們做出各種各樣的努力，使自己的需要得到滿足。

➣策略管理・吳思華

negotiable certificate of deposit
可轉讓定期存單　❖可转让定存单

一種負債證券。由銀行發行，到期期間不超過一年，到期前，可轉讓給其他投資人。

➣財務管理・劉維琪

netcasting　網上廣播　❖网上现场直播服务
參閱 webcasting。

➣資訊管理・范錚強

net change approach　淨變動法
❖净改变法

MRP 系統乃是藉由交易發生後需求與存貨記錄來立即改正 MRP 的資料以防止資料過時，亦即只將有改變的部分更正使系統一直表示正確即時的狀況。（參閱 regenerative approach）

➣生產管理・張保隆

net present value (NPV)　淨現值
❖净现值

指投資活動所產生的現金流入量現值與其現金流出量現值間的差額。淨現值(NPV)的方程式如下：

$$NPV = \left[\frac{R_1}{(1+K)^1} + \frac{R_2}{(1+K)^2} + \cdots\cdots + \frac{R_n}{(1+K)^n} \right] - C_0$$
$$= \sum_{t=1}^{n} \frac{R_t}{(1+K)^t} - C_0$$

其中，

　R_t 代表每年淨現金流入量；

　K 代表資金成本；

　C_0 代表期初投入成本；

　N 代表計畫期限。

➣策略管理・司徒達賢

➣財務管理・劉維琪

net present value method　淨現值法

一種評估投資專案的方法。該法先估計投資專案的預期現金流量，然後以資金成本作為折現率將之折現，以求得現金流量的現值，最後再將所有現金流量的現值予以加總，即得該投資專案的淨現值。如果投資專案的淨

N

現值為正，就接受該投資專案；若為負值，則拒絕之。假定兩個投資專案彼此互斥，則選取淨現值較高且為正的投資專案。

➤財務管理・劉維琪

net working capital ❶淨營運資金 ❷淨流動資產

流動資產減流動負債之餘額，為可供業務經營活動之資金限額。一企業之淨營運資金多寡，不僅可作為其財務狀況變動之指標，且可顯示其對短期債權人之償債能力與最大安全邊際。

➤財務管理・劉維琪

network access provider (NAP) 上網服務提供者 ❖上线服務提供者

提供網路接續服務的廠商。通常指提供使用者專線連接或電話撥接，以連上網際網路的服務。NAP 是網際網路服務提供者(ISP)的一種，但是，有一些人以 ISP 來稱呼 NAP。但是，有些 ISP 只提供網站管理的服務，而沒有包含上網服務。

➤資訊管理・范錚強

network data model 網路資料模式 ❖网路数据模型

利用網路的形式來表現資料之間的關係的一種資料表達方式，能很自然的表現「多對多」的資料關係。曾經是七〇年代資料庫管理系統的主流。但近年幾乎已被關連式資料模式所取代。

➤資訊管理・范錚強

network externality 網絡外部性 ❖❶网络系统外部性 ❷网络外部性

網絡利益的大小和網路關係的建構成指數關係。當網路的成員愈多時，每個成員所需付出的成本可能就愈小，而相對利益可能愈大。例如：通訊產業需要建構通訊網路中，當顧客數目越多時，網路外部性效果就愈明顯。

➤策略管理・司徒達賢

network operating system (NOS) 網路作業系統 ❖网络操作系统

在網路上運作的電腦作業系統。它能在網路環境中，有效的管理儲存空間、檔案等資源，並能交換網路上的各種信息，提供電腦資源供網路使用者共享。比較知名的例子有 Novell, UNIX, Windows NT 等。

➤資訊管理・范錚強

network structure 網絡結構 ❖网络建构

組織不是使用正式化的結構，而是在內部團隊與外部供應商、客戶、甚至競爭者之間之間形成一組鬆散而能夠更動的關係。這種結構的優點在於使得組織能夠具有彈性與適應力，而能快速地重組與回應外界環境變動。

➤策略管理・司徒達賢

neural network 類神經網路 ❖神经网络

利用電腦硬體或軟體來模擬人腦資訊處理的一種技術。最常用於專家系統中，作為其推理機制之一。

➤資訊管理・范錚強

neurosis　精神官能症

一種心理疾病，個人無法因應焦點與衝突而發展成一些症狀，如：抑鬱、過激強迫反應、恐懼症或焦慮症。根據心理分析論的看法，精神官能症可能肇因於使用防衛機構去逃避因潛意識衝突而產生的焦慮。

➢人力資源・黃國隆

new product development　新產品開發

新產品是指那些公司經由內部或外部的研究發展而推出並存在於市場上的產品、產品的改良、品牌。而新產品發展的過程一共包括八個階段：創意之產生、篩選、觀念發展與測試、行銷策略、企業分析、產品之發展、試銷與上市。

➢行銷管理・翁景民

niche　利基　❖利基

1. 一具有獨特環境資源與需求的範疇領域。
2. 利基是較小的一塊區隔，通常是由較小的市場中一些需要尚未被滿足的一群消費者所組成。

➢策略管理・司徒達賢

niche strategy　利基策略

❖❶利基策略　❷空隙策略

指小公司為避免與大公司對抗，將其目標擺在很小的市場區隔或大公司不感興趣的市場區隔，而在小市場成為領導者。利基是定義比較狹窄的顧客群，而這種顧客尋求一特定的產品利益組合。一個市場區隔會吸引數個廠商進入競爭，而一利基市場則吸引一個或是極少數的競爭者。利基市場的行銷人員應相當了解客戶的需求並能與以滿足，因此顧客會願意支付較高的價格。

➢行銷管理・翁景民
➢策略管理・司徒達賢

nominal group technique (NGT)
具名團體法

為組織進行團體決策的一種方式。在決策的過程中，每個人的意見是獨立的，而且需親自出席。包括四個步驟：

1. 討論前，每個人寫下個人的意見。
2. 每個成員輪流報告自己的意見，但不允許任何討論。
3. 整個團體開始討論與評估各個意見。
4. 各個成員獨自給各項意見打分數。

最後，統整各個成員的評分，續分最高的意見即為最終的決策。

➢組織理論・黃光國

nominal interacting group (NIG)
❶名目互動群體法　❷具名互動群體法

是一個工作的程序，目的在使得參與的人員能交換彼此的知覺，進而增進彼此的了解與相互欣賞，使參與的人員意見趨於一致。此法乃是反覆利用「個人時段」與「群體時段」以達成共同的決策。個人時段中個人並未被明確的分配職權，但每人都可以了解他人的工作內容。群體階段時，每個人都可自由的表達自己的看法、質疑他人的觀點、交換資訊或討論，進而了解別人所努力的工作，並感受群體的氣氛。一般而言，此法交互運用三次大多可達到整合意見的目的。

➢科技管理・賴士葆・陳松柏

N

nominal interest rate 名目利率

借貸契約中所約定的利率，如政府機構或公司在發行負債證券時所設定的利率。此一利率在未來到期之前，不能因物價上漲而調整其利息給付。負債證券的名目利率通常由下列五個要素構成：

$$K = K^* + IP + DP + LP + MP$$

其中，

K 代表名目利率；

K* 代表真實利率；

IP 代表通貨膨脹溢酬；

DP 代表違約風險溢酬；

LP 代表變現力溢酬；

MP 代表到期風險溢酬。

➤財務管理・劉維琪

non-destructive testing 非破壞性檢驗

❖非破坏性检验

參閱 destructive testing。

➤生產管理・張保隆

non-directive interview 非引導式面談

是人力遴選程序當中面談形式的一種，訪談人所提出之問題無一定順序，不具系統化，可隨興所至深入探知應徵者的反應。一般的做法是先對每一位應徵者由相同的問題開始問起，而後隨著應徵者的回答內容來發展後續對談主題的方向和深度。

➤人力資源・吳秉恩

non-financial rewards 非財務性報酬

指工作環境中可提升員工對組織認同感，強化員工自尊心或讓員工獲得他人尊重，但卻無法以金錢衡量的激勵措施，例如：教育訓練機會的提供，讓員工參與決策等。

➤人力資源・吳秉恩

non-for-profit organization 非營利型組織

不以營利做為經營的目的，因此對其「成功」的衡量方式與營利組織有所不同，例如：YMCA、學校、交響樂團、與郵局等，都追求不同目的的成功。

➤策略管理・司徒達賢

non-price competition 非價格競爭

銷售者利用品牌策略、產品差異化、廣告與促銷推廣等方法來彼此競爭。

➤行銷管理・翁景民

nonprofit marketing 非營利行銷

在許多非營利組織中，行銷也漸漸引起主管的注意。這些組織也有市場的問題。這些行政主管要在快速改變的顧客態度，及財務資源日漸縮水的情形下，維持整個組織運作，因此也漸漸轉向行銷導向。

➤行銷管理・翁景民

nonprogrammed decision 非程式化決策

代表組織決策的形式之一。通常是針對無前例可循的異常情況之決策，因而缺乏明確的定義，也沒有清楚的問題解決程序（即決策規則），因為組織遭遇不曾遇過的問題而無法以既有經驗來加以解決，所以沒有足夠的參考資訊和決策準則來發展可行的替代方

案，可行的替代方案不僅模糊，且數目極少，且通常一個方案僅適合解決某一特定問題，例如：經濟不景氣造成的裁員政策，現今組織面臨的重大決策型態通常多為非程式化決策。

➤組織理論・徐木蘭

nonsampling error　非抽樣誤差

就是與研究有關的，但不能由增加樣本而減少的誤差。沒有涉及樣本設計的研究也會有非抽樣誤差。

➤行銷管理・翁景民

nonstore retailing　非商店零售

雖然大部分的商品與服務，是經由商店來銷售。非商店零售已漸漸從店面零售業者手中，搶去一部分的生意。在印尼，76%有價值的物品，在傳統市場（如路邊攤、流動販賣車及路上叫賣等）交易。非商店零售包括直銷、直效行銷、自動販賣等。

➤行銷管理・翁景民

nonverbal communication　非口語溝通

在進行溝通時，除了對話本身所傳遞的訊息之外，非口語性的行為，也提供了重要的訊息，而形成另一種形式的溝通。非口語溝通包括肢體動作、表情、音調、或強調某些字眼，以及溝通者彼此間的距離等。

➤組織理論・黃光國

normalization　正規化　❖規范化

從複雜的資料關係中，尋找簡單的資料相依性規則，以建立小而穩定的資料結構的一種方法。在關連式資料庫設計中，是一個必要

的步驟。

➤資訊管理・范錚強

normative isomorphism　規範同形化

在相同領域內，組織朝向共同結構與方法發展（同形化）的一種機制。組織的變革是為了達成專業技術的標準與接受新的技術，而這些技術是專業技術團體認為新穎、有效率的，例如：企業接受專業顧問的建議而採用專業標準的會計制度。公司為了達成高績效標準，遂接受一種專業規範。這些規範會透過教育與認證而傳送出去，並在這些專業的高標準下，產生道德與倫理上的要求。

➤組織理論・徐木蘭

normative model of decision making　常規決策模型

參閱 leader-participation model。

➤組織理論・黃光國

norms　規範

一種引導與團體有關行為的準則或法則。各種規範可能在簡繁上有所差異，對團體存續的重要性也有輕重之別，但規範必須能夠引導團體內的個人，什麼可以做，什麼不可以做，因此也對於個人設定賞罰制度。當組織層次較高時，規範可能很多且複雜。與組織內的法規比較起來，規範顯得較為表面化，但事實上，在組織程序的運作上，卻扮演重要角色。

➤策略管理・吳思華

norms and values　規範與價值觀

價值觀與規範決定應追求和培育何種知識，以及何種知識創造活動可被容許和鼓勵。各

種科技知識所衍生的階級和身分系統、行為
儀式及強烈的信心,其堅定和複雜的程度並
不亞於一般宗教。因此,價值觀可作為知識
篩選和控制的機制。(參閱圖十一,頁 81)

➢科技管理 · 李仁芳

North American Free Trade Area
北美自由貿易區　❖北美自由贸区

由加拿大、美國、與墨西哥於 1994 年共同組
成,三國簽訂北美自由貿易協議,協議中主
張在十五年內逐步降低彼此關稅,並促進北
美區域的經濟整合。

➢策略管理 · 司徒達賢

NPD management　新產品開發管理
❖新产品开发管理

其活動包括創意的產生、概念發展、篩選與
商業分析、原型開發與產品測試、市場測試
與商品化上市……等。整個新產品開發過
程,是一種跨功能(cross-function)性的團隊活
動,參與的功能性部門包括行銷、研發、製
造、品管、採購、財務……等,很多企業對
於新產品開發管理係採取跨功能的專案式組
織或委員會組織方式。

➢科技管理 · 賴士葆 · 陳松柏

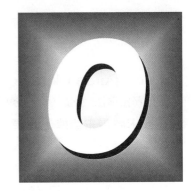

objective-and-task budgeting
目標任務預算法 ❖*目標/任務法*

此法要求廣告主依據下列要點來訂定廣告預算：

　1.儘可能明確地訂定廣告目標。

　2.決定為達成這些目標必須執行的任務。

　3.估計執行這些任務的成本。

這些成本的總和就是預定的廣告預算。

➤行銷管理・翁景民

objctives　目標

指計畫性活動的最終結果。目標說明在何時要完成什麼事，可能的話，儘可能賦予量化的意義。企業目標的完成應該會導致企業使命的實現。（參閱 goal）

➤策略管理・吳思華

object-oriented database
物件導向資料庫 ❖*面向對象數據庫*

資料庫的一種設計方法。它將「資料」以及將資料加以運用的程序，一併包含在一個「物件」中，加以儲存。

➤資訊管理・范錚強

object-oriented programming
物件導向程式 ❖*面向對象程序編碼*

一種程式設計的方法。它將「資料」以及將資料加以運用的程序，一併包含在一個「物件」中，加以處理。物件之間相互獨立，但有相互的繼承性，能有效的處理物件之間的複雜關係。

➤資訊管理・范錚強

odd pricing　奇數定價法

許多銷售者認為價格應以奇數收尾。如音響本為$10,000，卻標為$9,900，因此顧客認為這是九千多元的價格，而非上萬元。此外，奇數定價給人一種折扣或較便宜的感覺。

➤行銷管理・翁景民

original equiement manufacturing (OEM)　代工生產

是現在各大廠商採取的系統整合方式，以OEM 生產方式可以節省公司規模和某些管理銷售費用。一般較為知名的廠商委託小規模下游製造商，幫忙生產某些設備，而後掛上委託廠商的品牌銷售。因此這些下游廠商可能在一年之內生產了許多不同廠牌的商品。這些製造廠商的行為即稱為 OEM。

➤行銷管理・翁景民

off balance sheet financing
資產負債表外融資 ❖*資产负债表外融资*

過去，經由租賃而來的資產或負債，並未出現於資產負債表中。因此，公司可藉由租賃資產的方式來代替借錢購買資產，以降低負債比率，故租賃以往被稱為資產負債表外融資。有鑑於此，我國及美國的財務會計準則委員會遂要求使用租賃融資的公司將租賃資本化，以使投資人免於受騙。

➤財務管理・劉維琪

office automation systems (OAS)
辦公室自動化系統 ❖*办公室自动化系统*

以通信軟體（如：電子郵遞、語音郵遞、遠距會議等）和個人生產力工具（如：文書處理、試算表等）等軟體工具為主，組合起來

的整合性系統，用以提高辦公室中，員工的生產力。

≻資訊管理・范錚強

Office of Technology Assessment (OTA)　美國科技評估室

附屬在美國國會參、眾兩院，係於 1972 年成立，其功能主要做為參眾兩院的科技評估幕僚工作。國會有感於行政部門所推動執行的重大科技計畫預算，送請國會審議通過時，由於國會助理本身有關科技的學識不足，而行政部門所委託執行的科技評估報告，由於研究經費來自行政部門，其研究結果難免有為行政部門背書護航之嫌。

因此，國會即醞釀籌組成立獨立的科技評估機構，冀圖能以較客觀的角度來評估科技計畫，以制衡行政部門的科技決策。

≻科技管理・賴士葆・陳松柏

off-line quality control and on-line quality control　線外品管與線上品管

線外品管是強調在新產品開發設計階段，利用實驗設計的方法將影響產品品質，造成變異的因素（雜音）設法排除，將品質管制工作由傳統的製程管制提前到設計開發的管制階段。而線上品管是運用傳統統計方法進行製程管制，二者為日本田口一博士(Dr. Genichi Taquchi)在田口品質工程方法中所提出。品質工程的目的是在產品及其對應的製程內建立品質，以便減少品質功能的變異且降低成本。

≻生產管理・張保隆

offsite backup　易地儲存

資料安全計畫中的一項重要方法，將資料定期備份，並送到其他的安全地點加以儲存。在電腦設備受損的情況之下，還能將資料加以復原。

≻資訊管理・范錚強

off-the-job training　❶工作外訓練 ❷職外訓練　❖离岗培训

指受訓者暫時離開工作崗位去接受訓練課程，通常由公司的培訓單位予以統籌規劃和執行，凡是加強工作知能，乃至長期教育及管理才能發展均屬之；其地點可以是在組織內進行「內部訓練」，或是在組織外進行「外部訓練」。

≻人力資源・吳秉恩

omnibus　固定樣本

參閱 panel。

≻行銷管理・翁景民

oneness of body and mind　身心合一

其修行方法是由中世紀禪宗創始人——英齋(Eisai)所發展，即奉行禪宗者經由內在冥想和有紀律的生活所欲達成的最高理想。

在日本對知識傳統是強調「整體人格」的基本概念中，其知識論重視直接、個人經驗的具體表現。日本管理「現場」的個人經驗正是這種知識論傾向的最佳寫照。

≻科技管理・李仁芳

one-to-one marketing　一對一行銷

關係行銷的一種。在一對一行銷中，針對每一位顧客的特性和特殊需求，獨立的對待，

並設計對待每一位顧客的獨特行銷方案。在企業對消費者的電子商務中,是一個重要的觀念。

≫資訊管理・范錚強

on-line analytical processing (OLAP) 線上分析處理 ❖在线分析处理

一種資料分析的方式,其中使用者利用電腦的快速處理能力,從多種角度操弄和分析大量的資料,在線上和電腦直接互動、取得結果,並動態的反覆深入分析。

≫資訊管理・范錚強

on-line quality control 線上品管

參閱 off-line quality control。

≫生產管理・張保隆

on-line transaction processing (OLTP) 線上交易處理 ❖在线交易处理

一種交易處理的方式,其中使用者透過網路輸入資料,而所輸入的資料直接由電腦加以處理,處理結果也經由網路回饋給使用者。

≫資訊管理・范錚強

on-the-job training ❶工作中訓練 ❷職內訓練 ❖在岗培训

指在員工工作的同時,員工也接受指導和訓練,是一種「作中學」的指導和訓練方式,其實施方式以內部訓練為主,由各單位直屬主管於工作內給予直接之輔助,譬如運用工作指導、工作輪調、專案指派、代理制度以及見習制度等方式施行。

≫人力資源・吳秉恩

open-door policies 門戶開放政策

是組織內促進上下層溝通順暢所設的一種機制,此種機制允許員工在遭遇工作上的困難或不平等待遇,而其直屬主管又無法圓滿處理時,員工可直接向更高層級的主管呈報,以求下情上達,消除溝通障礙,促進組織和諧。

≫人力資源・吳秉恩

open systems 開放性系統 ❖开放系统

一種能在多種電腦硬體平台上執行的系統軟體。它們建構的基礎與任何廠商的專屬產品規格無關,而是建立在公開的作業環境規範、使用者界面,以及標準的通信協定和應用系統規範之上。主要的例子是 UNIX 和其各種衍生的作業系統(如 LINUX)。

≫資訊管理・范錚強

open systems interconnect (OSI) 開放性系統連接 ❖开放系统互连

國際標準組織(ISO)所訂定的,容許不同種類電腦和網路相互連接的參考模式。其中主要的觀念是將網路通信軟體,分為相互獨立的七個層次,容許相異的系統之間,交換資料。

≫資訊管理・范錚強

operant conditioning 操作制約

美國心理學家史金納(D.F. Skinner)所提出的理論。其內容指出:個體在特定情境下,其偶發性的行為反應,引起某種後果時,會因後果的好壞,影響個體未來處於此種情境時,進行相同行為的可能性。

≫組織理論・黃光國

operating budgets　作業預算

依照部門單位在一定期間內所需要消耗的原料、產品、與服務來編列預算的方式，稱為作業預算。

➢策略管理・司徒達賢

operating characteristic curve (OC curve)　❶作業特性曲線　❷OC 曲線
❖抽样特性曲线

在統計品質管制中，用以表示不同不良率被接受的機率曲線稱為作業特性曲線。由於統計品管管制以抽樣檢驗代替 100%的檢驗，但因抽樣所產生的機率問題使各種不同的不良率均有被接受的可能，作業特性曲線即顯示在某一抽樣計畫下，各種不良率被接受或拒絕的機率。最理想的作業特性曲線是接受不合格不良率的機率為零，而接受合格不良率的機率為 1（參閱圖三九）。

➢生產管理・張保隆

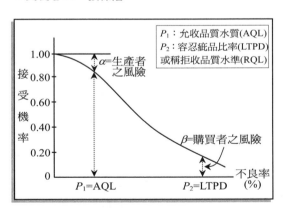

圖三九　作業特性曲線圖(OC 曲線)

資料來源：楊必立、劉水深 (民 77)，《生產管理辭典》，華泰文化事業公司，頁 207。

operating leverage　營運槓桿　❖经营杠杆

公司在其營運中，使用固定成本的程度。如果固定成本占總成本的比例越高，代表公司的營運槓桿越大。高度的營運槓桿意味，只要銷貨額產生相當小的變動，公司的營運利潤(EBIT)就會產生非常大的變動。

➢財務管理・劉維琪

operating merger　❶營運合併　❷營運吞併　❖经营合并

兩家公司的營運被整合在一起後，預期可為購併公司帶來綜效的合併。因此，營運合併的主要著眼點在綜效。

➢財務管理・劉維琪

operating process chart　操作程序圖
❖作业程序图

操作程序圖基本上是裝配圖的延伸，裝配圖僅指示產品裝配次序及零件之組合關係，而操作程序圖亦指出各自製零組件製造所需之操作與檢驗的詳細程序。故操作程序圖中表示材料及零件進入製程的時點，以及各種操作與檢驗間的順序關係，在操作程序圖中只包含操作與檢驗，而不包含搬運、等待、儲存等作業。

操作程序圖可以掌握從原物料至產品整個製程間的互動關係，使得分析人員容易從圖中發掘問題，並能對問題做適切的判斷（參閱圖四十，頁 270）。

➢生產管理・張保隆

operating system　作業系統　❖操作系统

電腦系統中最基礎的系統軟體，用來管理和控制電腦的各種活動。

➢資訊管理・范錚強

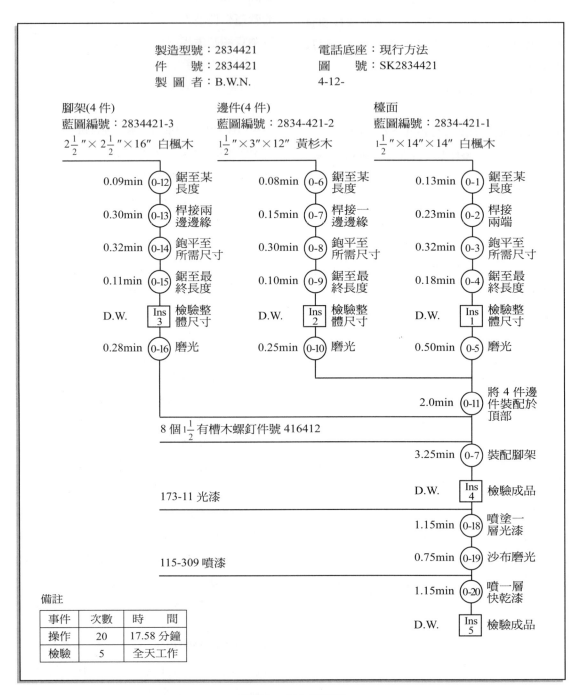

圖四十　操作程序圖

資料來源：　蕭堯仁譯 (民 89)，《工作研究》，前程企管，頁 44。

operation analysis 操作分析 ❖工序分析

透過程序分析中各種工具與方法的分析後，已能全盤掌握廠區內的整個製造程序，再經分析後的改善程序，使全廠的流程、佈置及製造環境皆應已達合理化狀態，但是，製程中各工作站的作業狀態卻仍有可能存在諸多問題，因此，在現場之工作研究的改善程序中，經常在執行程序分析與改善之後，接著進行各工作站的操作分析。

操作分析主要在研究工作站中各項操作時間的協調度、順暢度以及減少空間與工作不均，藉以提升工作站的操作效率。簡言之，操作分析的目的在於使非生產性時間能生產性化，同時，使已具生產性的操作能達到更高的效率。

因此，在五種基本操作中，應儘量使「遲延」、「儲存」越少越好，並減少「搬運」、「檢驗」的次數，最好只剩具附加價值的「操作」。常用之操作分析工具與方法計有人機程序圖、操作人程序圖（左右手程序圖）與多動作程序圖（聯合程序圖）等。

➢生產管理・張保隆

operation control 作業控制

不同於策略控制，是一種短期的控制循環，主要集中運用於組織內特定部門或活動的短期性控制；此種控制循環包含了四個階段：設定作業目標、衡量實際運作績效、與預定之標準績效進行比較、提供回饋訊息作為修正依據。

➢組織理論・徐木蘭

operation sheets 操作單

❖❶工序單 ❷工艺卡

參閱 route sheets。

➢生產管理・張保隆

operational-level systems 作業層次系統

用來執行和監控企業中最基層的日常作業和交易的應用系統。例如：薪資發放、收銀機結帳、銀行存提款等。

➢資訊管理・范錚強

operations analysis 作業分析
❖工序分析

作業分析組織內評估訓練需求時所進行的一種分析，該層次的分析目的在確認職位的工作條件、工作內容以及職責，以進一步界定該職位所需的訓練內容。

➢人力資源・吳秉恩

operations research ❶作業研究
❷管理科學 ❸數學規劃 ❹決策科學 ❖运筹学

在第二次世界大戰期間，英國軍事首領要求科學家和工程師分析一些軍事問題，如雷達的部署和護航、轟炸、反潛和佈雷等軍事行動的管理。此將數學和科學方法應用在軍事行動中被稱為作業研究或管理科學。

由於作業研究常使用許多數學模型，因此作業研究也常稱為數學規劃或決策科學，指的是做決策的一種科學方法，它通常是在需要分配的資源不足條件下尋求設計和運行一個系統的最佳方法。而作業研究常使用的技術有線性和整數規劃、模擬、網路分析（包含要徑法／計畫評核術）、存貨控制、決策分析、等候理論、馬可夫過程、非線性規劃和

目標規劃。

➢生產管理・張保隆

operative goal　營運目標

通常是較為短期且有明確可衡量結果的指標，此目標是組織要透過實際運作程序來追求的，也解釋了組織實際想做的事，例如：公司明年度的營運目標為達成一億的營業額，因此與組織必須執行的任務有關，它規範了組織成員應該遵循的標準，通常包括的範圍也很廣泛，例如：市場、財務績效、創新、生產力、員工績效與態度、社會責任與倫理行為等。

➢組織理論・徐木蘭

operator-machine chart　人機程序圖
❖人机程序图

參閱 man-machine chart。

➢生產管理・張保隆

operator process chart　操作人程序圖

參閱圖四十，頁 270。

➢生產管理・張保隆

opinion　意見

所有的預測都來自於三項資訊基礎。它們包括人們怎麼說、怎麼做與什麼已經做的事。而有關人們怎麼說的資訊取得，就是去調查人們的意見。

➢行銷管理・翁景民

opinion leader　意見領袖　❖意见领袖
指某一特定的個人，能夠以非正式的方式，在相當程度上，影響其他個體的態度與外在行為。意見領袖通常運用體制外的訊息溝通管道，或是在組織中處於受人尊敬的地位，別人願意聽其意見，其意見也會被人尊重。群體影響力強的品牌與產品，製造商需決定如何觸及並影響意見領袖。行銷人員可根據人口統計變數與心理變數找出有關的意見領袖，確認意見領袖所閱讀之媒體，並傳達訊息來加以接近。

➢組織理論・黃光國

➢行銷管理・翁景民

opportunism　❶機會主義　❷投機主義
❖机会主义

是經濟學一般假設的延伸，亦即代理人的行為是基於自利的考量，而為策略性的行為留下餘地，這裏所涉及的是以欺騙尋求自利，所以機會主義是指在交易中缺乏坦白或誠實，包括以欺騙的方式尋求自利，如選擇性地資訊揭露或是將資訊扭曲之後揭露、或做出自己都不相信的未來行動之承諾。所以策略性的操弄資訊或錯誤的表現其企圖都可以視為機會主義。

➢策略管理・吳思華

opportunity cost　機會成本

將資源用於某一種用途的機會成本，係為此資源其他可能的用途中，最有價值之用途的價值。例如：有三個工作機會(X、Y、Z)，假設同樣工作一個月，其他條件一樣，X 工作可得 $10,000，Y 工作可得$20,000，Z 工作可得 $30,000，則選擇 X 或 Y，其所放棄的最有價值的工作都是 Z，因此，機會成本都是$30,000；如果選擇 Z，則只有 $20,000 的機會成本。

➢財務管理・劉維琪

optical character recognition (OCR)
光學文字辨識 ❖*光学字符识别*

一種資料源自動化的方式。利用光學掃描設備將原始文字性的文件輸入為數位化的點矩陣，再利用形狀辨識的技術將之轉換為數位化的文字資料。

➤*資訊管理・范錚強*

optimal capital budget　**最佳資本預算額**

在某特定期間，當公司管理當局接受所有淨現值大於零的專案，且最後一個被接受的專案，其淨現值等於零時，公司所支付的總投資金額。

➤*財務管理・劉維琪*

optimal capital structure　❶**最佳資本結構**
❷**最適資本結構**　❖*最优资本结构*

可使公司的加權平均資金成本降到最低，而使其普通股每股股價達到最大的資本結構。一家追求價值最大化的公司會先建立其最佳資本結構，然後再以一種不會使其實際資本結構偏離最佳資本結構的方式去籌措新資金。

➤*財務管理・劉維琪*

optimal dividend policy　**最佳股利政策**
❖*最佳股利政策*

使公司股票價格達到最大的股利政策。根據股票價格基本模式：

$$P_0 = D_1 \div (K_S - g)$$

其中，

　P_0 代表股票價格；

　D_1 代表第一期現金股利；

　K_S 代表普通股之必要報酬率；

　g 代表期望成長率。

我們可以知道，發放較多現金股利的股利政策會使 D_1 上升，D_1 上升會增加股票的價格。不過，現金股利的增加表示可供再投資的資金減少，將使回轉至公司的盈餘減少，而使期望成長率降低，這又會使股票的價格降低。因此，如何在當期股利與未來成長率間取得平衡，使公司的股票價格達到最大的股利政策即為最佳股利政策。

➤*財務管理・劉維琪*

optimized production technology (OPT)　❶**最佳化生產技術**　❷**同步生產**
❖*最优化生产技术*

係用來規劃有限負荷排程的一種全方位製造管理哲學，OPT 的理論依據為限制理論(theory of constraint; TOC)；其係在 1970 年中由以色列物理學家高德拉特(Eliyahu Goldratt)在其朋友希望他能幫其解決生產雞舍之製造排程背景下所發展出來的。

高德拉特博士本身沒有製造與生產理論的背景，但其秉持著一般常識，即將所有的限制因素，如機器、人員、工具、物料以及任何會影響產能與時程等因素皆列入考量，並針對瓶頸工作站採取嚴密且有效之排程，同時考慮交貨期限、製造計畫、經濟批量、裝設時間、在製品存貨等各種限制條件，並使用數學規劃、網路及模擬等技巧作為輔助。由於在整個生產過程中，協調係同步進行，以達成生產單位的預設目標，故又稱此法為同步生產(synchronous production)。

➤*生產管理・張保隆*

O

optional pricing　選購品定價

許多廠商在主力產品上，會提供附帶品或特色品供顧客選購。如汽車購買者會加購電動車窗、動力方向盤等。但這種定價方式很棘手，車商必須決定那些是在車價中，那些可由顧客決定是否添購。

➤行銷管理·翁景民

option　選擇權　❖期权

一種選擇的權利，指當契約的買方付出權利金後，即享有在特定期間內，向契約的賣方依契約載明的履約價格買入或賣出一定數量標的物的權利。若為買進標的物，稱為買入選擇權（買權）；若為賣出標的物，則稱為賣出選擇權（賣權）。

➤財務管理·劉維琪

option writer　選擇權發行人　❖期权出售者

出售選擇權的人。

➤財務管理·劉維琪

order out of chaos　由混沌中創造秩序

當組織和外在環境互動的波動被引入一個組織時，組織成員將面對例行公事、習慣或認知網路的瓦解。一個瓦解要求我們將注意力轉移至社會性互動的對話，進而幫助我們創造新的觀點。這種個人持續質疑和重新思考既定假設的過程可以促成組織知識創造。亦即環境的波動通常會帶動組織的瓦解，進而創造新知。此種現象即稱為「由混沌中創造秩序」或「由雜音中創造秩序」。

➤科技管理·李仁芳

order without recursiveness　沒有回歸的次序

利於知識螺旋的組織狀況是可以刺激組織和外在環境互動的波動和有創意的混沌，波動不同於全然的脫序，而是「沒有回歸的次序」。它是一種一開始難以預測其模式的次序。如果組織對於外在環境的訊號採取開放的態度，便能利用這些訊號的曖昧不明、重複，或者雜音來改善自身的知識體系。

➤科技管理·李仁芳

organic learning system　有機學習系統

管理者將知識管理組織視為一個有機整體，這個有機體不斷地變動，不時地自我更新，即使競爭者找出了該系統的重要元素，要模仿也需要時間。然而到時候，該組織早已邁向另一個創新階段了。亦即這個系統時時隨著極具變動的競爭環境而一直演變的。

➤科技管理·李仁芳

organization　組織

指在可確認的疆域內，為達成共享的目標，經過整合與協調而組合調配的人群系統。巴納德(Chester Barnard)認為組織是指兩人以上的合作群體。正式組織的意思，是指一種具有意識的、共同目標的，及深思熟慮而聯合組成的群體。克里斯阿吉里斯(Chris Argyris)使用組織一詞包括一個團體事業中，所有參與者的全部行為。

基本上組織包含下列幾種要素：組成人員；欲追求達成的境界與目標，亦即一個組織存在的目的；透過責任分配，將所要採取的活動範圍及具體工作分配給組織成員；必要的

設備和工具；協調組織成員的活動。

➢策略管理・吳思華

➢組織理論・徐木蘭

organization analysis　組織分析
❖组织分析

作為分析組織內評估訓練需求時所進行的一種分析，該層次的分析目的在詳細界定組織結構、組織目標及組織優劣等議題，以確定訓練的範圍與重點。訓練的必要性及適當性與否，組織文化的配合是極重要的前提，否則訓練實施後將可能造成員工認知差異或內部更大的排拒。

➢人力資源・吳秉恩

organization as fractals　碎形組織

數學上的碎形幾何學解釋「碎形－藉根本幾何的規則（稱之為比例不變性或自我相似），提供了描述物體和公式的極精簡方法。觀察不同體積的物體時，一個人會重複碰到同樣的基本元素。」碎形的形式複雜、精密，因此其模式難以確定。然而這種複雜的行為卻來自簡單規則的重複。

碎形的最終形式，對於起始點和環境非常熟悉，但是它明顯的差異和複雜性，則出自不斷重複某些數學程序而來。組織亦然，個人和小組的行為，也能反映出組織整體對創造和控制知識活動的程度。

➢科技管理・李仁芳

organization development　組織發展
❖组织发展

一種依賴行為科學與組織行為知識而使組織與個人產生變革的途徑；易言之，組織發展就是一套可協助組織與個人達成其目標的理論、觀念、模式、程序與技術，運用激勵理論、衝突理論、學習理論等行為科學方法，搭配特殊行動或干預技巧，以使組織與個人皆能產生變革，增進人際關係，促進組織效能。（參閱 organizational development）

➢人力資源・吳秉恩

organization learning　組織學習

是組織洞察力的成長，以及組織中個體偵測與改進錯誤的過程，而組織學習之代理人（個人）須將該過程予以類化，而深植於組織記憶中。其中組織學習的關鍵乃在於組織成員能透過相互分享、文件化等「組織記憶」功能，形成組織之認知與解釋系統，以產生知識創新、淬練及分享資訊並產生動員之效果。

➢人力資源・吳秉恩

organization size　組織規模

其衡量方式不一，端賴不同的評量需求來取決，製造業和服務業各有其衡量的方式，常見的方式包括：資本價值、收益、市場占有率、所經營之海內外市場數目、產品數目、員工總人數；非營利組織規模的衡量方式更是不同，例如：學校以學生人數來代表、醫院以病床數來衡量、代理機構則是以所服務的顧客或所執行的專案數目來表示。

➢組織理論・徐木蘭

organizational atrophy　組織萎縮

此乃指組織衰退的主要原因之一。組織萎縮的發生是因當組織老化時，組織的經營管理與協調變得無效率且過度官僚化。組織適應環境的能力惡化，通常是因為太依賴過去長

O

期成功模式的心態與作法所致，因而使得適應能力不知不覺地被減弱。組織萎縮的警告信號包括了過多的員工、繁雜的管理程序、缺乏有效的溝通與協調，以及過時僵化的組織結構等。（參閱 atrophy of organization）

➢組織理論‧徐木蘭

organizational behavior (OB)
組織行為　❖组织行为

它是一門應用學科。是在研究個體、團體及組織結構對組織成員行為的影響，並應用這些知識提高組織效能。組織行為的主題包括有性格、學習、認知、態度、激勵、領導行為、權力、人際溝通、團體結構與過程、組織變革、衝突、工作設計與工作壓力……等。

➢組織行為‧黃國隆

➢策略管理‧吳思華

organizational buying behavior
組織購買行為　❖集团购买行为

正式組織用以建立產品及服務的需求、確認、評估與選擇品牌及供應商的決策過程與行為。

➢行銷管理‧翁景民

organization-centered environment analysis mode
以組織為中心的環境中心模式

代表組織進行環境分析的一種模式。此分析模式是就某組織之市場、產品或技術等特定領域的需求，而進行階段性的環境分析。它可提供有效率的和集中焦點的分析結果以利於相關策略的形成。分析的時段通常介於1~3年，分析頻率是持續性或有時節性的。

其優點為：焦點式的環境分析結果可提供該特定組織所需行動方案的重要參考，但是由於分析的角度因基於某特定用途而較為狹隘，因此容易使組織遺漏其他環境變化的可能趨勢。

➢組織理論‧徐木蘭

organizational citizenship behavior
組織公民行為

組織的正式酬賞制度並未直接承認，但整體而言有益於組織運作成效的各種行為。此類行為通常未涵蓋於員工的角色要求或工作說明書中，員工可自行取捨。例如：協助同事、不生事爭利等皆屬之。

➢人力資源‧黃國隆

organizational commitment　組織承諾
個人對組織高度的認同與投入。包括三個成分：
1.高度信任與接受組織的目標與價值。
2.願意為組織付出努力。
3.非常希望能繼續留在組織中。
為個人對組織的主動關係，個人願意努力付出，以協助組織成功，而不僅是單純地順從組織規章。

➢組織理論‧黃光國

organizational culture　組織文化
代表的是一種由組織成員所共同擁有的一種複雜的信念及期望的行為模式。它特別代表一種共同的哲學、理念、價值觀、信念、假設、期望、態度和規範。
包含下面幾個構面：
1.可見的行為準則。

2.工作規範。

3.組織最重要的價值。

4.組織策略哲學。

5.規則。

6.感覺或氣氛。

➢人力資源・黃國隆

organizational decision making
組織決策

此即組織對於認定問題與解決問題的過程。在問題認定的階段中，組織會蒐集、利用有關環境與組織條件的資訊，以鑑別績效的滿意程度，診斷出造成缺點的原因；而在問題解決階段，則是進一步地根據診斷結果，發展出可行的行動替代方案，並選擇其中之一予以實行。

➢組織理論・徐木蘭

organizational decline　組織衰退

指組織因無能或能耐的降低，無法因應或趕上環境的需求與變化之狀況。此種狀況並非單指組織發展過程中的某一獨立階段，而是指組織在發展的每一階段中，均可能因能力的不足而無法有效地解決所面臨之危機。

組織的衰退通常是緩慢痛苦的過程，而且會逐漸增加取得所需資源的困難度。組織衰退可分為五個階段：

1.未能察覺環境壓力之盲目階段。

2.錯解資訊而不能決定正確行動之無作為階段。

3.採行錯誤解決行動之階段。

4.最後逆轉頹勢機會之危機階段。

5.衰退或滅亡之分解階段。

➢組織理論・徐木蘭

organizational demography
組織人口統計學

經常被用於分析組織後期階段的工作力(workforce)特徵，工作力特徵包括年齡、性別、工作經驗、技能水準、訓練程度、教育水準等因素，這些資訊可用以判別組織成員的承諾感、生產力與訓練需求等，又當人員特質的一致性程度愈高時，彼此間的溝通較為容易，但是卻可能缺乏創造力與創新力。

➢組織理論・徐木蘭

organizational design　組織設計

可說是組織投入—產出分析中轉換過程的一部分。適當的組織設計將可導致組織的效率與效能。組織設計包含：將個人或任務組合為不同的工作單位、部門和分公司之決策。組織設計應配合區隔化和專精化之需要，但也要謀求其間之整合與協調。

隨著電子通訊和高速運算技術的發展，使得組織設計方式應該重新思考。根據工作組合的方式稱為功能性組合觀點，而根據產出的組合方式則是產品／市場組合觀點，形成極為不同的組織設計型態（組織結構）。

➢組織理論・徐木蘭

organizational development　組織發展

組織變革的活動，主要目的在改善組織的社會性功能，運用行為科學知識進行計畫性的介入活動。通常著力於改變個人的信念、價值觀、態度，促進組織內人員間及與工作小組之互動方式，以及改善組織流程，而增進組織體的健康與效能。

常用的介入技巧包括調查回饋、過程諮商、團隊建立……等。組織發展的特性包括：系

統性的規劃推動、長期性且計畫性的活動、運用行為科學知識處理各層級（個人、團體、組織）的問題現象、全員參與（高階主管的主導、各階主管的配合投入、員工的投入）、強調過程（消除變革抗拒與分享學習）、重視組織效能。（參閱 organizational development）

➢組織理論・徐木蘭

organizational ecology theory
組織生態理論

學者以族群的觀點來描述組織群體的關係：指一群組織，因為自然資源集中造成群內組織地理區域的接近、或彼此的技術高度相關性因而形成競爭力群集、或因組織族群間技術與知識的差異因而形成區隔障礙。

凡屬於相同群集之組織往往會有類似的正式結構、活動方式、內部規範命令、資源需求與運作結果等，他們可共享族群內的物質資源與競爭力，也會為了相似的資源和消費者而競爭。而此組織群體與所在環境間的交互作用所形成之系統，即為組織的生態系統。學者利用生態學之適者生存的進化論來說明舊組織的衰亡和新組織的誕生。依此理論，此種組織因受結構惰性（包括重大設備、有限資訊、過去成功歷史的牽絆和合理化藉口、固有的經營決策觀點）的影響，往往無法有效地因應環境變遷而進行變革（例如：IBM 此種大型恐龍組織），因此當環境變化時，舊組織開始衰退而死亡，適應新環境的新組織（可能是舊組織的突變）開始出現。

依此理論，組織群體持續改變的過程如下：變化（許多新組織因應新環境的變化而誕生）、選擇（新組織尋找利基以適應新環境和獲取資源以生存）、維持（物競天擇，順利存活之組織的結構與技術開始制式化地被保存運作，組織規模也愈趨壯大，但是當環境再次變動時，其生存將再次受到威脅，而再次經歷此種變革的循環）。

➢組織理論・徐木蘭

organizational environment　組織環境

指存在於組織外部的因素，這些因素會影響組織的運作與績效。這些因素理論上可能是無限的，但通常聚焦於某些有助於了解與改善組織績效的因素。例如：政府、經濟、科技、社會文化、國際、產業、原料、市場等。組織環境亦可進一步分為一般環境、產業／競爭環境與工作環境。又可大致區分為封閉式環境與開放式環境。在封閉式環境中，組織可清楚地預測得知未來環境的演變趨勢和情況，組織很難以透過某些手段去影響環境未來的變化趨勢；而在開放性環境中，環境的未來變化情形是高度不確定的，難以明白地預測的，但是組織卻可能透過某些手段的運作來影響環境的變動趨勢（例如：透過關說立法的政治介入行為）。

➢組織理論・徐木蘭

organizational goal　組織目標

組織欲嘗試達成的未來理想境界或狀態，目標是組織努力追求的結果，例如：某公司的目標是新產品的發展、提升顧客服務品質，某公司的目標是拓展主力產品的市場佔有率以成為全球第一。組織目標又可被應用於組織的三個層次：

1.整體組織層次的使命或正式目標。
2.組織、分公司或部門的特定目標。

3.營運目標。另外亦可區分為短期目標與長
期目標。

➤組織理論・徐木蘭

organizational intelligence　組織智慧

杜拉克(Peter F. Drucker)曾說：「唯有組織可
以提供知識型工作人力所需的延續體
(continuity)，讓他們可以一展長才；唯有組
織可以將知識型工作人力的專門知識，轉化
成工作的績效。」

組織也就是將知識集中、加工、落實的媒介。
經由建立組織知識的庫藏，知識將恆久存在
與流動：「企業內部黃皮書」可以將提出問題
的人與有答案的專家連在一起；「前事之師」
就是將學到的教訓─不論對錯─儲存起來，
附上指導大綱，以供後來進行類似作業的人
員參考；「管理重要客戶和競爭對手的知識智
慧」以補公司本身之不足。

➤科技管理・李仁芳

organizational knowledge creation
知識創造組織

組織不僅會被動地調適，更會主動地透過互
動來應付不確定的環境，希望能夠機動應付
環境變遷的組織必須能夠創造，而非一味有
效率地處理資訊和知識，而組織的成員必須
能夠主動創新。亦即知識創造組織能夠透過
摧毀既有的知識系統，創造新的思考和行為
方式來自我更新。

➤科技管理・李仁芳

organizational life cycle　組織生命週期

指組織自創立誕生、成長、衰老至最終死亡
的成長和變化情況。一般而言，此生命週期
可區分為四個主要階段：創業階段、協力階
段、形式化階段、苦心經營階段。

在各個不同的階段中，組織的外部環境以及
內部的策略、結構、領導型態、管理系統、
文化、員工態度與行為等，皆不相同。基本
上，這些階段是自然循序地產生，但是管理
者應該思考，如何在不同的階段中，協助其
組織避免或修正妨礙組織經營的不當情況。

➤組織理論・徐木蘭

organizational socialization
組織社會化　✤組织岗前培训

是組織的新進人員學習接受組織價值，以及
組織將其文化、工作技能、方法、紀律、期
望以及各種組織規範教導給新進人員的過
程，在此過程中組織將毫無經驗的新手陶冶
成為合乎組織要求的重要一員。通常組織社
會化可透過教育訓練、實習、標竿學習等途
徑施行，而成功的組織社會化能使組織成員
學得許多組織價值、規範、態度等，將有利
於組織內的溝通和目標的達成。

➤人力資源・吳秉恩

organizational structure　組織結構

包括了一組織之部門數量、控制幅度、正式
化或集權化程度等。組織結構包含三個主要
構面：

1.指出正式的報告關係，包含職權層級數目
和控制幅度。

2.明確地將每個人劃分至所屬部門，再將各
部門整合為一完整的組織體。

3.透過系統的設計而確保有效的溝通與協
調，與整合部門間的力量。

前二者乃勾勒出組織的垂直性整體架構體制，而第三者則是規範了組織員工間的水平性互動模式。

➤組織理論・徐木蘭

organizational subsystems
❶組織次系統　❷組織子系統

一個完整的組織系統是由數個彼此部分重疊的次系統所構成，這些次系統也可說是組織的內部環境要素包括有：

1. 功能性次系統(functional subsystem)：工作的定義、工作間的關係、組織的正式合法性職權架構、明文政策、程序、規則、正式激勵獎酬系統、功能專精化、協調整合機制。

2. 社會性次系統(social subsystem)：人員間的社會性互動關係、態度、需求、感覺、維持此社會性結構運作的社會規範、人們在正式化工作角色之外的角色扮演，例如：非正式溝通管道，可滿足人們的關係性與情感性需求。3. 政治性次系統(political subsystem)：人員間的權力關係、衝突與政治性聯盟結合，目的在滿足人員的權力需求（例如：控制、名望等），功能性次系統中也有基於正式職權關係所形成的委員會等政治性聯盟，但這只是權力(power)的某一表現型態而已。

4. 資訊性次系統(informational subsystem)：透過正式與非正式管道（例如：文件、媒體、網路等）所傳遞的資訊，可滿足其他次系統對資訊的需求，可促進工作的協調與控制，重視的是資訊的精確度，資訊性次系統可說是功能性次系統的一部分，但隨著資訊科技的快速發展，使其特性與效用額外受到重視。

5. 文化次系統(cultural subsystem)：組織成員共享的價值觀、信念、基本假設、規範等，是組織中不自覺但持久的一部分，將其他次系統緊密地連結起來。

➤組織理論・徐木蘭

organizational theory　組織理論

組織內的現象可分類為不同的層次，包括個體、群體內、群體間和組織的層次，而組織理論基本上便是在解釋組織層次的現象，例如：組織的變革與發展、效能、規劃、設計、發展、政治與文化等，另外組織理論也論及群體間層次的現象，例如：部門間衝突的管理。

組織理論可幫助我們描述、了解、預測和控制組織的現象。隨著時代的演進，組織理論的發展主要受到管理哲學和理論的影響，包括科學管理學派、管理程序學派、層級學派、人群關係學派、系統學派、權變學派等。

➤組織理論・徐木蘭

organizational transformation
❶組織蛻變　❷第二代的組織發展

代表一種深層的變革，仍植基於行動研究、團隊建立、過程諮商等技術，但同時要求組織技術性功能（例如：結構和制度）的同步配合變革，以確保變革的整體成效。因此此種變革比組織發展更加的複雜、多元化，也是多面向、多層級、典範移轉式的徹底組織變革，因而需要更多高階主管的領導、更多的願景、更多的實驗、更多的時間，同時也需要創造更多的附加價值。

➤組織理論・徐木蘭

orientation ❶職前引導 ❷始業訓練
❖*岗前培训*

是組織社會化過程的一部分，由企業主動對
新進人員提供公司環境設施、人事政策、工
作時間安排、薪資作業、工作伙伴等基本資
訊，並且讓新進人員了解公司現行的態度、
標準、價值觀，以及其所屬部門所期望的行
為模式等，以期減少新進人員的「現實衝擊」
(reality shock)與不適應，並加速組織社會化
的進程。

➤人力資源 · 吳秉恩

**original equipment manufacturer
(OEM)** 原廠委託製造商

原廠委託製造商會為別家有品牌的公司生產
其中的軟硬體或零組件。

➤行銷管理 · 翁景民

outcome control ❶產出控制 ❷產出管制
❸結果控制 ❖*輸出監控* ❷*出产控制*

參閱 output control。

➤策略管理 · 司徒達賢

➤資訊管理 · 范錚強

out of the money 價外 ❖❶*亏头* ❷*亏价*

選擇權在無任何履約價值時，稱為價外，與
價內相對。以買進選擇權為例，出售選擇權
時，其所涉及的股票（標的股票）每股市價
如果小於履約價格，則此選擇權屬於價外。
如果價外的程度很深，則稱為深價外。

➤財務管理 · 劉維琪

output control ❶產出控制 ❷產出管制
❸結果控制 ❖*輸出監控* ❷*出产控制*

此種控制以最終的績效結果做為評估標準，
因此在過程中較少有管理的介入。在資訊管
理上又稱輸出控制，是一種資料處理的控制
程序，設計來查核和確保資訊系統輸出的正
確性、完整性、時效性以及流通的正確性。
（參閱 input/output control）

➤策略管理 · 司徒達賢

➤資訊管理 · 范錚強

outsourcing ❶外包 ❷委外

當企業的某部分活動或服務可由企業外部的
其他廠商所進行，且外部廠商更有經濟效率
時，即可將此活動獨立出來而委託其他廠商
來從事，即稱為外包或委外。

在生產管理上，係指將全部或部分產品或零
組件的生產工作委託其他製造商、供應商或
衛星工廠加工的生產方式，因此，外包成為
製造商（組裝商）調節產能供需失衡或取得
經濟利益的策略之一。外包亦可吸引產量較
低或委外專業代工(OEM)／委外設計製造
(ODM)的廠商，來利用此種生產方式以獲得
較佳貨品品質與節省生產成本。

目前在產業分工、全球競爭與全球供應鏈及
比較利益的趨勢下，同時因有來自全球更多
優良的供應商可供選擇、資訊科技的大幅進
步及製程技術與運輸系統的快速增強，已使
外包成為製造商（組裝商）取得競爭優勢的
重要策略之一。

在資訊管理上，係指將企業中的系統開發、
設備管理、計算機中心的營運、或通訊網路
的管理，委託由企業外的單位執行的一種方
案。企業能經由委外的方案，有效地彌補其

O

所缺乏的一些能力。委外有各種不同的程度，最極端的稱為整體委外，是將所有資訊處理相關業務，全面委託出去。

➤策略管理・司徒達賢

➤生產管理・林能白

➤資訊管理・范錚強

overhead　固定費用

事業營運成本，諸如保險、暖氣、燈光、監督，以及維護等與所生產的產品或服務無直接關係的成本。像這類的成本常會被分類為好幾大項，以便分配到公司不同的營運領域裏。

➤策略管理・吳思華

over-the-counter market　店頭市場

❖❶柜外市场　❷场外证券交易市场　❸店头市场

一個證券個別議價交易的市場，以提供未上市證券之流通轉讓。店頭市場沒有固定交易場所，其交易大部分是利用電話進行。美國許多分散於各處的投資銀行、投資公司與證券商，端賴電話網互相聯繫，報導行情，並從事交易之協商。此種投資銀行，投資公司與經紀商構成的市場就是店頭市場。

➤財務管理・劉維琪

over-the-wall　隔牆交易

在專案開發上，某些開發小組在沒有任何使用者規格，或甚至在使用者未曾表達需求的情況下，即自行開發工具。開發者同時也是銷售廠商，交付一整套的工具給使用者，有時甚至連訓練或手冊都沒有。這種純粹只是兩個團體間的「隔牆交易」，並建立在下列的期許上：

1.工具已經可以完全使用。

2.使用者可以自行了解，甚至就自己的需要修改新的程序。（參閱圖二，頁 16）

➤科技管理・李仁芳

pacing technology　明日性技術

指的是該技術的發展，對未來的影響充滿著不確定性，若發展成功，可形成關鍵性技術，但也可能發展不成功，則對未來毫無助益，可說是一項較具風險與不確定性之研發。

➢科技管理・賴士葆・陳松柏

packet switching　分封交換　❖分组交换

一種通信技術，將所需傳遞的信息加以切割，成為許多小封包，分別經由最佳的通信通路加以傳送，並在接收端將之整合還原。分封交換以及其衍生技術，成為今天資料通信的最主要方式。

➢資訊管理・范錚強

page view　網頁讀取量

在網際網路上，用來衡量 WWW 網路使用量的一種指標，多用在評估網站的廣告價值。它主要是在測量標的網站的網頁，每天被多少人次讀取。

➢資訊管理・范錚強

paired comparison method　配對比較法

進行員工績效考評排序的一種方法，針對特定考評項目，先列出所有參與考評的員工，而後單獨將每一位員工與其他員工逐一進行一對一配對比較，若比較後顯的較佳，則得一分，最後累計該員工在此種逐一比較所得總分，接著即可根據每位員工所得的總分，決定這些員工在該績效考評項目中的排序。

➢人力資源・吳秉恩

panel　固定樣本

縱斷面研究必須倚靠固定樣本來執行，會重複測量同一群樣本。

➢行銷管理・翁景民

panel interview　陪審團式面談

是人力遴選過程中面談法的一種，其做法是安排多位主試人員同時與應徵者訪談，主試人員之間可相互補充問題，因此這種方式比一對一之面談更能引發深入而有意義的談話；另外，這種面談方式也可適度對應徵者產生壓力情境的特殊效果，以利測試應徵者的臨場反應。

➢人力資源・吳秉恩

par value　面值　❖面值

參閱 face value。

➢財務管理・劉維琪

parallel processing　平行處理
❖并行处理

一種電腦的內部處理方式。它將待處理的事務加以切割，成為相互獨立的任務，由電腦中的眾多處理器分別處理。這種平行處理技術是超級電腦在處理大量運算時的基礎方式。

➢資訊管理・范錚強

Pareto analysis diagram　柏拉圖分析圖
❖❶帕累托分析图　❷巴雷特分析图

由義大利經濟學家柏拉圖(Vilfredo Pareto)所倡導，該分析圖係指根據數據，按不良原因、不良狀況、不良發生位置等不同標準，找出少數的影響因素占絕大多數品質問題的活動，此一概念又稱為「80 與 20 法則」(80-20 rule)，80%的活動是由 20%的因素所引起的。

柏拉圖分析圖中有橫軸與縱軸兩個座標，將數據從左向右成下降順序排列，縱坐標代表不良率（數），橫坐標代表不良項目。柏拉圖亦可整理成累積線，左側的縱軸列出頻率次數，右側的縱軸列出頻率次數的累積百分率，累積頻率曲線可以明確地指出受管理者必須注意的少數重要因素，進而集中力量解決少數幾項主要的問題根源以消弭大部分的品質不良（參閱圖四一）。

≫生產管理・林能白

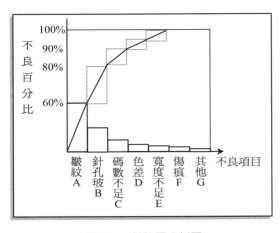

圖四一　柏拉圖分析圖

資料來源：傅和彥（民86），《生產與作業管理》，前程企管，頁509。

part period balancing (PPB)
零件期間平衡法　❖零件周期平衡法

為批量大小決定技巧之一，它亦源自於經濟訂購量背後的思維使零件週期內之總成本得以最小化。在零件期間平衡法中試圖去動態地平衡持有成本(carrying / holding cost)與整備成本(setup cost)或訂購成本(ordering cost)，其作法為決定使總持有成本儘可能地接近（但不超過）整備成本或訂購成本所需的週期數即經濟零件週期(economic part period; EPP)，EPP 的計算公式如下：

$$EPP = S \div H$$

其中，

　　S 代表整備或訂購成本。

　　H 代表每週期每單位的持有成本。

逐年累計各週期中的生產或訂購量直到其數量等於或接近 EPP 為止。

≫生產管理・張保隆

partial cybermarketing　局部網路行銷

一種網路行銷的策略。在銷售產品和服務時，採取傳統的行銷通路和網際網路通路並存的方法。

≫資訊管理・范錚強

participating preferred stock
參加特別股　❖參加优先股

特別股的一種。持有者除可獲得約定之定率或定額股利外，尚有權利與普通股股東分享公司盈餘，以獲得額外股利。換言之，當公司盈餘甚多時，公司會依照約定，先支付特別股股利，然後支付普通股股利，如果還有多餘，再將剩下的盈餘按照約定條件分配給特別股與普通股。

≫財務管理・劉維琪

participative management　參與式管理

組織管理人員允許基層員工參與有關自身工作的決策，分享管理階層的決策權。員工參與決策可提高決策的認同感，並提升員工所知覺到的工作的意義度。在實務上的應用方式包括：共同設定目標、集體解決問題、直

接參與工作決策、參與諮詢委員會、參與政策制定小組、及參與新進員工的甄選。

➤組織理論・黃光國

partnership　合夥　❖❶合伙　❷合股

一種企業組織型態。這種企業組織是由兩位或兩位以上的個人合資經營。合夥企業可經由合夥人非正式的口頭協定方式成立，也可以由合夥人正式向政府機關註冊登記後再成立。合夥的主要優點是成本低且成立容易，而其主要缺點則包括：

1.償債責任無限。
2.企業生命有限。
3.所有權移轉困難。
4.難以籌措大量資金。

➤財務管理・劉維琪

Pascal　巴斯卡語言

一種簡單的電腦程式語言。它通常被用來當作教導初學者學習程式語言入門的選擇。

➤資訊管理・范錚強

patent　專利　❖专利

指政府對於發明或發現新穎而實用的方法、機械、製品或合成物，或是對於上述方法、機械、製品或合成物有新穎或實用之改進者，所頒給的一種在一定期間內獨享製造、生產、使用或銷售的權利。專利在積極方面有鼓勵發明創造的功能，消極方面則可保障發明人之權益。專利具有排他性，他人負有不得妨害專利權人利用其專利權的義務。

➤策略管理・吳思華

➤科技管理・賴士葆・陳松柏

patent map　專利地圖

把專利文件中，所包含的資料加以整理，應用各種圖形來表現出技術與競爭的情報，也就是將各別的專利文獻做專業性的整合，按圖索驥般地發掘出技術發展趨勢、競爭者的技術動向、分析技術範圍及規劃研發項目。

➤科技管理・賴士葆・陳松柏

paternalistic leadership　家長式領導

國立台灣大學心理學系鄭伯壎教授在家族主義與領導行為研究中指出，家族主議會衍生出家長權威與關係差異的兩個價值觀。他認為在濃厚的家族主義下，會強調家族利益第一，而演化出關係差異的概念，將家族內視為自己人，家族外視為外人。而主在分別自己人與外人的指標為：關係、能力與忠誠度。

➤人力資源・黃國隆

path-goal theory　路徑－目標理論
❖目标－途径领导论

此理論係由羅伯特豪斯(Robert House)所發展的，是一種領導權變模式，認為領導者的主要工作是幫助其部屬達成他們的目標，以及提供必要的指導與支援，以確保部屬的目標能與組織目標配合。

此理論提出了四種領導行為：指導式領導者、支持性領導者、參與式領導者、及成就取向領導者，認為領導者會視其情境的不同而有前述各種不同的領導行為。

此理論亦提出兩組情境變項會調節領導行為與結果間的關係，其情境變項為：

1.部屬控制範圍以外的環境變項，包含有工作結構、正式職權系統、工作團體。

2.部屬的個人特性,如經驗、領悟力、或內外控性格等。

≻人力資源・**黃國隆**

payable deferral period 應付帳款遞延支付期間

公司以賒欠方式取得原料與人工後,一直到以現金將應付帳款還清所需的平均時間。(參閱圖七,頁 54)

≻財務管理・**劉維琪**

payback period ❶回收期 ❷還本期

一投資方案收回其期初投資額所需的期數。

≻財務管理・**劉維琪**

payback period method ❶回收期間法 ❷還本法 ❸還本期限法

一種評估投資專案的方法。該法藉由計算投資專案所需的回收期間,以評估專案是否被接受,為資本預算程式中最先被發展出來的評估方法。回收期間法簡單易算,適於流動性較差的企業,但有兩大缺失:

1.未將還本期以後的現金流量考慮進去,不能用以衡量獲利能力。
2.忽略貨幣時間價值。

然而回收期間法常被用來作為其他投資專案評估方法的輔助方法。

≻財務管理・**劉維琪**

paying greenmail 支付贖金

公司管理當局為防止公司被強行購併,以高於市價的價格自潛在購併者處買回公司股票的行為。例如:美國德士古石油公司(Texaco)在 1984 年曾以每股 50 美元的價格,自貝斯兄弟(Bass Brothers)處,購回該公司的 1,300百萬股股票,而當時該公司的股票市價每股還不到 40 美元。這種為防止公司被強行購併而損害股東利益的不當作法,還有吞食毒藥丸等方式。

≻財務管理・**劉維琪**

payout ratio ❶股利支付率 ❷股利發放率 ❸盈餘付出率 ❹付息率 ❖分紅比例

公司可分配盈餘中,用以發放股利的百分比,以公式表示如下:

$$股利發放率＝每股股利÷每股盈餘$$

公司的可分配盈餘,一部分會充當保留盈餘,以供再投資用,而另一部分則拿來發放給股東當股利。公司的股利政策,主要就在決定這種發放率的大小。

≻財務管理・**劉維琪**

pecking order theory 融資順位理論

由麥爾斯(Myers)和馬傑賴夫(Majluf)兩位教授所提出。主張企業在融資時,首先應考慮內部資金來源(保留盈餘),如果還需對外募集資金,則先考慮舉債及混合性證券,接著考慮特別股,最後才考慮發行新的普通股。在融資順位理論下,資本結構是過去各項融資活動自然產生的結果,因此,沒有所謂的最佳或目標資本結構。

≻財務管理・**劉維琪**

peer rating 同儕考評

同儕考評是績效考評方式之一,目的是在防止直屬主管單獨考評時所可能產生的偏失;

P

其設計是將某一比例（例如：占 20%）的考評成績由受評人的同事評估決定，如此即能將直屬主管單方面考評偏失的影響程度降低，以求績效考評的客觀與公正。

➢人力資源・吳秉恩

penetration price policy　滲透定價法

有些公司認為銷售量越高，可使單位成本下降，獲得較高的長期利潤。他們假設市場是高價格彈性，因此設定最低價格，這就是市場滲透定價策略。德州儀器就是市場滲透定價的奉行者，他們建立大工廠，儘可能定低價，贏得高市場占有率，使固定成本下降，然後再因成本下降而繼續降價。若有以下的情況，則對設定低價有利：

1.市場對高價敏感，低價可刺激市場成長。

2.隨著生產經驗的累積，生產與配銷成本會下降。低價可阻止實際及潛在的競爭。

➢行銷管理・翁景民

penetration pricing　滲透定價
❖滲透定价

在新產品上市時或出現新型態的銷售通路時的一種定價策略；倘若市場上需求彈性夠大，則公司利用低價來鼓勵產品的嘗試購買和試用，吸引價格較敏感的消費者，搶占市場占有率。

➢策略管理・司徒達賢

pension fund　退休基金　❖养老基金

一種退休計畫。由公司或政府機構代員工擬定，員工與承辦機構以約定的比例共同出資，統籌交由商業銀行的信託部門或人壽保險公司保管運用。其主要投資項目有債券、股票、抵押證券與房地產等。

➢財務管理・劉維琪

people and culture change　人員與文化的變革

變革的策略類型之一，是關於組織成員之價值、態度、期望、信仰、能力與行為的改變。組織希望藉此來選育留用最適化人力資源，促進個人與組織的績效。溝通網路的改善、問題解決過程的改善、員工技能的規劃等皆屬於人員的變革，在變革與解體的過程中，整個文化亦會隨之改變以確保變革的成功，例如：公司落實授權與員工參與之文化，使得員工能致力於改善品質，同時尊重公司的管理階層。

➢組織理論・徐木蘭

people with T-shape skills　具 T 型技巧者

隨著經驗的成長，有些人會明顯發展出截然不同的招牌技巧，尤其是結合深刻的學理和實務經驗。由於他們可用兩種或兩種以上的專業「語言」，同時又能以不同的觀點看事情，因此成為整合各類知識的寶貴人才。他們不僅是特殊科技領域裏的專家，同時也熟知其任務對系統所可能產生的衝擊。（參閱圖四二，頁 289）

➢科技管理・李仁芳

perceived opportunity genesis model (POG model)　認知機會的創始模式

新產品創新過程中創意的來源有很多管道，其中研發部門與行銷部門人員的行為，往往受到創意來源所影響，此模式即是根據三種

不同的創意來源（分別為來自於研發部門的技術推動、來自於行銷部門的市場拉動、來自於外界的技術建議……等），釐清研發部門與行銷部門所應扮演的角色，使兩部門之間的界面較易管理，進而有助於新產品創新。

≫科技管理・賴士葆・陳松柏

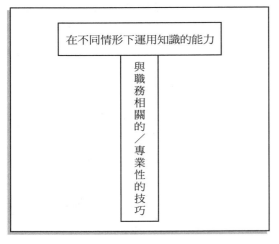

圖四二　T型技巧圖

資料來源：Dorothy Leonard- Barton (1998)，《知識創新之泉》，遠流出版社，頁 109。

perceived risk　知覺風險

消費者會受知覺風險來修正、延緩或取消購買決策。購買高價品是有風險的，消費者對購買結果不確定，這就產生焦慮。知覺風險隨所花的金錢多寡、屬性不確定的程度及消費者的自信心多寡而異。

≫行銷管理・翁景民

percentage of sales method
銷售額百分比法　❖銷售百分比法

財務預測的主要方法之一。常被用來預測資產負債表中，各個帳戶餘額的增減變動情況，以及由此而引發的資金需求。此種方法

主要奠基於兩個假設：

1. 在目前的銷售水準下，公司現有的資產都已被充分利用，故無閒置產能。
2. 某些資產負債科目直接隨銷售額而變動，亦即資產負債表的某些科目與銷售額的比率保持固定不變。

≫財務管理・劉維琪

percent-of-sales budgeting
銷售百分比預算法　❖銷售百分比法

許多公司依其銷售額（現行或預期的）或售價的一定百分比制定廣告預算。

≫行銷管理・翁景民

perception　知覺　❖感知

是一種程序，指個人為賦予環境意義，而將感官接收到的印象加以組織與解釋的程序。知覺也是一個人經由五官去選擇、組織、解釋輸入資訊，以創造一有意義圖像的過程。每個人對同樣的事物，可能產生不同的知覺，其因在於有一些因素會形成、甚或扭曲個人的知覺，而這些因素包含有：知覺者本身、知覺的標的物及知覺形成的情境。

≫人力資源・黃國隆

≫行銷管理・翁景民

performance　績效　❖效益

指某些活動的最終結果。評估績效的衡量指標選擇須視被評估單位的本身與其欲達成的目標(objectives)而定。在策略形成初期所訂定的目標，在策略執行完畢後，必須用以衡量企業績效。

≫策略管理・吳思華

performance appraisal 績效考評

❖绩效评价

指對員工工作成果之評價，藉由量度、評核和資訊回饋等方式，以影響並改善整體和個別員工的工作行為和成效，由是績效考評是組織對其成員的一種控制方式，也是一種資訊回饋途徑。

過去由於太強調以考評結果做為調薪、敘獎、任免或晉升等人事決策參考的「反應式」目的，反而使績效考評流於形式或成為鬥爭之患源；如能以「開發式」之目的，以考績做為匡正員工行為缺失、調整工作內容、生涯規劃及諮商輔導之參考，則其正面效果更能發揮。

➢人力資源・吳秉恩

performance share 績效股

❖❶业绩股 ❷绩效股

一種管理激勵計畫。指公司根據每股盈餘、資產報酬率，以及股東權益報酬率等作為標準，來評估管理人員的績效，再視個人績效的高低，分別給予數量不等的股票作為酬勞。績效股的價值高低視股票市價而定，股票市價越高，績效股的價值就越大。

➢財務管理・劉維琪

performance standards 績效標準

指用以界定員工工作行為，以及標明和定義可接受之工作成果水準的一系列目標與規範。除了具備指引員工工作方向的功用之外，績效標準也經常被用來做為與實際工作成果進行比較的基礎，以評定員工工作績效。

➢人力資源・吳秉恩

periodic order quantity (POQ) 週期訂購量法

為一種混合存貨模式(hybrid inventory models)，顧名思義，其同時包括定量訂購法與定期訂購法的某些特性或原理。因此，週期訂購量法中乃利用經濟訂購量(EOQ)的概念來計算出每次訂購之間相隔的時間（定期），即

$$相隔時間 = \frac{365}{(D : EOQ)} \quad (天)$$

其中，

　　D 代表年需求量，且訂購數量為所劃分出之各期間中的總需求量(不定量)。

當訂購成本較高時，使用周期訂購量法可避免小型訂單藉以節省訂購成本。

➢生產管理・張保隆

period-review system 定期盤存制

為固定期間存貨制(fixed-time period system)，亦即每隔一固定周期即盤檢其存貨項目，然後，視盤檢後之存貨水準來訂購（生產）一合適的數量（一般為訂購（生產）讓其回到最高存量之數量），由於此制度僅每隔一段時間實施盤檢一次，故名為定期盤存制。同時，定期盤存制乃在特定時間關閉工廠並以最短時間清點現在的全部物料，定期盤存制的優點為在製品數量與盤點數較精確，缺點為資料量大以致來不及更新資料、臨時參與盤點人員若不專業將造成盤點誤差及停工盤點易造成產值損失等。（參閱 continuous-review system）

➢生產管理・張保隆

P

peripheral route to persuasion
說服的週邊路徑 ❖无意动服路径

當消費者對中心訊息並沒有花很多時間注意時，週邊訊息的部分，如：產品包裝、代言人等，就成了消費者會注意的地方。當產品是低涉入的情形，週邊路徑的說服就變得很重要。

➢行銷管理・翁景民

peripheral service　週邊服務

相對於提供必要性的核心服務 (core service)，週邊服務是指非必要性的、卻能改善整體品質的服務。例如：旅館提供清潔的房間與舒適的床是必要性的服務，而配置精美的大廳、花園與游泳池即是非必要性的週邊服務。提供週邊服務可使某項服務有差異化的效果。

➢策略管理・吳思華

permanent current asset
永久性流動資產

當公司的營運處於低潮階段時，公司仍需持有的流動資產數量。公司的生產由於有季節性變化，所以，公司對資金的需求也會起伏不定，但很明顯地，流動資產不太可能降低至零，至少會維持某一數額，此一數額即為永久性流動資產。永久性流動資產為企業維持正常營運時用之，通常由長期資金籌措，與暫時性流動資產相對。

➢財務管理・劉維琪

perpetual inventory system　永續盤存制

參閱 continuous-review system。

➢生產管理・林能白

perpetuity　永續年金

一種年金，其款項之支付或收取，會持續到永遠。例如：英國政府曾發行一種所謂 Consols 的債券（統一公債），該債券沒有到期日，所以，持有者可永久向英國政府領取固定利息。

➢財務管理・劉維琪

personal digital assistants (PDA)
個人數位助理

小型的掌上型電腦，便於使用者攜帶，讓使用者能隨時的利用它來處理個人事務，如行事曆、地址簿、筆記等功能。絕大多數個人數位助理都使用觸控式的螢幕、手寫輸入；很多還具有無線通信的能力。

➢資訊管理・范錚強

personality　性格　❖人格

心理系統的動態組合，是決定個人適應外在環境的獨特形式，也是指人的反應即與他人互動的所有方式。例如：有人可能是外向、喜歡冒險，而另一個人則是內向、保守等。在管理領域中，重視的是性格與工作的配適與否。

➢行銷管理・翁景民

➢人力資源・黃國隆

personnel administration　人事行政

乃指組織中之人力管理活動集中於較事務性、基層之工作，如員工保險核算、敘薪給付、人事檔案管理、員工考勤管理……等。這些事務為人事活動執行與控制之必要項目，然相對於人力活動與組織目標如何結合、人員培訓、人力規劃……等事務，則顯得被動且矮化。因此人事行政活動雖不能偏

廢，亦不宜侷限於此範圍才能強化。

➤人力資源·吳秉恩

personnel replacement chart
人力置換圖　❖人员置换图

組織內進行人力資源規劃時的一種工具，其主要用途為記錄公司內重要職位在升遷和替換方面的可能員工人選，圖中記載各個可能人選的現職績效、未來升遷潛力，以及是否需要施予額外訓練等資訊，有助於組織持續掌握人力資源狀況，並養成持續蓄積人力資本的長期眼光（參閱圖四三）。

➤人力資源·吳秉恩

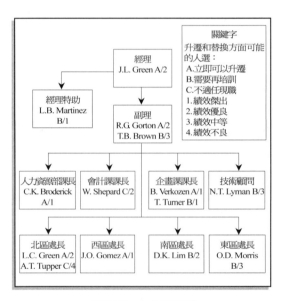

圖四三　人力置換圖

資料來源：Bohlander, G., Snell, S. & Sherman, A. (2001), *Managing Human Resource*, South-Western, p.135。

persuasive advertising　說服性廣告

在競爭階段很重要，公司的目標要建立對特定品牌的選擇性需求，大部分的廣告都是這一類。如中興米的廣告—有點黏又不會太黏，就是塑立對特定品牌產品的偏好與態度。有些說服性廣告則做成比較性廣告，此是在產品類中和其他或數個品牌，就某些特色上做比較，以凸顯所廣告品牌的優越性。說服性廣告的目標可能有：

1. 建立品牌偏好。
2. 鼓勵品牌轉換。
3. 改變購買者對產品屬性的知覺。
4. 說服購買者趕快購買。
5. 說服購買者接受銷售拜訪。

➤行銷管理·翁景民

physical design　實體設計

將概念層次的系統設計，轉化為具體系統設計的過程。無論是在資料庫的設計或系統資訊流的設計中，都會牽涉到實體設計的步驟。

➤資訊管理·范錚強

physical distribution
❶實體分配　❷實體配送　❸實體配銷
❖❶实体分配　❷物流管理

係指將原物料或最終產品由原產地運送至使用地點所進行實體流通的規劃、執行與管制等活動，實體配送涉及產品在某一配送通路或各配送通路間的實體移動與移轉，實體配送內容包括顧客服務、需求預測、訂單與存貨處理與管制、包裝、運輸、倉儲、通訊以及區位選擇等要項。透過實體分配可以管理供應鏈，及管理從供貨廠到最終使用者的附加價值流程，實體配送目標係在創造利潤的前提下，達到滿足顧客需求的目的。（參閱 distribution）

➤行銷管理·翁景民

➤生產管理·林能白

physical inventory ❶實體盤存
❷實體盤點

係指在貨品實際所在的位置，對存貨所實施的實物盤存，以實際盤點其數量，來與帳面數量相互核對。若實體盤存數量少於帳面數量稱為盤虧，若實體盤存數量多於帳面數量則稱為盤盈。

在定期盤存制下，乃每隔一固定之週期對存貨實施實體的盤點，以了解存貨的數量與情形。而在永續盤存制下，需時時定期盤點存貨，以確定帳料一致，防止因自然或人為因素所造成的帳料不一致。

➢生產管理・張保隆

physical life 實體壽命 ❖物质寿命

參閱 economic life。

➢生產管理・張保隆

physical system 實體系統

構成核心能力一環的實體系統，其性質視產業的競爭基礎而定。這類系統可能包含軟、硬體及儀器，而它帶來的優勢可能是暫時性或長久的。由於知識的彙集與整合來自多重的管理，因此整個技術系統的綜合效果大於各部分的加總。此外，就像海底的珊瑚成長，可以在個人轉調至另一部門、工作，甚或是其他組織時，保留住個人原有的知識。（參閱圖十一，頁 81）

➢科技管理・李仁芳

PIMS program 市場占有率對利潤的影響

多年前，策略規劃研究所引進了一項叫 PIMS 的研究，已尋找並論證影響利潤的重要變數。其從不同的產業中，蒐集數百個事業單位的資料，以求證與獲利力有關的重要變數。這些主要的變數包括：市場占有率、產品品質……等。

➢行銷管理・翁景民

PIMS studies
市場策略之利潤衝擊資料庫研究

設計用來分析事業表現的資料庫，其內容與市場的特性及策略有關。PIMS 資料庫中包含市場特性以及一些策略性的衡量指標。如市場占有率、研究發展成本、廣告費用、產品線的廣度、品質，以及垂直整合。

PIMS 分析可用在各種情況，包括分析在不同的競爭情況下預估公司股份的價值，各類不同的策略性行動可能帶來的報酬，以及水平整合或垂直整合對公司長期獲利可能產生的影響。

➢策略管理・吳思華

picture element 圖像元素 ❖图素

在電腦處理影像資料時，最小的單位。電腦在顯示圖像時，基本上是利用一個很大的點矩陣來表達。其中每一點稱為圖像元素。

➢資訊管理・范錚強

pioneer 先驅者 ❖❶先驱 ❷先锋

組織採取的策略並不是跟隨其他廠商，而是比其他業者更早進入，且引領潮流的人或業者。

➢策略管理・司徒達賢

pixel 圖像元素 ❖图素

參閱 picture element。

➤資訊管理・范錚強

placement ❶派職 ❷配置

指在經歷人力招募與甄選的過程之後,將合格的錄取人員適才適所地分配至特定的職位上。為避免後續之不適職現象,部分企業常會在正式派職前,採取前置「巡迴見習」方式,以減少員工不能適才適所。

➤人力資源・吳秉恩

placid-clustered environment
平穩－集群環境

此屬於學者艾墨利和崔斯特(Fred Emery & Eric Trist)所提出之環境演變進化的第二個階段。在此階段中之環境,資源不再是隨機地被分配,而是被集中於某些特定地方,因此形成資源貧富差距的區塊,此時環境仍是穩定的,但由於資源被集中於某些區域,因此成為經營區域的選擇成為組織生存和成功的最重要因素,此有賴組織對其所處環境的豐富知識,在日本廠商進軍美國市場競爭前,美國奇異(GE)企業的經營環境即屬此類。

➤組織理論・徐木蘭

placid randomized environment
平穩－隨機環境

此屬於學者艾墨利和崔斯特(Fred Emery & Eric Trist)所提出之環境演變進化的第一個階段。在此階段中之環境是穩定與不變動的;環境的要素是隨機分配的,彼此間並無系統性的連結,組織可以是單一、極小型化。在此環境下,組織最佳的戰略是透過試誤(trial and error)來學習,社區性藥局和地區性小型銀行皆屬此例。

➤組織理論・徐木蘭

planning 規劃

代表一種分析與選擇的過程,本身是一種繼續不斷的程序,經過此種程序,組織得以事前選擇其未來發展的方向及目標,以及達成此種目標的政策、計畫及步驟。因此規劃具備三要件:針對組織的未來、包含行動的成分、必須和組織結合。規劃的對象為某種未來的行動,而所選擇未來行動方案,概稱為一種計畫(plan),因此計畫是得自於規劃程序的產物。

➤策略管理・吳思華

planning horizon and time bucket
❶規劃期間與時間區段 ❷規劃期間與時距
❖❶计划展望期与时间周期 ❷计划视界与时间段

物料需求規劃(MRP)系統可分為時距性MRP (bucketed MRP)與無時距性MRP (bucketless MRP)兩類系統。在時距性 MRP 系統中需明確定義出規劃期間與時間區段。規劃期間乃指主生產排程與物料需求計畫中所涵蓋的時間幅度,而時間區段乃指規劃期間(planning horizon)內所劃分出的時間單元,時距性 MRP 系統的主要優點為可清楚了解每一時間區段中的總資源需求情形,而其缺點為難以決定適當之規劃期間與時間區段大小。

➤生產管理・張保隆

plant layout 工廠佈置 ❖工厂布置

參閱 facility layout。

➤生產管理・張保隆

plant within plants (PWPs)　廠內廠

係指是在單一廠房或土地用地內設置數個獨立的生產系統，各個系統可視為一獨立自主性的營運型態組織，且一般採利潤中心(profit center)制。在廠內廠生產型態下，可藉由共同廠房與服務設施而獲得某些經濟效益。其優點為管理階層較少，因而較需要依賴小組團隊來解決問題，因此，廠內廠為一種可改善管理成效與整體生產力的技術。

➢生產管理・林能白

pledging of accounts receivable
應收帳款質押

應收帳款籌資的一種方式。指公司以應收帳款作為擔保，向金融機構融通短期資金。金融機構（放款人）不僅擁有應收帳款的受償權，而且對公司（借款人）擁有追索權。如果公司的客戶未能如期償還債款，以應收帳款作為擔保品向金融機構貸款的公司，必須負擔因而發生的損失，亦即應收帳款的違約風險由公司承擔。所以，公司通常不會將應收帳款已被作為擔保品的事通知其客戶。

➢財務管理・劉維琪

point automation　單點自動化
❖点自动化

隨著 1950 與 1960 年代將控制技術引入到工廠中，使得某些機器的人工控制被數值或電腦之自動控制所取代以提升生產彈性，例如：NC／CNC、MRP、CAD／CAM 等。第一階段的工業革命強調在機械化即以機器取代人力操作，隨著資訊科技的大幅進展，利用程式或軟體來驅動機器以完成一特定產品之加工作業即成為此一階段自動化的主要特徵。

這些在製造業自動化上的發展僅涉及不是現場中個別機器就是組織內一特定功能之資訊系統上，因此，稱其為單點自動化，若將其進一步擴展與整合即構成自動化島嶼。

➢生產管理・張保隆

point-of-purchase (POP)　購買點

是做成購買決策的地點，也是可以運用行銷方式來說服並打動顧客的地點。

➢行銷管理・翁景民

point-of-purchase display　購買點展示

與陳列是出現在購買點或銷售點。但是許多零售商不喜歡處理從製造商取得的各種展示、標示或海報。製造商只有挖空心思創造更好的購買點事件，並結合電視廣告或印刷訊息、或自行搭製。

➢行銷管理・翁景民

point-of-sale (POS)　銷售點

是銷售產品及服務的地點，同樣也可以運用行銷方式來說服並打動顧客的地點

➢行銷管理・翁景民

point of sales systems (POS)
銷售點系統　❖销售点系统

在銷售活動發生的地點（通常是收銀櫃檯）將所有相關活動加以整合的系統。其中通常包含自動化的資料取得（如條碼掃描）、從資料庫取得商品售價、扣除商品庫存量、結算、收帳（現金、信用卡）、列印發票、蒐集其他顧客相關資訊……等。

➢資訊管理・范錚強

poka-yoka　防呆

參閱 fool-proof。

➢生產管理・張保隆

political behavior　政治行為

在組織決策的過程中,當決策結果不明確或是有反對意見時,個人在組織內以取得、培植、或使用權力與其他資源,來獲得個人所欲求結果的活動。其目的在克服反對意見,或抵制決策的可能方向。組織內的複雜度、不明確性、以及成員間的競爭性愈高時,個人愈有可能使用政治行為。

➢組織理論・黃光國

portal　入口網站

在網際網路上,提供大量的網站連接,設計來讓沒有特定任務的上網者瀏覽的起始點。通常包含網站分類、文字檢索等功能。台灣最著名的例子是奇摩站和蕃薯籐站。

➢資訊管理・范錚強

portfolio　❶資產組合　❷投資組合
❖❶資产组合　❷投资组合

兩種或兩種以上的證券或資產所構成的集合。

➢財務管理・劉維琪

portfolio theory　❶資產組合理論　❷投資組合理論　❖❶资产选择理论　❷投资组合理论

由馬克維茲(Markowitz)所提出,其主要探討內容是,投資人應如何制定投資決策,才能形成一個在風險固定的情況下,可使預期報酬率達到最大,或在預期報酬率固定的情況下,可使風險降到最低的資本組合。

➢財務管理・劉維琪

position analysis questionnaire　職位分析問卷

由普渡大學研究人員所發展,是一種計量性敘述工作內容的結構式問卷,通常是由對工作內容相當熟悉的工作分析人員來填寫,因此精確度較高。職位分析問卷共有 194 個敘述工作相關內涵的項目,各個項目的重要性程度則由工作分析人員判定。

職位分析問卷的優點是根據決策、溝通及交際職責、從事技能性活動、體能性活動、操作工具與設備、處理資料等五項基本構面,為個別工作評估出一個計量分數,而後進行比較可決定出每項工作的待遇水準。

➢人力資源・吳秉恩

positioning　定位　❖定位

一般分為產品定位、市場定位,以及競爭定位三種。產品定位係根據產品特性,界定本企業與其他競爭者的差異;市場定位是以目標市場的需求和特性為基礎,界定本企業與其他競爭者所處市場的地位;競爭定位則是以產品特徵、價格、品質、行銷資源、市場利基等因素,來界定本企業與其他競爭者的特點。當企業在行銷產品時,必須同時考慮三種定位,並根據企業目標,加以比較後再做正確的判斷。

➢策略管理・吳思華

positioning alliance　定位式聯盟

高門・卡賽瑞斯(Gomes Casseres)指出三種不同公司創造科技聯盟的聯盟形態─學習、供應、定位。定位式聯盟僅是行銷策略的一部分,協助公司創造或克服市場進入障礙,雖可以處造額外的知識,但能力整合並非為其

主要目的，故通常為後見之明。

➤科技管理・李仁芳

post-purchase evaluation　購買後評估
❖购后评估

購買者的滿意程度，是其對產品期望與對產品所知覺到績效間的差距。若產品績效低於消費者的期望，此顧客會失望，若符合期望，則顧客會滿意；若超過期望，顧客會愉悅。這種感覺會影響此顧客以後是否再買，及向他人做有利或不利的陳述。

➤行銷管理・翁景民

power tactics　權力戰術

操縱權力的策略。常見的方式有：

1. 控制訊息的取得：控制重要的決策訊息，即代表擁有權力。
2. 控制可接觸的人員：當決策者所能接觸的對象受到限制時，即可能影響決策的方向。
3. 選用不同的標準：採用對自身最有利的客觀標準。
4. 控制議程：將不想討論的議題，排在議程的最後幾項。
5. 尋求外界支援：以外在專家的意見支持個人觀點。
6. 合縱連橫：聯合其他有相關利益的團體。

➤組織理論・黃光國

P-Q analysis　產品－產量分析
❖产品－产量分析

任何工廠佈置問題首先需考慮二個基本要素：即要生產什麼產品及生產多少數量，因此，我們首先必須從事產品及產量分析。由產品(product)來決定材料；由產量(quantity)來決定工廠容量。

生產何種產品，必須由市場研究，銷售預測作參考資料，除非以特殊目的設置之工業，才不考慮市場銷售問題，企業為求利潤，自當重視市場需要，衡量銷售，作為建廠規模之參考。一般而言，進行產品－產量分析所必須具備的資料包括：

1. 產品種類及其附屬零件。
2. 產品之模型或工程圖樣。
3. 產品之規格尺寸。
4. 銷售潛力。
5. 產品趨勢或季節性變化因素。
6. 存貨政策。
7. 將來可能擴充量。

➤生產管理・張保隆

product, quantity, routing, service, time (PQRST)
產品、產量、加工程序、服務設施、時間
❖产品、产量、加工程序、服务设施、时间

為美國工業工程師李察・妙瑟(Richard Mither)關於系統化佈置規劃(SLP)概念中所提出，並稱其為「解開佈置問題之鑰」之技術方法的五個因素代號。PQRST分別代表：

1. P：指產品，包括生產之產品、原料、零組件等。
2. Q：指產量，所生產產品或所使用材料之數量。
3. R：指加工程序，即製造途程。
4. S：指服務設施，一現場所需具備以便能有效發揮其功能的各種動力設備、輔助設備及其他相關活動。
5. T：指時間，生產之時間、時期。其意為，系統化佈置規劃應掌握產品、產量、生產途

程、輔助服務設施以及時間等五大因素方能達成。（參閱 systematic layout planning）

➤生產管理・張保隆

precautionary balance　預防性餘額

握存以備不時之需的現金餘額，稱為預防性餘額。需要多少預防性餘額與現金流入、流出的預測準確性有關係，如果預測準確性越高，則應付緊急或偶發事件所需持有的現金就越少。此外，如果公司能輕易借到現金，則預防性餘額亦可減少。實際上預防性餘額是以持有高度流動性的有價證券，如國庫券、短期公債等來滿足。

➤財務管理・劉維琪

precursor trend　先驅者趨勢線

一種技術預測的方法。某技術 B 的發展趨勢往往落後特定技術 A 一段時間，但兩種技術進步的軌跡卻相同，藉著探索進步較快的技術 A 的進步軌跡，來預測進步較慢的技術 B 的軌跡，亦即由先驅者 A 的趨勢，預測追隨者 B 進步的趨勢。例如：從過去幾十年的飛機速度看來，民航機與戰鬥機的趨勢線完全一樣，但它們之間相差約十年左右（參閱圖四四）。

➤科技管理・賴士葆・陳松柏

predatory pricing　掠奪式定價

❖掠式战略

當製造商將定價定的很低，甚至比成本價還低，以致於其他競爭對手都無法跟它一樣定的那樣低時，這家製造商就是運用了掠奪式定價法。

➤行銷管理・翁景民

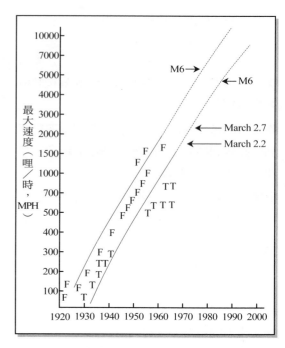

圖四四　先驅者趨勢線的範例－飛機最大速度趨勢圖

資料來源：賴士葆、謝龍發、曾淑婉、陳松柏(民 86)，《科技管理》，國立空中大學，頁 132。

predetermined time standards approach (PTSA)　預定時間標準法

❖❶ 预定时间标准法　❷ 预定时间法
❸ 既定时间法

是一種不須經過直接測時與評比，即可直接決定工作之正常時間的方法。它是將工作分析成基本動作單位，稱為動素(therblig)，依次記錄後，再查表求出各動素的預定時間，累計各動素之預定時間值即為該工作的正常時間。

工作標準時間之建立步驟為：

1. 首先建立工作之標準實務。
2. 將工作方法分析成組成之動素。
3. 累計各動素之預定時間值。
4. 依下列公式修正工作時間。

預定時間工作難易係數＝正常時間

正常時間＋寬鬆時間＝標準時間

≻生產管理 · 張保隆

pre-emptive moves　先占策略

指在某一事業領域中執行還沒有人執行過的策略，因為是第一個執行，因此可能產生或擁有其他競爭者所無法模仿或匹敵的技能或資產，形成持久性的競爭優勢，換言之，透過捷足先登而形成優勢。先占策略可能的優勢來源有三種：技術領導、資產先占、購買者的轉換成本。

≻策略管理 · 吳思華

preemptive right　優先認股權

❖优先股权

優先購買公司新股票的權利，為普通股股東的主要權利之一。公司發行新股票時，其現有股東常享有按其持股比例優先認購新發行普通股（或可調換成普通股的證券）的權利。優先認股權的主要目的有二：

1.保護現有股東的公司控制權。

2.避免現有股東所持有的股票價值被稀釋。

≻財務管理 · 劉維琪

preferred stock　❶特別股　❷優先股

❖优先股

一種權益證券。由公司發行，受償順序排在負債後面，且報酬固定。特別股具有某些特別的條件，這些條件或是在某些權利方面的享受較普通股優先（例如：股利分派之優先，剩餘財產分配之優先等），或是受某些特別限制（例如：特別股股利係固定利率，對公司

多半無管理權等）。可見特別股在某些方面固然優先，但在某些方面反而不優先。特別股因約定的條件不同，因而可分為若干種，最常見者如下：

1.累積特別股及非累積特別股。

2.參與特別股及非參與特別股。

3.可收回特別股及不可收回特別股。

4.可轉換特別股及不可轉換特別股。

5.有表決權特別股及無表決權特別股。

≻財務管理 · 劉維琪

preliminary interview　初步面談

人力甄選程序當中，舉行正式測試和遴選面談之前的預備性步驟，通常時間較短，每人面試十五分鐘便足夠，其目的在判斷應徵者是否具備應徵職位的必備基本知識或經驗，以先行淘汰顯然不合要求的應徵者，因此主試人員會直接詢問該職位的專業問題，或請應徵者簡述過去在相關領域的經驗。部分企業為求簡化程序，會以一般書面資料的過濾篩選取代初步面談。

≻人力資源 · 吳秉恩

premium bond　溢價債券

當市場利率低於債券的票面利率時，債券的售價會比面值高，這種債券就叫做溢價債券。

≻財務管理 · 劉維琪

pre-paradigm design　前典範期設計

參閱 dominant design paradigm。

≻科技管理 · 賴士葆 · 陳松柏

present value　現值　❖現值錢

錢在目前的價值，與終值相對。假設預期於

若干年後獲得複利終值 S 元,而估計現在投資之金額為 P 元,則 P 元為若干年後 S 元之現值。

➢財務管理・劉維琪

preventive maintenance (PM)
❶預防維護　❷預防保養

❖**❶**預防性維修　❷維护保养

係指在機器設備未發生故障的平常時候,即採取預防性的保養措施,以降低設備損壞的次數或嚴重程度,且避免真正發生故障時所蒙受的重大損失。預防保養與生產管制、品質管制、員工安全等皆有密切關係,其主要的工作包括:例行保養與檢查。

一般來說,隨機器設備的不同,維護週期的長短亦可能不同,設備操作效率的變化、產量與品質的變化、不良品的比率等皆可作為決定維護週期長短的指標。此外,亦可利用統計理論求出維護成本與週期長短之間的關係,進而決定最佳的維護週期。

➢生產管理・林能白

price bundling　合購定價法

廠商常將他們許多的產品包裝成一個組合產品,然後再將價格定的比當你分開購買這些產品的價格更便宜。化妝品、電腦公司及旅行社都常用這種方式。它的好處在於可以增加一些附屬產品的購買。

➢行銷管理・翁景民

price collaboration　合作定價

一家或多家公司加入特別的價格合作中,這在連鎖經營的旅館與租車公司中很常見。他們會互相給彼此折扣,如一個多品牌的價值

促銷方案,顧客若用Visa卡付Holiday Inn的旅館住宿費,則可以用七折的價格在Avis租車,並得到一台免費的柯達相機。

➢行銷管理・翁景民

price escalation　價格階升

企業銷售產品到國外,首先面臨價格階升現象的問題。Gucci皮包在義大利賣120美元,在日本售價高達240美元。因為Gucci必須在出廠價格價格外加運輸成本、關稅、進口商毛利批發商毛利及零售商毛利。

額外附加的成本跟幣值變動風險,使得廠商必須在其他國以二倍到五倍的價格銷售,才能獲得相同的利潤。價格階升現象是各國不盡相同的。

➢行銷管理・翁景民

price modification　價格修正

公司並非僅訂定單一價格,而是訂定一個涵蓋不同產品與品目的定價結構,並能反應地區別,不同需求與成本,市場區隔的需求強度、購買時機及其他因素等;價格修正的策略包括:地理定價、價格折扣與折讓、促銷定價、差別定價、及產品組合定價。

➢行銷管理・翁景民

price promotion　價格促銷

大部分公司會因顧客的付款、購買數量或淡季購買,而有回饋行動,反應在原先的價格上。

➢行銷管理・翁景民

price-earning ratio (P/E ratio)
❶本益比　❷價盈比　❖❶*本益比*　❷*市盈率*

普通股每股市場價格對每股盈餘之比率。可以公式表示如下：

本益比＝普通股每股市場價格÷普通股每股盈餘

此比率可以顯示投資人為換取公司盈餘每元所有權所支付之代價。從事價盈比分析，需在公司盈餘正常的情況下，始具意義。因此，假定某公司於某年產生非尋常的盈餘時，不宜以價盈比做為分析價值的依據。

此外，投機性或盈餘記錄不完整的公司，因其不能提出可靠資料，也不適合以此比率為準，來估計其普通股價值。

➢財務管理・劉維琪

price-packs　特價包

指貼於標籤或包裝上，提供消費者一般價格之外的優待。可能是減價包(reduced-price pack)的方式，即單一包裝以較低價銷售（如兩份賣一份的價格），或是採組合包(banded pack)的方式，即兩種相關產品的組合包裝，如牙膏與牙刷。

➢行銷管理・翁景民

price-sensitivity　❶價格敏感度
❷價格彈性

即價格變化的程度會引發需求量變化的比例。假設當銷售者漲價2%，需求量減少10%，需求的價格彈性為−5。在經濟學上，又稱為價格彈性。

➢行銷管理・翁景民

pricing wars　價格戰爭

市場中所有的供應商彼此為了獲取更高的市場占有率，而一再地以削價作為競爭手段的市場狀況。此種不計後果的價格戰，雖然可使率先降價的廠商獲得一些短期利益，但是一旦其餘廠商均跟進削價時，則全體供應商將因此而受害，進而迫使一些資本較為薄弱的廠商退出市場。為了避免此種傷害，通常廠商們在降價到某一定程度時，便會協議將價格水準固定。

➢策略管理・吳思華

primary EPS　❶主要每股盈餘　❷基本每股收益　❖*主要每股收益*

其值等於可供分配給普通股股東的盈餘除以將流通在外股數。其中，將流通在外股數係為可能會被轉換為普通股的認股權證與可轉換證券真的被轉換為普通股後，因而增加的股數，再加上公司實際流通在外股數。（參閱simple EPS, fully diluted EPS）。

➢財務管理・劉維琪

primary market　初級市場　❖*一級市場*

專門買賣首度發行證券的金融市場。與次級市場相對。

➢財務管理・劉維琪

primary storage　主記憶　❖*主存儲器*

電腦中央處理機所直接存取的記憶。目前的技術，主要使用隨機存取記憶(RAM)作為電腦主記憶。

➢資訊管理・范錚強

prime rate ❶基本利率 ❷主要利率

商業銀行貸款予大企業的最低利率。大企業由於其規模與財務健全，所以風險最小，故銀行願以最低利率給予貸款。

➢財務管理・劉維琪

principles of motion economy
❶動作經濟原則 ❷動作經濟 ❸減低疲勞法則
❖❶动作经济原则 ❷动作经济性原则

目視動作分析(visual motion analysis)的工具之一，動作經濟原則是一些被證實有助於設計出有效率之工作方法的構想與觀念，因為它對於執行單一工作站的分析非常有用，所以，許多工業工程師將動作經濟原則應用在操作人程序圖（參閱圖三一，頁 216）的分析中，而另有些將其用在設計與執行工作的指令中。

伯恩斯(Palph M. Barnes)博士體認到程序分析或操作分析的改善活動中大部分皆深受操作者的習慣與周邊之夾、冶具所影響，且存在一固定的模式，經其綜合歸納後而提出「動作經濟原則」，動作經濟原則中共含 22 項原則，並可將它們分成三類：

　1.關於人體的運用（共八項）。

　2.關於操作場所的佈置（共八項）。

　3.關於工具設備（共六項）。

透過這些原則的運用，即不需高價的投資與浪費過多的工時，也不需改善現有的工作程序與機器設備，而僅需將不具附加價值的作業予以排除或減少，並相對提高具附加價值的作業及其「經濟性」，即可達成改善操作者之操作疲勞與縮短工時的作用。

➢生產管理・張保隆

printer 印表機 ❖打印机

電腦主要的輸出裝置之一，將資訊列印到紙張上。目前主流的印表機技術分為撞針式點矩陣、雷射、噴墨等。

➢資訊管理・范錚強

private branch exchange (PBX)
私有交換機 ❖专用交换分机

企業內部自有的中央式電話交換系統，能處理話務和數位資料的傳輸。有別於由電話公司所提供的交換設備。

➢資訊管理・范錚強

private key encryption ❶私鑰加密
❷對稱式金鑰加密法

一種加密和解密都用同一個密鑰的密碼體制。利用相同的金鑰來對所傳遞的信息加密和解密，因此傳送者和接受者都必須分享相同的金鑰。

➢資訊管理・范錚強

private label 私人品牌 ❖私家品牌

在建立品牌時，生產者可能使用他們自己的名稱（製造商品牌），中間商的名稱（私人品牌），或者遵循混合品牌政策。私人品牌的產品通常定價低於製造商品牌，且中間商可以提供自己的品牌更明顯的陳列，確保他們的供應情形良好。

➢行銷管理・翁景民

private placement ❶私募 ❷私下募集
❸私人募集 ❖❶私募 ❷私人投资 ❸私营

證券的發行不經過承銷商轉手，而直接售予投資人的方式，稱為私下募集。一般而言，

公司欲以此種方式發行證券，首需選擇經理人，以調查、確定投資對象；下一步便與投資人接洽會商；其後，投資人擬定購買契約，決定受託人，再行會商；並於雙方同意後，簽定購買契約；最後，雙方分別交付證券及價款後，交易便告完成。

➢財務管理・劉維琪

privatization procedure　私有化過程

公營企業自公營單位或公部門經營管理控制之下，轉交由民間或私部門管理控制的過程。

➢策略管理・司徒達賢

proactive strategy　預應策略

指企圖影響而不只是單純的反應環境發生事件的策略。預應策略的重要性在於兩點：迅速察覺並反應環境改變的方法之一就是參與其改變；因為環境的改變對公司影響重大，所以直接去影響環境也是相當重要的。

➢策略管理・吳思華

problem children　❶問題兒童
❷問題事業

根據成長占有率矩陣(BCG growth-share matrix)的說明，問題事業是指在高成長率市場中的低占有率的事業。由於這類事業仍未累積出學習效果，因此不但僅能產生有限現金，還往往需要大量的現金投入以支持其發展。一旦市場趨於成熟、成長趨緩，問題事業可能會轉變成落水狗(dogs)，亦即吸收現金的陷阱。若市場占有率能有效地改善，問題事業就有可能轉變為金牛。（參閱圖六，頁39）

➢策略管理・吳思華

problem recognition　問題確認

當有人發現一個問題或需要，能夠經由產品或服務而獲得解決或滿足時，購買程序就開始了。問題確認是由內在或外在刺激所造成的。

➢行銷管理・翁景民

procedural justice　程序正義

個體對於決定獎酬分配程序，所知覺到的公平程度，該理論認為，如果當事人對於決策過程以及決策結果具有相當程度的控制力，則將有助於提高決策結果的接受性。

➢人力資源・黃國隆

process analysis　程序分析　❖工艺分析

為方法研究的一部分，係指針對某特定工作的製造程序做整體性的分析並繪製成圖，然後運用刪除(elimination)、合併(combination)、重排(rearrangement)及簡化(simplification)的技巧，使製程中的每一項工作程序、工作方法等皆能達到合理化而得以達成提高效率的目的。程序分析中主要利用簡單的符號代表操作(○)、搬運(⇧)、檢驗(□)、等待或遲延(◻)以及儲存(▽)等事項，用以表現製造過程中每一單元的加工順序和關係。程序分析所使用的分析工具計有：操作程序圖(operation process chart)、流程圖(flow diagram)及流程程序圖(flow process chart)、操作人程序圖(operator process chart)、組作業程序圖等。

➢生產管理・林能白

process capability　製程能力
❖❶工序能力　❷工艺能力

參閱 capability of process。

➢生產管理・林能白

process chart 程序圖

參閱圖二三，頁 146。

➤生產管理・林能白

process design 製程設計 ❖❶工艺设计 ❷工序设计

係指設計為生產一特定產品的程序、方法以及所需資源與這些資源的組織及配合方式等項目，一般使用程序流程圖(process-flow diagram)、途程單(route sheet)或流程程序圖 (flow process chart)等圖表做為製程描述與製程分析（作業與作業間的關連性）之用，其中，程序流程圖係為大體性的描述，而途程單與流程程序圖可給予更細部的資訊。（參閱 process planning）

➤生產管理・林能白

process innovation ❶程序創新 ❷製程創新 ❖❶过程创新 ❷过程革新 ❸制程创新

指當組織推出的產品面臨生命週期的衰退時，利用生產此產品的產能、資源或人力資源等來生產新的產品，展現另一波新產品的週期。此種不浪費產能並加以應用於另一新產品的程序稱之為程序創新，或製程創新。製程創新強調的重點在改變製造的過程，以降低製程的成本

➤策略管理・司徒達賢

➤科技管理・賴士葆・陳松柏

process layout ❶製程式佈置 ❷程序式佈置 ❖❶工艺原则布置 ❷工艺专业化形式布置

參閱 functional layout。

➤生產管理・林能白

process of technology transfer 技術移轉過程 ❖技术转让过程

其過程比一般商業交易複雜，從先期的接洽、協商、談判、締約、移轉，大致有五步驟：

1.盤點確認技術的範圍、定義與特性。
2.確認該項技術所生產的產品預期市場有多大，能帶來多少利益。
3.該項技術之驗證與測試。
4.展示該項技術及合約的談判交易。
5.技術的實際轉移。

➤科技管理・賴士葆・陳松柏

process planning 製程規劃 ❖❶工艺计划 ❷工序计划

係指一公司在其有限的內部資源及外部資源因素的限制下，從事整體生產程序的規劃，來達到以最低的成本及最有效率的方法、技術產出令顧客滿意之產品（服務）的品質，亦即製程規劃為產生與比較備選製程設計方案，選擇出最佳設計方案並辨識出關鍵製程參數。

製程規劃的內涵從產品分析、以至建立工作說明、安排合理的生產順序、直到實際生產為止。製程規劃可透過群組技術的資料來提高製造管理的效率。（參閱 process design）

➤生產管理・林能白

process quality 製程品質 ❖❶工艺质量 ❷工程质量

係指對一生產製程所產出之產品或服務有多符合它們之設計規格的衡量。亦即製程品質是指在預定之品質水準下所製造出來的產品，並不見得個個相同，總有一個變化之範

圍，該種變化性，稱為品質均勻度。

在相同之設計品質下，製程品質愈好，就是品質愈均勻，自然愈能得到顧客之信賴。但是要維持出廠產品品質之均勻度，並非透過增加管理費用而使不良率降低，而是以檢驗，剔除不良品。（參閱 quality of design）

➢生產管理·張保隆

process-centered organization
流程中心組織

其溝通和權力的流線，是從作業流程如訂單的取得到完成，或是新產品開發、顧客管理等作業的頭畫到尾繞一圈，呈迴路狀。日常的例行公事，其實不需要人管理，即使無法自動化，也可以由工作者自行管理。能為企業帶來新價值的，就只有一項接一項的專案了，經由專案，知識可以凝聚、發揮功用，也就是可以具體化、抓得住、施展槓桿效應，而製造出更高的價值。

➢科技管理·李仁芳

processing　處理　❖处理

將原始資料加以變更、計算、操弄和分析，以便獲得對使用者更有價值的資訊。

➢資訊管理·范錚強

product　產品

指企業所生產出來的最終物品，即通過一切必須的生產程序，經過檢驗合格，並做了包裝，隨時可以發送給購買者的物品。（參閱 service, PQRST）

➢策略管理·吳思華

product and service change
產品與服務的變革

變革的策略類型之一，是關於組織產品與服務的產出。新產品發展包括針對現存產品中的一小部分進行改變或者是發展出一全新的產品線。

一般而言，新產品發展的目的在於提高市場占有率或是開發新市場與顧客，例如：釷星汽車的研發即是美國通用汽車產品變革的例子，行動電信業者推出手機的上網加值服務也是此例。可能是由基層員工改善製造流程、產出品質或認知市場需求所引發的變革。

➢組織理論·徐木蘭

product assortment　產品搭配

某公司所有產品線或產品項目的集合。

➢行銷管理·翁景民

product churning　產品攪拌

日本公司在產品攪拌上頗富盛名，意即同時推出數十種可能的產品本，再挑出顧客最喜歡的一種。

➢科技管理·李仁芳

product concept　產品概念　❖产品概念

公司在產品創意上想要建立的某一特定且主觀的顧客意義(customer meaning)。

➢行銷管理·翁景民

product design　產品設計　❖产品设计

係根據所選定的新觀念，以進行設計新產品的過程，其目的在確定並詳細說明新產品的各種零組件與其互相關係，使形成一個產品的整體，以滿足消費者的需求並為公司追求

P

利潤。

產品設計決定了生產出來的產品是否滿足消費者需要,產品是否容易製造,產品的質量和可靠性是否符合標準,生產成本是否低廉,以及在市場中是否能和競爭者抗衡或超越競爭者。

產品設計的內涵包括:功能設計(functional design)、式樣與規格設計(style and specification design)、物料設計(material design)及製程設計(process design)等。

產品設計與開發的程序一般分為數個階段:

1.企畫階段。

2.機能設計階段。

3.產品設計階段。

4.生產設計階段。

5.試製量產階段。

近年來,為因應新的製造環境與競爭壓力,製造業(組裝業)在產品設計上正邁向易於製造之設計(design for manufacturing; DFM)與易於組裝之設計(design for assembly; DFA),亦即進行產品設計時能考慮到製造(組裝)的簡易性,使生產時能達到低成本、低週期時間及高品質的目標,故其設計原則有三:

1.僅可能使用較少的零組件。

2.採用模組化設計。

3.僅可能使用較簡易的工作方法。

另外,為因應日益高漲的環保意識,製造業(組裝業)也注意到易於拆卸之設計 (design for disassembly; DFD)與易於回收之設計 (design for recycling; DFR)的重要性,以輕易地回收或再利用生命終了之產品或產品中的零組件。

➤生產管理・林能白

➤策略管理・吳思華

product development　產品開發

❖产品开发

係指發展一種新產品的整個過程。一般包括三個環節:探索新產品的概念、評估這些概念並進行選擇、實際製造新產品。

➤策略管理・吳思華

product differentiation　產品差異化

係指消費者對於各種品牌產品主觀上所感覺之差異,導致一家公司的產品或服務,被相信具有與其他競爭公司不同的有形與無形的特色。造成這種差異的原因,可能是由於產品本質上的不同,或僅是消費者心理上的主觀感覺而已。

實體產品的差異化可在一連續帶上發生變化,在連續帶的一端有高度標準化的產品,例如:雞蛋、水果,另一端我們可以發現高度差異化的產品,例如:汽車、家具。而產品差異化的因素有八種:特色、績效品質、一致性、耐久性、可靠性、可修復性、樣式、設計。

➤策略管理・吳思華

➤行銷管理・翁景民

product innovation　產品創新

❖产品创新

其重點在增加產品的樣式與提升產品的性能,與製程創新強調的重點在製程成本的降低有別。此二類創新的重要性隨時間經過而有所差異,在生命週期的早期,產業有很多產品創新出現,漸漸地產品創新率逐漸減少,相對的製程創新增加,最後,產品創新與製程創新都趨於零,而另一產品創新可能再出現重新開始。

➤科技管理・賴士葆・陳松柏

product layout　產品式佈置

❖❶对象原则布置　❷产品专业化形式布置
❸对象专业化形式布置

是廠房設備佈置的方法之一,將機器設備依
產品的製程與操作順序依次安排,而形成生
產線,在此種佈置方式下,原料及零件不斷
地往緊鄰的工作站推進,直至完成製品為
止,故亦稱直線式佈置。產品式佈置適用於
採少樣多量之生產型態與大量生產之製程組
織中的製造環境。

➤生產管理・張保隆

product life cycle　產品生命週期

❖❶产品生命周期　❷产品寿命周期

是產品自導入市場,乃至於消失於此市場所
經歷的過程,也就是銷售量與利潤變化的過
程。產品生命週期可分為四階段,包括導入
期、成長期(含快速成長期與緩慢成長期)、
成熟期以及衰退期等。
在導入期階段,銷售量低迷而且談不上獲
利。進入成長期階段,銷售量與獲利都出現
大幅改善。到了成熟期,銷售量持平並保持
穩定,而獲利則往下降。當產品銷售量快速
下滑,即是進入衰退期。在不同的產品生命
週期階段,需要不同的行銷、製造、採購與
人事策略(參閱圖四五)。

➤生產管理・張保隆

➤行銷管理・翁景民

➤策略管理・吳思華

product line　產品線

指同一公司產品下的類似產品項目群,產品
群中各項產品均密切關連,或各項產品功能
相似,因而售予相同的顧客群或經由相同的
經銷商,例如:化妝品產品線包括口紅、面
霜、胭脂等。

➤行銷管理・翁景民

➤策略管理・吳思華

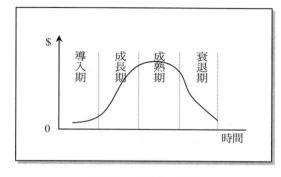

圖四五　產品生命週期

資料來源:楊必立、劉水深(民77),《生產管理辭典》,
華泰文化事業公司,頁262。

product mix　❶產品組合　❷產品混製

❖产品组合

在行銷上,係指一個特定的銷售者,所能提
供給購買者所有產品或品目的集合。一個公
司的產品組合可以描述為具有某一廣度、長
度、深度及一致性。廣度是指公司內有多少
條不同的產品線。長度是指公司所有產品項
目的總數。深度是指公司中每一產品項目有
多少種不同的樣式。一致性是指各產品線在
最終用途、生產條件、分配通路及其他各方
面具有密切相關的程度。
在生管上,稱產品混製或產品混製組合,係
指構成總生產量或銷售量的個別產品比例,
良好的產品混製組合除了可適當支援接單或
產能擴充情況外,亦能充分利用生產資源以
獲致最大的生產效率與效益,產品混製組合
若改變,將使某些製造資源需求如人力、設
備或材料等產生連帶變化。(參閱 mixed-

model production）

➢行銷管理・翁景民

➢生產管理・張保隆

product morphing　產品生態

市場實驗策略的一種，代表單一公司依單一或多項設計構面設計試推產品。利用第一代產品堆出後的市場反應，以修改第二代產品，並逐漸產生可以獲致成功的商業化產品（參閱圖四六）。

➢科技管理・李仁芳

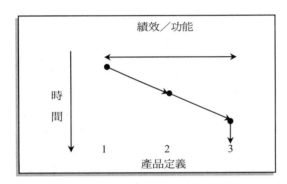

圖四六　產品生態圖

資料來源：Dorothy Leonard- Barton (1998)，《知識創新之泉》，遠流出版社，頁 292。

product portfolio analysis 產品組合分析

針對不同的事業單位加以檢視，以決定該領域對於市場的吸引力、公司在該市場中的定位，以及該事業單位是否已經賺取現金或仍耗用現金。透過此項分析可以對於各個事業單位處理方式提出建議，換言之，是應該繼續投資現金於該單位或是將現金抽出，目標是取得一個適當的企業組合。

➢策略管理・吳思華

product positioning　產品定位

指設計公司產品與形象的一系列行動，以期能在目標顧客中留下鮮明及良好的印象。

➢行銷管理・翁景民

product redesign　產品再設計

推動技術接收者向獨立創新能力更進一步。接收者不僅是調整零件，而是重新設計整個產品，可藉由授權來的科技基礎，在憑藉自己的經驗創造出富競爭力的產品。（參閱圖四，頁 20）

➢科技管理・李仁芳

production activity control (PAC)
生產活動管制　❖*生产活动控制*

此一名詞生產活動管制被美國生產與存貨管制協會(APICS)所倡議使用以取代過去所慣用的名詞現場監控，從 APICS 辭典之定義中摘要出生產活動管制為描述由管理階層所使用之原則與技巧以細部地短期規劃、執行、監控及評估製造組織的生產活動。

PAC 系統為整體生產管理系統(production management system; PMS)中負責計畫執行的部分，故其內主要包含派工與投入／產出管制兩項功能。另外，PAC 系統除了將 PMS 之規劃決策轉換為現場之管制指令外，它亦將現場之現況資訊回饋給規劃階層。

PAC 系統的主要目的在於確保實際生產結果能與預定生產目標一致。

➢生產管理・張保隆

production capacity　產能　❖❶*生产能力*

參閱 capacity。

➢生產管理・林能白

production flow analysis (PFA)
生產流程分析 ❖生产过程分析

一般而言，實施群組技術的方法，可以分為兩大類型：分類與編碼系統(classification and coding system)與生產流程分析(production flow analysis; PFA)。而生產流程分析為柏畢其(J.L. Burbidge)所創，其係利用工件加工作業順序之關係，將工件依製造流程予於分析，並合併成工件族。

在實施 PFA 前，所需之資訊為途程卡(route card)和全廠設備表，其實施程序可分成四個階段：

1.工廠流程分析(factory flow analysis)。

2.組群分析(group analysis)。

3.生產線分析(line analysis)。

4.工具分析(tool analysis)。

➤生產管理・張保隆

production management　生產管理
❖生产管理

係指以最低成本來有效運用設備、物料及人力等資源，以在規定期間內製造出符合品質與數量的活動。狹義的生產管理係指生產計畫與生產管制，廣義的生產管理係指運用與合理分配一切與生產有關的有限資源，經過計畫、執行及管制等活動，良好的生產管理需以最低成本、顧客滿意的品質及準時交貨做為管理目標。

➤生產管理・林能白

production management system (PMS)　生產管理系統　❖生产管理系统

需以整體利益為考量前提，除投入、轉換（製造、產出）及控制回饋系統外，尚需考慮市場環境系統，以提供最新資訊做為採購、生產計畫等的參考依據。

一般而言，生產管理系統包含了產品設計、生產預測、生產規劃、存貨規劃、途程規劃及生產排程等規劃系統，及工作分派、採購與生產活動管制等執行系統，目前較知名的生產管理系統計有以物料需求規劃／製造資源規劃系統(MRP/MRPII)、剛好及時系統(JIT)及最佳化生產技術(OPT)等理念所發展出的系統。

➤生產管理・林能白

production leveling　生產平準化
❖均衡化生产

參閱 production smoothing。

➤生產管理・林能白

production orientation　生產導向

其觀念認為消費者偏愛垂手可得且低成本的產品。生產導向組織的管理者專注於高生產效率及廣泛配銷。

➤行銷管理・翁景民

production smoothing　生產平準化
❖均衡化生产

為看板系統成功的關鍵之一，製程中，若時間、數量、設備或人力等不足或短缺時將無法因應市場需求，生產平準化即為一種解決短期市場需求上小幅變動的技巧，因此，在生產平準化技巧中生產製程中必須擁有適當的設備與人力，以適時地生產必須的數量，並促使生產線平穩生產及維持相同的生產率，而以存貨或累積訂單來解決變動需求。此外，若讓生產平準化配合小批量交互生

產、迅速換模（整備）系統等將使看板系統得以充分發揮，而且剛好及時生產系統(JIT)亦得以成功實踐。

➢生產管理・林能白

production strategy　生產策略

❖生产战略

為企業策略規劃的功能策略之一，因此，生產策略之制定必須以企業策略規劃為圭臬，再匹配其他功能性策略（如財務、行銷、研發等策略）以增益企業策略。

生產策略乃是以企業策略規劃中與生產管理相關領域的目標或政策為藍本，再透過對於生產活動中資源的運用、規劃、控制及技術之改進等而達成企業目標或企業使命。

➢生產管理・張保隆

production systems　生產系統

所謂生產是指創造具有價值或效用的商品或勞務的過程或程序，而生產系統則是為了實現生產的目的，而將很多動態相關的生產因素加以嚴密地組合，形成生產的體系。

➢策略管理・吳思華

productivity　生產力　❖生产率

係指產出（產品或服務等）與投入（人工、資本等資源）之間關係的績效衡量指標，通常以產出量與投入量的比率來表示，其計算公式為：

$$生產力＝總產出量 ÷ 總投入量$$

欲提高生產力可設法從下列著手：

1.總投入量不變下增加總產出量。

2.總產出量不變下減少總投入量。

3.同時增加總產出量與減少總投入量。

上述生產力表示方式亦稱為全體要素生產力(total factor productivity; TFP)，TFP 反映使用一公司之全體資源來產生其總產出。不過，亦可以其它幾種方式表示生產力，列出如下。

1.部分要素生產力(part-factor productivity; PFP)：PFP 乃衡量關於一特定資源的生產力，即：

$$PFP＝總產出量 ÷ 一特定資源的投入量$$

2.單一要素生產力(single-factor productivity; SFP)：SFP 乃衡量一特定產出量對一單一投入量的比率，即：

$$SFP＝一特定產品的產出量 ÷ 一特定資源的投入量$$

3.多重要素生產力(multiple-factor productivity; MFP)MFP 使用時機為當僅少數幾種投入或資源占了投入成本的大部分時，MFP 乃衡量總產出量對一系列關鍵資源的比率，即：

$$MFP＝總產出量 ÷ 關鍵資源的投入量$$

或

$$MFP＝總產出量 ÷ \sum_{i=1}^{n} w_i R_i$$

其中，

R_i 代表關鍵資源 i 的耗用量；

w_i 代表指派給關鍵資源 i 的權重。

➢生產管理・林能白

product-market matrix　產品市場矩陣

指選取產品（服務）組合與市場兩個構面而形成的一種分析矩陣。其目的在於透過對於企業提供的產品或服務的內容描述，以及所選擇目標市場的了解，思考在產品市場的範疇中可能的變化，勾勒出企業未來的經營藍圖。在產品市場矩陣分析中，不同的產品市場區隔方式，會帶來不同的競爭情境與規劃方向，對策略思考有很大的影響。

➢策略管理・吳思華

product-mix pricing　產品組合定價

當公司的產品是產品線的一部分時，設定價格的邏輯就需修正。此時，公司應尋求使整體產品組合之利潤極大化的價格設定。主要的困難在於不同產品有不同的需求與成本，以及不同的競爭程度。

➢行銷管理・翁景民

professional bureaucracy 專業科層結構

此組織結構的集權化程度低，乃是將決策權分授與各企業功能的專業人員，分工程度相當高（複雜度高），相當依賴這些專業人員的專業知識與技能，會利用工作設計、績效標準、規則等預先規範專業人員的工作內容與行為、產出，因此依賴正式化溝通管道（正式性高），這些專家的專業知識、技能與工作程序通常是不易學習的，醫院、會計師事務所、大學等即屬於此類型組織。

➢組織理論・徐木蘭

profit center　利潤中心　❖利潤中心

依企業的各個事業單位或部門為基礎，以單位內以其收益和成本自負盈虧。

➢策略管理・司徒達賢

profit margin on sales　純益率

一種利潤力比率，用以測度企業獲利能力的高低及成本與費用控制績效的良窳。其公式如下：

$$純益率＝稅後淨利 ÷ 銷售額$$

純益率越大，代表公司銷貨的獲利能力越大。

➢財務管理・劉維琪

profit sharing　利潤分享

一種所有員工都可參與的全面性獎勵制度，其做法是公司將特定期間（例如一年）內某一比例的公司利潤，以紅利的方式平均發放給所有員工，或是按照員工的績效評等、提案建議效果等做為發放紅利的依據。這種做法的益處不僅可提高員工績效與士氣，更可能提高員工對企業的承諾及參與感，同時也可降低人員流動率。

➢人力資源・吳秉恩

profitability　獲利能力

獲利為企業績效的重要指標，也是企業在追求成長策略、替換老舊工廠與設備，以及吸收市場風險等各項目標的基礎。獲利能力的基本衡量指標為資產報酬率(ROA)，該指標又可進一步分解為兩要素的相乘，即邊際利潤率（決定銷售價格與成本結構）與資產週轉率（決定存貨控制與資產利用率）。

➢策略管理・吳思華

profitability ratio　❶利潤力比率 ❷獲利性比率

衡量企業獲利能力之比率。經由利潤力比率可約略了解公司在變現力、資產管理，以及負債管理等方面的表現，因為利潤力是企業當局許多政策與決策的淨結果。在實務上，較常被使用的利潤力比率有純益率、總資產報酬率與普通股權益報酬率等。

➤財務管理・劉維琪

program　程式　❖程序

一系列電腦指令的組合，能控制電腦完成某一項特定的任務。通常能夠重複執行。

➤資訊管理・范錚強

program-data independence 程式／資料獨立

檔案中的資料和處理這些資料的程式之間，相互獨立的觀念。依據這種觀念設計系統，則資料結構的改變，不會牽動到所有程式的變動。程式的改變也不會影響所有的資料。現代的資料庫設計，都需要遵守這項原則。

➤資訊管理・范錚強

program evaluation and review technique (PERT)　計畫評核術

❖❶計划评审术　❷计划评审法　❸网络计划技术 ❹网络计划方法

由美國海軍首先於 1950 年代後期於執行北極星潛艇飛彈計畫時，用來管制日程安排及資源分派與使用，之後此法漸風行於世界各國。計畫評核術的作法主要是利用箭線與結點來代表計畫中的各項作業，並以箭線與結點所構成的網路圖來表示各項作業間的先後關係，最後找出要徑且做為控制重點以便進度管制與資源調配之用。計畫評核術與要徑法類似，但 PERT 考慮到各作業時間估計值的不確定性，故使用最樂觀值、最可能值及最悲觀值等三時法來估計作業時間，而要徑法(CPM)則常用於作業時間估計值較確定的場合中。（參閱 critical path method）

➤生產管理・林能白

programmed decision　程式化決策

代表組織決策的形式之一。此種決策本身具有重複操作性與良好的定義，具有解決問題的既定程序（即決策規則），其所欲解決之問題的結構通常很明確，且其績效標準清楚、易衡量，也通常有足夠可使用的資訊來加以衡量績效，因此容易詳細地發展與說明可行的行動方案，對於最終使用之行動方案的選擇通常也是成功的，例如：何時補貼管理人員的出差費，公司都基於程式化決策而制定規則。

➤組織理論・徐木蘭

programmers　程式師

❖❶程序员　❷编程员

受到高度技術性訓練的專家，其職責在設計和撰寫控制電腦的程式。程式師通常需要熟悉幾種程式語言和其他開發、測試工具。

➤資訊管理・范錚強

programming　編寫程式　❖程序编码

在系統開發週期中的重要步驟。在此步驟中，主要是將系統設計規範轉換成為能執行的電腦程式碼。

➤資訊管理・范錚強

project audit 專案審核

即是由專案中引導一個有系統化的學習機制。如在開發專案結束時，由進行專案審核小組清楚指出下次可以改進之處。專案的實驗性越強，這類稽查就越重要。

➢科技管理・李仁芳

project definition 專案定義 ❖項目定义

在系統開發週期中的重要步驟。在此步驟中，主要是確定企業組織是否有待解決的問題、該特定問題能否透過建置標的系統而能獲得解決。同時，並需要界定該專案的範圍，使得系統開發的工作能被明確的界定。

➢資訊管理・范錚強

project guiding vision 專案指導願景

相對於一般創新開發專案知識累積的疑懼，有指導願景的專案通常比較容易成功。這些願景可以同時界定產品本身，及專案對公司知識基礎的貢獻及相關性。清晰的願景同時也可像產品概念般協助成員在日常決策上有指導作用。

➢科技管理・李仁芳

project layout 專案式佈置

參閱 fixed-position layout。

➢生產管理・張保隆

projection 投射

把別人假想成自己一樣的現象。亦即是把別人想像成與自己同樣具有某些相同的特質。例如：自己喜歡的工作性質是富挑戰性的，也認為別人亦是和自己一樣喜歡富挑戰性的工作。

➢人力資源・黃國隆

programmable read-only memory (PROM) 可程式唯讀記憶

❖可编程只读存储器

唯讀記憶(ROM)的一種，但其中的程式碼可以被修改，通常用在控制裝置之上。

➢資訊管理・范錚強

promissory note 本票

由出票人簽發，約定於指定時日或某一定期間，以一定金額支付給持票人或指定人之無條件書面承諾。此種票據之出票人為付款人，因此，以出票人的立場來看，為應付票據，屬負債之一。如果，以持票人或收款人之立場來看，則為應收票據，屬債權資產之一。

➢財務管理・劉維琪

promotion 升遷 ❖晋升

是相對於降職的人事決策，乃指職位或職等的提升。其正面意義，在心理層面，代表成就與榮譽；就社會層面，代表被認同與歸屬；就技術層面，則為階段性資格檢驗通過；而實質層面則有報償與權位之回報。另外，除非是「明昇暗降」的政治性安排，否則晉升的負面影響應該不多。

➢人力資源・吳秉恩

promotion from within 內昇制

❖内升制

指各級職缺概由公司內部自行培養的人員遞補。當職缺所需知識為專屬性，且經常需要此類人才時，企業應採系統性的內昇或內訓方式，將外部招募和培訓成本內部化，而後就工作所需知識予以強化。

內昇制較適用於重視「和諧」、「集體」的 J 型組織，其優點是人員較熟悉內部制度，

P

可減少社會化成本,並激發員工生產力;缺點則是較易產生近親繁殖,人員較缺乏創新動力。

➢人力資源・吳秉恩

promotion mix　推廣組合　❖促销组合

其組合有五個主要的工具組合:廣告、直效行銷、促銷活動、公共關係與公共報導、人員銷售。

➢行銷管理・翁景民

promotional advertising　❶推廣廣告 ❷銷售廣告

發布特別銷售訊息的廣告。

➢行銷管理・翁景民

promotional allowance　推廣性折讓

折讓是價目表上其他形式的減讓。推廣性折讓是獎勵經銷商參與廣告或銷售支援活動的折價。

➢行銷管理・翁景民

promotional campaign　促銷競賽

由銷售人員或經銷商比賽,目標是在鼓勵其在某期間內創造業績,成功者可獲獎。大多數的公司會贊助銷售人員,進行每年或經常性的促銷競賽。

➢行銷管理・翁景民

promotional pricing　推廣定價

有時廠商會設定一價格以增強整條產品線的銷量,而非針對該產品本身的利潤。犧牲打定價法(loss-leader pricing)就是一個例子,此法是將一大眾化的產品定低價以吸引大量的

顧客而期望他們來買公司其他的產品。

➢行銷管理・翁景民

proprietary knowledge　專屬知識

專屬於某家公司的知識,該公司即靠此一深植的專屬知識起家,有些專屬知識會具體化,化為專利,著作權或其他形式的智慧資產,可是大部分來是來自於專才和經驗的凝聚累積。

➢科技管理・李仁芳

prospective rationality　預期理性

相信未來的行動方向是合理而且正確的信念。由於相信未來行動的合理性,因此更能投入現在的行動,並相信此時的行動是合宜的。

➢組織理論・黃光國

prospector　探勘者　❖❶勘探者 ❷探勘者

麥爾斯(Miles)和施諾(Snow)於 1978 依產品或市場的變動速率,將策略分為四種類型,其中探勘者乃致力於發現及利用新產品和市場機會,重視創新甚於獲利率。

➢策略管理・司徒達賢

protocol　協定　❖协议

一套規則和處理程序,規範了網路中各個組件之間的資料傳遞。目前最具代表性的例子是網際網路所使用的傳輸控制協定／網間協定(TCP/IP)通訊協定。

➢資訊管理・范錚強

prototype　原型

在新產品開發中,通過商業分析考驗的產品觀念,會再交由研發及工程部門開發成實際產

品。此時研發部門的任務，是開發出符合消費者在產品觀念上要求具有關鍵屬性的產品原型，其可正常使用操作，且在製造預算內。

➢行銷管理・翁景民

prototyping　❶原型開發方法　❷原型試製
❖原型方法

在資訊管理上，稱原型開發方法，是一種透過建立資訊系統原型、評估原型、反覆修正原型，以便界定系統需求的系統開發方法。原型必須以快速而便宜的方式建立，原型扮演實驗性系統的角色，作為演示和評估之用。透過這種方法，系統的使用者能更明確的將原本模糊的系統需求界定出來。

在科技管理上，稱原型試製，其範圍由平面草圖、不具實際功能的立體模型、具實際功能的原型、使用者測試模型、組織與系統模型等能實際展示的功能具備產品不一而足。理想原型形式端賴原型試製所需資訊以及潛在使用者的資訊落差而定，有些只需草圖描繪即可，有些需要親眼看到實體功能才能了解儀器的潛能。（參閱圖十一，頁81）

➢資訊管理・范錚強

➢科技管理・李仁芳

proxy　❶委託書　❷代理服務
❖❶委托书　❷代理

在財務管理上，稱委託書，是授權給別人代其行使權利的一種文件。其所指之權利通常為普通股之投票權，亦即投票之移轉證書。股東因故不能出席股東會時，可以此文件委託代理人出席。我國公司法規定：股東得於每次股東會出具公司印發之委託書，載明授權範圍以委託代理人出席股東會。但除信託

事業外，一人同時受二人以上股東委託時，其代理之投票權不得超過發行股份投票權之3%。超過時，其超過之投票權不予計算。一股東以出具一委託書，並以委託一人為限。在資訊管理上，指一種網路代理服務。它使用特殊的通信軟體，通常架設在防火牆或閘道伺服器上。攔截所有途徑的外部網際網路信息，將之重新包裝，再送到安全的內部網路。反過來，從安全的內部網路送出的信息，也同樣被攔截、重新包裝，以掩飾內部網路的屬性，以達到安全防護的效果。

➢財務管理・劉維琪

➢資訊管理・范錚強

proxy fight　委託書爭奪戰
❖征集目标公司股东的投票委托书

公司管理當局與外來人士為爭取股東委託書而競相出價的情況。一般而言，公司每年至少會召開一次股東大會，選舉董事會的股東。股東可以親自出席股東大會行使投票權，也可以使用委託書，將投票權委託給他人行使。為了鞏固職位，公司的管理當局在必要時，會爭取股東的委託書。但是，如果股東不滿意管理當局的經營績效，外來人士就可以爭取到不滿股東的委託書，進一步推翻公司管理當局，並取而代之。公司管理當局當然會盡力抵抗，形成雙方競相爭取股東委託書的局面。

➢財務管理・劉維琪

psychiatry　精神醫學

為現代醫學中的一個科，主要在診斷、治療以及預防心理疾病的一種醫學。

➢人力資源・黃國隆

psychographic analysis　心理統計分析

是運用心理學、社會學及人類學的理論來分析如何將市場區隔、及為何要如此區隔的原因。

➢行銷管理・翁景民

psychographic segmentation
心理統計區隔　❖消費心态细分

所謂的心理統計區隔是指以社會階層、生活型態或人格為基礎，來區分消費群體。

➢行銷管理・翁景民

psychology　心理學

一門測量與解釋人類與其他動物行為的科學，目的在改變與預測人類與動物的行為。其研究觀點可分為：行為論、認知論、心理分析論、人本論及神經生物論五大領域。

➢人力資源・黃國隆

psychosis　精神病

一種嚴重的心理疾病，患者人格失常，呈現思考、情感、知覺嚴重障礙，行動多與現實生活脫節，且有明顯妄想、幻覺等症狀。

➢人力資源・黃國隆

psychosomatic disease　❶心身症
❷心因性疾病　❸心因性障礙

由心理原因所造成的生理疾病，是嚴重的心理疾病。此類疾病的主要特徵是：有顯著症狀而缺乏生理上的病因。

➢人力資源・黃國隆

public affairs　公共事務

有關社會大眾的一切事務，如：社會經濟、政治、軍事、科學等。

➢行銷管理・翁景民

public key encryption　❶公開金鑰加密
❷非對稱式金鑰加密

在這種加密技術下，一對不相同的金鑰被分別用來加密和解密，其中之一被公開，另一個則被私密保存。公鑰可以任意提供給想傳信息給該私鑰的所有者。被公鑰加密的信息，只能用私鑰解密，反之亦然。如此，則私鑰的所有者不須將其私密的私鑰公開，能保持比較高的安全性。

➢資訊管理・范錚強

public relations　公共關係

公共報導只是公共關係的一部分概念。今天的公共關係者會執行下列功能：維持與新聞界的關係、產品報導、公司溝通、遊說、諮詢。

➢行銷管理・翁景民

publicity　公共報導　❖宣传

在所有媒體上以非付費的方式獲得報導之版面，而可供公司顧客或潛在顧客閱讀、看到或聽到，以助銷售目標達成之活動。

➢行銷管理・翁景民

pull strategy　拉式策略
❖❶拉式战略　❷诱导策略

以賣方為出發點，由賣方刺激最終使用者需求的一種溝通策略和努力。如製造商依賴大量的消費者廣告，吸引顧客到零售店裏指明購買其品牌。

➢策略管理・司徒達賢

➢行銷管理・翁景民

pull system　拉式生產系統

❖❶拉动式系统　❷牵拉系统

係指工作加工完成而成為產出時，其移動的控制在於下一站，意即每一工作站往前一站來拉取出前一站的產出。倘若廠商生產程序之重複性相當高且物料流程設定相當明確時，則使用拉式生產法可使工作站的存貨掌控和生產管制能更加緊密結合，剛好及時生產系統在物料流程上即採用拉式生產法。（參閱 push system）

➢生產管理・林能白

purchasing power parity　購買力平準

❖购买力平价

連結兩國之匯率與通貨膨脹率關係；即在國際實質產品與勞務之國際套利行為之下，兩國間預期通貨膨脹率之差異，會反應在兩通貨即期匯率之預期變動率上。

➢策略管理・司徒達賢

pure play method　純粹遊戲法

一種衡量貝他風險的技巧。其作法係先找出幾家業務性質同於投資專案的單一產品公司，然後根據這些公司的貝他係數來決定投資專案的貝他係數。利用此法最常遭遇的困難是，很難找到幾家股票已上市的單一產品公司。

➢財務管理・劉維琪

push strategy　推式策略

❖❶推进策略　❷推式战略

由賣方激勵通路成員以其公司的產品並促銷給最終使用者的一種溝通策略或努力。推式策略較拉式更依賴人員銷售。

➢策略管理・司徒達賢

push system　推式生產系統

❖❶推动式系统　❷推式系统

係指工作在某工作站加工完成而成為產出時，產出就被推往下一個工作站，意即每一工作站的產出主動被送往下一個工作站。倘若廠商生產程序之重複性較少且其產品是多樣少量時，則使用推式生產法將較簡易與有利。（參閱 pull system）

➢生產管理・林能白

push technology　推送技術

透過推送技術，網站可以依照使用者之前所提出的需求，將相關的資訊主動傳送給該使用者，自動顯示在其螢幕上。所推送的可能是好幾個不同資訊源整合出來的資訊。相對一般網頁瀏覽而言，使用者必須主動的執行點選或搜尋的動作，才能獲得資訊。

➢資訊管理・范錚強

put option　❶賣出選擇權　❷賣空契約

❸敲出　❖卖出权

一種選擇權。由買者與發行人（或賣者）訂約，協議買者得於合約有效期限內，按照雙方的協定價格，向發行人（或賣者）賣出某一固定數量之指定證券。換言之，發行人（或賣者）在合約有效期限以內，應依買者之要求，按雙方協定價格（履約價格），向其買進某一固定數量之指定證券。證券投資者如果認為未來股價將下跌，可以此方式投機。與買進選擇權相對。

➢財務管理・劉維琪

P

Q ratio　Q 比率　✤Q 率

公司權益與負債的市場價值總和除以公司所有資產的當期重置價格後,所得到的比率。Q 比率小於 1,表示公司資產的重置價格比市價還高,此意味該公司很有可能成為其他公司的購併對象。

➢財務管理・劉維琪

Q-sort exercise　Q 分類法

採用四種構面來衡量技術的方法,分別是該技術對其他學科、產業及生活品質的影響(impact)程度;該技術易於被了解、使用接近性(accessibility)程度;該技術與其他學科的關連性(connectedness)程度;該技術的發展現況(state of the art)。當衡量的分數愈高時,表示該技術的層級愈高。

➢科技管理・賴士葆・陳松柏

quality　品質　✤质量

有廣狹兩義,狹義的品質乃指構成商品的本質而言,包括物理性質與化學成分。廣義的品質乃指商品的特性而言,所謂特性乃指使一種商品與他種商品有所不同的內容與形式而言,一般指商品的外表、內容、產地、大小、等級、式樣、顏色、規格、技術熟練度等。品質是決定商品價格的重要因素,同時也影響商品的銷路和信譽。

➢策略管理・吳思華

quality assurance (QA)　品質保證　✤质量保证

可視為廣義的品質管制,係指在研究發展、設計、製造、銷售及售後服務的過程中,確保產品或服務能滿足特定需求且符合品質標準之計畫或系統性的行動。品質保證的目的在使消費者能放心購買其產品或服務而感到滿意且能經久耐用,品質保證的主要內容包括顧客訴怨分析、品質稽核、校對檢驗、品質水準的決定、檢核精確度的評核及品質報告等項目。

➢生產管理・林能白

quality control　品質管制　✤质量控制

係指經濟有效的設計、生產、行銷顧客願意負擔價格及要求品質的產品,使顧客能安心、滿意地使用,進而必須從根本上所採取的一切可維持或提升產品品質的措施。因此,品質管制乃指在產品生產的各階段中,使用一些技巧與活動,使能達成預定的目標,且能維持並提升產品品質的一系列活動與檢驗作業。

➢生產管理・張保隆

quality control circle (QCC)　品管圈　✤质量管理小组

係由日本石川馨(Kaoru Ishikawa)所創,由企業內工作性質類似的人員組成小組,每組約3～15人,運用特性要因圖分析、柏拉圖分析或腦力激盪等品質管理的技巧,共同學習討論與解決品質改善課題的活動。

在管理上,品管圈為一參與式管理的形式,將員工及一位督導人員,組成一個團隊,透過定期集會,討論與品質相關的問題,並研究其成因,及建議解決方案。換句話說,品管圈成員將負起品管問題的責任,並能監督改進的成效。

➢生產管理・林能白

➢組織理論・黃光國

Q

quality cost　品質成本　❖質量成本

係指為了維持、改善產品品質水準,而從事一些品質管制的活動所花費的一切費用,大致上可分為下列四大類:

1. 預防成本(preventive cost):係指為了防止不良產品(或服務)發生所支出的成本。
2. 鑑定成本(appraisal cost):係指投入於檢驗、測試及發掘不良產品(或服務)等活動所花費的成本。
3. 內部失敗成本(internal failure cost):係指產品、零件或物料在交給顧客之前就發現未達顧客之品質要求條件所造成的費用。
4. 外部失敗成本(external failure cost):將產品運交給顧客之後,因為發生不良品或被顧客懷疑為不良品所支出的成本。

➢生產管理‧張保隆

quality engineering　品質工程
❖質量工程

係由日本田口玄一(Genichi Taguchi)所提倡,結合工程和統計方法,將品質改善由製造階段向前延伸到設計階段,亦即將品質改善的做法由生產線上品質管制(on-line quality control)延伸至生產線外品質管制(off-line quality control),找尋並解決自設計至製造後預計品質之間有關品質的問題,促使設計與製程最佳化,以提升產品品質並降低成本,品質工程的另一說法為田口方法(Taguchi method)。

➢生產管理‧林能白

quality function deployment (QFD)
❶品質機能展開　❷品質機能部署

係指以顧客對產品的需求為核心將其轉換為產品開發過程中,各部門各階段的技術需求,QFD 提供設定目標如了解顧客需求、競爭力與技術分析等,探討目標對品質的影響方式,品質機能展開的實施方法係由企業內各功能部門人員共同參與,依設定目標資料,來發掘符合顧客需求之產品或服務的品質。品質機能展開的成效是開發時間大幅縮短、設計變更減少以及更能滿足顧客需求。

➢生產管理‧林能白

quality improvement　品質改善
❖質量改善

一般而言,品質改善有下列數項步驟:發掘問題→產生構想→提出品質改善方案→評估品質改善方案之可行性→執行品質改善方案→評估品質改善方案之結果→標準化。

在品質改善的工具方面常見有:

1. 品質管制七種舊工具:檢核表(check lists)、柏拉圖分析圖(Pareto analysis diagram)、特性要因圖(cause and effect diagram)、腦力激盪法(brainstorming)、品管圈(quality control circle)、統計圖表、管制圖(control chart)。
2. 品質管制七種新工具:關連圖法、KJ法、系統圖法、矩陣圖法、矩陣資料解析法、PDPC 法;即過程決定計畫圖法(process decision program chart)、箭形圖解法。
3. 其他品質管制工具如田口方法、源流檢查、防呆、品質機能展開等。

➢生產管理‧張保隆

quality loss function　品質損失函數

係指產品品質特性偏離目標值所產生的費用與資源的浪費量,亦即假定產品品質特性符

合目標值時的損失為零，若產品品質特性偏離目標值，則有損失產生，其計算公式為：

$$L = k(X - T)^2$$

其中，

　　L 代表金錢項目損失；

　　k 代表成本係數；

　　X 代表品質特性值；

　　T 代表目標值。

田口方法中將品質特性分為望目（產品品質特性愈靠近目標值愈佳）、望小（產品品質特性測量值愈小愈佳）及望大（產品品質特性測量值愈大愈佳）等三個種類。

➣生產管理・林能白

quality of design　設計品質　❖设计质量

就是預定之品質水準或平均品質，而其與成本直接有關，亦即允許之成本高，相對可提供較高的設計品質，但產品品質水準之決定，並非完全按照生產者之主觀判斷，而是依據消費者之客觀需求。因此，消費者之需求，成為決定產品品質的基本要素。如果，品質提高，其所花費之成本超過顧客所願支付的價格時，品質提高就不值得，對生產廠商言，最佳之品質乃在利潤最大時的品質水準。（參閱 process quality）

➣生產管理・張保隆

quality of work life (QWL)
工作生活品質　❖工作生活品质

指工作經驗的多種面向，包括：管理及監督風格、工作自主性、滿意的工作場所、工作安全性、滿意的工作時數以及有意義的工作

任務等，關注焦點在於員工對其工作的整體反應；其基本假設是：若員工對工作感到滿意，則將有助於組織生產力的提升，而組織生產力的提升也將回饋員工，提高員工對工作的滿足程度。

組織若要提升員工的 QWL 包括幾個條件：

1.以公平合理方式對待員工。
2.提供員工發揮專長的空間。
3.信任員工且充分溝通。
4.能參與有關自身工作的決策。
5.給予充分且合理的薪資。
6.安全健康的工作環境。

➣人力資源・吳秉恩

➣組織理論・黃光國

quality strategy　品質策略

相對於低成本策略，差異化策略的基本型態即為品質策略。品質策略是指基於某一特定目的，企業策略性地提供或被認知提供其產品或服務優於其他競爭者。品質策略往往是指品牌。品質的聲望與品牌象徵是最為人提及的持久性競爭優勢(SCA)。

➣策略管理・吳思華

quantity　產量

參閱 PQRST。

➣生產管理・張保隆

quasi-integration　準整合

名義上獨立自主的當事者十分地密切相關，幾乎像是公司垂直整合的一種契約關係。

➣策略管理・司徒達賢

query language　查詢語言　❖查询语言

是一些高階語言，能用來對資料庫或檔案中的資料加以擷取，而不需要撰寫冗長的電腦程式。查詢語言通常是非程序性的語言，使用者能快速的將所要的資料用簡單的陳述加以表達。資料庫語言中的結構化查詢語言(SQL)可以算是一個功能強的查詢語言的例子。

➢資訊管理・范錚強

quick ratio　速動比率　❖❶速动比率　❷流动比率　❸偿债能力比率　❹资金周转率

速動資產除以流動負債的比率，又稱酸性測驗比率。所謂速動資產是指現金、有價證券、應收票據及應收帳款等較易變現的資產，至於不易立即變現的存貨以及無法變現的預付費用則加以排除。

酸性測驗比率用於分析一企業清償短期債務之能力，其比率愈高表示不能還債之風險愈小。至於比率要多大才適當，通常因行業性質而異，故比較時須視同業平均數而定。

➢財務管理・劉維琪

quick response　快速回應

在資訊管理上，快速回應是電子商務中的一種功能，指經由網際網路的有效應用，成品供應商可以直接由市場上取得需求的資訊，而無須透過層層轉送的機制感受到市場變動。如此，則更能反應市場變動，同時大幅降低庫存水準。

在一般供應鏈上，指廠商能在需求或環境有變動時，彈性地因應外界的改變。快速回應需要供應鏈上下游廠商一起運用資訊技術來實行。

➢資訊管理・范錚強

quick-response delivery system (QR)　快速反應運送系統

如今許多廠商跟供應鏈上的成員合夥，共同改善顧客價值遞送系統的績效。這種讓供應鏈上的合夥人利用最新的銷售資訊來生產，而非根據預測來生產的系統即稱為快速反應系統。

➢行銷管理・翁景民

quota sample　配額抽樣

是非機率抽樣中的一種方法，研究人員在不同的類群中，調查特定數量的人。

➢行銷管理・翁景民

Q

R&D intensity ❶研發密集度

❷研發強度

為衡量一家企業對於研發投入的多寡，有二種方式：

1. 每年研發經費的投入占當年營業額的百分比，即研究發展經費占產品銷售的比率，而研發的費用經常以與研發相關的中間財及設備等的採購併入計算。
2. 企業內所聘用的研發人員總數占公司全體員工人數的百分比。

➤策略管理・司徒達賢

➤科技管理・賴士葆・陳松柏

R&D consortia 研發聯盟

為降低研發成本重複投資與風險考量下，由兩家或兩家上的廠商組成，基於提升技術水準的共同策略，依據共同協議（含書面契約與非書面約定），在特定時間內，共同出具資金、人才、設備、技術、管理等不同資源，共同分攤研發成本、風險，在不影響所有權獨立情況下，共同進行聯盟活動，將成果移轉給參與者共享，以進行商業化的活動。

➤科技管理・賴士葆・陳松柏

R&D management 研究發展管理

❖研究与开发管理

簡稱研發管理，係運用管理功能(management function)的工具，包括計畫、組織、用人、領導、溝通與控制，來管理掌控整個研究發展活動的進行，使研發的投入能達到效率與效能的結果。由於研發的主要工作係進行新產品的研發，亦有人將研究發展管理稱為新產品開發管理，事實上兩者仍有別。

➤科技管理・賴士葆・陳松柏

R&D performance evaluation

研發績效評估 ❖研究开发绩效评价

為管理程序循環（計畫→執行→考核）的最後一道程序，由於研發工作的投入與產出效益之間有時間落差現象，研發的產出又有很多是無形的，使得研發績效評估相較於一般管理工作績效的評估更難，不同的產業、不同的研發單位對於研發績效評估所使用的各項定性與定量評估準則不盡相同。

➤科技管理・賴士葆・陳松柏

R&D portfolio 研發組合

企業在其有限的研發資源限制之下，如何將其既定的研發經費預算，投資分配於多項不同產品、不同技術之研發，所形成的組合型態稱之。分析研發組合可用的構面如：研發回收時間的長短、研發風險的高低、研究型專案或發展型專案。

➤科技管理・賴士葆・陳松柏

R&D resource 研發資源

公司為進行研究發展活動時，有助於研發成果所需之各項資源投入要素稱之為研發資源。以資源基礎論來看有兩類的研發資源：

1. 資產類：為進行研發活動所需投入之有形事物，例如：研發儀器設備、研發費用、人力……等。
2. 能力類：為進行研發過程所需之轉換能力，能將上述投入之有形資源做最有效率、最佳之轉換，而有最好的產出，亦可稱為研發能力。

➤科技管理・賴士葆・陳松柏

R

R&D and manufacturing interface management　研發與製造之界面管理

在新產品開發過程中,研發與製造兩功能界面之互動領域包括:

1 評估新產品生產之可行性。
2 評估生產線現有設備製造新產品之能力與限制。
3 進行線上量試。
4 檢討並解決量試樣品時所發現的問題。

因此需要兩部門人員有效的合作溝通,做好研發/製造的界面管理。

➢科技管理‧賴士葆‧陳松柏

R&D and marketing interface management　研發與行銷之界面管理

在新產品開發過程中,研發人員與行銷人員雙方如何有效的合作溝通,將行銷人員所需求的規格條件,傳遞給研發人員開發,以開發出符合市場需求的新產品,這是新產品開發成功的必要條件,也是研發與行銷之間重要的界面管理問題,然而實務上,研發與行銷部門卻往往存在著誤解與衝突,彼此不信任對方,造成新產品創新失敗的命運。

➢科技管理‧賴士葆‧陳松柏

radical change　劇烈式變革

組織因應環境變動所採取的一種計畫性變革方式,是種計畫性的變革,此種變革方式對組織的影響程度比漸進式變革來得激進,目的在改變整個組織,創造新結構與管理,以達成新均衡,例如:組織再造工程,通常會促進突破式技術的產生,發展出新產品而創造建立新市場,由於今日的環境更加詭譎動盪,此類變革方式愈來愈受組織重視。

➢組織理論‧徐木蘭

radical innovation　躍進式創新

又稱為突破式(break-through innovation)、革命式創新(revolutionary innovation),係以重大發明為基礎,創造一個新的典範架構,或是創造一個新的產業。例如:新的武器系統、新的通訊網路⋯⋯等,由於躍進式創新的進步是跨越性的,也稱為不連續的創新(discontinuous innovation)。例如:從電晶體進步為真空管,再從真空管進步為積體電路;從天然橡膠進步為人造橡膠;從螺旋槳飛機進步為噴射機。

➢科技管理‧賴士葆‧陳松柏

random access memory (RAM)　隨機存取記憶　❖随机存取存储器

由積體電路組成,通常用來充當電腦的主記憶,用來儲存資料和電腦的程式碼。它的特點是,電路中所有的位置都有不同的地址,電腦能隨機的取得或更改任何地址的記憶。任何一個地址的資料取得,耗時相同,並沒有時間上的差異。

➢資訊管理‧范錚強

rating　評比

工作標準時間是合格人員依指定之工作方法,以正常之努力與技巧完成工作所需的時間,但吾人所挑選之操作員往往沒有正常之努力與技巧,因此,在衡量標準時間時須將實際操作時間(觀測時間)調整至正常操作員之正常操作速率基準上以取得正常時間,此項基準係指合格勝任之操作員在正常之工

作環境條件下，不快不慢的操作速度。

此一將所挑選之操作員與正常操作員之操作速率進行比較的過程即稱為評比，其所產生之比值即稱為評比係數，將觀測時間乘以評比係數即得正常時間。

建立一客觀的評比方法並非易事，以下為四種常用之評比方法：

1. 平準化法(leveling)：此法為西屋電氣公司所創，係以技巧(skill)、努力(effort)、工作環境(conditions)及一致性(consistency)四者為衡量工作的主要因素，每個評比因素再分成若干個等級，各等級再給予固定且適當之係數，評比時，將各因素之係數相加即得評比係數。

2. 速度評比(speed rating)：此法僅以正常工人之正常速度為基準，而將同工作之速度相對於正常速度以百分比加以評估。

3. 客觀評比(objective rating)：此法為孟德爾(Dr. Mundel)所創，其將評比分成兩大步驟：

   (1)首先將某一工作之觀測速度與標準速度相比較，並尋找其間適當之比率，以做為第一次調整係數。

   (2)衡量影響該工作之有關因素，利用工作難易程度給予調整係數。

4. 合成平準化法(synthetic leveling)此法為摩洛(R. L. Morrow)於 1946 所創，係將觀測數據中若干單元之實測值與預定動作時間標準法中相同單元之標準數據相比較，求此若干單元之比較係數，再求其平均值，以做為該預測週期中所有操作單元的評比係數。

➤生產管理 · 張保隆

ratio analysis 比率分析 ❖比率分析

一種利用公司財務資料求算財務比率，以了解公司狀況的分析技術。這些財務比率可被歸納為五大類：

1. 變現力比率。
2. 資產管理比率。
3. 負債管理比率。
4. 利潤力比率。
5. 市場價值比率。

➤財務管理 · 劉維琪

rational appeals 理性訴求

直接訴諸聽眾理性的自我利益，企圖說明該產品將產生聽眾期待的功能效益(functional benefit)。

➤行銷管理 · 翁景民

rational approach 理性方法

代表管理者個人決策的方式之一。使理想性的決策方法強調有系統地分析問題，透過邏輯性步驟來選擇方案並予以實行以解決問題。

此種決策程序可分為八個步驟：

1. 觀察決策環境和整理相關資訊。
2. 界說所欲解決之問題內涵。
3. 訂定決策的目標。
4. 診斷問題與分析原因。
5. 發展所有可行的決策替代方案。
6. 根據統計技術或經驗評估替代方案之優缺點。
7. 選擇成功機會最佳的替代方案。
8. 實行此項最終選擇之替代方案。

➤組織理論 · 徐木蘭

rational decision-making model
理性決策模式

一種決策模式，描述個體應採取那些行為步驟以追求價值最大化且一致性的抉擇。

此模式的決策步驟為：

1.確認問題且確定有做決策的必要。
2.確認決策準則。
3.分配各個準則的權數值。
4.發展所有可行方案。
5.評估所有可行方案。
6.選擇最佳的方案。

在此決策模式下，決策者完全客觀且決策過程完全合乎邏輯，而此一決策模式有其理性的前提假設，其假設為：

1.問題是清晰的。
2.沒有相衝突的目標。
3.所有可行方案均為已知。
4.決策者偏好清楚且明確。
5.決策者偏好固定不變。
6.沒有時間及成本的限制。
7.最終的抉擇可使結果利益最大。

➢人力資源・黃國隆

rational model　理性模式

參閱 classical model of decision making。

➢組織理論・黃光國

rationalization of procedures
程序合理化

針對企業的標準作業程序加以檢討，去除明顯的瓶頸，使得在自動化的過程之中，程序的進行能更有效率。通常，電腦化之前需要進行程序的合理化，才能使電腦的導入發揮績效。

➢資訊管理・范錚強

raw materials　原物料

係指尚為經任何加工的貨物，例如：原油、原木、農產品……等。但就廣義的觀點而言，尚包括製造某種貨物的原物料，例如：加工塑膠鞋時所使用的塑膠皮，加工成衣的布料……等。

➢策略管理・吳思華

read-only memory (ROM)　唯讀記憶
❖只读存储器

半導體的積體電路元件，它可儲存資料或可執行的程式碼。其特點是其中的資料只能被讀取，而不能被更改。它經常被用來儲存一些經常被讀取，同時相當穩定不變的資料或程式。

➢資訊管理・范錚強

real interest rate　真實利率
❖❶实际利率　❷实质利率

無風險證券在預期通貨膨脹率等於零時的均衡利率。該利率會隨經濟情況的改變而改變，並非固定不變。其值主要受資金需求者投資於實體資產所能獲得的報酬率與資金供給者對目前（未來）消費的時間偏好所影響。

➢財務管理・劉維琪

realistic job preview (RJP)　職務預告

指在人力甄選面談時告知應徵者，一旦錄取而開始工作後所可能面對的實際工作情境，以及公司現階段營運上的實際狀況，以便應徵者建立正確的期望，以求有效減低現實情境所可能帶來的衝擊，並降低新進員工的離職率。

➢人力資源・吳秉恩

reality shock　現實衝擊

指新進員工對工作的期許與實際工作之間的差距；當帶著高度期望與熱忱投入工作的新進員工，在遭遇承擔任務、與同事相處的適應障礙，或是面對沈悶、無挑戰性的工作現實時，內心所產生的挫折感就是所謂的現實衝擊。現實衝擊將容易打擊新進員工在工作上的自信心，影響工作士氣和效率，也可能導致新進員工離職率的上升。

➣人力資源・吳秉恩

realized rate of return　實際報酬率
❖实际报酬率

投資人買賣投資標的物（如證券）所實際賺得的報酬率。例如：某人於一年前，買了一張$20 的股票，並於一年後以$25 的價格賣出這張股票，假定賣出前，他還收到$2 的股利，則此人在這一年中，投資股票所賺得的實際報酬率為 35%。

➣財務管理・劉維琪

real-time processing　即時處理
❖实时处理

線上交易處理的一種。在即時處理之下，資訊系統的反應時間，必須和真實世界中所需要的反應速度匹配。例如：核能電廠的控制系統，就必須是一個即時系統，才能在感受到溫度和壓力的變化下，及時控制相關的設備，使系統達到良好的狀況。

➣資訊管理・范錚強

rebate　退款　❖部分退款

是在購後，而非在零售店中，提供價格的減免。消費者必須寄出特定的購買證明給製造商，由其退還一部分的購買價。但若使用太頻繁，對使用公司一無是處。

➣行銷管理・翁景民

receivable collection period　應收帳款收現期間

公司將應收帳款轉換成現金所需的平均時間。（參閱圖七，頁 54）

➣財務管理・劉維琪

recency error　近因誤差

是績效考評偏失的其中一種，指的是考評者就記憶所及，傾向只根據受評員工近期工作表現的印象打分數，而忽略長期以來的實際整體表現，容易造成受評員工因近日表現不佳而得到不佳的考績，忽略其對組織的長期功勞。增加考評次數，乃是解決方法之一，或採取走動管理亦可減少此項偏誤。

➣人力資源・吳秉恩

reciprocal interdependence　相互依賴性　❖交互性的互賴性

相依程度最高的一種關係，意指當第一部門的營運的產品為第二部門營的投入要素，且在第二部門的產出又是原第一部門的一項投入時，則二部門之間的關係可稱之為相互依賴關係，通常發生在需提供多樣產品或服務組合給顧客的密集技術的組織中。

➣策略管理・司徒達賢

reciprocity　互惠

雙方都主動要進行一項交換，那麼雙方都是行銷者，此情況就可說是互惠行銷。

➣行銷管理・翁景民

record 記錄 ❖記录

一筆記錄是一個特定對象的一組資料欄位所組成的，通常反映在資料庫表格中的一列資料。

➢資訊管理 · 范錚強

recovery / recycling and reuse 回收與再使用

近年來，由於社會大眾環境保護意識逐漸增強，並提出「污染者付費」(polluter pays)的訴求，以要求製造商負起更多關於環境保護的責任，亦即將其責任範圍從先前的售後服務擴大到產品生命週期終了後的產品處置責任。產品生命週期終了後的產品處置方式主要有兩種即：

1. 產品中部分可用零組件的回收(recyclable materials)：以用於新產品中或當做備用零件(spares)，因此，易於拆卸之設計(design for disassembly)已漸成為越來越重要的設計理念。

2. 整個產品經修整後的再使用(reuse of products)：這種方式將最能減輕環境的負擔與破壞。

由於環保意識抬頭與環保法令日益趨嚴，環保（綠色）產品將不斷被提倡，且未來勢必將蔚為主流。歐美許多大型知名公司（尤其電子公司）大多已聘請專業回收公司（工廠）來回收或再使用其所生產的產品。

➢生產管理 · 張保隆

recovery plan 復原計畫 ❖恢复计画

是資料安全規劃重要的一環。指的是萬一資料遭受破壞而損毀，經由原先計畫好的行動，便能快速有效的將損毀的資料加以復原。缺乏復原計畫的話，如果安全規劃中的預防措施無法發揮功能，則可能沒有補救的機會。

➢資訊管理 · 范錚強

recruitment 招募 ❖招聘

指配合組織需要，採取外部人力來源或內部人力來源，以廣招有興趣且具才能者前來應徵；如果受招募活動吸引而來的應徵者愈多，則公司從中進行甄選的彈性就愈大。常用的招募管道包括：刊登徵才廣告、校園招募、委託人力仲介公司、自我推薦或是內部員工引薦，以及近來日漸受到青睞的電腦網路徵才等。

➢人力資源 · 吳秉恩

recruitment from without 外聘制 ❖外聘制

指公司人力遇缺需增補時，由組織外部去獲取合格人力。當職缺所需工作知識屬一般性時（亦即該知識之移轉性高，可是用於各組織），則無論職缺人數多寡，均以採取公開外聘為宜。

外聘制的優點包括：可尋求菁英份子，促進新陳代謝，以及創造組織新文化；缺點則是內部員工士氣易受打擊，而且新進人員需要較長時間調適，將增加社會化成本。因此外聘制較適用於強調快速競爭以及跳躍式創新的 A 型組織，以及較中基層員工的進用。

➢人力資源 · 吳秉恩

R

reduced instruction set computing (RISC) 縮減指令集計算

❖*精简指令系统计算*

一種電腦微處理機的設計方式。傳統的微處理機的設計，通常都將可能執行到的指令納入微處理機的指令集之中，造成指令集過大，速度便慢。RISC 的根本理念在於，電腦絕大部分的時間都在執行少數精幾個常用的指令，因此，只把最常用的指令納入電路中，加快其速度；而將不常用的指令，用韌體來建置。如此，整體的速度反而提高。

➤資訊管理・范錚強

redundant array of inexpensive disks (RAID) 磁碟陣列

一種提高資料儲藏績效的技術。利用多個價格相對便宜磁碟機組，利用軟硬體來控制其間的連動，使得空間加大，存取時間減低，可靠度加大，並能透過多個資料通路來提供資料。通常磁碟陣列有容錯的功能，能對小規模的資料記錄錯誤進行自動修復。

➤資訊管理・范錚強

reengineering ❶企業流程重新設計 ❷企業再造 ❸企業流程再造 ❹企業再造工程 ❺再造工程 ❖❶*企業流程重建* ❷*企業流程再造* ❸*商業流程再造工程* ❹*改造企業*

跨功能的主動發起，包含徹底的重新設計事業的程序及組織結構、組織文化和資訊技術的同時變化，並使得績效大量地改善。（參閱 business process redesign）

➤策略管理・司徒達賢

reference group 參考群體 ❖*參照人群*

一個人的參考群體，是指直接或間接影響其態度或行為的所有群體，這些群體是其所屬或與之互動。某些是初級群體 (primary group)，即經常持續與他們互動者，如：家庭、朋友。一個人也會從屬於次級群體 (secondary group)，如：宗教、專業群體，比較正式且較不常互動。人們也受其非所屬的群體影響。一個人極想成為一員的群體稱為崇拜群體(aspirational group)。極不想成為一員中的群體稱為趨避群體 (dissociative group)。參考群體讓一個人有新的行為與生活方式可參考。

➤行銷管理・翁景民

referent power ❶參考權 ❷歸屬權

指當他（她）具有某些行為與屬性，並且能夠深深地吸引影影人或被影響人認同時，則此人具有參考權。這些屬性包括個人的吸引力、聲望、聰明才智。

➤人力資源・黃國隆

refilling the bank 水庫補給

當被要求學習新事務時，所需的努力常會耗掉人們大量的能量與自尊，於是象徵此部分的水位會降低，為避免象徵人對創新包容的能量不枯竭，經理人必須讓水流出減緩，並重新補充水庫的水量，所用的方法包括：在儘可能的範圍內放慢腳步或在過程中慶祝小成功（參閱圖四七，頁 333）。

➤科技管理・李仁芳

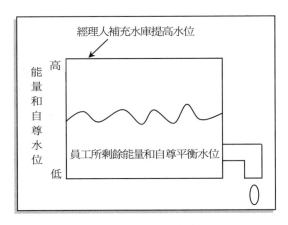

圖四七　能量和自尊水庫

資料來源：Dorothy Leonard- Barton (1998)，《知識創新
之泉》，遠流出版社，頁 151。

reflection-in-action　行動思考

即邊做邊思考，會使人成為實務領域的研究
者，不需依賴理論和技巧，可針對獨特個案
建構新的理論。知識創造型組織必須使「邊
做邊思考」的過程制度化，以確保刺激組織
和外在環境互動的波動及混沌具有創造性。
（參閱 order out of chaos）

➢科技管理・李仁芳

refund　現金回扣

顧客在某特定期間購買，常可享有現金回
扣。此回扣是製造商想出清存貨，但不想減
價的手段。回扣也常用於消費包裝品的行
銷，如此可刺激銷售，也不至花太多代價及
減價，因為許多顧客常未將兌換券寄回。

➢行銷管理・翁景民

refunding operation　❶換券操作
❷債務贖展　❸發新債還舊債

一種以債養債的再融資方法。其適用場合有
以下兩種情形：

1.公司債發行時，已約定可以提前償還之條
　款。當市場利率下降時，公司認為按照新
　利率發行新公司債募集資金，並以約定價
　格提前償還舊債，仍屬有利時，便可發新
　債償還舊債。
2.舊債到期時，公司認為仍欠缺資金，則可
　另發新債，以償還舊債。

➢財務管理・劉維琪

regenerative approach　再生法
❖重新生成法

MRP 系統提供最簡單的一個方式來應付主
生產排程的改變，此種系統乃是每隔一段時
間根據新變動後的資料重新將整個 MRP 系
統重新計算一次。
再生式系統可減少處理成本，但無法提供即
時資訊，而淨變動式系統雖可提供即時的資
訊予管理者，但卻是處理成本高（一有變動
即需處理）。（參閱 net change approach）

➢生產管理・張保隆

regret analysis　後悔分析

屬於情境分析的步驟之一，目的在於比較當錯
誤的情境發生時，每個策略所預期對應的結
果。換言之，在預期樂觀情境下所執行的策
略，若悲觀情境發生時，分析結果將會是如何。
執行後悔分析可以幫助我們對風險有所體
認，甚至將風險量化、決定其所發生機率，
進而推估每一個可選擇策略的期望報酬。

➢策略管理・吳思華

reinforcement　增強作用　❖強化

學習理論學家認為人的學習是驅策力、刺
激、線索與增強作用交互作用而產生。學習

理論也讓行銷人員知道，必須以產品與其強驅策力間的連結、利用激勵線索、提供正面增強等來建立需求。

➢行銷管理・翁景民

reinforcement theory　增強理論
❖ *强化理论*

此理論認為：個人會基於先前行為的結果或酬賞，決定當下要採取什麼樣的行為。當過去的行為能獲得正向的結果或酬賞時，個人會更有可能重複做同樣的行為；若過去的行為導致負面的結果或處罰時，個人較不願意重複同樣的行為。過去的學習經驗，是現在行為的主要原因，因此可用酬賞增加員工的正向行為。

➢組織理論・黃光國

reinvention　二度發明

指外部移植知識的企圖。利用外來知識為基礎做進一步改進或漸進式的突破。

➢科技管理・李仁芳

reinvestment rate　再投資報酬率

由投資而來的現金流量，予以再投資所能得到的報酬率。再投資報酬率可能逐年相等或不等。淨現值法(NPV)與內部報酬率法(IRR)的衝突，主要來自於不同的再投資報酬率假設。

內部報酬率法指其資金在此計畫期間以其內部報酬率再投資；而淨現值法則是以所要求的報酬率做為折現率來投資，由於這種不同的假設，這兩種方法對投資計畫便可能產生不同的評估結果。

➢財務管理・劉維琪

reinvestment rate risk　再投資率風險
❖ *再投资风险*

短期債券到期後，如果市場利率下降，則投資人將所得到的本金再投資到其他債券時，其每年所能得到的利息收入會因而減少，此即所謂再投資率風險。因此，如果投資人購買短期債券，他必須承擔債券到期後，市場利率可能下降，而導致再投資報酬率也下降的再投資率風險。

➢財務管理・劉維琪

related diversification　相關多角化
❖ *相关多角化*

多角化經營乃是企業進入不同於現有的產品市場組合，而若所跨足的不同事業間有若干共通點，而得以產生規模經濟，或經由資源或技能的交換，而產生綜效的作用，則稱為相關多角化。

➢策略管理・司徒達賢

relational data model　關連式資料模式
❖ *关系数据库*

利用二維表格的形式來表現資料之間的關係的一種資料表達方式。它能很自然的以表格形式呈現簡單的資料關係。同時，在資料欄位相同的情況之下，它能透過連結、投影、選擇等動作，允許非常有彈性的資料操弄。它在八〇年代中期之後，已是資料庫管理系統的主流。

➢資訊管理・范錚強

relationship capital　關係資本

一家組織和他們來往的人之間的關係。聖昂哲(Hubert Saint-Onge)定義為我們經銷權的

深度（滲透力）、廣度（涵蓋面）、以及黏度（忠誠度）包括上游（供應商）及下游（顧客）的關係。

➤科技管理・李仁芳

relationship-oriented　關係取向

1. 為一種領導風格，在費氏權變模式中，以 LPC(the least-preferred coworker)量表測量個人的領導風格，分為關係取向或是工作取向兩個向度。在量表上得分高的為關係取向，表示個人關注和工作伙伴是否維持良好的人際關係。在權變模式中，關係取向的領導者在中等有利的組織情境下，會有較好的表現。
2. 指稱人際互動中，凡事皆以關係為依歸的文化特徵。其特徵有：關係形式化、關係互依性、關係和諧性、關係宿命觀、及關係決定論。
   （參閱 guanxi orientation）

➤組織理論・黃光國

relationship-specific investment
特定關係性投資　❖关系的专用性投资

為建立與某特定合作者之間的關係，所必須投注的心力、資金或各種資產的投資；而此投資只能應用於此一特定的合作者之間。如：購買一批生產設備用以專門生產給某特定的交易或合作對象。

➤策略管理・司徒達賢

relaxation training　放鬆訓練

心理治療方法之一，用以降低壓力，主要藉由身體肌肉的放鬆與心理情境的平靜，緩和身心的緊張，降低心理疾病的發生率，其實施方式如：按摩、有氧運動、靜坐等均屬之。

➤人力資源・黃國隆

relevance trees analysis　相關樹分析

此法乃以系統分析的方式，藉著樹狀結構來描述欲達到某一目標或使命所需的技術，由此達到技術預測的目的。

例如：由於汽車是造成汙染的交通工具之一，為解決未來的污染問題（參閱圖四八，頁336），為描述汽車結構的說明樹(descriptive tree)，而（參閱圖四九，頁336）則為汽車引擎種類的解答樹(solution tree)。根據這個解答樹，研究發展單位可以找出企業技術發展的方向。

➤科技管理・賴士葆・陳松柏

reliability　❶可靠度　❷信度　❖可靠度

在生產管理上，係指一部機器或產品，在規定的使用環境下與預定的壽命期間內，能充分發揮其預定功能而不發生故障的機率，可靠度的計算方式如下：

1. 一特定期間的可靠度

$$R = e^{-t/u}$$

其中，

　　e 代表自然指數，其值約為 2.71828……；
　　R 代表等於或超過第 t 期時不失效的機率；
　　u 代表平均失效間隔時間。

2. 一特定時間點的可靠度

$$R = \sum_{i=1}^{n} R_i$$

其中，

　　R 代表產品不失效的機率；

　　n 代表產品中零件數；

　　R_i 代表 1 減零件 i 失效的機率。

可靠度必須在預設的情況下測量，因此與機率數值、預定功能、預定壽命及規定的環境等因素習習相關。

在人資管理上，在人力甄選過程中，對應徵者進行測試面談時所運用到的工具，在科學方法上應符合信度與效度之檢定。其中信度強調的是測試工具對應徵者能力衡量的「可靠性」，也就是針對同一個應徵者，在不同時間、不同地點或是不同面試主考人員的情況下，該測試工具或方法所得到的分數或結果應相同或接近，彼此間不可有太大的變異。

➢生產管理・林能白

➢人力資源・吳秉恩

reliability engineering　可靠度工程

❖可靠度工程

係指在產品的規劃階段中，即決定產品組成（零組件、裝配件等）之設計、發展、製造等階段中適當的品質水準，亦即可靠度工程乃涉及為達成可靠度所必要的規劃、設計、製造、測試及售後服務等活動。可靠度工程必須同時考慮行銷、生產及工程等各個層面，因此，往往屬於聯合性決策。

➢生產管理・林能白

repatriation　❶返任　❷歸建

指由原先任職的組織單位或國家地區，外派至另一個組織單位或國家地區從事特定工作的人員，在完成某一段期間的工作任務後，重行返回原任職單位。返任人員最可能遭遇

的難題包括文化衝擊、現實衝擊、職位安排、薪資調整或其他身心調適問題。一般而言由於外派期間長短不一，返任或調遷原因不同，所以這些問題的影響程度也不相同。

➢人力資源・吳秉恩

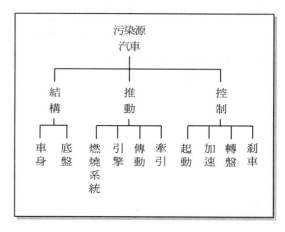

圖四八　説明樹

資料來源：賴士葆、謝龍發、曾淑婉、陳松柏（民 86），《科技管理》，國立空中大學，頁 137。

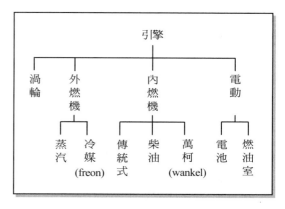

圖四九　解答樹

資料來源：賴士葆、謝龍發、曾淑婉、陳松柏（民 86），《科技管理》，國立空中大學，頁 137。

replacement chain approach　重置鏈法

評估服務年限不同兩互斥投資專案的一種方法。該法假設投資專案在達到服務年限後，

公司可進行相同的投資，而可獲得與原投資專案相同的現金流量。如此一來，投資專案的服務年限就可依此方式予以倍數延長。

當兩互斥投資專案的服務年限不同時，可將兩互斥投資專案的服務年限予以延長，使其具有相同的服務年限（亦即調整到兩不同服務年限的最小公倍數），然後再計算其現值或終值，即可比較兩互斥投資專案的優劣。

➣財務管理‧劉維琪

replacement charting ❶重置
❷替換規劃 ❖置換图

指組織預先為各重要職位安排遇缺遞補的候選人，或是及早針對特定職位安排設計中長期的教育訓練計畫，以培育合格的候選人，以便能在該職位遇缺時能隨時遞補並儘快熟悉工作狀況。組織可藉由「人力置換圖」(personnel replacement chart)來輔助重置或替換規劃的進行。

➣人力資源‧吳秉恩

replacement project 重置型投資專案

為更換已報廢或損壞的生產設備所作的支出。這種重置型投資專案係以降低成本為主要目的，通常不會造成公司對淨營運資金的額外需求。

➣財務管理‧劉維琪

report generator 報表產生器
❖報告产生器

一種設計來讓使用者非常方便而有彈性的產生電腦報表的軟體系統。通常包含查詢語言為其組成部分，並能將查詢結果透過相當多種的預設格式來產生。它是資訊系統正規報表之外，提高資料使用率的有效工具。

➣資訊管理‧范錚強

reputation 信譽 ❖声望

用以代表企業值得信任的程度。

➣策略管理‧司徒達賢

request for proposal (RFP) 徵求提案說明書

一個公開的文件，由使用者單位提出，描述某件需要委外進行的業務，藉以徵求軟體廠商提出它們的對策。文件中主要是描述該單位對其問題的陳述、需求的描述……等。該文件可能是徵求套裝軟體、軟體開發專案、系統整合、網路服務等不同類型的服務。

➣資訊管理‧范錚強

required rate of return 必要報酬率
❖要求的报酬率

誘使投資人購買特定證券或資本投資計畫之最低預期報酬。以股票為例，如果投資人在一股票上預期賺取之報酬率 $[(D_1 \div P_0)+g]$ 低於必要報酬率，則會出售此一股票；反之，如果預期報酬高於必要報酬率，則會買進此一股票。任何證券及投資計畫之必要報酬率等於無風險報酬率加上風險貼水，亦即：

$$R_i = R_f + 風險貼水$$
$$= R_f + \beta_i (R_m - R_f)$$

假定一普通股之貝它係數(β_i)為 2.0，當期之市場報酬率(R_m)為 12%，平均無風險利率(R_f)為 8%，則此一普通股必要報酬率(R_i)的求算過程如下：

R

$$R_i = 8\% + 2.0 \ (12\% - 8\%) = 16\%$$

➤財務管理・劉維琪

research and development　研究發展
❖研究与发展

包括基礎研究、應用研究、發展三個階段。係促進現代工業進步兩項重要的工作。利用科學方法，評估各種方案設計，並進而創造新的產品或生產方法，以使企業獲得利益。

➤策略管理・吳思華

reservation price　保留價格

買賣雙方能接受的最低價格。

➤行銷管理・翁景民

residual dividend policy　剩餘股利政策
❖剩余股利政策

一種股利政策。主張股利要等有利的內部投資機會用完後才發放，亦即若盈餘再投資的報酬率超過投資人在其他類似風險投資上所能獲得的平均報酬率時，則投資人寧願讓公司保留盈餘用於再投資，而不要公司以股利發放給他們。另外，該理論還認為，公司股利發放多少，應由盈餘用於維持該公司目標資本結構後之餘額來決定。

➤財務管理・劉維琪

resistance to change　抗拒改變
❖对变革的抵抗

任何改變的計畫遭遇的反對。由於改變含有不確定性，故改變往往造成人員合理或不合理的情緒反應。抗拒的產生和個人、群體及組織因素之間存在有某種關係。

➤策略管理・司徒達賢

resource allocation　資源分配
❖资源分配

在策略管理中，指在正確的時間把正確數量的資源分配給需要的地方之過程。在實務中常用關鍵路徑法或線性規劃。

在組織理論中，指組織內的資源包括可運用資金、空間、人力、以及物資……等，當這些資源沒有限制時，組織內的各個團體可以自由取得各自所需的資源。然而當資源有限時，組織內的各個團體便會極力爭取重要資源。清楚的資源分配規則方式，可以避免組織內衝突的產生。

➤策略管理・吳思華

➤組織理論・黃光國

resource dependence　資源依賴
❖对某一物质的依赖

其理論將外部市場環境視為組織進行資源交換的場所。組織致力於資源交換是因為沒有個別組織能完全擁有其所需且充足的資源。因而組織的存續將視資源流動的穩定性而定。

➤策略管理・司徒達賢

resource dependency theory
資源依賴理論

此一理論視組織為一開放系統，須與其他組織互相流通資源以生存，因此組織會因對外部組織所提供之資源的依賴，在某種程度上，受到外部組織的控制。一組織對於外界資源依賴程度的高低主要是根據該項資源對

組織的重要性，以及組織對該項資源之分配與使用的決定權和獨占力而定。

為了降低此種績效的負面效應，組織必須積極地透過某些策略運用，例如：買下供應商的所有權、策略聯盟、政治關說與立法等；或採取權力手段，例如：主導消費性產品之絕對多數銷售量的大型零售商會要求供應商降低成本、自行運貨等，以確保所需資源的取得與掌控運用之自主權、降低對環境的依賴度。當關鍵資源的替代品愈多、替代性愈高時，資源依賴程度愈低，此理論也進一步地引導出組織核心專長或能耐 (core capability, core competence)。

依資源基礎理論的論點，一組織擁有他人所沒有的、稀少的、難以模仿的、有價值的、難以替代的資源，或者擁有運用資源的特殊能力時，即可獲得超額利潤。小型企業更因為資源的依賴程度高，因此必須透過精簡的結構與快速反應的彈性以降低經營風險，例如：同時擁有多家零售商，避免因消費需求改變或價格競爭而不及因應。

≫組織理論・徐木蘭

resource deployment strategy 資源配置策略

資源配置指為達成組織目標，所運用之資源及技能型式與程度。

≫策略管理・司徒達賢

resource requirements planning (RRP) 資源需求規劃 ❖資源需求计划

為決定欲實現一組織之策略計畫所需之資源類型與數量的程序，資源需求規劃的目標乃為決定出為滿足未來產品需求所需的適當之

生產產能水準（在物料、設施、設備、人力等方面），因此，資源需求規劃屬於一種配合長期生產規劃的長期資源規劃。因為它的策略規劃本質，故資源需求規劃涉及聯合生產、行銷及財務等方面的規劃努力。

≫生產管理・張保隆

resource-based theory 資源基礎論 ❖資源论

指在策略思維上，將公司視為眾多資源的組合體，相對於由外而內的策略思考邏輯，資源基礎理論是屬於由內而外型的策略思考邏輯，亦即企業必須持續建構資源，形成無法替代、專屬獨特的資源地位，並運用本身的經營條件，尋找最佳產品市場的活動組合，以對抗外在環境的變化。

≫策略管理・吳思華

respondent 受訪者

接受調查訪問的人即稱為受訪者。

≫行銷管理・翁景民

responsibility centers 責任中心

由該主管負責某一功能或活動全部的資源應用與經營成效，透過預算系統，則令該主管完成預算。責任中心可依據預算管制重點分為「成本中心、營收中心、利潤中心、投資中心」四種。

≫策略管理・司徒達賢

responsibility 職責

指為激發部屬完成職務所課以的承諾與交代，並要求其承擔責任。個別職位的工作職責描述通常會包含工作的項目，以及承擔工

作完成與否之責任的範圍。職責之承擔固是組織工作人員之義務，然必須在職務明確、充分授權配合下，才能發揮更高效果。

➢人力資源・吳秉恩

retailing　零售

涉及銷售產品與服務給最終消費者，做個人或非企業使用的所有活動。任何組織，不論是製造商、批發商或零售商，只要是如此銷售，就是在從事零售，不論產品或服務如何銷售，或在什麼地點賣。

➢行銷管理・翁景民

retained earning　❶保留盈餘　❷累積盈餘

❖❶保持性收入　❷留存利潤　❸保留收益
❹保留盈余

公司歷年累積之純益，未以現金或其他資產方式分配給股東，或轉為資本或資本公積者；或歷年累積虧損未經以資本公積彌補者。保留盈餘有一部分可能因特別目的或法令規定而被暫時加以凍結，使不能供股利分配用，稱為「指撥之保留盈餘」。至於，其他無任何限制，可供股利分配者，稱為「未指撥保留盈餘」。

➢財務管理・劉維琪

retrenchment　縮編重整　❖❶收縮　❷緊縮

指企業有必要減少其產品或服務線、市場或功能等，減少短期內無現金回收單位之活動，以期降低成本而可著重於某些功能的改進。縮編重整通常用於環境衰退時，採取該策略的企業常常會裁併(divest)某些單位，甚至於解散清算(liquidate)整個企業而結束營業。

➢策略管理・司徒達賢

retrieval system (RS)　取出系統

❖❶倉儲系統　❷补偿系统　❸检索系统

參閱 automated storage。

➢生產管理・張保隆

return on asset (ROA)　資產報酬率

一種利潤力比率，用以衡量企業獲利能力與資產使用效率。其公式是將稅後淨收益除以平均總資產（平均總資產是以前一年度的期末資產值加上目前年度期末總資產值，然後除以 2 而得）。

由資產報酬率可以看出公司在所有投資的資金上總共賺的金額。由於資產報酬率並不會以各種投資資金來源加以區分，因此經常被管理階層用來評估公司各部門表現的一項指標。該比率通常與同業平均水準相比較，其值若高於同業平均，稱為有效運用資產；若低於同業平均，則為無效運用資產，應注意其原因。

➢財務管理・劉維琪
➢策略管理・吳思華

return on equity (ROE)　普通股權益報酬率　❖❶股本收益率　❷资本回报率

一種利潤力比率，用以衡量普通股股東的獲利能力。其公式如下：

普通股權益報酬率＝
（稅後淨利－特別股股利）÷
（平均股東權益總價－特別股權益）

公司如無特別股，則普通股權益報酬率等於股東權益報酬率。其公式如下：

股東權益報酬率＝

稅後淨利 ÷ 平均股東權益總額

≻財務管理・劉維琪

return on research (ROR)
R&D 報酬率

類似財務的投資報酬率(return on investment; ROI)，而由於研發投資的效果顯現期限較財務投資長，所以在衡量研發報酬率時，必須取一段時間如 X 年來衡量：

$$ROR＝X 年的總利潤 ÷ X 年來的 R\&D 花費$$

在 X 年間，研發費用總投資對公司所產生之總利潤之比值，此比率愈高，表研發的績效愈好。

≻科技管理・賴士葆・陳松柏

reuse　再使用

參閱 recovery, automated storage。

≻生產管理・張保隆

revenue centers　營收中心　❖收入中心

是責任中心制度的一種。針對部門產生的營銷收入，編制預算，進行控制；當產生該收入的成本無法直接歸屬於該部門時，採用營收中心。

≻策略管理・司徒達賢

reverse engineering　❶逆向工程
❷還原工程　❖逆向工程

在資訊管理上，逆向工程指經由現有的程式碼、檔案、資料庫格式等系統現狀，轉換（還原）為設計層次的描述過程。透過這種過程，我們可以不需要對原有系統的需求分析和設計有充分了解的情況下，重新設計系統來滿足需求。通常是用在文件嚴重缺乏的舊系統更新的情況下。

在科技管理上，逆向工程又稱為還原工程，係將原有實體產品予以拆卸分解成零組件，仔細研究各零組件之間的組裝關係後，再予以組合回復成原來實體產品。換言之，即是參考、研究現有技術產品的構造來找出其功能運作的方式、原理，並進一步開發出類似的競爭產品。進行逆向工程法時，需注意是否侵犯到原有產品的專利等問題。

≻資訊管理・范錚強

≻科技管理・賴士葆・陳松柏

reverse split　❶逆向分割　❷反分割
❖反向分割

公司將發行在外的股票數股合成一股，以提高其股票市價。股票逆向分割後，公司的保留盈餘與股本總額都不受影響，僅其股份數量減少，而每股票面增加。例如：某公司原有股份100 股，每股面額$50，鑑於近期市場價太低，而將兩股合併為一股，則該公司之股份數將變為 50 股，而每股面額則增為 $100，但帳面價值總額不變。

≻財務管理・劉維琪

revolutionary innovation　革命式創新

又稱為躍進式創新(radical innovation)、突破式創新(break-through innovation)。（參閱 radical innovation）

≻科技管理・賴士葆・陳松柏

reward power 獎酬權

權力的來源之一。人們順從某些人的期望，乃是因為他們預期這將帶來好處。因此，當某人能分配有價值的事物時，即擁有獎酬權。獎酬的範圍包括有金錢、晉升、紅利、員工福利等。

➢策略管理・司徒達賢

reward systems 獎酬制度

即公司的獎勵方式，基本可歸類為兩大類：內在獎勵與外在獎勵。內在獎勵與個人感受到工作的樂趣有關，例如：能參與決策、獲得有趣的工作指派、個人有成長的機會，以及獲得更多的責任。外部獎勵則牽涉到圍繞在工作本身的四周環境。最明顯可見的外部獎勵是酬勞或薪水。外部獎勵可再進一步分為直接酬勞和間接酬勞。直接酬勞包括紅利、獲利分配，以及加班費。非直接酬勞的例子包括帶薪假期、學費補助、健康保險。（參閱 bonus systems）

➢策略管理・吳思華

rework ❶重工 ❷重做 ❖返修

參閱 scrap。

➢生產管理・林白能

right disputes 權利事項

係指勞資雙方當事人基於法令、團體協約、勞動契約之規定所為權利義務之爭議（如積欠薪資、未發加班費、退休金、休假……等），屬於司法體系。勞資爭議若屬權利事項，可先經調解，若調解不成立再送請法院審理；亦可直接進入訴訟程序，送請法院審理判決。

➢人力資源・吳秉恩

rigidity 僵固

就管理面而言，僵固是指企業因循過去成功的策略前進，而未能注意到環境的變遷與新科技的發展，以及忽略組織保持持續創新的重要性，因而陷入所謂自戀的陷阱之中的一種狀態。

根據李奧納德巴登(Dorothy Leonard-Barton)指出，在企業環境改變，或是系統本身逐漸成熟並陷入輕忽的常規時，原本構成公司競爭優勢的核心能力，有時會造成核心僵固，使得企業無法因應變局而導致失敗。

➢策略管理・吳思華

risk 風險 ❖风险

指損失、損傷、不利或毀壞之可能性，在投資上則指發生虧損的機會。風險可用預期報酬的標準差、變異係數或其他係數來衡量。它的種類相當多，例如：利率變動可能產生利率風險；放款無法收回可能產生信用風險；貨幣價值變動可能產生流動性風險；匯率變動可能產生匯兌風險。

➢財務管理・劉維琪
➢策略管理・吳思華

risk aversion ❶風險迴避 ❷風險規避 ❖风险规避偏好

簡言之，就是討厭風險。在相同期望報酬下，具有風險迴避傾向的投資人會選擇風險較低的證券來投資。因此，為誘使風險迴避者購買風險較高的證券，必須提供風險溢酬給此投資人。

➢財務管理・劉維琪

R

risk matrix　風險矩陣

是美國摩根史坦利(Morgan Stantly)公司於1990年代初期時，發表了一種革命性的風險管理方法。風險矩陣是將統計上估計的觀念應用在風險管理中，並把很難數量化的風險概念，從而轉變成具體而明確的風險值(value-at-risk; var)，並以確切的金額大小來表示。

➢策略管理・吳思華

risk premium　❶風險溢酬　❷風險貼水

❖❶風險貼水　❷風險溢价

投資風險資產所要求的報酬率與無風險利率間的差額，稱為該風險資產的風險溢酬。例如：某一股票的期望報酬率為12%，假定當年平均無風險利率為5%，則該股票之風險溢酬為7%。

➢財務管理・劉維琪

robots　機器人　❖机器人

工業用機器人是指具有一般用途，且擁有類似人類特性的機器，一般可透過內建的程式指令來指揮其機器手臂做各種不同的生產工作如搬運、加工、組裝作業等，有時，亦可用於品質檢驗。機器人被應用的場合與特性如下：

1. 具有危險性或環境不良的工作場所。
2. 單調且重複性高的工作。
3. 操作困難、精度要求高的工作。
4. 品質要求穩定的工作。

➢生產管理・張保隆

return on investment (ROI)　投資報酬率

衡量公司資產創造盈餘能力的會計方法。廣義的定義是將淨收益除以投資金額。不過在財務分析上，投資這個字有三種解釋，每種解釋都會算出不同的投資報酬率結果：資產報酬率(ROA)、業主權益報酬率(ROE)，以及投資資本報酬率(ROIC)。

➢策略管理・吳思華

role　角色　❖角色

用以描述團隊中與某項工作或職位相關的一些期待。心懷這些期望的人被認為是角色組的成員，而預期能實現這些期望的人就是主角。

➢人力資源・黃國隆

role ambiguity　角色模糊性

當個人對其角色的資訊不適當時，即會產生角色模糊的狀態。此時角色的界定往往有許多不同形式，包括不清楚對績效的期望、如何達到這些期望、以及工作行為的結果。角色定位與任務區分不明確時，管理工作的角色模糊性會特別嚴重。角色模糊性會引起心理上的緊張與不滿足，減低人力資源的效用、以及對如何因應組織環境產生無力感。

➢組織理論・黃光國

role clarity　角色清晰度

員工清楚了解工作要求，對角色的期許，以及如何達成期望行為的程度。員工的角色清晰度愈高，愈能集中精力從事工作要求的行為，同時，減少嘗試摸索的時間耗損，增進對工作目標的承諾、工作團體的凝聚力、工

作投入、以及工作滿足感。

≫組織理論 · **黃光國**

role conflict 角色衝突 ❖角色冲突

個人面對兩個或兩個以上的角色期望時，無法實踐其角色組中一位或多位成員的期待，就會發生角色衝突。這種衝突現象會產生個體間的緊張關係、降低工作滿意度、影響到工作表現及與其他成員間的關係，以及減損對主管或組織的信賴度。

≫人力資源 · **黃國隆**
≫組織理論 · **黃光國**

role overload 角色過載

個人感覺要求他完成的工作，超出其時間與能力所能承擔的範圍。而經歷到工作品質與數量上的衝突。數量過載，指在完成期限內，有太多事情要完成；而品質過載，指工作要求超過個人的技術、能力、以及知識所能因應的範圍。

≫組織理論 · **黃光國**

role perception 角色知覺

觀察者與被觀察者接觸時，觀察者常會根據一些線索來協助形成被觀察者的某種特殊印象。同時，一個人所具有的身份角色，也是形成特殊印象的訊息來源，因為人會對各種角色多少抱持著共同的角色期望，也就是說，人們常會根據角色在社會中的地位，而給對於該角色的行為有所預期，因而判斷其應具備的人格特質。

≫人力資源 · **黃國隆**

RosettaNet 羅西特網

專門針對電子資訊產業所發展的、利用 XML 做資料交換的標示規格。它可能逐漸成為美國、乃至於全球電子資訊產業進行資料交換時的標準規範。

≫資訊管理 · **范錚強**

rough-cut capacity planning (RCCP) 概略產能規劃 ❖❶粗能力计划 ❷粗能力需求计划

概略產能規劃專注每個關鍵資源，像最終裝配、噴漆、或可能的瓶頸資源之處，這能由比較關鍵資源之產能需求與供給情況，來快速的決定主生產排程(MPS)計畫是否可行，常常使用分析的結果來調整 MPS，調整後再次進行概略產能規劃，因此，RCCP 與 MPS 常相互驗證與發展。概略產能規劃一般涵蓋三個月的時間水平，概略產能規劃程序類似資源需求規劃，不同的是概略產能規劃乃針對主生產排程中個別產品而非類似的產品群的產能需求。

≫生產管理 · **張保隆**

route sheets and operation sheets 途程單與操作單 ❖❶工艺单与工序单 ❷工艺路线卡与工艺卡

途程單為製程工程師根據途程所發展的資料，以作為產品工程師與生產工程師溝通之橋樑。基本上，途程單主要描述：
 1.所需之操作及操作順序。
 2.確定使用之機器設備。
 3.估計整備時間及每件所需時間。
如果進一步詳細說明每一製造步驟之操作方法或標準方法明細，即成為操作單。

≫生產管理 · **張保隆**

router 路由器 ❖*路由器*

一種特殊的電腦系統,其主要功能在導引網路上的資料封包,使資料的傳輸能正確的由發送端傳到接收端。路由器中,通常動態儲存了網路的地址分布狀況,使得電腦之間能透過地址的確認,相互傳遞信息。

➢資訊管理・范錚強

routing ❶**製造途程** ❷**加工程序**
❖*工艺流程*

亦即將製品按照工作程序,排列其製造路線,換言之,就是原料自開始加工,以至製品完成之期間,所經過之工作路線。(參閱 manufacturing process, PQRST)

➢生產管理・張保隆

rule base 規則庫

在人工智慧技術中,其中一種知識的展現方式是利用一系列的規則。單一則規則的形態例如:「如果……則……」。一系列的規則組成一個規則庫。

➢資訊管理・范錚強

rule-based expert system
規則式專家系統

一個人工智慧的軟體系統,利用規則為其知識展現方式,用來解決一般專家才有能力解決的問題。其中所用到的規則之間,相互關連,而且會相互形成許多複雜的巢狀結構。系統的核心是一個推理機,推理機利用規則庫中的規則進行邏輯推論。

➢資訊管理・范錚強

rush order 緊急訂單 ❖❶*緊急订单*
❷*加快订单*

為排程的優先順序法則之一,由於緊急訂單具有最緊急的事件必須優先處理,因此生管人員接獲緊急訂單時會優先處理此份工單 (work order),使生產人員會優先排入訂單予以生產,同時,給予緊急訂單之在製品最高的優先順序等級,以從前置時間中去除等待與整備時間以加快產出速度。

➢生產管理・張保隆

sabotage　怠工

是勞資雙方發生爭議時,勞方用來向資方施壓以提高談判力量的方式之一,指的是勞工全體利用較遲緩之工作方式而降低產量、效率或服務內容。但工會法第二十九條規定工會職員或會員不得命令會員怠工,因此怠工是否合法尚有爭議。

➤人力資源 · 吳秉恩

safety inventory　安全存量

❖❶安全庫存量　❷保險儲備量

為避免實際需求量大於預期需求量,或實際能獲得的供應量少於預期供應量的情況時停工待料,而額外儲存的存貨數量,當公司所要求的服務水準愈高(即容許缺貨的機率愈小)時所需儲備的安全存量也愈多。

因此,安全存貨之多寡常與廠商的財力與存貨政策有很大的關係,一般而言,最適宜的安全存量水準係考慮到缺貨成本與倉儲成本間的折衷,以求得最佳的安全存量。

➤生產管理 · 張保隆

safety stock　安全存量

❖❶安全庫存量　❷保險儲備量

參閱 safety inventory。

➤生產管理 · 張保隆

salary　薪資

乃指勞動者工作之所得,其乃依勞動契約,行使義務而獲得來自資方之權力的代價。質言之,可方三類:

1.直接財務性給付:即本薪、佣金、津貼、紅利或獎金……等。

2.間接財務性給付:如保險、休假給付、退休金等。

3.非財務性獎勵:如信用卡、彈性工時……等。

就留才之目的而言,於薪資方面應注意薪資設計之合理性、薪資水準之外部競爭性、薪資結構之內部公平性,以及薪資所具有之激勵性與彈性。

➤人力資源 · 吳秉恩

sale-and-leaseback　售後租回

租賃的一種方式,指企業將本身所擁有的土地、廠房、或設備等財產售予金融機構,以獲得資金週轉,同時簽訂一租賃合約,將這些財產租回,並在某一特定期間使用。

售後租回可使出售資產的公司,不但能立刻從購買資產的金融機構處得到資金,而且還保有資產的使用權,這種方式就像公司貸款買進資產,並以該資產作為貸款的抵押品一樣。因此,售後租回與抵押貸款非常類似。

➤財務管理 · 劉維琪

sales force compensation　銷售力薪酬

要吸引銷售人員,公司必須發展具吸引力的薪酬計畫。銷售人員喜歡有固定所得,平均績效以上的額外獎酬,及依經驗與年資的公平給付。另一方面,管理當局希望能達到此薪酬計畫具可控制性、經濟性且簡單化。

➤行銷管理 · 翁景民

sales force management　銷售力管理

❖銷售力量管理

建立銷售人員目標、策略、結構、規模、薪酬後,公司接著就要招募、甄選、訓練、激勵及評估銷售人員代表,而這些程序就是銷

售力管理所屬的範圍。

≻行銷管理・翁景民

sales force organization 銷售力組織

任一公司中有多位從業人員負責直接與顧客及潛在顧客接觸、洽商的組織。

≻行銷管理・翁景民

sales force recruitment and selection 銷售團隊招募和選擇

銷售隊伍運作成功與否,在於慎選有效的銷售人員。中等績效與頂尖績效的銷售人員,其績效差異很可觀。而要如何知道選擇何種特質的銷售人員,可以詢問顧客或是在公司最成功的銷售人員身上找出共同的特徵。有了甄選的標準後,人事部門可從各種管道(包括從現有的銷售人員推薦、利用就業機構、刊登廣告、校園徵才等方式)尋求應徵者。

≻行銷管理・翁景民

sales promotion ❶銷售促進 ❷促銷
❖ 銷售推广

鼓勵購買或銷售產品、服務的短期誘因。是一些包羅萬象具短期誘導性質的戰術性促銷工具所組成,用以刺激較早或較強烈的目標市場之反應。

≻行銷管理・翁景民

sales report 銷售報告

管理當局有許多管道來獲得有關銷售代表活動的資訊,其中最重要的來源就是銷售報告。銷售報告的內容可分為兩大部分,即活動計畫與活動成果的記錄。

≻行銷管理・翁景民

sales response function 銷售反應函數

行銷管理者利用「銷售—反應函數」的觀念,以顯示每個可能的行銷預算如何影響銷售量。銷售反應函數可顯示公司的銷售量受到公司行銷支出水準、行銷組合及行銷效果的影響。

≻行銷管理・翁景民

sampling inspection 抽樣檢驗
❖ 抽样检验

係指利用統計抽樣方法,按預設之品質水準於每批製件或成品中抽取定量樣本進行檢驗,並將抽檢結果與品質水準判定基準比較,以推論該批製品(物料)其品質合格或不合格的檢驗方法,抽樣檢驗的目的為減少全數檢驗的成本或降低破壞性檢驗的場合。

(參閱 complete of inspection)

≻生產管理・林能白

sandwich education 三明治教育

利用間斷學習原則,讓員工在工作一段時日之後,接受教育訓練或施以派外考察,再回工作崗位,如此在「工作—受訓—工作—考察……」之交替過程中,減少職業倦怠,增加歷練經驗,並且不斷強化員工本身的智能。

≻人力資源・吳秉恩

sashimi system 生魚片系統

富士全錄(Fuji Xerox)提出的,指專案工作流程,介於二分法的二極:接力賽式和橄欖球式之間。生魚片系統指每前後階段二個階段都有部分重疊,導致階段相接處可有共同創新的機會,非像接力賽式的功能完全獨立,分工清楚,也非像橄欖球賽式的每階段功能

S

一起跑，互相傳球已達目標（參閱圖五十）。

➤科技管理・李仁芳

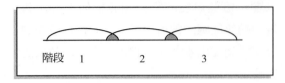

圖五十　生魚片系統圖

資料來源：Nonaka & Takecuchi (1997)，《創新求勝》，
遠流出版社，頁 105。

scale economies　規模經濟　❖規模经济

當廠商以「同」比例增加要素投入時，若產量的增加超過此一比例，則稱為「規模報酬遞增」；若是少於該比例，則稱為「規模報酬遞減」。換言之，規模經濟是透過數量的增加，使平均單位成本降低。（參閱 economies of scale）

➤策略管理・司徒達賢

Scanlon plan　史堪隆計畫

一種以公司全體員工為實施對象的全面性獎勵制度，其具有兩個基本特色：

1.以成本節省的成效做為獎金發放與否以及獎金發放多寡的根據。

2.公司當局設立一委員會，用以審查員工或管理當局所提出的成本節省建議。

➤人力資源・吳秉恩

scenario analysis　情境分析
❖❶情境分析　❷情景分析

在面對環境的不確定性與複雜性時，情境分析提供在不同的事件與趨勢的假設條件下，對於未來環境所有可能發生情境的描述，並根據描述進行分析並提出因應策略。情境分析包括四部分：確認情境、發展策略、評估情境發生機率、執行後悔分析(regret analysis)。

➤策略管理・吳思華

scheduling and sequencing
排程與排序
❖進度編排(排产、生产進度计划)与顺序编排

在一個零工式工作站(job shop)中，有許多工作要進行加工，而各部門之間或工作站內的機器每單位都可能有不同的途徑，因此，現場主管必須做兩個重要的決定，即工作的排程及工作的排序，以技術的觀點來說，排程係對工作開始及完成時間的指派過程，排序為對進行加工的工作，決定其先後秩序，但在實務上，二者是很少區分的，不過，在用詞上排程通常涵蓋時間與工作順序。

➤生產管理・張保隆

schema　❶基模　❷圖格　❸規格　❹綱目
❖模式

基模原代表在認知中，信念與感覺有組織性的集合。在資料庫設計中，稱為圖格或規格，是描述資料的共通性陳述。在很多資料模式中，這種規範以圖形的方式展示。通常，資料欄位間、表格間的相關連，是資料庫圖格的重要部分。

➤行銷管理・翁景民

➤資訊管理・范錚強

science-tech development index
科技發展指標

衡量一個國家的科技政策執行的成效如何？對整體國家科技水準提升多少？衡量指標可分兩大類，在投入指標方面有：全國

研發總經費占國民生產毛額(GNP)之比例、民間與政府研發經費之比例、企業研發經費占營業額之比率、每萬人口中研究發展人力等。

在產出指標方面有：論文在科學索引指標(SCI)之世界排名、論文在工程指標(EI)之世界排名、專利申請與核准數及專利在美國之排名、技術密集產品占製造業之百分比、技術能力與技術開發能力等。

➢科技管理‧賴士葆‧陳松柏

science-tech development of entreprenurial mode
興業型科技發展型態

依各國政府科技行政組織的指導功能、科技發展策略構想、民間與政府在科技發展的角色比重及重點發展產業等各方面加以比較，可將科技發展的型態歸類為規劃型與興業型兩種。

自由經濟的國家傾向於興業型，其特色為：強調市場機能的運用、鼓勵民間企業自由發展，沒有明確的科技發展的方向或重點產業，政府各部門的研發(R&D)資源大都投入在國防科技、海洋、太空、污染防治等有關公共財。

➢科技管理‧賴士葆‧陳松柏

science-tech development of planning mode　規劃型科技發展型態

傾向於計畫經濟的國家屬之，政府扮演著火車頭的角色，希望能引導、帶動全國的科技發展，極端的規劃型國家如韓國。

其特色為：政府對於未來科技發展的方向，制定有明確的目標及執行方案與程序，對於

社會的人力、教育資源也儘量能加以配合，此外，並制定各種獎勵、租稅、減免等措施，鼓勵民間配合整體的科技發展方向。

➢科技管理‧賴士葆‧陳松柏

science-tech development policy tools　科技發展政策工具

一個國家的政府，為促進、誘導、激勵該國的科技發展，所採用的一些政策工具，藉以鼓勵民間企業多多投入科技研發工作，以提升整體國家的科技水準與競爭力，科技發展政策工具可分為三類，分別是供給面政策工具、需求面政策工具、環境面政策工具。

➢科技管理‧賴士葆‧陳松柏

science-tech policy　科技政策
❖科学技术政策

根據聯合國教育科學文化組織(UNESCO)的定義，科技政策為「一個國家強化其科學潛力，以達成其綜合開發之目標，和提高其國際地位而建立的組織、制度及執行方法」。我國科技政策之形成，大致以「科學技術發展方案修正案」、「加強培育及延攬高級科技人才方案」等二方案，及行政院科技顧問會議、全國科技會議二項會議等為主體。

➢科技管理‧賴士葆‧陳松柏

scientific management　科學管理
❖科学管理

並不是一個廣泛而完整的理論體系，而代表一種觀點：藉由規劃、標準化及客觀分析等方法以增加人們工作效率，而非聽由工人或領班隨自己喜好以決定工作。科學管理就是以科學方法，研究管理的問題；以科學的原

S

則，應用於管理工作。科學管理的要素為人員(men)、金錢(money)、方法(method)、機器(machine)、物料(material)、市場(market)及工作精神(morale)，即所謂七個 M，凡與此七個 M 有關的課題，均屬科學管理的範圍。配合各生產要素，藉以增加效率，減低產品成本。

1911 年，泰勒(Frederick Tarylor)開始提倡科學管理，在《科學管理原則》中所述：「科學管理是用科學的原則來判斷事務，以代替個人隨意判斷；用科學的方法，選擇工人、訓練工人，以代替工人自由願意工作的辦法。故其效率提高，而成本降低。」

可見，科學管理則是以科學方法的「觀察、分析、綜合、證實」來執行管理的五項功能「計畫、組織、指揮、協調、控制」。

➢生產管理·張保隆

➢策略管理·司徒達賢

scientific management school
科學管理學派　❖科學管理学派

屬於古典管理(classic management)學派之一。發展背景為工業革命後的大量生產時期，此一學派主要強調廠區中生產線上之工作（藍領階級之工作）可以被科學化地研究，例如：泰勒(Frederick Taylor)的時間研究與科學管理四原則便認為，可透過科學方法分析與組合工作的每一要素，以使得工作的效率與生產力極大化，來取代以往的經驗法則。吉爾柏斯夫婦(Frank & Lillian Gilbreth)發展動作研究，透過觀察和分析，將個人於工作中的所有動作重新設計組合，以使工作更有效率；甘特(Henry Gantt)則是發展薪資激勵方案與生產圖表系統（甘特圖）。本學派代表

一種封閉系統觀點，認為組織與外在環境彼此間是不存在互動關係的。

➢組織理論·徐木蘭

scope economies　範疇經濟
❖➊范围经济　➋视界经济

當多樣的產品一起生產與銷售的成本，較個別種類相同數量產品的生產與銷售的成本為低時，即存在著「範疇經濟」。（參閱economies of scope）

➢策略管理·司徒達賢

scrap and rework　報廢與重工（重做）
❖废旧与返修

係指已產生缺陷或不合格的原物料或零組件，這些不良品已無法重新加工、修理，或雖可重工但卻不符合經濟效益，在這樣的情況下應予放棄之。重工係指將有缺陷的原物料、零組件或最終產品等重新加工，使其回到正常或可再使用狀態。不過，無論是報廢或重工皆使生產成本因而增加，因此，管理者應避免此兩種情形發生。

➢生產管理·林能白

search engine　搜尋引擎　❖搜索引擎

在網際網路上，分散在各地的資料量非常龐大。要在這些龐大的文件量中，尋找到想要的資料，非常的困難。搜尋引擎的功用就在於，一個電腦的所有檔案中、或是網路上多個電腦的檔案中，利用文字或其他的屬性，把所想要找的資料找出來的軟體。

➢資訊管理·范錚強

secondary market ❶次級市場
❷證券流通市場 ❖二級市場

買賣現有已流通在外證券的金融市場，與初級市場相對。

➣財務管理・劉維琪

secondary storage 次級記憶
❖二級存儲器

相對而言比較長期而不會激烈變動的大量資料，可儲存在次級記憶中。磁碟和光碟都是次級記憶的例子。次級記憶通常比主記憶容量大得多，但是速度也相對慢很多。

➣資訊管理・范錚強

secure electronic transaction (SET)
SET－安全電子交易 ❖安全电子交易

一組依賴加密解密的通訊協定，來確保能在網際網路上安全地傳遞信用卡付款資料。該協定由 Visa, MasterCard, Netscape, Microsoft 等公司聯合開發，可能成為未來企業對消費者電子商務的主要安全付款機制。

➣資訊管理・范錚強

secure socket layer (SSL) 安全插座層
❖安全插槽层

一套特殊的通訊協定，讓網頁瀏覽器和網頁伺服器之間能透過加密的機制來保障線上作業的安全。該協定的設計對瀏覽器的用戶來說是透明的，意思是說，使用者不需要清楚的了解該協定正在運作，也能受到保護。

➣資訊管理・范錚強

secured loan 有擔保貸款

需提供擔保品，銀行才肯借錢的一種貸款。

銀行為保障自身權益，對於一些財務體質欠佳的公司或借款人，通常會要求他們提供擔保品，才肯借錢給他們或降低貸款的利率。可作為貸款的擔保品包括股票與債券等有價證券、土地、建築物、設備、存貨，以及應收帳款等資產。其中，公司大都以應收帳款與存貨作為有擔保貸款的擔保品。

➣財務管理・劉維琪

securities and exchange commission (SEC) ❶美國證券管理委員會
❷美國證券交易委員會 ❖证券管理委员会

管理證券發行與交易的政府機構。美國在 1934 年根據證券交易法成立了證券管理委員會，委員會設於華盛頓，另在其他主要城市設有辦事處。

委員會下置：

1.交易組。

2.法律組。

3.申報組等部門。

在我國，亦有類似的政府機構——證券管理委員會，係以監督管理證券發行與流通市場為其主要職責。

➣財務管理・劉維琪

security market line (SML)
證券市場線 ❖证券市场线

對某一資產（如證券）的系統風險與報酬，以某一種模型（如資本資產訂價模式 CAPM）進行分析時，可得一線性關係，稱為證券市場線（參閱圖五十，頁 354）。

圖中，A 點位於 SML 的下方，代表在 β_A 的系統風險下，證券 A 所提供的期望報酬率偏低，此意味證券 A 價格被高估；同理，B

點位於 SML 的上方，代表證券 B 的價格被低估。另外，證券市場線的斜率等於市場風險溢酬，可用以反映一般投資人的風險迴避程度。

≫財務管理・劉維琪

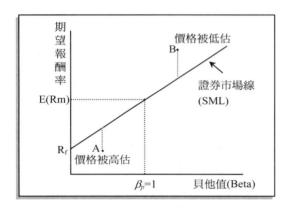

圖五一　證券市場線

資料來源：Richard A. Brealey & Stewart C. Myers (2002), *Principles of Corporate Finance*, McGraw-Hill, Inc, p.198。

segmentability　區隔性

有效區隔市場的條件，必須符合幾個特性：可衡量性(measurable)、足量性(substantial)、可接近性(accessible)、可區別性(differentiable)、可行動性(actionable)。

≫行銷管理・翁景民

segmentation　區隔　❖市場区分

一般用於市場區隔。指消費者的需求和消費行為有差異，因而在企業行銷規劃分析過程中，必須確認不同顧客群的需求、偏好和產品消費等相關行為，並且從許多顧客群當中進行評估，挑選目標市場，再將行銷資源投入其中。

≫策略管理・司徒達賢

selection　❶遴選　❷甄選

在組織既定目標下，配合業務需要，選用具有潛能人員貢獻組織；其重視的是採取適當方法測知應徵者之人格、態度及能耐是否合乎工作要求。遴選工作涉及直線單位與人事幕僚之協調，必須注意溝通；而遴選程序因階層不同，方式亦宜調整；遴選方法顧及科學性與人性面，標準應有彈性。另外吾人必須體認，既是選用潛能人員，應是「未來導向」，而非「現用主義」，因此應有教育訓練、晉用、生涯規劃等後續作業搭配之，以求相輔相成，確實發揮功效。

≫人力資源・吳秉恩

selective distribution　選擇式配銷
❖選擇性分銷

介於密集配銷與獨家配銷兩極端之間的中間商配銷型態。選擇性配銷使用的中間商數目多於一，但比所有願意經銷某特定商品的中間商數目少。

≫行銷管理・翁景民

selective perception　選擇性知覺
❖選擇性感知

當個體面對眾多刺激時，由於其認知能力的限制，無法一次處理所有的刺激，或不可能注意到所有的刺激，只能讓一部分的刺激進入其知覺系統中，絕大部分會被忽略掉。這樣的行為，大多發生在無意識狀況下，它促使個體基於自身的需求、經驗背景及個人特質，選擇性的知覺、解讀訊息。換言之，人們會選擇性地展露於一些刺激之前：

1.人多半會注意與其最近的需要有關的刺激。
2.人多半會注意到他們期待的刺激。

3.人多半會注意改變幅度大於正常狀況的
　刺激。

➤行銷管理・翁景民

➤組織理論・黃光國

self-analysis　自我分析

企業在進行策略發展時所做的內部分析，包括績效分析與策略選擇的判定。績效分析又涵蓋了獲利率、銷售量、股東價值分析、顧客滿意度、產品或服務的品質、品牌與企業的連結、相對成本、新產品活動、員工能力與績效、產品組合分析等。策略選擇的判定包括過去與現在的策略、策略問題、組織的能力與限制、財務資源與限制、優勢與劣勢等。

➤策略管理・吳思華

self-appraisal　自我考評　❖自我评价

是眾多績效考評方式中的一種，其做法是由受評人先自行說明工作成果，據實填列，以做為考評人評核時之參考。部分企業亦採受評人自評分數之做法，惟就心理學之歸因現象，自我評分雖有其意義，然造成之負面性亦不能不防患。

➤人力資源・吳秉恩

self concept　自我觀念　❖自我意识

描述我們如何看我們自己以及認為別人如何看我們，此理論認為人會選擇符合其自我觀念的產品及品牌。但人們至少會有兩種自我觀念：他們真實的自我觀念（人認為自己如何）跟他們理想中的自我觀念（人希望自己如何）。

➤行銷管理・翁景民

self-efficacy　❶自我效能　❷自信心

個人相信自己有能力克服各種挑戰圓滿達成任務。越有自信的人，愈確定自己有能力完成任務。在面臨困難的時候，自信心低的人較可能退縮甚或放棄，而自信心高的人，則會盡力克服艱難。

➤人力資源・黃國隆

self-esteem　自尊

指個人對自身與自我價值的評價或信念。個人對自我價值的評量愈高，或愈有正向的信念，愈能表達與接受情感、設定較高的成就目標、以及愈願意努力以達成目標。同時，也愈勇於尋求更高職位的工作，與承擔更多的風險。自尊亦是個體欣賞或討厭自己的程度。例如：有人非常欣賞自己，而亦有人卻常怨天尤人。

➤組織理論・黃光國

➤人力資源・黃國隆

self-fulfilling prophecy　自驗預言

個人對他人不當知覺的一種現象，以個人自己產生對他人的期望來描述他人的行為，而非依據行為事實來描述行為。而這對他人的期望，則肇因於此個人對他人的最初知覺。例如：管理者期望某甲能做大事，則他不希望某甲令他失望。

➤人力資源・黃國隆

self-managed teams　自我管理團隊
❖❶自我管理型团队　❷自我管理的团队

由正式員工組成的群體，是達成群體工作效率和有效性的方法。個人與群體練習自我控制，以達成可接受的績效水準，意即不需要

S

管理者的指揮，個人或群體就能致力於必要的行動。自我管理團隊可自行編排工作日程、建立利潤目標、雇用和解雇成員、訂購物料、改善品質和設計策略等。通常由三人至三十人組成。當工作涵蓋三個人（或以上），且具高度相互依賴性時，是相當可以運用的方式。

➢策略管理‧司徒達賢

self-managed work team
自我管理工作團隊

是一個被授予對日常管理工作有自行決定權的小團體。此團隊的自行決定權包括就工作進度安排、任務分配、工作技能訓練、績效評估、新團隊成員挑選、及控制工作品質等。同時自我管理工作團隊的所有成員要共同對該團隊之整體績效的表現負責任。

➢人力資源‧黃國隆

self-organizing　自我組織小組

企業組織中能夠創造個人自主性環境的有力工具，這個小組應是跨部門的組織，由不同部門及任務的人組成，自動設定任務範圍，日本企業常使用這類小組從事創新的工作。其原創性的觀念及具有自主性個人身上擴散到小組之間，成為組織的觀念。

➢科技管理‧李仁芳

semantic differential　語意差異法

涉及設定一組屬性尺度(attribute scales)，每一項屬性由一對雙極的形容詞來定義。

➢行銷管理‧翁景民

semi strong form efficiency
半強式效率性

一種市場效率性。指目前的證券價格，能充分反應所有已公開的各種資訊。因此，在一個具有半強式效率性的市場中，投資人無法藉由閱讀公司所提供的年度報告或任何已出版的刊物，來賺取超常報酬。

➢財務管理‧劉維琪

sensitivity analysis　敏感性分析

分析最佳解對各個參數的敏感程度。其主要目的在找出敏感參數，因為這些參數的些微變化，會使最佳解改變。在財務管理上，敏感性分析常用來評估投資專案的風險。藉由敏感性分析可以了解：在其他條件不變的情況下，當某一投入變數發生變化時，投資專案的淨現值隨其改變的程度。

➢財務管理‧劉維琪

sensitivity training　敏感度訓練
❖敏感性訓練

推動組織發展的一種技術，是一種經由非結構性的團體互動方式，來改變行為的訓練法。在一個自由而開放的環境下，參加成員集合在一起，由一位專業的行為學家在旁引導，討論他們彼此之間的互動過程。其宗旨在於使參加者知覺到自己對別人的看法，別人對自己的看法，以及了解整個團體互動的程序。

➢組織理論‧黃光國

sequencing　排序　❖順序編排

參閱 scheduling。

➢生產管理‧張保隆

sequential engineering 循序工程

相對於同步工程而言,在新產品開發過程中,是指在研發部門將設計藍圖移交給製造部門時,先完成所有設計與開發工作,從產品構想產品設計→製造設計→原型設計→製造工程→量產製造等每一階段工作,逐步進行產品開發的工作,在這種傳統循序階段式的開發方式下,會使得新產品的資訊流失,設計產品缺乏易製性。

➤科技管理・賴士葆・陳松柏

sequential file organization
循序檔案組織   ❖順序文件组织

一種儲存資料記錄的方式。循序檔案中的記錄,無法隨機讀取,其讀取的先後順序,只能和寫入時相同。

➤資訊管理・范錚強

sequential interdependence
循序依賴性

一團體依賴另一團體為其投入,而這種依賴只是單向關係。例如:公司內的採購部門與製造部門,後者依賴前者,當採購部門所採買的零件不合乎水準時,那麼製造部門將受到很大的影響,可能必須延緩或暫停製造。

➤策略管理・司徒達賢

serialized interview 系列式面談

指應徵者接受多位主試人員之訪談(但非同時),如此可做為相互比較訪談結果之異同,且可減少單一位主試者之主觀,可增加面談之效度。

➤人力資源・吳秉恩

served market 服務的市場

一個公司的服務市場是指那些公司產品可及並可吸引到的所有購買者。

➤行銷管理・翁景民

server 伺服器   ❖服务器

在主從架構中,儲存共用資料,並執行很多特殊軟體來提供網路上的其他用戶端各種的共享服務。伺服器的種類不勝枚舉,如檔案伺服器、印表伺服器、郵遞伺服器、網頁伺服器、資料庫伺服器、通訊伺服器……等。

➤資訊管理・范錚強

server architecture 主從架構
❖❶主从结构   ❷客户服务器结构

參閱 client。

➤資訊管理・梁定澎

services 服務

服務是透過為他人提供勞務的方式,來獲取利益。服務具有無形、易逝、多樣、同時等特性,可以透過直接銷售、透過有形產品、或附帶於商品購買的無形活動等三種途徑,加以提供。換言之,服務就是一方能提供另一方本質是無形且不涉及所有權的行動與表現。服務遞送的過程不一定有實際產品的存在。在行銷管理上,服務包括可銷售的活動、利益或滿足;例如:理髮、修車等。

在人資管理上,服務屬員工福利的一種,對個別員工而言,大多是指較難以金錢價值衡量或表示的事物,例如:運動健身設施、旅遊康樂活動、書報雜誌、午茶點心等。其目的亦在改善員工工作生活、促進員工身心健

康，進而提高員工士氣與生產力。（參閱 product, PQRST）

➢行銷管理・翁景民

➢策略管理・吳思華

➢人力資源・吳秉恩

service facilities 服務設施 ❖服務設備

服務系統與生產系統之差異在於前者包含更多「人」及「無形」因素的考量，故服務系統的設計與管理較為複雜。如生產系統為提升內部作業的效率，常會以節省人力作為決策依歸。但在服務系統中，雖然也可以節省服務人員的使用，以達到作業效率化之目的，但節省人力的同時，必然會造成顧客等候情形，因而降低了服務水準與品質。（參閱 service system）

➢生產管理・張保隆

service system 服務系統 ❖服務系統

其設計所強調在於提供顧客服務的系統，包含了設計、規劃、作業及控制等功能。目的是將服務資源作最好之配合，以設計滿足顧客需要及高生產力的服務系統。其中服務設施便是其中之一，所謂服務設施為幫助服務的進行及製造更好的服務氣氛，其所需要的服務環境、設施與設備。其不但是業者服務品質的重要來源，也攸關業者是否能吸引顧客駐足停留，故服務設施一向是業者極為關注的系統設計功能。

➢生產管理・張保隆

set-top box 機上轉接盒 ❖机顶盒

一種用以接收或轉換數位訊號的設備。提供解壓縮、網際網路瀏覽、解密收費及交互控制的功能。負責整個家庭網路的接取，包括數位電視、數據傳送和 Internet 等。電視可經由機上轉接盒，收看解密收費的有線電視頻道、數位電視節目，並成為可連上網際網路獲取其他資訊的工具。

➢資訊管理・范錚強

set-up 整備 ❖❶工裝調整 ❷准结

係指在製程中，進行工具、作業基準等各項裝設、準備、調整或清理歸位以利下一工件生產等活動，整備時間為生產管理績效的關鍵影響因素之一，為提升生產績效，必須縮短整備時間與整備次數，並實質降低整備成本，在剛好及時生產系統(JIT)中強調零整備，或儘量將外部整備(external setup)作業轉換為不需停機的內部整備(internal setup)作業。

➢生產管理・林能白

severance pay ❶遣散費 ❷資遣費

指公司給予終止雇用契約人員的財務性支付，其支付依據包括：服務年資、離職時位階，以及雇用契約終止的原因等。依現行勞基法規定，通常依每滿一年，發給相當於一個月平均工資之遣散費；工作未滿一年者，以比例計給之。

➢人力資源・吳秉恩

shaping 行為塑造

經由操作制約原理以連續漸進法(successive approximation method)進行學習，以建立個體新行為的歷程。

➢人力資源・黃國隆

shared human resource management　分享式人力資源管理

重視組織「內外一致、上下和諧、勞資合作及職能協力」的人力資源管理新興觀點，是繼近年來強調提升組織內人力資源決策參與層級的「策略性人力資源管理」觀點之後，將日漸受到關注的人力資源管理議題。亦即所謂分享，兼顧人力管理與策略目標「同步思考」；注重勞資之「和諧同樂」以及職能部門之「協力合作」。

➢人力資源・吳秉恩

shareholder(s)　股東

指持有股份有限公司股份的人，並成為該公司成員之一。股東根據公司的章程享有股東的權利，得以參加公司股東大會的投資人，並有權在大會中投票選舉董事。大股東可以左右董事的人選，在董事會裏代表他的利益。

➢策略管理・吳思華

sharing tacit knowledge　分享內隱知識

內隱知識主要透過經驗取得，較無法訴諸語言，故個人必須分享情緒感覺及心智模式建立互信，利用行動、邊做邊學、師徒式教導分享無法以文字或口語表達的知識以求共同化。

➢科技管理・李仁芳

shop floor control (SFC)　現場監控
❖车间现场控制

此一名詞目前已被「生產活動管制」一詞所取代。（參閱 production activity control）

➢生產管理・張保隆

shop order　工令
❖❶生产命令　❷任务命令单

參閱 manufacturing order。

➢生產管理・張保隆

shopping center　購物中心

通常由一或兩家大型的賣場(anchor store)，如：SOGO等，再加上許多的小商店組合而成。購物中心吸引人的地方在於有充足的停車位、可一次購足的特性及有娛樂設施。

➢行銷管理・翁景民

shopping product　選購品

消費這類商品的顧客在選擇與購買的過程中，會比較產品的適用性、品質、價格和樣式；例如：家具、衣服等，消費者通常願意多跑幾家，了解可購買到的產品，以做正確的選擇。

➢行銷管理・翁景民

short selling　賣空　❖卖空

出售他人證券，並在未來某特定時日，自市場中買回該證券，以歸還原持有人。在國內有類似的行為，稱為融券，係指繳納一定成數的保證金，向綜合證券商或證券金融公司借入股票出售，然後在一定期限內，再買入補還。

➢財務管理・劉維琪

shortage cost　❶缺貨成本　❷短缺成本
❖缺货成本

參閱 stockout cost。

➢生產管理・林能白

shortest processing time (SPT)
最短處理時間

參閱 earliest due date。

➤生產管理・張保隆

SIC codes　標準產業編碼　❖行业分类标准

標準產業分類碼(standard industrial classification)四碼。用以將產業分群有助於蒐集、分析資料、製表等。許多政府學術單位用此分類進行調查，以制訂政策。

➤策略管理・司徒達賢

sight draft　❶見票即付匯票　❷即期票據

一種商業匯票。該匯票在進貨者簽名承兌，並且附上提貨單據後，銀行就會從進貨者存款帳戶中，提出一筆金額等於票面所載金額的資金給售貨者。

➤財務管理・劉維琪

signature skill　招牌技巧

指人們偏好用來界定自己的職業能力，亦即為人們所偏愛的工作類型、認知方式以及偏愛的執行工作方式，三者互動的自然結果。人們在解決問題時會逐漸嫻熟於某些特定方法，人們更可能對自己的思考模式或處理問題的方式，產生感情上的執著，並培養出所謂的招牌技巧（參閱圖五二）。

➤科技管理・李仁芳

similarity　類似心理

績效考評偏失的一種，其乃指考評人對其心態或特質相同者（例如：宗教信仰、業餘嗜好、價值觀念……等），有深獲我心之態，而給予較高評價，此種類聚現象將容易使考

評失真。

➤人力資源・吳秉恩

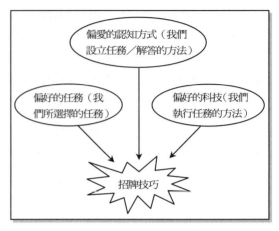

圖五二　招牌技巧的結構圖

資料來源：Dorothy Leonard-Barton (1998)，《知識創新之泉》，遠流出版社，頁 91。

simple EPS　❶單純每股盈餘　❷簡單每股盈餘

其值等於可供分配給普通股股東的盈餘除以實際流通在外股數，或稱簡單每股盈餘。其中，可分配給普通股股東的盈餘等於本期純益減掉特別股股利。（參閱 primary EPS, fully diluted EPS）

➤財務管理・劉維琪

simple interest　單利　❖单利

每期利息之計算如以原始本金為基礎，利息不滾入本金再生利息，稱為單利。與複利相對，複利是利息再滾入本金再生利息。

➤財務管理・劉維琪

simple structure　❶簡單式結構　❷扁平式組織　❸U 型組織

此種組織結構的層級極少，部門數目甚少或

不確定、分工程度簡單（複雜度低），因此組織結構較為扁平，組織內正式工作程序或規章不多見，因此依賴正式溝通管道的程度偏低（正式性低）。

由高階主管集權控制，且所有權與經營權不分（集權化高）。此種組織適用於單純但動態的經營環境。此類組織通常規模小、年輕、技術不甚成熟、缺乏技術幕僚，但其營運成本低、反應速度快、極具彈性，然而當業務規模急遽增加時，將變得無法因應，台灣地區許多的中小企業之結構即屬此類。

≫組織理論・徐木蘭

simulated test marketing　模擬試銷

通常會選取一些符合樣本資格的購買者，問他們在特定產品類別中的品牌熟悉度及偏好。他們會看到許多產品，包括試銷品的廣告。這些購買者可以到店裏去買這個產品類別的任一品牌而不用花錢。公司會記錄多少購買者買了新產品及競爭品牌的東西。這可以測試試銷前的廣告有效性。公司會詢問購買者為何買或為何不買此產品的原因。然後再送給那些沒有購買自己品牌的購買者免費試用品。最後這些有試用品的購買者會再被訪問他們對產品屬性、使用、滿意度等問題。

≫行銷管理・翁景民

single minute exchange of die (SMED)　單分鐘換模

由日本新鄉重夫(Shigeo Shingo)所發展出的觀念，意指換模時間不得超過十分鐘，它是降低在製品存貨的重要手段，其優點除有效縮短各生產作業的整備時間外，並可使生產批量減少、零組件使用趨於平穩，且有較大

生產彈性以配合市場需求。（參閱 set up, single-digit setup）

≫生產管理・林能白

single unit production and transport
單位生產與運送　❖单件生产与运输

由於傳統生產方式是以批量為主，其流程中各作業站供應的零件或半成品是以整批為單位，而流程型生產的觀念為製造方式為以物件的個數（單位）為主，一個單位之加工以一個單位的運送，因此在生產線上不會出現暫存的在製品，其主要目的是將各製程間存在的在製品清除，以確立工廠內流程順暢，避免庫存及等待的現場，單位生產與運送為剛好及時或豐田生產系統的特性之一。

≫生產管理・張保隆

single-digit setup　個位數字整備

係指製程生產的各項工具、設備等的整備時間僅能一位數字不能超過二位數，亦即個位數字整備指整備時間最長為九分鐘。（參閱 set-up, single minute exchange of die）

≫生產管理・林能白

sinking fund　償債基金　❖偿债基金

指逐期提存一定基金，專戶存儲，複利生息，其本利和之累積值，迨債券到期日，恰可一次償還債券面值。此種專為償債而設置之基金，即稱償債基金。

≫財務管理・劉維琪

situational interview　情境式面談

係先以工作分析獲得標的職位工作內容上的重要事件，而後根據這些事件編成結構式面

談問卷，面談時即以這些問題詢問應徵者。由於這些問題的「標準答案」（或是被認為較好的答案）已事先由相關主管擬妥，並賦予不同的評分，因此主試者即能依據這些標準，給予應徵者客觀的評分。一般認為此種面談方式的信度、效度皆頗高。

➢人力資源・吳秉恩

situational involvement　情境涉入

購買過程的情境、產品的使用情境、產品的促銷情境、觀眾觀看廣告時的特殊情境這些因素都會影響涉入的程度。而廣告訊息涉入就類似情境涉入。

➢行銷管理・翁景民

situational leadership theory
情境領導理論

領導的成功與否，端視領導者是否能依照被領導者的成熟度，來選擇其領導方式。成熟度分為能力與意願兩個向度；同時領導也可分為工作行為以及關係行為兩個向度。舉例而言，當被領導者有能力卻無意願處理任務時，以用參與式（低工作、高關係）的方式來領導，將會有最好的成效。

➢組織理論・黃光國

skill-based pay plans　技能本位計酬方案

一種根據員工的知識範圍，及精通與業務相關技能的數量作為衡量薪資的計酬方案，因此這種制度較適用於工廠操作員、技術員、或是工作或職務能夠被明確定義的員工。

➢人力資源・黃國隆

skimming price policy　吸脂定價政策
❖取脂策略

有些廠商偏愛設定高價格來榨取市場。杜邦就是高價吸脂策略的實踐者。該公司設定的價格使某些市場區隔覺得值得採用新原料，一旦銷售減緩，它就降價以吸引下一層價格敏感的顧客。如此，杜邦就從不同市場中囊括最多的利益。高價吸脂策略要奏效，需具備以下條件：

1. 目前市場需求的顧客量足。
2. 小量生產的單位成本不至比量產時的成本高很多。
3. 高價並不會吸引競爭蜂擁而至。
4. 高價易傳達較佳的品質形象。

➢行銷管理・翁景民

slacking strategy　寬鬆策略

寬鬆的含意在資源上，意指企業現有資源超出維持正常運作且有效率營運所必要的程度。寬裕的資源可能包括過剩的員工、剩餘的產能、以及多餘的資金。採取寬鬆策略的企業面臨市場機會來臨之時，較有本錢去掌握。

➢策略管理・司徒達賢

slotting allowance　上架費　❖貨位津貼

製造商會提供各種中間商促銷活動工具來說服零售商或批發商承銷該品牌。而上架費就是因為貨架空間有限，因此製造商提供折扣給中間商，來爭取上貨架，或可以在貨架上繼續銷售。

➢行銷管理・翁景民

small office　小型或家庭辦公室

由一個或少數人成立的小型工作室。這種工作方式尤其常見於音樂、文字、服裝設計、美工設計及電腦相關行業。

➢資訊管理・范錚強

smart card　❶智慧卡　❷IC卡　❖智能卡

一種嵌入晶片的塑膠卡片。具有記憶、運算、統計及處理資料的功能。可結合多種領域的應用：包含家庭銀行、電子商務、電子數位簽章、數位貨幣、儲值卡、金鑰儲存、金融服務、大哥大……等。

➢資訊管理・范錚強

simple muliti-attribute rating technique (SMART)
簡易多屬性評等技術

可用在不同技術的評估與選擇。簡易多屬性評等技術係假設決策者在選擇方案時，必須考慮多種不同定量與定性的屬性，而這些屬性在決策者心目中之價值，可經由一定的方法予以找出，同時，這些屬性的相對權重亦可決定，當找出了決策者對這些屬性的價值函數與相對權重後，相當於得到決策者偏好的尺度，而藉由此一尺度來評估不同的方案。

➢科技管理・賴士葆・陳松柏

snake diagram　蛇形圖

在問卷中將受訪者的各題答案用線連接起來，形狀看起來很像蛇，可較清晰地表現各受訪者的差異。

➢行銷管理・翁景民

snowball sample　雪球抽樣

是非機率抽樣法的一種，通常用於調查特殊母體時使用。例如：同性戀調查，通常先找到幾個同志，再由他們介紹其他人來受訪，進而找到更多的同志。

➢行銷管理・翁景民

social class　社會階層

是一個社會中相對同質且持久的分類，且有階級順序，相同階層內的人有相同的價值觀、興趣與行為。

➢行銷管理・翁景民

social comparison theories
社會比較理論

為亞當與懷克(Adam & Weick)所提出，指個人感覺自己是否受到公平對待，是和他人比較後的結果。個人會比較他人與自己的投入與所獲得回報之間的差異，而計算某種社會關係的價值。

➢組織理論・黃光國

social exchange　社會交換
❖❶社会交換　❷社会交流

指個人或組織之間基於非言明的條件，透過彼此的互動得到應有之有形與無形的報償。社會交換由於無強制性要求受益者回饋，因此雙方的義務模糊難以界定。

➢策略管理・司徒達賢

social exchange perspective
社會交換觀點

係假設交換雙方的任一方（甲方），預期對另一方（乙方）以那種互動行為來表現，端賴

任一方（甲方）對另一方（乙方）關係的成本報酬之評估而定。例如：甲方心目中想對乙方不友善，占乙方的便宜，但又深怕被乙方發現，破壞了甲乙雙方的關係，如此所造成的成本損失很大的話，甲方還是會對乙方繼續友善。此觀念可用在維護雙方長期合作關係，例如：技術移轉。

➤科技管理・賴士葆・陳松柏

social facilitation effect　社會助長作用

指在團體任務執行中，如果不能有效且正確地衡量出每個成員的貢獻程度，則個體就會降低其努力水準的傾向。

➤人力資源・黃國隆

social-information-processing model
社會訊息處理模式

此理論認為：個人對外在事物的感受，源自於主觀建構的事實，而非客觀的事實，因此社會訊息的狀態會影響個人的主觀知覺。社會環境對於個人對其工作的影響有四：

1. 員工的社會環境會提供員工如何描述其工作的線索。
2. 同時提供如何評價這些線索。
3. 以及提供同事以往如何評量這些線索。
4. 同時社會情境亦提供對工作環境的直接評價，讓員工自行建構或解釋他所處的環境。

➤組織理論・黃光國

social learning theory　社會學習理論

指人可經由觀察或直接的經驗而產生學習的理論。個人除了自身的直接經驗外，亦可透過觀察別人的境遇，或他人的告知，產生學習作用。換言之，個人會經由認知、行為、

及環境的交互影響，而學習到某種行為。個人注意到需要學習的事物後，會記憶其相關訊息，並將記憶的訊息轉成外顯的行動或行為。因此，個人可以經由模仿其他的角色模範，觀察他人的行為，獲得行為與結果的連結，並不需要有實際經驗。

此理論的重點在於個人的學習對象對其個人的影響過程。可經由以下四個階段，了解學習對象對個人影響力的高低：

1. 注意階段。
2. 記憶階段。
3. 自動模仿階段。
4. 強化階段。

➤組織理論・黃光國
➤人力資源・黃國隆

social loafing　社會性懈怠

指人們在團體中工作的賣力程度，會比個人獨自工作時來得低，其原因為：個人在團體中的貢獻較不顯著；另外就是寧可別人來承擔工作負擔。這是一種團體互動中所產生「混水摸魚」的現象。

➤人力資源・黃國隆

social loafing effect　社會賦閒效果

德國心理學家林格曼(Ringelmann)在實驗中所發現的團體現象。個人在團體內工作，當個人的努力無法衡量出來時，整個團體的效率會低於每個人獨自進行工作時效率的總和，而團體的規模愈大，個體努力降低的程度愈大。

➤組織理論・黃光國

S

social marketing　社會行銷

組織的任務是在於決定目標市場的需要與慾望，並且在保存或增進消費者和社會的福利下，設法調整其組織，以採用比競爭者更有效率，更合乎效能的方法，將滿足帶給目標市場。

≻行銷管理・翁景民

social norm　社會規範

指對團體成員應該要表現出之行為的一種觀念或信念。此規範被視為一種團體行為的規定或標準，有助於澄清他人對團體中某一成員的期望。它能讓團體成員去建構自己的行為及預測他人的行為，能幫助成員對團體大方向的基本概念，並強化團體所欲建立的文化。

≻人力資源・黃國隆

social orientation　社會取向

指人與人之間互動之過程所引導衍生的一套特定行為模式與價值觀。

≻人力資源・黃國隆

social perception　社會知覺

指個體查覺到的別人行為或社會事物存在的含義，從而表現出自己的對應行為。

≻人力資源・黃國隆

social psychology　社會心理學

研究社會互動和人類相互影響的方式，乃心理學的一個分支學科，其概念來自心理學和社會學兩方面。研究焦點主要在於人際之間彼此的影響上。

≻人力資源・黃國隆

social responsibility　社會責任

❖社会责任

有三種意義：可連成連續性的光譜。

1. 社會義務(social obligation)：強調組織在經濟上與法律上的責任。
2. 社會反應(social reaction)：強調組織在經濟上、法律上和社會上的責任。
3. 社會回應(social responsiveness)：強調組織在經濟上、法律上社會上和人權上的責任。

≻策略管理・司徒達賢

social responsibility of marketing　行銷的社會責任

近年來，因為環境惡化、飢餓及貧窮問題等，許多人在質疑行銷觀念是否唯一適當的哲學。公司滿足個人需要，是否也應為消費者及社會的長期利益考量。因此，行銷觀念被注入新的思維，此新觀念認為行銷政策也應考量到社會公益的角度。

≻行銷管理・翁景民

socialization　❶社會化　❷共同化

在組織中，如學校、公司等，將共有價值觀、處事的方法等灌輸給組織成員的過程。組織或同事試圖以某種公然或隱匿的壓力，施加在員工身上，用以形塑出所欲求的員工行為。大致可分為三個階段：

1. 期待時期：員工進入組織前，對組織的了解。
2. 接觸時期：進入組織後的每日互動。
3. 改變與接受：發展出與同事一致的價值觀和行為模式。

面對社會化的個人反向力量即為個人化(individualization)，這兩種力量交互影響，即反應在個人的工作行為上。社會化指設立於

互動的過程中，藉由分享經驗從而達到創造內隱知識的過程，心智模式和技術性技巧的分享亦屬同一類，個人可以利用方法不透過語言自他人處習得內隱知識（參閱圖二十、二一，頁131）。

➢行銷管理‧翁景民

➢組織理論‧黃光國

➢科技管理‧李仁芳

sociocultural forces　社會文化力量

制定策略與分析總體環境時，需將社會與文化的變化納入考量。

➢策略管理‧司徒達賢

sociology　社會學

處理文明社會中的團體生活和社會組織的科學，屬於社會科學或行為科學的學門之一。就組織行為的領域而言，社會學家的貢獻包括團體動力、組織文化、形式組織的理論與結構、科層組織、溝通、階級地位、權力及衝突等。

➢人力資源‧黃國隆

sociotechnical design　社會技術系統設計

一種基於人性化組織管理的社會技術理論，所進行的系統設計方式。此種設計將人、技術及其間的互動一併考慮，由被影響的員工代表和系統設計者共同參與，完成設計，以同時達成技術上有效率，而又能同時造成員工高滿意度的解決方案。

➢資訊管理‧范錚強

socio-technical learning and developmental process　社會技術學習發展程序

應用在技術移轉的過程，雙方除了經濟面的考慮外，還需加上社會文化面、及組織學習發展過程，才能將技術深植於接受者之組織內。因為技術移轉是一種長期存續的合作過程，技術能力是透過組織學習、吸收、累積、演化逐漸培養產生的，技術移轉程序，對於接受者而言，必須透過社會技術學習發展程序來形成自己的技術能力。

➢科技管理‧賴士葆‧陳松柏

soft automation　軟體自動化　❖软件自动化

指當一自動機器變換生產不同類型產品時毋需更換機器僅需更改控制生產設備加工動作之加工指令或加工程式者稱之，軟體自動化設備多為可高彈性生產多個產品種類的通用目的設備（CNC 加工設備與 SMT 組裝設備等），且此種設備常存在於批量生產或零工式生產組織中；如彈性製造／組裝系統等。（參閱 hard automation）

➢生產管理‧張保隆

software　軟體　❖软件

電腦運轉所需要的各種程式和資料的總稱，包括作業系統、組合程式、編譯程式、資料庫、本文編輯程式及維護使用手冊等，是電腦系統的重要組成部分。軟體相對於硬體，表示的僅僅是一種思想，必須以某種形式表達，通常儲存在磁帶、磁碟等介質上，有時甚至儲存在唯讀記憶(ROM)中，直接插在電腦的記憶體插座上。

➢資訊管理‧范錚強

software engineering　電腦輔助軟體工程
❖*计算机辅助设计系统*

參閱 computer-assisted system。

➢資訊管理・梁定澎

software metrics　軟體度量　❖*軟件度量*

一種評估軟體品質與複雜性的定量評價技術。度量的目的在於客觀的驗收標準、監控軟體品質及評估軟體開發所需的各種資源。

➢資訊管理・范錚強

software package　套裝軟體　❖*套裝軟件*

由一組具有特定用途或功能程式所組成的集合。例如：用於數位圖像處理的一組應用軟體構成的套裝軟體。為適合特定的需求亦可進行修改或變更。

➢資訊管理・范錚強

software piracy　軟體盜拷　❖*軟件盜拷*

未經版權擁有者授權而私自對軟體進行複製，甚至私自銷售的行為，是一種對知識產權的侵犯，屬違法行為。

➢資訊管理・范錚強

software re-engineering　軟體再工程
❖*軟件再工程*

利用複雜的數學及人工智慧技巧，自動分析並修改原有之軟體程式碼，使其能滿足新的執行需求。軟體再工程可做到部分自動化的要求，減少人工撰寫低創造性、重複性高的程式。

➢資訊管理・范錚強

sole sourcing　唯一供應源

係指某一貨品或服務，通常出於技術上的緣由，必須只能選定某一特定的供應商，由其提供製造所需的全部料件。剛好及時生產系統(JIT)中，對於一般外購物料主張應僅選定一家供應商，以便與其建立密切與長久的供應關係以確保供料的品質與可靠性，不過，唯一供應源較難防止可能產生的弊端。
（參閱 multiple souring）

➢生產管理・林能白

source code　原始程式碼　❖*原始程序碼*

程式師撰寫的原始語言程式碼，用高級語言或指令助記符表示的電腦種式代碼，必須經編譯或組合，形成目標碼才能被執行。

➢資訊管理・范錚強

source inspection　源流檢驗

有鑒於採用抽樣檢驗或 100% 檢驗皆屬事後的控制，而防錯裝置僅將品質控制的時間提前到裝配點，此一作法只能對不良品迅速做適當的回饋與尋找對策。源流檢驗是運用問題解決的方法，尋求不良原因的根源，無論是在機器、材料或作業上，設法在其發生點將不良原因去除，使不良品徹底不再發生。

➢生產管理・張保隆

spam　❶垃圾電子郵件　❷濫發電郵

指未經收件人事先要求或同意，而將一份內容相同的郵件通過電子郵遞，而發出大量電郵訊息或新聞稿件。郵件內容多數是與收信人不相干的商業廣告。由於短時間內寄發大量郵件，常常造成系統負擔過重，導致收信人需花費金錢、時間處理這些垃圾郵件。例

如未經收件人許可而發出的商業電郵訊息、或在多個新聞組張貼相同的新聞稿件。

➢資訊管理‧梁定澎

span of control　控制幅度

❖❶ *掌握幅度*　❷ *管理寬度*

指直接轄屬同一管理人之下的部屬人數。在過去，一般建議控制幅度約為五至七人，當控制幅度過大，主管對下屬工作情況的了解與監控程度亦隨之減弱，但控制幅度過小，表示主管未能執行授權管理、例外管理和重點管理。

如今，對決定最適控制幅度的想法已改變為考慮主管的能力與經驗、考量下屬的能力與經驗、所欲執行工作的本質、空間的差異化、主管所需與部屬互動的數量和型態，另外還要考量其對於整體組織結構的扁平或高聳的影響。

➢策略管理‧司徒達賢

➢組織理論‧徐木蘭

specialist and generalist　專才與通才

專才是精通個別領域知識與技能的專家，而通才則是通曉不同領域知識技能，並能將其加以有效協調整合的人。組織中皆需要這兩種人才，其中通才更需加以培養和蓄積。以人力資源部門為例，基層單位中分別主管招募、任用、訓練、薪資、勞工安全、勞資關係等的人員，通常即是一位專家；而人力資源部門的主管除了負擔該部門各單位的協調、整合等管理職責外，尚需對全組織的營運有一整體性的視野，因此通才的重要性大於專才。

➢人力資源‧吳秉恩

specialty product　特殊品

這類產品有特殊的性質或品牌認定性，使一些購買者會習慣性地願意去做一些特殊的購買努力。例如：汽車、照相機等。

➢行銷管理‧翁景民

spider's web　網狀組織

組織中各單位靈活地交叉整合，無主從之分。

➢科技管理‧李仁芳

spillover effects　外溢效果

❖❶ *溢出效應*　❷ *外溢效應*

就企業管理領域而言，外溢效果指當組織進行某些活動時，可能會使其他組織同時獲益或受害，但卻沒有得到受影響組織的同意。

➢策略管理‧司徒達賢

spin-off　衍生

由母公司內部的一個產品事業部或是技術研發小組，為了繼續發展該項產品或技術，必須與母公司以外的資源（例如：技術、行銷、資金……等）相結合，而將該等產品事業部或技術研發小組由母公司衍生成為另一獨立法人公司，母公司持有衍生公司一定比率的股權。常發生在技術提供者以技術做價方式參與投資衍生公司之成立，並將該等技術繼續在衍生公司發展。

➢科技管理‧賴士葆‧陳松柏

spin-off corporate　衍生公司

企業將其某一事業單位賣給獨立投資者，此被賣掉的事業單位即稱之。

➢策略管理‧司徒達賢

spot automation　單點自動化　❖点自动化

參閱 point automation。

➣生產管理・張保隆

spreadsheet　試算表　❖电子表格

一種在電腦上運轉的應用軟體，可以按一定
規則產生各種表格，用於記錄資料，並且建
立表中各資料欄之間的運算關係，進行統計
或其它處理。強大的計算能力及豐富的圖形
表式為其特點，目前廣泛用於商業事務管理。

➣資訊管理・范錚強

(s, S) system　(s, S) 存貨管制系統

屬於定期訂購法的存貨管制系統，在(s, S)存
貨管制系統中設定一訂貨水準 s 與最高存貨
水準 S，存貨管理人員每隔固定期間檢視存
貨水準，如存貨水準介於 s 與 S 之間則不訂
購，如存貨水準低於 s 則發出訂單，並以 S
與檢視日之存貨量的差額為訂購量。

➣生產管理・張保隆

staffing　任用

指界定組織內工作需求，針對工作需求決定
所需人員的知識、技能和數量，而後招募、
甄選、晉升合格候選人的一系列管理活動。

➣人力資源・吳秉恩

stakeholder approach
利益關係人方法　❖利益集团方法

又稱選區擁護者方法(constituency approach)，
近來量測組織效能的整合性方法之一。從組
織提供給各種組織利益關係人（包括員工、
股東、供應商、顧客等）的滿意程度來進行
組織效能的評估，是較為寬廣的觀點。

由於每種利益關係人各有其利益和標準，與
組織的利益關係更是複雜，使得此種組織效
能成為一個複雜多構面的概念。但從多重利
益關係人的效標來量測整體組織效能，確實
比單一效標的量測為佳，提供了更為整合與
正確的結果。

➣組織理論・徐木蘭

stakeholders　利益關係人　❖利益相关者

指所有對企業政策和活動有影響的人與被
影響的人之集合。所謂對企業政策和活動有
影響的人包括有實際作用的貢獻者以及不
具作用的影響者。被企業政策和活動影響的
人包括實際作用的受益人以及未有受益的
被影響者。

➣策略管理・吳思華

standard costing system
標準成本會計制度　❖标准成本系统

係以科學方法來預計良好工作效率下產品所
發生的成本，在生產過程中，將以實際成本
與標準成本相比較以顯示成本之差異，管理
人員進而分析差異原因以及時採取矯正行
動，來控制產品成本的一種會計制度。

不過，在過去所使用之標準成本會計制度
中，關於製造費用分攤部分乃按各批次或各
產品所使用之直接人工比例予以分攤之，在
分攤方式不盡合理與人工之使用呈現逐漸減
少的趨勢下，另一種成本會計制度（即 ABC
會計制度）即孕育而生。（參閱 activity-based
costing）

➣生產管理・張保隆

S

standard generalized mark-up language (SGML)　標準通用性標示語言

❖ *标准通用置标语言*

一種可定義標準格式、自動建立索引、內容表以及文件中的鏈結、大綱等的通用性標示語言。它包含兩部分：

1. DTD(document type definition 文件形態定義)。DTD 定義每一個元素（如段落、章節、編號列表）之間的關系，為文件建一個通用的視覺和感覺效果。

2. 內容(content)，可以包含圖像、表格、編號等。最終處理程序會按 DTD 來處理內容的位置、顏色、字體等事情，並可轉換成為多種的輸出格式，包括了純文字、HTML、LaTeX 及 PostScript。

➢ 資訊管理・范錚強

standard operating procedures (SOP)　標準作業程序

❖❶ *标准操作程序* ❷ *标准化操作*

指組織訂定正式的書面程序，詳細說明特定事件或某項政策所應該採行的各項具體步驟。在資訊管理上指一種規範性的標準程序，係為使系統中的硬體或軟體正常使用，所規定的正確操作程序。

在管理上，為確實有效地展開企業活動，經營者須規定其推出製品或服務的種類及性能，並設定其品質、成本、交期及產量的目標，以彙總各部門共同致力於實現其目標。為確實有效地推展企業活動，對製品或服務的種類、性能、品質及其生產所需要的材料、零件、設備、或有關部門間、承辦人間的業務分擔均應予規定，以使有關人們之間能公平地獲得利益或方便，以謀求統一及簡單化

為目的。因此，以人(who)、事(what)、時(when)、地(where)的觀點，來規範公司內作業的流程，它同時也是依據品質手冊而制訂的文件。

➢ 策略管理・司徒達賢

➢ 資訊管理・范錚強

➢ 生產管理・張保隆

standard test market　標準試銷

試銷有三種：標準試銷、控制試銷、模擬試銷。標準試銷是指廠商會利用它正常原有的通路來試銷產品。

➢ 行銷管理・翁景民

standardization　標準化

係指由製造商依預測的顧客需求來訂定製品的規格、樣式、特質等基準，亦即將產品標的限制於少數樣式、大小及特質內，此可使原物料／零組件、工作程序及作業時間易於固定，為標準化產品設計合理的規格與基準並有效運用即可增進作業效率及降低成本，並使生產計畫與管制作業較為單純與經濟，在標準化策略下，一般常採大量生產型態。（參閱 customization）

➢ 生產管理・林能白

star network　❶星狀網路　❷星形網路　❸集中式網路　❖ *星状网络*

網路的一種結構形式，中心節點和直接連接到它上面的一些電腦或終端機所構成的一對多放射性連接結構。在星形網路中，只有一個控制和轉接作用的中心節點，網路中其餘節點都只有與中心節點相連的通路，而沒有其他通路，只能通過中心節點與其它節點構

成通信，所以有時也稱為集中式網路。

➢資訊管理・范錚強

starburst　衛星型組織

組織中各單位有主從之分，周圍的衛星單位為支持主要單位而運轉。

➢科技管理・李仁芳

stars　明星事業

根據成長占有率矩陣(BCG　growth-share matrix)的說明，明星事業是指在高成長率市場中高占有率的事業，屬於處於產品生命週期頂點的市場領先事業，這類事業通常有助於產生足夠的現金，以維持其較大的市場占有率。一旦市場成長率趨緩，根據成長占有率矩陣，明星事業就會變為金牛(cash cow)。

➢策略管理・吳思華

statistical process control (SPC)
統計製程管制　❖统计工艺控制

係應用統計方法對製程狀態進行監控，若產品品質變異處於非管制狀態時（即因非機遇原因所引起的變異），必須衡量與分析製程上的變異種類與來源，並設法採取進一步調整製程的行動，以矯正製程中影響產品品質的變異，其最終目的在使產品品質變異在管制狀態下。（參閱 statistical quality control）

➢生產管理・張保隆

statistical quality control (SQC)
統計品質管制　❖统计质量控制

係以統計理論為基礎，利用管制圖、抽樣檢驗、統計推論與變異數分析等做為管制工具，研究製程品質水準與變異程度，進而管

制製程乃至於產品的品質，如此一來，不但可節省大量的檢驗成本亦可提高檢驗的效果。（參閱 statistical process control）

➢生產管理・張保隆

stem and leaf diagram　枝葉圖
❖树枝图

參閱 cause-and-effect diagram。

➢生產管理・張保隆

stereotyping　刻板印象

指當個體要判斷、理解某些特定人、事時，僅僅根據一些片面的資訊或印象（例如：這些人、事所具有的特別屬性，如種族、性別……等），而衍生出具有整體性的態度與觀感。是一種以偏概全的推論。例如：只知道某甲是四川人，就認為他喜愛吃辣。

在人資管理上，刻板印象是一種常見的偏失，指考評者根據對受評者所屬群體的印象，而對特定受評者驟下主觀的評判，因此對同姓、同宗、同窗、同鄉及同黨者具有好感，這種「同我族類」與「非我族類」的二分法，容易導致在績效考評時普遍提高某個群體之人員的成績，或壓低另一群體的成績。

➢組織理論・黃光國
➢人力資源・吳秉恩

stimulus response sales approach
刺激反應銷售法

行銷及環境刺激進入購買者的意識、購買者的特質與決策過程，導致某種採購決策。行銷人員的任務是了解外在刺激對購買者、購買決策及購買者意識的影響，以此來增加

銷售。

> 行銷管理・翁景民

stock control 存量管制 ❖庫存控制

參閱 inventory control。

> 生產管理・林能白

stock dividend 票股股利

❖❶股息 ❷股票紅利 ❸股份紅利

以公司之股票作為股利分配給股東，一方面減少保留盈餘或資本公積，一方面增加股本，又稱「無償配股」或「盈餘（或資本公積）轉增資」。

公司發放股票股利時，其資產並未減少，股東權益亦無變動，僅將保留盈餘或資本公積轉為股本而已，故保留盈餘（或資本公積）減少，股本總額增加，其股數亦增加，但每股面值不變。與股票分割相似，但不完全相同。

> 財務管理・劉維琪

stock options 股票選擇權 ❖股票选择权

是一種財務性的激勵措施，其做法乃是給予員工在某段期間內，以某特定價格認購公司股票的權利。這種激勵措施的基本假設是公司的股價會因員工的努力奉獻和公司獲利的提升而上漲，因此有凝聚員工向心力、提高員工對組織承諾等優點；缺點則是公司股價有時並不完全受公司獲利能力主導，而且公司獲利狀況有時也會受到外部環境和經營條件影響，並非完全可由員工掌控。

> 人力資源・吳秉恩

stock repurchase ❶股票回購 ❷股票購回 ❖股份回购

由公司出錢買回本身所發行流通在外股票的行為。通常透過下列三種方式來進行：

1. 透過經紀商在公開市場中購回本身的股票。
2. 直接向股東出價收購股票。
3. 以議價的方式，向大股東購回本身的股票。

公司的股票回購行為，由於會使流通在外股數減少，假定該行為不會對盈餘造成不利影響，將使仍然流通在外的普通股每股盈餘增加，而每股股價也會因而上升。因此，透過股票回購的方式，將使公司能夠以資本利得取代股利的方式讓投資人受益。

> 財務管理・劉維琪

stock split ❶股票分割 ❷股票分額 ❖股票分割

公司將本身所發行的股票，由一股分割成二股、三股，或任何比例，以增加公司流通在外股數，並降低每股股價的行為。股票分割不影響保留盈餘及股本總額，僅增加股份及降低每股面值。股票分割有助於股票的流通與市價的調整，與股票股利有相似之處，但不完全相同。

> 財務管理・劉維琪

stockkeeping unit (SKU) 存貨持有單位

就是產品項目(item)，即是一產品線或品牌特定的單位，可用尺寸、價格、造型或其他屬性加以區別。如保德信壽險中有一種項目是保德信可更新的定期人壽險。

> 行銷管理・翁景民

stockout cost　❶缺貨成本　❷短缺成本
❖缺貨成本

係指因存貨不足、沒有存貨或採購等因素而導致停工或加班生產等情形，以致喪失商機或商譽受損所必須付出的有形和（或）無形成本。

≻生產管理・林能白

stopwatch time study　馬錶時間研究

亦為一種直接測時法，馬錶時間研究指在一段有限的時間內，連續地直接觀測操作員的作業，此外，除了記錄工作次數與工作時間之外，還要與標準作業的觀念比較，賦予一個估計值，然後再考慮工作之外的寬放時間。馬錶時間研究至少須具備下列三個設備：

　1.馬錶。

　2.時間觀測板。

　3.時間研究表格。

　（參閱 time study, direct dosenvation method）

≻生產管理・張保隆

storage technology　資料儲存技術
❖數據儲存技術

實現在資訊記錄媒體上儲存資料的技術。

≻資訊管理・范錚強

store atmosphere　商店氣氛

每個商店都有實體配置，使顧客容易或不容易到處逛。每個店也都有外觀，有的看起來髒亂，有的看起來窗明几淨。商店應有配合目標顧客的整體氣氛，吸引顧客上門。而聲音、光線及氣氛都是吸引目標顧客上門不可或缺的因素。

≻行銷管理・翁景民

store image　商店形象

對消費者而言現在有這樣多的商店，如何選擇是一個有趣的問題。商店也像產品一樣具有性格(personalities)的分別。商店形象就是商店本身的性格，包括：商店的位置、商品的種類及銷售人員的服務等。

≻行銷管理・翁景民

store value card　儲值卡　❖❶儲金卡
❷電子錢包

一種可以儲存一定價值的卡片，也就是先付款再消費的觀念。常見的儲值卡有：公共電話卡、手機預付卡、影印卡、台北市悠遊卡、公車卡等。

≻資訊管理・范錚強

stored program concept　儲存程式觀念
❖儲存程序概念

在馮紐曼(von Neumann)提出的計算機架構基礎上發展的一個概念。在計算機運轉時用到的所有程式及資料都應儲存在記憶體中，由處理器使用。

≻資訊管理・范錚強

straight line layout　直線式佈置

參閱 product layout。

≻生產管理・張保隆

strategic alliances　策略聯盟
❖❶战略联盟　❷战略伙伴

指兩個或多個的企業或事業單位，為了達成策略上彼此互利的重要目標，所形成的伙伴關係。例如：一組織為了某些利益考量，和外部其他家公司策略性地簽訂合作合約，將

資源做最有效的發揮。隨著目標的不同，策略聯盟維持的時間亦有差異。有些聯盟關係只為了在新的市場建立灘頭堡，因此在目標達成後即告結束；有些關係則持續較久，甚至是彼此完全合併(mergers)的前奏。

➤策略管理 · 吳思華

➤科技管理 · 李仁芳

strategic business units (SBU)
策略事業單位　❖基本战略经营单位

指任何組織單位，其具有清楚定義的事業策略，並且有一經理人負責其銷售及利潤績效。這個觀念是由奇異(GE)電器公司所發展出來，主要的目的在使事業單位更加獨立，運用分權式策略發展，為公司培養有企業家魄力的經理人。

此種公司中經營關鍵性業務的單位，它可以是公司的一個部門、或數個部門、或部門內的一個產品線，甚至可為一產品或品牌。其特徵包括是一個單獨營運策劃的事業、有明確的使命、有自身的競爭對手、有一位身負銷貨及利潤的全責經理人、能單獨控制某些資源、可從策劃中獲得利益。於理想的情況下，作為一個策略事業單位，應該有其本身完整的作業活動。但實務上為求較高之作業效率，可將若干個策略事業單位的某些活動交由一單位或部門處理。

➤行銷管理 · 翁景民

➤策略管理 · 司徒達賢 · 吳思華

strategic commitments　策略性承諾

指具有長期影響效果且難以逆轉的決策，例如：產能擴張或導入新產品之決策。策略性承諾需具有三種特性：可見性、可了解性、可靠性，才能達到其嚇阻競爭之目的。

➤策略管理 · 司徒達賢

strategic control　策略控制

此種控制活動根據策略規劃、衡量生產活動是否符合目標、並確保所需校正或改變活動的控制與變革活動，同時也必須監控外部環境的相關資訊、對生產活動之輸入與輸出的衡量，以作為策略控制循環發展時的參考，引導組織的活動朝向策略性目標。

此種控制包括向後回饋與向前回饋，前者是指控制衡量產出與控制資訊向後流動，而後者是指控制輸入，例如：環境變動和生產活動，以更正策略規劃。

➤組織理論 · 徐木蘭

strategic decisions　策略決定　❖战略决策

其決定並不同於一般決定，是指有關於整個組織未來長期發展的策略選擇，具有下列三種特質：

1. 稀少性：策略決定並非是經常性的，通常無前例可循。
2. 重要性：策略決定需要投入大量的資源與人力來執行。
3. 指導性：策略決定說明整個組織未來的行動方向。

➤策略管理 · 吳思華

strategic equivocality
策略性的模稜兩可

日本高階主管為了創造組織內創新的波動常會運用模糊的願景，刻意使用模糊和創造性的渾沌。但前提為此組織成員必須懂得反省

自身行為，否則導致毀滅性的渾沌。

≫科技管理・李仁芳

strategic factors　策略因子　❖战略要点

企業執行策略時所需的資源，例如：品牌聲譽、研發能力、人力資源、管理技能等，而取得這些資源的價格便是企業執行策略的成本。

≫策略管理・司徒達賢

strategic fit　策略性配適

企業之所有活動緊密連結且彼此強化，形成一個具有一致性且相互連貫的整體。

≫策略管理・司徒達賢

strategic flexibility　策略彈性　❖战略弹性

為回應外部或內部環境的改變，企業需具有調整或發展策略之能力。企業獲致策略彈性之方法有三種：多角化、投資於低度使用的資源、降低專業化用途的資源承諾。

≫策略管理・司徒達賢

strategic formulation　策略制定
❖战略制定

分析組織的內部和外部環境，並依此而選擇一個適當的策略，這樣的工作稱為策略制定。

≫策略管理・司徒達賢

strategic groups　策略群組

是同一產業內，在各個策略構面上採取相同或相似策略的廠商群。某一產業可能只有一個策略群組，因為所有的廠商都採取相同的策略。而另種極端的現象，產業內每個廠商都自成一個策略群組。但通常產業內的廠商，形成少數幾個策略群組，各採取不同的策略。

≫策略管理・吳思華

strategic human resource management　策略性人力資源管理
❖战略人力资源管理

是強調人力資源管理策略與操作活動必須配合企業環境及企業目標而調整，重視人事活動與企業整體策略研擬和操作活動的結合，因此其對人力之基本認定與管理目的，本質上和傳統以「人事行政」為主體，偏重「作業性角色」的人事管理有極大差異，人事功能已轉為策略性及生產性角色。

≫人力資源・吳秉恩

strategic implementation　策略執行
❖计划执行

設計一個適當的組織結構及控制系統，使得組織所選定的策略能夠實踐。

≫策略管理・司徒達賢

strategic improvisation　見習模式

藉由親身體驗，實地觀察模仿和練習，將他人（師傅、專家、前輩）的內隱知識共同化，變成自己的知識。

≫科技管理・李仁芳

strategic information systems
策略資訊系統　❖战略信息系统

指將企業規劃與資訊系統規劃相結合，以資訊系統來支援企業策略。此系統主要在支援組織現有的策略，或創新策略機會，以便讓企業能擁有競爭優勢。

策略資訊系統很強調時機,在競爭者未普遍採用之前,是一個能獲取競爭優勢的策略系統,一旦競爭者紛紛跟進,則喪失競爭優勢,而成為一般的資訊系統。因此,掌握時機,找尋策略資訊系統機會是很重要的課題。

➢策略管理・司徒達賢

➢資訊管理・范錚強

strategic initiatives   策略改革

重大而關鍵的策略變革,多由高級主管領軍,希望藉此改變公司運作的方式。

➢科技管理・李仁芳

strategic intent   策略意圖   ❖战略意图

指企業長期的策略野心,其作用在於描繪企業未來期望達到的領導地位,以及為組織未來的發展建立標竿。策略意圖具備以下的特質:

 1.清楚定義出該企業所謂成功的本質;

 2.具有長期的穩定性;

 3.設定一個值得個人投入努力與承諾的目標。以知識創造的觀點來看,策略最具關鍵性的元素便是將組織發展之類的知識具像化,並且操作化成為一種管理系統以便執行。

➢策略管理・吳思華

➢科技管理・李仁芳

strategic management   策略管理
❖战略管理

企業決定長期方針及營運績效的過程,使得各項計畫及策略得以審慎制定、執行、持續檢討和評估。

➢策略管理・司徒達賢

strategic management process
策略性管理程序

發展和維持組織與其環境間可行關係的管理程序,其過程係經由設定公司宗旨、目的與目標、成長策略、以及有關全公司營運的企業組合(business portfolio)計畫。

➢行銷管理・翁景民

strategic market management
策略性市場管理

是一種為企業機構研訂、評估、及執行其事業策略的管理制度。所謂事業策略包括訂定事業經營的產品市場組合,還包括訂定事業應建立與保持的競爭優勢。面對迅速變動的環境,策略市場管理擺脫週期性規劃與分析的束縛,以即時且預應的策略過程來反應及影響環境。「市場」二字則用以強調,組織的策略發展應接受市場及環境的引導,而非採取內部導向。

➢策略管理・吳思華

strategic market planning
策略市場規劃

發展一管理程序,使組織的目標、技術及資源和變動中的市場機會產生適當的配合。

➢行銷管理・翁景民

strategic matrix   策略矩陣   ❖战略矩阵

由策略形態的六大構面和經營流程的所有價值單元(包含價值活動以及資產)所交叉建構而成的一個矩陣空間。

➢策略管理・司徒達賢

S

strategic mix 策略組合 ❖战略组合

整個企業，將各套上述的策略模組予以系統化的結合，就是完整的「策略組合」。

➣策略管理·司徒達賢

strategic module 策略模組 ❖战略模型

將幾個相關而互相呼應的策略要素模組化，就成為成套的「策略模組」，也就是可行而常用的策略模式。

➣策略管理·司徒達賢

strategic move ❶策略勢態 ❷策略動向

由現在的策略形態到未來的策略形態之間的變化。

➣策略管理·司徒達賢

strategic myopia 策略短視 ❖战略短视症

當環境發生變化，但是企業高階主管陷於過去的策略，忽視考量其他類型的策略性選擇方案。

➣策略管理·司徒達賢

strategic-level systems 策略層次系統 ❖战略层次系统

支援高階管理階層策略製定與分析活動的資訊系統，稱之為策略層次系統。

➣資訊管理·范錚強

strategic options 策略選擇

企業在完成外部分析及相對應的內部分析之後，提出數個可能的策略方案，然後根據進一步的自我分析(self-analysis)，從這些方案中進行選擇的過程稱之為策略選擇。影響策略選擇的自我分析因素包括過去與現在的策略、策略問題、財務資源與限制、組織能耐與限制、優勢與劣勢……等。

➣策略管理·吳思華

strategic planing 策略規劃 ❖战略规划

指可以創造出公司使命定義、目標計畫，以及特殊策略發展的行動。這些行動的執行是為了達成公司所有的目標。

策略規劃具有四個主要的特性：公司各階層的經理人接會參與、牽涉到公司大量資源的配置、目標焦點在於長期的規劃、處理公司與環境之間的互動。策略規劃的目的是具體化或改造公司的各事業及產品，以產生利潤及成長。

策略性之規劃之流程如下：

　1.初始之規劃階段。

　2.引導組織之價值與基本原則的界定。

　3.組織遠見與任務之界定。

　4.用以達成任務之目標與策略之決定。

　5.進行政策重要關係人之分析。

　6.環境分析之準備。

　7.組織優缺點和機會威脅之準備。

　8.策略缺口之決定。

　9.各單位或部門計畫之研擬。

　10.詳細計畫之準備。

➣行銷管理·翁景民

➣策略管理·吳思華

strategic point 策略點 ❖战略点的概念

策略矩陣中每一個方格或位置，也是所有策略分析之基本立足點。這也就是本研究基本的觀察點。

➣策略管理·司徒達賢

S

strategic positioning　策略定位
❖*战略定位*

企業選擇及運用某些作為，希望與外界環境維持關係，並且用以界定本身在環境中的相對地位。

➢策略管理・**司徒達賢**

strategic posture　策略形態　❖*战略姿态*

意指企業對現有策略「形貌」之了解和描述，是策略分析之出發點。事業策略可由六大構面來描述策略形態，包括產品線廣度與特色、目標市場區隔與選擇、垂直整合程度之取決、相對規模與規模經濟、地理涵蓋範圍，以及競爭優勢。

➢策略管理・**司徒達賢**

strategic technical area (STA)　策略性技術領域

在技術策略之制定過程中，一種做為「技術」與「管理」雙方共同協調溝通之工具以及共同的語言。STA 的構成要素有四：

1. 技巧或學理。
2. 可應用於。
3. 某一特定產品或服務。
4. 可專注於某一特定市場。

例如：流體力學（為一種技巧或學理），可應用於飛機的製造（為某一特定產品），且可遍佈在航空業（某一特定市場）。顯而易見，以上述這四個要素來描述流體力學與其運用，可同時滿足技術者與管理者的需求，來做為技術與業務之間的溝通語言。

➢科技管理・**賴士葆・陳松柏**

strategic technology domain　策略技術領域

配合企業活動中的核心科技，主要的目的在於結合數個核心科技，以創造產品發展所需的觀念。因此，一個策略技術領域不僅代表一個產品領域，更是一個知識領域，而這些領域在一個矩陣當中和核心技術互動，藉由結合核心技術和策略性科技領域，內部的基礎可做縱向和橫向的連結。

➢科技管理・**李仁芳**

strategy and structure change　策略與結構的變革

變革的策略類型之一，是關於組織經營管理方面的變革。包含了組織結構、策略管理、功能政策、薪資系統、勞資關係、合作機制、管理控制系統、會計與預算系統等變革。通常是由上而下方式之變革，亦即由高階管理者所發起推動，例如：組織的縮編即是由上而下的變革。

➢組織理論・**徐木蘭**

strategy-culture compatibility　策略－文化相容性

企業經營策略與企業文化達到相互配適。

➢策略管理・**司徒達賢**

stratified sampling　分層抽樣

母體被分為互斥的幾個群體，如以年紀分群，再由各個群體中隨機抽取樣本。

➢行銷管理・**翁景民**

stress　壓力

一種適應性的反應，是一個動態觀念，起因

於個人對於人與環境配合中之要求、限制或機會所產生的主觀和知覺而發生的正向或負向的反應狀態。壓力有時具有警示的作用，可使人面對壓力來源，進而解除壓力。

➤人力資源・黃國隆

stress interview　壓力式面談

甄選面談的方式之一，面談者在面談過程中採取攻擊性態度，讓應徵者面臨一連串粗魯且具壓迫性的問題，迫使應徵者採取防衛態度，而後觀察並記錄應徵者的反應。

此法的目的在於測試應徵者在壓力狀態下的應變能力，考選高級主管或業務人員等工作上必須面對壓力的職位候選人時，比較適合採用此種面談。此法的缺點是，容易招致應徵者的反抗，甚或對企業形象造成負面影響。

➤人力資源・吳秉恩

strictness problem　過嚴問題

指績效考評時，考評者所持標準過於嚴格，而傾向對全體受評者給予偏低分數的現象。改善方法是考評時將績效好與績效差的員工加以分散區隔，或採用所謂「強迫分配法」將員工考評結果依據各績效等級人數比例強制分配。

➤人力資源・吳秉恩

string diagram　線圖　❖线图

其圖形之樣式與繪製方式與流程圖類似，不過，流程圖主要研究的是物流，而線圖主要研究的是人流，亦即其圖中呈現的是人員在各工作區域間在攜帶或不攜帶物料下往返的頻率（參閱圖五三）。

➤生產管理・張保隆

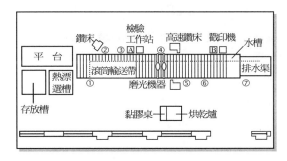

圖五三　線圖

資料來源：蕭堯仁譯 (民 89)，《工作研究》，前程企管，頁 50。

strike　罷工

指勞資爭議發生時，勞工為爭取勞動條件及經濟利益，經工會合法票決而採行停止勞務提供之行為。工會法第二十六條中明訂有罷工程序的相關規定。

➤人力資源・吳秉恩

striking price　執行價格
❖❶设定价格　❷协议价格

參閱 exercise price。

➤財務管理・劉維琪

strong culture　強勢文化

能夠強烈影響組織成員行為與思想的組織文化。當組織中的成員對組織核心價值觀的認同感愈高，組織文化也就越強勢，對成員的影響力也會越大。如宗教組織。強勢文化即表示員工高度依從組織的要求，使凝聚力、忠誠度、及對組織的認同感達到高峰。

➤組織理論・黃光國

strong form efficiency 強式效率性

一種市場效率性。指目前的證券價格,已充分反應所有已公開或未公開的各種資訊。因此,在一個具有強式效率性的市場中,任何投資人(包括內線人士)都無法賺得超常報酬。

➢財務管理・劉維琪

structural capital 結構資本

屬於整個組織所有,可以複製,也可以分享。像是科技、發明、資料、出版、製程這些屬於結構資本的東西,在法律上是有擁有權的,都可以申請專利、著作權,或是以商業機密法加以保護。結構資本的元素裏面,還包括策略和文化、構造和體系,組織的日常業務和程序等。

➢科技管理・李仁芳

structural holes 結構洞

企業在網路結構中位於二個分離且非重複接觸點之位置。

➢策略管理・司徒達賢

structure chart 結構圖 ❖结构图

一種結構系統設計工具,又稱 structure diagram(SD)。在軟體工程中,為描述總體設計提出的程式模組結構和層次特性而使用的一種圖形表示,具有直觀性。結構圖主要由模組、呼叫、資料以及相應的文字說明組成,圖中表示了模組之間和模組內部的邏輯聯繫。它運用分解來控制複雜性,使一個程序有層次性和易處理性兩方面的特點。

➢資訊管理・范錚強

structure follows strategy 結構追隨策略

經營策略的落實需要組織結構的配合。當組織逐漸成長,新策略所涉及的功能、產業、地理區域日漸複雜,為因應管理需要,各種形式組織層級遂應運而生。

➢策略管理・司徒達賢

structured analysis 結構化分析
❖结构化分析

在軟體工程的分析階段使用的一種方法。採用由頂向下的逐層分解方式,分析複雜的系統運作。

➢資訊管理・范錚強

structured design 結構化設計
❖结构化设计

在軟體工程的設計階段使用的一種方法。由系統設計師根據功能格說明書進行設計,其產出為結構規格說明書。基本概念是將系統設計成由獨立、單一功的模組構成的結構。

➢資訊管理・范錚強

structured interview 結構式面談

指面談前即預先由相關領域專家設計並排定好結構化的訪談表,而後每一位應徵者都根據這套問題依序進行面談,因此每一位應徵者都會被問到相同的問題。

這種面談方式可對主試人員提供統一的面談方向和標準程序,因此能減少受到負面資料的影響;但此法的缺點則是過度僵化,無法根據應徵者的個別狀況和回答內容彈性調整談話方向,因而較難測知應徵者的個別特質。

➢人力資源・吳秉恩

structured programming　結構化程式
❖结构化程序

自六○年代末期開始採用的一種自頂向下分步進行、逐步求精的程式規劃方法法。程式模組的劃分以處理功能為依據，並將重複性工作寫成副程式，以避免重複撰寫指令。結構化程式規劃可由多人分頭完成，使程式編寫、閱讀、調試和修改都比較容易，並能防止混亂和錯誤，亦可提高程式規劃的速度。

➤資訊管理・范錚強

structured query language (SQL)
結構化查詢語言　❖结构式查询语言

一種關係資料庫語言，1974 年首先由國家商業機器股份有限公司(IBM)提出，並在關係資料庫 SYSTEM R 上實現。1986 年由美國國家標準局的資料庫委員會批准，作為關係資料庫語言的美國國家標準，1987 年國際標準化組織也採納為國際標準。SQL 包含了查詢、操作、定義和控制四種功能。

➤資訊管理・范錚強

subcontracting　❶委外　❷外包

當企業的某部分活動或服務可由企業外部的其他廠商所進行，且外部廠商更有經濟效率時，即可將此活動獨立出來而委託其他廠商來從事即稱之。

在生產管理上，係指將全部或部分產品或零組件的生產工作委託其他製造商、供應商或衛星工廠加工的生產方式，因此，外包成為製造商（組裝商）調節產能供需失衡或取得經濟利益的策略之一。外包亦可吸引產量較低或委外專業代工(OEM)／委外設計製造(ODM)的廠商，利用此種生產方式以獲得較佳貨品品質與節省生產成本。

目前在產業分工、全球競爭與全球供應鏈及比較利益的趨勢下，同時因有來自全球更多優良的供應商可供選擇、資訊科技的大幅進步及製程技術與運輸系統的快速增強，已使外包成為製造商（組裝商）取得競爭優勢的重要策略之一。

在資訊管理上，乃指將企業中的系統開發、設備管理、計算機中心的營運、或通訊網路的管理，委託由企業外的單位執行的一種方案。企業能經由委外的方案，有效地彌補其所缺乏的一些能力。委外有各種不同的程度，最極端的稱為整體委外，是將各種資訊相關業務，全面委託出去。

➤生產管理・張保隆

subculture　次文化

由於組織中的部門、任務、地理上的區隔，或是個人所屬特徵差異，使得某些組織成員間擁有共同經驗，而形成獨特的價值體系。次文化的組成通常包含主文化的核心價值觀，再加上該分機構或單位獨特的價值觀。例如：同一家組織中的行政部門與業務部門，可能就有其不同的次文化。

➤組織理論・黃光國

subjective error　主觀偏失

績效考評偏失的一種，指考評者因自己個人的好惡或先入為主的觀念，而給予受評人不公平的考績。此種狀況容易引起當事人的不滿與怨憤，以致造成雙方關係的緊張。

➤人力資源・吳秉恩

S

subliminal advertising　潛意識廣告

潛意識是隱藏在人們意識下的，利用這種消費者並不能在知覺上發現的刺激來製作廣告，就是潛意識廣告。

➢行銷管理・翁景民

suboptimization　次佳化　❖❶*次佳效應* ❷*局部优化*

由於組織中利害關係人數眾多且利益衝突，所有決策必須透過協調、妥協，因此組織決策是次佳化的結果，是個滿意解，而非最適解。

➢策略管理・司徒達賢

subordinate rating　部屬考評

指由部屬對直屬主管的績效表現加以評核，此種方法雖對主觀之權威有挑戰，然而若能藉此由部屬表達出理想主管所應具備的條件與能力，亦能產生某種程度的參考作用。

➢人力資源・吳秉恩

subordinated debentures　❶次順位債券 ❷附屬信用債券　❸隸次債券　❹次位信用債券 ❖*次級长期债务*

一種公司債。這種公司債當公司清算時，其受償次序排在所有優先債務之後。此意味次順位債券持有人只有在特定債權人已經得到清償之後，才會得到支付。此類債券之持有人多係公司之股東,故與我國某些公司之「股東墊款」相似。

➢財務管理・劉維琪

substitutions　替代品

指可以替代其他某種貨物的功能或位置的貨品，例如：人造奶油與奶油，茶和咖啡彼此便可互為替代品。

➢策略管理・吳思華

succession plans　接班計畫

組織內進行「管理發展」的一種方法，其目標是培養和蓄積某特定職位的候選人。接班計畫通常會就現有資深管理階層中挑選適當的候選人，並進行個人的生涯規劃與預測，以及管理需求分析和發展的工作。

➢人力資源・吳秉恩

suggestion system　提案制度 ❖*建议制度*

係指管理者為了鼓勵成員提供創意、增進或改善組織內的溝通以達成共同目標，所運用以提高士氣的管理方法之一。提案制度中依提出方式可分為個別提案及共同提案兩種，為發揮提案功能，組織應訂有獎勵計畫以公平迅速的方式審查成員提案。

➢生產管理・張保隆

sunk cost　❶沈沒成本　❷沈入成本 ❖❶*沈入成本*　❷*沈淀成本*　❸*沈陷成本*

指不管決策如何，一定會發生的成本，而且無法避免。這些無法回復的固定成本一旦投入之後，就無法更改。在作投資分析時，由於沈沒成本不會影響後續的決策，故不予考慮。

➢財務管理・劉維琪

➢策略管理・司徒達賢

supercomputer　超級電腦　❖*巨型计算机*

運算速度特別快、資料輸出入能力特別強

大、且具超大記憶體的大型電腦系統,充分使用並行結構,運轉度可到每秒幾億次到幾百億次。典型機種如 CRAY-1、CRAY-2、CYBER 205 等。

➤資訊管理・范錚強

supermarket　超級市場

是一相對大、低成本、低毛利、大量、自助服務的經營,用以服務消費者對食物、洗衣、家用品等的全部需要。

➤行銷管理・翁景民

superstore　超級商店

超級商店賣場平均有1,000坪以上,目標在滿足顧客例行性食品與非食品項目的購買。通常也提供洗衣、乾洗、修鞋、提款、付款與簡餐等服務。

➤行銷管理・翁景民

supervisory control　監督控制

當組織的控制活動使用於低層的作業階層時,監督者必須直接地控制所屬員工的行為活動,此控制方式著重在個別員工的績效,分為三種常見的控制型態:

1. 輸入控制:透過嚴格的甄選、訓練與發展來確保執行工作之員工的動機、態度、價值觀、知識、技能水準,就由目標的事先設定來進行控制,這是因為對流程和產出的控制不易衡量,常使用於非營利組織。

2. 行為控制:管理者直接觀察員工個人行為是否符合正常程序,此法相當耗時,當產出控制不易衡量時常使用此法,例如:評估教師的教學行為和程序。

3. 產出控制:依據個別員工的明確產出、生產力之書面記錄來衡量控制,例如:論件計酬制。

➤組織理論・徐木蘭

supplemental capability　補助能力

對核心能力有所貢獻,但易於被模仿,例如:某些特定通路,或是強大卻不獨特的包裝能力等。(參閱圖十六,頁 122)

➤科技管理・李仁芳

supply alliance　供應式聯盟

若是整條供應鏈的資訊都透明化,便可以為資源最少的人,創造出最多的價值。合作的各方可以將處理資訊的職能,放在合作的某一方,或甚至合併,而去掉存貨管理、稽查、開帳單、採購等重複的程序。企業要懂得與客戶、供應商合作,出清整個體系裏的存貨,讓大家全都可以降低成本,省下來的錢也和大家分享,而不管荷包是抓在誰的手裏,這樣一來,就把大家全部綁在一個甘苦與共的網路裏了。

➤科技管理・李仁芳

supply (supplier) chain　供應鏈

係指一項產品從原物料、零組件的供應商至製造商、配銷商、零售商直到最終消費者之間所有發生之資訊流、金流、物流、商流的所有活動。供應鏈管理係指有效整合接受訂單、物料採購、製造(組裝)、配送、銷售、資訊及財務交易等產銷活動流程,使企業能建立與上、下游廠商及顧客間的夥伴關係,並藉由所有系統成員的協同合作,來創造附加價值、降低成本及提高顧客服務水準。

➤生產管理・林能白

supply chain management (SCM)
供應鏈管理 ❖*供应炼管理*

一種整體的管理思想和方法，它執行供應鏈中從供應商到最終用戶物流的計畫和控制。透過分析並改善從原物料生產、成品或服務製造到運送到客戶手中的每一個步驟，為客戶增加價值，並增進供應商之間的效率。

現在的供應鏈管理將供應鏈上的各個企業作為一個不可分割的整體，使供應鏈上各企業分擔採購、生產、配銷和銷售的功能成為一個協調發展的個體，由企業間的競爭變成供應鏈間的競爭。

➤資訊管理 · 范錚強

supply chain planning　**供應鏈規劃**
❖*供应炼规划*

規劃如何將成品有效率地送到最終客戶手中，及其中經過每一個流程的整合。主要涉及以下主要內容：策略性供應商和用戶合作夥伴關係管理；供應鏈產品需求預測和計畫；供應鏈的設計（全球節點企業、資源、設備等的評價、選擇和定位）；企業內部與企業之間物料供應與需求管理；基於供應鏈管理的產品設計和製造管理、生產整合計畫、跟蹤和控制；基於供應鏈的用戶服務和物流（運輸、庫存、包裝等）管理；企業間資金流管理（匯率、成本等問題）；基於網際網路的供應鏈交互資訊管理等。

➤資訊管理 · 范錚強

supply-side policy tools　**供給面政策工具**

為鼓勵科技研發活動，政府直接影響或提供科技研發活動所須各項投入要素，例如：經費、人力、技術……等。代表性的政策工具包括：「主導性新產品開發辦法」給予企業研發所需經費的補助或貸款融資；高等教育投資提供企業研發所需之技術人才；以及由政府直接介入研發，將研發成果擴散給民間企業……等。

➤科技管理 · 賴士葆 · 陳松柏

supportive communication
支持性溝通

此種溝通方式會讓訊息接收者感到：
 1.是描述的、非批評式的、非論斷式的。
 2.問題導向的、非訓導式的。
 3.出乎自然、公開坦承。
 4.具同理心、將心比心。
 5.以平等及互信之態度對待對方。
 6.非專斷的、是客觀的。
 7.能了解對方溝通訊息的完整意義。
此溝通導致雙方能彼此互相信任、彼此尊重、建立和諧的人際關係。

➤人力資源 · 張國隆

sustainable competitive advantage (SCA)　**持久性競爭優勢**
❖*竞争优势的可保持性*

指企業與別家公司競爭時，能夠持續勝出的因素，或指某項策略具有長期的有效性。競爭優勢有效性之所以能長時間的維持，其原因往往來自於企業擁有的策略性資產、技術，或獨特資源的組合所產生的綜效，而這些資產、技術或綜效是其他競爭者沒有或短期內無法取得的。例如：公司品牌、已建立起的顧客基礎，或公司具有差異化的能力，或更有效率地執行企業活動。

持久性競爭優勢也是競爭者或潛在進入者無法複製之優勢，此優勢使該廠商能夠持續賺取高於產業平均的報酬。持久競爭優勢的來源有四個要素：廠商資源及能力之耐久性、不透明性、不可移轉性、不可複製性。

➢行銷管理・翁景民

➢策略管理・司徒達賢・吳思華

switched lines 交換式線路

在多個通信站之間，透過機械式或電子式的交換設備，構成點對點通信的線路。例如：由撥號電話建立的線路。

➢資訊管理・范錚強

switching cost 移轉成本
❖❶转换代价 ❷转移成本

就是從一家供應商更換到另一家供應商所必須付出的成本。此種成本包括了重新訓練員工的成本；增加輔助設備的成本；測試或修改新資源使之適用的成本於時間；過去一向倚賴賣主的工程協助，以致需要技術支援的成本；重新設計產品；甚至包括切斷關係導致的精神耗損。若轉換成本過高，加入者便須大幅改善成本或績效，才能吸引客戶上門。

➢策略管理・吳思華

SWOT analysis SWOT 分析
❖SWOT 分析

即有關優勢、弱點、機會、威脅的策略分析架構。優勢與弱點分別是指導致公司表現良好與不佳的各種因素，機會與威脅則是指環境在現在及未來可能發生對公司有利和不利的各種情況。透過這種分析可以幫助經理人了解他們的策略狀況，找出機會與威脅發生

的機率，並建立優勢的商業策略，評估其可能性。

➢策略管理・吳思華

symbolic analyst 符號分析師

也被翻譯成象徵分析人員（包括律師、諮詢師、工程師、設計師、廣告業務主管、教授等從事「解決問題、找出問題、磋商策略活動」的人員），也就是那些能辨認，解決和從新問題中獲益的人，將擁有真正的競爭優勢。

➢科技管理・李仁芳

symmetrical key encryption
對稱金鑰加密

參閱 private key encryption。

➢資訊管理・范錚強

sympathized knowledge 共鳴的知識

藉由分享經驗從而達到創造內隱知識的過程，心智模式和技術性技巧的分享亦為同一類。個人可以不透過語言而自他人處獲得內隱知識。共鳴的知識制由設立互動的「範圍」開始，這個範圍促進成員經驗和心智模式的分析，從中所產生的知識。（參閱圖二十，頁131）

➢科技管理・李仁芳

symptoms of structural deficiency
不良組織結構徵候

指當組織結構無法滿足組織的需求時，將會出現以下的不良組織之結構徵候：

1. 決策延遲或缺乏品質：層級體制所積累的眾多問題，使得負擔極大的決策者無法順

S

利和有效地解決,而且資訊的傳達通常無
法觸及正確的決策者,也導致決策品質的
低落。

2. 無法創新性地因應環境的改變:部門間無
法有效地水平協調合作,例如:要由行銷
部門確認顧客需求,而由研發部門確認技
術的改進發展,共同擔負環境偵測與創新
的責任。

3. 太多的明顯衝突:許多部門的目標若是
彼此衝突,則組織結構失敗,組織目標
無法達成,因而需透過水平協調機制,將
衝突的各部門目標予以整合為單一的組
織目標。

➢組織理論・徐木蘭

synchronous operations   同步作業
❖ 工序同步化

係指藉由各個工作群或虛擬團隊相互依存的
互動關係,在同步工程環境中建立同步概念
以達成企業目標,在產品開發與設計作業流
程中,必須實際透過作業之間的時間重疊與
資訊相互主動支援,如果方可達成同步作業
之境界。在推展同步工程環境的過程中,同
步作業可說是同步概念具體實施方針,為了
要實現同步作業,同步概念應該具備下列的
特性:

1. 減少工作流程作業之間的不確定因素。
2. 確立進行作業所需之資訊量。
3. 確立進行作業所需之資源量。
4. 提供數位化資訊與決策環境。
5. 建立虛擬企業組織與團隊。

➢生產管理・林能白

synchronous transmission   同步式傳輸
❖ 同步式传输

資料傳輸的一種方式。在資料傳輸時,信號
的分布位置是固定的,發送設備和接收設備
以相同速率(或頻率)和固定的相位關係進
行連續操作,這一傳輸過程稱為同步傳輸。
同步傳輸以一定的時間間隔傳送資料,每次
傳送之資料以一串字符為位,並加上同步字
符及控制字符,其傳輸速度較非同步傳輸
快,適用於高速終端設備。

➢資訊管理・范錚強

synergy   綜效

指將兩個或多個不同的事業、活動、或過程
結合在一起所創造出來的整體價值會大於結
合前個別價值之和的概念。本質上有兩種類
型的關係能產生真實的綜效。第一種是能夠
在雙方公司的各部門中移轉特殊技術的能
力;第二種是兩家公司要能夠共同享有意義
的商業活動,例如:共用相同的銷售人員與
配銷體系。

就人力資源管理的觀點而言,綜效是指組織
團體成員群策群力,發揮「1+1>2」的乘數
效果。擴而大之,管理乃透過他人力量,有
效率且有效能達成組織目標之過程,其最終
目標,即在發揮綜效。

➢策略管理・吳思華
➢人力資源・吳秉恩

system flowchart   系統流程圖

描述整個系統的作業程序與各種輸出入資料
檔相互關係的簡圖。用預定的符號和幾何圖
形,說明從原始資料電腦,至成為最終記錄
或報告書的全部過程,使電腦系統處理事件

的順序圖表化。系統流程圖的優點是直觀，思路清楚易懂，便於修改，是系統規劃和分析的重要工具。

➢資訊管理・范錚強

system innovation　系統創新

係將現有技術予以重新組合，或將兩種以上不同的技術領域予以組合，以創造出另一種新的功能領域，此種創新與技術融合相類似。例如：將腳踏車與汽油燃燒兩者重組，以形成汽油引擎技術；將光學與電學的技術組合，以形成光電技術。

➢科技管理・賴士葆・陳松柏

system resource approach 系統資源方法

量測組織效能的方法之一，乃從資源投入的角度來衡量組織的效能。認為有效的組織必須是有能力地從外在環境取得適當資源以達成其目標，但是即使組織有能力向外獲取資源，仍無法使我們對組織效能有廣泛的了解，因此此方法較適用於難以獲得組織效能之其他指標時，例如：在非營利組織中，難以產出目標或內在效率來說明其效能，因此採用系統資源方法予以量測。

➢組織理論・徐木蘭

system testing　系統測試　❖系统测试

對系統的所有部分進行檢驗或模擬的過程，以獲得系統運轉時，反映各部分工作狀況的資料，確定系統到規範的要求、規定的性能及要求的技術指標。

➢資訊管理・范錚強

system (management) school　系統學派 ❖系统学派

自二次世界大戰後，學者開始以系統的觀點來解釋組織現象與管理議題。系統是指為了達成目標，而設計一個多重構面(multidimensional)且呈現動態均衡的組合，亦即一個系統中會包含多個子系統，子系統間存在著預定的關係以保持均衡，但子系統間仍會彼此互動，因此其均衡狀態是隨著不斷地互動而變化，一個系統架構包含了投入(input)、處理或流程(process)、產出(output)、回饋(feedback)等四部分。

一般將組織視為開放性系統，認為組織與環境間有著高度的互動，組織必須不斷調適以因應外在環境，因此特別強調資訊回饋的重要性。另外有學者認為基於人類「有限理性」的限制，以及對不確定性和減少變異的需求，組織在面對外在環境時，可能採取封閉系統的觀點，例如：主張組織保有穩定的核心技術及維持該技術在獨特領域中的重大權力，因而得以採取理性的封閉系統觀點，不受環境的影響，也有學者認為組織不是絕對的開放或封閉系統，例如：進行行銷活動時，乃為開放系統，而進行生產活動時，則是封閉系統。

➢組織理論・徐木蘭

systematic layout planning (SLP) 系統化佈置規劃

由李察・妙瑟(Richard Muther)所提出，妙瑟的方法提供了一套相當完整且有系統的工廠佈置之程序，它的本質是推行佈置方案的有組織方法。它包含各階段的結合體，各步驟的程序，以及用以鑑別評比，可視為一切佈

置計畫要素的一套約定。且其用各應用各種表格做為分析的工具，做為提出佈置案的依據，其方法相當有條理及有系統。

因此，無論對資料之搜集、分析皆有很大的助益，但是對於實際佈置工作來說，常常依賴佈置者之經驗來調整各部門間的位置，此為它的一項缺點。

➢生產管理・張保隆

systematic risk ❶系統風險

❷不可分散風險 ❖系统风险

因市場整體環境的變化而產生的風險。此種風險起因於一些會影響所有公司的因素，如總體經濟、政治環境、通貨膨脹等。由於所有公司均會受這些因素影響，所以此種風險無法藉由多角化投資的方式予以分散，故亦稱不可分散風險。依據風險分散極限原則，資產組合風險分散之極限值等於系統風險。（參閱 undiversifiable risk）

➢財務管理・劉維琪

systematic sampling 系統抽樣

在母體中隨機抽取一個號碼，並規定每隔幾個就再選一次。但要注意避免有週期性的排法，應將近似者排靠近。

➢行銷管理・翁景民

systemic knowledge 系統化知識

將觀念加以系統化而形成知識體系的過程。這種模式的知識轉化牽涉到結合不同的外顯知識體系。個人透過文化、會議、電話交談、或是電腦化的溝通網路交換並結合知識。經由分類、增加和結合來重新組合既有的資訊，並且將既有的知識加以分類以導致新的

知識。（參閱圖十一，頁 81）

➢科技管理・李仁芳

systems analysis 系統分析 ❖系统分析

調查研究系統的目的、需求、處理程序與作業方法等，從而探討系統之問題並研訂解決問題的各種可行性方案，從中找出最佳方案並製作系統定義書，做為建立系統的準則。

➢資訊管理・范錚強

systems analysts 系統分析師

❖系统分析员

負責對電腦系統進行性能分析的高級技術人員。主要職責是運用在經濟層面、資訊科技層面、與管理層面的專業知識從事訊息蒐集、問題發掘、以及可行性方案的建立與評估工作。

➢資訊管理・范錚強

systems design 系統設計 ❖系统设计

整個系統設計的過程是一個重複的細化工作，將軟體的需求轉換成具有結構化的設計規格，並確認規格是可實現的，其設計結果為程式師撰寫程式的依據。系統設計主要分為：系統架構設計、資料結構設計、演算流程設計、輸出入設計等。

➢資訊管理・范錚強

systems development 系統開發

❖系统开发

根據對一個系統所提出的功能要求，經過系統分析、系統設計和系統測試三個階段，使之成為現實的過程。通常，系統開發完成後，在實際應用中還會發現問題，往往還要

求進行維護。

➢資訊管理・范錚強

systems development life cycle (SDLC)　系統發展生命週期

❖系统发展生命周期

一種資訊系統發展的模式,是歷史最久與應用最廣泛之系統開發模式。它將系統的開發過程分為分析、設計、寫碼、測試、與系統維護等五個階段,每個階段都定義清楚並完成後才進入下一個階段,若發現任何錯誤與問題,則需回到影響所及的前面階段以更正錯誤或解決問題。

➢資訊管理・范錚強

systems integration　系統整合

❖系统集成

定義各個不同系統間的介面,使其能互相溝通協同運作,整合完成某一特定任務。

➢資訊管理・范錚強

systems network architecture (SNA) 系統網路架構　❖系统网络体系结构

1974 年,由 IBM 公司推出的一種電腦網路架構,它採用分層結構描述了網路的邏輯功能。SNA 把通信系統的功能分成一系列功能明確的邏輯層,並把系統功能分布到所有節點中。

SNA 是結構概念和操作協定的集合,它定義了一組與通信有關並且分佈於整個網路的功能。通信系統功能分為三層:應用層、功能管理層和傳輸管理層。

➢資訊管理・范錚強

systems selling　系統銷售

在組織購買行為中,系統銷售就像是一次解決式的銷售。系統銷售可採取許多方式,供應商可銷售一系列相關的產品,因此黏膠的供應商不只銷售黏膠,也銷售塗膠器與乾燥劑。供應商可銷售生產、存貨控制、通路與其他服務系統,以符合買方順利營運的需要。

➢行銷管理・翁景民

systems software　系統軟體　❖系统软件

在電腦系統中,所有供使用者使用的軟體。通常包括作業系統、組譯程式、組合程式及各種服務性程式和某些應用程式。系統軟體是一種能為電腦系統提供某種功能的軟體,是用來發展各種新程式的工具。

➢資訊管理・范錚強

S

tacit knowledge　內隱知識

指一種不可言傳的知識，此種知識的實質內容，無法用言語或程式來表達，其特性為內隱的(implicit)而非外顯的(explicit)，難以編碼化(non-codifiable)，不易用言語來溝通，經驗不易被分享，是高度個人化的知識，內隱式的知識深植於個人的行動和經驗中，同時也深植於個人的理想，價值和情感之上。

主觀的洞察力，直覺和預感均屬於這一類。例如：廚師要炒一道好菜，除了食譜上所寫的配方以外（非默慧），還有一些廚師個人的經驗（默慧），無法以文字化來敘述。

➤科技管理・賴士葆・李仁芳・陳松柏

tactics　戰術　❖❶战略　❷策略

用來執行部分之策略性計畫的計畫。

➤策略管理・司徒達賢

Taguchi method　田口方法　❖三次设计

係日本品管大師田口博士(Dr. Genichi Taquchi)所倡的一種品質管制的理念，其基本精神是：品質的改善要從形成產品的源頭著手，也就是要從設計時就要做好，這有別於一般品質管理著重在生產線上的製程管制、或進料及成品檢驗，所以稱之為線外品管(off-line quality control)。

在觀念上他認為，傳統的產品之規格界線的概念缺乏積極性，好像品質只要控制在規格內，則品質就是完美無缺，田口認為我們應該努力追求的是設計時的最佳值，任何產品的品質只要偏離目標值，不管是否仍在規格內，都應被視為不完美，對顧客、工廠、甚至整個社會都有負面的影響。他提倡產品及流程的設計需透過系統設計、參數及公差設計等三階的設計來達到可承受外部雜音干擾的強勁設計。

➤生產管理・張保隆

takeover　❶接管　❷收購　❖故意收购

指改變公司的管理與控制權。其中又分為友善的購併以及不友善（或惡意）的併吞兩種，不友善的併吞指外來人士或其它公司在現任公司管理當局的反對下，強行購併公司，通常利用公開市場的股票收購或是直接向公司董事會提出合併計畫、收購委託書以取得董事席位等。

相對的，被接收公司則會利用各種方法抗拒收購，如降低資產價值、減少利潤數字、在公開市場高價反收購等，或設法使公司變得無收購價值。當公司的股價偏低時，惡意接收的行動就有可能發生，為保護自己的權益，管理當局必須儘量設法提高公司的股價。

➤策略管理・司徒達賢・吳思華

taking poison pills　吞食毒藥丸

公司管理者為防止公司被強行購併，主動採取一些會傷害公司的行動，使潛在購併者喪失強行購併公司的興趣。例如：美國迪斯奈公司的管理當局曾為了防止被其他公司強行購併，而決定將一大筆該公司的股票，廉售給另一家友好公司。這種為防止公司被強行購併而損害股東利益的不當作法，還有支付贖金等方式。

➤財務管理・劉維琪

talent inventory　❶技能存量檔　❷管理人才庫

係指將組織成員的許多資料，如：學經歷、

特殊技能、職業興趣、行業經驗、產品知識、考績資料、參加過的訓練課程、生涯規劃等，彙整成一套有系統的檔案，以便需要時可以很容易找出具有該項專長或技能的員工來填補空缺。當上述存量檔的對象由一般員工改為管理人員時，此項資料即轉變為管理人才庫，而管理人才庫中所包含的項目與內容應比技能存量檔要周延且複雜。

➣人力資源・吳秉恩

target market　目標市場

公司可以選擇包括所有合格可接觸市場或僅針對某個市場區隔來行銷。而目標市場就是公司所決定追求的合格可接觸市場。

➣行銷管理・翁景民

task characteristic theories
任務特性理論

其理論主要是要區辨工作的任務特性，這些特性如何構成不同的工作，及他們與員工的動機、滿意度及績效之間的關係。比較重要的任務特性理論有必要的任務屬性理論(requisite task attributes theory)、工作特性模式(job characteristic model)及社會資訊處理模式(social information-processing model)。

➣人力資源・黃國隆

task environment　❶任務環境
❷工作環境

指影響組織的其它外部特定組織或群體，或指直接與企業的經營管理相關互動的環境因素；這些環境因素會直接與企業互動而影響企業的運作與績效，也是企業可直接操控和改變影響的因素，包括顧客、供應商、競爭

者、環境代理人（例如：貿易公會）等。企業每日的運作範疇幾乎都會涉及工作環境之各因素。

➣組織理論・徐木蘭

➣策略管理・司徒達賢

task force　任務小組
❖❶*特別工作組*　　❷*特別任務組*

只非永久性的工作團隊，這一工作團隊的創造是為了完成特定的任務，一旦任務完成團隊將解散。

➣策略管理・司徒達賢

task group　任務團隊

指因某種特殊目的所形成的階段性團隊，是一種根據任務的特性所產生與任務相關經驗（包括技能與知識）角色的組合。當然有時也會有許多外部利益團體的加入，以協助任務的有效達成。

➣人力資源・黃國隆

task　職務　❖*任务*

員工所應執行和完成的工作任務，其目的在明確告知部屬達成組織目標的工作內容。一般而言，愈高層之工作，其職務愈不易客觀描述及界定，主管也愈不願具體規範，以免喪失自由裁量權；反之基層工作則較易明確化，實務上必須注意其區別。

➣人力資源・吳秉恩

tax differential theory　所得稅差異論

一種股利政策理論。主張在股利稅率比資本利得稅率高的情況下，公司應該建立低股利支付率政策，才能使公司的價值達到最大。

這是因為如果股利的稅率比資本利得的稅率高，則投資人可能喜歡公司少支付股利，而將較多的盈餘保留下來作為再投資用，而為了獲取較高的預期資本利得，投資人將願意接受較低的普通股必要報酬率，所以，為了使公司的價值達到最大，公司應該建立低股利支付率政策。

➤財務管理‧劉維琪

team management 團隊管理

團隊乃是由兩個人以上，基於共同的目標所組成的群體。團隊管理即是以團隊為單位所進行的管理活動，目的在確保團隊目標能有效達成。團隊管理的內涵包括目標設定、團隊形成、團隊領導、團隊運作、績效評估等方面。有效的團隊管理除了擁有優秀的團隊成員外，應注重培養成員互信基礎，以發揮團隊合作的力量。

➤策略管理‧吳思華

team selling 團隊銷售

推銷的工作越來越需要採團隊合作的方式，也就是需要其他人員的支援。通常會有一個銷售小組（如公司的職員、一位銷售代表即銷售工程師）向購買者做銷售展示。

➤行銷管理‧翁景民

technical analysis 技術分析　❖技术分析

利用股票過去的交易資訊（如成交量與成交價），來判斷股票價格的未來走勢，以作為進出股市參考的一種分析方法。技術分析的基本原理有四：

1. 股票的市場價格由供需關係決定。
2. 供給和需求由合理與非合理的各種因素（尤其是心理因素）決定。
3. 如果不考慮市場的小波動，股價在一段期間就會顯示一定的趨勢。
4. 這個趨勢依供需關係的變化而變化。

➤財務管理‧劉維琪

technical feasibility 技術可行性研究

在軟體工程中，技術可行性研究是用以探討現有技術條件能否順利完成子系統發展的工作。主要探討新系統所需之軟硬體是否具備，能否購得，對參加發展的技術人員能力的要求等。

➤資訊管理‧范錚強

technical ladder 技術梯

在雙梯制規劃中，從事技術性工作的升遷階梯，例如：在企業中從專員、高級專員、特別助理、技術總監的升遷階梯；在醫院中從住院醫師(R1, R2, R3, R4)、總醫師、主治醫師之升遷階梯；各階梯中雖沒有對人的行政管理權，但仍與管理梯持有著平行的地位，愈上層代表愈高的頭銜、薪水、社經地位，以及在公司內更多的職責及更彈性自由的資源支配與自主權。

➤科技管理‧賴士葆‧陳松柏

technical risk 技術風險

在新產品開發過程中充滿著風險，研發風險可區分為技術風險與業務風險。技術風險指的是新產品開發失敗未能順利上市之風險；業務風險指的是產品上市後，銷售不理想，未對公司帶來利潤之風險。技術風險是研發技術人員要負責的，業務風險則是行銷人員要負責的。

➤科技管理‧賴士葆‧陳松柏

technological competence　技術能力

❖科技能力

在特定領域的技能或知識，此一技能或知識
足以讓組織形成競爭優勢。

➤策略管理‧司徒達賢

technological force　技術團隊

指外部環境中能夠產生解決問題的發明之外
部力量。

➤策略管理‧司徒達賢

technological gatekeeper　科技守門員

在資訊來源的取得、流動和流入研究實驗室
的方向上，守門員扮演著重要的角色。其較
一般同事更主動接觸外在的來源；同時在知
識的篩選和傳播上也舉足輕重。近年來，資
訊科技已經將守門員的部分給自動化—利用
資訊剪輯服務、定期的專利尋找，持續利用
關鍵字彙為指引，進行資料庫的電子掃瞄。
然而，匯集來的資訊仍需有人篩選，因此經
理人仍持續找尋和獎勵這些能夠做為重要知
識輸入管道的個人。

➤科技管理‧李仁芳

technologies strategy　技術策略

指企業在進行策略規劃或整體規劃時，必
須隨著技術的改變，而調整其方向，亦即
要接受技術具有較廣泛或具策略性的角
色。具體言之，技術策略即是在做策略思
考中，考量並制訂有關技術的選擇、產生、
獲取、管理、維護與運用等之決策。技術
策略大體可分為內容模式與過程模式，內
容模式描述技術策略的實質構面；過程模
式則描述技術策略的規劃決策程序。（參閱

technology strategy）

➤策略管理‧吳思華

technology capability　技術能力

可適用在國家、產業、企業三個不同層次，
習慣上，技術能力用在衡量企業層面，如果
是衡量國家與產業層面，則以競爭力稱之。
衡量企業技術能力的高低，不同學者皆同意
用多種不同的構面，例如：硬體的設備、軟
體的制度、人才、文化以及轉換能力。企業
的技術能力，係經由一種組織學習、吸收累
積與歷史演化的過程逐漸培養建立起來的。

➤科技管理‧賴士葆‧陳松柏

technology change　科技變革

變革的策略類型之一，可從創意產生與創意
運用兩方面來看。有機式組織的彈性使得人
員可自由地創造與引入新想法，而機械式組
織因強調制度與規定而會扼殺創意的產生，
但是其卻能有效率地生產標準的產品，因此
組織應採用兩面靈活方式—將結構與管理程
序結合，使得創新想法得以產生，並且得以
透過產出製造程序的變革來運用創新想法。

➤組織理論‧徐木蘭

technology cooperation　技術合作

主要來自經濟部投審會的技術合作條例，在西
文文獻中所看到的，蓋因西方國家多為技術輸
出國，所以學者探討都以技術移轉或技術授權
的名詞出現。但對於開發中國家多為技術輸入
國，政府的立場不願企業純粹是用錢買技
術，總希望雙方在技術移轉過程中，能有互
相學習的合作機會，故採用技術合作的名詞。

➤科技管理‧賴士葆‧陳松柏

technology development　技術發展

發展(development)係相對於研究(research)而言，是將科學知識有系統地使用於產品的設計、生產方法上，包括產品雛型與製程的設計開發。

技術發展是將基礎研究與應用研究的結果轉換為實體產品或製造方法的過程，例如：將微處理器應用於工具機上而成為自動控制工具機之過程。

➢科技管理‧賴士葆‧陳松柏

technology diffusion　技術擴散

擴散指的是一項創新，透過特定通路在一個社會系統內的成員間之溝通過程，擴散是一種資訊的社會交換過程。技術擴散的標的物是「技術」，同時未限制擴散的對象，儘可能毫無限制的移轉給所有可能需要的機構。技術擴散有兩種情況，一種為有計畫、預期式的擴散，此種情況多數為政府機構移轉擴散給企業機構；另一種為無預期、非本意的擴散，此種情況又稱「技術外洩」。

➢科技管理‧賴士葆‧陳松柏

technology discontinuity　技術不連續

是指性質完全不同而功能卻相似的技術間替代情形，例如：電機體取代真空管，積體電路取代電晶體，也可以說是一種革命性、躍進式的創新。由於技術的進步是逐步累積的，當累積了許多的小進步（累積的過程中，是一種技術的連續進步），就形成了一個大進步（形成了技術的不連續）（參閱圖五四）。

➢科技管理‧賴士葆‧陳松柏

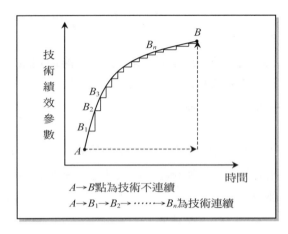

圖五四　技術不連續圖

資料來源：賴士葆、謝龍發、曾淑婉、陳松柏（民86），《科技管理》，國立空中大學，頁122。

technology forecasting　技術預測
❖技术预测

意指對技術創新、新科技改良以及可能的科技發明等所做的描述與預測。技術預測要回答以下問題：要預測什麼？預測時需要什麼資料？技術改變有多快？現有技術未來會被什麼樣的技術取代？未來技術又是什麼技術？未來技術在什麼時候會被實現？實現的機率？預測者對預測結果有多少信心？

➢科技管理‧賴士葆‧陳松柏

technology fusion　科技融合

新產品較以往更容易經由不同專案或產品在接觸時，所引發的創新而產生。也就是結合不同科技能力所含知識的能力，這富創造力的公司有別於其他公司的地方。

➢科技管理‧李仁芳

technology illiterate　技術文盲

指的是企業主管中，缺乏技術的專業背景，

對於技術方面的專業知識並不熟悉，對於牽涉到技術方面有關的產品開發或製程改善決策，都只能著眼於短期性的行銷或財務觀點，而忽略了長期性的技術考量，對研發資源的投入也無法做合理的評估，據布茲·艾倫(Booz Allen)的調查發現，美國企業中，有三分之二的高階主管具有技術文盲的現象，而忽略了技術在策略規劃中之角色。

➢科技管理·賴士葆·陳松柏

technology infusion　技術融合

將兩種以上不同的技術領域予以組合，以創造出另一種新的功能領域。

➢科技管理·賴士葆·陳松柏

technology licensee　技術接受者

技術接受者為買入技術之一方，其買入技術之原因為：

1.公司無此項技術。

2.為縮短研發時間。

3.為了改良公司已有之技術。

➢科技管理·賴士葆·陳松柏

technology licensing　技術授權

❖技术许可证贸易

根據學理與經驗所發展出的工藝技巧，將相關產品設計製程，知識或相關資訊書面文件，以授權合約方式授予某組織，被授權者取得該項技術使用權。

➢科技管理·賴士葆·陳松柏

technology licensor　技術授權者

為出售技術之一方，其出售技術之原因為：

1.該公司只專注於技術的研發工作，當其將

技術研發成功後，即尋求買主將技術授權出去，然後再另行研發其它新技術。

2.因該技術已老舊落伍，處於技術生命週期的成熟或衰退期。

➢科技管理·賴士葆·陳松柏

technology life cycle (TLC)
技術生命週期　❖技术寿命周期

描述一種新技術的發展過程，其技術績效指標隨著時間軸的進行呈現 S 型的發展軌跡，經歷萌芽期、成長期、成熟期、以及衰退期的一般生命週期現象，最後並為另一種新技術所取代。某項技術愈趨近生命週期的早期時，可商品化的時間愈長。

➢科技管理·賴士葆·陳松柏

technology-push innovation
技術推動創新

在創新過程中，創意的來源來自技術面（亦即技術推力），經由研究發展、生產等功能來進入市場，技術推動創新之初並沒有明顯的市場需要，而是靠技術推動或是發明家的創造精神，來開啟重大的發明或創新，事先並未考慮到是否滿足市場使用者需要。

➢科技管理·賴士葆·陳松柏

technology sourcing　技術外包
❖科技采购

將創新活動委由其它廠商代為執行的過程。

➢策略管理·司徒達賢

technology strategy　技術策略
❖技术战略

是企業在進行策略規劃時，要接受技術具有

較廣泛或具策略性的角色，考量並制定有關技術之選擇、產生、獲取、管理、維護與運用等之決策。分成內容(content)模式，係描述技術策略的實質構面，也就是企業在進行技術策略決策時，要考慮那些實質內容與過程(process)模式，係探討如何進行技術策略的規劃決策程序。(參閱 technologies strategy)

➤科技管理・賴士葆・陳松柏

technology transfer　技術移轉

❖技术转让

指技術開發、導入、調整、吸收、消化、加以應用等的過程，是將有形的產品設計製程、知識或有關設計製程的資訊、書面文件，由一個組織或單位，移轉到另一個組織或單位，並且使技術的接受單位，能應用所接受到的技術處理其所面臨的問題的程序。技術之移轉買賣，不同於一般商品、機器設備之買賣交易隨著銀貨兩訖而結束，技術移轉交易的存續時間往往很長，兩造在轉移過程中，存在著互相學習與技術合作的關係。

➤策略管理・司徒達賢

➤科技管理・賴士葆・陳松柏・李仁芳

technology / market co-evolution
科技市場共同演化

有些時候，科技人員的思考遠遠領先消費者，而開發出自始就找錯目標市場的應用。這種發明或發現過程，固然昂貴和較無效率，但同時也帶來了某些最具革命性，甚至是最造福世界的產品，就好比影印科技一樣。科技的可能性很難完全被確認或商業化。相關例子從藉由 DNA 血液樣本測試確

定父子關係，到雷射立體卡片等，不勝枚舉。（參閱圖十四，頁 106）

➤科技管理・李仁芳

telecommunications　通信　❖远程通信

利用公用通信線路在遠距離上進行資訊傳輸。被傳輸的資訊可以是語音、資料、影像等各種形式。

➤資訊管理・范錚強

telecommunications software
通信軟體　❖通信软件

處理在公用通信線路上傳輸資訊的軟體。通訊軟體為了能在公用線路上傳遞，必須根據某一協定去設計。

➤資訊管理・范錚強

telecommunications technology
通信科技

解決在公用通信線路上傳輸資訊的相關科技，例如：藍芽、微波及衛星等是解決無線傳輸通信的科技。

➤資訊管理・范錚強

telecommuting　虛擬通勤　❖电信办公

透過電腦網路或遠端通信手段，與辦公室進行通信連接，使任何一個地點都能成為辦公室的一部分，實現在家辦公的工作方式。

➤資訊管理・范錚強

teleconferencing　遠距會議　❖电信会议

利用電視、電腦網路和通信系統，使在不同地點的人員共同參與的一種會議形式。一般會議參加者都配有視顯示終端和電腦終端，

他們可以通過資料通信網路互通消息，並透過終端機顯示不同地點與會者的影像，達到擬似面對面溝通的目的。

➤資訊管理・范錚強

telemarketing　電話行銷

已成為主要的直效行銷的工具，消費者可透過電話來購物。自動化的電話行銷系統使此更盛行。如自動撥號與語音系統可自動撥號，播放廣告訊息，記錄訂單消息或轉至總機人員等。電話行銷在企業界與消費者行銷都漸被接受。

➤行銷管理・翁景民

TELecommunication NETwork (Telnet)　電訊網　❖远程通信网络

在傳輸控制協定／網間協定(TCP/IP)環境中的一個上層協定，其目的是提供一種廣泛的雙向八位元通信功能。它支持連接（終端到終端）和分布式計算（處理過程到處理過程）的通信。一個 TELNET 連接是用於傳送嵌有 TELNET 控制資訊的 TCP 連接，它的基本概念為：網路虛擬終端、協商操作規則和終端或處理過程的對稱觀念。

➤資訊管理・范錚強

temporary current asset
暫時性流動資產

會隨公司季節性或循環性波動而變動的流動資產。與永久性流動資產相對。

➤財務管理・劉維琪

temporary workers　臨時員工

❖❶临时工　❷兼任

非永久性的員工，包括兼職員工、顧問、契約工等。

➤策略管理・司徒達賢

tender offer　❶股票收購　❷出價募集
❸邀約讓渡　❖要约收购

在市場上公開出價購買股票。它是由一家公司直接向另一家公司的股東提出，其價格通常以所要取得的股票之每股單價表示。股票收購係直接對股東提出，因而不必經過該公司管理當局的批准。

➤財務管理・劉維琪

terabyte (TB)　❶十億字元　❷兆位元組

儲存器容量的一種量度單位，即 2^{20} 位元組。相當於 1024Gigabyte。（參閱 gigabyte）

➤資訊管理・范錚強

term loan　定期貸款　❖贷款条款

一種負債契約。契約中載明，借款人同意在未來某特定期間，支付一系列的利息給貸款人，並在貸款到期時，將本金償還給貸款人；或於到期日以一次償還本息的方式償還給貸款人。定期貸款是企業中期資金的來源之一，其擔保品一般是提供動產的設備質押，但是規模較大、財務較健全的公司，也經常能借到定期的信用貸款。

➤財務管理・劉維琪

T

term structure of interest rates
❶利率期間結構　❷利率期限結構
❖*利率的期限結構*

債券殖利率與到期日長短之關係，亦即不同到期日之無違約風險零息債券的殖利率與到期日間的關係。其中，一年期以下的利率期限結構，可由美國聯邦國庫券(T-Bill)之殖利率求得；而一年期以上的利率期限結構，則可由美國國庫債(T-Bond)之交易價格資料，利用利率期間結構模型 [如 Vasicek, 1977; Cox, Ingersoll, Ross (CIR), 1985; Hull, White, 1990 等模型] 進行配適估計(calibration)，或是直接利用分割息票(strip)市場之交易價格所得之殖利率直接繪製而成。

➢財務管理・劉維琪

terminal values　目的性價值觀

個體響往價值存在的最終狀態，亦即個人在一生當中最想達成的目標。例如：舒適富裕的生活、成就感、和平的世界、美的世界、公正平等、家庭安全、自由、快樂、自我尊重、內心和諧、社會認同、真正的友誼、智慧……等。

➢人力資源・黃國隆

test marketing　試銷

管理者在新產品發展的過程中，在對產品的功能運作滿意之後，產品便要進入試銷階段。在此階段，產品及行銷計畫都要引入較具體的消費者環境，以在最後推出市場之前確知該產品到底有多好。

➢行銷管理・翁景民

test plan　測試計畫

軟體發展後必須進行測試以確定符合需求功能，在進行測試之前必須擬定測試計畫。測試計畫是依據軟體需求與設計規格，訂定相關的測試規劃與流程、測試個案、及預期測試結果。其中包含單元測試、整合測試、驗證測試及系統測試等步驟。

➢資訊管理・范錚強

the agent of knowledge　知識經理人

工廠不會自動開始生產，知識管理亦然，沒有知識經理人，何來真正的知識管理。知識管理的結構，必須和任何一種組織體系、方法、部門一樣，要設定明白的策略目標。創新點子需要有人去找、公布、並刊登出來，作業程序和前事之師，需要有人記錄下來，組織成組織化的記憶。換言之，就是需要知識經理人負責管理組織化知識及其科技的內容。

➢科技管理・李仁芳

the clearinghouse for the new knowledge generated　知識存取交換所

在企業系統層（例行性的工作）和專案小組層（多個專案小組致力於新產品開發等知識創造活動）中所新創的知識，增加了一個具有「知識存取交換所」功能的知識庫。知識庫層的角色是「混合」不同的知識內容，將它們重新分類和整理為對組織整體較具意義的形式。

➢科技管理・李仁芳

The Economic Espionage Act (EEA)　美國經濟間諜法案

美國有關營業秘密(know-how)偷竊案，過去是由各州的法律自行規範，而自從 1996 年

10 月 13 日通過「經濟間諜法案」後，竊取營業秘密被以聯邦罪犯處置，課以嚴重的民刑事責任，竊取營業秘密罪，最高可判十年有期徒刑，經濟間諜罪，最高可判十五年有期徒刑。

此法的立法精神是在於罰「意圖犯」，即使竊取商業秘密的行為未成立，只要美方認為被告企業有此意圖，就可據以起訴並判刑，因此被視為美方打擊國外競爭對手最有利的武器。

➢科技管理・賴士葆・陳松柏

The Settlement of Labor Disputes Law　勞資爭議處理法

該法旨在規範勞資爭議處理之條件程序。本法亦在動員戡亂時期結束，恢復其本來面貌。本法對勞資爭議之類型、條件以及處理程序，均有規範。一般依循自我協商、調解、仲裁及訴訟之程序，並視爭議案件屬權利事項或調整事項而定。

➢人力資源・吳秉恩

theory of constrains (TOC)　限制理論
❖约束理论

限制理論係由高德拉特(Goldratt)所提出，又稱「產量－緩衝－連線」方法(drum-buffer-rope method)，係指將重點放在如何使總加值基金最大化等的管理方法上，限制理論的前身為 1980 年代所提出的最佳化生產技術(OPT)。

總加值基金＝銷售－銷售折扣－變動成本

限制理論的假設為任一生產（銷售）系統中皆存在有限制因素（即瓶頸），而這些限制因素即決定了生產（銷售）系統的產出（獲利）速率。

限制可分為實體限制(physical constraints)與政策限制(policy constraints)，實體限制包括資源、市場與供應商等，而政策限制則包括制度、管理者思維等，限制理論的目標為首重「限制」之管理，例如：其認為意欲使整個生產系統績效發揮的關鍵在於如何將生產瓶頸考慮進排程中。

➢生產管理・林能白

theory X and theory Y　X 理論及 Y 理論
❖X 理论－Y 理论

為早期的一種激勵理論之一，該理論對人性提出二種極端的分野，一為負面的，稱為 X 理論：即員工都是厭惡工作、懶惰並推卸責任，必須施行高壓統治才能使其工作；而對 Y 理論則抱持正面的看法：即員工熱愛工作、富創造力，能主動要求承擔職責並自我監督。

➢人力資源・黃國隆

therblig analysis　動素分析

細微動作研究也為動作分析的工具之一，在操作或動作分析中雖有操作人程序圖與動作經濟原則等分析工具，不過，這些工具或方法所記錄的過程常失之粗略，對於過程時間短且反覆性高的工作站而言，因其精密度要求高故較難適用，此時，可應用吉爾伯斯(Frank Gilbreth)夫婦所研創的十七種動素來執行更詳盡的分析。

T

動素分析即構成細微動作研究的骨幹，動素分析即細分出工作中的動素並將這些動素逐項分析以謀求工作改善。然而，由於此十七種動素非常細微，若用目視予以觀測與記錄往往不易正確，故實際施行時經常搭配影片分析或動素程序圖(therblig process chart) 使用，影片分析係利用攝影機來捕捉其真實畫面以求得正確數據，接著，再針對各個動素的特性予以檢討與改進。

由於動作影片分析之拍攝與放映可能需耗費大量的時間，因此，若非該項操作深具附加價值或高重複性，則可以動素程序圖取代之，動素程序圖的繪製方式如同操作人程序圖，不過，圖中之符號以基本動素取代之，同時，慣常以 TMU (time measurement unit)作為時間單位。

≫生產管理‧張保隆

third-country nationals　第三國籍員工

指該員工具有某國國籍，然在第二個國家的企業中工作，而該企業的總部設於第三國。一般國際化之企業，一者為考量人力成本及跨文化適應問題，運用第三國籍員工常是折衷之方法，但須了解地主國使用外籍勞工之限制。

≫人力資源‧吳秉恩

Thompson's model　湯普森模型

此一模型係用以決定衡量組織效能所應採用之標準(standards)。由學者湯普森(James Thompson)和提頓(Arthur Tuden)所提出，以兩個構面：組織預定目標的明確度（清楚 vs.模糊）、關於行動與結果之因果關係的知識水準（高 vs.低），以決定應該採取何種衡量標準。

當目標明確且因果關係高時，應該採取效率檢驗的標準：以最小的投入達到最大的產出；而當目標明確但因果關係低時，則是採取相關工具性檢驗的標準：例如：透過《財星》雜誌(Fortune)或《天下》雜誌的排名來了解與競爭對手的相對位置，以取代絕對性的績效標準。

此方法適用於環境不確定性高時（因此造成行動與結果之因果關係偏低）；而當目標不明確但因果關係高時，則應採取社會性檢驗的標準：由外界社會性個人或團體來給予肯定，例如：諾貝爾獎、國家品質獎等。通常評鑑的個人或團體之公信力愈高或愈重要，則此社會性檢驗結果的效度愈高。

≫組織理論‧徐木蘭

threat of new entrants　進入威脅

產業新成員對於產業中既存廠商所產生的影響。

≫策略管理‧司徒達賢

throughput　產出率

❖❶*生产量*　❷*吞吐量*　❸*出产率*

原指生產設施如員工、機器、工作中心、工廠或部門等於單位時間內的總產出量，在限制理論(TOC)中，產出率則指透過銷售活動獲得現金的比率。

≫生產管理‧林能白

tie-in　搭賣

搭賣促銷涉及兩個以上的品牌或公司，共同推出折價券或比賽，以增加集客率。

≫行銷管理‧翁景民

time　時間

參閱 PQRST。

➤生產管理・張保隆

time bucket　❶時間區段　❷時距

❖❶時間周期　❷時間段

參閱 planning horizon。

➤生產管理・張保隆

time draft　定期匯票

一種承兌匯票。該匯票經付款人承兌後，將於一定時日內付款。匯票持有人可一直持有匯票到到期日才兌現；或以匯票作為擔保品，向銀行貸款；或在公開市場售出匯票，以馬上獲取現金。

➤財務管理・劉維琪

time interest earned　利息償付倍數

❖賺得利息倍數

衡量公司支付年度利息費用能力的財務比率，其值等於年度息前稅前盈餘除以年度利息費用。利息償付倍數如果很低，代表公司可能無法按時支付利息，因此，該公司如果想要使用負債去籌資，可能會面臨困難。

➤財務管理・劉維琪

time series analysis　時間序列分析

❖時間序列分析

係指對描述過去長期之一系列需求資料的觀察與研究，為一定量的內部資料預測技術，最常用來作生產與庫存的管理預測，包括時間序列分析在內的定量預測法皆假定過去資料對未來預測是相關的(relevant)，亦即過去需求發生之背景或情況未來會持續著。

一時間序列中包含許多成份(components)，其中較重要者有長期趨勢(trend)、循環變動(cycle)、季節變動(seasonality) 及偶然變動(random variation)等，而最小平方法、移動平均法、指數平滑法等為常用的時間序列分析方法用以平滑一種或一種以上的變動。

➤生產管理・林能白

time sharing　分時處理　❖分时处理

使兩個或兩個以上程式在同一時間上交替使用同一個設備的一種方法。

➤資訊管理・范錚強

time study　時間研究　❖时间研究

係指在標準狀態下，研究分析某一設定工作所需花費的時間長短，將此標準動作所需的時間以數字表示出的一種技術，藉由分析標準動作所需的時間，訂定操作人員的合理工作量，並依此設定工作所需的標準時間。

標準時間係指正常操作完成某一工作所花費的全部時間，亦即在標準狀態下，針對實際情況，經由時間研究所得的正常時間外，因個人生理上的需要而增列暫停時間〔生管領域稱為寬放時間(allowance time)〕的彙總時間即為標準時間，標準時間的計算如下：

$$ST = NT \times AF$$
$$NT = \sum (\bar{x}_i PR_i)$$
$$AF = i + A$$

其中，

ST　代表標準時間；

NT　代表正常時間；

$\bar{x}_i$　代表工作單元 i 的平均時間；

PR_i 代表工作單元 i 的績效評比；

AF 代表寬放因子；

A 代表以工作時間為基礎的寬放百分比。一般常使用直接測時法(direct time study method)、工作抽查法(work sampling)及預定時間標準(predetermined time standard)等三個方法來訂定標準時間。(參閱work measurement)

➢生產管理・林能白

timing tactics 時機戰術 ❖时机战术

與進入市場的時機有關之戰術，而這項戰術是為了要執行競爭策略，例如：先進入者、追隨者、或晚期進入者等。

➢策略管理・司徒達賢

timing-know-how advantage 時機與專業知識優勢

一種理論主張認為競爭優勢建築在企業獨特的資產和知識上，這些資產和知識可用以賺取超額利潤，因為其獨一無二的特性，企業可以就客戶使用這些資產和知識的行為來收費。此外，賺取這些利潤的時機，也會影響到企業為持股人創造的價值。在此一理論下，企業要建立對顧客有價值的獨特資產和知識，就能贏得優勢。

➢策略管理・吳思華

tit-for-tat strategy 因應策略

價格信號的策略之一，指某企業可能會宣布積極回應競爭者的降價來威脅競爭者。

➢策略管理・司徒達賢

Tobin's q 托賓 q 值 ❖托宾寸

上市公司股票市場價值（流通在外普通股與普通市價相乘所得之乘積），除以公司帳面價值（資產扣除負債）的比例。該值越大者，表示隱含在公司內部無法顯現於資產負債表上面的無形資產越多，也表示傳統資產負債表無法充分呈現該公司實際的價值。

➢策略管理・吳思華

top management ❶高階主管 ❷高層管理當局 ❖高层管理者

企業的最高管理人員集團，可能包括董事長、副董事長、總經理、執行副總經理、集團或高級副總經理等人。有人則認為企業的執行委員會及其成員是最高管理集團。

➢策略管理・吳思華

top-down approach 由上而下的方式 ❖自顶向下方法

從完全理解待求解問題出發，寫出待求解問題程式的一種程式規劃方法。

➢資訊管理・范錚強

topology of knowledge 知識構造圖

一般人要擴展「他知道他有的知識」範圍時，用的方法不外是將他潛在的「不自知的知識」，拉到表面來，或是用教育訓練和研究之類的工夫，填補缺口；再要不就是瀏覽不知的部分，補充不足。「知識構造圖」為惠普(HP)資訊系統小組所採用，以避免在處理知識投資過度所產生風險之參考（參閱表四，頁405）。

➢科技管理・李仁芳

表四　知識構造表

	知　識	沒有知識
知道	你知道你有的知識 （自知的知識）	你知道你沒有的知識 （自知的落差）
不知道	你不知道你有的知識 （不自知的知識）	你不知道你沒有的知識 （不自知的落差）

資料來源：Thomas A. Stewart (1998)，《智慧資本》，
　　　　　智庫出版社，頁 226。

total asset turnover ratio　總資產週轉率
❖总资产周转率

銷售額除以平均資產總額的比率，用以衡量公司所有資產的使用效率。其公式如下：

總資產週轉率＝銷售額 ÷ 平均資產總額

總資產週轉率越高，表示資產的使用效率越高，亦即生產力越大。因此，某家公司的總資產週轉率如果比產業平均水準低，代表與其他同業相比，該公司的總資產投資未產生足夠的銷售額。因此，公司的管理當局應採取行動以提高銷售額，或將閒置的資產變賣掉。

➤財務管理・劉維琪

total cost function　總成本函數
❖总成本函数

總成本由總固定成本及總變動成本所構成。

➤策略管理・司徒達賢

total productive maintenance (TPM)
全面生產維護　❖全员生产维修

維持設備在功能上備用，所以在需要時，就可以工作，執行所期待的生產品質產品上且可靠地使工作不停機。TPM 源起於全面品質管理(TQM)理念。正如檢查為傳統上的品質管制方法，停機修理也是維護的通用方法。多了解失效機制，為可靠度更佳設計，以及預防性維護——尤其是大量的操作員的參與——為更好的方法。

早期的 TPM 活動是針對生產部門進行的，但是目前 TPM 活動已經擴展為全公司參與的活動，所以現今的 TPM 定義如下：「以最有效的設備使用為目標，確立保養預防、預防保養、改良保養等生產保養之總體體制，由設備之計畫、使用、保養等所有有關的人員，從最高經營管理者到第一線管理人員全部參與，以自主的小組活動來推動使達到零損失」。因為 TPM 活動是以改變設備、改變人的看法及想法、改善現場工作環境的方式來革新企業的體質，建立起輕鬆活潑的工作環境，使企業的發展不斷的提升。

➤生產管理・張保隆

total quality control (TQC)
全面品質管制　❖全面质量控制

由費根堡(Feigenbaum)所提倡，目的在於將組織機構內各部門對品質發展、品質維持及品質改善的各項努力，綜合成為一整體的品質系統，不限於製造或品質部門，以使產品或服務皆能在最經濟水準下，讓顧客完全滿意。（參閱 company-wide quality control, total quality control）

➤生產管理・林能白

total quality management (TQM)
全面品質管理

❖❶ *全面质量管理* ❷ *人人全面品质管理*

是一種管理哲學，這種管理哲學由顧客需求及期望所驅動，其所關注的焦點在工作流程的持續改善。全面品質管理源自於全面品質管制(TQC)與全公司品質管制(CWQC)兩種概念，強調顧客導向、員工參與以及持續之品質改善，因此，全面品質管理乃指企業為符合顧客的需求，由最高階層到現場作業員所有人員共同參與運用公司的資源，共同持續參與品質發展、品質維持及品質改善，並提高企業整體品質績效的活動。

➤生產管理・林能白

➤策略管理・司徒達賢

touch screen 觸控式螢幕 ❖*觸摸屏幕*

一種接觸式傳導的螢幕，使螢幕同時扮演輸出與輸入裝置的角色。透過螢幕表面的導電或感應片，操作者用手指或其他方式接觸螢幕上某一位置，該位置上的資訊即可啟動相對應的操作，特別適合用於交互式選單。

➤資訊管理・范錚強

toyota production system
豐田式生產系統

❖❶ *丰田生产式系统* ❷ *丰田生产系统*

由豐田汽車公司的前副社長──大野耐一(Taiichi Ohno)先生所提出的觀念，事實上，在此之前，他於工作中啟發了許多獨特的生產流程及多能工理念，在 1949~50 年擔任總公司工廠廠長時開始推廣，直至 1975 年其擔任豐田副社長時，整個豐田關係企業集團的經營已獲得相當大的成效。豐田式生產系統之其本思想，就是「徹底的消除浪費」，為達成此目標，豐田式生產系統採取剛好及時化生產與自動化的觀念是其獨特之處。

豐田生產系統的特點在於利用看板管理維持剛好且及時的生產，利用生產平準化來適應需求的變動，達到彈性目標，利用流線型生產與多能工觀念建立標準作業，利用自動化設施來控制不良率，這些獨特的管理技術使得豐田公司徹底的消除浪費，降低生產成本，在全日本產業衰退之時，仍能一枝獨秀，成為佼佼者。

➤生產管理・張保隆

trade acceptance 商業承兌匯票

一種承兌匯票。專指由於貨品的銷售，然後依契約或口頭約定，由賣主簽發，並由買主為承兌之承諾的匯票。這種匯票可到期再兌現，或在到期前，持向銀行貼現。

➤財務管理・劉維琪

trade credit 交易信用

因賒帳而發生於公司與公司間的債務，又稱應付帳款，其為企業短期資金的最大來源。因交易而生的信用可分免費與有代價兩類，免費的交易信用係指在折扣期限內所授之信用額，而有代價的交易信用則指超過折扣期限所增加之信用額。

➤財務管理・劉維琪

trade name 商號

公司的名稱即稱為商號。

➤行銷管理・翁景民

trade related aspects of intellectual property rights (TRIPS)
貿易相關之智慧財產權

1986 年，世界各國在 GATT（WTO 的前身）談判中，美日歐等工業團體要求將「貿易相關之智慧財產權」(TRIPs)列入會議議題，透過烏拉圭會議的談判，工業先進國家大致上均能遂其所願。

TRIPs 的規定，由於是由美、日、歐的工業團體所主導，其規定較 WIPO 嚴格許多，對智慧財產權提供更高的保護，成為現行國際上智慧財產權保護的主流。

➢科技管理・賴士葆・陳松柏

trade sales promotion　中間商促銷
❖貿易推广

包括購貨折讓、免費產品、商品陳列折讓、合作性廣告、廣告與展示折讓、促銷獎金、經銷商銷售競賽。

➢行銷管理・翁景民

trade secret　❶營業秘密　❷專門技術

參閱 know-how。

➢科技管理・賴士葆・陳松柏

trademark　商標　❖商标

可能是品牌或品牌的一部分，已獲得專用權並得到法律的保障。所以商標是一個法律名詞，保障賣方使用這個品名或品標的專權。

➢行銷管理・翁景民

training　教育訓練　❖培训

指提供新進或現職員工順利執行其工作所需的知識與技能，其基本過程通常包含，評估教育訓練需求、設定可評量的教育訓練目標、實際執行教育訓練、評估受訓者的反應和學習成效。其中，較著重長期導向，目標在培養組織管理人才的教育訓練則另稱為「管理才能發展」(management development)。教育訓練所能創造的效用包括：提升員工的專業素質，讓員工習得溝通協調技巧與解決問題的方法，以及激發員工潛能，提升員工對組織的認同等。

➢人力資源・吳秉恩

trait theories of leadership
領導的特質論

此理論在於企圖找出性格、社會、身體或智力的特質，用以區別領導者與非領導者。此論點的討論焦點在於領導者應具備何種領導特質，而且認為這些特質是與生俱來的，卻忽略了領導者的實際領導行為與領導情境對領導效能的影響。

➢人力資源・黃國隆

transaction cost economics
交易成本經濟學　❖经济交易成本

交易成本指交易過程中因搜尋、議約、簽約、監督等活動而發生的成本。交易成本經濟學指組織按交易的屬性決定交易型態的安排（即組織結構）以使交易成本最小。

➢策略管理・司徒達賢

transaction cost theory　交易成本理論
❖交易成本

由高斯(Coase)所提出之理論，交易是指技術上獨立的買賣雙方，基於自利的觀點，對所意欲之產品或服務，基於雙方均可接受之條

T

件，建立一定的契約關係，並完成交換的活動。交易成本則是指在交易行為發生的過程中，伴同產生的資訊搜尋、條件談判與監督交易實施等各方面的成本。技術的不可分性、工作環境的不確定性、資訊不完全、有限理性、機會主義等，都是造成組織間進行交易時交易成本增加的主要原因。

組織常會傾向於將某些交易（例如：組織與員工間的工作交易）內化為組織的內部結構，以大量節省交易成本。但交易成本有時並不容易被詳細量化而進行比較。例如：當市場資訊不完全時，企業的行政成本便無法與其他成本進行比較，以決定最適化的組織經營結構。

➣組織理論・徐木蘭・黃光國

➣策略管理・吳思華

transaction file 交易檔案 ✣事務文件

在資料處理活動中，引發資料更新行動的資料（包含當前資料來源的文件），它的內容是暫時性的，在應用時，和相應的主檔案一被處理。

➣資訊管理・范錚強

transaction processing systems (TPS) 交易處理系統 ✣事務處理系統

對商業行政事務中的資料數據進行處理的系統。其層次屬於一般管理性事務資料處理與輔助事務工作，涉及的範圍小，任務單純。

➣資訊管理・范錚強

transactional leader ❶交易型領導者 ❷處理型領導者

係指藉由角色的澄清和工作的要求來建立目標的方向，並依此引導或激勵其部屬的領導者。此類型領導者具有以下的特徵：訂有努力即獎賞的合約，對良好績效予以獎賞；會找尋偏離目標的活動，並採取修正的措施；會放棄責任，避免做決策。

➣人力資源・黃國隆

transactional leadership 交易型領導者

此類型的領導者將領導行為視為一種領導者與其部屬之間的交易關係，並以員工的自身利益激勵員工。交易型領導在某方面與目標設定理論有些類似，他們告訴部屬只要依照領導者的指示或要求行事，就能達到想要的目標，並以此激勵員工行動。

➣組織理論・黃光國

transfer of training ❶訓練移轉 ❷學習遷移

指接受過某一項特定教育訓練課程的學員，能將訓練中所學習到的知識或技能實際應用於工作上。學習遷移的良好與否通常是評估教育訓練成效的重要指標。

➣人力資源・吳秉恩

transfer price 轉撥計價 ✣转让价格

指在公司內的一個單位出售產品或服務給另一個單位（如母公司到子公司）而訂定的價格，轉撥計價常與市場價格不同，如因各國稅率不同，為避稅而訂價與市場不同。

➣策略管理・司徒達賢

transfer pricing 移轉價格 ✣调拨定价

企業銷售產品給國外分公司時，會引發移轉價格的問題。如：瑞士藥品公司(Hoffman-

LaRoche)，因義大利營利事業所得稅低，以每公斤22美元銷售某一藥品給義大利分公司，使其獲利甚豐。而英國稅賦較高，該公司則以每公斤925美元銷售同一藥品給英國分公司，使母公司獲利高。英國獨占委員會控告該公司，要求退稅並獲勝訴。

➢行銷管理・翁景民

transferability　移轉力

❖❶ *可转移性*　❷ *可转让性*

指一方或一地區發展的一項知識、技術或資產，可移轉至另一方或另一地區而仍然有效的程度。

➢策略管理・司徒達賢

transmission control protocol (TCP)

❶傳輸控制協定　❷網間協定

❖❶ *传输控制协议*　❷ *互连网协议*

一種不基於特定硬體平台的網路協定之一，最早是為美國國防部高級研究計畫局(ARPA)所發展的，由於它在網間互連方面有著廣泛的用途，又獲得 UNIX 作業系統的支持，因而得到普遍應用。TCP/IP 實際上只是一組協定的代名詞，除了 TCP 和 IP 之外，它還包含許多其它協定。主要用途之一是支持 TELNET 虛擬終端服務，允許用戶與網中不同類型的主機註冊連線與交互操作。（參閱 internet protocol）

➢資訊管理・范錚強

transnational model　跨國籍模式

國際化廠商之全球化組織的結構型態之一。產生於規模龐大複雜的全球化廠商，可以創造全球化和地方化優勢，類似人體的血液由心臟運行全身，能夠促進距離遙遠之各子公司間的協調、參與、新資訊技術的分享和顧客的需求，具有以下的特徵：設置有分散各地之不同種類的中心。

例如：研發中心在荷蘭、採購中心在瑞典等；子公司管理者可以將策略與創新擴展成全集團的策略；可透過企業文化、願景與價值分享、管理風格來促進統一和協調，而非經由垂直層級來完成；各子公司可與其他子公司或其他廠商建立策略聯盟，以整合資源要素。

➢組織理論・徐木蘭

transport　運送　❖*运输*

參閱 single unit production。

➢生產管理・張保隆

transportation problem　運輸問題

❖*运输问题*

係指為如何將產品由多個起點配銷至多個目的地，而進行尋求運輸成本最低或利潤最大的計畫，因配銷範圍廣大，企業為了解決運輸問題可採用運輸法，運輸法中通常會藉由西北角法(northwest corner method)與直覺法(intuitive approach)求得最佳解，繼以踏石法(stepping-stone method)或修正分配法(modified distribution method; MODI)測試評估最佳解是否需要改進，據此結果發展出可行的分配與裝運計畫。除此之外，運輸法亦可用於求解廠址選擇問題中。

➢生產管理・林能白

treasurer　財務長　❖*财务总监*

企業組織的主要財務主管之一，負責籌集資金與管理組織資產方面的活動。

其主要職責包括：
1. 現金與有價證券的管理。
2. 長短期資金籌措。
3. 財務規劃。
4. 資本預算分析。
5. 信用政策制訂。
6. 股利發放。
7. 退休金管理。
8. 金融市場分析。
9. 銀行關係。

➤財務管理・劉維琪

treasury bill　國庫券

由財政部發行，到期期間不超過一年，且沒有違約風險的負債證券。國庫券原本是政府為獲得短期財源及調節信用所發行的短期債券，其最初發行目的在於調節國庫淡旺季的收支；但是目前世界各國發行國庫券的目的通常是想利用其作為短期信用工具，以調節市場銀根之鬆緊，進而活絡貨幣市場。

➤財務管理・劉維琪

treasury stock　❶庫藏股　❷庫藏股票
❖❶庫藏股票　❷留存股票

公司所持有的自己公司股票。該股票曾經發行在外，再收回，且尚未註銷。庫藏股的購回可視為股利的另一種發放方式，因為發行在外的一部分股票被買回，發行在外的股數就會減少，假定購回股票對公司的盈餘無不利影響，則剩餘股票的每股盈餘會增加，而每股盈餘的增加則會帶動每股市價上漲，因此形同以資本利得來代替股利發放。

➤財務管理・劉維琪

trend analysis　趨勢分析

乃為企業活動中一種長期的變化，通常呈現一種漸增或漸減的傾向，例如：一國之所得水準、生產量、就業量等就長時期觀察，常按一定的百分比繼續增加。而各產業如汽車、冷暖氣機、電視、音響等也隨著國民生活水準的提高而需求日增。

雖然有很多產業其趨勢分析呈現增加的比率，但有些產業其趨勢分析可能日漸下降，例如：收音機製造業因電視機的發展而使銷路降低，而黑白電視也因彩色電視機之發明而降低需求。因此，廠商必須先了解產業的趨勢分析後，再根據本身企業過去的銷售紀錄以便預測未來的銷售需求。

➤生產管理・張保隆

trend-impact analysis　趨勢影響分析

為質化預測技術中的情節分析之一種，根據一組重要因素的變化可能性，預測對組織的影響。

➤策略管理・司徒達賢

trends　趨勢

指在一段較長的期間內，某個觀察的變數值隨時間的經過，而呈現緩慢增加或逐漸遞減的傾向。

➤策略管理・吳思華

triad　❶三方　❷三極地區
❖❶三联体　❷三合一

三極地區：在國際經濟或國際企業理論中指北美、西歐和日本三個經濟活躍的地區。
三方：指事物中的三項重要要素。

➤策略管理・司徒達賢

trigger events 導火線

指一個初始事件引發了一系列後續事件的發生，如衝突事件的擴大。稱此初始事件為導火線。

➢策略管理・司徒達賢

trigger points 轉捩點

指使事件的發展朝著相反方向進行的某一事件點或時點。

➢策略管理・司徒達賢

trust receipt ❶信託存單 ❷信託收據

存貨融資的一種方式。由公司（借款人）簽署，用以表明其所持有之某些貨物係金融機構（放款人）所有，只是由公司代為保管而已。信託存單上面通常會註明類似下列的字樣：存放在本倉庫中的這一批貨物，其所有權屬××銀行，故來自這一批貨物的任何銷貨收入，都必須在當天結束時，交給銀行。

➢財務管理・劉維琪

trustee ❶受託人 ❷信託人 ❖受托人

債券持有人的代理人，通常由信託公司或商業銀行之信託部擔任此角色。受託人根據債券持有人的利益執行事務，並代其與發行公司聯繫。

➢財務管理・劉維琪

T-shaped skill T型技巧

隨著經驗的成長，有些人會明顯發展出截然不同的招牌技巧，尤其是結合深刻的學理和實務經驗。由於他們可用兩種或兩種以上的專業「語言」，同時又能以不同觀點看事情，因此成為整合各類知識的寶貴人才。

換句話說，他們擁有深廣的T型技巧。當問題的解決需要橫跨不同專業知識，或需要理論和實務的綜合運用時，對於T型技巧的需求就會湧現。擁有這種技巧的人通常可以靈活運用知識來解決問題，而不囿於問題應以某種容易辨視的特別方式出現。由於廣泛運用與職務相關的知識經驗，他們也具有整合增效的思考能力。

➢科技管理・李仁芳

tuple 列 ❖元组

在關係資料庫中，指描述關係的一個二維表格上的一個列。

➢資訊管理・范錚強

turbulent environment 動盪環境

此屬於學者艾墨利(Fred Emery)和崔斯特(Eric Trist)所提出之環境演變進化的第四個階段。在此動態環境下，環境要素間關係的變化速度快，主要是由三種原因造成此類環境：

1. 在混亂－反應環境中的廠商數增加且關係複雜化。
2. 經濟部門與社會中其他部門的內部連結深度增加（例如：深受國家發展政策之引導）。
3. 對加強研發與獲取競爭優勢的依賴度增加。在此類環境中，組織的生存主要是依賴對環境的偵測與監控。

➢組織理論・徐木蘭

T

turnaround strategy　轉型策略

❖转向策略

指競爭地位弱勢的公司，藉由發展一套有效的事業層級策略，以提升其在產業內的競爭地位。其步驟有：任用新領導人，重新界定策略重心，採用撤資、關廠、改善獲利力、購併……等行動。

➢策略管理‧司徒達賢

turnkey operation　整廠輸出

產業設備製造的國內廠商與國外買主簽約，按合約將一項設施在當地建造，在建造完成要開始運轉時移轉所有權給國外買主，費用在專案中分階段收取。

➢策略管理‧司徒達賢

turnkey operations　整廠輸出作業

參閱 assembly。

➢策略管理‧司徒達賢

turn-key systems　轉鑰系統　❖成套系统

一種包括與任務相關的所有硬體和軟體的完整電腦應用系統。當它交付給使用者時，已處於隨時可服務的狀態，構建此系統的所有工作，包括設備配置、軟體發展、系統連接與建立等，都由服務者完成。一般還包含進行系統服務及軟硬體的維護約定。

➢資訊管理‧范錚強

turnover　❶離職　❷異動

自願或被迫永久離開組織。亦即是組織成員尚未服務一定之年限，未合於退休條件，但因其他事故主動或被動離開組織。

➢人力資源‧黃國隆

turnover rate　❶離職率　❷流動率

$$離職率 = 全年離職員工人數 \div 年初員工人數與年底員工人數的平均數$$

上式中的離職員工人數包含辭職、解雇、免職、死亡等在內。離職率（或流動率）的計算是組織進行人力資源規劃的重要參考依據，搭配組織未來發展需要或規模、業務擴充需求的預測，可做為組織向外招募、內部晉用以及發展人才培訓計畫的依據。

而離職率愈高，代表組織所付出的人員招募、訓練以及社會化的成本就愈高，因此離職率的計算同時也可做為改善工作條件和管理制度的參考，以進一步降低離職率。

➢人力資源‧吳秉恩

twisted pair wire　雙股絞線　❖双绞线对

在通信中，將兩根各自絕緣的細導線絞合在一起的一種傳輸線。它可以減少導線之間的電容。

➢資訊管理‧范錚強

two-bin system　❶雙倉系統　❷雙箱系統　❸複倉系統　❖❶双堆法　❷双仓系统

係指將同一物料放於兩容器中，限制取料時僅能由某一容器取用，待該容器中的物料用盡後，始取用第二個容器的物料，在此同時亦請購空置容器的物料數量，到貨後將該容器裝滿，如此不斷重複。雙倉系統為永續盤存制中最簡易的應用方式，適用於 ABC 存貨分類系統中的 C 級存貨，如價格低而用量多的螺絲等耗用品。

➢生產管理‧張保隆

two-tier wage schemes　雙率薪資制

指在組織內對相同的職位施行兩種薪資給付方式，給予新進員工較低的薪資水準。其優點，在於依資歷區隔薪資差異，為屬人薪資之考量；惟就專業及市場供需而言，則需考量其運用之侷限性，一體適用，亦有缺陷。

≫人力資源・**吳秉恩**

type A organization　A 型組織

學者威廉・大內(William Ouchi)於 1970 年代分析美國企業後，發現在美國文化下產生的特有管理系統，稱為 Type A 組織。

此種組織依賴明示、正式規定與法則來進行控制；員工的任用契約是短期的；尊重個人決策與個人的權責相當，工作劃分乃基於專業化分工；升遷速度基於績效評估結果。屬於層級式組織而採垂直溝通模式，對事情的價值之重視程度甚於對人的重視，整體而言屬於一種機械化組織。

≫組織理論・**徐木蘭**

type A personality　A 型人格

總是有時間緊迫的感覺，同時具有強烈的競爭驅力與攻擊性，常想利用更少的時間來獲取更多，必要時還會想辦法剔除造成阻礙的人或物。其特徵有：走動、進食的速度都很快；對事情進展速度覺得不耐煩；試著同時思考或做兩件以上的事情；不知如何打發休閒時間；對數字尤其痴迷，以獲得的多寡來衡量成功的程度。此人常感到壓力且易怒、多疑、不信任別人、罹患心臟病的比率較高。

≫人力資源・**黃國隆**

type J organization　J 型組織

學者威廉・大內(William Ouchi)於 1970 年代分析日本企業後，發現在日本文化下產生的特有管理系統，稱為 Type J 組織。

此種組織依賴隱性、非正式、團體導向的規定與法則來進行控制；員工的任用契約是長期的；強調團體一致的決策與權責的共同擔當；工作本質乃為整體性，並未特別強調專業分工；績效評估與升遷的速度緩慢；屬於扁平組織結構、鼓勵水平的溝通模式；對人員的價值重視程度優於對事情的重視。整體而言屬於一種有機化組織。

≫組織理論・**徐木蘭**

type Z organization　Z 型組織

學者威廉・大內(William Ouchi)於 1970 年代發現部分在美國投資經營的日商企業，其高階主管相當費心於保持既有的 J 型管理系統，但是隨著經營時程日久，受當地文化的影響，免不了會融入或學習 A 型管理系統的部分特質，形成兼用 J 型與 A 型管理系統的 Z 型組織。

其核心仍為長期雇傭關係，因此可使員工有比 A 型組織更多輪調和接受教育訓練的機會，而有適當的專業化職涯，但是升遷速度較慢；公司關心員工個人的整體生活情境；採群體決策，但由個人負責，不像 J 型組織強調的群體責任；但是其績效評估活動較不頻繁、非正式且不明顯，就如同 J 型組織內的情況。

≫組織理論・**徐木蘭**

T

U shaped layout　U 型佈置

❖*U 型設備布置*

為產品式（直線式）的一種特殊佈置類型，另有像 L 型佈置或 S 型佈置等，剛好及時(JIT)方法論中極力主張將 U 型佈置應用於群組製造單元內的設備佈置，採 U 型佈置的機器設備一般多為通用目的或高度自動化設備，且 U 型佈置中的員工一般被訓練成具備多種技能以操作多部機台與執行多項作業。

U 型佈置具有多項優點：

1. 可提供在員工人數上的彈性，亦即它可根據指派給該製造單元的工作量來增減其員工數。

2. 員工常負責超過一部以上的機台，使得一員工的效用(utility)不受限於一機台的效用。

3. U 型佈置可促進員工密切接觸與合作，透過降低閒置時間、低劣品質及在製品庫存等來提升生產力。

（參閱圖五五）

➢生產管理・張保隆

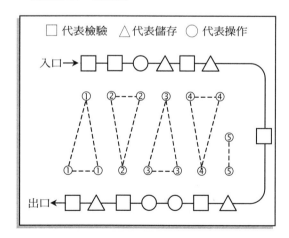

圖五五　U 字型生產線佈置圖

資料來源：傅和彥（民 86），《生產與作業管理》，前程企管，頁 183。

uncertainty　不確定性

指組織的主要決策因為無法獲得有關環境因素的充足資訊，而難以判斷或預測外在環境的變化情況與趨勢。此種環境之不確定性不但增加了決策的風險與組織失敗的機率，且使得成本的計算與和合夥關係的決定更加困難。

學者鄧肯(Robert Duncan)提出影響組織不確定性的特徵有兩構面：外在環境的簡單或複雜、環境中事件的穩定或動態。

➢組織理論・徐木蘭

uncertainty avoidance

❶規避不確定性　❷不確定性迴避

❖❶*規避不確立*　❷*防止不肯定性*

規避不確定性為霍夫斯德(Hofstede)所提出國家的四個文化向度之一，規避不確定性高的國家，較不喜好風險，也較無法忍受不一致的行為及意見，因而會發展出降低風險、維持穩定的社會及組織機制。規避不確定性低的國家，較具冒險精神，而且較能容忍不同的行為及意見。

➢組織理論・黃光國

➢策略管理・司徒達賢

under-study　❶見習　❷副主管

是一種職內訓練(OJT)形式的工作教導機制，對受訓者正式授予副主管的職銜，隨身在主管旁見習所應培養之相關能力。透過此種方法，受訓者將能較快習得相關職務領域的知識技能與實務經驗，而這種一對一的訓練過程也較能減低資深主管傳承經驗時的障礙，並隨時掌握受訓者的學習狀況。

➢人力資源・吳秉恩

U

undiversifiable risk ❶不可分散風險
❷系統風險 ❖不可分散风险

無法藉由多角化投資方式予以分散的風險，
又稱系統風險。與可分散風險相對。（參閱
systematic risk）

➢財務管理・劉維琪

unethical behavior 不道德行為
❖不伦理行为

指組織或個人做出違反社會規範或公共價值
的行為，如企業的產品對人體有害或對環境
有污染，而企業隱瞞資訊謀取不當利益。

➢策略管理・司徒達賢

unfair discrimination 不公平歧視

指具備與他人相同資格與能力的人，在甄
選、任用、敘薪或晉升方面，有較高的比率
會受到排除或遭受到劣於他人的待遇。

➢人力資源・吳秉恩

unicode 統一字元碼 ❖统一码

一種字元定義的標準。每一個字元都是以
2-byte 的型式表示，而每個「實體字元」就
是一個「字元」。它使得不同語言的文字處理
更有效率，並且在資訊全球化的應用上有一
個可執行的基礎，許多電腦系統或軟體都根
據統一字元碼，提供國際化的解決方式。

➢資訊管理・范錚強

uniform resource locator (URL)
❶一致資源定址器 ❷統一資源標示
❖统一资源定位器

URL 就是在 WWW 上指明通訊協定以及位
址的方式來享用網路上各式的服務。簡單的
說，URL 就是代表 WWW 伺服主機的網址。
URL 的目的是用來「告訴」瀏覽器，資源的
種類、所在位址及取用方式。WWW 由於有
獨一無二的資源位址 URL，才能在網路上暢
行無阻。

➢資訊管理・范錚強

union relations 工會關係

指企業的資方或管理階層與其員工所屬工會
之間的關係。工會關係可分為合作的或敵對
的，其對企業營運有顯著不同的影響。

➢策略管理・司徒達賢

unique selling proposition (USP)
獨特的銷售賣點

許多行銷人員主張，只需要對目標客群促銷
一項最主要的利益，就是獨特的銷售賣點。
因此，如賓士車就一直以優異的引擎作為宣
傳的重點。

➢行銷管理・翁景民

unit testing 單元測試

軟體發展過程中的一個測試步驟，是程式編
碼完成後首先要進行的測試工作。程式師將
整個軟體分成若干功能模組或單元，分頭進
行測試，通常由程式師自己完成。單元測試
主要是找出並修正程式界面、局部資料結
構、邊界條件、邏輯條件範疇及出錯處理等
程式內部結構的問題，以確定該程式單元能
正確的執行。

➢資訊管理・范錚強

U

UNIX operating systems
UNIX 作業系統　❖UNIX 操作系統

一種通用、多使用者的電腦分時系統，最早由美國貝爾實驗室發展，現已成為高階微算機及大多數小型的主要作業系統。其主要部分是用具有很好的通用性的 C 語言編寫的，只有極少數的內部核心才使用與機器有關的組合語言編寫，其最大的優點是便於移植及穩定性，目前已發展許多改進版本。Linux 是它的一個衍生。

➢資訊管理・范靜強

unlearning　忘卻過去的學習

指在快速改變的環境中，組織對於過去有效但今日已無效的知識或作法不再學習，而更加有效利用時間和資源去學習有效的知識或作法。

➢策略管理・司徒達賢

unmanned factory　無人化工廠

為工廠從產品的設計、製造、裝配與測試等生產活動，結合電腦輔助設計(CAD)／電腦輔助工程(CAE)、電腦輔助製造(CAM)與彈性製造系統(FMS)等先進製造技術與資訊科技來從事生產活動，其主要目的為彈性化生產，縮短不必要之時間浪費以節省人力，提高產品品質，並達到完全自動化生產的最高境界。

➢生產管理・張保隆

unsought good　未搜尋品

這類產品消費者常不會想到要買，如保險、百科全書、墓地等，消費者不知道有該商品存在或者即使知道，目前尚不想要的商品。因此這些行業偏愛各種銷售術來找出潛在客戶，並強力推銷。

➢行銷管理・翁景民

unstructured interview　非結構式面談

非結構式面談人力遴選程序中面談方式的一種，對於面談問題的形式、談論話題的順序以及應徵者答案的評量標準等，皆未事先加以設定或限制。這種方式的主要作用在於讓應徵者儘量發表意見或提出問題，主持面談者的角色僅在提供刺激，而後再從應徵者的談話過程與內容中測知其人格特質、應變能力以及其他相關資訊。

此法優點是可讓主持面談者針對應徵者的個別狀況靈活調整談話內容；缺點則是應徵者之間的表現缺乏統一的標準或比較基礎，容易流於主觀評判。

➢人力資源・吳秉恩

unsystematic risk　❶非系統風險
❷可分散風險　❸可避免風險　❹特質性風險
❺公司特有風險　❖ 非系統风险

由個別公司所產生的風險。這種風險是由一些因素像罷工、管理錯誤、發明、公司訴訟等發生在個別公司的特殊事件所引起。由於這些事件是隨機發生的，所以可經由多角化投資的方式予以消除，亦即在資產組合中若有多家公司的股票，則發生在一家公司的不利事件，可被另一家公司的有利事件抵銷，故亦稱可分散風險，或稱可避免風險、特質性風險或公司特有風險。與系統風險相對。
（參閱 diversification risk）

➢財務管理・劉維琪

upstream　上游　❖❶上行　❷上游

對個廠商言，上游指廠商的原料或零組件的供應商；對產業言，上游指原料或零組件製造業。

➢策略管理·司徒達賢

upward communication　上行溝通

團體或組織中的某層級，向較高層級進行溝通，就是上行溝通。員工通常會運用此種溝通方式，將工作的成效、目標達成的狀況，回饋給較高階的主管。同時，經理人員也可藉由上行溝通，來獲知改善公司問題的方法。

➢組織理論·黃光國

user-context development　使用者環境
❖刺激開發

當開發人員沈緬於使用者環境中時，使用者環境中隱藏的可能性，才是驅動產品開發的主因。（參閱圖十四，頁 106）

➢科技管理·李仁芳

user-driven enhancement
使用者驅動改進

具競爭性或是明顯的客戶需求，經常會驅動現有產品在已知的績效變數上，尋求科技上的改善。（參閱圖十四，頁 106）

➢科技管理·李仁芳

user interface (UI)　❶用戶界面
❷使用者界面　❖用戶界面

在應用軟體中，有關使用者操作時可觀察或操作的部分，主要是指螢幕格式安排、資料出入處理、排錯等問題。

➢資訊管理·范錚強

utility program　公用程式　❖实用程序

在電腦系統中，為了使用方便而編製的通用標準程式或執行日常事務的程式。例如：診斷程式、媒體轉換程式等。

➢資訊管理·范錚強

utilization　利用率　❖利用率

即是目前所使用的設備、空間或勞工等各種生產要素的利用程度，其計算公式為：

$$利用率＝實際運轉時間 ÷ 可用時間 × 100\%$$
$$＝平均產出率 ÷ 最大產能 × 100\%$$

所得值將介於 0 與 1 之間，意即以 1 減去機器、工人、工具或物料無法供使用的時間百分比，計算時須以相同的條件單位來衡量平均產出率和產能。
最後，可以利用率檢視是否需要增加額外產能，或除去不需要的產能。

➢生產管理·林能白

U

valence 價量

個人對可獲得之結果或獎賞的評價。如果員工對於組織所提供的獎賞價量很低，則該獎賞對員工將不具有激勵行為表現的效果。對於同樣的獎賞，不同人可能有不同的價量評估。以升遷為例，有些人可能視升遷為責任與壓力的增加，而不認為它是一種對個人的獎勵。

➤組織理論・黃光國

validity 效度

在人力甄選過程中，對應徵者進行測試面談時所運用到的工具，在科學方法上應符合信度與效度之檢定。其中效度強調的是測試工具對應徵者能力衡量的「正確性」，亦即測試工具能確切衡量並判斷出應徵者是否具備所需知識技能的程度，此為內容效度；若能進一步制定測試成績高低與未來績效有關，則更具有預測效度。

➤人力資源・吳秉恩

value ❶價值 ❷價值觀

一種抽象的概念。指一種基本而持久的信念，此一信念認為，就個人或社會而言，某一特定的行為模式或存在的最終極狀態優於另一個相對的行為模式或存在的最終極狀態。

➤人力資源・黃國隆

value added 附加價值 ❖增值

係指商品在生產或銷售的每一個過程中所增加的價值，換言之，即在製造的轉換過程或在配送系統中搬運的過程所提供給顧客額外的效用，該效用大致等於該商品的銷售金額減去原購進的金額。

➤策略管理・吳思華

value added and value added activity 附加價值與附加價值活動

所謂附加價值係指企業經由產品創新、設計、製造、銷售。運銷及服務等活動以創造及提高價值而言。相反地，顧客所認定的產品價值，係以願意支付的金額就是附加價值。而美國波特教授(Prof. M. Porter)認為產品及（或）服務所增加的附加價值活動，可分為二大類：

1. 主要作業包括：
   (1)研究與發展：有關產品及（或）製程的創造、設計及交貨給顧客的新方法，可創造價值。
   (2)生產：有關產品（服務）的形成或提供，可創造價值。
   (3)行銷與銷售：透過商標定位與廣告等行銷功能，可創造價值。
   (4)服務：提供售後服務及其他支援功能亦可創造價值。
2. 支援作業包括：
   (1)物料管理：控制實體物料，隨著價值鏈的移動，即從採購經由生產到分配都可支援主要作業的創造價值作業。
   (2)人力資源：可以幫助企業創造更高附加價值。人力資源功能可確保公司在創造價值過程中，有適當的技術人員組合。
   (3)公司的基礎結構：包括組織結構、控制系統、企業文化、經營者的理念及價值觀，也可歸屬於本項。增加價值的簡單方法就是不改變成本價格下，能夠增加產品或服務的效用。

所以上述四種效用的任何一種,若加以提升就可以增加價值;例如:製造加工業就是在改變形狀效用,以提高其價值;買賣商業一方面在改變所有權的效用;另外一方面在增進時間與地點的效用,兩者皆可增加產品(服務)的價值。

➢生產管理・張保隆

value added activity 附加價值活動

參閱 value added and value added activity。

➢生產管理・張保隆

value-added network (VAN) 加值網路
❖增值网络

一種電腦通信網路。除了基本的通信功能外,利用一些設備,為使用者提供附加的資料通訊服務,拓展網路的功能。例如:儲存轉撥、與終端機連接等。EDI 即為加值網路概念應用的一個例子。

➢資訊管理・范錚強

value analysis 價值分析 ❖价值分析

指有系統的利用某些技術來鑑定所需之功能,建立該功能的價值,最後且以最低之總成本來提供該項功能。因此可對任何產品或勞務的功能和成本之間的關係進行考察,以便能通過修改設計和材料規範、採用更有效的工藝、找到更好的供應者、取消某一個零件或其他途徑以降低生產成本的方法。

其目的在於使產品能給企業提供更大的價值。價值分析乃是要設法以最少的成本創造最高的價值,但是絕不能過份降低成本,以免損害產品的機能及優良品質,此可以用一平衡式來表示價值分析所追求的最大價值與製品的品質、機能以及所付出的代價之間的關係。

$$V = F \div C$$

其中,

  V 代表價值;

  F 代表機能品質;

  C 代表成本價格。

價值分析是一個減少成本和改善品質的工具。大的製造商會為供應商舉行價值分析研討會,具有優勢之價值分析計畫的供應商就較具競爭力。

➢生產管理・林能白

➢行銷管理・翁景民

➢策略管理・吳思華

value chain 價值鏈 ❖价值链

係指附加價值的增加是由一連串由投入到產出的鏈條般之所有作業活動累加起來的,增加價值的簡單方法就是不改變成本價格下,能夠增加產品或服務的效用。例如:製造加工業就是在改變形狀效用,以提高其價值;買賣商業一方面在改變所有權的效用,另外一方面,在增進時間與地點的效用,兩者皆可增加產品(服務)的價值。

整體而言,價值鏈是將企業依其策略性的相關活動分解開來,藉以了解企業的成本特性、以及現有與潛在差異化的來源,是用以分析企業競爭優勢來源的工具。價值鏈所呈現的總體價值是由各種價值活動與利潤所構成。

價值活動可分為主要活動與輔助活動,是企業進行的各種物質上和技術上具體的活動,也是企業為客戶創造有價值產品的基礎。利

V

潤則是總體價值和價值活動總成本的差額。

➤策略管理・吳思華

➤生產管理・林能白

value engineering　價值工程　❖价值工程

係指在產品設計階段中為產品的價值所付出的努力，亦即在設計階段中便充分考慮產品的功能與為達到此功能所需付出的成本，以認可的技術從事系統性的運用以追求其間的平衡。價值工程的重點在於以最經濟情況下，設計出具必要功能且適宜成本與適當品質的產品，而達到真正降低成本及增加價值的目的。（參閱 value analysis）

➤生產管理・張保隆・林能白

value pricing　超值定價法

近年來，許多公司採用所謂的超值定價法，即對一高品質的產品，訂定較低的價格。然而超值定價法也不僅是將產品價格定的比競爭者低，必須使公司的營運再造，在不犧牲品質下，真正成為低成本的生產者，並且以顯著低價格，吸引一大群價格敏感的顧客。

➤行銷管理・翁景民

value-chain analysis　價值鏈分析　❖价值链分析

指廠商將投入到產出的整個生產過程展開成多個互相連結的價值活動單元，再分析價值單元如何組合、劃分、強化以取得差異化或低成本的競爭優勢。

➤策略管理・司徒達賢

value-expressive function of attitudes　態度的價值表現功能

能表現價值功能的態度展現了消費者對自我觀念的中心價值，一個人對產品態度的組成並不是因為產品的主要利益，而是因為這個產品對他代表什麼價值。因此價值表現的態度與生活型態分析就有高度的關連。

➤行銷管理・翁景民

variable-pay systems　變動薪給制

指任何與生產力或公司利潤相連結的薪資給付制度，例如：按件計酬制、佣金制、獎金制，以及各種利潤分享計畫等。變動薪給制的優點是能給予員工較大的工作激勵，同時防止員工怠惰；缺點則是加大員工薪資所得的起伏落差。

➤人力資源・吳秉恩

variety seeking　尋求變化

有些購買決策是低涉入，但品牌間有顯著差異，因此消費者常做品牌轉換。以購買餅乾為例，消費者選擇餅乾時少做評估，都是消費時才評估。但下一次，消費者會因為無聊、或來點不一樣，而更換品牌。品牌的轉換是因為尋求變化，並非不滿意。

➤行銷管理・翁景民

vendor-managed inventory (VMI)　供應商管理的庫存　❖供方管理存货

一種在供應鏈管理中因應需求變動的庫存管理方式。供應商將倉庫設在主要客戶工廠附近，當客戶需要物料時就到供應商的倉庫領取，經由彼此緊密的資訊交換，供應商必須確保客戶每次領貨都能拿到貨。製造商利

用供應商管理其庫存來減低庫存成本及管理成本。

VMI 最明顯的效益就是整合製造和配送過程，將預測與補貨整合進入商品供應策略後，交易夥伴可以共同決定如何適時、適量地將商品送達客戶手中，例如：可以由製造工廠直接配送至客戶的配送中心、或由工廠直接配送至零售點、或透過接駁轉運方式、或經由工廠配送至行銷中心等。

➣資訊管理・范錚強

venture capital　❶創業投資基金
❷風險基金　❖風險投資

新創公司、研發投資、推出新產品線的公司，以及起死回生的公司等主要的融資來源。創業投資基金也稱為風險基金，因為就定義而言，其所投資的對象充滿了風險性，並標榜著極高的報酬率。投資基金大部分的累積收益來自公司初次公開發行(IPO)所得到的資金。這一點也是公司在評估初次公開發行的時機和價格需要考量的決定性因素。

➣策略管理・吳思華

venture capital company　創業投資公司
❖風險投資基金公司

一種金融機構。此機構自投資人或銀行等金融機構處吸取資金，再將資金集中起來，統籌放款或投資予未上市之公司。創業投資公司不僅提供資金，同時也提供管理專業知識給投資對象參考，其主要投資對象為中小企業。

➣財務管理・劉維琪

vertical cooperative advertising
垂直合作廣告　❖縱向聯合廣告

零售商作廣告時製造商負擔部分費用，則雙方都可省錢，這稱之為合作性廣告(cooperative advertising)。

➣行銷管理・翁景民

vertical growth strategy　垂直成長策略
❖豎向成長戰略

指公司經由擴大垂直整合程度來得到成長。作法包含向後（上游）垂直整合，即公司直接生產過去採購的投入原料；向前（下游）垂直整合，即公司直接從事產品的配銷及服務，而非依賴配銷商。

➣策略管理・司徒達賢

vertical integration　垂直整合
❖縱向整合

指一個事業可以透過事業所在產業向前或向後整合來增加銷售量與利潤。垂直整合把技術上全然不同的生產、分配、銷售和其他經濟性的過程，在一個廠商管轄內加以組合，它代表廠商決定利用內部的或行政的作業而不利用市場的交易方式以達成其經濟目的。可能的方式包括公司自行生產其投入（向後或向上游整合），或自行處理其產出（向前或向下游整合）。

➣行銷管理・翁景民
➣策略管理・吳思華

vertical linkage　垂直連結

乃是從資訊處理觀點看組織結構。指組織的設計應該有助於人員及部門間的垂直溝通與協調以達成組織目標。垂直連結可使用請示

與交付、規則和程序、計畫和排程、增加職位層級、正式化的管理資訊系統等組織設計方式,來促進在組織中介於層峰至基層的協調活動,目的在使基層員工的實際活動能與高階主管的目標維持一致,並且應告知高階主管有關基層的活動和成就。

➢組織理論‧徐木蘭

vertical marketing system (VMS)
垂直行銷系統 ❖*垂直营销体系*

專業化管理及中央規劃的組織網,預先設計使其能達到作業上的經濟利益及最大的市場衝擊。垂直式行銷系統有三種類型:所有權式VMS、管理式VMS、契約式VMS。

➢行銷管理‧翁景民

vertical merger ❶垂直式合併
❷縱向吞併 ❖*垂直式合并*

企業合併其上游或下游企業的行為,亦即合併供應商或客戶。例如:鋼鐵製造廠吸收開採礦砂或煤礦公司,石油公司吸收石油化學公司。企業基於營運經濟或財務性經濟之考量,可採用此手段。

➢財務管理‧劉維琪

vertical Portal 垂直入口網站
❖❶*垂直门户* ❷*垂直网站*

在電子商務中,透過單一的入口網站,即可取得整個產業上下游相關的所有資訊,稱之為垂直入口網站。

➢資訊管理‧范錚強

vicarious experimentation 替身實驗

所採用的策略是:先行等待,在其他打前鋒的人中箭落馬之後,再自其錯誤中學習。替身策略顯然是最便宜的的市場測試。

➢科技管理‧李仁芳

videoconferencing 影像會議
❖*视讯会议*

使用電視通信方式召開的一種跨越時空限制的會議。即利用通信線路連接分布在各地的會議室,充分運用聲音、影像、圖形、資料等方式和資料通訊媒體,使分散在各地的有關人員能在自己的會議室內隨時與對方洽商或召集會議。

➢資訊管理‧范錚強

video display terminal (VDT)
影像顯示終端機 ❖*显示终端*

帶有鍵盤和視訊顯示器的終端機。這是目前使用的主要終端機格式,大多數還帶有自己的處理器、記憶體等資源。

➢資訊管理‧范錚強

virtual community 虛擬社群
❖*虚拟社区*

一群有共同興趣或利益的人,在網路上聚集並且互動,譬如同學會、網友、歌友會等。透過虛擬群社,滿足這一群有關聯的人交易,分享興趣,與人際溝通的需求。由於虛擬社群代表一群有關聯的群組成員,企業可藉此找到他的目標客戶,而虛擬社群成員可以根據群組的需求,以較強的集體議價能力,用更好的方式滿足其需求。

➢資訊管理‧范錚強

virtual company　虛擬公司

係指來自於不同企業或組織的成員組成團隊小組，共同合作於一有潛力產品的開發，因此，有成員負責設計、有成員負責生產及有成員負責行銷等，宛若這些成員分別為虛擬公司中的各個功能部門般。

藉著資訊科技的電子傳輸將資訊由一地傳往另一地，小組成員可彈性的變更負責不同的職務，以快速回應市場需求變動，而此虛擬公司則可能隨著時間而重組，或於專案結束後解散，又可能另一新產品的出現而再次組成。

➢生產管理・林能白

virtual organization　虛擬組織
❖虛擬組織

指一種無結構性的組織架構，由一系列的專案群體所組成，這些群體以非層級式且經常改變的組織網路結構彼此連結，許多活動則透過外包方式進行。

當環境處於不穩定時，通常組織需要具備快速創新與反應的能力，垂直整合的組織方式已無法滿足需求，透過虛擬組織的網路結構反而最為有效。另外，虛擬組織也是一種新興的組織型態，係指將組織功能運作化約為個別專案的形式，每個專案皆由外來專家所組成的團隊負責規劃與執行，專案完成或告一段落後，團隊即解散。

這種組織是知識型公司的一大特色，就是會把資產負債表裏的固定資產撤掉。知識型公司也不在乎是不是有什麼資產。只要擁有智慧資本就會有營收，卻不必承擔管理資產、支付資產的責任和開銷，也就是「垂直整合」由「虛擬組織」取代。

➢人力資源・吳秉恩
➢科技管理・李仁芳

virtual employee ownership
虛擬員工擁有權

企業唯有認清報酬和管理體系裏帶有一種「虛擬員工擁有權」，這樣，才有辦法保護他們智慧的權益。當然，企業一般會給經驗比較豐富的員工比較高的薪資，這是他們獎勵人力資本的方式。

➢科技管理・李仁芳

virtual corporation　虛擬企業

指公司將焦點放在核心作業上面，而將其他業務外包。將焦點放在智慧資產的管理上面，便是虛擬企業發揮功效的關鍵。這是資訊時代和全球化製造環境中伴隨著出現的一個新概念和新的企業模式。

其缺點為：組織對非核心企業功能的控制力薄弱；僅擁有專業人員與技術工，成為中空的組織結構，且由於專業技能需求高，教育系統恐無法提供此類人力資源；工作本質改變，產生臨時工和兼職工的大量流動。耐吉(Nike)公司即是此例。

➢資訊管理・范錚強
➢策略管理・吳思華
➢組織理論・徐木蘭

virtual private networks (VPN)
虛擬私有網路　❖虛擬專用網絡

利用網際網路公眾網路建立一個擁有自主權的私有網路，而不再使用實體的私有專線架構企業的內部網路。運用 VPN 技術可以在 Internet 上立即擁有屬於自己的私有數據網

路，所以近一代的 VPN 是指建立在 Internet 上的 IP VPN。IP VPN 可透過 Internet 建構企業內部的 Intranet/Extranet 及遠端存取，加速企業環境在資訊上的連繫，並達到更安全、便利與經濟的效益。

➣資訊管理・范錚強

virtual reality (VR)　虛擬實境

❖虚拟真实

利用電腦的合成技術產生三維立體空間的形象。它能使操作者感覺置身於實際的環境之中，可在電腦上模擬汽車或飛機的駕駛、遊戲及軍事應用，具有廣泛的用途。

➣資訊管理・范錚強

virtual storage　虛擬記憶　❖虚拟存储器

一種可模擬主記憶體統一編址使用的輔助儲存器。它利用程式執行和資料處理的局部性，只將目前需要部分裝入主記憶體，其餘部分則在適當時候裝入主記憶體，使程式可以在比它運轉時所需空間小的實際記憶體空間中運轉。

➣資訊管理・范錚強

virus　病毒　❖病毒

一種非正常形式的電腦程式。它能像危害生物體的病毒一樣，影響電腦的運轉。當使用者利用磁碟片、網路等載體交換資訊時，病毒程式即以使用者不能察覺的方式傳播。開機型病毒可能會使電腦無法啟動；非開機型病毒則可能會大量侵占磁碟空間或損毀某些類型的檔案。電腦病毒可利用防毒程式預防偵測，中毒時則利用解毒程式清除病毒，解決電腦不正常運作的問題。由於新的電腦病毒不斷的產生，仍無法完全杜絕病毒程式。

➣資訊管理・范錚強

vision　願景

是描述公司未來要變成什麼樣型態事業體的宣告，意指廣泛、全面而前瞻的意圖範疇，描述對於未來的抱負，但並不指出如何實現這種目的之手段。基本上由高階主管說明並傳達給各個層級的一般員工。願景通常也會透過使命說明書(mission statement)中傳達出去。

➣策略管理・吳思華

visionary leadership　願景型領導

係指領導者的一種能力，而這能力在於能創造和清晰表達一個符合實際且可信的，能使組織的未來比現況更好的未來願景。

➣人力資源・黃國隆

visual motion study　目視動作分析

❖目视动作分析

動作分析往往在作業分析之後，針對人體動作細微處之浪費，設法尋求其經濟之道。此所謂之經濟，已涵蓋省時、省力、安全之義。而目視動作分析即為動作分析之技術之一。以目視觀測方法觀察操作者雙手之動作，並運用預定之符號按動作順序如實地記錄下來，然後進行分析，並提出操作改進意見以尋求改進。目視動作分析常使用操作人程序圖及動作經濟原則，以為分析改善之工具。

➣生產管理・張保隆

vital technology　中樞科技

人力資源部門若真要在人力資本的開發和管

理上面，扮演什麼角色的話，就必須和任何一門學科一樣，著力的地方必須是公司專屬的高價值領域，像是找出核心能力的技術及疆界，加強執行人才的開發工作，推動在公司中樞科技裏潛力雄厚的經理人和專家，彼此多多交流溝通，互通有無，開發新的報酬制度。

➢科技管理 · 李仁芳

voice mail 語音郵遞 ❖语音邮件

一種電腦化的電話應答系統。它能將輸入聲音訊息數位化，尚且儲存在磁碟上，還能根據呼叫者的請求，自動尋找到被呼叫者節點的路徑，將記錄的聲音訊息傳送到目標設備上。

➢資訊管理 · 范錚強

V

walk-in 毛遂自薦

一種個人主動尋職的做法，也是企業向外部獲取人才的一種管道。現在是一個強調自我肯定的時代，所以求職者毛遂自薦的情形將日漸增多，其中亦不乏優秀且符合企業所需的人才，企業應加以重視。另外，毛遂自薦也是一種節省大筆招募費用的途徑，值得企業採行。

➢人力資源・吳秉恩

warp speed 翹曲速度

現今的企業，已經可以大量建制資訊，視情況毫無限制的整理，重整資訊，以科幻式的「翹曲速度」傳輸資訊，以知識取代財務。

➢科技管理・李仁芳

warrant ❶認購權證 ❷認股權證 ❸股票認購權利證書 ❖认股权证

一種憑證。可獨立存在，也可附著於債券或短期票券上，或發給特別股或普通股股票持有者。憑證之所有人有權在設定期間內，按每股規定之價格購買股票，本身亦可在證券交易市場買賣。

➢財務管理・劉維琪

weak form efficiency 弱式效率性

一種市場效率性。指目前的證券價格，已充分反應過去證券交易價量所提供的各種資訊。因此，在一個具有弱式效率性的市場中，投資人無法藉由了解證券過去的價量或利用各種方法對過去價量加以分析，來賺取超常報酬。

➢財務管理・劉維琪

web hosting 虛擬主機 ❖网上主机

將網頁資料放置在一個遠端的網路空間裏集中管理及維護，而不必去自行架設主機，這就叫做虛擬主機。將公司的網站擺放在 ISP (internet service provider)的網站上。網路上任何人要連上企業的網站時會連到 ISP 的主機，由 ISP 這端提供企業的網站內容給客戶看，由於 ISP 提供給眾多的企業使用虛擬主機，因此分攤了專線與主機的成本，企業可以一方面獲得穩定的網站、高速的頻寬，24 小時不當機的品質以及專人看管，另一方面不須由企業本身負擔所有費用，網站內容需要修改時，可以透過撥接或是低速專線連接到虛擬主機，將更新的資料傳送上去即可，一般虛擬主機除了網站服務，同時也提供了電子郵件主機的功能，因此企業可以擁有收發電子郵件的服務，而不需要以專線隨時和網際網路連線。

➢資訊管理・范錚強

web page 網頁 ❖网页

就是利用標記語言（一般最基本的叫做 HTML）寫成的一種具備有多媒體及超連結特性的文件，可以將文字、圖片、動畫、音效等整合在一起展現。

➢資訊管理・范錚強

webcasting 網上廣播 ❖网上现场直播服务

指將音頻或視頻的現場或錄影節目傳送至與網際網路相連的個人電腦的過程。與電視及廣播相類似，webcasting 也是提供「點到面」的通信方式。其應用很廣：在網上觀眾可重複接收廣播或電視節目，企業也可利用網上廣播，即時的傳播重要公司公告，或是做線

上人員培訓及遠端教學等。

➢ 資訊管理 · 范錚強

webonomics　網路經濟學　❖ 网路经济学

自 1995 年全球資訊網(world wide web)開始大量湧入個人用戶以來，這個融合文字、圖片、聲音與動畫於一體的溝通方式，很快的成為自電視發明以來最重要的媒體，一個全新的經濟體制正在這片數位地域上開始成形，這個改變資訊與創意的市場運作模式，就稱它為「網路經濟學」。

➢ 資訊管理 · 范錚強

weighted application blanks (WABs)　加權式申請表

企業在人力招募的過程中，通常會要求應徵者先行填具申請表，表內的基本資料和所列的問題係用來初步判定應徵者是否適合該工作，以及預測應徵者未來工作的成敗。而加權式申請表則強調先分析相關記錄，以確定與特定工作成敗息息相關的重要因素，而後為不同的工作設計不同的申請表格，並且給予各項目不同的權重。

➢ 人力資源 · 吳秉恩

weighted average cost of capital (WACC)　加權平均資金成本　❖ 加权平均资本成本

資本要素（如負債、特別股與普通股）取得成本（即要素成本）之加權平均數。計算加權平均資金成本時，應以個別資本要素在目標資本結構中所占的比率作為權重，才可使加權平均資金成本降到最低，同時可使公司價值達到最大。其計算公式如下：

$$WACC = W_d \times R_d \times (1-T) + W_{pf} \times R_{pf} + W_s \times R_s$$

其中，

W_d 代表負債的權重；

W_{pf} 代表特別股的權重；

W_s 代表普通股的權重；

R_d 代表稅前負債的要素成本；

R_{pf} 代表特別股的要素成本；

R_s 代表普通股（即保留盈餘）的要素成本；

T 代表公司稅率。

➢ 財務管理 · 劉維琪

weighted-factor method　權重法

為一種決策評估方法，計算分數時，對於各影響因素按重要程度給予不同的權重，再依計算的總分高低比較評估。

➢ 策略管理 · 司徒達賢

white knight　❶白馬騎士　❷白衣騎士　❖ 白衣骑士

對一家可能被強行接收的公司而言，另一家較能被它接受的公司，稱為白馬騎士。當公司面對不友善的合併出價時，可尋找另一家較友善的公司（白馬騎士）來收購公司。

➢ 財務管理 · 劉維琪

wholesaler　批發商

買進商品並再販售給零售商、其他商人，及工業、機關、商業用戶之企業單位。但不大量銷售給最終消費者。

➢ 行銷管理 · 翁景民

W

wholesaling 批發

指所有涉及銷售商品與服務給再銷售者或企業用途的所有活動。

➢行銷管理・翁景民

wide area network (WAN) 廣域網路
❖广域网

可以覆蓋較大區域的一種網路，通常是全國性或國際性的。廣域網路與區域網路的通訊協定不同，傳輸速率也較低。為了適用於傳送遠距資訊，而常使用調變解調器。

➢資訊管理・范錚強

windows 視窗 ❖视窗

由美國微軟(Microsoft)公司研製的一種在 PC 系列個人電腦運轉的視窗軟體，具有視覺化人性介面的圖形操作環境。可以在此環境下處理各種事務，並執行各類應用軟體。

➢資訊管理・范錚強

WIP buffer 在製品暫存區

係指用來儲存在製品的實體空間，暫存區的使用可避免一製程中已完工之工件因無剩餘空間可供放置而阻塞生產線並引發瓶頸，此一阻塞現象嚴重的話會導致生產中斷的情況發生。（參閱 work-in-process）

➢生產管理・張保隆

wireless application protocol (WAP)
無線應用軟體協定 ❖无线应用协议

一種世界認同的開放式協定，它使得行動工作者可以輕易的藉由其無線設備來獲得網路上的即時資訊。WAP 誕生主要目的是希望提供行動電話、掌上型電腦以及筆記型電腦一種能夠更方便存取網際網路資訊的無線通訊標準。它制定了在無線設備上執行類似個人電腦上現有網路軟體的規格，但是主要是針對無線設備所開發的，因為無線設備不同於現有的其他設備，它的頻寬有限、螢幕一般而言也較小，所以操作環境不同於其他的設備，而需要專門制定的軟體協定來支援。

➢資訊管理・范錚強

world intellectual property organization (WIPO)
世界智慧財產權組織 ❖世界知识产权组织

1883 年在巴黎簽署成立的保護工業財產權的國際組織，及 1886 年在瑞士簽署了伯恩公約，成立一個保護著作權的國際組織，這兩個組織原本各自獨立運作，直到 1970 年才合併成為 WIPO。1974 年，此組織更進一步成為聯合國的附屬機構。其主要是規定對智慧財產權的最低保護標準，簽約國必須透過國內立法的方式提供規定標準以上的保護。

➢科技管理・賴士葆・陳松柏

word length 字元長度 ❖字长

電腦中所含的字元數、二進制位元數或數元組數等。常用的有 16 位、32 位和 64 位。

➢資訊管理・范錚強

word-of-mouth communication (WOM) 口碑溝通

當你推薦朋友哪家店的衣服比較好看，或者向鄰居抱怨某家商店的產品不好，此時就在進行口碑溝通了，口碑溝通在消費者對產品不是很熟悉的情形下就很有影響力。

➢行銷管理・翁景民

word processing　文書處理　❖字处理

利用電腦處理由文字、表格、圖形和圖像組成的資訊。主要處理事項包括本文輸入、本文與控制字元串的序列處理及本文輸出等功能。

➤資訊管理・范錚強

word processing software
文書處理軟體　❖字处理软件

提供一般使用者文書處理功能的應用軟體。一般性的功能包含文書輸入與編輯、字體選擇、拼寫檢查、替換與查詢、版面設計與模擬顯示等。

➤資訊管理・范錚強

work attitude　工作態度

傳統上，工作態度係由以下三要素所構成：個體對該工作的基本信念、態度本身、及由態度所導致的行為意圖，而所形成的工作態度並進而影響實際的行為。

➤人力資源・黃國隆

work design　方法設計

參閱 work study。

➤生產管理・張保隆

work factor　工作要素法　❖工作因素法

亦為透過預定時間標準法來制定工作標準時間的方法之一。此方法之論點為操作者之動作所需的時間與使用身體的程度、動作距離及動作難易有關，凡一種動作除因使用身體之程度與動作距離影響其所需時間外，別無其他影響因素者，稱為基本動作。

如有其他影響因素者，必使動作感覺困難而須加以克服，則其所需時間應加入一個或一個以上的動作要素，視其困難情形而定。這些困難因素包括：W (重量與阻力)、S (指向與方向管制)、P (小心與預防)、U (變更方向)、D (停止)。其時間單位為約為 0.006 秒。（參閱 predetermined time standards approach）。

➤生產管理・張保隆

work measurement　工作衡量
❖❶工作測定　❷工作測量　❸作业測定

為時間研究的進一步演進，係指根據所設定的工作方法，建立工作與生產標準，以衡量人力投入效率，工作衡量主要有兩類方法：
1. 直接測時法：係指密集抽樣法（馬錶時間研究法）與分散抽樣法（工作抽查法）。
2. 合成法：係指預定時間標準法與標準資料法，選擇的方法常視資料用途而定。

工作衡量的目的在於產生工作標準以評估員工應有的產出水準，其結果有助於比較不同製程設計、產能計畫與績效評估等方面的用途。（參閱 time study）

➤生產管理・林能白

work methods　工作研究

參閱 work study。

➤生產管理・林能白

work sampling method　工作抽查法
❖工作抽样法

係由提比特(L. H. C. Tippette)首先應用於紡織工業中為一種分散抽樣法，係指根據機率的基本法則，以隨機方式進行多次觀測，於工作過程中，調查各項活動所佔之時間比

W

率的技術，其結果可以有效了解各項作業的寬放，機器及人員的操作情形，據以訂定生產的標準時間。經多次觀測所得之觀測次數和總觀測次數的比例，即為該活動在整個操作過程中所佔的概略時間比例，其計算公式如下：

作業時間比率＝
觀察到人或機器在工作的時間 ÷
該作業週期時間 × 100

另外，所需觀測的樣本數估算如下：

$$n = Z^2 \times \frac{P(1-P)}{E^2}$$

其中，
　n 代表所需觀測的數目；
　Z 代表對應於信賴水準的標準常態分配值；
　P 代表閒置時間百分比；
　E 代表最大容許誤差。
工作抽查法為解決製程瓶頸、調查員工生產力及評估設備生產力的有效工具。

≻生產管理・林能白

work stress　工作壓力

認為工作壓力為個人在工作情境中，面臨某些工作特性威脅，所引發改變個體心理與生理狀態的結果。常見的五種工作壓力構面如下：焦慮、憂慮、疲勞、不滿足、低自尊。

≻人力資源・黃國隆

work study　❶工作研究　❷工時學　❸動作與時間研究　❹方法設計　❖工作研究

係指用來決定標準的作業方法、程序、材料、工具和設備、管理方法以及工作環境等。進行工作研究所使用的工具為方法研究與時間研究，研究人員常先以方法研究求得最經濟的操作程序與作業標準後，再對各項作業進行時間研究以獲得最有效率的操作方法及其所對應的標準作業時間，如此可使工作的經濟效益達到最高。

≻生產管理・林能白

work team　工作團隊

一群具有互補技能的人，為達成工作的共同目標而一起工作，而且工作目標是全體成員共同的責任。

≻人力資源・黃國隆

work values　工作價值觀

對工作的基本且持久的信念，羅賓斯(Robbins)依美國員工就業時間的不同整理出幾個不同的工作價值觀。例如：1940～50年的工作者信仰新教倫理，一被雇用即忠心不二；1960～70年受嬉痞及存在主義影響，較重視生活品質，不在意賺多少錢；1970～80年的工作者，重視成就感與物質的追求；現代的年輕人則重視適應性、工作滿足、家庭及人際關係。

≻人力資源・黃國隆

worker-machine chart　人機程序圖　❖人机程序图

參閱 man-machine chart。

≻生產管理・張保隆

workflow management　工作流管理
❖工作流管理

工作流就是自動運作的企業流程,是一系列相互銜接、自動進行的業務活動或任務。工作流管理是人與電腦共同工作的自動化協調、控制和通訊,在電腦化的企業流程上,透過在網路上運行軟體,使所有命令的執行都處於受控狀態。在工作流管理下,工作量可以被監督,分派工作到不同的用戶達成平衡。

➢資訊管理・范錚強

workforce diversity　勞動力多元化

隨著時代的轉變,組織成員在各方面(諸如性別、年齡、語言、族裔、殘障等)的異質性增加。

➢人力資源・黃國隆

working capital　❶營運資金　❷運用資金
❖营运资金

流動資產減流動負債之餘額,代表企業用於營業週期的財務資源。營運資金的大小,往往被用來作為判斷一企業營運所需資金是否充裕,以及短期償債能力是否良好的指標。

➢財務管理・劉維琪

working capital financing policy
營運資金融資政策

與暫時性流動資產以及永久性流動資產籌資方式有關的政策。一般而言,有三種方式可供參考:

1. 積極作法:指公司以長期負債與權益等長期資金,融通部分或全部固定資產所需資金,或融通全部固定資產以及部分永久性流動資產所需資金,其餘資金需求則由短期融資方式籌措。

2. 中庸作法:指公司以長期資金支應永久性流動資產與固定資產(合稱永久性資產)所需資金,然後以短期融資方式,籌措暫時性流動資產所需資金。

3. 保守作法:指公司不但以長期資金融通永久性資產所需資金,而且以長期資金滿足部分或全部暫時性流動資產的資金需求。

➢財務管理・劉維琪

working capital management
營運資金管理

對流動資產與流動負債的管理。其內容包括如何維持適當數量的流動資產投資,以及如何籌措投資所需的資金。公司通常會制定一個營運資金政策,以作為管理的依據。例如:企業持有之流動資產須增加至此種資產之邊際報酬等於邊際資金成本;當流動負債可降低平均資金成本時,就可用其代替長期負債。

➢財務管理・劉維琪

working capital policy　營運資金政策

與營運資金有關的基本政策。該政策涉及兩個基本問題:

1. 個別流動資產與總流動資產的水準應該分別等於多少,才算適當?

2. 公司應該使用什麼方式來籌資,使流動資產達到適當的水準?

➢財務管理・劉維琪

work-in-process (WIP)　❶在製品
❷半製品　❸半成品　❖在制品

係指仍處於生產階段、已部分加工且尚待繼

續加工之未完成的產品，在製品可能處於生產線上或暫置於倉庫中，以等待進一步的加工或組合。

➢生產管理‧林能白

work-in-progress (WIP) ❶在製品
❷半製品　❸半成品　❖在制品

參閱 work-in-process。

➢生產管理‧林能白

workload analysis　工作負荷分析

泰利(Tally)將銷售人員的工作負荷量均等化作為基礎，而非將各地區的銷售潛量均等化。例如：公司可藉由工作負荷分析法來建立銷售人員的規模，方法如下：

1.根據顧客每年的銷售額將其分群成不同等級。
2.為每一等級設立所需要的拜訪次數（每個顧客每年拜訪次數）。
3.每一等級的顧客數，乘上所需拜訪的次數，再將所有等級的拜訪次數加總，即唯一年要拜訪的總次數。
4.決定一年中一個銷售人員可以拜訪的顧客數。
5.將一年要拜訪顧客的總次數，除以一個銷售人員一年可拜訪的顧客數，即可得出所需銷售人員數目。

➢行銷管理‧翁景民

workstation　工作站　❖工作站

具有較強的綜合資料處理、圖形處理、輸出入處理及網路通信能力，性能價格比較高的電腦系統。基本功能是為專業提供一個可進行工程計算、程式規劃、文檔書寫、對話作圖、資料儲存、合作通信、資源共享的工作環境。

➢資訊管理‧范錚強

world-wide web (WWW)　全球資訊網
❖万维网

歐洲高能物理實驗室(CERN)於 1989 年發展的一個以超本文(hypertext)為基本構造的資訊檢索系統，其目的是方便全球的圖形文檔傳送，使多媒體檔案在基於傳輸控制協定／網間協定(TCP/IP)的網路上傳送，此網路發展的很快，已成為 Internet 工作的重要環境。在此網路上的所有文件都用 HTML 語言編輯，經由超本文鏈結(Hyperlink)連接，可以指向各種資訊資源。

➢資訊管理‧范錚強

extensible mark-up language (XML)
可延伸性標示語言　❖*扩展式置标语言*

一種因應電子商務之蓬勃發展而創立的多目
的性標示語言,是對標準通用性標示語言
(SGML)的簡化,其目的是提供更簡便、直接
的撰寫方式於網路上分享結構化的數據資
料。XML 採用 Unicode 為字符集標準,足以
代表幾乎世界所有語言的字符,使網路無國
界的傳遞更能實現。目前許多資料交換格式
的製訂,皆以 XML 的為標準。

➤資訊管理・范錚強

yellow dog contracts 黃狗契約

指企業的管理當局以未加入工會做為應徵者是否被雇用的條件。早期尚未有完善法令規範勞資爭議時，黃狗契約是企業用來對抗工會力量的方式之一。

➤人力資源・吳秉恩

yield ❶良率 ❷良品產出率

係指單位時間內製程產出量中無瑕疵品之產出量占全部投產量的比例，其比率愈高表示愈多產品符合品質標準，反之，若比率過低，管理者則應重新檢視其生產流程或品質標準訂定是否有所偏差。（參閱 throughput）

➤生產管理・張保隆

yield ❶收益率 ❷殖利率

❖❶收获率 ❷收益率

投資的實際報酬率，又稱投資報酬率。有時也指稱內部報酬率或到期收益率。

➤財務管理・劉維琪

yield curve 收益線 ❖收益率曲线

債券收益率與債券到期期間的關係曲線。一般來說，債券收益線的斜率都會由左下方向右上方微微上翹，以反映到期風險的效果，這種收益線稱為正常收益線；至於斜率由左上方向右下方傾斜的收益線則稱為倒轉收益線或異常收益線。

➤財務管理・劉維琪

yield loss ❶產出損失 ❷良率損失

係指將單位時間內產出之不良品報廢所產生的損失，產出損失愈多表示愈多產品不符合品質標準，管理者應重新檢視其生產流程是

否合理，或品質標準訂定是否有所偏誤。對於產品單價或產能價值較高的公司來說，產出損失即代表嚴重的機會成本損失。（參閱 yield）

➤生產管理・張保隆

yield to call (YTC) 贖回收益率

❖赎回收益率

當投資人購買的是可贖回債券，而發行公司也的確在到期前就將債券贖回時，投資人每年所能得到的報酬率。其計算公式如下：

$$P = \sum_{t=1}^{n} \frac{I}{(1+YTC)^t} + C\left(\frac{1}{1+YTC}\right)^n$$

其中，

P 代表債券的市價；

I 代表債券每年支付的利息；

n 代表發行公司將債券贖回前的年數；

C 代表贖回價格（通常等於債券的面值再加上一年的利息）；

YTC 代表贖回收益率。

➤財務管理・劉維琪

yield to maturity (YTM) ❶到期收益率

❷到期日收益率 ❖到期收益率

當投資人買進債券後，就一直持有它，直到到期時為止，這段期間投資人每年所能得到的報酬率。其計算公式如下：

$$P = \sum_{t=1}^{n} \frac{I}{(1+YTM)^t} + F\left(\frac{1}{1+YTM}\right)^n$$

其中，

P 代表債券的市價；

I 代表債券每年支付的利息；

n 代表債券購買日到到期時的年數；

F 代表面值；

YTM 代表到期日收益率。

到期收益率會隨市場利率的改變而改變，由於市場利率每天都在變動，所以購買日期不同，債券的到期收益率也會不一樣。

➢財務管理・**劉維琪**

Y

Z

zero-base budgeting (ZBB)

零基預算　❖零基預算

其觀念為預算編製的過程是從零開始，各項支出都必須提出充分的理由。相對的，一般的預算編製都以某一水準的支出為起點，編製過程的焦點在於要求增加支出的部分。然而，一切從零開始的作法很花時間，因此在實務上不易採行，許多採用零基預算的組織允許各單位有某一水準的基本支出不必陳述理由，其金額通常為該期總支出的 80%上下。許多組織試圖以零基預算來控制管理人員所能自由裁量的成本。包括德州儀器(Texas Instruments)和全錄(Xerox)在內的許多公司，和許多各級政府機構，都曾經先後實施過零基預算。政府機構採行零基預算的理由，在於這些機構不像製造業，各項支出的效益很難和其成本對照比較，而零基預算似乎是可用以控制其各項支出的好方法。

➤生產管理・張保隆

zero coupon bond　零票面利率債券

❖无息债券

不支付利息，但卻以低於面值的價格，折價出售給投資人的債券。

➤財務管理・劉維琪

zero defect program　零缺點計畫

❖无缺陷规划

為 1960 年代由美國馬丁公司(Martin Co.)承製潘興飛彈時所首創的，其目的在於勉勵員工在工作中不發生任何錯誤而完成自己的工作，所謂零缺點即 100%完美，沒有缺點的意思。零缺點計畫的主要觀念有二：

1.所有從業人員皆可因努力而做到零缺點之境界。

2.過去管理思想太重視監督，而沒有注意員工心理反應，導致主管人員關心品質而工作人員則不在乎。

如能激勵員工自發檢查、提高注意則可以把工作做到完美無疵之地步。因此，零缺點計畫乃是以「人」為中心之管理計畫，其主旨在激發員工之工作熱忱，期勉員工「第一次就把工作做好、做對」，消除「犯錯是人之常情」的觀念，灌輸他們以良好手藝為傲，期使任務在完全零缺點下達成。

➤生產管理・張保隆

zone pricing　地區定價

是地理定價法的一種，他所定的價格介於FOB起運點(FOB origin pricing)及統一運費定價(uniform deliverd pricing)之間。公司建立兩個或兩個以上的區域，而在同一區域內的所有顧客都支付相同的價格，此時為於較遠區域的顧客就要付較高的價格。

➤行銷管理・翁景民

繁體中文名詞索引

十六畫

簡體中文名詞索引

六畫

國家圖書館出版品預行編目資料

管理辭典 / 許士軍總編輯 ---- 第一版.----
　臺北市：華泰, 2003 [民92]
　面；　公分
　ＩＳＢＮ　957-609-460-7　（精裝）
　1.企業管理 – 字典，辭典

494.04　　　　　　　　　　　　91023579

管理辭典

總　編　輯：許士軍

發　行　人：吳昭慧

出版經理：沈宗祐

責任編輯：陳美惠

美術編輯：陳文慧

版面編輯：周燕翎

發　行　所：華泰文化事業股份有限公司

地　　　址：台北市辛亥路三段5號

電　　　話：(02) 2377-3877

傳　　　真：(02) 2377-4393

網　　　址：www.hwatai.com.tw

E - Mail：business@hwatai.com.tw

登　記　證：行政院新聞局局版北市業字第282號

出　　　版：西元2003年3月　第一版

ＩＳＢＮ：957-609-460-7

基本定價：壹拾柒元柒角捌分

蔡瑞明博士 主編

個案輯

台灣經驗與企業經營發展

NO.1

企業經營與危機管理

ISBN 9576093945 / 定價 460元 / 平裝 / 396頁

NO.2

資訊網路與科技管理

ISBN 9576093937 / 定價 460元 / 平裝 / 304頁